PRÉCIS DE SCIENCES NATURELLES
ET D'HYGIÈNE

DU MÊME AUTEUR

À LA MÊME LIBRAIRIE

Cours élémentaire d'Histoire naturelle conforme aux programmes officiels :

*Vol. 19/13*cm :

Zoologie à l'usage des élèves de *Sixième* A et B (11e éd.).   2 fr. 25

Botanique à l'usage des élèves de *Cinquième* A (11e éd.).   2 fr. 25

Géologie à l'usage des élèves de *Quatrième* A (10e éd.)   1 fr. 50

Botanique et Géologie (Classe de *Cinquième* B), 10e éd..   3 fr.   »

Histoire naturelle appliquée à l'usage des élèves de *Troisième* B (4e édition). . . . . 2 fr. 25

Conférences de Géologie (Classes de *Seconde* A, B, C et D), 6e édition. . . . . 1 fr. 75

*Vol. 16/11*cm :

Histoire naturelle (Anatomie, Physiologie, Paléontologie) à l'usage des élèves de Philosophie et de Mathématiques (12e éd.)   3 fr. 50

Histoire naturelle (Anatomie, Physiologie, Paléontologie) et *Hygiène* à l'usage des élèves de Philosophie et de Mathématiques (12e édition) . . . . 4 fr. 50

Manuel du Baccalauréat : Histoire naturelle *(Anatomie, Physiologie, Paléontologie)*, 12e édition. . . . . 3 fr. 50

Anatomie et Physiologie animales et végétales (édition A), 12e édition. . . . . 3 fr.   »

Paléontologie animale (Notions de), 12e édition. . . . . 1 fr.   »

Hygiène à l'usage des élèves de Philosophie et de Mathématiques A et B (3e édition) . . . . 1 fr. 25

Anatomie et Physiologie animales et végétales (édition B) : classes de 4e année des lycées et collèges de Jeunes filles (12e édition).   3 fr.   »

Hygiène et Économie domestique à l'usage des élèves des lycées et collèges de Jeunes filles, par E. CAUSTIER et Mme MOREAU-BÉRILLON, agrégée, professeur au lycée de Reims. — 2 vol. 19/13cm, reliés :

I. — *Classe de 3e année* . . . . 2 fr.   »
II. — *Classes de 4e et 5e années* . . . . (Sous presse.)

PRÉCIS
DE SCIENCES NATURELLES

ET

D'HYGIÈNE

A L'USAGE

DES CANDIDATS A L'ÉCOLE SPÉCIALE MILITAIRE

(Programme du 17 juillet 1908)

PAR

E. CAUSTIER

Professeur aux lycées Saint-Louis et Henri IV.

PARIS

VUIBERT ET NONY ÉDITEURS

63, Boulevard Saint-Germain, 63

1909

PROGRAMME OFFICIEL

SCIENCES NATURELLES

INTRODUCTION

ANATOMIE ET PHYSIOLOGIE ANIMALES ET VÉGÉTALES

Phénomènes de la vie communs aux animaux et aux végétaux. Éléments constitutifs des êtres vivants. Multiplication de ces éléments, nutrition.

Anatomie et physiologie animales.

Notion des tissus. Leur groupement en organes.

L'homme, étude spéciale des fonctions chez l'homme.

Fonctions de nutrition. — Digestion : appareil digestif ; aliments, phénomènes chimiques de la digestion.

Circulation : sang, appareil circulatoire sanguin ; mécanisme de la circulation ; lymphe.

Absorption.

Respiration : appareil respiratoire ; phénomènes physiques et chimiques.

Chaleur animale.

Appareils d'élimination : reins.

Foie : ses fonctions.

Fonctions de relation. — Centres nerveux ; fonctions, nerfs moteurs, nerfs sensitifs.

Organes des sens : l'œil, la vision, l'accommodation. — L'oreille, l'audition. — L'odorat, le goût. — La peau, le toucher.

Appareil locomoteur.

Le larynx, la voix.

HYGIÈNE

L'eau. — Eau de source, eau de rivière, eau de puits. Conditions pour qu'une eau soit potable. Contamination des eaux ; purification des eaux contaminées.

L'air. — Dangers de l'air confiné. De la quantité d'air néces-

saire dans les habitations. Renouvellement de l'air. Ventilation. Altérations et contamination de l'air.

Les aliments. — Viandes saines ; dangers des viandes putréfiées. Parasites introduits dans le corps humain par les aliments (trichinose, ladrerie, charbon, tuberculose).
Boissons alcooliques. Boissons fermentées : cidre, bière, vin.
Action physiologique des boissons fermentées. Ivresse et ivro-
gnerie.
Boissons distillées ; eaux-de-vie Effets pathogéniques de leur
usage habituel.
Boissons alcooliques additionnées d'essences : absinthe et autres
liqueurs prétendues apéritives et digestives. Graves effets
pathogéniques de leur usage.
Alcoolisme : comment on devient alcoolique déchéances de
l'alcoolique et de sa descendance.

L'exercice. — Inconvénients du défaut ou de l'excès des exercices physiques. Surmenage musculaire ; intoxications organiques, affaiblissement Refroidissements.

Les maladies contagieuses. — Indication rapide des principales
maladies transmissibles ou inoculables à l'homme et de leurs
modes ordinaires de propagation et d'invasion.
Maladies transmises par les déjections humaines ou les crachats : fièvre typhoïde, choléra, tuberculose.

Réceptivité et immunité. — Résistance de l'organisme. Variole
et vaccine. Revaccination.
Inoculations préservatrices contre le charbon, la rage, la
diphtérie. Durée des périodes de préservation.

La demeure. — Conditions de salubrité d'une maison : aération, insolation. Isolement du sol. Évacuation des résidus et
des déjections. La maison salubre, la maison insalubre.

Animaux domestiques. — Maladies qu'ils peuvent transmettre
à l'homme : la rage, la morve, le charbon, la tuberculose.
L'abatage, l'enfouissement.
Notions de police sanitaire des animaux.

SCIENCES NATURELLES

INTRODUCTION

I. — Phénomènes de la vie
communs aux animaux et aux végétaux.

Les êtres vivants et les corps bruts. — La simple observation des corps que l'on rencontre dans la nature permet de les ranger en deux catégories : les *corps bruts*, pierres et minéraux, et les *êtres vivants*, animaux ou végétaux. Les premiers conservent toujours leurs formes, à moins qu'une force extérieure n'intervienne ; les êtres vivants, au contraire, changent constamment : ils *naissent, grandissent* et *meurent*.

Pour mettre en évidence ce qui se passe chez les êtres vivants, il suffit de placer un animal ou une plante sur l'un des plateaux d'une balance et d'établir ensuite l'équilibre. Après quelques instants on voit le plateau qui porte l'animal ou la plante se soulever : l'être vivant a donc perdu de son poids. Une partie de sa substance a disparu et c'est pour compenser cette perte de matière qu'il est obligé d'emprunter au milieu extérieur des aliments pour se les incorporer. Il s'établit donc entre l'être vivant et le milieu dans lequel il vit deux mouvements contraires, aussi essentiels l'un que l'autre à la vie : par l'un, l'être vivant s'incorpore les aliments qu'il prend, c'est l'*assimilation*; par l'autre, il rejette dans le milieu extérieur les substances devenues inutiles ou nuisibles, c'est la *désassimilation*. Ce double mouvement constitue ce qu'on appelle la *nutrition*.

Si l'assimilation est plus grande que la désassimilation, l'être vivant s'accroît : c'est le cas de la *jeunesse* ; si ces deux termes sont égaux, l'être vivant reste stationnaire : c'est l'état *adulte* ; enfin, si la désassimilation l'emporte, l'être vivant dépérit, son activité se ralentit et finalement s'arrête : c'est la *vieillesse*, dont le terme est la *mort*.

En résumé, les êtres vivants accomplissent des échanges continus avec le milieu dans lequel ils vivent.

La matière vivante. Le protoplasma. — Tout être vivant est essentiellement formé d'une matière appelée *protoplasma*. « Le protoplasma, a dit Huxley, est la base physique de la vie. » Mais s'il est évident qu'il existe un fonds commun à tous les êtres vivants, animaux et végétaux, il faut comprendre qu'il n'y a pas une matière vivante unique, un seul protoplasma : il y en a autant qu'il y a d'individus distincts. Chaque individu a un protoplasma qui lui est personnel. Pourtant il n'en est pas moins vrai que les différences entre les divers protoplasmas sont extrêmement faibles au point de vue chimique. Aussi, en négligeant ces minimes variations individuelles, est-il permis de parler du *protoplasma* ou de la *matière vivante* d'une manière générale.

On peut facilement se rendre compte des propriétés générales du protoplasma en observant le blanc d'œuf ou albumine : c'est une matière formée essentiellement de carbone, d'oxygène, d'hydrogène et d'azote, auxquels s'ajoutent des éléments accessoires tels que le soufre, le phosphore, le fer, etc.

On a pu faire l'*analyse* du protoplasma, c'est-à-dire déterminer les éléments qui le composent ; mais il est impossible, dans l'état actuel de la science, d'en faire la *synthèse*, c'est-à-dire de combiner ces éléments pour reproduire le protoplasma. C'est que le protoplasma n'est pas seulement une matière chimique complexe ; il a une structure, il a de la vie. Et la preuve, c'est que pour connaître sa composition chimique, nous commençons par le tuer. Il y a donc quelque chose qui échappe à toute analyse, si délicate et si pénétrante qu'elle soit, et ce quelque chose est ce qui caractérise la *vie*. Il est impossible, dans l'état actuel de la science, de définir la vie d'une façon précise ; mais on peut pourtant en étudier les manifestations.

Animaux et végétaux. — La *Biologie* est la science des êtres vivants ; lorsqu'elle étudie les animaux, c'est la *Zoologie* ; lorsqu'elle étudie les végétaux, c'est la *Botanique*. Il est difficile d'indiquer une séparation nette entre les animaux et les végétaux, car ils ont de nombreux caractères communs ; cependant ils ont aussi des caractères distinctifs.

1° **Caractères communs.** — Le protoplasma, qui est la matière fondamentale des êtres vivants, a des propriétés identiques chez les animaux et les végétaux. Observons un animal ayant une organisation très simple, formé d'une petite masse de protoplasma, un *Amibe* par exemple (*fig.* 1) ; étudions d'autre part un végétal très simple, un *Champignon* tel que celui qu'on trouve dans les tanneries à la surface de la poudre de tan, nous constaterons alors non seulement un aspect semblable, mais des propriétés identiques : chez ces deux êtres le protoplasma est doué de *mouvement* et de **sensibilité** ; de plus il est capable de se *nourrir* en incorporant dans sa masse les corps étrangers qu'il pourra rencontrer.

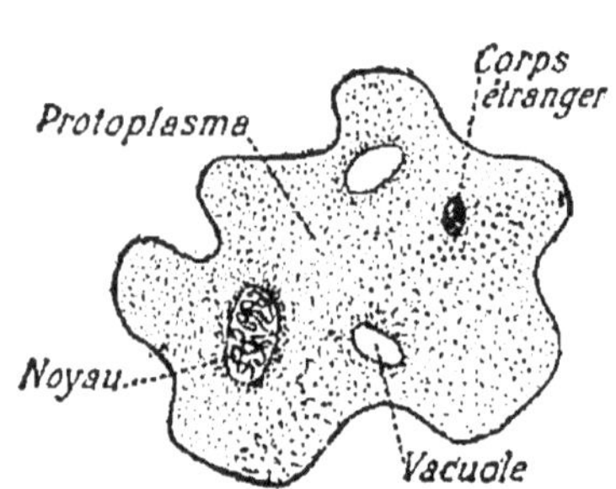

Fig. 1. — Un Amibe.

Ce fait nous montre que, s'il est facile de distinguer un animal supérieur d'un végétal supérieur, un Oiseau d'un Chêne, il devient au contraire difficile d'établir une séparation entre les animaux et les végétaux d'organisation inférieure, à cause des nombreux caractères qui leur sont communs.

Ce fut l'œuvre de Claude Bernard (*fig.* 2) d'avoir mis en évidence les phénomènes communs aux animaux et aux végétaux. Il a fait voir que les plantes vivent comme les animaux, qu'elles digèrent, respirent, se meuvent et sentent comme eux. Il a démontré ainsi l'identité de la vie animale et de la vie végétale.

La raison de ces propriétés communes aux êtres vivants est dans leur *unité anatomique* et dans leur *unité chimique*. L'unité anatomique, nous le verrons plus loin, est la cellule, qui possède partout un ensemble de propriétés identiques. L'unité chimique est due à ce que le protoplasma a la même

Fig. 2. — Claude BERNARD, physiologiste français (1813-1878).

composition chimique essentielle, et à ce que, partout, il a la propriété de se nourrir, de se mouvoir et de se reproduire.

2° Caractères distinctifs. — On donnait autrefois comme différence essentielle entre l'animal et le végétal le mode de *nutrition*.

Les plantes, disait-on, par leurs racines et par leurs feuilles contenant une matière verte, la *chlorophylle*, puisent dans le sol et dans l'air les éléments avec lesquels elles peuvent fabriquer directement leur matière vivante.

Les animaux, au contraire, n'ayant pas de chlorophylle, sont obligés d'emprunter leurs aliments tout formés au milieu extérieur.

Or, les physiologistes modernes ont montré que l'animal, aussi bien que le végétal, fabrique la graisse, le sucre ou tout autre principe dont il a besoin. L'un et l'autre forment et détruisent les substances nécessaires à la vie.

D'ailleurs ce caractère basé sur la présence de la chlorophylle chez les végétaux n'a rien d'absolu, puisque cette matière manque chez les Champignons et nombre de plantes parasites, tandis qu'elle existe chez quelques animaux, comme l'Hydre verte et l'Euglène.

La différence basée sur le mode de nutrition en entraînait d'autres. Et l'on disait : les plantes trouvant *sur place*, dans l'air et dans le sol, leur nourriture, ne sont douées ni de *mouvement* ni de *sensibilité* ; les animaux devant, au contraire, aller à la recherche de leur nourriture, se *meuvent* et sont *sensibles*.

Ce sont là des caractères n'ayant rien de précis, car il existe des plantes, comme la Sensitive et les Plantes carnivores, qui sont douées de *mouvement* et *d'excitabilité* : les feuilles de

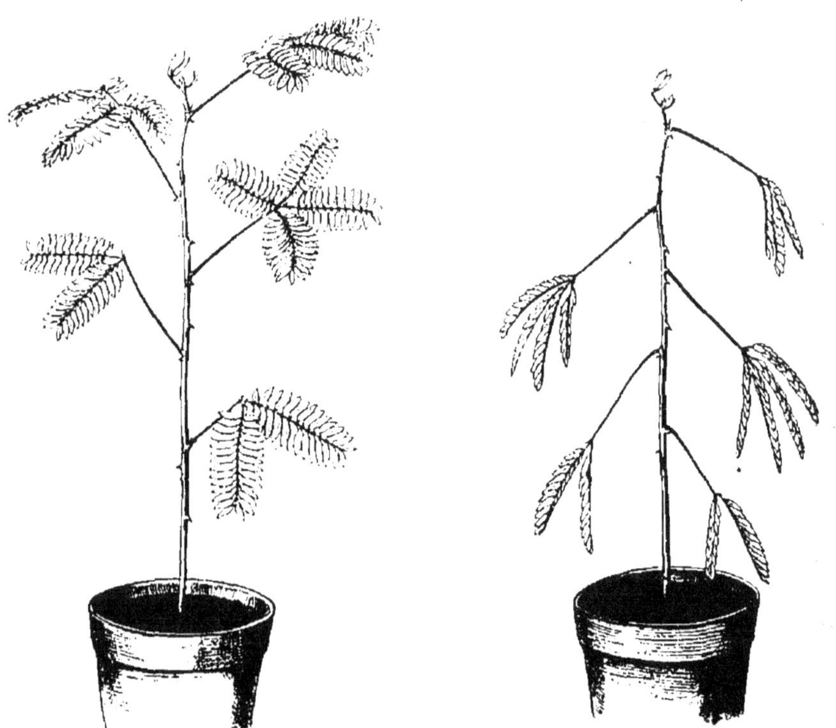

Fig. 3. — Sensitive avec les feuilles étalées et repliées.

Sensitive, par exemple, se reploient au moindre attouchement, à la moindre agitation de l'air (*fig.* 3). On peut même, comme chez les animaux, supprimer ce mouvement et cette excitabilité, c'est-à-dire *anesthésier* ces plantes, en plaçant dans leur voisinage une éponge imbibée de chloroforme (*fig.* 4). Cette observation et cette expérience montrent même que la motilité est une propriété générale du protoplasma, puisqu'elle existe chez les plantes comme chez les animaux.

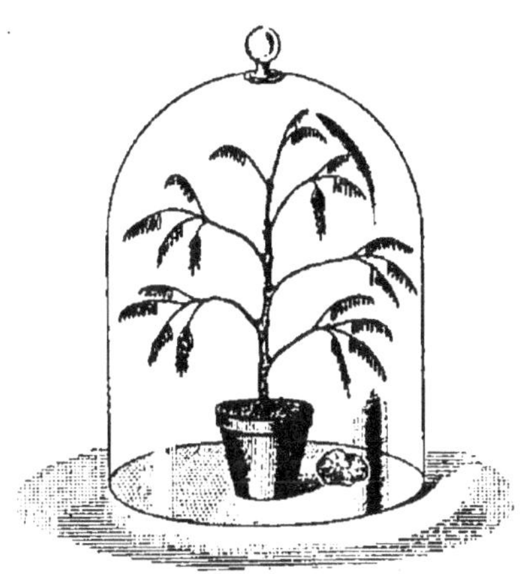

Fig. 4. — Sensitive anesthésiée par le chloroforme.

Le meilleur caractère distinctif qu'on ait donné jusqu'ici entre les animaux et les végétaux, c'est la présence chez ces derniers d'une substance appelée *cellulose*, matière qui constitue le papier, la toile de lin ou de chanvre, et dont la composition chimique répond à la formule $C^6H^{10}O^5$.

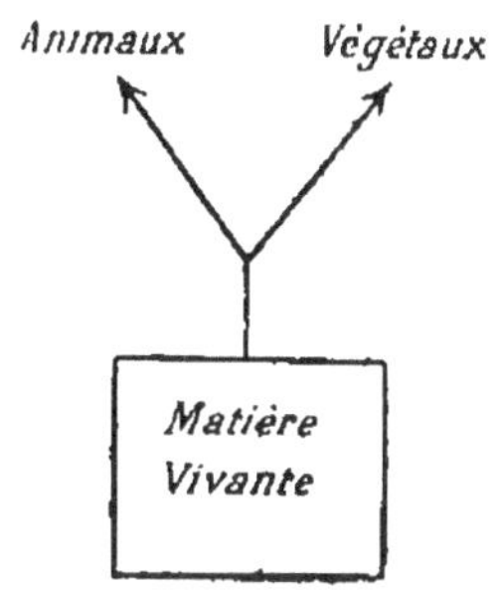

En résumé, il est difficile de dire : ici finit le *règne végétal*, là commence le *règne animal*. Il n'y a pas un règne végétal et un règne animal nettement séparés ; il y a plutôt un *règne organisé*, comprenant deux séries divergentes qui ont de nombreuses propriétés communes, à la base, mais dont les différences, d'abord très faibles, vont en s'accentuant au fur et à mesure que les êtres se compliquent.

La communauté des phénomènes de la vie chez les êtres vivants résulte : 1° de la communauté de leur *structure anatomique*, car l'analyse microscopique a montré que tous les êtres vivants sont formés d'éléments identiques appelés cellules ; 2° de la communauté de *composition chimique* de la matière vivante, car l'analyse chimique a révélé l'analogie de composition des divers protoplasmas ; 3° de la communauté des conditions de la *nutrition*, c'est-à-dire des échanges entre l'être vivant et le milieu extérieur; 4° de la communauté des fonctions de *reproduction*, ainsi que nous le montrerons plus loin dans ce chapitre.

II. — Éléments constitutifs des êtres vivants.

L'être vivant est une agglomération d'éléments anatomiques ou cellules. — On sait depuis la plus haute antiquité que le corps de l'homme est une machine complexe formée d'un grand nombre de parties distinctes appelées *organes*. Ces organes, tels que l'estomac, le cœur, le foie, peuvent être observés et étudiés à l'aide d'instruments grossiers, couteaux et ciseaux, par exemple. Ce fut l'unique procédé employé par les médecins et les artistes de l'époque de la Renaissance pour disséquer le corps humain. Aussi bien est-il intéressant de remarquer qu'à cette époque, au nom d'un médecin ou d'un anatomiste est toujours associé le nom d'un grand artiste : tels Léonard de Vinci et Colombo, le Titien et André Vésale. Grâce à cette collaboration, on posséda des notions assez précises sur la forme et sur la situation des organes, mais jusqu'au xviie siècle on ne sut rien de leur structure intime. La découverte du microscope permit de pénétrer davantage cette structure et d'observer des détails qui avaient échappé à l'œil nu. On vit alors que les organes étaient formés par une agglomération de petits corps de formes variées et qui se juxtaposaient comme les pierres d'un édifice. A ces petites masses de dimensions microscopiques, on a donné le nom de *cellules*, parce que chez les végétaux où elles furent d'abord étudiées elles se présentent sous forme de petits compartiments disposés les uns à côté des autres et prenant dans leur ensemble l'aspect d'un gâteau de cire d'abeilles (*fig.* 5).

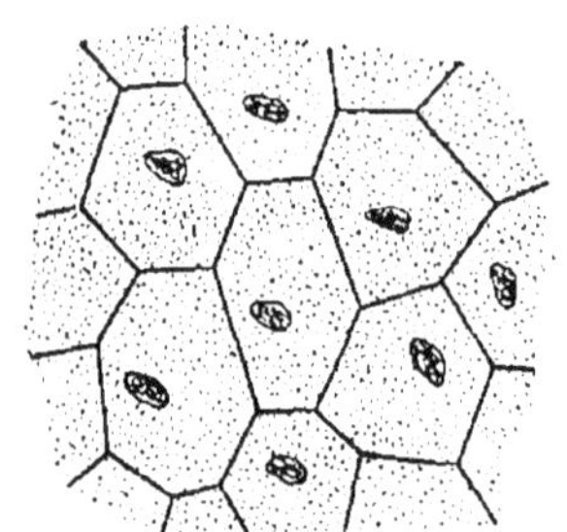

Fig. 5. — Cellules végétales.

Les connaissances acquises à l'aide du microscope ont permis de formuler les deux principes suivants, qui résument la *théorie cellulaire* :

1° Tout être vivant est formé d'une agglomération de *cellules* ;

2° Tout être vivant provient d'un autre être vivant et a pour point de départ une seule cellule, la *cellule originelle* ou *ovule*, qui se multiplie pour donner l'organisme tout entier.

La cellule est donc l'élément fondamental de l'être vivant, et l'étude de la biologie pourrait se résumer dans l'étude de la cellule. Sa description est par conséquent nécessaire et ne fera que justifier ces paroles de Claude Bernard : « La cellule est l'image de l'organisme, si élevé qu'on veuille le choisir. »

La cellule.

Structure de la cellule. — C'est une petite masse de matière albuminoïde et de dimensions microscopiques. Quelques cellules, cependant, sont visibles à l'œil nu : par exemple, certaines cellules de la moelle épinière, ou encore le jaune de l'œuf de l'Oiseau, qui est une cellule volumineuse.

En général, les cellules n'ayant que quelques millièmes de millimètre de dimension, on a pris comme unité de mesure micrographique le $\dfrac{1}{1\,000}$ de millimètre, qu'on désigne par la lettre grecque μ et qu'on appelle un *micron*.

L'observation des cellules à l'état vivant est difficile, à cause de leurs dimensions microscopiques et aussi de la facilité avec laquelle elles s'altèrent. Aussi pour les étudier leur fait-on subir une préparation qui s'effectue en deux temps : 1° on les *fixe*, c'est-à-dire qu'on les tue au moyen de réactifs qui coagulent la matière vivante (acide osmique, bichlorure de mercure, etc.) ; 2° on les *colore* ensuite, de façon à mieux mettre en évidence les diverses parties de la cellule qui ont des affinités différentes pour les matières colorantes (picro-carmin, éosine, hématoxyline, etc.).

Pour observer une cellule, on peut se procurer facilement des Infusoires en faisant macérer une poignée de foin dans l'eau, ou bien faire une coupe mince dans les parties jeunes d'une plante, ou bien encore découper la fine lamelle qui borde la queue d'un têtard de Grenouille. Quelle que soit la cellule étudiée, libre (Infusoire) ou groupée en mosaïque (plante ou queue de têtard), grande ou petite, elle se compose des mêmes parties essentielles : *protoplasma, noyau* et *membrane* (*fig.* 6).

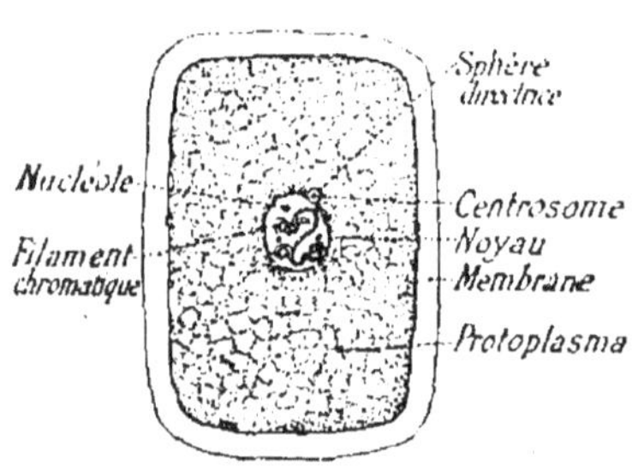

Fig. 6. — Structure de la cellule.

1° **Le protoplasma**, qui est la partie essentielle de la cellule, est une substance transparente, granuleuse, ayant la composition chimique du blanc d'œuf ou *albumine*. Il appartient donc au groupe des *matières albuminoïdes*, qui sont composées essentiellement de carbone, d'oxygène, d'hydrogène et d'azote, auxquels s'ajoutent des éléments accessoires tels que le soufre, le phosphore, etc. Comme les albuminoïdes, le protoplasma se coagule par la chaleur vers 75° ou par les acides.

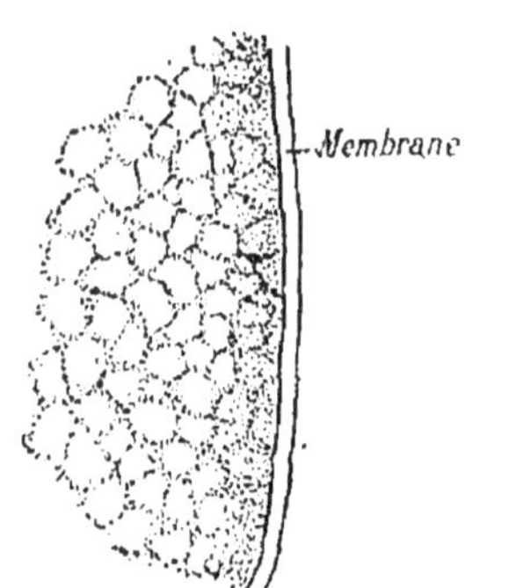

Fig. 7. — Structure du protoplasma.

Il réfracte la lumière plus fortement que l'eau, de sorte que ses filaments les plus ténus peuvent être vus au microscope sans artifice de préparation.

Vu à un fort grossissement, le protoplasma (*fig.* 7) a une structure *réticulée*, c'est-à-dire qu'il présente l'aspect d'un réseau délicat de fibrilles dont les mailles sont remplies de liquide.

Certains naturalistes le comparent volontiers à une éponge dont les mailles contiennent une substance fluide, transparente, sorte de suc cellulaire, l'*hyaloplasme*. Ce suc cellulaire est un mélange de matériaux divers : albumines, globulines, protéides, hydrates de carbone et graisses ; c'est un produit de l'activité vitale. La matière vivante est donc représentée par le tissu spongieux lui-même, le *spongioplasme*.

Selon d'autres savants, le protoplasma devrait plutôt être comparé à une sauce mayonnaise obtenue avec de l'huile et un liquide ne se mélangeant pas avec cette dernière. En se basant sur cette conception, on a réussi à faire des mélanges qui, vus au microscope, présentaient les divers aspects du protoplasma.

Au point de vue chimique, le protoplasma a une grande avidité pour l'oxygène ; il exerce un véritable pouvoir réducteur. Mais s'il absorbe l'oxygène, ce n'est pas pour se brûler lui-même, comme on le croyait encore il y a quelques années, mais pour brûler les matières de réserve qu'il contient et qui lui ont été apportées par le sang.

C'est le protoplasma qui est le siège des échanges nutritifs (digestion, respiration, sécrétion, etc.) et des phénomènes qui marquent la naissance, l'évolution et la mort des êtres organisés. C'est pourquoi sa composition chimique est très variable, non seulement chez des êtres différents, mais chez le même animal. En un mot, le protoplasma se *nourrit, grandit* et *meurt*.

Le protoplasma est doué de *mouvement*, ainsi qu'on peut s'en assurer en suivant au microscope une de ses granulations (*fig.* 8). On la voit se déplacer régulièrement comme portée par un courant. Ce mouvement est localisé à l'intérieur de la cellule si le protoplasma est entouré d'une membrane de cellulose ; mais il peut se mani-

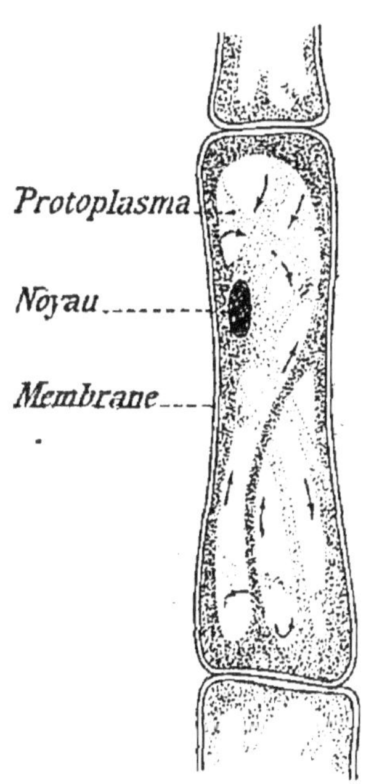

Fig. 8. — Une cellule végétale montrant le mouvement interne du protoplasma.

fester à l'extérieur lorsqu'il n'y a pas de membrane (*fig.* 1) ou lorsque celle-ci peut se plier aux déformations du protoplasma ; il peut même se transmettre, comme cela arrive chez les animaux, d'une cellule à l'autre, et produire par suite des mouvements d'ensemble.

A l'intérieur du protoplasma, près du noyau, existe un corpuscule qui fixe fortement les couleurs d'aniline : c'est le *centrosome* (*fig.* 6). Autour de ce corpuscule se trouve une couche de protoplasma de couleur plus claire : c'est la *sphère directrice*. Ces deux corps jouent un rôle particulier dans la multiplication de la cellule.

2° **Le noyau** (*fig.* 9), situé au milieu du protoplasma, a une forme arrondie et un aspect brillant dû à sa grande réfringence. Il a la propriété de se colorer d'une façon intense sous l'influence des réactifs colorants. Sa substance, la *nucléine*, a la même composition que le protoplasma, mais elle est plus riche en phosphore. Le noyau est formé d'une mince *membrane nucléaire* (*fig.* 9) qui contient un liquide, le *suc nucléaire*, dans lequel nage un filament contourné, pelotonné, qui a la propriété de fixer énergiquement les matières colorantes et

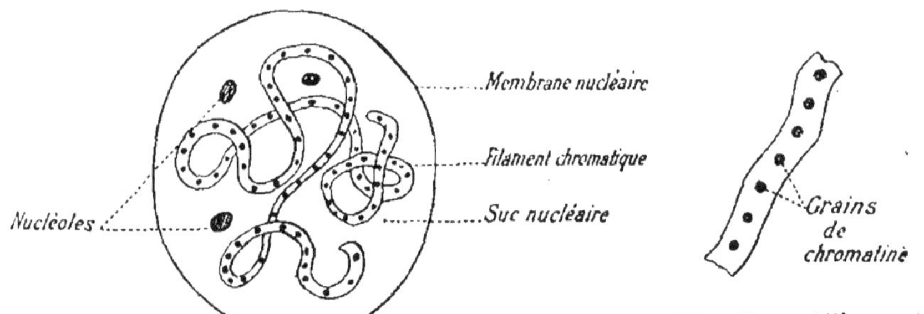

Fig. 9. — Le noyau.

Fig. 10. — Filament chromatique très grossi.

qu'on appelle, pour cette raison, le *filament chromatique*. Vu avec un fort grossissement, ce filament présente des granulations ou grains de *chromatine* (*fig.* 10). Ce sont ces grains qui se colorent fortement dans la coloration du noyau. Dans les mailles de ce filament se trouvent souvent de grosses granulations appelées *nucléoles* (*fig.* 9).

Chez certains animaux inférieurs (les *Monères*) et certains végétaux inférieurs (les *Bactéries*) les cellules n'ont pas de noyau ; mais il est probable que si ce noyau n'a pu être observé, cela tient à l'impuissance des réactifs ou encore à l'insuffisance des instruments d'optique. Dans tous les autres cas, la cellule possède un noyau. La disparition du noyau est une marque de sénilité de la cellule ; ainsi les globules rouges du sang des Mammifères sont de vieilles cellules qui ont perdu leur noyau.

L'expérimentation a montré que le noyau jouait un rôle essentiel dans la vie cellulaire. On a réussi, en effet, à couper en deux une cellule sans entamer le noyau : le fragment dépourvu de noyau vivait pendant quelque temps, puis il déclinait et mourait ; au contraire, le fragment contenant le noyau réparait sa blessure, se reconstituait et continuait de vivre.

3° La **membrane**, située autour du protoplasma dont elle provient par différenciation, est aussi de nature albuminoïde et n'a d'autre rôle que la protection du protoplasma. Elle manque parfois soit chez certains animaux inférieurs comme les Amibes, soit dans certaines cellules animales comme les cellules nerveuses. Elle existe chez presque toutes les plantes, où elle est constituée par de la cellulose.

Évolution et nutrition de la cellule. — La cellule naît, se développe et meurt comme l'être vivant tout entier. Lorsqu'elle est *jeune*, son protoplasma remplit toute la cavité cellulaire (*fig.* 11, A et B) ; puis bientôt, la cellule en se nourrissant, c'est-à-dire en empruntant de la matière au milieu extérieur, va s'accroître et le protoplasma va devenir plus clair ; souvent il apparaît des cavités ou *vacuoles* (*fig.* 11, C) dont le nombre va en augmentant, et qui pourront ensuite se confondre en une seule grande vacuole qui repoussera le noyau et le reste du protoplasma vers la périphérie, contre les parois cellulaires (*fig.* 11, D) ; enfin le protoplasma et le noyau disparaissent, et la cellule est réduite à sa membrane : *la cellule est morte (fig. 11, E)*, car on ne la verra plus ni se nourrir ni se développer.

L'accroissement de la cellule, de même que celui de l'être

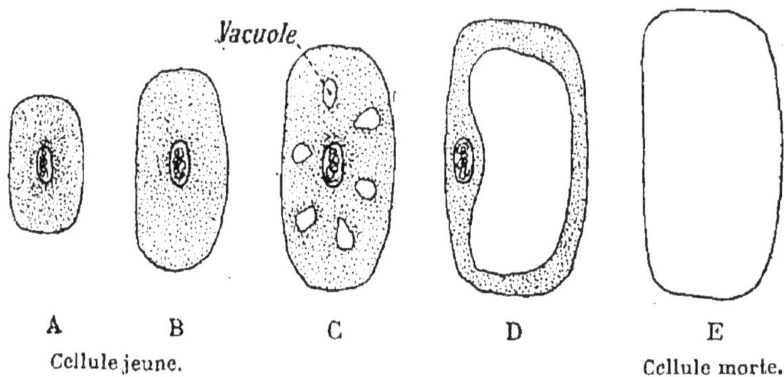

Fig. 11. — Évolution de la cellule.

vivant tout entier, subit donc un arrêt à un moment donné. La raison de cet arrêt peut être cherchée dans le rapport existant entre l'usure de la cellule et sa réparation. On conçoit en effet, que, par suite de l'augmentation de *volume* de la cellule, la réparation qui se fait par la *surface* devienne insuffisante. Si, par exemple, le volume de la cellule est devenu 8 fois plus grand, sa surface, par laquelle elle se nourrit, n'est que 4 fois plus grande ; on sait, en effet, que la masse d'un solide croît comme les cubes, tandis que la surface ne croît que comme les carrés.

Au cours de l'évolution de la cellule, lorsque celle-ci est en pleine activité, un fait important peut survenir : la cellule se *reproduit*, se *multiplie*.

Reproduction ou multiplication de la cellule. — La multiplication des cellules s'effectue suivant deux modes : 1° par *division directe*, c'est-à-dire par un simple étranglement de la cellule et du noyau ; 2° par *division indirecte*, c'est-à-dire par des modifications qui atteignent surtout le noyau.

1° **Division directe**. — Elle s'observe soit chez les êtres vivants formés d'une seule cellule (Amibes, Bactéries), soit

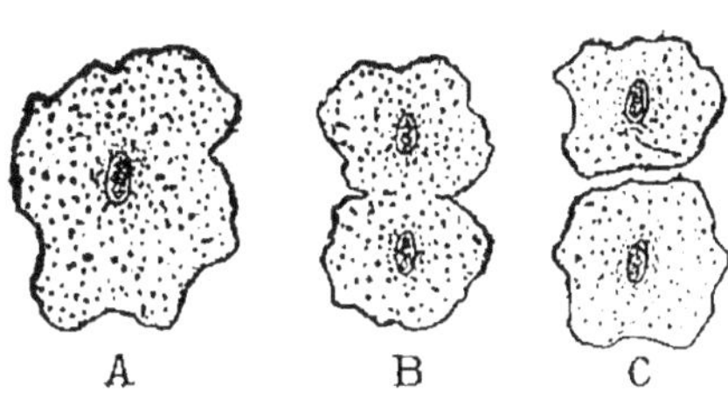

A   B   C

Fig. 12. — Multiplication d'un Amibe.

chez les cellules isolées (globules blancs du sang). Dans ce cas la cellule et le noyau s'allongent, s'étranglent en leur milieu et se séparent en deux parties qui s'isolent complètement, chacune d'elles contenant une portion du protoplasma et du noyau (*fig*. 12).

2° Division indirecte. — Elle est la règle dans les cellules groupées des êtres vivants.

Au moment où la multiplication va se faire, on voit la sphère directrice se renfler, puis se dédoubler, et donner deux nouvelles sphères directrices S et S′ qui vont s'éloigner l'une de l'autre et se diriger vers les deux pôles opposés de la cellule (*fig*. 13, **A**) ; puis des stries rayonnantes apparaissent autour de chaque sphère, formant ainsi une sorte d'étoile (*fig*. 13, **B**).

Pendant ce temps, le noyau est le siège de phénomènes importants : la membrane nucléaire disparaît ; le filament chromatique se renfle et se divise en un certain nombre de tronçons appelés *segments chromatiques* ou *chromosomes*. Le nombre de chromosomes est constant pour un animal donné ; il est de six dans le cas de la figure 13, B.

Dans le protoplasma apparaissent alors des filaments qui vont du pôle S au pôle S′ et dont le nombre est égal à celui des segments chromatiques. La figure prend la forme d'un fuseau ; et les segments chromatiques viennent se placer suivant un plan perpendiculaire à l'axe du fuseau et en son milieu, formant ce qu'on appelle la *plaque équatoriale* (*fig*. 13, **C**).

Chaque segment chromatique recourbé en anse, en V, s'appuie sur le filament correspondant, se fend, non plus en travers, mais en long, faisant ainsi deux parts rigoureusement égales de substance nucléaire (*fig*. 13, D). Le nombre des seg-

ments a doublé : nous en avions 6, nous en avons maintenant 12. Aussitôt, 6 vont se diriger vers la sphère directrice S et 6 vers la sphère directrice S', (*fig*. 13, D et E).

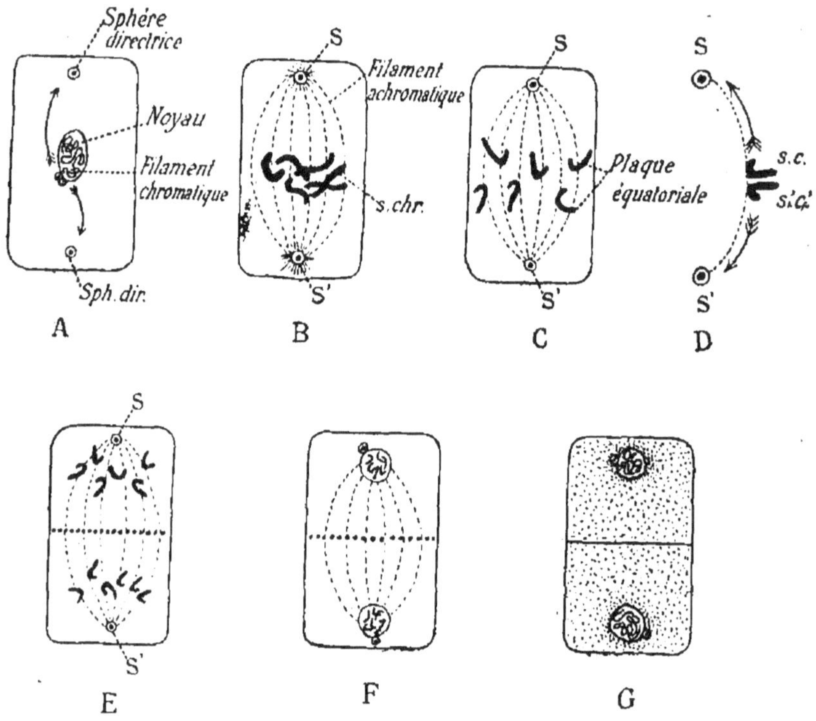

Fig. 13. — Reproduction de la cellule.

Puis les 6 segments, de chaque côté, se rassemblent aux
deux pôles de la cellule, se soudent bout à bout et refor-
ment un filament chromatique continu qui se pelotonne
et autour duquel apparaît une nouvelle membrane nucléaire : nous avons donc deux noyaux au lieu d'un (*fig*.
13, F).

Le protoplasma entoure de nouveau chacun de ces nouveaux noyaux ; des granulations se groupent vers le centre
de la cellule et forment une cloison qui achève la séparation
en *deux cellules-filles*, de tous points semblables à la *cellule-
mère* (*fig*. 13, G).

Cette multiplication cellulaire se faisant de la même façon

chez les animaux et chez les végétaux, est un des plus importants parmi les caractères communs à tous les êtres vivants.

Hérédité. — Ce qui précède nous montre que toute cellule d'un être vivant provient d'une cellule antérieure. Il faut donc rechercher l'origine de chaque filament chromatique, et de chaque protoplasma cellulaire, dans la cellule *primitive*, c'est-à-dire dans l'*œuf*, lequel à son tour est une cellule détachée des parents. On peut donc dire que la substance cellulaire *ne naît pas*, elle ne fait que se *continuer*. De sorte que les cellules d'un animal n'étant que des dérivés de l'œuf, qui n'est lui-même qu'un dérivé des parents, doivent posséder les qualités et les défauts des parents. C'est cette transmission des caractères ancestraux qu'on appelle l'*hérédité*.

Génération spontanée. Les expériences de Pasteur. — Nous venons de montrer que toute cellule provient d'une autre cellule, et par suite tout être vivant d'un autre être vivant. Il ne peut donc y avoir de *génération spontanée*, c'est-à-dire que les êtres vivants ne peuvent se développer aux dépens de la matière brute. Le point de départ d'un être vivant est toujours une cellule provenant d'un être semblable.

Fig. 14. — Pasteur, savant français (1822-1895).

Il a fallu les simples et admirables expériences de Pasteur (*fig.* 14) pour établir que la génération spontanée est impossible. Les auteurs anciens avaient entretenu quantité de fables relatives à la naissance d'êtres vivants. On allait jusqu'à prétendre que les Poux naissent de la chair, les Vers des chairs corrompues, les Puces de la fermentation des ordures, etc. Virgile raconte que les Abeilles naissent du cadavre d'un Bœuf. « Les odeurs, dit Van Helmont, qui s'élèvent du fond des marais produisent des Grenouilles, des Limaces, des Sangsues, des herbes. Si l'on enferme une chemise sale dans l'orifice d'un vase renfermant des graines de froment, le ferment sorti de la chemise sale, modifié par l'odeur du grain, donne lieu à la transmutation du blé en Souris après vingt et un jours environ. »

La méthode expérimentale apporta de la clarté dans ces faits. C'est Redi qui, en 1638, porta le premier coup à la théorie de la génération spontanée, en montrant que s'il se formait des vers, des asticots, dans la viande en putréfaction, c'est parce que les Mouches y venaient pondre leurs œufs. Les vers de la viande, en effet, ne sont que des larves de Mouches, et il suffit d'empêcher les Mouches de venir au contact de la viande pour que les prétendus vers n'apparaissent pas.

Mais c'est Pasteur qui, par une série d'expériences dont nous allons résumer les principaux résultats, a montré d'une façon décisive que toutes les fois que des êtres vivants apparaissent dans une matière organique ou minérale, c'est que des germes, provenant d'autres êtres semblables, y ont été apportés.

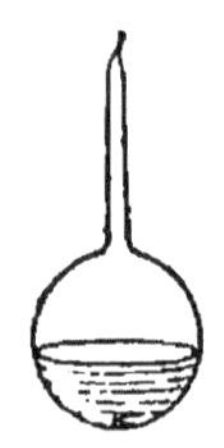

Fig. 15. — Ballon Pasteur pour conserver les liquides à l'abri de l'air.

Dans une première expérience Pasteur a montré que l'on peut conserver indéfiniment sans qu'ils s'altèrent des liquides organiques tels que du lait, du sang, du bouillon, pourvu qu'on les place à l'abri de l'air. Pour cela on introduit le liquide dans un ballon, puis on le soumet à une température de 120° pendant 10 minutes afin de tuer les êtres vivants qu'il pourrait contenir. On *stérilise* ainsi le ballon et son contenu, puis on ferme le col à la lampe (*fig.* 15), et jamais il ne s'y développe aucun organisme; mais dès qu'on ouvre le ballon, en cassant la pointe de son col, l'air extérieur rentre en entraînant les germes qu'il contient et ceux-ci vont pulluler avec une intensité extraordinaire. Le liquide n'était donc stérile que parce que des germes n'y avaient pas pénétré.

Une autre expérience d'une égale simplicité montre que l'on peut conserver les liquides stériles au contact de l'air pourvu que l'air soit privé de germes. Dans un ballon contenant un liquide stérile on fait arriver de l'air filtré à travers un tampon de coton ou d'amiante qui arrête les germes, et le liquide reste indéfiniment stérile (*fig.* 16, **A**). Mais si l'on fait tomber une parcelle de coton chargé de germes dans le liquide, aussitôt de nombreux êtres vivants y apparaissent. Pasteur utilisait aussi un ballon dont le col était sinueux (*fig.* 16,

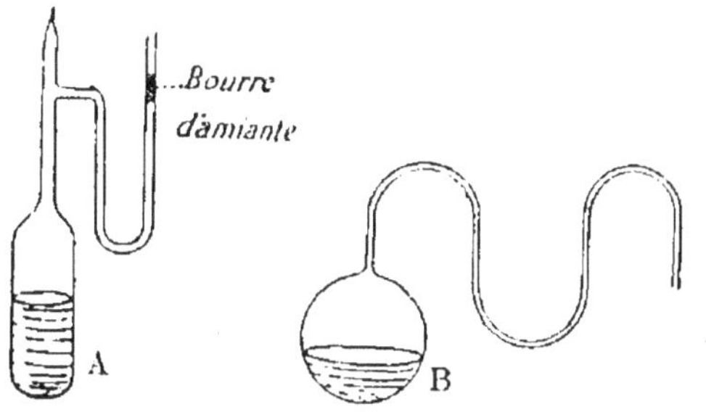

Fig. 16. — Ballons pour conserver les liquides au contact de l'air privé de germes.

B) : il faisait bouillir le liquide, et lorsque, par le refroidissement, l'air rentrait, dépouillé de ses germes au niveau des courbures du tube, le liquide demeurait intact. Mais si l'expérimentateur penchait le ballon pour amener le liquide au contact des courbures chargées de germes, immédiatement ce liquide s'altérait sous l'influence des êtres vivants qui s'y multipliaient.

Des milliers d'expériences qui se répètent chaque jour ont donné des résultats identiques à ceux que nous venons de décrire ; elles ont montré que les liquides organiques, même les plus altérables, ne s'altèrent jamais et ne donnent jamais naissance à des êtres vivants si des germes de ces êtres n'y sont parvenus. Dès qu'on y a introduit des germes, au contraire, la vie y pullule. Les êtres vivants proviennent donc toujours d'autres êtres vivants qui ont existé avant eux. Nous pouvons donc conclure que, *dans les conditions expérimentales connues actuellement, il n'y a pas de génération spontanée.*

RÉSUMÉ

I. — Phénomènes de la vie communs aux animaux et aux végétaux.

Les êtres vivants. — Les êtres viva... s naissent, grandissent et meurent ; ils accomplissent des *échange... ...ec le milieu extérieur*.
Tout être vivant est essentiellement form... d'une substance particulière, le *protoplasma*.

Animaux et végétaux. — Parmi l... êtres vivants, on distingue les animaux et les végétaux. Ils on... ...caractères *communs* et des caractères *distinctifs*.

1° *Caractères communs* : Le protoplasma qui les forme a les mêmes propriétés générales (composition chimique, mouvement, sensibilité).

2° *Caractères distinctifs* : Pas de séparation absolue entre les animaux et les végétaux. Le meilleur caractère distinctif qu'on ait donné jusqu'ici est la présence de la *cellulose* chez les végétaux.

II. — Éléments constitutifs des êtres vivants.

Tout être vivant est formé par l'agglomération d'un nombre considérable d'éléments anatomiques appelés *cellules*.

La cellule. — La cellule comprend trois parties : *protoplasma, noyau, membrane*.

1° *Protoplasma* :
- Matière albuminoïde [C, O, H, Az].
- Coagule par la chaleur ou par les acides.
- Il est le siège des échanges nutritifs [digestion, respiration, etc.].

2° *Noyau* :
- Réfringent ; fixe les matières colorantes.
- Matière albuminoïde, plus du phosphore.
- Formé par la membrane nucléaire, le filament chromatique et le suc nucléaire.

3° *Membrane* :
- Partie différenciée du protoplasma.
- Manque souvent dans les cellules animales.

La cellule naît, se développe et meurt comme l'être vivant tout entier.

La cellule se multiplie et produit deux cellules, de tous points semblables à la cellule-mère.

Toute cellule provient d'une autre cellule, et par suite tout être vivant d'un autre être vivant. Il ne peut donc y avoir de *génération spontanée* ; c'est ce qu'ont démontré les expériences de Pasteur.

PREMIÈRE PARTIE

ANATOMIE ET PHYSIOLOGIE ANIMALES

CHAPITRE PREMIER

TISSUS. — ORGANES. — FONCTIONS ANIMALES.

Formation des animaux. L'embryon. — Deux cas sont à considérer : celui des *Protozoaires*, animaux constitués par une seule cellule ; et celui des *Métazoaires*, animaux formés par un grand nombre de cellules.

1° Chez les **Protozoaires**, la cellule qui constitue l'animal se segmente en deux selon le procédé décrit plus haut. Puis les deux cellules-filles vont se séparer et vivre chacune pour son propre compte. C'est ce qui se passe chez l'Amibe et chez l'Infusoire (*fig.* 17). La vie est passée de la cellule-mère aux deux cellules-filles ; elle ne fait donc que se continuer de génération en génération, et à ce point de vue la matière vivante apparaît comme immortelle.

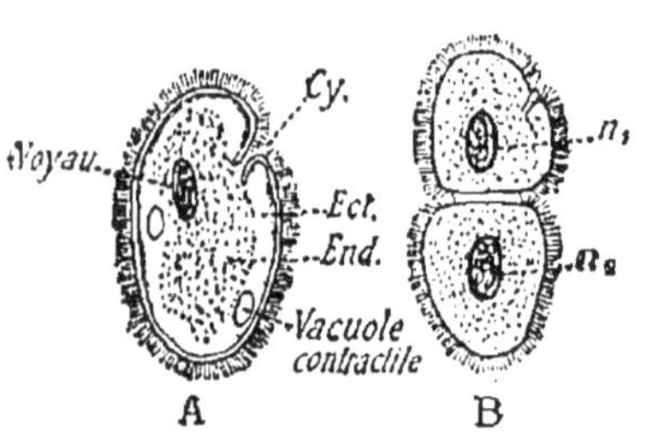

Fig. 17. — Multiplication d'un Infusoire.

2° Chez les **Métazoaires**, toutes les cellules proviennent d'une seule cellule primitive, l'œuf, dont les différentes parties sont : le *vitellus*, qui est le protoplasma, la *vésicule* *germinative,* qui est le noyau, et la *membrane vitelline,* qui est la membrane cellulaire (*fig.* 18).

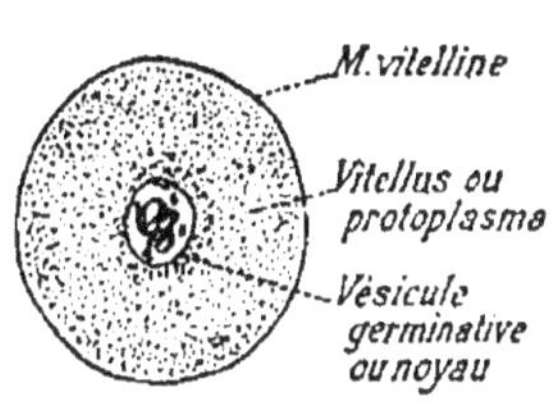

Fig. 18. — L'œuf ou cellule initiale.

L'œuf se divise d'abord en deux cellules nettement séparées par un sillon qui fait le tour de l'œuf (*fig.* 19, A) ; puis ces deux cellules se divisent à leur tour par le même procédé, et l'on a bientôt un amas de 4, 8, 16, 32 cellules agglomérées comme les grains d'une mûre : c'est ce qu'on appelle une *morula* (*fig.* 19, C). Pendant ce temps les cellules centrales s'écartent les unes des autres en laissant,

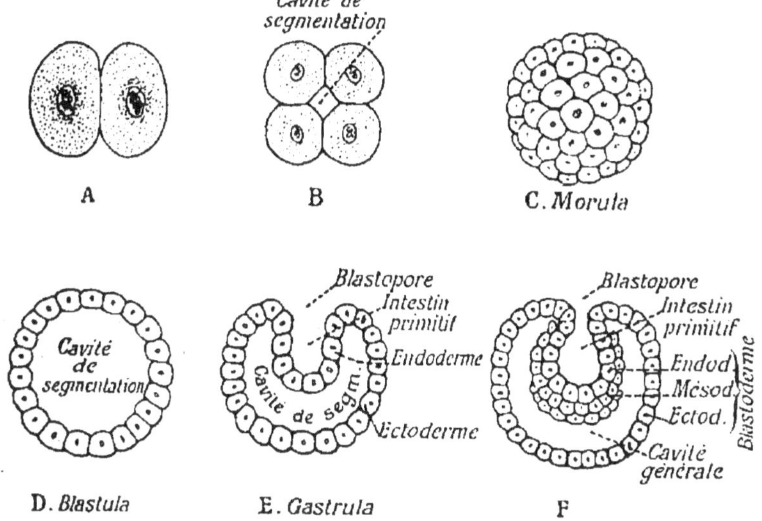

Fig. 19. — Formation de l'embryon : feuillets blastodermiques.

au centre, une cavité dite de *segmentation.* La sphère creuse ainsi formée est appelée *blastula* (*fig.* 19, D).

C'est alors que se produit, en un certain point de cette blastula, une dépression en doigt de gant : cette dépression, qui représente l'*intestin primitif,* communique avec l'extérieur par un orifice appelé *blastopore.* Ce sac à double paroi a reçu le nom de *gastrula* : la paroi externe est l'*ectoderme,* la paroi interne l'*endoderme* (*fig.* 19, E). Dans la cavité de segmentation vont ensuite apparaître de nouvelles cellules qui constitueront le *mésoderme* (*fig.* 19, F). Ce mésoderme peut remplir complètement la cavité de segmentation, puis se fendre ensuite en deux lames, en deux feuillets séparés par un espace vide appelé *cavité générale*.

Ces trois membranes (ectoderme, mésoderme, endoderme), qui vont former les différentes parties de l'embryon, ont reçu le nom de *feuillets embryonnaires* ou de *feuillets blastodermiques*, leur ensemble s'appelant *blastoderme*.

La gastrula est une forme embryonnaire intéressante, car elle se retrouve dans toute la série animale, aussi bien chez les animaux les plus simples que chez les plus compliqués.

La différenciation des cellules produite par la division du travail physiologique. — Toutes les cellules de l'embryon, jusqu'au stade de la gastrula, sont dans la même situation par rapport au milieu extérieur et sont semblables ; cette situation devenant différente dans la gastrula, les fonctions des cellules seront aussi différentes et par suite leur forme et leur structure vont aussi différer.

L'ectoderme, en rapport avec l'extérieur, va donner l'épiderme, le système nerveux, les organes des sens ;

L'endoderme va donner le tube digestif et ses glandes (foie, pancréas, etc.) ;

Le *mésoderme* va donner le squelette, les muscles, le sang, etc.

Chaque cellule s'adaptant à une fonction spéciale prend une forme spéciale. C'est donc la *division du travail physiologique* qui produit la différenciation des cellules ; et dans l'organisme, comme dans les industries, comme dans les sociétés humaines, cette division du travail marque un progrès, un perfectionnement. Ainsi nous observons dans la cellule du Protozoaire toutes les fonctions animales, mais elles se présentent à l'état *diffus*, tandis qu'à mesure qu'on s'élève dans la série animale ces fonctions deviennent plus nettes, se perfectionnent et s'affinent.

On pourrait comparer le corps d'un *Métazoaire* à une

usine dans laquelle chaque ouvrier, c'est-à-dire chaque cellule différenciée, chargée d'un travail spécial, acquiert une
habileté spéciale. Quant au *Protozoaire*, il est comparable au
modeste ouvrier de village qui fait plusieurs métiers, mais
avec une inégale habileté ; il nous montre tout ce que la
nature peut faire avec une cellule.

Les tissus.

Définition. — Toutes les cellules qui accomplissent les
mêmes fonctions et qui ont la même forme se groupent
pour constituer un *tissu*. Exemple : les *cellules nerveuses* se
rassemblent pour former le *tissu nerveux*.

Parmi les principaux tissus, citons : le tissu *épithélial* ou
épithélium, les tissus *conjonctif, sanguin, cartilagineux, osseux,
musculaire* et *nerveux*.

Tissu épithélial. — Il est formé par des cellules simple-

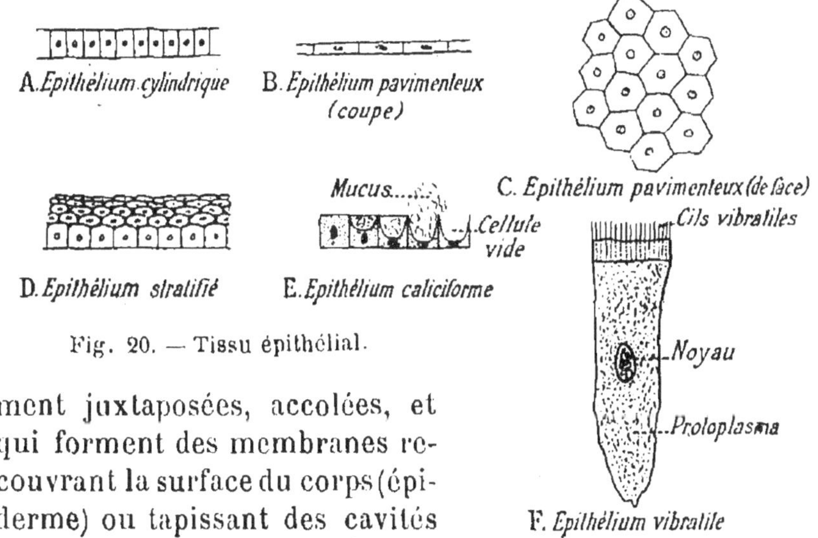

Fig. 20. — Tissu épithélial.

ment juxtaposées, accolées, et
qui forment des membranes recouvrant la surface du corps (épiderme) ou tapissant des cavités
de l'organisme (tube digestif).

L'épithélium est *simple* lorsque le tissu est formé d'une
seule assise de cellules (intérieur de l'estomac) ; il est *stra-*

tifié lorsqu'il est formé par plusieurs assises superposées (épiderme) (*fig.* 20, D).

Les cellules épithéliales peuvent prendre différentes formes :

1º Elles peuvent être larges, aplaties, et former une sorte de carrelage : c'est l'épithélium *pavimenteux* (alvéole pulmonaire) (*fig.* 20, B et C) ;

2º Elles peuvent être plus hautes que larges et former une membrane plus épaisse : c'est l'épithélium *cylindrique* (estomac, intestin) (*fig.* 20, A) ;

3° Elles peuvent contenir dans la partie superficielle une masse de liquide, du mucus par exemple, qui a été élaboré par le protoplasma ; celui-ci se rassemble, avec le noyau, à l'autre extrémité de la cellule, formant ainsi une sorte de calice : c'est l'épithélium *caliciforme* ou *glandulaire* (glandes muqueuses) (*fig.* 20, E) ;

4° Enfin certaines cellules épithéliales peuvent porter des prolongements doués de mouvements vibratoires et appelés *cils vibratiles* : elles forment l'épithélium *vibratile* (trachée-artère). Chaque cellule porte à sa partie extérieure un épaississement sur lequel sont implantés les cils, qui sont des prolongements du protoplasma (*fig.* 20, F). Les cils se meuvent généralement dans le même sens : aussi, vus à un

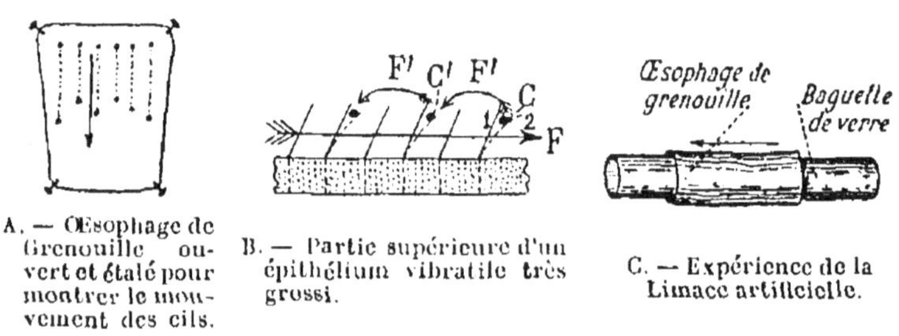

Fig. 21. — Mouvement des cils vibratiles.

faible grossissement, ils rappellent les ondulations d'un champ de blé agité par le vent. Ces mouvements peuvent facilement s'observer chez la Grenouille, dont l'œsophage est revêtu d'un épithélium vibratile : on fend longitudinalement l'œsophage, qu'on étale ensuite et sur lequel on sème quelques poussières de charbon qu'on verra progresser dans un certain sens (*fig*. 21, A). Le mouvement s'explique bien par la figure 21, B : les cils passant de la position 2 à la position 1, feront passer le grain de poussière de C en C′ ; donc si les cils s'abaissent dans le sens de F, en se relevant ils feront marcher les poussières dans le sens de F′.

On peut encore mettre ce mouvement en évidence en introduisant à l'intérieur de l'œsophage de la Grenouille une baguette de verre de même dimension que l'œsophage. On voit alors le lambeau d'œsophage se déplacer par l'action des cils vibratiles qui agissent comme autant de pieds microscopiques : c'est l'expérience décrite sous le nom de *Limace artificielle*, à cause de l'illusion qu'elle produit.

L'épithélium vibratile a une grande importance : 1º chez les Protozoaires et animaux inférieurs, où il assure le mouvement ; 2º chez les animaux aquatiques, où il facilite la respiration en aidant au renouvellement de l'eau à la surface de l'appareil respiratoire.

Au point de vue de leur rôle physiologique, les épithéliums peuvent se diviser en deux groupes :

1º Les épithéliums de *revêtement*, qui recouvrent la surface externe du corps (épiderme) et la surface interne des organes (tube digestif, poumons) ;

2º L'épithélium *glandulaire*, qui tapisse l'intérieur des glandes et dont l'activité du protoplasma assure la sécrétion (glandes de l'estomac, glandes salivaires).

L'épithélium s'use ; ses cellules meurent et tombent : c'est la *desquamation* de la peau ou *mue*.

Tissu conjonctif. — Il est formé par des *cellules* arrondies, fusiformes ou souvent étoilées, séparées les unes des autres par une *matière interstitielle* qui est un produit d'élimination des cellules. Cette matière ne reste pas homogène ; elle se partage en longs filaments qui forment les *fibres conjonctives* (*fig*. 22, A). Les unes sont disposées parallèlement et ont l'aspect d'une mèche de cheveux ; les autres, qui sont élastiques, sont à double contour et ramifiées (*fig*. 22, B). Ces dernières se reconnaissent facilement à ce qu'elles sont inattaquables par la potasse.

Le tissu conjonctif sert à relier les organes entre eux, jou-

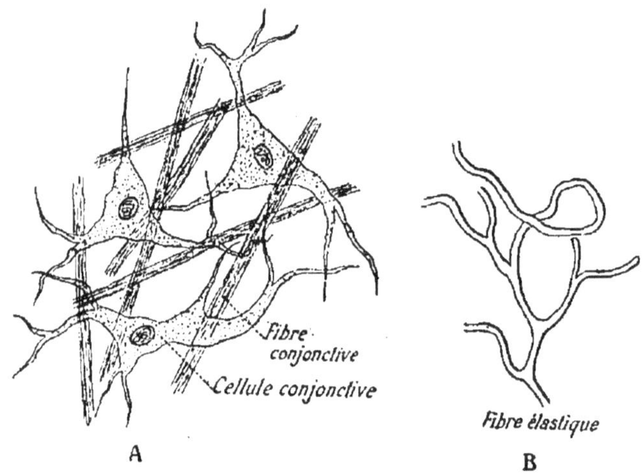

Fig. 22. — Tissu conjonctif.

ant ainsi le rôle d'une matière d'emballage. Il occupe les espaces laissés libres par les autres tissus, de sorte qu'il soutient les organes et les protège. C'est un tissu très abondant.

Parfois, on voit apparaître, à l'intérieur du protoplasma d'une cellule conjonctive, de fines gouttelettes de graisse dont le nombre va en augmentant, et qui finissent par se réunir en une grosse goutte, refoulant ainsi le proto-

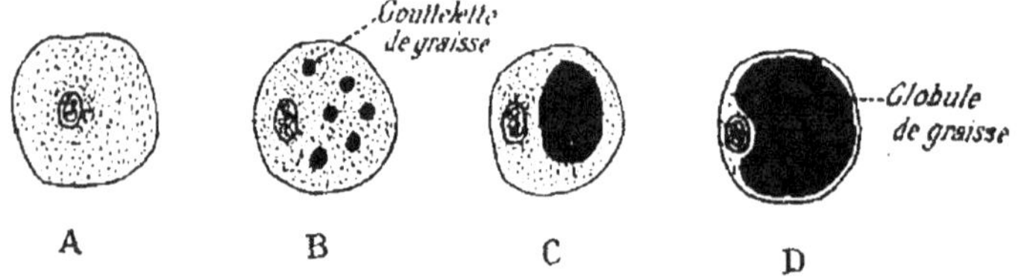

Fig. 23. — Formation d'une cellule adipeuse.

plasma et le noyau contre les parois de la cellule : c'est une *cellule adipeuse* (*fig.* 23, A, B, C, D). Le noyau et le protoplasma finiront même par disparaître ; la cellule sera morte puisqu'elle ne contiendra plus de matière vivante : elle n'est plus qu'un sac de graisse. Les cellules adipeuses peuvent s'accumuler en certaines régions de l'organisme pour donner le *tissu adipeux*, si abondant chez les personnes obèses, soit dans l'épaisseur de la peau, soit autour des viscères.

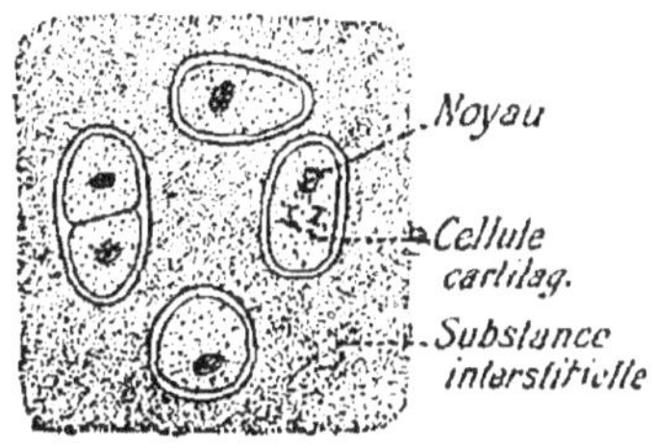

Fig. 24. — Tissu cartilagineux.

Tissu cartilagineux. — C'est un tissu conjonctif dont les cellules arrondies ou ovoïdes sont séparées par une substance interstitielle flexible, élastique. Cette substance, qui forme autour des cellules des cavités régulières (*fig.* 24), peut se transformer par ébullition en une matière voisine de la gélatine et qui se prend en gelée par refroidissement.

Tissu osseux. — C'est un tissu conjonctif dont les cellules ont de nombreux prolongements ramifiés et dont la substance interstitielle est durcie par des sels calcaires (phosphate et carbonate de calcium) (*fig.* 25). Nous parlerons avec plus de détails de ce tissu osseux lorsque nous étudierons le squelette.

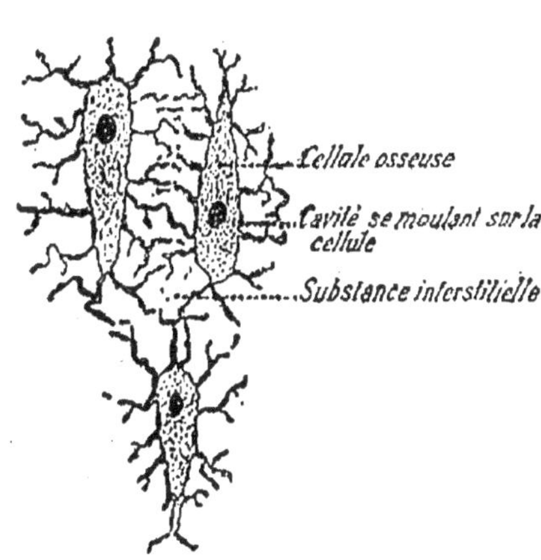

Fig. 25. — Tissu osseux.

Tissu sanguin. — C'est un tissu conjonctif dont les cellules arrondies ou *globules* nagent dans une substance interstitielle liquide ou *plasma* du sang. Le sang est donc bien un tissu et mérite le nom de *chair coulante* que lui donnait Claude Bernard.

Tissus spéciaux. — Enfin certains tissus, tels que le *tissu* *musculaire* et le *tissu nerveux*, sont constitués par des cellules qui ont subi une très grande différenciation. Nous en parlerons à propos des muscles et du système nerveux. Il nous suffit de savoir actuellement que ces tissus proviennent bien, comme les autres, de cellules associées qui se sont spécialisées en s'adaptant à des fonctions très délicates.

Les fonctions animales.

Organes et appareils. — Nous venons de montrer comment des cellules peuvent se grouper pour former un *tissu* ; nous pouvons maintenant comprendre comment plusieurs tissus peuvent concourir à la formation d'un *organe*. Exemple : les tissus conjonctif, musculaire, épithélial se grouperont pour donner l'estomac, qui est un *organe*.

Enfin plusieurs organes travaillant dans le même but peuvent aussi s'associer pour donner un *appareil*. Exemple : l'estomac, l'intestin, le foie, le pancréas, etc. sont des organes qui forment ensemble l'*appareil digestif*, dont le rôle est de transformer les aliments en matières assimilables. C'est au travail d'un tel appareil qu'on a donné le nom de *fonction*.

Les principales fonctions. — On les range en deux catégories : les unes sont communes aux animaux et aux végétaux, ce sont les fonctions de la *vie végétative ;* les autres, spéciales aux animaux, sont dites *fonctions de la vie animale*.

1° Les fonctions de la *vie végétative* se divisent en deux groupes :

a) Les fonctions de *nutrition*, qui assurent la conservation de l'individu ;

b) Les fonctions de *reproduction*, qui assurent la conservation de l'espèce.

2° Les fonctions de la *vie animale*, qu'on appelle encore fonctions de *relation*, sont destinées à mettre l'homme ou l'animal en rapport, en *relation*, avec le milieu extérieur. Ce sont en particulier le *mouvement* et la *sensibilité*.

Ces différentes fonctions sont solidaires, c'est-à-dire qu'elles se prêtent un mutuel concours. C'est ainsi que l'animal et le sauvage utilisent leur vue, leur odorat et leur agilité, afin de capturer la proie dont ils ont besoin pour se nourrir, mettant ainsi leurs fonctions de *relation* au service de leurs fonctions de *nutrition*.

Anatomie et physiologie. — Nous aurons donc à étudier dans la suite de cet ouvrage :

1º La structure des organes, c'est l'*anatomie* ;

2º Les fonctions de ces organes, c'est la *physiologie*.

Pour étudier l'anatomie, il suffit d'*observer*, soit avec les yeux, soit à l'aide d'instruments d'optique plus puissants (loupes, microscopes, etc.).

Pour connaître la physiologie d'un organe, il faut : 1º l'*observer* pendant qu'il agit, pendant qu'il fonctionne ; 2º *expérimenter* sur lui, c'est-à-dire le supprimer ou modifier les conditions dans lesquelles il agit, et constater ensuite les troubles qui surviennent dans l'organisme. C'est cette méthode de l'*observation* contrôlée par l'*expérimentation* qui, sous l'heureuse impulsion de Claude Bernard, a fait faire à la physiologie des progrès considérables dans la dernière moitié du xixᵉ siècle.

RÉSUMÉ

Formation des animaux. — Chaque animal est formé, à l'origine, par une cellule unique, l'*œuf*. Cette cellule, en se multipliant un grand nombre de fois, donnera l'*embryon*. Puis ces cellules vont se ranger suivant trois feuillets : *ectoderme, endoderme* et *mésoderme*.

Chaque cellule va se différencier en s'adaptant à une fonction spéciale. La division du travail physiologique produit donc la différenciation des cellules.

Les tissus. — Un *tissu* est une réunion de cellules de même forme et remplissant la même fonction.

1° *Tissu épithélial :* (formé de cellules juxtaposées).
- Cellules aplaties : Épithélium pavimenteux.
- Cellules plus hautes : Épithélium cylindrique.
- Cellules munies de cils vibratiles : Épithélium vibratile.
- Cellules caliciformes : Épithélium glandulaire.

2° *Tissu conjonctif :* (cellules séparées par une matière interstitielle).
- Fibres dans la matière interstitielle } T. conjonctif.
- Matière interstitielle élastique. } T. cartilagineux.
- Matière interstitielle durcie par des sels calcaires. } T. osseux.
- Matière interstitielle liquide . . } Sang.

3° *Tissus spéciaux :*
- Cellules très différenciées. . . . { T. musculaire. / T. nerveux.

Les fonctions animales. — On peut les grouper en deux catégories :

1° Fonctions de la *vie végétative :*
- *Nutrition :* conservation de l'individu.
- *Reproduction :* conservation de l'espèce.

2° Fonctions de la *vie animale* ou de relation :
- *Mouvement.*
- *Sensibilité.*

ÉTUDE SPÉCIALE DE L'HOMME

Les régions du corps. — Le corps de l'Homme présente trois régions bien distinctes : la *tête*, le *tronc* et les *membres*. La *tête* comprend le *crâne*, qui contient l'encéphale (cer-

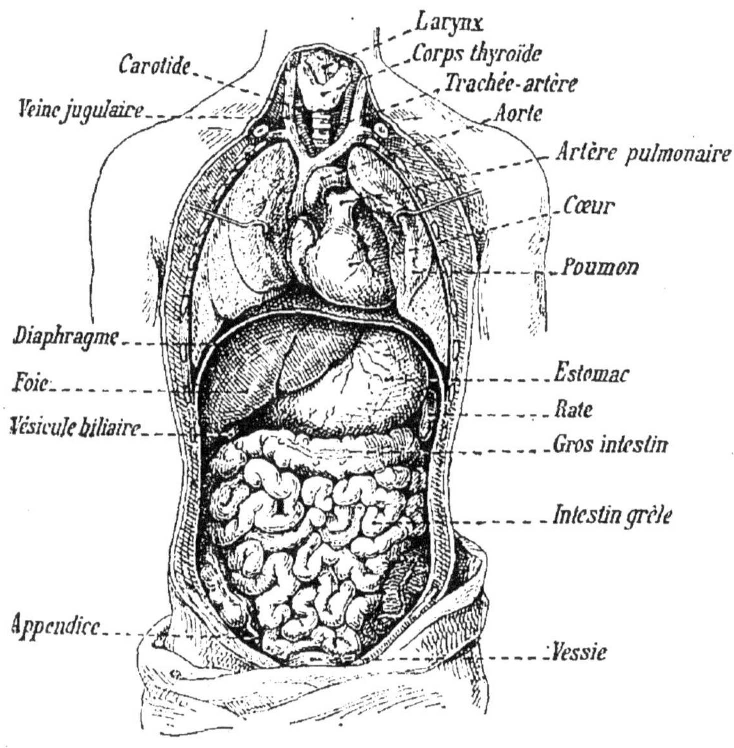

Fig. 26. — Vue d'ensemble du tronc montrant les organes contenus dans le thorax et l'abdomen.

veau, cervelet, bulbe), et la *face*, qui porte les principaux organes des sens (yeux, oreilles, nez, bouche).

Le *tronc* (*fig.* 26) est creusé d'une cavité qui renferme les principaux viscères. Cette cavité est partagée en deux parties par une cloison musculaire appelée *diaphragme* : la poitrine ou *thorax* à la partie supérieure, le ventre ou *abdomen* à la partie inférieure. Le thorax contient le cœur et les poumons ; dans l'abdomen se trouvent l'estomac, l'intestin, le foie, les reins, la vessie, etc.

Les *membres* sont au nombre de deux paires : les membres *supérieurs* ou *thoraciques*, qui se rattachent au tronc par l'épaule ; les membres *inférieurs* ou *abdominaux*, qui se relient à l'abdomen par le bassin.

PREMIÈRE SECTION

LES FONCTIONS DE NUTRITION

La *nutrition* étant l'acte par lequel se crée la matière vivante, on peut dire que les fonctions de nutrition assurent la conservation de l'individu en incorporant à la matière vivante les matériaux puisés dans le milieu extérieur. Elles comprennent les différentes fonctions par lesquelles l'organisme transforme les aliments et se débarrasse des produits de déchet. Ce sont : la *digestion*, l'*absorption*, la *circulation*, la *respiration* et l'*élimination*.

CHAPITRE II

LA DIGESTION

La digestion est la transformation des aliments en substances pouvant être absorbées par le sang.

Nous étudierons successivement l'*appareil digestif*, les *aliments* et la *physiologie* de la digestion (phénomènes mécaniques et chimiques).

I. — Appareil digestif.

L'appareil digestif est constitué par un ensemble d'organes destinés à digérer les aliments et à rejeter au dehors les matières qui ont résisté à la digestion. Il comprend deux parties :

1° Le *tube digestif* (fig. 27), dont les diverses régions sont la *bouche*, le *pharynx*, l'*œsophage*, l'*estomac* et l'*intestin* terminé par l'*anus* ;

2° Les *glandes annexes*, destinées à fournir, les unes les sucs digestifs, les autres une substance visqueuse qui facilite la marche des aliments dans le tube digestif : ce sont les *glandes salivaires*, le *pancréas* et le *foie*.

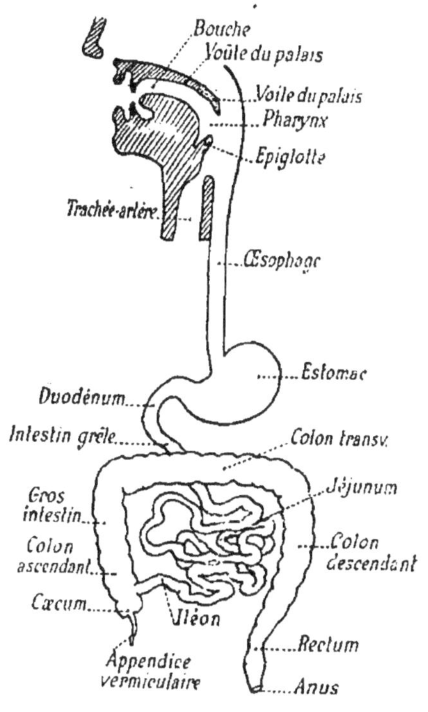

Fig. 27. — Tube digestif.

§ 1. — Le tube digestif.

La bouche. — C'est une cavité limitée en avant par les lèvres et les dents, sur les côtés par les joues, en haut par la voûte du palais, en bas par la langue et le plancher de la bouche, en arrière par le voile du palais que prolonge la *luette*. La bouche est tapissée par une membrane appelée *muqueuse*. Une muqueuse est une membrane qui sécrète un liquide visqueux, le *mucus*, et qui tapisse une cavité organique communiquant avec le dehors. La muqueuse est donc un prolongement de la peau ; aussi, comme celle-ci, est-elle formée d'un tissu conjonctif, appelé *derme*, recouvert par un épithélium stratifié qui constitue l'*épiderme* de la peau.

A l'intérieur de la bouche se trouvent les deux mâchoires ou *maxillaires*, qui portent les *dents*.

Mâchoires. — Les deux mâchoires sont recouvertes par la muqueuse buccale, qui prend alors le nom de *gencive*. Le maxillaire supérieur est soudé aux autres os de la tête, il est donc *immobile* ; le maxillaire inférieur, au contraire, est articulé avec le crâne : il est par conséquent *mobile*. C'est un os en forme de fer à cheval dont les deux branches montantes se terminent par une saillie arrondie et allongée transversalement (*fig.* 28), le *condyle*, qui vient se loger dans une cavité, la *cavité glénoïde*, creusée dans l'os temporal.

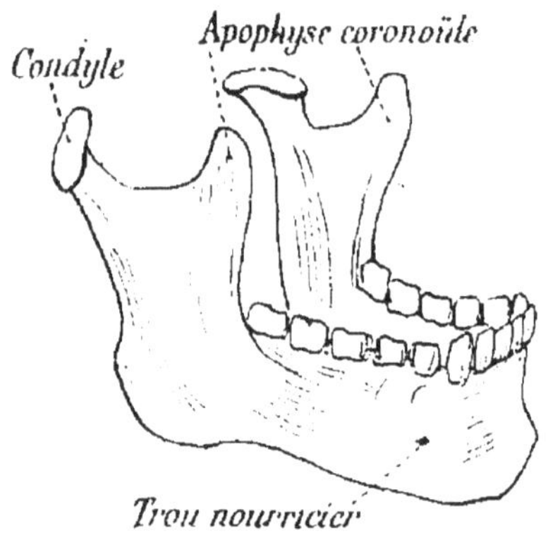

Fig. 28. — Mâchoire inférieure.

Le maxillaire inférieur peut effectuer trois sortes de mouvements : il peut s'élever,

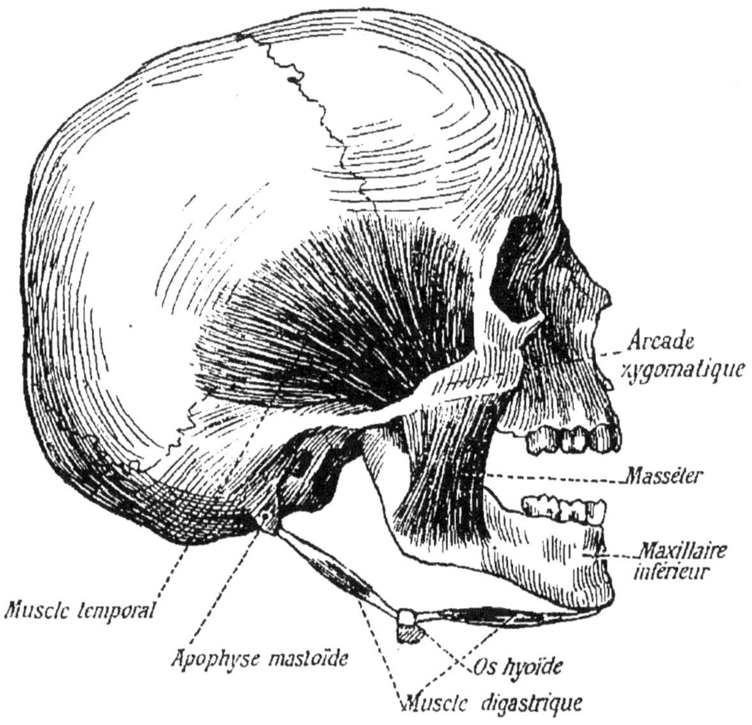

Fig. 29. — Muscles masticateurs : élévateurs et abaisseurs.

s'abaisser et se déplacer latéralement. Trois sortes de muscles produisent ces mouvements :

1° Les muscles *élévateurs*, au nombre de deux : le *temporal* et le *masséter* (*fig.* 29). Le temporal s'attache, en haut, sur la fosse temporale, et en bas sur un prolongement de la branche montante du maxillaire inférieur, l'apophyse coronoïde. Le masséter s'attache, en haut, sur l'arcade zygomatique, et en bas sur la branche montante du maxillaire inférieur. Ces deux muscles, par leur contraction, relèvent la mâchoire inférieure ;

2° Les muscles *abaisseurs*, plus faibles que les précédents et parmi lesquels le plus actif est le muscle *digastrique* (*fig.* 29). Il s'attache par une extrémité sur l'apophyse mastoïde du temporal, et passe ensuite sur l'os hyoïde pour venir se fixer sur la partie antérieure du maxillaire inférieur. Il est

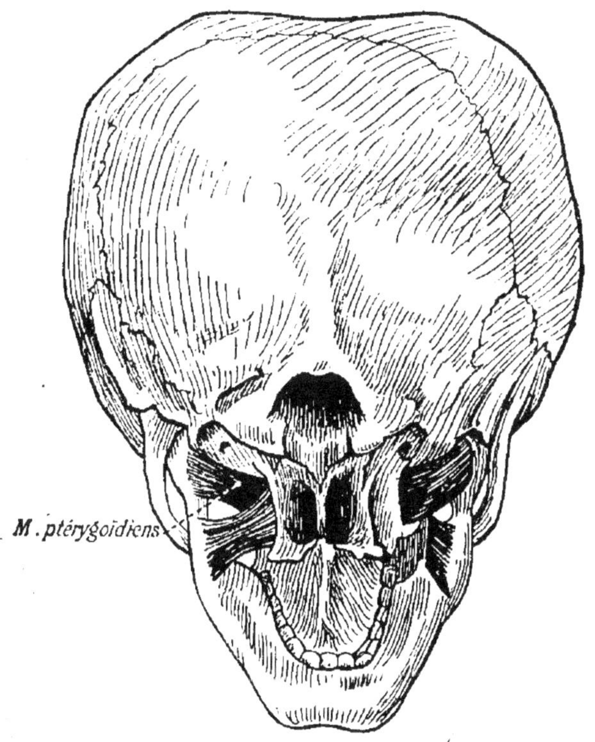

Fig. 30. — Muscles masticateurs produisant les mouvements de latéralité.

facile de voir qu'il abaisse, par sa contraction, la mâchoire inférieure et fait ainsi ouvrir la bouche ;

3° Les muscles qui produisent les mouvements *latéraux* sont les *ptérygoïdiens* (*fig.* 30), qui s'étendent transversalement des apophyses ptérygoïdes à la branche montante du maxillaire inférieur. L'effet de la contraction de ces muscles est un déplacement latéral du maxillaire inférieur.

La contraction de ces divers muscles a pour résultat la *mastication* des aliments, d'où le nom de muscles *masticateurs* donné à ces organes.

Dents. — Les dents (*fig.* 31) sont des organes très durs implantés sur le bord des mâchoires dans des cavités appelées *alvéoles*. Une dent présente une partie libre, la *couronne*, et une partie enfoncée dans la mâchoire, la *racine*; entre les deux se trouve un rétrécissement, le *collet*.

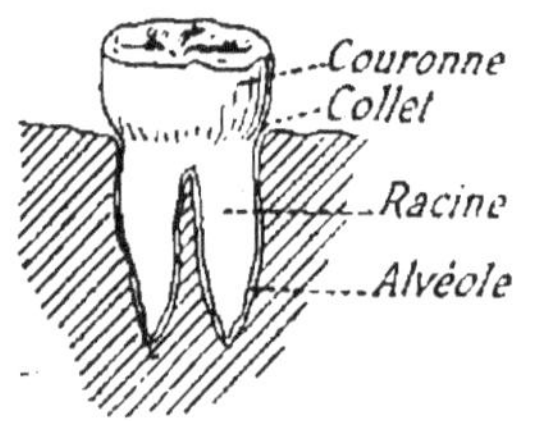

Fig. 31. — Extérieur d'une dent molaire.

La forme des dents varie; il y en a de trois sortes (*fig.* 32) :

1° Les *incisives*, situées en avant de la mâchoire, ont la couronne aplatie, tranchante ; elles servent, comme leur nom l'indique, à couper les aliments; il y en a 4 à chaque mâchoire ;

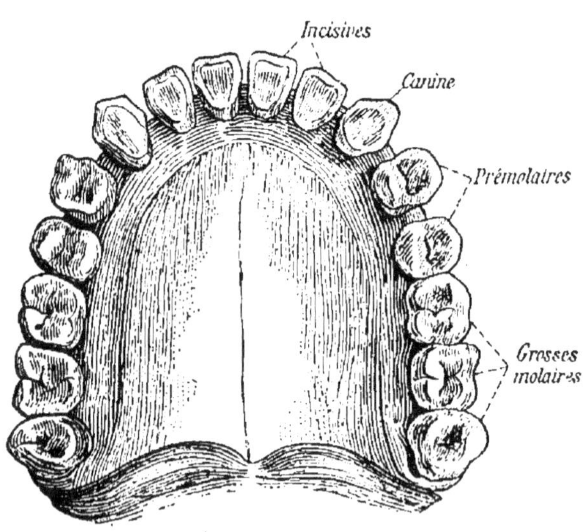

Fig. 32. — Mâchoire supérieure vue en dessous.

2° Les *canines*, situées en dehors et en arrière des incisives, sont coniques et pointues, elles sont ainsi appelées parce qu'elles ressemblent aux crocs du Chien ; elles servent à déchirer les aliments ; il y en a 2 à chaque mâchoire ;

3° Les *molaires*, situées en arrière, présentent une couronne aplatie qui porte des petits tubercules ; elles broient les aliments en fonctionnant comme des meules, d'où leur nom. Il y en a 10 à chaque mâchoire. Les deux molaires les plus proches de chaque canine sont plus petites, ce sont les *prémolaires* : elles ont une couronne à deux tubercules et une racine simple ; les trois autres sont les *grosses molaires*, dont la dernière, au fond, est souvent appelée la *dent de sagesse* : elles ont une couronne à 4 tubercules et une racine à 2 ou 3 branches.

En somme, les incisives servent à *couper*, les canines à *déchirer*, et les molaires à *écraser* les aliments.

Le nombre des dents est constant pour une même espèce animale. Chaque espèce peut donc être caractérisée par sa *formule dentaire*, qui s'obtient en écrivant, au numérateur d'une fraction, le nombre des dents de la mâchoire supérieure, et au dénominateur le nombre des dents de la mâchoire inférieure.

La formule dentaire de l'Homme adulte est

$$\frac{4}{4}I + \frac{2}{2}C + \frac{4P.M + 6G.M}{4P.M + 6G.M},$$

donc 16 dents pour chaque mâchoire et 32 au total.

Chez l'enfant, la formule n'est pas la même. Les premières dents ou *dents de lait* commencent à apparaître vers le sixième mois : ce sont d'abord les incisives moyennes, puis latérales ; puis, au milieu de la deuxième année, les premières prémolaires ; et enfin, vers la troisième année, les canines et les secondes prémolaires. Ces poussées de dents sont très variables : Louis XIV et Mirabeau sont, paraît-il, venus au monde avec leurs incisives.

La formule dentaire de l'enfant est

$$\frac{4}{4}I + \frac{2}{2}C + \frac{4}{4}P.M,$$

donc 10 dents pour chaque mâchoire et 20 au total.

Les dents de lait tombent à partir de l'âge de 7 ans jusqu'à 13 ans et sont remplacées par les dents définitives, qui apparaissent dans le même ordre que les dents de lait. Les dernières grosses molaires ou *dents de sagesse* peuvent n'apparaître que fort tard, vers 30 ans par exemple : elles peuvent même manquer complètement, surtout dans les races civilisées dont l'art culinaire a diminué considérablement le travail des dents, de sorte que celles-ci ont une tendance à s'atrophier.

Une dent coupée longitudinalement montre quatre parties essentielles : l'*émail*, le *cément*, l'*ivoire* et la *pulpe* (*fig.* 33).

1° L'*émail* recouvre complètement la couronne ; il a l'aspect blanc brillant ; il est presque entièrement composé de sels calcaires (environ 96 %), ce qui le rendrait facilement attaquable par les acides de nos aliments si sa partie externe, qui forme une sorte de cuticule, n'était plus dure que le reste ; cette partie résiste à l'action des acides et aux nombreux microbes de la bouche. Mais dès que la cuticule disparaît en un point, ces microbes accomplissent leur œuvre de destruction, rongent l'ivoire et occasionnent ce qu'on appelle de la *carie* dentaire. Une grande propreté de la bouche s'impose donc si l'on veut éviter ces accidents ;

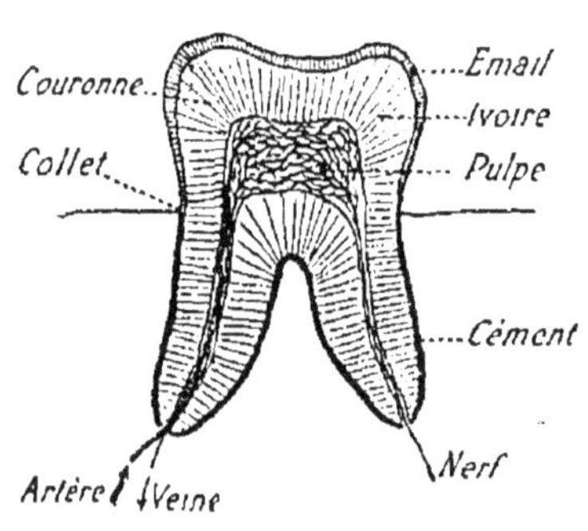

Fig. 33. — Coupe longitudinale d'une dent.

2° Le *cément*, de couleur jaunâtre, enveloppe la racine et a la même composition que l'os ;

3° L'*ivoire* est la partie fondamentale de la dent ; c'est une substance dure, parcourue par des canalicules, à l'intérieur desquels sont des prolongements des cellules de la pulpe dentaire ;

4° La *pulpe dentaire* est une substance molle située au milieu de la dent et formée d'un tissu conjonctif au milieu duquel se ramifient les artères, les veines et les filets nerveux qui ont pénétré par l'extrémité des racines. Ce sont ces filets nerveux qui, mis à découvert par la carie dentaire, causent les maux de dents.

Les dents se forment aux dépens de la muqueuse qui tapisse l'intérieur de la bouche. Ce travail de développement, qui commence dès le deuxième mois de la vie embryonnaire, s'effectue dans la gencive, et au moment de sa naissance l'enfant présente déjà les germes de toutes ses dents, dents de lait et dents définitives ; mais ce n'est que plusieurs mois après la naissance que les dents, en grandissant, vont *percer* la gencive. Le développement d'une dent est analogue à celui d'un poil.

Le pharynx. — Le *pharynx* est une cavité qui fait suite à la bouche et qui communique, en haut, avec la bouche et

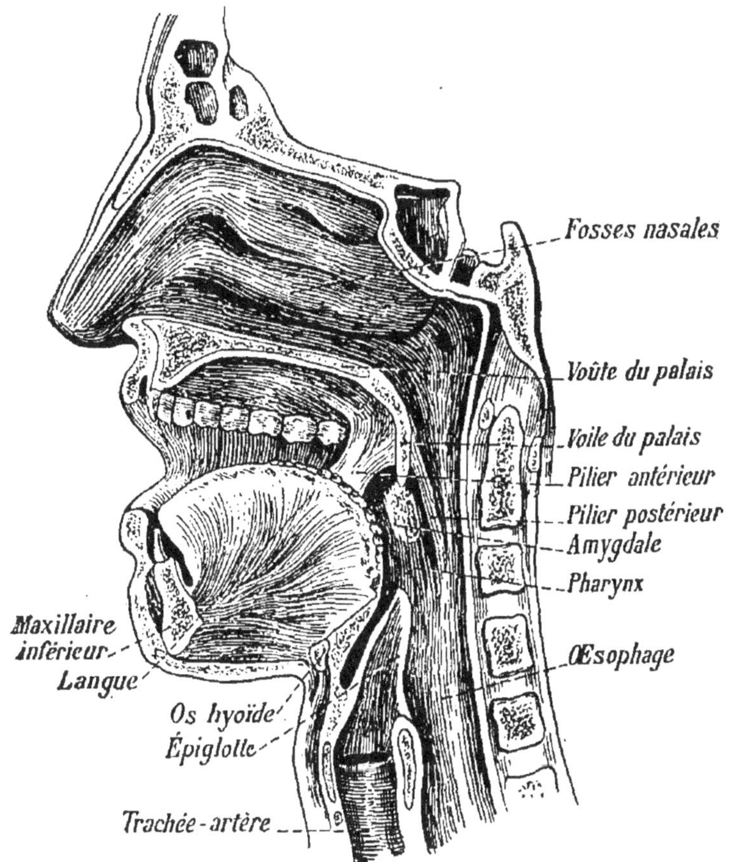

Fig. 34. — Coupe verticale et médiane de la face et du cou.

les fosses nasales ; en bas, avec l'œsophage et la trachée-artère (*fig*. 34).

En avant se trouve le voile du palais, qui se prolonge en son milieu par une languette, la *luette*, et qui se continue sur les côtés par deux replis, le *pilier antérieur* et le *pilier postérieur* du voile du palais, entre lesquels se trouve une masse glandulaire appelée *amygdale*. Toutes ces parties s'observent facilement en ouvrant fortement la bouche devant une glace (*fig.* 35). L'espace rétréci compris entre ces organes et situé à l'entrée du pharynx s'appelle l'*isthme du gosier*.

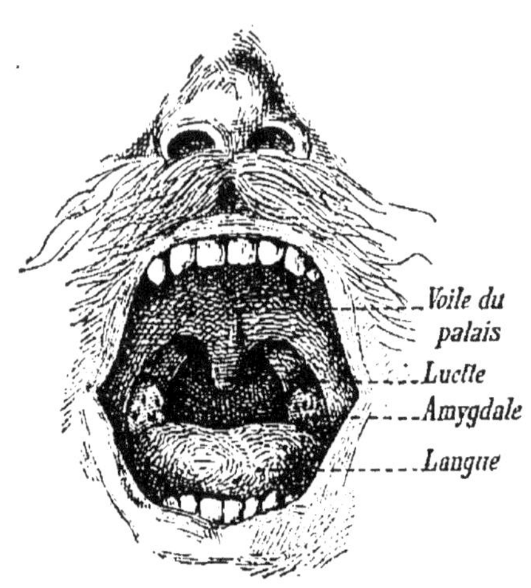

Fig. 35. — Bouche ouverte montrant le voile du palais, la luette et les amygdales.

Vers le bas, le pharynx communique, en arrière, avec l'œsophage, et en avant avec la trachée-artère, qui est surmontée d'une petite lamelle, l'*épiglotte*.

L'œsophage. — L'œsophage (*fig.* 34), qui fait suite au pharynx, est un tube long de 25 centimètres, descendant verticalement dans le thorax, en avant de la colonne vertébrale et en arrière de la trachée-artère. Il traverse ensuite le diaphragme et vient déboucher dans l'estomac.

Sa structure est celle que nous allons retrouver dans les autres parties du tube digestif. Il est constitué par trois enveloppes ou tuniques (*fig.* 36) :

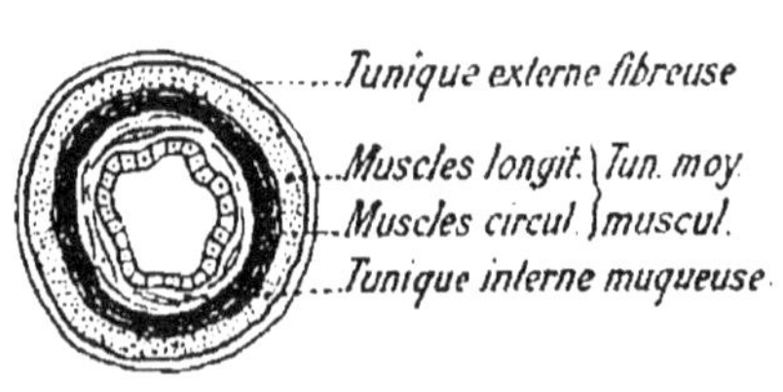

Fig. 36. — Coupe transversale du tube digestif.

1° Une tunique externe *fibreuse* de nature conjonctive ;

2° Une tunique moyenne *musculeuse* comprenant des fibres musculaires longitudinales en dehors et des fibres circulaires en dedans ;

3° Une tunique interne *muqueuse*, formée d'une couche de tissu conjonctif recouvert par un épithélium pavimenteux stratifié qui forme des glandes destinées à sécréter du mucus.

L'estomac. — C'est un renflement du tube digestif ayant la forme d'une cornemuse (*fig.* 37) et situé au-dessous du diaphragme, un peu à gauche. Il communique d'une part

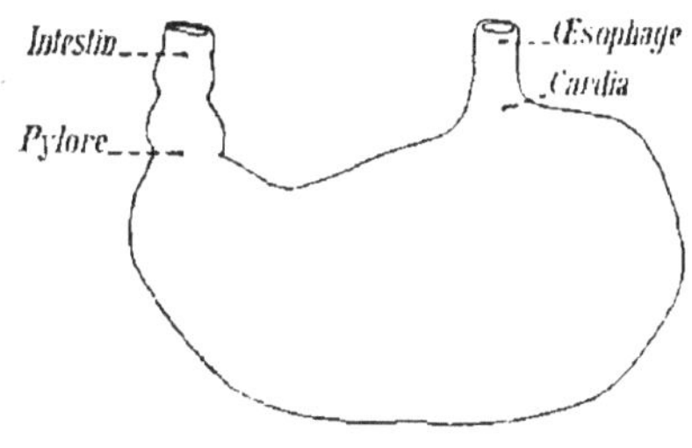

Fig. 37. — Estomac.

Fig. 38. — Coupe schématique de la valvule du pylore.

avec l'œsophage par un orifice appelé *cardia*, et d'autre part avec l'intestin par un orifice appelé *pylore*. Cet orifice présente un rétrécissement qui fonctionne comme une sorte de valvule (*fig.* 38).

Fig. 39. — Muscles de l'estomac.

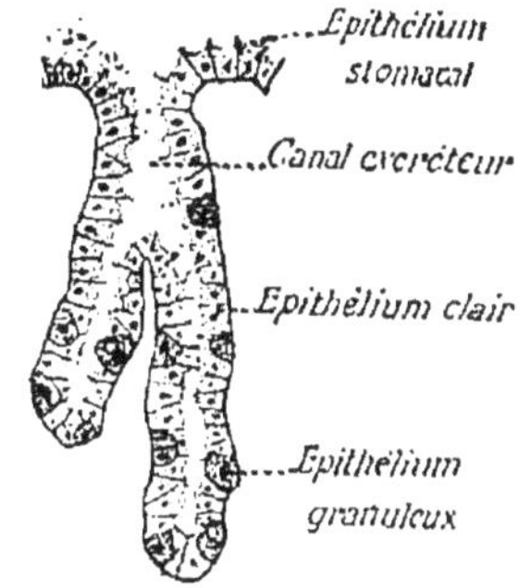

Fig. 40. — Coupe d'une glande gastrique.

Les parois de l'estomac, comme celles de l'œsophage, présentent trois tuniques :

1° Une tunique externe de nature *conjonctive* ;

2° Une tunique moyenne *musculeuse* plus épaisse que celle de l'œsophage et formée de trois sortes de fibres : longitudinales, circulaires et obliques. Ces dernières, qui enveloppent l'estomac à la façon d'une écharpe, forment ce qu'on appelle la *cravate de Suisse* (*fig.* 39) ;

3° Une tunique interne *muqueuse* constituée par une couche de tissu conjonctif et un épithélium cylindrique formé surtout de cellules caliciformes. C'est cet épithélium qui, en s'enfonçant dans le tissu conjonctif, forme les *glandes gastriques*.

Les *glandes gastriques* sont des tubes simples ou ramifiés (*fig.* 40); elles sont de deux sortes : les *glandes muqueuses*, situées surtout dans la région du pylore, et les *glandes à pepsine*, situées dans la région cardiaque et destinées à sécréter le suc gastrique. Dans ces dernières on voit deux sortes de cellules: les unes *claires*, les autres *granuleuses* et paraissant jouer un rôle plus actif dans la sécrétion gastrique (*fig.* 40).

L'intestin. — A la suite de l'estomac vient l'intestin, dont la longueur atteint chez l'Homme 10 mètres environ.

L'intestin présente deux parties distinctes : l'*intestin grêle*, qui a 8^m de longueur et 3^{cm} de diamètre, et le *gros intestin*, qui a 2^m de longueur et 6^{cm} de diamètre.

Intestin grêle. — L'intestin grêle, pour se loger dans l'abdomen, se replie en donnant de nombreuses sinuosités ou *circonvolutions*. Il présente trois parties : le *duodénum*, le *jéjunum* et l'*iléon* (*fig.* 27).

La paroi de l'intestin est formée par trois tuniques (*fig.* 41) : 1° une tunique externe de nature *conjonctive* ; 2° une tunique moyenne *musculeuse* avec des fibres longitudinales et circulaires ; 3° une tunique *muqueuse*, tapissée par un épithélium cylindrique et qui forme les *villosités* et les *glandes intestinales*.

La muqueuse intestinale présente de nombreux replis transversaux qu'on appelle *valvules conniventes*.

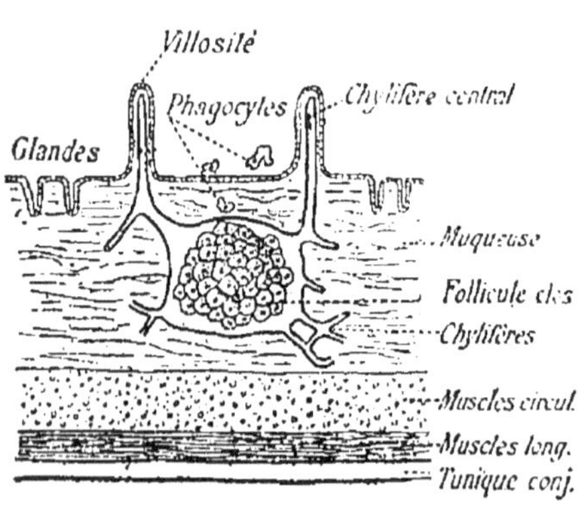

Fig. 41. — Coupe de l'intestin grêle.

Ces replis, au nombre de 800 chez l'Homme, augmentent considérablement la surface de l'intestin, d'autant plus qu'ils sont recouverts de petites saillies appelées *villosités* qui, serrées les unes contre les autres, donnent à la muqueuse intestinale un aspect velouté.

Une *villosité intestinale* (*fig.* 42) se compose : 1° d'un épithélium cylindrique ; 2° d'un tissu conjonctif dans lequel circulent les ramifications des artères et des veines ; 3° au centre, d'un canal qu'on appelle le *chylifère central* et qui contient un liquide blanc.

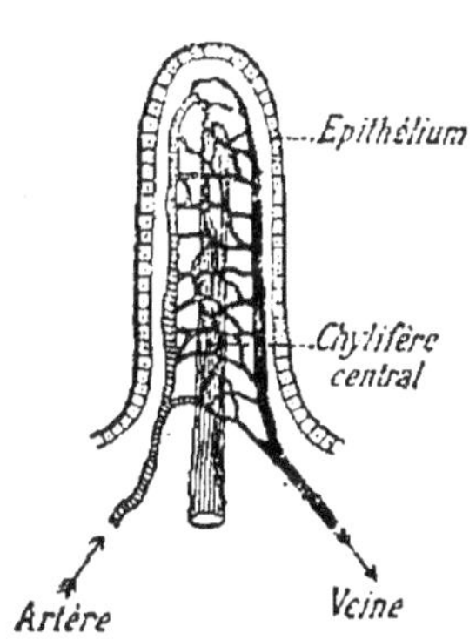

Fig. 42. — Villosité intestinale.

Entre les villosités on aperçoit de petits grains blanchâtres : ce sont les *follicules clos* ou amas glandulaires constitués par un tissu conjonctif au milieu duquel circulent des *cellules lymphatiques* ou *phagocytes* (voir *système lymphatique*, p. 117). Plusieurs follicules clos peuvent se grouper et donner une *plaque de Peyer*. Ce sont ces plaques de Peyer qui, dans la fièvre typhoïde, deviennent le siège d'ulcérations.

Enfin l'épithélium intestinal, au lieu de se soulever pour donner les villosités, peut s'enfoncer pour donner les glandes qui sécrètent le *suc intestinal*.

Gros intestin. — Il comprend trois régions : le *cæcum*, le *colon* et le *rectum*.

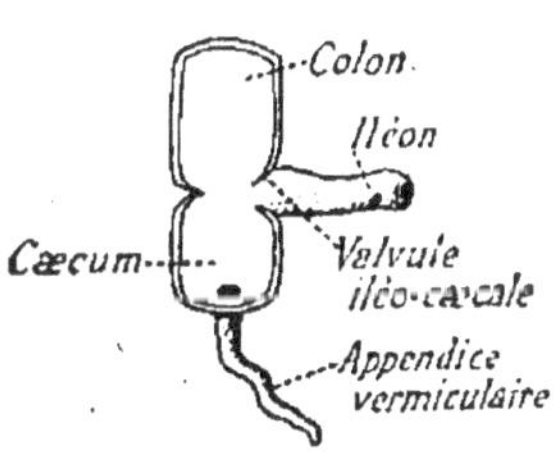

Fig. 43. — Valvule iléo-cæcale.

Le *cæcum* est pourvu d'un appendice en forme de ver, l'*appendice vermiculaire*, dont la maladie est connue sous le nom d'*appendicite*. La partie terminale de l'intestin grêle, ou *iléon*, pénètre dans le cæcum en formant une sorte de boutonnière appelée *valvule iléocæcale* (*fig.* 43) ou encore *barrière des apothicaires* ; cette valvule empêche les matières du gros intestin de rétrograder dans l'iléon, tandis qu'elle ne s'oppose pas au passage des matières de l'intestin grêle dans le gros intestin. Les matières du gros intestin, en effet, appuient sur les deux lèvres de la valvule et ferment la boutonnière.

Le *colon*, qui encadre l'intestin grêle, comprend le colon *ascendant, transverse* et *descendant*.

Le *rectum* se termine par l'*anus*, que ferme un muscle circulaire appelé *sphincter*.

La muqueuse qui tapisse l'intérieur du gros intestin est lisse, mais elle forme encore un certain nombre de glandes.

Le péritoine. — C'est une vaste membrane qui enveloppe l'estomac, l'intestin, le foie, en un mot presque tous les viscères contenus dans l'abdomen ; elle relie les organes les uns aux autres et les rattache à la paroi du corps. Le péritoine est une *membrane séreuse*. Une séreuse est une membrane qui tapisse, non pas, comme la muqueuse, une cavité ouverte au dehors, mais une cavité close. Toute séreuse a une double paroi, *deux feuillets*, dont l'un est accolé à l'organe, c'est le *feuillet viscéral*, et l'autre accolé aux parois de la cavité générale, c'est le *feuillet pariétal*. Entre ces deux feuillets se trouve une cavité, la *cavité péritonéale*, remplie par le *liquide péritonéal*, qui est destiné à faciliter le glissement des deux feuillets l'un sur l'autre (*fig.* 44).

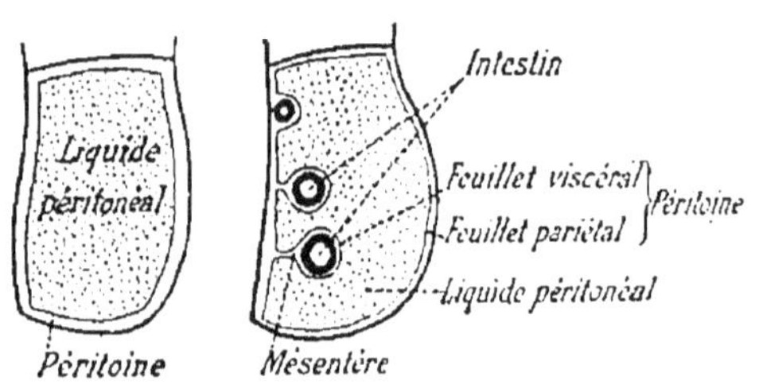

Fig. 44. — Coupe théorique montrant la disposition du péritoine.

Pour bien comprendre la disposition du péritoine, il suffit d'imaginer l'abdomen vide d'organes et rempli par un sac à parois membraneuses, le péritoine ; puis les organes apparaissant entre la paroi du corps et le sac vont repousser le péritoine, s'en envelopper à la façon d'une tête qui se coiffe d'un bonnet de coton, sans entrer toutefois dans la cavité. De sorte qu'à mesure que les organes abdominaux se développent, la cavité péritonéale diminue ; et les deux feuillets se rapprochant, le liquide péritonéal se trouve très réduit. En certains points, les deux feuillets peuvent même s'accoler et aller se fixer à la colonne vertébrale pour suspendre l'intestin : c'est le *mésentère* (*fig*. 44). Entre les deux feuillets du mésentère se trouvent les vaisseaux et les nerfs qui vont à

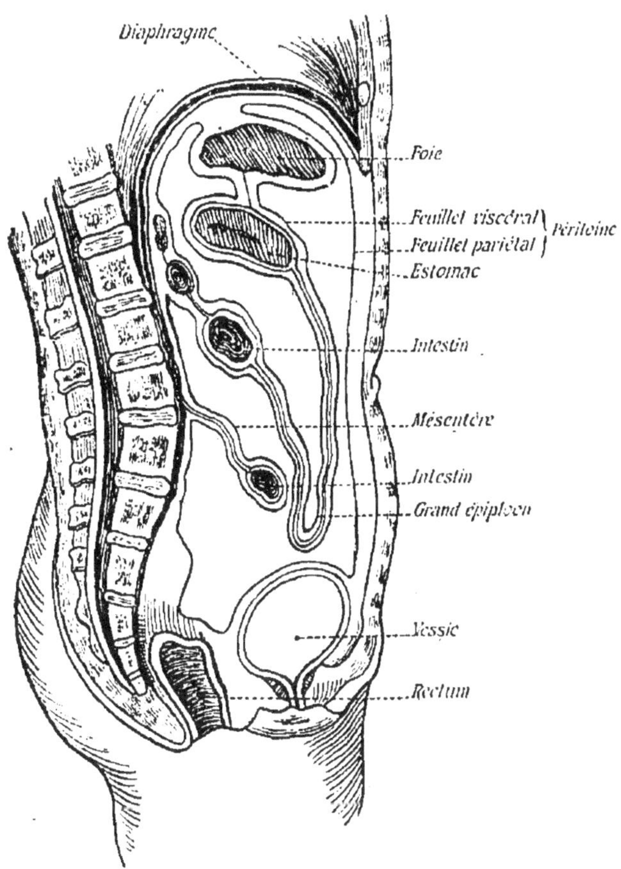

Fig. 45. — Section verticale de l'abdomen.

l'intestin. La coupe longitudinale (*fig*. 45) et la coupe transversale (*fig*. 46) du corps montrent bien cette disposition. En avant de l'abdomen le péritoine forme un vaste repli, le *grand épiploon* (*fig.* 45), qui se charge souvent de graisse, sur-

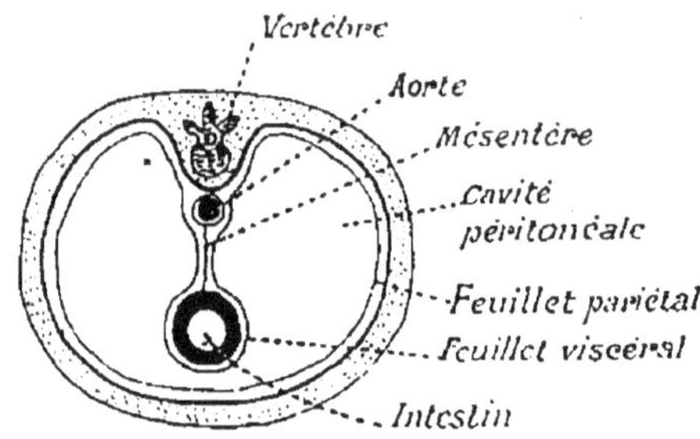

Fig. 46. — Coupe transversale de l'abdomen.

tout chez les personnes obèses ; chez les animaux, c'est le *tablier*, que les bouchers étalent pour parer la viande.

§ 2. — Les glandes annexes.

Ce sont : les *glandes salivaires*, le *pancréas* et le *foie*.

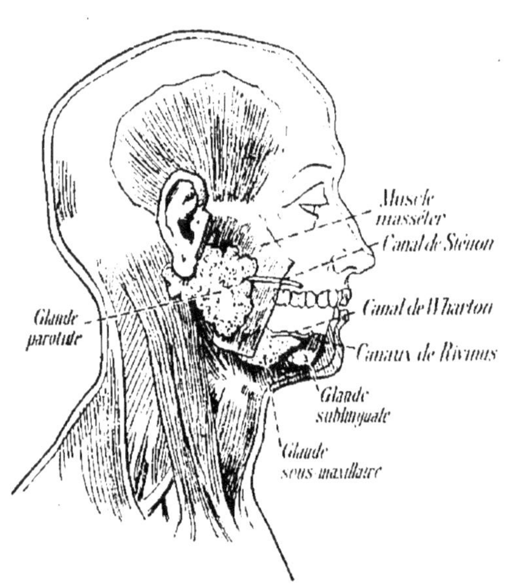

Fig. 47. — Les glandes salivaires.

Les glandes salivaires. — Elles sont situées dans le voisinage de la mâchoire inférieure et sont au nombre de trois paires : les glandes *parotides*, *sous-maxillaires* et *sublinguales*.

1° Les *glandes parotides* sont les plus grosses (elles pèsent 25 grammes) et sont situées un peu au-dessous et en avant de l'oreille (*fig.* 47). La salive qu'elles produi-sent s'écoule par un canal, le *canal de Sténon*, qui vient s'ouvrir dans la bouche au niveau de la deuxième molaire supérieure. Dans la maladie bien connue sous le nom d'*oreillons*, ces glandes sont gonflées et douloureuses.

2° Les *glandes sous-maxillaires* (6 grammes) sont logées dans une fossette du maxillaire inférieur et leur conduit excréteur, le *canal de Wharton*, vient déboucher sur les côtés du frein de la langue.

3° Les *glandes sublinguales*, plus petites encore que les précédentes, sont situées sous la langue et viennent déverser leur contenu dans le voisinage du frein de la langue par plusieurs conduits.

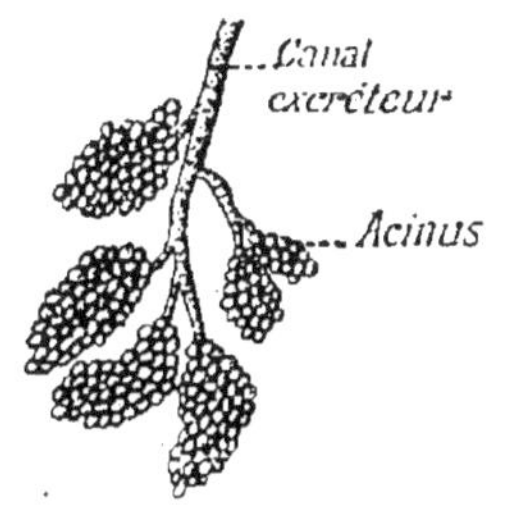

Fig. 48. — Portion de glande salivaire.

A cause de leur ressemblance extérieure avec une grappe de raisin, on dit que ce sont des *glandes en grappe* (*fig.* 48) ; chaque grain est entouré de tissu conjonctif, de vaisseaux et de nerfs. L'intérieur est une cavité tapissée de diverses sortes de cellules épithéliales (*fig.* 49) : des cellules *caliciformes* et des cellules *granuleuses* ; les premières sécrètent du mucus, les secondes un liquide clair qui joue un rôle actif

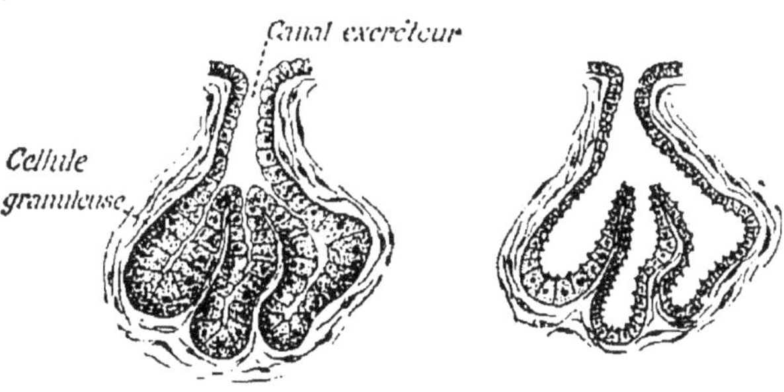

A. — Avant la sécrétion.   B. — Après la sécrétion.

Fig. 49. — Structure des glandes salivaires.

dans la digestion. Après la sécrétion, les cellules changent d'aspect ; elles sont plus basses, car leur partie liquide a disparu pour fournir les éléments de la salive.

Le pancréas. — C'est une glande volumineuse située dans

l'abdomen et derrière l'estomac. Il est produit par un bourgeonnement de l'intestin. Il rappelle les glandes salivaires par sa structure en grappe et par sa couleur rose. Le pancréas (*fig.* 50) a une forme allongée (environ 15 centimètres) et il eśt parcouru par un conduit excréteur, le *canal pancréatique*, qui vient déboucher au commencement de l'intestin grêle, à côté

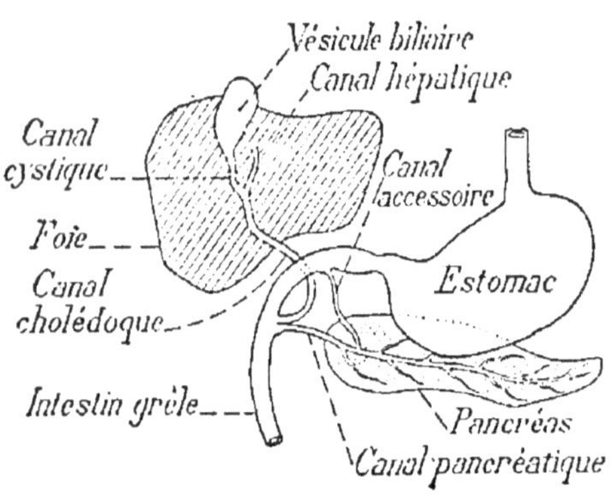

Fig. 50. — Le foie et le pancréas.

du conduit excréteur du foie, le *canal cholédoque*. Du canal pancréatique s'échappe un *canal accessoire* qui vient s'ouvrir dans l'intestin grêle, 2 centimètres au-dessus du premier.

Comme dans les glandes salivaires, l'épithélium qui tapisse les culs-de-sac glandulaires est formé de cellules granuleuses dont l'aspect est différent suivant qu'on les observe avant ou après la sécrétion.

Le foie. — Le foie est la glande la plus volumineuse de l'organisme : il pèse près de 2 kilogrammes chez l'homme. Il provient, comme le pancréas, d'un bourgeonnement du tube intestinal. Il est situé sous le diaphragme, dans la partie droite de l'abdomen et au-dessus de l'estomac, ce qui explique pourquoi certaines personnes, couchées sur le côté gauche, éprouvent un malaise causé par la pression du foie sur l'estomac. Le foie est maintenu par des replis du péritoine qui le rattachent d'un côté au diaphragme et de l'autre à l'estomac (*fig.* 45). Sa coloration brune est due à deux pigments, dont l'un appelé *ferrine*, soluble dans de l'eau alcalinisée, se compose de fer combiné à une matière albuminoïde.

Aspect extérieur. — D'aspect rouge brun, il présente : 1° une face supérieure convexe, appliquée contre le diaphragme ; 2° une face inférieure concave, appuyée à gauche sur l'estomac et à droite sur l'intestin et le rein droit. Cette face inférieure présente trois sillons qui dessinent la lettre H et qui divisent le foie en quatre lobes (*fig.* 51). Le sillon transversal forme ce qu'on appelle le *hile* du foie ; c'est là qu'aboutissent les artères, les veines et les nerfs en même temps que s'échappe le canal excréteur de la bile, le *canal hépatique* (*fig.* 52). Plus loin,

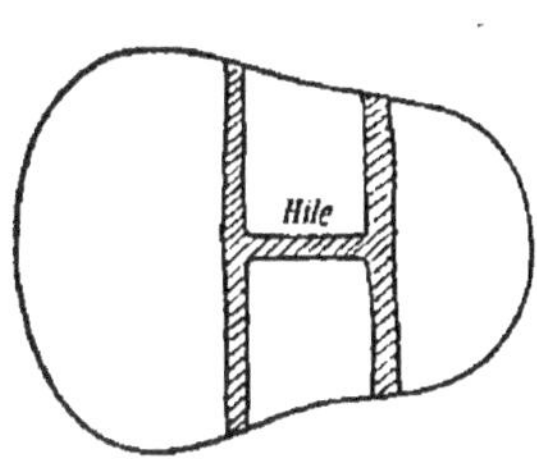

Fig. 51. — Face inférieure du foie montrant les sillons.

ce canal hépatique, qui emmène la bile sécrétée, se divise en deux conduits : l'un, le *canal cystique*, va à la *vésicule du*

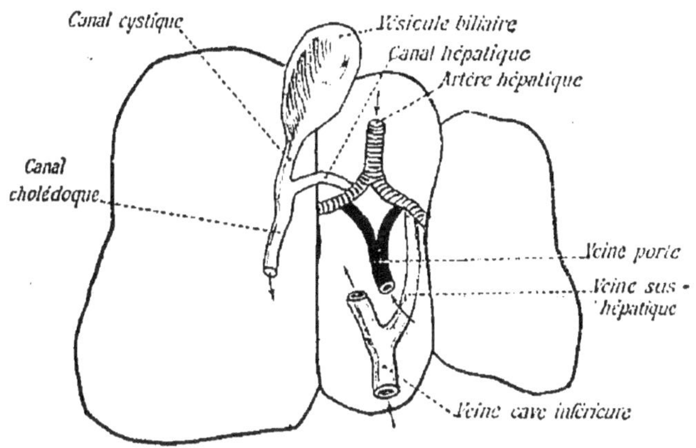

Fig. 52. — Face inférieure du foie : les vaisseaux sanguins et les canaux biliaires.

fiel ou *vésicule biliaire*, située dans la partie antérieure du sillon droit; l'autre, le *canal cholédoque*, s'unit au canal pancréatique pour déboucher dans l'intestin grêle (*fig.* 50).

Le foie reçoit du sang de deux sources : 1° de l'*artère hépatique*, qui entre par le hile et se divise en deux branches ; 2° de la *veine porte*, qui a recueilli le sang provenant de l'intestin et de l'estomac (*fig.* 53). Ces deux vaisseaux pénètrent dans le foie et s'y ramifient en capillaires.

Ces deux systèmes de capillaires finissent par se confondre

et viennent se déverser dans plusieurs grosses veines qui,
après être sorties du foie, se réunissent en un gros tronc

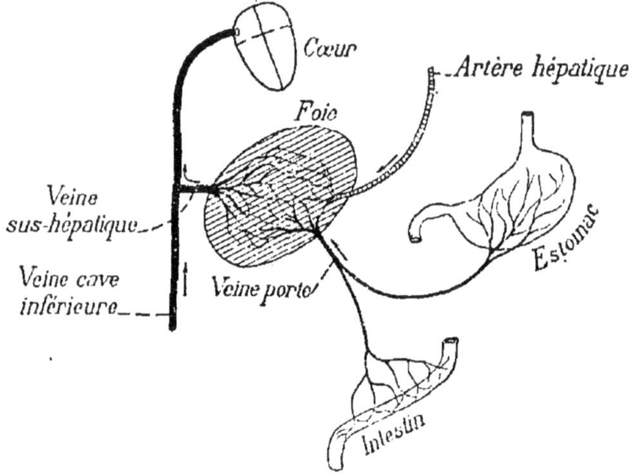

Fig. 53. — Circulation du sang dans le foie.

veineux, la *veine sus-hépatique*. Celle-ci vient se jeter dans la
veine cave inférieure, qui ramène le sang à l'oreillette droite
du cœur.

Quand un système circulatoire présente ainsi deux fois des
capillaires (capillaires des intestins, capillaires du foie) sur
son trajet, on dit qu'on a un *système porte* : celui que nous
venons de décrire est le *système porte hépatique*.

Structure. — Le foie est enveloppé par une membrane
lisse, fibreuse, qui envoie des prolongements à l'intérieur
de la masse du foie. Ces prolongements divisent le foie en
un grand nombre de petites masses appelées *lobules hépatiques*, ce qui donne au foie un aspect granulé. Il suffit donc
d'étudier la structure d'un lobule pour connaître la structure
de l'organe entier.

Lobule hépatique. — C'est une petite masse de forme
polyédrique et n'ayant qu'un millimètre environ de diamètre.
Les lobules sont séparés par des lignes blanchâtres formant à
chacun une enveloppe conjonctive qui n'est que le prolonge-

ment de l'enveloppe fibreuse du foie. Entre les lobules sont des espaces triangulaires où se trouvent les ramifications de la veine porte, de l'artère hépatique et du canal biliaire (*fig.* 54).

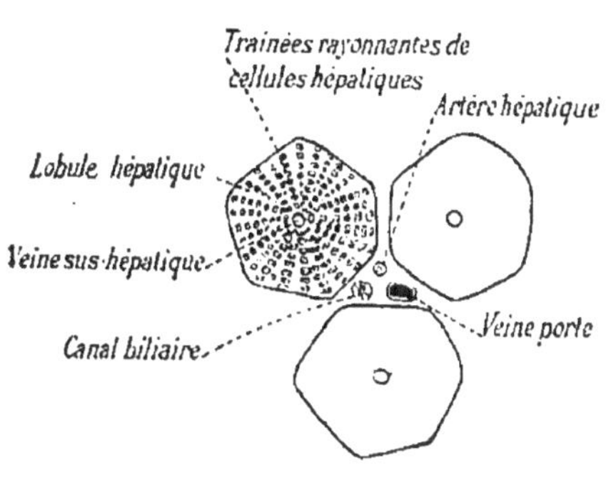

Fig. 54. — Lobules hépatiques.

Autour de chaque lobule se trouve un double réseau sanguin formé par les ramifications de la veine porte et de l'artère hépatique ; ces vaisseaux envoient des capillaires à l'intérieur du lobule et forment un réseau capillaire qui gagne le centre du lobule et se jette

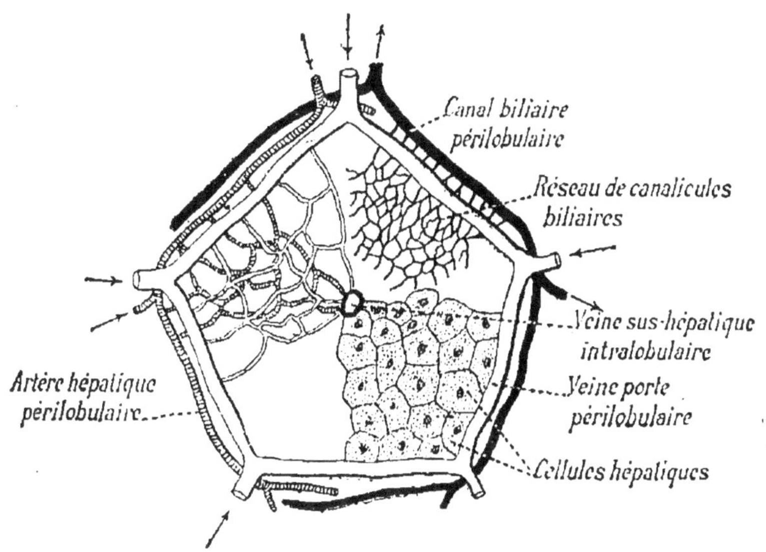

Fig. 55. — Coupe théorique d'un lobule hépatique.

dans la *veine intralobulaire*, laquelle se réunit aux veines intralobulaires des autres lobules pour former les *veines sus-hépatiques* (*fig.* 55).

La disposition des canaux biliaires (*fig.* 56) montre bien que le foie est une glande dont les conduits excréteurs sont les canalicules biliaires, bordés par les *cellules hépatiques* qui sont des cellules glandulaires. Ces cellules hépatiques agglomérées pour former le lobule sont situées dans les

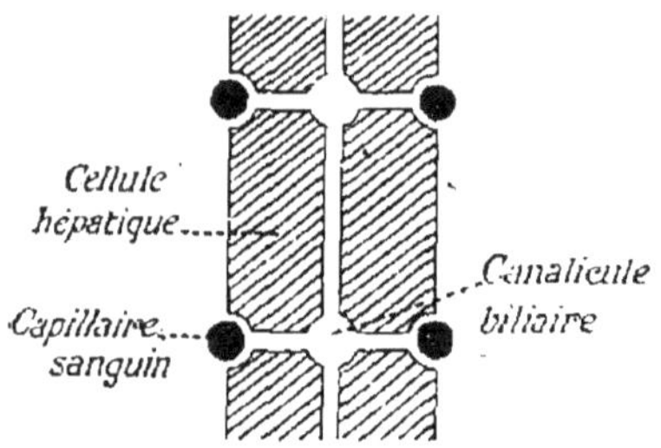

Fig. 56. — Schéma montrant les cellules hépatiques vues de face.

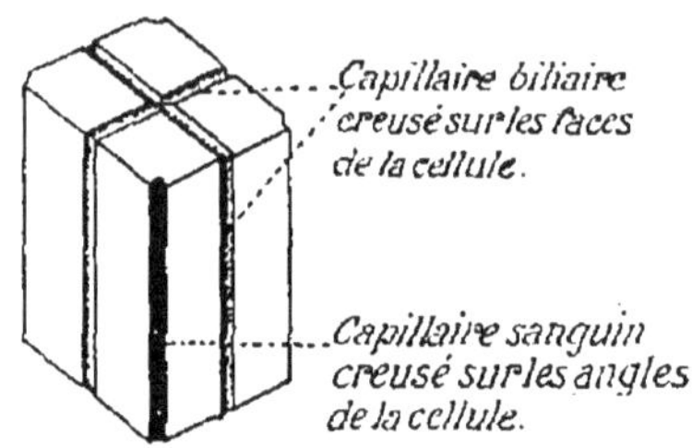

Fig. 57. — Cellule hépatique isolée.

mailles du réseau sanguin. Chaque cellule hépatique est creusée d'un demi-canal (*fig.* 57) qui, en s'unissant au demi-canal de la cellule voisine, forme un *canalicule biliaire* ; chaque face de la cellule est donc parcourue par un canalicule biliaire. Ces canalicules, très nombreux, se réunissent vers la périphérie du lobule pour donner un *canal périlobulaire* (*fig.* 55) ; puis les canaux des lobules voisins s'abouchent et finissent par donner un conduit excréteur unique, le *canal hépatique.*

Cellule hépatique. — Les cellules hépatiques forment une série de traînées qui partent du centre du lobule pour rayonner vers la périphérie (*fig.* 54). La cellule hépatique est polyédrique ; elle est formée d'un noyau et d'une masse de protoplasma réticulé ; elle n'est pas limitée par une membrane d'enveloppe.

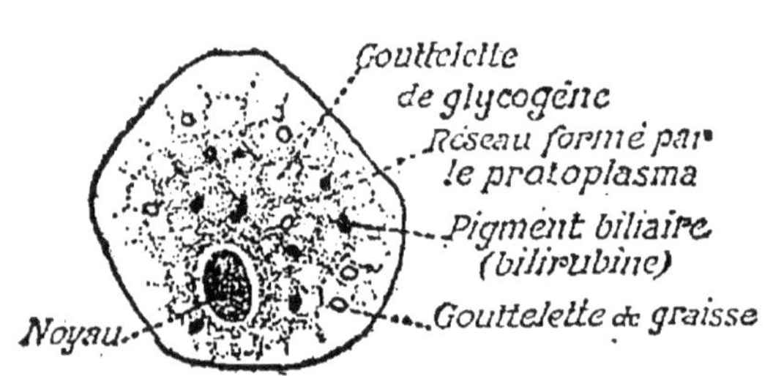

Fig. 58. — Cellule hépatique très grossie.

Le protoplasma (*fig.* 58) contient des granulations de différents ordres : 1° des granulations de matière pigmentaire, qui apparaissent sous forme de grains d'un rouge verdâtre : c'est la *bilirubine* ;

2° le *glycogène*, qui se dépose dans les mailles du protoplasma sous forme de gouttelettes diffuses se colorant par l'iode en brun acajou ; 3° des gouttelettes de *graisse*, qui sont uniformément répandues dans le protoplasma et qui sont surtout abondantes après la digestion.

En résumé, chaque cellule hépatique est une cellule glandulaire qui donne deux produits différents : 1° la *bile*, qui est enlevée par le canal hépatique ; 2° le *glycogène*, qui est enlevé par la veine sus-hépatique après avoir été transformé en sucre. Et c'est dans le sang apporté par la veine porte et l'artère hépatique que la cellule puise les éléments de la bile et du glycogène.

II. — Les aliments.

La faim. — Les aliments sont des matériaux empruntés au monde extérieur et destinés à réparer les pertes subies par notre organisme. La nécessité de prendre des aliments se manifeste par des besoins tels que la *faim* et la *soif*, qui apparaissent à des intervalles réguliers, et qui sont comme une sorte de signal d'alarme avertissant l'organisme de son appauvrissement. Certains animaux, comme les Lapins et les Cobayes, dont l'usure est rapide et les aliments peu nutritifs, mangent continuellement, et leur estomac est toujours plein d'aliments.

A son début, la faim procure une sensation qui n'est pas désagréable : c'est l'*appétit*. Mais si elle se continue, elle devient douloureuse. Elle est due à ce que le sang ne contient plus suffisamment de matières nutritives. Il est difficile de dire où l'on a faim ; pourtant cette sensation, bien que vague, semble située dans l'estomac : ce qui explique pourquoi on peut la calmer en introduisant dans l'estomac des matières inertes. Certains poisons, comme le tabac et l'opium, et certaines maladies peuvent faire disparaître la sensation de faim. Au contraire, il est des maladies, comme le diabète, par exemple, qui produisent un effet inverse : la faim est permanente ; c'est ce qu'on appelle la *boulimie*.

La soif. — La soif est caractérisée par la sécheresse de la bouche et de la gorge et par l'absence de salive ; mais, en réalité, elle est due à ce que les tissus et particulièrement le sang, ont perdu de l'eau. La preuve en est dans ce fait que la sensation de soif est intense lorsque l'organisme perd de l'eau par une hémorragie importante ou par une diarrhée ; par contre la soif est apaisée si l'on rend à l'organisme l'eau qu'il a perdue. Ainsi, après avoir fait courir des Chiens jusqu'à production d'une soif ardente, on a réussi à faire disparaître cette sensation chez ces animaux en leur injectant de l'eau dans les veines. Au contraire, le simple passage d'une boisson dans la bouche ne calme pas la soif : on l'a montré expérimentalement sur un animal dont on coupe l'œsophage en travers ; l'animal, véritable tonneau des Danaïdes, boit indéfiniment sans pouvoir se désaltérer.

La résistance au jeûne. — L'organisme ne peut résister longtemps à la privation complète d'aliments. Car non seulement les aliments lui sont nécessaires pour réparer les pertes qu'il a subies, mais ils sont pour la machine humaine ce que le charbon est pour la machine à vapeur : ils lui donnent, ainsi que nous le montrerons plus loin, l'énergie dont elle a besoin pour produire du travail. Aussi les hommes et les animaux qui ont une grande activité ne peuvent-ils résister longtemps au jeûne complet. Le Cobaye, par exemple, ne résiste pas plus de 6 jours ; un Chien peut résister 30 jours ; on admet que l'homme peut supporter l'abstinence pendant 20 jours ; mais ce temps est abrégé ou accru suivant les circonstances. Au contraire, les animaux qui dorment pendant tout l'hiver comme la Marmotte et le Hérisson, ne prennent pas de nourriture pendant tout ce temps ; c'est que leur vie est ralentie et qu'ils usent peu.

Le physiologiste Claude Bernard a montré que les animaux à sang froid, les Crapauds par exemple, peuvent vivre pendant plusieurs années enfermés dans un bloc de plâtre et privés par conséquent de tout aliment.

Le premier effet du jeûne est l'amaigrissement : c'est d'abord la graisse qui disparaît complètement, puis le foie et les muscles. Le cœur et le système nerveux ne perdent pour ainsi dire rien et c'est pour cela que la vie se maintient; mais dès qu'ils subissent une déchéance, l'animal meurt. La mort arrive quand la perte de poids est égale à environ 2/5 du poids primitif.

Principaux aliments. — L'aliment le plus utile serait évidemment celui dont la composition se rapprocherait le plus de celle de notre organisme. Or, en étudiant la composition du corps humain, on y trouve : de l'eau, des sels minéraux (carbonates, phosphates, sulfates, chlorures de sodium, de potassium, de magnésium), des sucres, des graisses, des matières albuminoïdes, etc. L'aliment parfait devrait donc contenir tous les éléments qui entrent dans ces substances. En réalité, il n'existe pas, et c'est par le mélange des divers aliments, tels qu'ils se trouvent dans la nature, que l'on peut fournir à tous les organes les éléments réparateurs dont ils ont besoin.

Les principaux aliments peuvent être rangés en quatre groupes, suivant leur origine ou leur composition chimique :

1º Les **aliments minéraux** dont les plus importants sont : l'eau, le sel ordinaire, les sels calcaires et le fer.

L'*eau* entre pour les 2/3 dans la composition de l'organisme. Elle est de toute nécessité pour la formation des liquides de l'organisme. La cellule vivante a besoin d'eau ; elle vit dans un milieu aqueux constitué par les liquides (sang, lymphe). Aussi Claude Bernard avait-il raison de dire : « Tous les êtres vivants sont aquatiques ». Le milieu organique doit donc contenir de l'eau et cela dans certaines proportions. C'est pourquoi il existe chez l'homme et les animaux supérieurs un mécanisme qui fonctionne automatiquement pour maintenir constante la quantité d'eau du sang. On comprend donc bien que la sensation de soif apparaisse dès que l'organisme perd plus d'eau qu'il n'en reçoit.

Le *sel* ou *chlorure de sodium* est indispensable à la nutrition des organes et au bon fonctionnement de l'estomac, ce qui s'explique facilement, car il existe dans toutes les parties du corps et fait partie du milieu nécessaire à la cellule. Chaque jour l'Homme en rejette, par l'urine et par la sueur, environ 15 grammes ; il doit donc en absorber une dose équivalente. On ne saurait donc s'en priver sans causer des troubles dans l'organisme. D'autre part, on sait que les éleveurs placent dans les étables des blocs de sel que les animaux lèchent avec avidité. Le sel semble exciter leur appétit, en même temps qu'il leur donne plus de vigueur et un certain embonpoint.

Les *sels calcaires* (phosphate et carbonate de calcium) sont nécessaires particulièrement à l'enfant au moment de la formation des os. L'organisme trouve ces matières minérales surtout dans le lait et les légumes.

Le *fer* est un élément qui entre dans la composition du sang. Les œufs sont particulièrement riches en un composé du fer assimilable par l'organisme (nucléo-albuminoïde ferrugineuse). Les sels de fer isolés sont peu assimilables.

2° Les **aliments hydrocarbonés** : *féculents* et *sucres*. Ces aliments, essentiellement formés d'hydrogène, d'oxygène et de carbone, peuvent être considérés comme une combinaison du carbone avec l'eau : d'où leur nom.

Les *féculents* ont la composition chimique de l'amidon ou de la fécule,

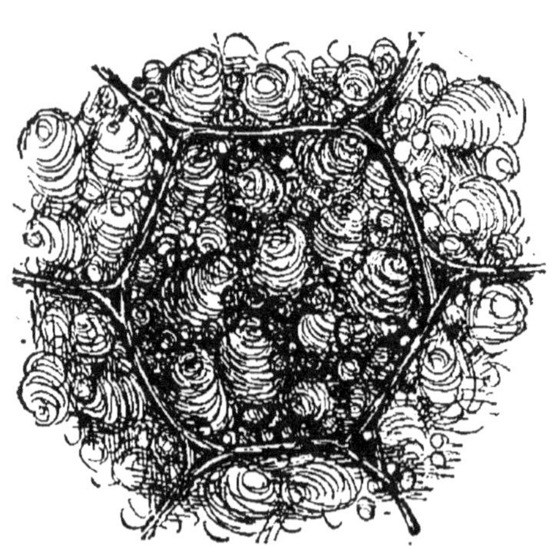

Fig. 59. — Cellule d'un tubercule de Pomme de terre remplie de grains d'amidon.

dont la formule est $C^6H^{10}O^5$ ou $C^6(H^2O)^5$. Sauf le glycogène du foie, ils sont tous d'origine végétale : Blé, Riz, Pomme de terre (*fig*. 59), etc. Les uns sont solubles, comme l'*inuline* de l'Artichaut, les *principes pectiques* de la gelée de fruits, le *glycogène* ; les autres sont insolubles, ce sont : l'*a-

Fig. 60. — Grain d'amidon isolé.

midon* et la *fécule* des cellules végétales et qui existent à l'état de grains formés de couches concentriques (*fig*. 60), la *cellulose* qui constitue la membrane des cellules végétales, et qui est difficilement attaquable par les sucs digestifs. La digestion de cette matière est facilitée par du vinaigre ajouté aux aliments végétaux, et aussi par le *Bacillus amylobacter* que ceux-ci entrainent avec eux.

Les *sucres* comprennent deux séries : celle du *glucose* et celle du *saccharose*. Le *glucose* ($C^6H^{12}O^6$) est le sucre de raisin ou de fruits, le miel ; il est soluble dans l'alcool et peut fermenter sous l'influence de la levure. Le *saccharose* ($C^{12}H^{22}O^{11}$) est le sucre de Canne ou de Betterave ; il est insoluble dans l'alcool et ne peut fermenter directement sous l'action de la levure. Pour fermenter, comme pour être assimilé par l'organisme, il faut qu'il soit transformé d'abord en glucose.

3° Les **graisses** sont aussi formées d'hydrogène, d'oxygène et de carbone, mais ce ne sont plus des hydrates de carbone. Elles se présentent sous forme de graisse, de beurre ou d'huile, et résultent du mélange de plusieurs substances telles que la *stéarine*, la *margarine* et l'*oléine*, qui sont des combinaisons d'un *acide gras* (acide stéarique, margarique, oléique) avec la *glycérine*. Ce sont donc des éthers qui résultent de la combinaison d'un alcool triatomique, la glycérine $C^3H^5(OH)^3$, avec trois molécules d'acide gras.

Ces corps gras se rencontrent chez les animaux et les végétaux.

Chez les animaux, on les trouve dans le tissu adipeux du derme (*lard*), dans le lait (3 à 4 %), dans le jaune de l'œuf (32 %).

Chez les végétaux, ils existent dans la graine (huile de noix, d'œillette, etc.) ou dans l'enveloppe du fruit (huile d'olives).

4° **Les aliments azotés ou albuminoïdes**, encore appelés *protéiques*, dont le type est le blanc d'œuf ou *albumine*, constituent la plus grande partie des tissus animaux et végétaux. Ils contiennent comme éléments essentiels : du carbone, de l'oxygène, de l'hydrogène et de l'azote ; d'où le nom de *substances quaternaires* qu'on leur donne parfois. En réalité leur constitution est plus complexe : tous contiennent du soufre ; aussi en se décomposant dégagent-ils toujours une odeur d'hydrogène sulfuré. Souvent ils contiennent aussi du phosphore. Parmi ceux qui sont d'origine animale, citons la *myosine* de la viande, le blanc d'œuf, la *caséine* du lait, la *fibrine* et la *globuline* du sang, la *gélatine* des os. Parmi ceux d'origine végétale, nous trouvons le *gluten* du blé, la *légumine* des haricots et des pois, etc.

Les albuminoïdes peuvent être groupés de la manière suivante : 1° les *albumines vraies*, solubles dans l'eau, coagulables par la chaleur (albumine de l'œuf, du lait, du sérum, des muscles, du protoplasma) ; 2° les *globulines*, insolubles dans l'eau, coagulables par la chaleur (globuline des globules du sang, fibrinogène du sang, myosine des muscles) ; 3° les *peptones* ou albuminoïdes solubles et non coagulables par la chaleur ; 4° les *albuminoïdes solubles* ou *coagulés* (fibrine du sang, caséine coagulée).

Tous sont précipitables à l'ébullition quand on les traite par les acides forts comme l'acide azotique. Tous se colorent en violet pourpre quand on traite à chaud leur solution par un alcali en excès et une trace de sulfate de cuivre (réaction du biuret).

Enfin, nous devons ranger à part tout un groupe d'aliments que pendant longtemps on a désignés sous le nom d'aliments d'épargne, parce qu'on croyait qu'ils favorisaient par leur simple présence la transformation de la chaleur en force, qu'ils donnaient par suite plus d'énergie à l'organisme. En réalité, ces aliments tels que l'alcool, le thé, le café, sont des excitants du système nerveux, d'où le nom d'aliments nervins qu'on leur donne parfois. Ils sont plutôt une

cause d'affaiblissement des forces physiques et des facultés
intellectuelles ; de sorte que par leur action ils méritent
mieux le nom d'*aliments de gaspillage* qu'on est en droit de
leur donner. D'ailleurs, à forte dose, ces aliments deviennent
de véritables poisons.

L'alimentation doit être mixte. — Aucun des aliments
simples que nous venons d'énumérer, pris seul, ne peut
entretenir la vie. On l'a démontré expérimentalement : un
Chien nourri exclusivement avec de la viande succombe au
bout de trois mois ; mis au régime exclusif de féculents ou
de corps gras il meurt au bout d'un mois. L'alimentation
mixte est donc nécessaire.

D'ailleurs les aliments ordinaires résultent toujours du
mélange d'aliments simples. Ainsi le pain est composé de
gluten (matière albuminoïde), d'amidon (matière féculente) et
de phosphate et de carbonate de calcium (matières minérales).

Certains aliments ont été appelés *complets*, parce qu'ils
contiennent divers aliments simples dans une heureuse proportion. Mais au sens rigoureux, on peut dire qu'il n'y a pas
d'aliments complets, sauf le lait, qui contient à la fois de la
caséine (albuminoïde), du sucre (hydrate de carbone), de
la crème (graisse), des sels et de l'eau. Aussi bien le lait est
pour les jeunes enfants l'unique aliment ; de même l'œuf,
pour le petit Oiseau qui se développe à l'intérieur de la coquille. L'œuf, en effet, est composé du jaune (graisse et lécithine) et du blanc (albuminoïde). Voici d'ailleurs un tableau
qui donne en nombres ronds, d'après M. Ch. Richet, la composition de quelques aliments :

	LAIT	OEUFS	VIANDE	PAIN
Eau	87	71	71	40
Albuminoïdes	4	16	20	8
Graisses	4	12	2	1
Hydrates de carbone	4	traces	traces	50
Sels	1	1	1	1

Ce tableau montre que le pain contient peu de graisses, que la viande et les œufs ne renferment pas assez d'hydrates de carbone. D'où la nécessité d'associer les aliments : pain et viande, pain et œufs, etc.

Il existe cependant des animaux exclusivement herbivores ou exclusivement carnivores. Mais l'Homme ne peut se soumettre aux régimes extrêmes, végétarien ou carnivore, sans s'exposer à de graves inconvénients.

Nous indiquerons dans un autre chapitre ce qu'on doit entendre par *ration alimentaire*, et comment celle-ci doit varier selon les cas.

III. — Physiologie de la digestion.

Les actions qui s'exercent sur les aliments sont de deux sortes : les unes sont *mécaniques*, les autres *chimiques*.

§ 1. — Phénomènes mécaniques.

Mastication. — Une fois les aliments introduits dans la bouche, ils y sont découpés et écrasés par les dents, grâce aux mouvements des mâchoires. Pendant ce temps, la salive s'écoule abondamment et vient imprégner les aliments, qui finissent par se rassembler, sur la face supérieure de la langue, en une masse molle appelée *bol alimentaire*. Il est d'une grande importance que les aliments soient bien mâchés pour que les sucs digestifs puissent agir vite et bien. De nombreux troubles du tube digestif (*dyspepsie*) surviennent souvent chez les personnes qui mâchent incomplètement leurs aliments. Il importe donc de ne pas avaler gloutonnement les aliments, sous peine d'avoir des digestions pénibles.

Déglutition. — La *déglutition* est le passage du bol alimentaire de la bouche dans l'œsophage. Elle s'opère en deux temps : 1° la pointe de la langue s'appuie contre la voûte du palais pendant que la base se gonfle (*fig.* 61) et pousse le bol alimentaire en arrière contre le voile du palais qui se relève et vient fermer l'ouverture des fosses nasales ; 2° les muscles du pharynx se contractent, soulèvent le larynx et la trachée-artère, ainsi qu'on peut s'en assurer en mettant le doigt sur la partie du larynx connue sous le nom de pomme d'Adam ; l'orifice de la trachée-artère se trouve alors fermé par

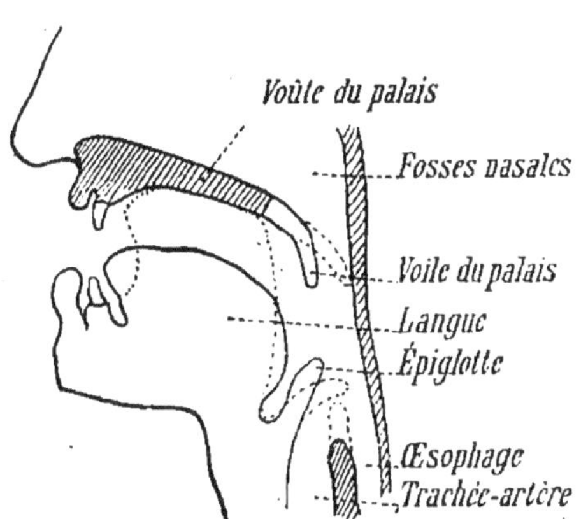

Fig. 61. — La bouche au moment de la déglutition (le pointillé indique la position des organes pendant la déglutition).

une languette, l'*épiglotte*, qui, rencontrant la base de la langue, se renverse en arrière et empêche ainsi l'introduction de particules alimentaires dans les voies aériennes. L'œsophage seul reste largement ouvert, et le bol alimentaire s'y introduit. Il peut arriver pourtant que les aliments soient rejetés par les fosses nasales lorsqu'on rit ou tousse au moment de la déglutition. Ou bien une particule alimentaire peut pénétrer dans la trachée-artère et provoquer une toux pénible : on dit qu'on a avalé de travers.

Mouvements péristaltiques. — A partir de l'œsophage, les aliments vont progresser grâce aux contractions successives des fibres musculaires circulaires et longitudinales du tube digestif. Ces contractions, qui commencent par le haut pour se diriger vers le bas, produisent les mouvements *péristaltiques* du tube digestif. Dans le vomissement, et normalement chez les Ruminants, ces mouvements de l'œsophage se font de bas en haut : ils sont *antipéristaltiques*.

L'action de la pesanteur serait insuffisante pour expliquer la marche du bol alimentaire vers l'estomac, car les Mammifères herbivores avalent en paissant la tête en bas, et de même les acrobates peuvent manger dans cette position. C'est donc bien par les mouvements de l'œsophage que les aliments progressent vers l'estomac.

Les mouvements de l'estomac sont énergiques, de sorte que les aliments se mélangent bien avec le suc gastrique en formant une bouillie appelée *chyme*, et ce n'est qu'après avoir subi l'action de ce suc qu'ils peuvent passer dans l'intestin. Jusqu'à ce moment le pylore reste fermé. Les aliments restent plus ou moins longtemps dans l'estomac, en moyenne trois heures ; puis, quand la digestion stomacale est achevée, le pylore s'ouvre et le chyme passe, en quelques minutes, dans l'intestin.

Il semble que les boissons traversent l'estomac sans s'y arrêter ; au moment où elles y arrivent, les muscles obliques de la cravate de Suisse se contractent et forment une sorte de canal qui conduit directement les liquides du cardia au pylore.

Si le diaphragme et les muscles de la paroi abdominale se contractent en même temps, ils appuient sur l'estomac qui se trouve comprimé de deux côtés à la fois et qui rejette son contenu par le cardia : c'est le *vomissement*. Ce fait peut se produire sous l'influence d'excitations (mal de mer, chatouillement de la luette) ou de l'absorption de certaines matières (émétique, ipéca), ou simplement du dégoût.

Les mouvements péristaltiques de l'intestin grêle poussent les aliments dans le gros intestin ; puis la valvule iléo-cæcale empêche les matières de revenir dans l'intestin grêle, de sorte qu'elles continuent à progresser vers le colon, le rectum, où elles sont maintenues par le sphincter anal avant d'être rejetées par l'anus.

Lorsque les mouvements péristaltiques sont violents, ils sont la cause de douleurs connues sous le nom de *coliques*. Il y a *constipation* si les matières fécales séjournent longtemps dans le gros intestin, et *diarrhée* si, au contraire, les aliments mal digérés ne font qu'y passer.

Tous les mouvements du tube digestif, sauf ceux de la bouche, du pharynx et du sphincter anal, sont *involontaires*.

§ 2. — **Phénomènes chimiques**.

Les sucs digestifs. — Les différents sucs digestifs, tels que la salive, le suc gastrique, le suc pancréatique, le suc intestinal, font subir aux aliments certaines transformations qui les rendent *solubles* et *assimilables*. Il faut, en effet, que l'aliment soit non seulement soluble, mais encore assimilable. Ainsi l'albumine de l'œuf, le sucre de Canne sont des aliments liquides, mais incapables de nourrir l'organisme tels qu'ils sont parce qu'ils ne sont pas directement assimilables par le protoplasma des cellules. Si on les injecte dans une veine, on les retrouve au bout d'un instant dans l'urine ; c'est donc que l'organisme n'a pas pu les utiliser. Si, au contraire, on les injecte dans le sang après leur avoir fait subir l'action des sucs digestifs, ils ne passent plus dans l'urine ; c'est qu'ils ont servi à la nutrition de l'organisme.

Chacun des sucs digestifs contient une substance particulière appelée *diastase*, et chaque diastase produit sur tel ou tel aliment une transformation particulière.

La salive. — La salive est *mixte*, car elle résulte du mélange des trois salives *parotidienne, sous-maxillaire* et *sublinguale* provenant des trois sortes de glandes salivaires. Claude Bernard a isolé et étudié chacune de ces salives.

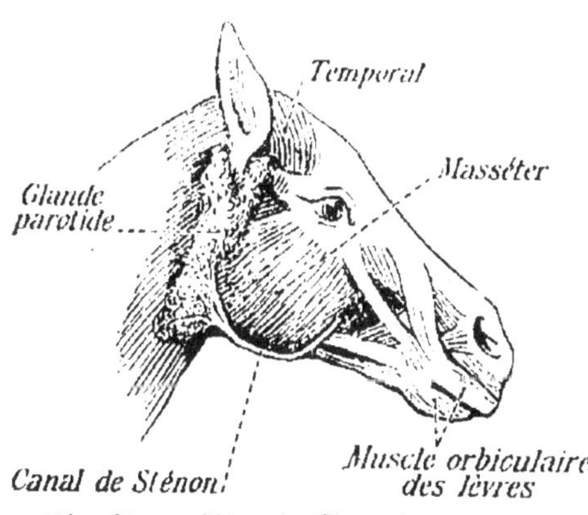

Fig. 62. — Tête de Cheval montrant l'énorme glande parotide.

1° La *salive parotidienne* est très fluide et toujours alcaline ; elle sert surtout à la mastication ; aussi la glande parotide est-elle très développée chez les animaux qui mangent des aliments secs, comme chez le Mouton et surtout chez le Cheval (*fig*. 62) où elle peut sécréter 22 litres de salive par repas ; elle est au contraire très réduite chez les Mammifères qui ne mâchent pas leur proie, comme le Fourmilier (*fig.* 63) ; enfin elle disparaît complètement chez les animaux aquatiques,

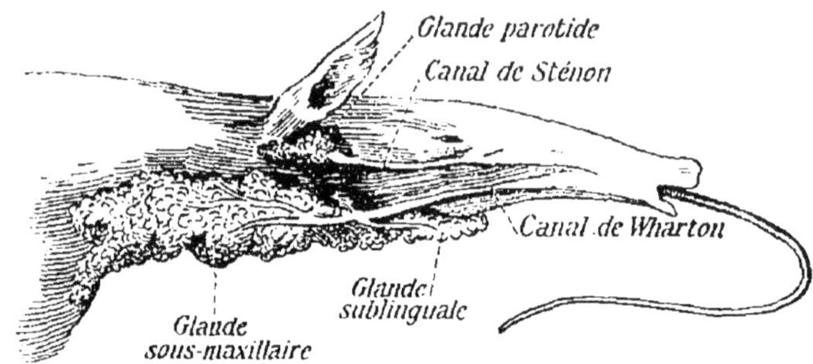

Fig. 63. — Tête de Fourmilier montrant une glande parotide réduite et de grosses glandes sous-maxillaires et sublinguales.

dont les aliments sont toujours imbibés d'eau (Cétacés). Elle contient du phosphate de calcium qui se dépose sous forme de *tartre dentaire*.

2° La *salive sous-maxillaire* est visqueuse et sert surtout dans la gustation des aliments : aussi la glande sous-maxillaire est-elle développée chez les Carnivores (Chat, Chien), et très réduite chez les Oiseaux granivores, qui ne goûtent pas leurs aliments.

3° La *salive sublinguale* est très visqueuse et renferme beaucoup de mucus. Elle facilite le glissement des aliments dans la déglutition.

Les glandes sous-maxillaires et sublinguales qui sécrètent une salive très visqueuse sont très développées chez les animaux qui capturent les Insectes avec leur langue, le Fourmilier par exemple (*fig.* 63).

Crachée dans un verre, la *salive mixte* est un liquide incolore qui se partage bientôt en trois couches : une supérieure, un peu mousseuse ; une moyenne, aqueuse ; et une inférieure contenant des cellules épithéliales de la muqueuse buccale et de nombreux microbes.

La *salive mixte* est un liquide visqueux, de réaction alcaline et qui contient de l'eau, des sels tels que chlorures, carbonates et phosphates alcalins, et enfin une diastase particulière, la *ptyaline*, qui agit sur les féculents en les transformant par hydratation en dextrine et en un sucre appelé maltose :

$$3C^6H^{10}O^5 + H^2O = C^6H^{10}O^5 + C^{12}H^{22}O^{11}.$$
$$\text{amidon} + \text{eau} = \text{dextrine} + \text{maltose}$$

On peut du reste se convaincre de cette transformation en conservant pendant quelques minutes, dans la bouche, de la mie de pain ; on sent alors une saveur *sucrée*.

Pour que la transformation de l'amidon en sucre se fasse rapidement, il faut que l'amidon soit cuit. On peut obtenir cette transformation en plaçant de l'amidon dans un tube avec de la salive et en maintenant ce tube pendant quelque temps à la température du corps (37°). On constate ensuite que le liquide ne se colore plus en bleu par l'iode, comme le fait toujours l'amidon ; de plus on voit que ce liquide donne un précipité rouge avec la liqueur de Fehling (tartrate double de cuivre et de potassium), ce qui caractérise le glucose. L'amidon a été digéré. On dit, lorsqu'on a réalisé cette expérience, qu'on a fait une *digestion artificielle*.

En réalité, la salive joue surtout un rôle *mécanique* en facilitant le glissement des aliments, un rôle *physique* en dissolvant certains aliments, ce qui facilite leur gustation, mais son action *chimique* est faible, les aliments ne séjournant pas assez longtemps dans la bouche.

L'homme peut sécréter 1 000 à 1 500 grammes de salive par jour. Cette sécrétion se fait sous l'influence de la saveur des aliments, aussi est-elle abondante au moment des repas ; mais la vue, l'odeur ou même la simple idée d'un mets savoureux « fait venir l'eau à la bouche ». Par contre, d'autres impressions peuvent arrêter la salivation ; c'est ainsi qu'une forte émotion dessèche la bouche.

Le suc gastrique. — Jusqu'en 1750, on admettait que la digestion consistait en une *trituration* des aliments par l'estomac.

Réaumur, vers 1750, appliqua pour la première fois aux recherches physiologiques la méthode expérimentale. Il fit avaler à des Oiseaux de proie (Buses) des sphères métalliques creuses remplies de viande et percées de trous ; quelques heures après, ces sphères étaient rejetées par vomissement, vides et sans déformation. Réaumur en conclut que la digestion de la viande était due à l'action d'un liquide particulier produit par l'estomac, et non à une action mécanique comme on le croyait jusque-là.

Spallanzani, vers 1780, refit les expériences de Réaumur et fit avaler à des Oiseaux une petite éponge retenue par une ficelle ; il put, en tirant la ficelle, recueillir le suc gastrique qui avait imprégné l'éponge et voir que ce suc digérait la viande.

En 1830, le médecin américain Beaumont eut l'occasion de soigner un chasseur canadien qui avait reçu un coup de fusil dans le ventre. La blessure guérit, mais en laissant une ouverture qui faisait communiquer l'estomac avec l'extérieur : c'est ce qu'on appelle une *fistule gastrique*. On pouvait, par cet orifice, observer ce qui se passait dans l'estomac pendant la digestion des aliments. On vit ainsi que la muqueuse de l'estomac devient rouge au moment de la digestion, et que de fines gouttelettes de suc gastrique apparaissent de toutes parts, avant même que les aliments soient arrivés dans l'estomac.

Enfin, vers 1845, le Dr Blondlot fit une fistule gastrique sur un Chien, en opérant de la façon suivante : il fit une première incision à la paroi abdominale et une seconde à la paroi gastrique, puis il réunit les lèvres de la première aux lèvres de la seconde de façon à établir une communication directe entre la cavité de l'estomac et l'extérieur. Puis, par cet orifice, il introduisit un tube par lequel le suc gastrique pouvait s'écouler. Le suc était recueilli dans un petit ballon suspendu à ce tube, et l'on étudiait ensuite sa composition et son action sur les aliments. Ces fistules se pratiquent aujourd'hui couramment dans les laboratoires de physiologie.

Le suc gastrique est un liquide clair, renfermant 994 pour 1000 d'*eau*, des *sels* (chlorure de sodium et phosphate de calcium), de l'*acide chlorhydrique* et une diastase particulière, la *pepsine* (environ 3 pour 1000).

L'acide chlorhydrique provient du chlorure de sodium du

sang, car il disparait chez un animal soumis au jeûne chloré. On ne connait pas le mécanisme de sa production. La présence de cet acide dans le suc gastrique donne à ce dernier un pouvoir antiseptique qui lui permet de détruire au moins une partie des microbes amenés par les aliments.

On peut pratiquer des digestions *artificielles* en plaçant le suc gastrique dans une étuve à la température du corps humain (37 à 38°) ; la viande placée dans ce suc se gonfle, devient transparente et finit par se transformer en liquide soluble dans l'eau. Le suc gastrique agit de la même façon sur tous les albuminoïdes, en les transformant en substances solubles et absorbables appelées *peptones*. Cette transformation se fait sous l'influence de la *pepsine* et de l'*acide chlorhydrique*, sans lequel la diastase ne saurait agir.

La digestion des matières albuminoïdes ne fait que s'ébaucher dans l'estomac, elle s'achève dans l'intestin grêle. L'expérience prouve qu'on peut supprimer l'estomac, en rattachant le pylore au cardia, sans causer d'autres troubles qu'un faible amaigrissement.

L'estomac des jeunes animaux (Veaux) contient, outre la pepsine, un autre ferment, la *présure* ou *lab*, qui a la propriété de coaguler la caséine du lait. Le lait est d'abord coagulé, puis les grumeaux de caséine sont dissous.

La bouillie résultant de la transformation des aliments par le suc gastrique s'appelle le *chyme*. Le pylore ne laisse passer les aliments que lorsqu'ils ont subi cette modification, qui exige deux ou trois heures ; ce temps varie d'ailleurs suivant les aliments : ainsi la viande crue est plus rapidement dissoute que la viande cuite, et la viande rôtie plus vite aussi que la viande bouillie. Quand la digestion stomacale est terminée, le pylore s'ouvre et en quelques minutes le contenu stomacal passe dans l'intestin.

Bien que le suc gastrique digère les substances albuminoïdes, il ne digère cependant pas les parois de l'estomac, parce qu'elles sont protégées par une couche de mucus et par l'épithélium, et aussi, d'après une opinion plus récente, parce qu'elles sécrètent un *antiferment* qui annule les effets de la pepsine.

La sécrétion du suc gastrique ne se produit qu'au moment du repas et pendant toute la durée du séjour des aliments dans l'estomac. Elle cesse dès que l'estomac a évacué son contenu dans l'intestin. Des expériences récentes du physiologiste russe Pawlow ont montré que le suc gastrique était sécrété : 1° sous l'influence gustative des aliments ; 2° par l'action directe des aliments sur la muqueuse de l'estomac.

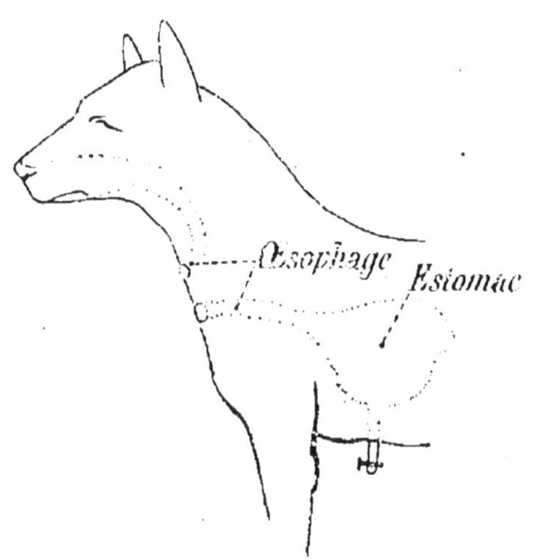

Fig. 64. — Chien préparé pour montrer le mécanisme de la sécrétion du suc gastrique.

Ainsi, la vue et l'odeur de la viande provoquent une sécrétion gastrique que l'on peut constater facilement chez un Chien ayant trois fistules (*fig.* 64) : l'une à l'estomac, les deux autres à l'œsophage qu'on a sectionné. Si l'on fait manger à ce Chien un morceau d'éponge imbibé d'eau, on n'observe pas de sécrétion ; au contraire, si l'éponge est imbibée de jus de viande, la sécrétion est abondante; elle commence après quelques minutes et dure 2 ou 3 heures. On peut même provoquer une sécrétion purement psychique en montrant au Chien un morceau de viande. Dans l'un et l'autre cas, c'est par l'intermédiaire du nerf pneumo-gastrique que se produit la sécrétion. Enfin, si par l'orifice d'une fistule on introduit une baguette de verre, on voit la muqueuse de l'estomac rougir aux points touchés et s'y couvrir d'une rosée de suc gastrique, peu abondante d'ailleurs. Pour que la sécrétion soit abondante, il faut que les matières introduites dans l'estomac agissent *chimiquement*. C'est ainsi que, sous l'influence du bouillon et des extraits de viande, le suc gastrique est sécrété en abondance.

Le suc pancréatique. — On peut obtenir du suc pan-

créatique en faisant une fistule pancréatique, c'est-à-dire en
ouvrant le canal pancréatique et en y introduisant une canule
qui permet de recueillir le suc qui s'en écoule. C'est un
liquide incolore, visqueux, à réaction alcaline comme la
salive. Il contient de l'eau, des sels, en particulier des phosphates, et surtout des diastases ; celles-ci sont au nombre
de trois et ont chacune une action particulière :

L'une, l'*amylopsine*, continue l'action de la salive, en agissant sur les *féculents*, mais avec plus d'énergie ;

L'autre, la *trypsine*, comme la pepsine, agit sur les *albuminoïdes*, mais dans un milieu alcalin ; en réalité la trypsine
n'existe pas dans le suc pancréatique naturel, car on a montré que ce dernier contenait seulement un corps inactif, le
trypsinogène, qui est transformé en trypsine par un ferment
du suc intestinal, l'*entérokynase* ;

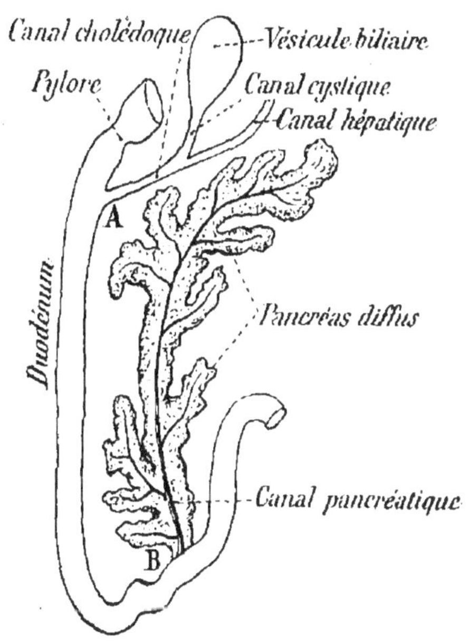

Fig. 65 — Pancréas du Lapin.
(Expérience de Claude Bernard.)

Enfin, la troisième agit sur les corps gras en les *émulsionnant*, c'est-à-dire en les ré-
duisant en fines gout-
telettes qui restent en suspension dans le liquide, ou en les *sapo-
nifiant*, c'est-à-dire en les dédoublant en glycérine et acides gras ;
ces derniers, en se com-
binant avec les sub-
stances alcalines de l'intestin, forment des sels appelés *savons*,
qui ont des propriétés émulsionnantes très actives. L'émulsion
donne au liquide digestif une apparence laiteuse.

La digestion des graisses exige l'action combinée du suc

pancréatique et de la bile. Claude Bernard l'a montré sur le Lapin. Chez cet animal la bile se déverse au commencement de l'intestin (*fig*. 65, A) ; tandis que le canal pancréatique débouche (en B) 20 centimètres plus bas. Or si l'animal mange de la graisse, on voit que l'émulsion laiteuse ne se produit pas avant l'orifice de ce dernier (en B). D'un autre côté, les expériences de Dastre ont montré que le suc pancréatique ne digère les graisses que lorsque la bile est venue se mélanger à lui. Pour cela le physiologiste opère sur un Chien, et par une fistule il conduit la bile au-dessous du canal pancréatique ; on voit alors que dans la portion intermédiaire de l'intestin le suc pancréatique reste inactif sur les matières grasses.

On a montré expérimentalement que c'est l'acidité du suc gastrique qui provoque, par une action sur la muqueuse de l'intestin, la production du suc pancréatique. Si, par exemple, on introduit dans l'estomac d'un Chien ayant une fistule gastrique, de l'eau acidulée avec de l'acide chlorhydrique, on provoque une abondante sécrétion pancréatique. Si, au contraire, on neutralise l'acidité de l'estomac en introduisant un liquide alcalin, on arrête instantanément cette sécrétion.

Le suc pancréatique est le plus important des sucs digestifs. Aussi un animal privé de la plus grande partie de son pancréas ne peut-il apaiser sa faim et maigrit-il rapidement malgré la suralimentation dont il est l'objet, tandis qu'un Chien supporte parfaitement, sans dépérir, l'extirpation de l'estomac. L'enlèvement complet du pancréas produit un diabète rapidement mortel.

Le suc intestinal. — On peut obtenir le suc intestinal ou *entérique*, comme on l'appelle encore, en faisant deux ligatures sur l'intestin grêle. La portion d'intestin comprise entre ces deux ligatures se remplit de suc entérique. C'est un liquide alcalin, contenant de l'eau, des sels, en particulier du carbonate de sodium, et deux diastases spéciales, l'*entérokynase* et l'*invertine*.

Nous avons vu que l'entérokynase joue un rôle essentiel dans la digestion des albuminoïdes en transformant le trypsinogène du foie en trypsine. Ce ferment est sécrété par le duodénum.

Quant à l'invertine, elle a la propriété de transformer le sucre de Canne ou saccharose, qui n'est pas assimilable, en un mélange de deux sucres, glucose et lévulose. Ce mélange, appelé *sucre interverti*, peut alors être absorbé. L'action de l'invertine est résumée par la formule suivante :

$$C^{12}H^{22}O^{11} + H^2O = C^6H^{12}O^6 + C^6H^{12}O^6.$$

$$\text{Saccharose} + \text{Eau} = \underbrace{\text{Glucose} + \text{Lévulose}}_{\text{Sucre interverti}}$$

La bile. — On obtient la bile en faisant une *fistule biliaire*, c'est-à-dire en recueillant le liquide qui s'écoule par une canule introduite dans la vésicule biliaire. C'est un liquide jaune à l'état frais, et qui devient vert au contact de l'air ; il est légèrement alcalin et contient de l'eau, des sels et des matières colorantes ou pigments.

Les *sels* sont des chlorure et phosphate de sodium, des taurocholate et glycocholate de sodium. C'est à ces derniers sels que la bile doit son amertume.

La *matière colorante* est la *bilirubine*, qui, en s'altérant, donne la *biliverdine* ; cette matière dérive de l'hémoglobine des globules rouges du sang et il est probable que le foie emprunte aux globules rouges les éléments de cette substance. Le foie semble donc être un destructeur des globules rouges.

Enfin la bile contient une substance peu soluble, la *cholestérine*, qui se précipite facilement sous forme d'aiguilles, lesquelles, par leur agglomération, vont former les *calculs biliaires*, dont l'expulsion détermine de violentes douleurs connues sous le nom de *coliques hépatiques*.

La sécrétion de la bile est continue, mais elle est plus abondante au moment des repas ; aussi le liquide vient s'accumuler dans la vésicule du fiel pour s'écouler au moment de la digestion intestinale. L'homme peut en sécréter 1 kilogramme par jour.

La bile est surtout un produit d'élimination, c'est-à-dire

qu'elle contient des matières nuisibles à l'organisme, qui sont rejetées avec les excréments; mais elle joue pourtant un certain rôle dans la digestion. En effet :

1° Elle aide à digérer les graisses en combinant son action avec celle du suc pancréatique (on sait que la bile enlève les taches de graisse); si l'on pratique sur un Chien une fistule biliaire, l'animal maigrit et ses poils tombent;

2° Elle semble ralentir la putréfaction des matières alimentaires dans l'intestin;

3° Enfin elle débarrasse l'intestin de vieilles cellules épithéliales qui diminueraient ses pouvoirs digestif et absorbant.

Lorsque, par suite de l'obstruction du canal cholédoque, la bile ne s'écoule pas dans l'intestin, elle s'accumule dans les canaux biliaires et finit par passer dans le sang, qui la transporte dans tous les organes : c'est la cause de la maladie connue sous le nom de *jaunisse* ou *ictère hépatique*.

Le foie peut détruire certains poisons introduits soit par l'alimentation, soit par les fermentations du tube digestif. Si, en effet, on injecte un poison dans la veine d'un membre, l'animal meurt; si, au contraire, on l'injecte dans la veine porte, l'animal survit.

La sécrétion des sucs digestifs. — Les expériences du physiologiste russe Pawlow ont bien mis en évidence l'influence du système nerveux sur la sécrétion des sucs digestifs. Elles ont démontré que le travail des glandes digestives dépend de la saveur et de la nature des aliments. C'est ainsi, par exemple, que les aliments contenant de l'albumine végétale (pain), plus difficile à digérer que l'albumine animale (viande), provoquent la sécrétion d'un suc gastrique contenant beaucoup de pepsine et peu d'acide.

Il semble que les glandes adaptent leurs efforts au but physiologique à atteindre. A chaque aliment correspond un travail physiologique approprié. Il y a donc une sorte d'adaptation du travail digestif au régime alimentaire de l'individu. D'où l'explication des troubles digestifs qui surviennent quand on change brusquement de régime alimentaire.

Les diastases. — La transformation des aliments en matières solubles et assimilables se fait avec une absorption d'eau. C'est par une hydratation, ainsi que nous venons de le montrer, que l'amidon est transformé en sucre, les albuminoïdes en peptones, le saccharose en sucre interverti, etc. Cette hydratation se produit sous l'influence de corps particuliers appelés *diastases* ou *ferments solubles*. Ce sont des corps albuminoïdes formés par les cellules de l'organisme et qu'il est difficile de préparer à l'état de pureté. Cependant les diastases, comme la plupart des substances albuminoïdes, sont précipitables par l'alcool ; on peut ensuite reprendre le précipité avec de l'eau, qui dissout la diastase. C'est un procédé général de préparation des diastases.

Les diastases offrent cette propriété générale : c'est que, sous une faible quantité, elles peuvent transformer des masses considérables de matières ; théoriquement une petite quantité de ferment est capable de transformer une quantité indéfinie de substance. Une fois l'action commencée, elle se continue sans qu'il soit nécessaire d'introduire une nouvelle quantité de diastase. Ainsi un poids minime de diastase peut convertir en sucre des masses énormes de féculents. Cette disproportion entre la cause et l'effet est précisément la caractéristique des fermentations ; et c'est pour cela qu'on a donné aux diastases le nom de ferments solubles.

Non seulement des ferments analogues aux diastases digestives sont répandus dans tous nos organes, mais encore les diastases ne sont pas spéciales à l'organisme animal ; elles ont été trouvées aussi chez les végétaux même les plus inférieurs comme les Champignons. Leur nombre paraît être aussi considérable que celui des matières à transformer.

Dans certains cas pathologiques, les cellules de l'organisme peuvent sécréter des sortes de ferments solubles qui agissent comme de véritables poisons et peuvent empoisonner l'organisme en produisant ce qu'on appelle une *auto-intoxication.*

Les microbes peuvent aussi fournir des diastases ou *toxines*, telles sont la toxine du tétanos et celle de la diphtérie.

Rôle des microbes dans la digestion. — Il n'y a pas dans le tube digestif que des *ferments solubles*; il existe encore des *ferments figurés*, c'est-à-dire des organismes microscopiques qui opèrent aussi la fermentation des liquides et qu'on désigne plus souvent sous le nom de *microbes*. Il sera parlé longuement d'eux dans les leçons d'hygiène, à propos des maladies contagieuses dont ils sont la cause ; ici, nous dirons seulement que les microbes que contient le tube digestif sont variés et nombreux.

Selon l'opinion de Pasteur et de Duclaux, certains microbes jouent un rôle utile dans la digestion. Ils peuvent, tout comme les cellules du tube digestif, sécréter des diastases qui agissent sur les aliments. C'est ainsi que le *Bacillus subtilis*, par exemple, donne une diastase capable de digérer les albuminoïdes, et le *Bacillus amylobacter* (*fig.* 66) une diastase qui digère la cellulose.

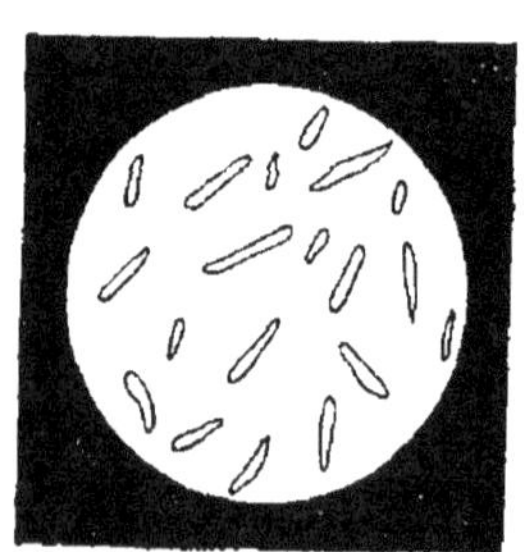

Fig. 66. — *Bacillus amylobacter*.

Des expériences récentes ont montré que ces microbes étaient nécessaires à la nutrition de l'individu. Si, par exemple, on nourrit des animaux placés dans des cages stérilisées, c'est-à-dire débarrassées de leurs microbes, à l'aide d'aliments également stérilisés, on constate qu'ils maigrissent et ont des troubles intestinaux ; tandis que d'autres animaux, de même race, de même poids, nourris dans des cages quelconques avec des aliments identiques, mais non stérilisés, se développent normalement.

RÉSUMÉ

La *digestion* est la transformation des aliments en substances liquides et assimilables.

Appareil digestif. — L'appareil digestif comprend deux parties :

1° *Tube digestif* : { Bouche, pharynx, œsophage, estomac, intestin, anus.

2° *Glandes annexes* : Glandes salivaires, pancréas, foie.

Le tube digestif. — A l'intérieur de la bouche sont les *maxillaires* et les *dents*.

Muscles moteurs du maxillaire inférieur : {
1. M. élévateurs : *temporal* et *masséter*.
2. M. abaisseur : *digastrique*.
3. M. pour mouvements latéraux : *ptérygoïdiens*.

Dents : {
Trois régions : *couronne, collet, racine*.
Trois formes : *incisives, canines, molaires*.
Structure : *émail, cément, ivoire, pulpe dentaire*.

Formules dentaires : {
Dentition de lait :

$$\frac{4}{4} I + \frac{2}{2} C + \frac{4}{4} P.M = 20.$$

Dentition définitive :

$$\frac{4}{4} I + \frac{2}{2} C + \frac{4P.M+6G.M}{4P.M+6G.M} = 32.$$

Le *pharynx* communique, en haut, avec la bouche et les fosses nasales, et en bas, avec l'œsophage et la trachée-artère.

L'*œsophage* descend verticalement vers l'estomac ; sa paroi est formée de trois tuniques : externe *fibreuse*, moyenne *musculeuse*, interne *muqueuse*.

L'*estomac*, situé au-dessous du diaphragme, contient dans l'épaisseur de ses parois les glandes gastriques, qui sécrètent le *suc gastrique*.

L'*intestin* comprend deux parties : l'*intestin grêle* et le *gros intestin*. La muqueuse de l'intestin présente des saillies ou *villosités intestinales* et des dépressions ou *glandes*.

Les différents organes contenus dans l'abdomen (estomac, foie, intestin, etc.) sont reliés les uns aux autres et à la paroi du corps par une membrane séreuse, le *péritoine*.

Les glandes annexes. — Glandes salivaires, pancréas et foie.

1. *Glandes salivaires* : {
G. parotides.
G. sous-maxillaires.
G. sublinguales.

2. *Pancréas* : Glande en grappe; le canal pancréatique s'unit au canal cholédoque pour se jeter dans l'intestin grêle.

3. *Foie* :

Aspect extérieur : 4 lobes, hile du foie, vésicule biliaire, canal hépatique.

Circulation

1° Le sang arrive par l'*artère hépatique* et la *veine porte*.

2° Le sang s'échappe par les *veines sus-hépatiques*.

Entre ces deux vaisseaux se trouve le *système porte hépatique* [deux réseaux de capillaires].

Structure

Formé de *n lobules hépatiques*.

un lobule comprend

n cellules hépatiques (glycogène et pigments biliaires).

Vaisseaux *sanguins* : périlobulaires et intralobulaires.

Vaisseaux *biliaires* : *canal hépatique* qui s'unit au *canal cystique* pour donner le *canal cholédoque*.

Les aliments. — Les aliments sont destinés à réparer les pertes subies par l'organisme. La nécessité de prendre des aliments se manifeste par la *faim* et la *soif*. L'organisme ne peut résister longtemps au jeûne.

Les principaux aliments peuvent être rangés en 4 groupes :

1. *Aliments minéraux* : Eau, sel, phosphate et carbonate de calcium, fer.

2. *Aliments hydrocarbonés :* [C, O, H]

1. Féculents : amidon, fécule, pomme de terre, blé.
2. Sucres : glucose, saccharose.

3. *Graisses* [C, O, H] :

Graisses, huiles, beurres.

4. *Aliments azotés* ou *albuminoïdes* [C, O, H, Az] :

1. Albumines vraies (œuf, lait).
2. Globulines (globules du sang).
3. Peptones.
4. Albuminoïdes solubles ou coagulées (fibrine, caséine).

L'alimentation doit être mixte, c'est-à-dire formée d'un mélange des divers aliments. Certains aliments sont complets : lait, œuf.

Mécanisme de la digestion. — Mastication, déglutitior, mouvements péristaltiques.

1. *Mastication* : Mouvements de la mâchoire inférieure.

2. *Déglutition* { 1. Le voile du palais se soulève pour fermer l'ouverture des fosses nasales. 2. Le larynx se soulève, l'épiglotte s'abaisse pour fermer la trachée-artère.

3. *Mouvements péristaltiques* : Les contractions des fibres musculaires font progresser les aliments vers l'estomac, puis vers l'intestin ; ces mouvements sont involontaires.

Chimie de la digestion. — Les différents sucs digestifs contiennent une substance particulière appelée *diastase*, qui a la propriété de rendre les aliments *solubles* et *assimilables*. Chaque suc digestif a sa diastase spéciale.

On peut résumer dans le tableau suivant l'action des différentes diastases :

SUCS DIGESTIFS	DIASTASES	ALIMENTS	PRODUITS de la DIGESTION
Salive	Ptyaline . . .	Féculents. . .	Sucre (Maltose)
Suc gastrique.	Pepsine . . .	Albuminoïdes.	Peptones.
Suc pancréatique . . .	3 diastases. .	1. Féculents . 2. Albuminoïdes . . 3. Corps gras.	Sucre. Peptones. Emulsion et saponification.
Suc entérique.	Invertine. . .	Saccharose . .	Sucre inter-verti { glucose. / lévulose
Bile	. . . .	Graisses . . .	Émulsion.

Les *diastases* ou *ferments solubles* agissent sur les aliments en les hydratant. Ce sont des matières azotées qu'on peut précipiter par l'alcool. Elles existent chez les animaux et les végétaux.

Certains *microbes* contenus dans les aliments et dans le tube digestif jouent un rôle utile dans la digestion.

CHAPITRE III

L'ABSORPTION ALIMENTAIRE

L'absorption est le passage dans le sang des matières nutritives résultant de la digestion. Étudions par quelles *voies* et par quel *mécanisme* se fait cette absorption.

Voies de l'absorption. — On sait depuis longtemps que certains médicaments peuvent, à la suite de frictions, être absorbés par la peau ou bien encore, par des injections hypodermiques, être absorbés par des cellules profondes. On sait aussi que l'oxygène de l'air, dans la respiration, est absorbé par les poumons ; mais il est plus difficile de savoir en quel endroit du tube digestif se fait l'absorption alimentaire.

On avait d'abord cru que l'absorption ne se faisait pas par l'estomac. En effet, on donnait à un Cheval dont on liait le pylore un poison violent, la *strychnine*, et il ne survenait pas d'accident. On en concluait que l'estomac n'absorbait pas. Cependant, plus tard, en ouvrant le pylore, le contenu de l'estomac passait dans l'intestin, et le Cheval n'était pas empoisonné ; ce qui montrait que le poison avait disparu, et qu'il avait été absorbé par l'estomac, mais si lentement, qu'il avait pu être rejeté par les urines avant que d'être en quantité suffisante dans le sang pour tuer l'animal.

En réalité, c'est dans l'intestin, et plus particulièrement dans l'intestin grêle (jéjunum et iléon), que l'absorption est la plus active. L'absorption par le gros intestin est plus faible, et pourtant on l'utilise, soit pour subvenir à l'alimentation de certains malades en faisant pénétrer dans le rectum des matières directement absorbables, des peptones par exemple, soit encore pour faire pénétrer dans l'organisme certains médicaments.

C'est Aselli qui, le premier, en 1662, a démontré que l'absorption se faisait surtout par l'intestin. Il vit, en opérant un Chien au moment de la digestion, des traînées blanches sur le mésentère ; en piquant ces lignes blanches, qui sont les *vaisseaux chylifères*, il s'écoulait un liquide blanc, qui n'était autre qu'une émulsion de matières grasses. D'un autre côté, on sait aussi que les veines intestinales absorbent certaines substances.

Il y a donc deux voies d'absorption : 1° Les *matières grasses émulsionnées* passent par le chylifère central des villosités intestinales, puis par les chylifères qui aboutissent au réservoir d'où part le canal thoracique ; celui-ci s'ouvre dans la veine sous-clavière gauche et les matières arrivent enfin par la veine cave supérieure dans l'oreillette droite du cœur (*fig.* 67) ;

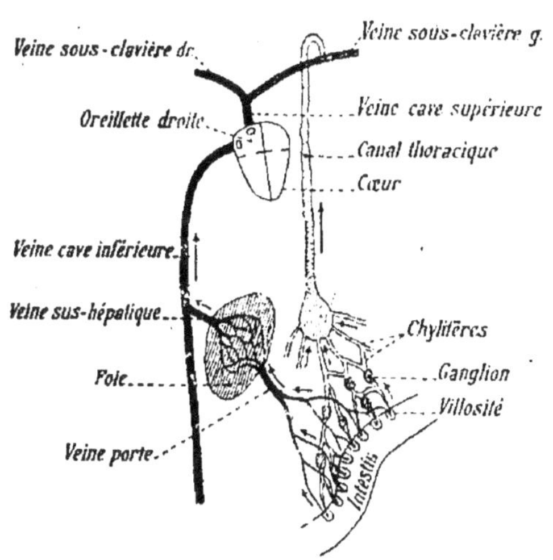

Fig. 67. — Absorption intestinale.

2° Par les veines intestinales qui les conduisent dans la veine porte, les *peptones*, les *glucoses* et les *sels minéraux* sont transportés au foie ; puis, par la veine sus-hépatique, ils arrivent dans la veine cave inférieure et dans l'oreillette droite du cœur.

En résumé, soit par les chylifères, soit par les veines, les substances résultant de la digestion arrivent toujours dans la circulation, qui va les distribuer à tous les organes dont elles assurent ainsi la nutrition.

Mécanisme de l'absorption. — Pour expliquer comment les matières digérées pénètrent, soit dans les chylifères, soit dans les vaisseaux sanguins, on s'appuie sur l'expérience de Dutrochet. Cette expérience consiste à verser dans un tube élargi à sa base (*fig.* 68) et fermé par une membrane animale (vessie de porc), de l'eau sucrée jusqu'à un certain niveau A. On plonge ensuite la partie inférieure de ce tube dans une cuve contenant de l'eau pure. Au bout de quelque temps, le niveau du liquide s'est élevé dans le tube jusqu'en B ; il y a donc eu passage à travers la membrane, de l'eau pure vers l'eau sucrée ; c'est l'*endosmose*. En même temps on constate qu'une petite quantité de sucre est passée dans l'eau pure, c'est l'*exosmose*. Ce double courant est connu sous le nom d'*osmose* ou *dialyse*.

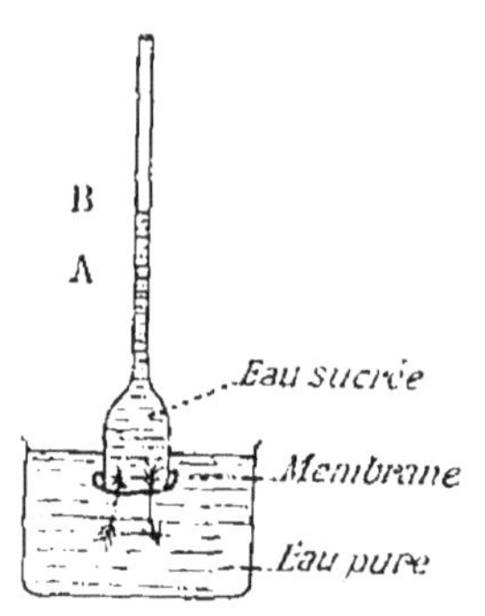

Fig. 68. — Expérience de Dutrochet ; l'osmose.

Si l'on mettait du blanc d'œuf ou albumine dans le tube, l'endosmose seule se produirait, car l'albumine n'est pas dialysable. On a divisé les substances en deux groupes : 1° les substances *cristalloïdes*, qui traversent facilement les membranes ; les corps qui cristallisent sont dans ce cas ; 2° les substances *colloïdes*, qui ne traversent pas les membranes : la gélatine et l'albumine par exemple.

L'absorption est donc une osmose des substances cristalloïdes à travers l'épithélium intestinal. Il faut cependant remarquer que dans l'expérience de Dutrochet la membrane est morte, inerte, tandis que les cellules épithéliales de l'intestin sont actives. Si donc les substances passent dans les cellules épithéliales par osmose, il est probable qu'elles sont modifiées par les cellules épithéliales avant d'arriver dans les veines et les chylifères. C'est ainsi qu'on voit, dans les cellules épithéliales des villosités, de nombreuses gouttelettes de graisse formées par l'activité des cellules à l'aide des acides gras et des savons provenant de la digestion des graisses. La transformation des matières par l'épithélium intestinal explique pourquoi certains poisons, tels que le *venin* des Serpents et le *curare* des Indiens de l'Amérique du Sud, causent des effets mortels lorsqu'ils sont introduits sous la peau, dans le sang, tandis qu'ils ne produisent aucun accident lorsqu'ils sont ingérés dans le tube digestif : c'est qu'ils ont été modifiés par les cellules qu'ils traversent. Le phénomène de l'absorption n'est donc pas un simple phénomène *physique* ; c'est aussi un fait *physiologique* puisqu'il dépend de l'activité des cellules épithéliales de l'intestin. Aussi l'on comprend que cette absorption se fasse mal si ces cellules sont altérées par certains poisons comme l'alcool et l'opium.

Les cellules épithéliales qui absorbent s'usent vite, elles sont enlevées par la bile et remplacées par des cellules jeunes situées à la base des anciennes.

RÉSUMÉ

L'*absorption* est le passage dans le sang des substances nutritives provenant de la digestion.

Les voies d'absorption. — Deux voies d'absorption :
1º Les matières grasses par les *chylifères* (voie lymphatique);
2º Les peptones, les glucoses et les sels minéraux par les *veines intestinales* et la *veine porte* (voie sanguine).

Mécanisme de l'absorption. — L'expérience de Dutrochet montre que l'absorption peut être considérée comme un cas particulier de l'*osmose*. Les substances *cristalloïdes* traversent les membranes, les *colloïdes* ne les traversent pas. Mais l'absorption dépend aussi de l'activité des cellules épithéliales de l'intestin.

CHAPITRE IV

LA CIRCULATION

La circulation est le mouvement, à l'intérieur de l'organisme, d'un liquide nourricier appelé *sang*. On aura donc à étudier successivement l'*appareil circulatoire*, le *sang* et la *physiologie* de la circulation.

I. — Appareil circulatoire.

Ses différentes parties. — L'appareil circulatoire comprend l'ensemble des organes destinés à assurer la marche continue et aussi la distribution du sang dans tous les organes.

Il comprend quatre parties :

1° Le *cœur*, qui est l'organe de propulsion, lançant le sang dans l'organisme ;

2° Les *artères*, qui sont des tubes ou vaisseaux partant du cœur pour se rendre aux différents organes ;

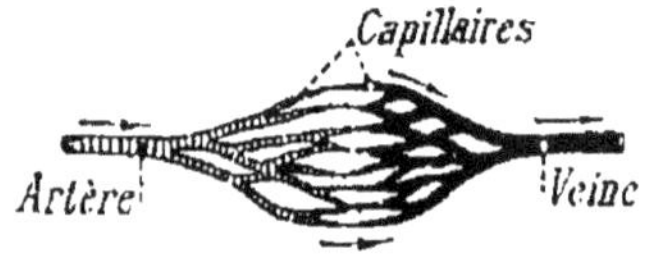

Fig. 69. — Les capillaires unissent les artères aux veines.

3° Les *capillaires* (*fig.* 69), qui sont des vaisseaux très étroits, microscopiques, et faisant communiquer les artères avec les veines ;

4° Les *veines*, qui sont des vaisseaux ramenant au cœur le sang qui a circulé dans les différents organes.

Tout cet ensemble, cœur, artères, capillaires et veines,

forme un système complètement *clos* à l'intérieur duquel le sang circule.

Le cœur. — Le cœur est situé dans la poitrine entre les deux poumons (*fig.* 26) ; il a la forme d'un cône dont la pointe est tournée en bas et à gauche ; sa direction n'est pas verticale, il est couché obliquement sur le diaphragme ; il a la grosseur du poing et pèse environ 300 grammes. Il est logé dans une membrane séreuse, le *péricarde* (*fig.* 70), qui l'enveloppe comme le bonnet de coton enveloppe la tête ; entre les deux feuillets de ce péricarde se trouve le *liquide péricardique*. Enfin il est suspendu, à l'intérieur

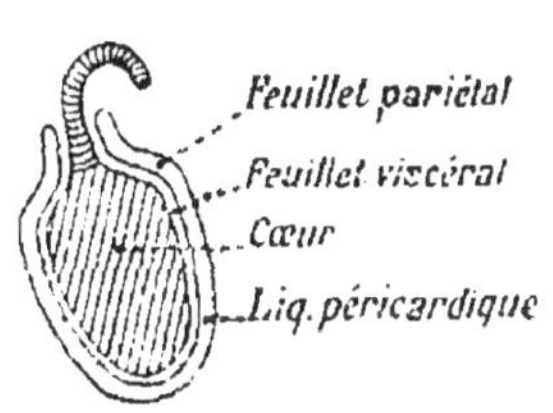

Fig. 70. — Disposition du péricarde.

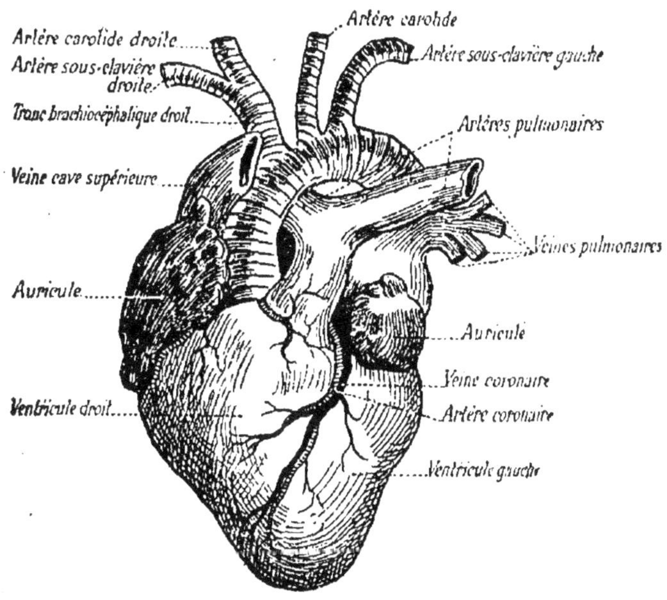

Fig. 71. — Le cœur vu par sa face antérieure.

de la poitrine, par les gros vaisseaux qui partent de sa base.

A sa surface on voit deux sillons qui correspondent aux quatre cavités qu'on trouve dans son intérieur : deux *oreil-*

lettes, à la partie supérieure, et deux *ventricules* placés au-dessous (*fig.* 71 et 72). Les oreillettes ne communiquent pas entre elles, ni les ventricules non plus ; mais chaque oreillette communique avec le ventricule du dessous par un orifice appelé *orifice auriculo-ventriculaire*. En réalité, il y a un cœur gauche et un cœur droit, formés chacun d'une oreillette et d'un ventricule.

Les orifices auriculo-ventriculaires sont garnis de replis membraneux, en forme de manchon et qu'on appelle *valvules* (*fig.* 72). Celle de droite présente trois échancrures ; celle de gauche n'en a que deux. Ces valvules sont fixées autour des orifices par un anneau fibreux.

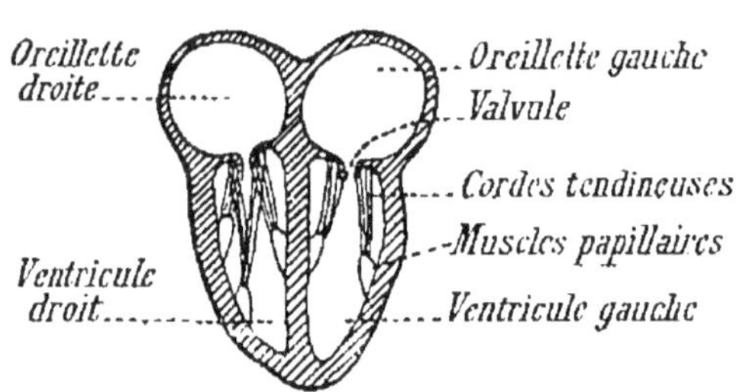

Fig. 72. — Coupe du cœur montrant la disposition des valvules.

Sur leur bord intérieur viennent s'attacher des petites cordes tendineuses qui s'insèrent, d'autre part, sur de petites colonnes charnues hérissant l'intérieur des ventricules et qu'on appelle *muscles papillaires* ou *piliers* du cœur.

Vaisseaux qui partent du cœur ou qui y arrivent. —

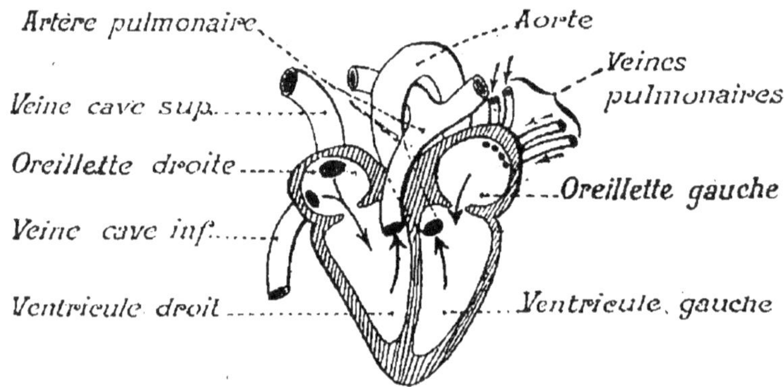

Fig. 73. — Coupe théorique du cœur montrant les orifices des vaisseaux.

Les cavités du cœur communiquent par des orifices avec les vaisseaux qui emportent le sang ou qui le ramènent. Du ventricule gauche part l'*artère aorte* (*fig.* 73), qui va distribuer le sang à l'organisme ; le sang qui a circulé revient par les *deux veines caves*, qui débouchent dans l'oreillette droite ; du ventricule droit part l'*artère pulmonaire*, qui va conduire le sang aux poumons ; enfin dans l'oreillette gauche arrivent les quatre *veines pulmonaires*, qui ramènent le sang des poumons (deux pour chaque poumon).

La moitié droite du cœur est donc occupée par du sang veineux et la moitié gauche par du sang oxygéné.

Structure du cœur. — Le cœur est une masse charnue, ce qui explique pourquoi on l'a parfois appelé *muscle creux*. Les oreillettes ont des parois minces, tandis que les ventricules ont des parois épaisses, surtout le ventricule gauche qui doit chasser le sang dans tout le corps (*fig.* 74). Le cœur est formé de trois parties qui sont, en allant de l'extérieur vers l'intérieur : 1° le *péricarde*, membrane séreuse dont le feuillet viscéral est soudé au cœur et dont le feuillet pariétal est en rapport avec la plèvre et le diaphragme ;

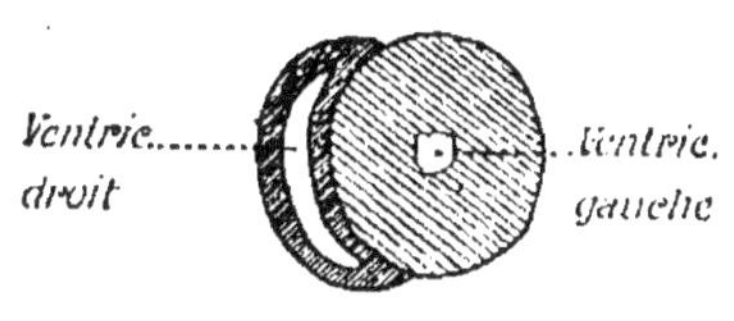

Fig. 74. — Coupe transversale du cœur au niveau des ventricules.

2° le *myocarde*, de nature musculaire, et dont les fibres, striées et ramifiées, sont de deux sortes : les fibres *propres* à chaque oreillette, et les fibres *unitives*, qui sont communes aux deux oreillettes ou aux deux ventricules et qui relient par conséquent les deux moitiés du cœur entre elles ; 3° l'*endocarde*, membrane mince recouverte d'une couche de cellules pavimenteuses qui forment ce qu'on appelle l'*endothélium* : cet endothélium tapisse l'intérieur de tout l'appareil circulatoire.

Les artères. — *Les artères sont les vaisseaux qui partent du cœur.* A leur point de départ, elles sont au nombre de deux : l'*artère pulmonaire* et l'*aorte*. Elles présentent, à leur origine, trois replis en forme de nids de pigeon, et qu'on appelle *valvules sigmoïdes* à cause de leur ressemblance avec la lettre grecque σ (*sigma*). Ces valvules sont nettement visibles en coupant l'aorte en long (*fig.* 75); leur convexité est tournée vers le cœur.

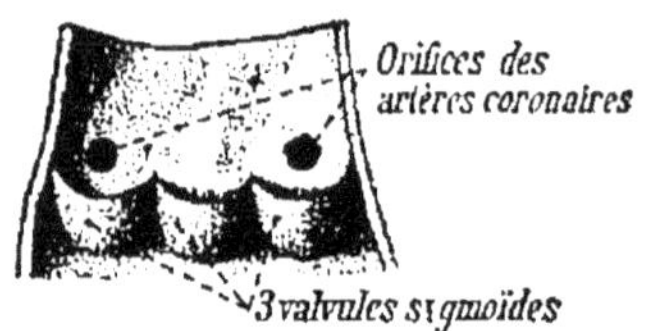

Fig. 75. — Valvules sigmoïdes.

1° L'*artère pulmonaire*, après être sortie du ventricule droit par l'angle supérieur et interne, se divise en deux branches qui vont porter le sang veineux à chaque poumon (*fig.* 73).

2° L'*aorte* (*fig.* 76) part du ventricule gauche par l'angle in-

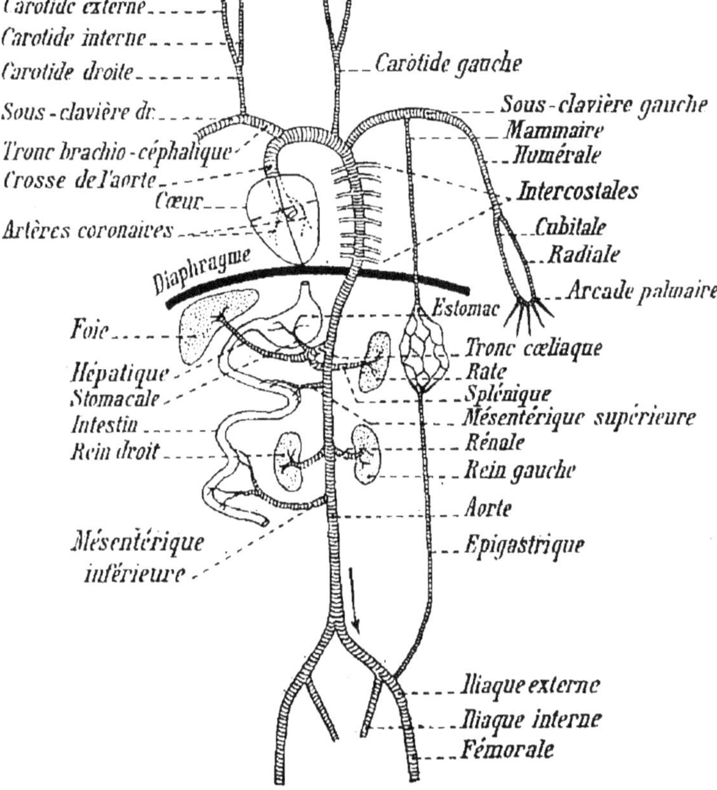

Fig. 76. — Les principales artères.

terne et supérieur, monte d'abord, puis se recourbe en arrière et à gauche en formant la *crosse de l'aorte*, qui va gagner la colonne vertébrale que l'aorte suit jusqu'au bas des vertèbres lombaires. De l'aorte se détachent les artères se rendant aux organes : le cœur lui-même reçoit deux artères, les *artères coronaires*, qui se détachent de l'aorte un peu au-dessus de sa naissance et dont on voit les orifices sur la figure 75.

La crosse de l'aorte donne naissance aux artères de la tête, du cou et des membres supérieurs. A droite : le *tronc brachio-céphalique*, qui se divise bientôt en deux artères, la *carotide droite* qui se dirige vers la tête, et l'*artère sous-clavière droite*, qui passe sous la clavicule. A gauche, la *carotide* et la *sous-clavière* naissent séparément.

La *carotide* monte le long du cou et se divise en *carotide externe*, qui distribue des branches à la face et aux parties superficielles de la tête, et en *carotide interne*, qui pénètre dans le crâne et va alimenter l'encéphale et les organes des sens.

La *sous-clavière*, après avoir envoyé l'*artère vertébrale*, vers le cou et la base du crâne, suit l'aisselle, puis le bras sous le nom d'*artère humérale*, et se divise au coude pour donner l'*artère radiale* et l'*artère cubitale* qui vont se ramifier et s'anastomoser en formant les *arcades palmaires* de la main.

L'*aorte* traverse le diaphragme et, chemin faisant, elle distribue des artères aux parois du corps et aux organes. Parmi les principaux troncs, citons les artères *bronchiques*, *œsophagiennes*, *intercostales*, *diaphragmatiques*, le *tronc cœliaque* qui donne trois branches allant au foie (*artère hépatique*), à l'estomac (*artère stomacale*) et à la rate (*artère splénique*) ; puis naissent les *artères mésentériques* supérieure et inférieure, se rendant à l'intestin, et les *artères rénales* irriguant les reins.

Au niveau de la région lombaire l'aorte se bifurque pour donner les deux *artères iliaques*, qui se divisent bientôt en *iliaque interne* et *iliaque externe*. L'iliaque interne va nourrir les organes du bassin, tandis que l'externe se dirige vers la cuisse pour devenir l'*artère fémorale*, puis les *artères tibiales, péronières, pédieuses*, etc. Remarquons que l'artère iliaque externe donne naissance à l'*artère épigastrique*, laquelle, en suivant les parois abdominales et thoraciques, remonte vers les branches de l'*artère mammaire* qui vient de l'artère sous-clavière. Les ramifications de ces deux artères s'anastomosent et permettent ainsi au sang d'arriver dans les jambes en passant par les sous-clavières et non par l'aorte. Dans certains cas pathologiques, l'aorte étant comprimée, le sang suit cette voie.

Structure des artères. — Les artères principales ont leur paroi formée de trois enveloppes ou *tuniques* : 1° la *tunique externe*, formée de tissu conjonctif ; 2° la *tunique moyenne*, formée de fibres élastiques et de fibres musculaires lisses enroulées autour de la tunique interne ; 3° la *tunique interne*, formée d'un endothélium à cellules plates et en continuité avec celui du cœur et des capillaires.

La structure de la tunique moyenne varie : *élastique* dans les grosses artères, elle devient de plus en plus musculaire à mesure qu'on avance vers les fines artérioles. La figure 77 montre bien la répartition des tissus élastique et musculaire depuis les grosses artères jusqu'aux capillaires.

L'artère a généralement un aspect jaunâtre ; elle est *élastique :* sa section est par conséquent circulaire et béante

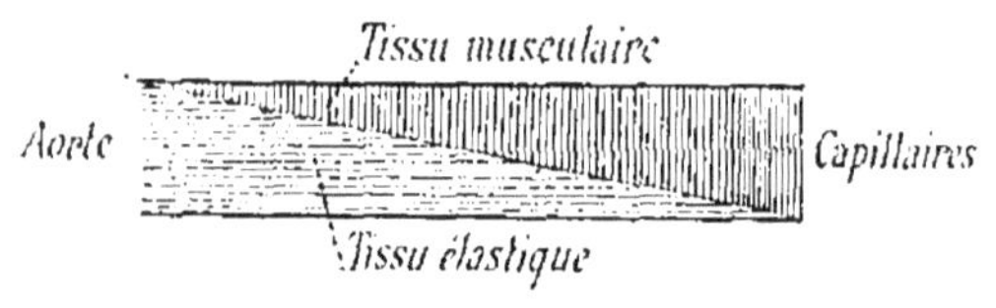

Fig. 77. — Figure montrant la répartition du tissu élastique et du tissu musculaire dans les artères depuis l'aorte jusqu'aux capillaires.

Fig. 78. — Section d'une artère et d'une veine.

(*fig.* 78), d'où le danger d'une coupure d'artère. Heureusement les grosses artères sont bien préservées, car elles sont situées profondément, protégées par conséquent par d'épaisses couches musculaires. Cependant l'artère radiale et l'artère temporale sont assez superficielles pour qu'on puisse sentir leur battement. Dans les opérations chirurgicales qui exigent la coupure de grosses artères, il est nécessaire, afin d'éviter des hémorragies mortelles, de ligaturer auparavant les artères qui doivent être coupées.

La veine, au contraire, est peu élastique, de sorte qu'après une section, les parois s'affaissent et l'ouverture ne reste pas béante. Sa coupure est donc moins dangereuse que celle d'une artère ; en revanche elle est plus fréquente, car la plupart des veines sont superficielles.

Les capillaires. — Ce sont les vaisseaux qui sont en communication d'un côté avec les fines ramifications des artères, et de l'autre avec les petites veines. Ils sont très fins, d'où leur nom. Souvent leur diamètre est à peine suffisant pour laisser passer un globule rouge (7μ). Les capillaires

Fig. 79. — Endothélium des vaisseaux sanguins et du cœur.

constituent des réseaux qui pénètrent dans les tissus en formant une sorte de chevelu. On peut fort bien les observer en regardant au microscope la membrane comprise entre deux doigts d'une Grenouille. Ils sont si nombreux et leur réseau est si serré qu'il est impossible de se piquer en un point quelconque du corps sans en percer quelques-uns et provoquer une légère hémorragie.

Leur structure est très simple : leur paroi est formée uniquement de cellules aplaties, dont les bords ondulés s'engrènent les uns avec les autres. En réalité le capillaire est formé par un simple *endothélium* en continuité avec celui des artères et des veines (*fig.* 79).

Les veines. — *Les veines sont des vaisseaux qui ramènent le sang des organes vers le cœur.* — Tandis que les artères partent des ventricules, les veines aboutissent aux oreillettes. C'est ainsi que dans l'oreillette gauche arrivent quatre *veines pulmonaires*, ramenant le sang artériel des poumons ; dans l'oreillette droite arrivent les deux *veines caves*, qui ramènent le sang des différentes régions de l'organisme, et la *veine coronaire*, qui ramène le sang des parois cardiaques.

Le système veineux comprend : les veines *profondes* et les veines *superficielles*. Les veines profondes viennent des viscères et des membres ; dans les membres, on trouve deux veines pour une artère ; ces veines portent le même nom que l'artère qu'elles côtoient. Les veines *superficielles* ou *sous-cutanées*, qui sont situées sous la peau, forment par leurs anastomoses un réseau compliqué.

Les veines présentent parfois sur leur trajet des renflements irréguliers qui sont appelés *sinus*, tels les sinus veineux du crâne.

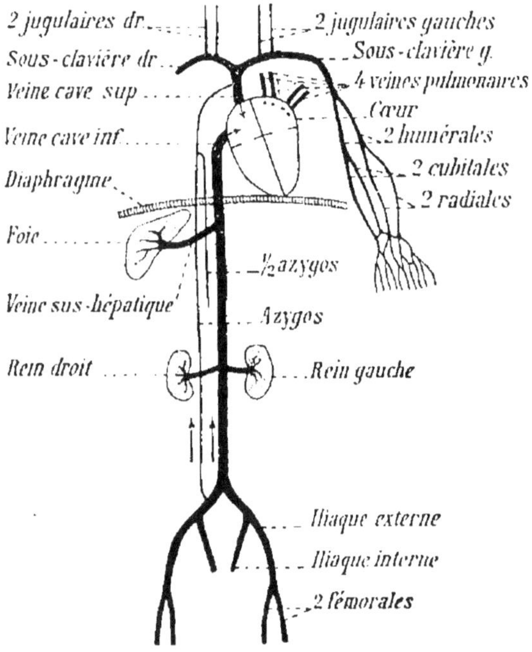

Les veines superficielles et profondes s'unissent vers la racine des membres, en un tronc unique (*fig.* 79). Puis les veines des membres inférieurs, de l'abdomen, des reins et du foie, vont former la *veine cave inférieure* qui vient se jeter dans l'oreillette droite. Les veines de la tête, du cou (*veines jugulaires*) et des bras (*veines sous-clavières*) se réunissent

Fig. 80. — Les principales veines.

pour former la *veine cave supérieure*, qui arrive aussi dans l'oreillette droite.

Dans le cœur, les orifices des veines caves sont dépourvus de valvules ; pourtant la veine cave inférieure a un léger repli, la *valvule d'Eustachi*, qui est insuffisant chez l'adulte pour s'opposer au reflux du sang, mais qui est très développé chez l'embryon, ce qui compense la perforation de la cloison inter-auriculaire (*trou de Botal*) qui existe jusqu'à la naissance. Cette perforation peut même subsister après, ce qui cause un mélange des sangs artériel et veineux et produit des troubles fonctionnels.

La *veine azygos* réunit la veine cave inférieure à la veine cave supérieure par l'intermédiaire des veines iliaques. Cette veine reçoit les veines *intercostales* et la *demi-azygos* qui apportent le sang veineux des régions thoracique et lombaire. Cette disposition, dans le cas où la veine cave inférieure est oblitérée, permet au sang des membres inférieurs de revenir au cœur par la veine azygos et la veine cave supérieure.

On appelle *veine porte* une veine intercalée entre deux systèmes de capillaires. La *veine porte hépatique* par exemple est comprise entre les capillaires de l'intestin et ceux du foie.

En ouvrant longitudinalement une veine (*fig.* 81), on voit des valvules en nid de pigeon dont la concavité est tournée vers le cœur. Ces valvules sont surtout abondantes dans les membres inférieurs où elles ont pour but d'empêcher le sang de refluer vers les extrémités. Cette disposition fait que le sang ne peut progresser, dans les veines, que vers le cœur (*fig.* 82).

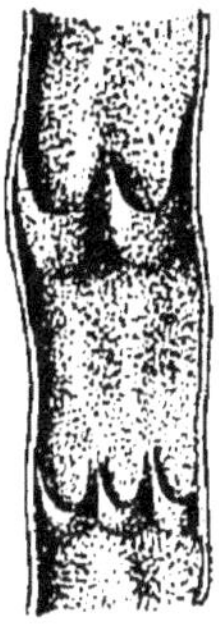

Fig. 81. — Veine ouverte montrant les valvules.

A. — Le sang passe.

B. — Le sang est empêché de revenir en arrière.

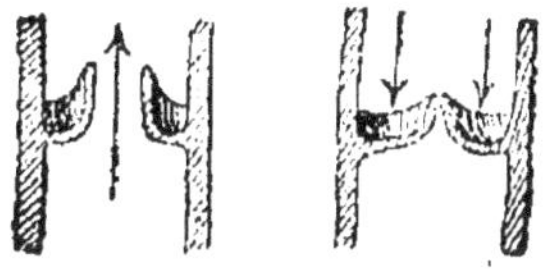

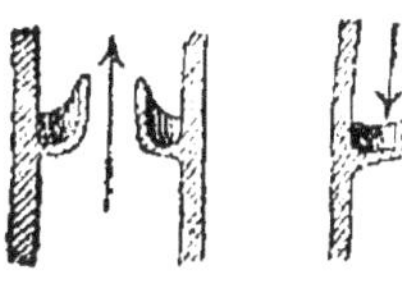

Fig. 82. — Rôle des valvules.

Les veines ont la même structure que les artères, mais le tissu élastique de la tunique moyenne est remplacé par des *fibres musculaires lisses*. L'intérieur est toujours tapissé par un *endothélium* qui est le même que celui des artères et des capillaires.

II. — Le sang.

La composition du sang. — Le sang est, comme l'a dit Claude Bernard, *un milieu intérieur* qui sert d'intermédiaire entre le milieu extérieur dans lequel vit l'animal et les éléments anatomiques. C'est le liquide nourricier de l'organisme. Aussi une hémorragie cause vite l'épuisement de l'organisme et même la mort si elle est abondante.

Chez l'Homme la quantité de sang est d'environ 5 litres. On estime que la quantité totale de la masse sanguine chez les Mammifères est d'environ le $\frac{1}{13}$ du poids du corps. Le sang est un liquide dont la couleur varie du rouge vermeil (sang artériel) au rouge foncé, presque noir (sang veineux); sa saveur est salée, et sa réaction alcaline.

Le sang peut être considéré comme un tissu conjonctif dont la substance interstitielle serait liquide : si, en effet, on regarde une goutte de sang au microscope, on voit des cellules ou *globules* nager dans un liquide appelé *plasma*. Le sang est donc formé de deux parties essentielles : 1º les *globules* ; 2º le *plasma*.

Les globules. — Les globules représentent les $\frac{4}{10}$ du poids du sang ; ils sont de deux sortes : les *globules rouges* ou *hématies*, et les *globules blancs* ou *leucocytes*.

1º Globules rouges. — Pour les étudier, il suffit de se faire une légère piqûre à la pulpe d'un doigt, de recueillir la goutte de sang sur une lame de verre, puis de la recouvrir d'une mince lamelle afin d'empêcher l'évaporation. On voit alors une quantité innombrable de petits corpuscules discoïdes et de couleur jaune verdâtre ; ce sont les *globules rouges*. Ils n'apparaissent rouges que lorsqu'ils sont en couche épaisse. Au microscope, on les voit souvent empilés comme des pièces de monnaie, à cause de leur viscosité, ou déchiquetés sur leur bord dès qu'ils commencent à s'altérer (*fig.* 83). Ils sont dépourvus de noyau.

a) Leur *forme* (*fig.* 83) est caractéristique : de face, ils sont discoïdes ; de profil, légèrement *concaves*. Comme ils sont élastiques, on les voit parfois s'allonger à l'intérieur des fins capillaires. Tous les Mammifères ont des hématies discoïdes et biconcaves, sauf le Chameau, qui les a elliptiques ; chez les autres Vertébrés ils sont elliptiques, biconvexes, et ont un noyau (*fig.* 84).

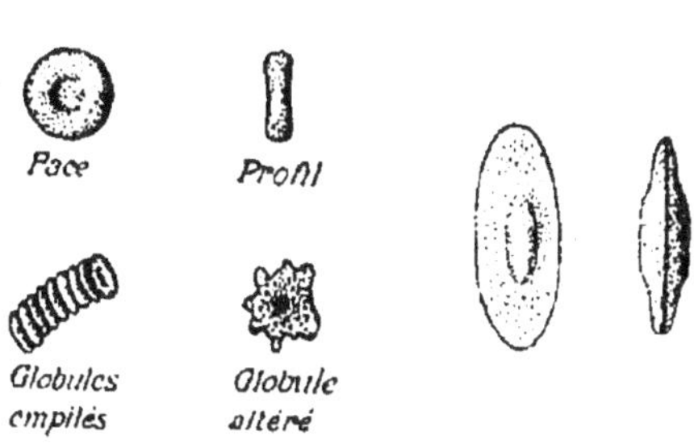

Fig. 83. — Globules rouges du sang de l'Homme à divers états.

Fig. 84. — Globules rouges des Batraciens.

b) Leurs *dimensions* sont constantes chez le même animal ; mais elles varient chez les différentes espèces d'animaux. Chez l'Homme, le globule rouge a 7μ, c'est-à-dire $\dfrac{7}{1\,000}$ de millimètre, de diamètre. Les dimensions ne sont pas, du reste, en rapport avec la taille ; ainsi les globules rouges ont 5μ chez le Bœuf, 6μ chez la Souris, 9μ chez l'Éléphant, 6μ,5 chez le Chien. C'est le Chevrotin porte-musc qui a les plus petits (2μ). Chez la Grenouille ils sont très grands (25μ) ; chez le Protée ils sont même visibles à l'œil nu (100 μ). En général plus l'animal est élevé en organisation, plus son activité est grande et plus les globules sont petits : ils sont en effet plus petits chez les animaux à sang chaud que chez les animaux à sang froid. Les animaux qui hibernent (Marmotte, Loir, Hérisson, etc.) ont de gros globules.

Les globules rouges *changent de volume* si on les plonge dans une solution saline neutre : ils augmentent si la solution est diluée ; ils diminuent si elle est concentrée. Il existe pour toute solution une concentration telle que le volume des globules ne change pas ; il reste ce qu'il était dans le sang. On dit que cette solution est *isotonique* au sang. Il s'établit entre le globule et la solution un équilibre aqueux, comme il s'en établit entre deux liqueurs séparées par une paroi perméable.

c) Le *nombre* des globules rouges est considérable. Malgré leur grand nombre, on a pu les compter en diluant un volume donné de sang dans de l'eau salée qui empêche la coagulation. On prend une quantité connue de ce liquide étendu et on la place dans un tube capillaire ou dans une petite cuvette qu'on porte sous le microscope ; on compte alors les globules contenus dans un millimètre cube de ce liquide et, par une simple règle de trois, on a le nombre de globules contenus dans un millimètre cube de sang. Chez l'Homme il y en a environ 5 millions par millimètre cube, ce qui fait 5 billions par centimètre cube, et 5 trillions par litre ; comme il y a 5 litres de sang dans le corps humain, le nombre des globules est d'environ 25 trillions.

Le nombre des globules varie suivant les espèces ; il est

Fig. 85. — Transfusion du sang.

petit chez les animaux qui ont de gros globules (200 000 par millimètre cube chez la Grenouille). Il peut aussi varier dans la même espèce suivant les conditions de nutrition et, en particulier, avec l'altitude. Ainsi des Lapins transportés à

1 500 mètres d'altitude présentent une augmentation de 2 millions de globules rouges par millimètre cube de sang. Chez l'Homme le nombre des hématies, qui est de 5 millions dans les plaines basses, est de 6 millions à 1 000 mètres d'altitude, de 7 millions à 1 800 mètres et de 8 millions à 4 000 mètres (habitants des Cordillères).

Au contraire, dans certaines maladies (anémie, tuberculose, cancer, etc.) le nombre des hématies est parfois diminué de moitié. D'où l'idée de la *transfusion* du sang, qui consiste à introduire, chez un malade dont le sang est pauvre en globules rouges, du sang provenant d'une personne saine. La transfusion se fait de bras à bras (*fig.* 85), à l'aide d'un appareil dont les tubes en caoutchouc portent à chacune de leurs extrémités un petit tube effilé et permettent de faire passer directement le sang de la veine du sujet qui le fournit dans celle du malade qui le reçoit.

Pour que cette opération produise de bons effets, il est nécessaire qu'elle soit pratiquée sur des animaux de même espèce ou d'espèces très voisines. Le sérum sanguin a, en effet, la propriété de dissoudre les globules d'une autre espèce. On dit que le sérum *hématolyse* le sang d'animaux d'une autre espèce. Ainsi le sérum de Chien, de Mouton, de Cheval dissout, hématolyse le sang de l'Homme, et, d'autre part, chez des espèces très voisines, le Lièvre et le Lapin, par exemple, cette action nuisible ne s'exerce pas. Le sang de l'Homme attaque les globules des Singes inférieurs, mais le sang des Singes anthropomorphes (Orang-Outang, Chimpanzé) peut être mélangé avec le sang humain sans qu'il se produise la moindre altération des globules.

Ce pouvoir *globulicide* du sérum est à rapprocher de son pouvoir *microbicide* ; ainsi le sérum de certains animaux tue certains microbes : par exemple le sérum du Chien tue le Bacille typhique. On admet que ces propriétés, qui ont une grande importance dans la défense de l'organisme et sur lesquelles nous reviendrons dans le cours d'hygiène, sont dues à la présence dans le sérum de matières toxiques appelées *alexines*.

d) La *composition* des hématies comprend un *protoplasma* chargé d'une substance spéciale appelée *hémoglobine*. L'hémoglobine est une matière albuminoïde, de couleur rouge, qu'on peut obtenir en beaux cristaux ; elle contient du fer, mais en quantité faible, environ 3 grammes pour la totalité du sang. L'hémoglobine a la propriété de fixer l'oxygène de l'air pour donner une substance, l'*oxyhémoglobine*, qui se dissocie facilement en oxygène et en hémoglobine. L'oxygène sert à la respiration des tissus, et l'hémoglobine retourne aux poumons pour s'oxyder de nouveau. C'est donc bien par l'hémoglobine et, par suite, par les globules rouges, que l'oxygène est transporté dans tous les organes : ainsi se trouve justifié le nom de *commis voyageurs* en oxygène qu'on leur donne parfois.

La couleur rutilante de l'oxyhémoglobine explique le ton rouge vif du sang artériel et la teinte noirâtre du sang veineux après sa réduction.

2° **Globules blancs.** — Ce sont des cellules formées d'une masse protoplasmique et d'un noyau. Ils sont plus gros que les globules rouges (environ 9μ), mais ils sont aussi moins nombreux, 8 000 par millimètre cube.

En plaçant ces globules dans une gouttelette d'eau salée, on les voit se mouvoir en poussant des prolongements protoplasmiques appelés *pseudopodes* (*fig.* 86) parce qu'ils leur servent en quelque sorte de pieds pour changer de place. La masse du globule est alors entraînée vers ces prolongements par un mouvement spécial, appelé *mouvement amiboïde* parce qu'il rappelle le mouvement de certains animaux inférieurs connus sous le nom d'*Amibes*. Les globules blancs peuvent ainsi ramper le long des parois des vaisseaux, les perforer même pour aller voyager dans les tissus (*fig.* 87) : d'où leur nom de *cellules migratrices*.

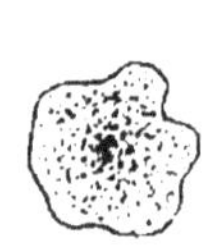

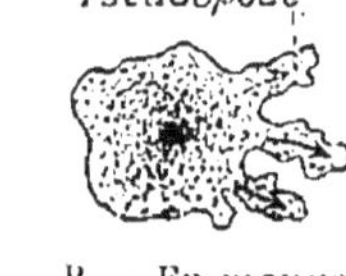

Fig. 86. — Le globule blanc.

Ils sont *attirés* ou *repoussés* par certaines substances : ils sont attirés par l'oxygène et la plupart des sécrétions microbiennes, repoussés par l'alcool et les sécrétions de quelques rares microbes.

Lorsque les globules blancs rencontrent des corps étrangers introduits dans l'organisme, des microbes par exemple, ils les entourent, les englobent et finissent

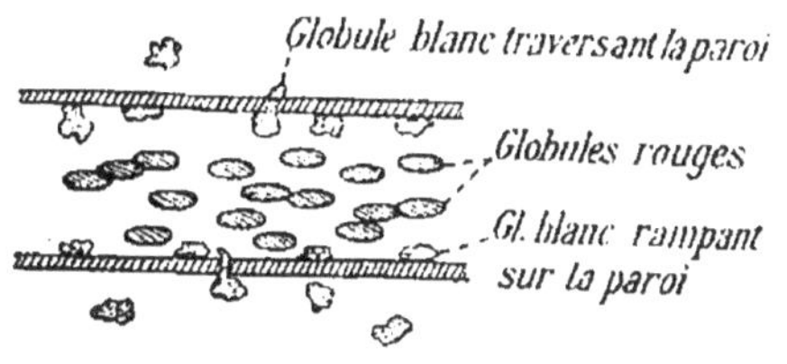

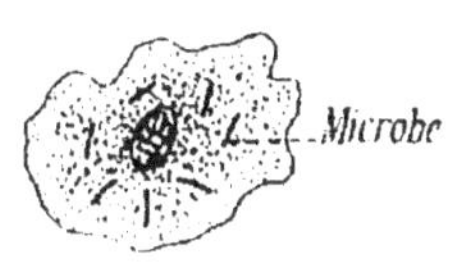

Fig. 87. — Globules blancs passant à travers la paroi d'un capillaire de Grenouille.

Fig. 88. — Globule blanc digérant des microbes.

par les digérer (*fig.* 88), d'où le nom de *phagocytes* sous lequel on les désigne encore.

D'après Metchnikoff, les globules blancs, dans certains cas, peuvent fabriquer des contre-poisons ou *antitoxines* capables de neutraliser les poisons ou *toxines* secrétés par des microbes ou par des cellules de l'organisme. Le globule blanc peut donc être considéré comme un élément qui défend l'organisme contre l'invasion des germes de certaines maladies.

Le plasma. — Le *plasma* est la partie liquide du sang dans laquelle nagent les *globules*.

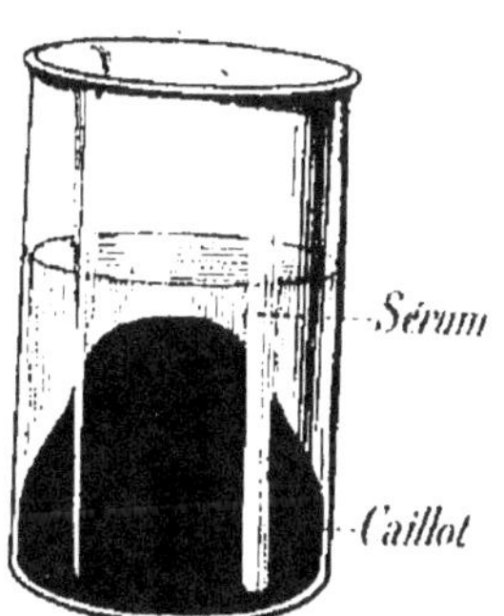

Fig. 89. — Coagulation du sang.

On sait que lorsqu'on reçoit dans un vase le sang provenant d'un animal, on voit bientôt une partie se prendre en une masse de couleur rouge foncé, ayant l'aspect de la gelée de groseille ; c'est le *caillot* (*fig.* 89). Ce caillot tombe au fond du vase en emprisonnant tous les globules, et le plasma est réduit à un liquide incolore appelé *sérum*.

On dit que le sang s'est *coagulé*,

Si l'on recueille dans un vase du sang de Cheval ou du
sang d'Oiseau, la coagulation ne se produit qu'au bout de
quelques heures, de sorte que les globules ont le temps de
se déposer au fond du vase, et le liquide incolore qui surnage est le *plasma*. Si l'on sépare ce liquide, on voit bientôt se former un caillot blanc constitué par de nombreux
filaments qu'on désigne sous le nom de *fibrine*.

La fibrine est une matière albuminoïde, insoluble dans
l'eau, et qui contient toujours du calcium ; elle provient de
la coagulation d'une substance albuminoïde, le *fibrinogène*,
soluble dans le plasma, et dépourvu de calcium. Cette transformation du fibrinogène en fibrine se fait sous l'influence
d'un *ferment*, la thrombine, qui n'existe pas dans le plasma et
ne se forme jamais tant que le sang reste dans les vaisseaux,
mais qui apparaît brusquement, produit par les globules
blancs, dès que le sang s'échappe des vaisseaux. La coagulation du sang est donc un phénomène de fermentation. Il
est facile d'isoler la fibrine en battant le sang frais avec un
petit balai ; la fibrine se coagule et ses filaments restent at-
tachés aux brindilles du balai. Le sang ainsi défibriné reste
liquide.

Le caillot rouge du sang est donc formé par de la fibrine
qui emprisonne les globules.

Le sang frais et le sang coagulé ont une composition qui
peut être résumée ainsi :

Sang frais. . .	1. Globules . . .	rouges. blancs.
	2. Plasma	Fibrinogène dissous. Sérum.
Sang coagulé. .	1. Caillot	Globules. Fibrine coagulée.
	2. Sérum.	

Pour 1 000 parties de sang, il y a	Fibrine	10
	Globules	440
	Sérum	550

Dans les hémorragies, le caillot est d'une grande importance,
car il forme une sorte de bouchon qui empêche le sang de
s'écouler par le vaisseau ouvert. Le caillot peut se former

accidentellement dans des vaisseaux malades et arrêter la circulation du sang dans certains organes : c'est ce qu'on appelle une *embolie*.

Le simple contact du sang avec les tissus suffit à provoquer la coagulation ; c'est ainsi que le sang d'un Oiseau tué par décapitation se coagule presque instantanément, alors qu'il reste liquide pendant plusieurs jours si on le prélève directement dans les vaisseaux.

Le sérum n'est que du plasma sanguin privé de fibrinogène. Il est riche en matières albuminoïdes et en chlorure de sodium (3g,3 par litre de sang). Il contient aussi des phosphates et carbonates de sodium.

Les gaz du sang. — Les gaz se trouvent dans le sang non seulement *dissous* mais encore *combinés*. On peut extraire les gaz *dissous* en faisant le vide au-dessus du sang ; en chauffant ensuite le sang on fait dégager les gaz qui étaient *combinés*.

L'oxygène est presque tout entier combiné à l'hémoglobine des globules rouges, une faible partie est dissoute ; tandis que le *gaz carbonique* est presque en entier contenu dans le plasma, en combinaison avec les carbonate et phosphate de sodium, qu'il transforme en bicarbonate et en phosphocarbonate de sodium. Ces sels se dissocient facilement, ce qui explique les échanges gazeux qui s'accomplissent dans l'organisme et que nous étudierons à propos de la respiration.

Les gaz contenus dans le sang s'y trouvent dans les proportions suivantes :

100 CENTIMÈTRES CUBES DE	GAZ	AZ	CO^2	O
Sang artériel	60^{cm3}	1	39	20
Sang veineux	60^{cm3}	1	47	12

Cette différence dans la proportion des gaz est, nous l'avons vu plus haut, la cause de la différence de couleur du sang artériel et du sang veineux. On peut le montrer en agitant au contact de l'air du sang noir que l'on vient de retirer d'une saignée faite sur un animal : aussitôt on le voit rougir ; au contraire, si l'on agite du sang rouge avec du gaz carbonique, on le voit noircir rapidement. C'est ainsi que le sang rougit dans les poumons en absorbant l'oxygène de l'air, tandis qu'il noircit dans les capillaires en recueillant le gaz carbonique provenant des cellules.

Analyse spectrale du sang. — Il est facile de distinguer au spectroscope le sang artériel du sang veineux, c'est-à-dire le sang qui contient de l'*oxyhémoglobine* de celui qui contient de l'*hémoglobine*.

Lorsque le sang artériel est très dilué, il présente deux bandes grises entre les raies D et E du spectre (*fig.* 90) ; ces bandes disparaissent et sont remplacées par une seule lorsqu'on désoxyde, c'est-à-dire lorsque le sang est veineux. Le sang d'une personne empoisonnée par l'oxyde de carbone a le même

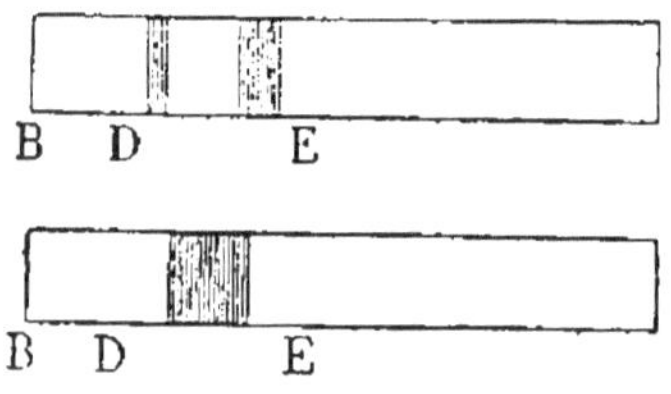

Fig. 90. — Spectre d'absorption de l'hémoglobine.

spectre que le sang artériel. Mais ce spectre ne change pas quand on fait agir sur ce sang un corps avide d'oxygène, car l'hémoglobine combinée à l'oxyde de carbone est un composé stable. L'examen spectroscopique du sang est d'une très grande utilité en médecine légale pour déterminer la nature de taches que l'on soupçonne être du sang et aussi pour rechercher si une personne a été empoisonnée par l'oxyde de carbone.

III. — Physiologie de la circulation.

§ 1. — Historique de la circulation.

Les anciens ignoraient la circulation. — Les anciens, avec Hippocrate et Aristote, croyaient que les veines seules contenaient du sang. C'est qu'ils n'étudiaient que des cadavres d'animaux et que précisément, après la mort, *les artères sont* *vides de sang.* Ils croyaient que ces vaisseaux servaient à transporter l'air : d'où leur nom.

Au deuxième siècle, Galien découvre le sang dans les artères, mais il croit que les deux ventricules du cœur communiquent entre eux ; il ignore le retour du sang des poumons au cœur.

En 1553, Michel Servet découvre la circulation pulmonaire, c'est-à-dire le mouvement du sang allant du ventricule droit à l'oreillette gauche, en passant par le poumon : c'est ce qu'on appela la *petite circulation.*

La découverte de la circulation. — En 1628, le médecin anglais Harvey (*fig.* 91) découvre réellement la circulation par l'expérience suivante : il lie une artère du bras et la voit se gonfler au-dessus de la ligature, du côté du cœur, tandis qu'elle se vide au-dessous. Il fait la même expérience sur une veine et fait une remarque inverse : la veine se gonfle au-dessous de la ligature, tandis qu'elle s'affaisse et se vide au-dessus. Donc, le sang artériel part du ventricule gauche par l'aorte

Fig. 91. — William HARVEY (1578-1658).

pour aller vers les organes, et le sang veineux est ramené des extrémités, et revient des organes à l'oreillette droite, par les veines. Il donna le nom de *grande circulation* à ce mouvement du sang. Cette découverte place Harvey parmi les plus illustres physiologistes. Il ne connaissait pas encore les capillaires, il les avait plutôt devinés.

C'est en 1661, quatre ans après la mort de Harvey, que Malpighi observe pour la première fois des capillaires en examinant au microscope le poumon d'une Grenouille.

Le cours du sang peut donc être divisé en *grande* et en *petite circulation*. Dans la grande circulation, le sang va du ventricule gauche aux organes et revient des organes à l'oreillette droite ; dans la petite circulation, le sang va du ventricule droit aux poumons pour revenir ensuite à l'oreillette gauche. Mais au point de vue physiologique, il est préférable d'adopter les deux phases suivantes : l'une, la *circulation du sang rouge*, porte le sang des poumons dans toutes les parties du corps ; l'autre, la *circulation du sang noir*, le ramène de toutes les parties du corps aux poumons.

§ 2. — Mécanisme de la circulation.

Les appareils enregistreurs. — Pour étudier les mouvements, le physiologiste français Marey a imaginé différents

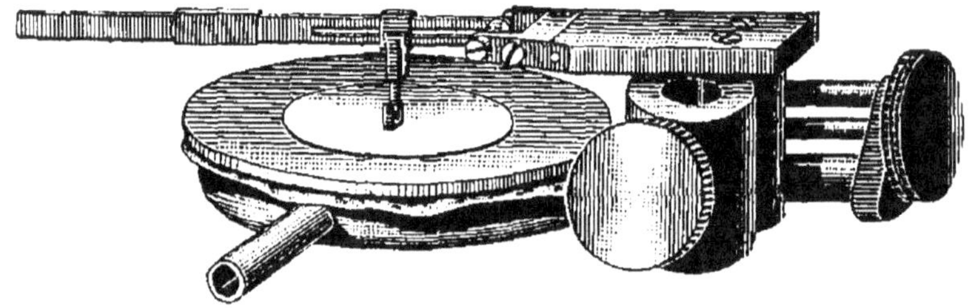

Fig. 92. — Tambour enregistreur et son levier.

appareils qui permettent : 1° d'*amplifier* les mouvements et de les rendre visibles, c'est pourquoi on désigne parfois ces appareils sous le nom de *microscopes du mouvement* ; 2° d'*enregistrer* les mouvements et par conséquent de les étudier et de les comparer. De nombreuses découvertes sont dues à l'usage de ces *appareils enregistreurs*.

Voici le principe des appareils enregistreurs employés dans l'étude de la circulation. Supposons deux boîtes métalliques, appelées *tambours* (*fig.* 92 et 93), réunies par un tube de caoutchouc. Chaque tambour se compose d'une boîte métallique fermée sur l'une de ses faces par une membrane en caoutchouc. Si l'on appuie sur la membrane du tambour dit *explorateur*, on comprime l'air à l'intérieur du tube en caout-

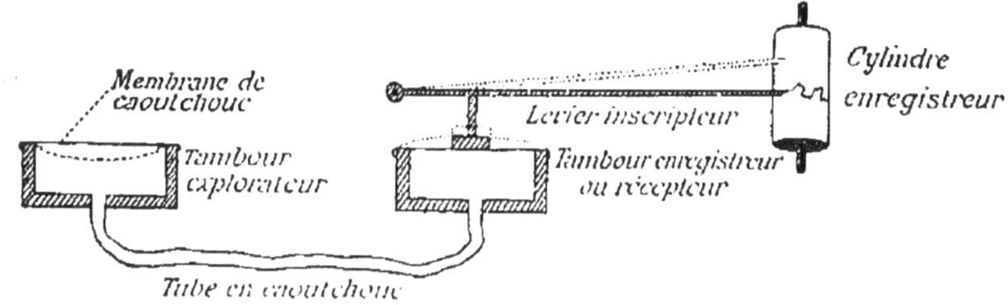

Fig. 93. — Appareil enregistreur : tambours de Marey.

chouc et de l'autre tambour, dit *enregistreur*, dont la membrane en caoutchouc se trouve soulevée. Sur cette membrane repose un levier portant une pointe qui va s'appuyer sur un cylindre recouvert de papier enduit de

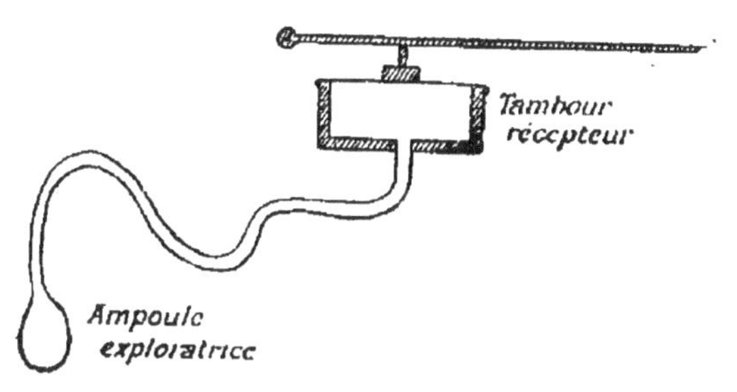

Fig. 94. — Cardiographe.

noir de fumée et animé d'un mouvement de rotation uniforme. La pointe tracera ainsi une courbe que l'on pourra étudier.

Le *cardiographe*, c'est-à-dire l'appareil enregistreur qui sert à étudier les mouvements du cœur, se compose d'une ampoule en caoutchouc en communication avec un tambour enregistreur (*fig.* 94). D'habiles expérimentateurs

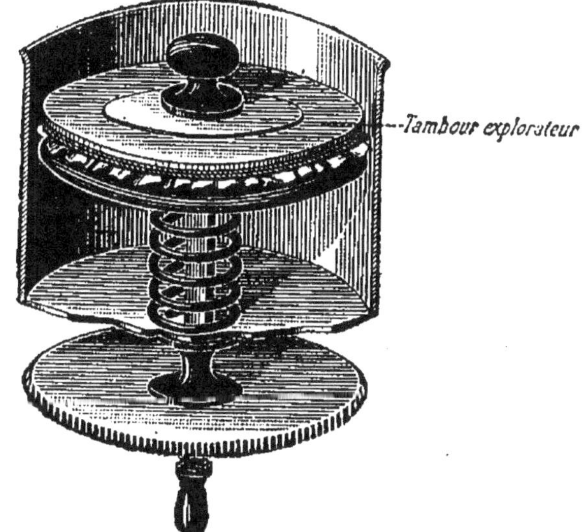

Fig. 95. — Tambour explorateur.

ont réussi à introduire cette ampoule dans le cœur droit du Cheval, en passant par la veine jugulaire. On peut aussi se servir d'un tambour explorateur (*fig*. 95) qui porte un bouton qu'on applique en face du cœur.

Fonctions du cœur. — Le cœur est animé de mouvements rythmiques appelés *battements*. Lorsque le cœur se contracte, il est en *systole* ; lorsqu'il se relâche, il est en *diastole*. Chez l'Homme adulte le cœur se contracte environ 70 fois par minute, de sorte que chaque battement dure un peu moins d'une seconde. Le nombre des battements varie avec l'âge :

```
 0 à  1 an . . . . . . . .   135 battements.
 1 à  2 ans. . . . . . . .   110      —
 2 à  5 — . . . . . . . .   105      —
 5 à  8 — . . . . . . . .    95      —
 8 à 20 — . . . . . . . .    85      —
20 à 80 — . . . . . . . .    70      —
```

Il varie aussi avec les espèces : 40 chez le Cheval, 90 chez le Chien.

On peut observer les mouvements du cœur directement sur la Grenouille ou le Lapin en ouvrant leur thorax ; mais pour en préciser le mécanisme, il faut répéter l'expérience

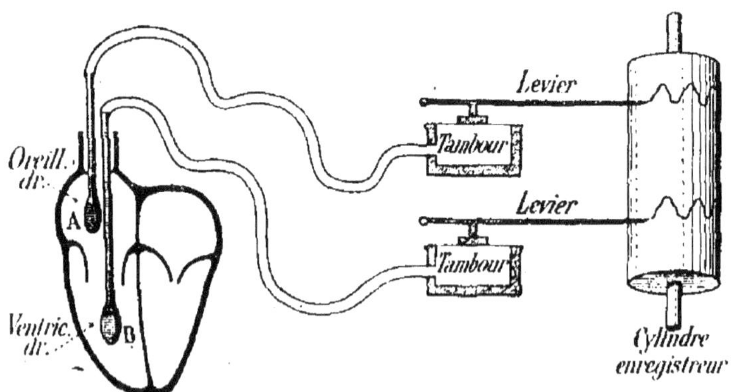

Fig. 96. — Sondes cardiaques introduites dans la moitié droite du cœur d'un Cheval (Expérience de MM. Marey et Chauveau).

de MM. Marey et Chauveau (*fig*. 96) qui consiste à introduire

des sondes cardiaques dans les différentes cavités du cœur
d'un Cheval. Chaque sonde est reliée à un tambour enregis-

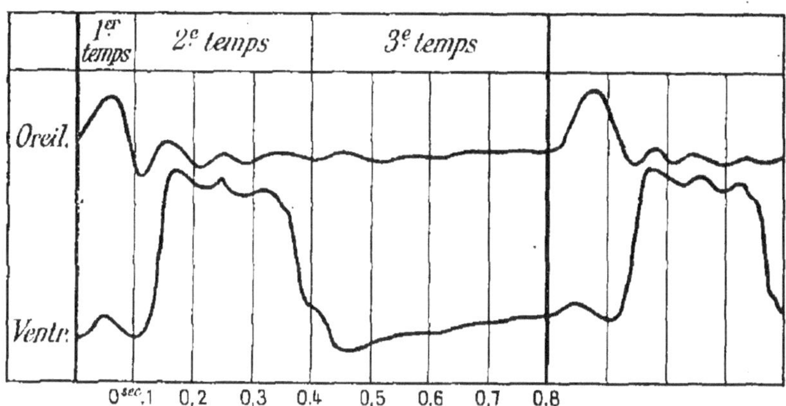

Fig. 97. — Graphique obtenu dans l'expérience précédente.

treur et l'on peut obtenir un graphique (*fig*. 97) qui montre
clairement que :

1º Les deux oreillettes se contractent simultanément et
chassent le sang dans les ventricules ; cette systole a une
durée de $\frac{2}{12}$ du temps total ;

2º Ensuite les deux ventricules se contractent simultanément pour chasser le sang dans les artères, car il ne peut
rentrer dans les oreillettes à cause des valvules qui viennent
s'adosser et fermer les orifices ; cette systole a une durée de
$\frac{4}{12}$ du temps total ;

3º Le repos du cœur dure $\frac{10}{12}$ pour les oreillettes et
$\frac{8}{12}$ pour les ventricules.

A chaque contraction du ventricule gauche le cœur lance
environ 180 grammes de sang dans l'aorte.

Bruits du cœur. — Lorsqu'on place l'oreille sur la poitrine, dans la région du cœur, on entend deux bruits distincts :

1er bruit : sourd, prolongé, s'entend mieux vers la pointe du cœur, se produit pendant la contraction des ventricules. Il est dû à la contraction des parois des ventricules et à la pression du sang contre les valvules.

2e bruit : plus clair, plus court, et plus intense vers la base du cœur ; il se produit à la fin de la systole des ventricules et il est dû à l'accolement brusque des valvules sigmoïdes. Après la contraction ventriculaire, le sang de l'aorte tend à revenir dans le ventricule et vient appuyer sur les valvules dont les bords s'accolent brusquement.

La connaissance des bruits du cœur a une grande importance pour le médecin : dès qu'une valvule est altérée, en effet, l'orifice est incomplètement fermé, et il se produit des bruits anormaux ou *souffles* qui permettent de diagnostiquer le siège et la nature de la maladie.

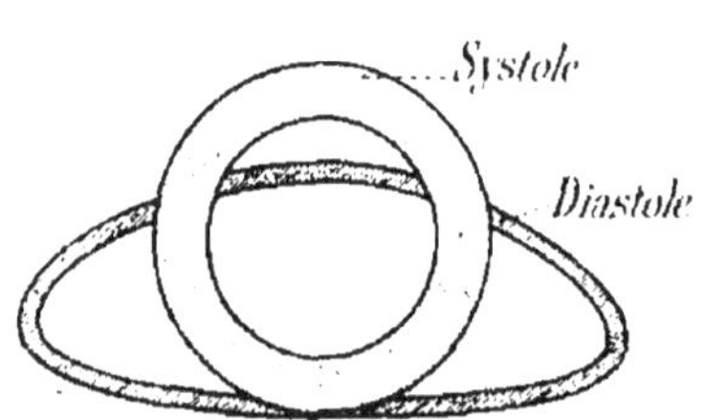

Fig. 98. — Forme du cœur pendant la systole et pendant la diastole.

Le *choc* du cœur, que l'on perçoit facilement en plaçant la main sur la poitrine en face du cœur, est dû à la contraction des ventricules et à ce que le cœur s'arrondit (*fig.* 98) et durcit brusquement en venant s'appuyer contre la paroi thoracique.

Fonctions des artères. — Les artères ont deux propriétés physiologiques : l'*élasticité* et la *contractilité*.

a) L'*élasticité* est surtout importante dans les grosses artères. Elle a pour effet : 1° de transformer le courant *intermittent* du sang en un courant *continu* ; 2° d'augmenter le débit d'écoulement. A chaque fois que le ventricule gauche lance dans l'aorte l'ondée sanguine (180 grammes), l'aorte se trouve dilatée, et comme elle est élastique elle revient sur elle-même en comprimant le sang ; or les valvules sigmoïdes se ferment brusquement, de sorte que le sang ne peut revenir dans les ventricules et qu'il est poussé vers les ramifications artérielles. L'artère, par son élasticité, continue donc à chasser le sang pendant que le cœur se repose ; elle emmagasine en quelque sorte la force de propulsion du cœur pour la distribuer ensuite au courant sanguin.

De plus, l'élasticité *augmente le débit* du sang. On le démontre à l'aide d'un vase présentant à sa base une tubulure bifurquée (*fig.* 99) : sur une branche on adapte un tube rigide, en verre par exemple ; sur l'autre branche, un tube en caoutchouc. Ces deux tubes ont exactement le même calibre. Si l'on ouvre et si l'on ferme rythmiquement le robinet, on constate que le tube élastique donne un jet continu et plus abondant que celui du tube en verre, qui est intermittent.

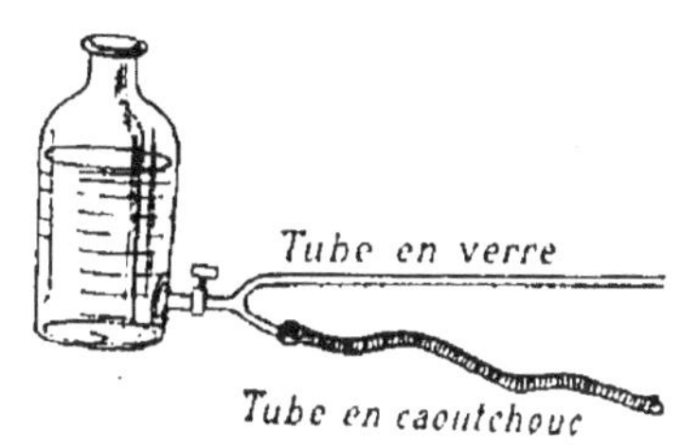

Fig. 99. — Expérience montrant le rôle de l'élasticité des artères.

L'élasticité des artères soulage donc l'action du cœur. Aussi lorsque les artères perdent de leur élasticité, comme dans la *sclérose*, le cœur s'*hypertrophie* par un travail plus énergique.

On sait qu'en comprimant sous le doigt l'artère radiale par exemple, on sent un soulèvement des parois de l'artère et un léger choc : c'est le *pouls*. Ce phénomène est produit

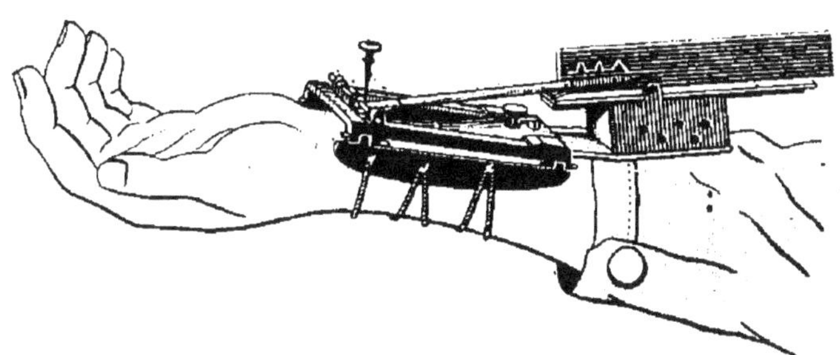

Fig. 100. — Le sphygmographe.

par l'ondulation sanguine qui résulte du jet de sang lancé dans l'aorte à chaque contraction du cœur. On peut enregistrer les mouvements du pouls à l'aide d'un appareil appelé *sphygmographe* (*fig.* 100 et 101). Il se compose d'une plaquette appliquée par un ressort sur l'artère et qui est en rapport avec un levier portant un stylet. Ce stylet décrit sur un papier enduit de noir de fumée une courbe qui renseigne sur le nombre et l'intensité des mouvements. La comparaison des courbes données par un pouls normal, par le pouls d'une personne dont les artères ont perdu de leur élasticité, et par le pouls d'un malade atteint de fièvre typhoïde, montre les services que cet appareil peut rendre en physiologie et en médecine (*fig.* 102).

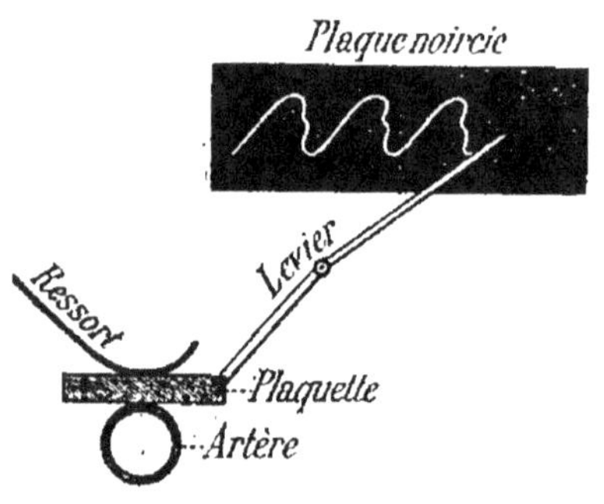

Fig. 101. — Schéma d'un sphygmographe.

b) La *contractilité* ne s'observe que dans les petites artères

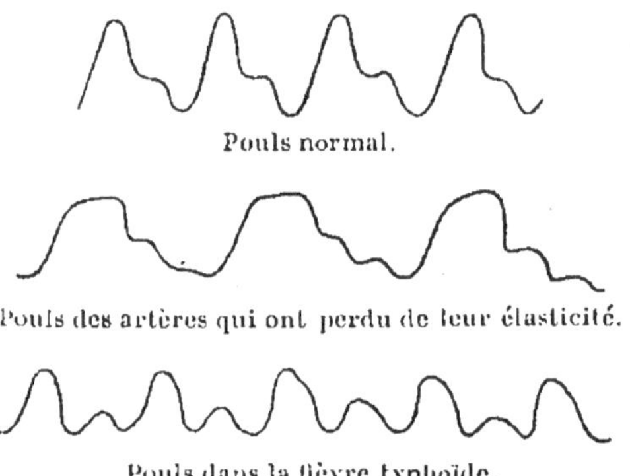

Fig. 102. — Tracés de pouls.

où elle est, nous le verrons plus loin, sous la dépendance du système nerveux. Si les artères d'un organe se contractent, il y arrive moins de sang, mais les organes voisins en recevront davantage. La contractilité des artères règle donc les circulations locales.

Dans certains cas pathologiques la tunique moyenne peut se résorber ; il ne reste plus que les tuniques interne et externe, qui sont peu résistantes et qui sont repoussées par la pression sanguine en faisant hernie : c'est l'*anévrisme*.

Fonctions des capillaires — C'est à travers les parois très minces des capillaires que le sang abandonne les matières nutritives utiles aux cellules et reprend les déchets provenant de la nutrition de ces cellules. Celles-ci, en effet, absorbent certaines substances nutritives et l'oxygène du sang artériel ; elles rejettent, au contraire, certains déchets tels que le gaz carbonique, l'urée, etc. Ces échanges sont facilités par la faible vitesse du courant sanguin, qui n'est plus que de 8 millièmes de millimètre par seconde au lieu de 50 centimètres dans les gros troncs artériels. On a comparé la région des capillaires à un lac dans lequel viendrait se jeter le torrent sanguin. Suivant l'expression de Claude Bernard, si les artères et les veines sont les rues qui nous permettent de parcourir la ville, les capillaires nous font pénétrer dans les maisons, nous montrent la vie, les occupations et les mœurs des habitants, c'est-à-dire des cellules.

Fonctions des veines. — Les veines sont peu *élastiques*, mais elles sont *contractiles*. Les veines, en effet, se laissent facilement dilater, et quand elles ont été longtemps dilatées elles ne reviennent pas à leur calibre primitif et produisent ce qu'on appelle des *varices* (*fig*. 103), fréquentes dans les membres inférieurs. Les varices sont des veines élargies et contournées irrégulièrement.

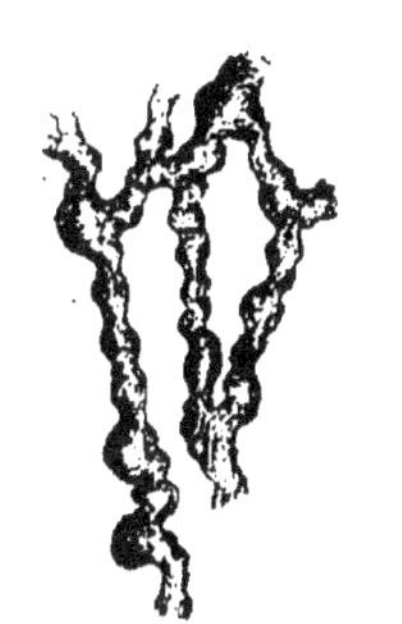

Fig. 103. — Veines atteintes de varices.

La cause essentielle de la circulation dans les veines est la force propulsive du cœur qui se transmet jusqu'aux veines par les artères et les capillaires.

Grâce à leur contractilité, les veines peuvent activer la circulation du sang. La circulation veineuse est surtout difficile dans les membres inférieurs où elle a à lutter contre la pesanteur et contre la pression de la colonne sanguine ; aussi les veines inférieures sont-elles très musculeuses. Les valvules empêchent le retour du sang vers les capillaires, de sorte qu'à la moindre compression de la veine le sang est poussé vers le cœur. C'est ainsi que les exercices musculaires, en comprimant les veines, activent la circulation.

Enfin l'inspiration, en faisant dilater la poitrine, fait dilater les veines thoraciques, ce qui produit un appel de sang de la périphérie vers le centre.

La pression sanguine et ses variations — L'ondée sanguine en arrivant dans les artères possède une certaine pression. Cette pression, qui a sa valeur la plus élevée à l'orifice de l'aorte, diminue progressivement vers les petites artères pour être nulle à l'embouchure des veines dans l'oreillette droite. C'est grâce à cette différence de pression que le sang circule. Cette chute de pression ne se fait pas uniformément : elle varie suivant les résistances que le sang rencontre sur son parcours.

Pour bien comprendre ce qui se passe dans le corps humain, examinons d'abord

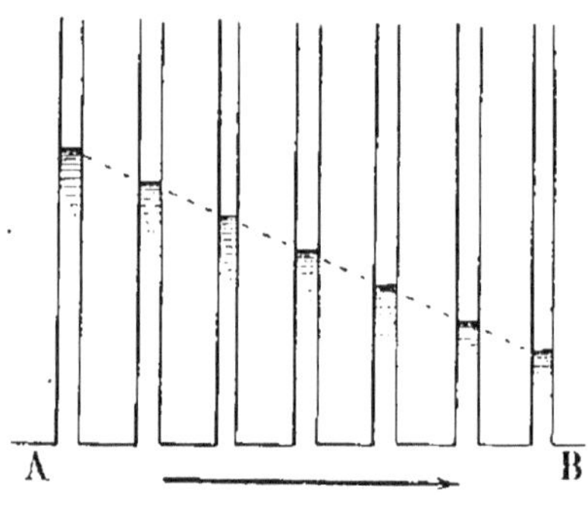

Fig. 104. — La chute de pression est uniforme.

l'écoulement d'un liquide dans une conduite de calibre uniforme (*fig*. 104) et où la pression est plus grande en A qu'en B. Pour mesurer la pression aux différents points, il suffit de fixer sur cette conduite des tubes verticaux et de noter la hauteur du liquide dans chaque tube.

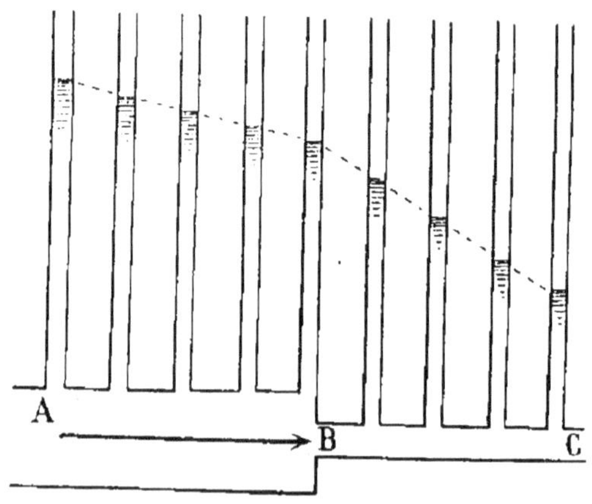

Fig. 105. — Le calibre est rétréci en B.

Dans ce cas la chute est uniforme et

la ligne passant par les niveaux du liquide est une droite. Mais si en un point B (*fig.* 105 et 106) il y a une variation de résistance au passage du liquide, due, par exemple, à ce que le calibre de la conduite diminue ou augmente, la pression baisse plus ou moins rapidement. Or les artères en se ramifiant sont de plus en plus petites, la résistance devient par suite de plus en plus grande, et la chute de pression

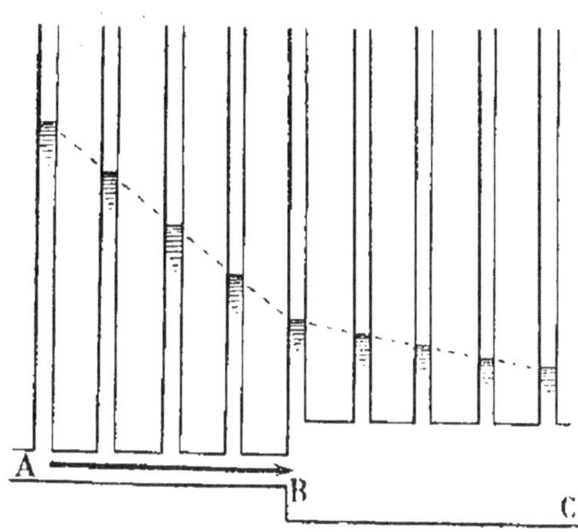

Fig. 106. — Le calibre est élargi en B.

s'accélère pour atteindre son maximum dans les capillaires ; puis au delà elle se modère de nouveau à mesure que les veines augmentent de calibre, pour redevenir insignifiante à la fin du parcours (*fig.* 106 et 107). Si, sur le trajet du sang, il existe deux systèmes capillaires

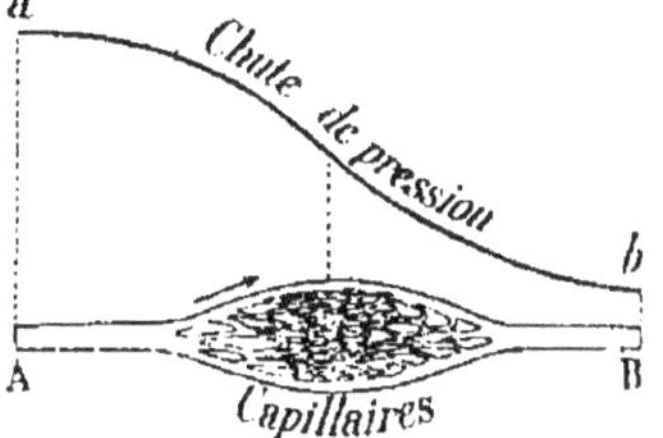

Fig. 107. — Chute de pression dans un système capillaire.

(*fig.* 108), il se fait une chute de pression en deux temps. Dans ces conditions, s'il y a la même chute de pression de A en B, dans les deux cas, la différence de pression en A et C ou C et B (*fig.* 108) est moitié seulement de ce qu'elle est

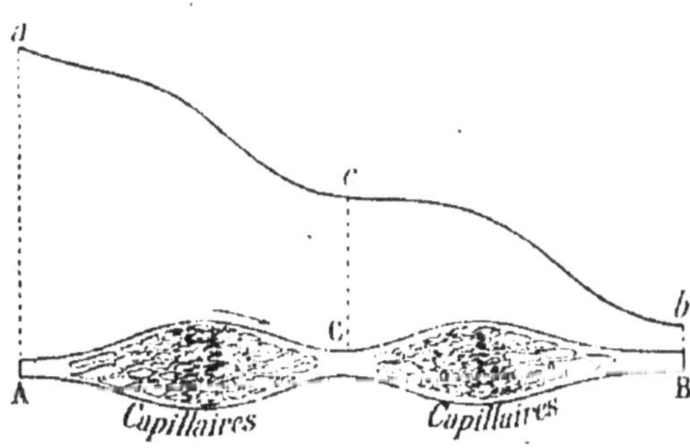

Fig. 108. — Chute de pression dans un système porte.

en A et B (*fig.* 107). Le sang passe donc plus lentement dans les capillaires de la figure 108. Aussi cette disposition, formant ce qu'on appelle un *système porte*, se rencontre-t-elle dans les organes (foie, reins) où le sang doit séjourner pour se débarrasser de produits nuisibles ou se charger de substances utiles.

Pour mesurer la pression en un point, on adapte au vaisseau un petit manomètre à mercure (*fig.* 109) dont une branche porte un flotteur muni d'un stylet inscrivant sur un cylindre les oscillations de la colonne de mercure. Dans les grosses artères la pression est d'environ 120^{mm}. La courbe (*fig.* 110) obtenue avec le manomètre enregistreur présente des maxima correspondant à chaque systole, et, à des intervalles plus éloignés, des maxima correspondant à chaque expiration, ce qui s'explique par la compression thoracique sur les artères.

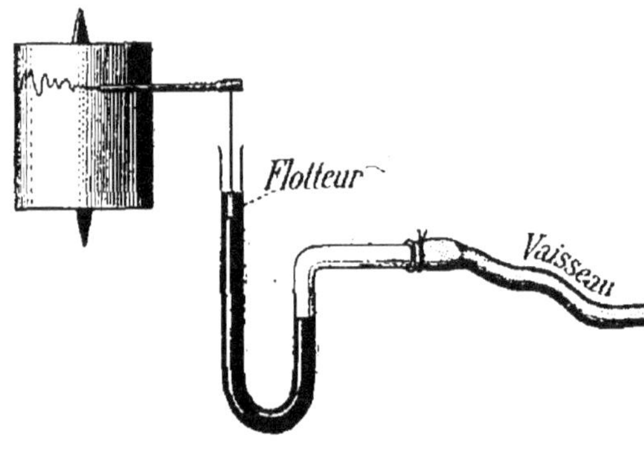

Fig. 109. — Manomètre enregistreur.

Fig. 110. — Graphique des variations de pression dans les vaisseaux.

Influence du système nerveux. — Le système nerveux a une grande influence sur le *cœur* et sur les *vaisseaux*.

Le cœur. — Les mouvements du cœur, comme tous les autres mouvements, sont réglés par le système nerveux.

Le cœur a un *système nerveux propre* qui le rend autonome et il est en relation avec le *système nerveux général*.

On peut montrer que le cœur possède en lui-même son moteur en enlevant le cœur d'une Grenouille et en le plaçant dans un verre de montre contenant de l'eau salée (7 pour 1000). Il continue à battre rythmiquement pendant plusieurs heures. Le même fait a été observé sur le cœur des Mammifères, à la condition d'y établir une circulation artificielle. Cela tient à ce qu'il existe dans les parois cardiaques des *ganglions ner-*

veux qui fonctionnent comme des centres nerveux. Ces ganglions sont au nombre de trois et sont situés, l'un dans le sinus qui termine la veine cave inférieure, les autres dans les parois cardiaques. L'étude expérimentale a montré que deux de ces ganglions sont *accélérateurs* des battements du cœur, et que le troisième est *modérateur*.

Le cœur est en relation avec le système nerveux général par des nerfs de deux origines différentes (*fig.* 111) : 1° les uns viennent du nerf *pneumogastrique* et sont *modérateurs* ou *inhibiteurs* des mouvements du cœur ; 2° les autres viennent du *sympathique* et sont des *accélérateurs* des battements du cœur.

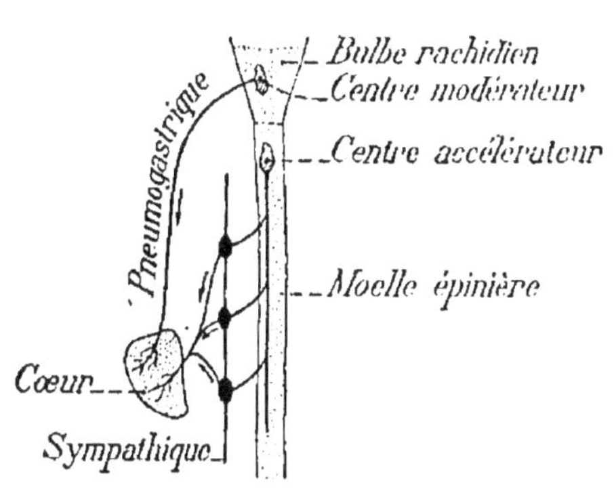

Fig. 111. — Schéma de l'innervation du cœur.

Si on excite le pneumogastrique, le cœur se ralentit et finit par s'arrêter en diastole. Cet arrêt s'observe dans les empoisonnements par la *muscarine*, substance toxique des Champignons. Une émotion violente peut aussi arrêter le cœur en diastole, ce qui justifie cette expression de *cœur brisé*.

L'excitation du sympathique accélère les battements du cœur.

Le cœur est donc sous la dépendance du système nerveux central.

Il existe des *poisons* du cœur, c'est-à-dire des matières qui agissent sur les mouvements en paralysant le système modérateur (*atropine*) ou le système accélérateur (*pilocarpine*). Une injection d'atropine chez un Chien accélère donc les battements, et une injection de pilocarpine les ralentit.

Les vaisseaux. — Les artères et les veines reçoivent des filets nerveux, venant du sympathique. Ces nerfs agissent sur les vaisseaux en les faisant contracter ou dilater, d'où leur nom de *vaso-moteurs*.

Dès 1851, Claude Bernard les mettait en évidence par l'expérience suivante : Il coupa, chez un Lapin, le nerf sympathique dans la région du cou ; il vit l'oreille du même côté devenir rouge et chaude. Puis, en excitant le nerf qui se rendait à cette oreille, il vit celle-ci pâlir ; ce nerf rétrécissait donc les vaisseaux, c'est pourquoi il a été appelé *vaso-constricteur*.

Plus tard, en 1858, Claude Bernard, en coupant la *corde du tympan* et en excitant le bout de ce nerf qui se rend à la glande sous-maxillaire, vit les vaisseaux de cette glande se dilater considérablement : c'est donc un nerf *vaso-dilatateur*. De même, le pneumogastrique a une action vaso-dilatatrice sur l'estomac, le foie et les reins.

Le rôle des nerfs vaso-moteurs est considérable puisqu'ils peuvent régler la circulation du sang dans les organes, les tissus, et par suite régir leur nutrition. C'est ainsi que le sang, affluant dans les capillaires de la peau, diminue dans les organes internes ; au contraire, si les vaisseaux superficiels se contractent, ils chassent le sang vers les organes internes, qui se *congestionnent*. Il y a là un balancement très net qui justifie le dicton populaire : « main froide, cœur chaud ».

C'est de cette façon qu'on décongestionne l'encéphale en faisant agir des sinapismes ou des bains chauds sur les pieds. C'est aussi par ce mécanisme qu'on explique la rougeur et la pâleur de la face après une émotion violente (colère, peur, joie).

IV. — Circulation lymphatique.

Outre le sang, il existe dans l'organisme un autre liquide, la *lymphe*, qui circule dans toutes les parties du corps au moyen d'un système compliqué de vaisseaux formant l'*appareil lymphatique*, et qui remplit tous les espaces que laissent entre elles les cellules des tissus.

§ 1. — Appareil lymphatique.

Cet appareil se compose : 1° des *vaisseaux lymphatiques* ; 2° des *ganglions lymphatiques*.

Vaisseaux lymphatiques. — Ce sont des vaisseaux très fins et très nombreux prenant naissance par des capillaires qui ne communiquent pas, du moins directement, avec les capillaires sanguins. Ces vaisseaux restent petits et viennent tous se rendre dans deux gros canaux : le *canal thoracique* et la *grande veine lymphatique*

Le *canal thoracique* (*fig.* 112) reçoit les chylifères venant de l'intestin et les vaisseaux lymphatiques des membres infé-

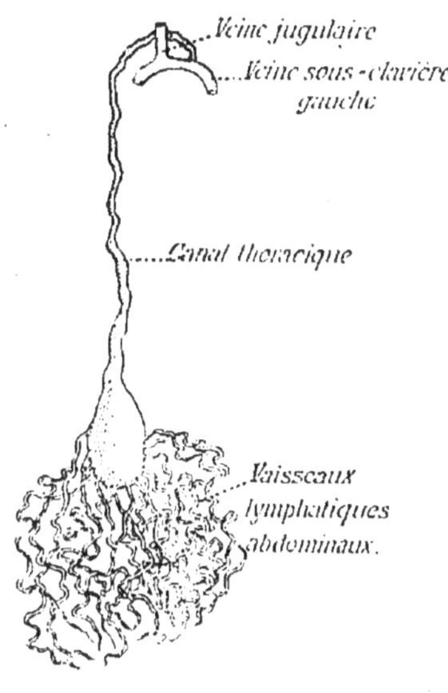

Fig. 112. — Canal thoracique.

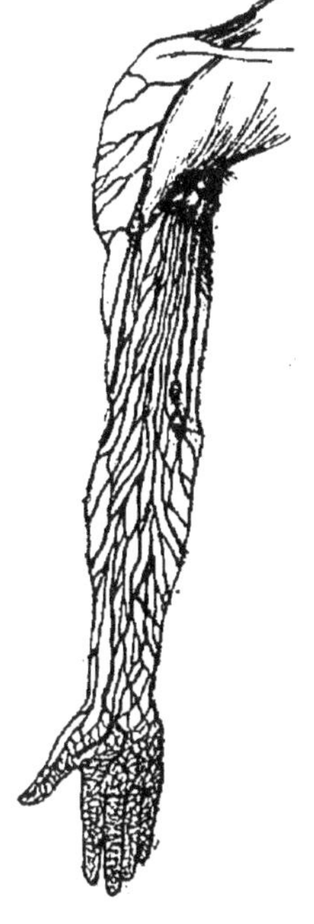

Fig. 113. — Vaisseaux lymphatiques du bras.

rieurs, de l'abdomen, de la moitié gauche du thorax, du cou, de la tête et du bras gauche. A sa partie inférieure, il est renflé en une sorte de réservoir, la *citerne de Pecquet*. Il monte ensuite le long de la colonne vertébrale et vient se jeter dans la veine sous-clavière gauche.

La *grande veine lymphatique*, longue au plus de deux centimètres, reçoit les lymphatiques du bras droit (*fig.* 113), de la moitié droite du thorax, du cou et de la tête. Elle se termine dans la veine sous-clavière droite.

En somme, le système lymphatique vient verser son contenu dans le système veineux.

La structure des vaisseaux lymphatiques (*fig.* 114) rappelle celle des veines. Les vaisseaux présentent

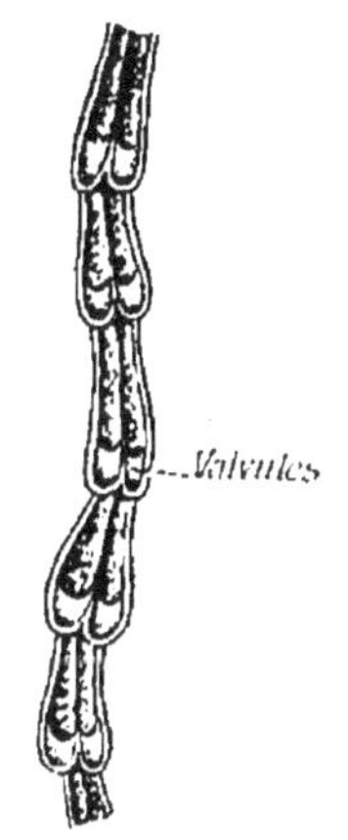

Fig. 114. — Vaisseau lymphatique ouvert.

des nodosités qui correspondént aux *valvules,* placées deux
par deux et disposées en nid de pigeon, comme dans les
veines. Ces valvules règlent le mouvement de la lymphe
comme les valvules des veines règlent le mouvement du sang.

Ganglions lymphatiques. — Les *ganglions lymphatiques*
(*fig.* 115) sont des renfle-
ments situés sur le trajet
des vaisseaux lymphati-
ques. Leur grosseur varie
depuis la taille d'une tête
d'épingle jusqu'à celle
d'un haricot. Ils sont
abondants au cou, dans le
creux de l'aisselle et dans
le pli de l'aine.

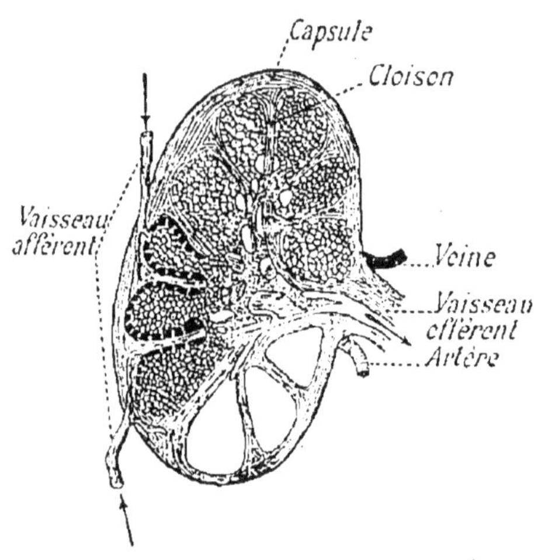

Fig. 115. — Ganglion lymphatique.

Les *vaisseaux afférents*
(généralement au nombre
de deux) apportent la
lymphe ; le *vaisseau efférent,* qui est unique, em-
porte cette lymphe. Le ganglion reçoit aussi une artère
et une veine qui viennent se ramifier à son intérieur.

La *structure* d'un ganglion lymphatique se compose :
1° d'une enveloppe ou *capsule fibreuse* qui envoie à l'intérieur
une série de cloisons limitant des cavités ; 2° d'amas de *cellules lymphatiques* situées dans ces cavités et que la lymphe
vient baigner en traversant le ganglion ; ces amas sont appelés *follicules.*

§ 2. — La lymphe.

Composition et origine de la lymphe. — La lymphe
est un liquide incolore dans les vaisseaux lymphatiques, mais
qui, dans les chylifères, pendant la digestion, a l'aspect du
lait, à cause des gouttes de graisse qu'elle contient en suspension (émulsion). La lymphe est plus abondante que le sang.

Elle imprègne tous nos tissus, qui baignent véritablement dans la lymphe. En faisant une fistule sur le canal thoracique d'une Vache, on a obtenu 95 litres de lymphe en 24 heures.

La lymphe se compose : 1° de *globules blancs* dits **cellules lymphatiques** ou encore *phagocytes* ; ces globules peuvent être très nombreux chez les personnes atteintes de *leucocytose* ; 2° d'un liquide ou *plasma* qui contient beaucoup plus d'eau et plus d'urée que le plasma sanguin, mais moins de matières albuminoïdes. Comme le sang, la lymphe se coagule, mais plus lentement.

La lymphe provient du plasma du sang qui a transsudé à travers la paroi des vaisseaux capillaires. C'est par ce moyen que le sang porte aux cellules les éléments nutritifs qu'il contient. On peut démontrer *physiologiquement* la communication entre les capillaires sanguins et les lymphatiques : il suffit d'injecter une substance dans les veines et on la retrouve rapidement dans la lymphe. Dans cette lymphe qui baigne les tissus et qui constitue véritablement le *milieu intérieur*, les cellules rejettent certains produits, l'urée par exemple. Enfin c'est aussi dans la lymphe, par l'intermédiaire des vaisseaux chylifères, qu'arrivent les produits de la digestion.

Circulation de la lymphe. — La lymphe circule, mais lentement. En effet, la lymphe qui remplit les lacunes entre les cellules est poussée par celle que les capillaires sanguins continuent à exsuder ; elle pénètre alors dans les capillaires lymphatiques, où elle chemine, poussée par un afflux continu de lymphe. Comme dans les veines, la présence des valvules force la lymphe à se diriger vers les ganglions, puis vers le canal thoracique ou la grande veine lymphatique.

Rôle de la lymphe dans la défense de l'organisme. — La lymphe joue un rôle important dans la nutrition en venant baigner tous les tissus. Mais elle défend aussi l'organisme contre l'invasion des germes pathogènes, des microbes dangereux. Dès qu'un corps étranger pénètre en un point de notre organisme, les *cellules lymphatiques* se mobilisent en quelque sorte, et viennent entourer ce corps en essayant de le digérer, de le détruire. Elles y réussissent souvent, surtout quand il s'agit de microbes, qui sont digérés comme nous l'avons décrit plus haut. Si, au contraire, ces infiniment petits passent dans la lymphe, ils sont charriés jusqu'aux ganglions, dont les cellules se multiplient pour arrêter les germes dans leur marche envahissante. Aussi les ganglions grossissent et se tuméfient, par suite du travail de leurs globules blancs.

Les vaisseaux lymphatiques absorbent les différentes substances avec une grande facilité. C'est ainsi qu'une blessure faite au pied amène rapidement le gonflement des ganglions de l'aine, dont les cellules se multiplient pour arrêter les microbes qui ont pu s'introduire par la blessure. Si la plaie persiste, les ganglions s'enflamment, suppurent et laissent des traces caractéristiques des *tempéraments scrofuleux*.

V. — Origine des globules du sang et de la lymphe.

Les globules du sang et de la lymphe, comme tous les éléments anatomiques, naissent, se développent, puis vieillissent, s'usent et disparaissent. Il est donc intéressant de se demander quelle est l'origine des globules qui vont remplacer ces éléments qui meurent.

Globules rouges. — Pendant longtemps on a cru que les globules rouges provenaient de la transformation des leucocytes. Au contraire, les globules blancs, par leurs mouvements amiboïdes, peuvent envelopper les globules rouges et les digérer.

Les globules rouges prennent naissance dans la *rate* et dans la *moelle des os*.

a) Lorsqu'on étudie le développement de la *rate* chez des Vertébrés inférieurs (Poissons), on voit des cellules de cet organe s'arrondir, se charger d'hémoglobine et devenir de véritables globules rouges. De plus, en extirpant la rate chez un Chien, l'animal continue à vivre, mais son sang présente une diminution considérable des globules rouges.

b) La *moelle des os* est très riche en vaisseaux sanguins et en petites cellules arrondies rappelant celles de la rate. On voit des cellules se charger d'hémoglobine, devenir libres et se transformer en globules rouges.

Globules blancs. — Les globules blancs se produisent surtout dans les ganglions lymphatiques. On constate en effet que la lymphe du vaisseau efférent contient plus de globules blancs que celle des vaisseaux afférents.

Les globules blancs, une fois dans le sang ou dans la lymphe, peuvent se diviser de nouveau. Les globules rouges, au contraire, ne représentent plus que des cellules vieilles, incapables de se diviser pour donner d'autres globules rouges; lorsqu'ils meurent ou lorsqu'ils sont détruits, ils sont remplacés par ceux qui proviennent de la rate et de la moelle rouge des os.

RÉSUMÉ

La *circulation* est le mouvement, à l'intérieur de l'organisme, d'un liquide nourricier, le *sang*.

L'appareil circulatoire. — Il comprend quatre parties : *cœur, artères, capillaires* et *veines*.

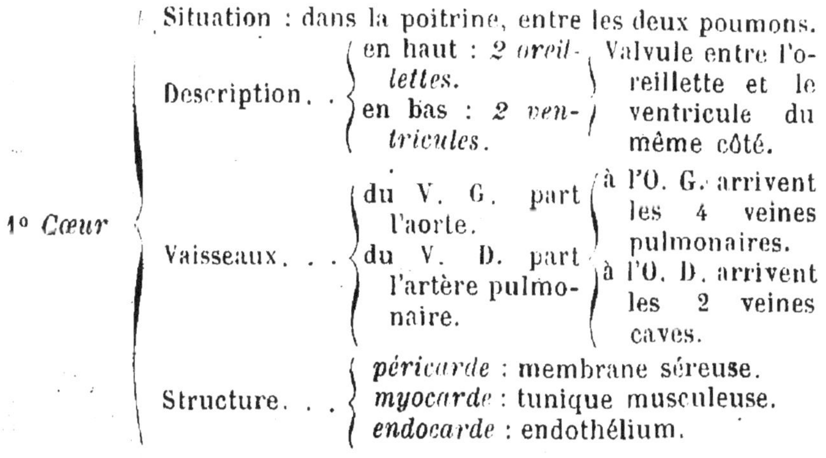

1° Cœur

Situation : dans la poitrine, entre les deux poumons.

Description.
- en haut : *2 oreillettes.*
- en bas : *2 ventricules.*

Valvule entre l'oreillette et le ventricule du même côté.

Vaisseaux.
- du V. G. part l'aorte.
- du V. D. part l'artère pulmonaire.

à l'O. G. arrivent les 4 veines pulmonaires.
à l'O. D. arrivent les 2 veines caves.

Structure.
- *péricarde* : membrane séreuse.
- *myocarde* : tunique musculeuse.
- *endocarde* : endothélium.

2ᵉ Artères

Distribution..
- Vaisseaux qui partent du cœur.
  - 1. *Artère pulmonaire* : porte le sang veineux aux poumons.
  - 2. *Aorte.*
    - *artères carotides* pour la tête.
    - *artères sous-clavières* pour les membres supérieurs.
    - *artères iliaques* pour les membres inférieurs.

Structure...
- tunique externe *fibreuse.*
- tunique moyenne *élastique*, un peu *musculaire.*
- tunique interne *endothéliale.*

3° Capillaires : font communiquer les artérioles et les veinules.

4° Veines

Distribution..
- Vaisseaux qui ramènent le sang au cœur.
  - *veines pulmonaires* : ramènent le sang artériel des poumons.
  - *veine cave supérieure* (tête et membres supérieurs).
  - *veine cave inférieure* (tronc et membres inférieurs).

Structure...
- la même que celle des artères, mais la tunique moyenne est surtout *musculaire.*

Le sang. — C'est un tissu formé de cellules ou *globules* nageant dans un liquide ou *plasma*

1° Globules

Rouges ou hématies
- forme : discoïde et un peu concave ;
- dimension : 7μ.
- nombre : 5 millions par millimètre cube ; au total 25 trillions.
- composition : contiennent de l'*hémoglobine.*

Blancs ou leucocytes
- mouvements amiboïdes ; pseudopodes. Sont plus gros que les rouges, mais moins nombreux.

Les globules rouges se forment surtout dans la rate et la moelle des os ;
Les globules blancs, dans les ganglions lymphatiques.

2° Plasma

Sang frais
- 1. *Fibrinogène* dissous.
- 2. *Sérum.*

Sang coagulé
- 1. Caillot.
  - Globules.
  - *Fibrine* coagulée.
- 2. Sérum.

Physiologie de la circulation. — Le mécanisme de la circulation a été étudié à l'aide d'*appareils enregistreurs* qui permettent d'amplifier et d'enregistrer les mouvements des divers organes.

1° Fonctions du *cœur*.	Contraction simultanée des oreillettes.	*Systole.*
	Contraction simultanée des ventricules.	
	Repos ou *diastole*.	
	La contraction des oreillettes précède celle des ventricules.	
	Battements rythmiques du cœur. — Bruits et choc.	
2° Fonctions des *artères*.	L'*élasticité* transforme le courant intermittent du sang en un courant continu et plus abondant.	
	La *contractilité* règle la circulation dans les organes.	
3° Fonctions des *capillaires*.	A leur niveau se font les échanges nutritifs entre le sang et les éléments anatomiques.	
4° Fonctions des *veines*.	Leur *contractilité* active la circulation du sang.	

La pression sanguine est maximum dans l'aorte (120^{mm}); elle va en diminuant vers les capillaires, pour être presque nulle à l'embouchure des veines.

Le système nerveux agit sur la circulation, sur le cœur et sur les vaisseaux :

1° Sur le *cœur*	1° Les nerfs qui viennent du pneumogastrique sont *modérateurs* des mouvements ;	
	2° Les nerfs qui viennent du sympathique sont *accélérateurs*.	
2° Sur les *vaisseaux*.	*Nerfs vaso-moteurs*.	1° Les *vaso-constricteurs* rétrécissent les vaisseaux ;
		2° Les *vaso-dilatateurs* les dilatent.

La lymphe et l'appareil lymphatique. — La *lymphe* est une sorte de sang qui ne contient que des globules blancs. Elle provient du plasma du sang qui a traversé les parois des capillaires.

La lymphe circule dans les *vaisseaux lymphatiques*, qui se réunissent pour former le *canal thoracique* et la *grande veine lymphatique* ; puis elle arrive dans le système veineux.

Sur le trajet des vaisseaux sont des renflements, les *ganglions lymphatiques*, qui sont riches en cellules lymphatiques, lesquelles jouent un rôle important dans la défense de l'organisme contre les microbes dangereux.

CHAPITRE V

LA RESPIRATION

I. — La respiration est un fait biologique général.

La respiration est la fonction par laquelle se font des échanges gazeux entre *l'être vivant* et le *milieu extérieur*. Chez l'Homme, ces échanges consistent essentiellement dans *l'absorption d'oxygène* par le sang et dans le *rejet du gaz carbonique* à l'extérieur.

Tout être vivant respire. — Tout être vivant, *animal ou végétal, absorbe de l'oxygène* dans le milieu ambiant et *rejette du gaz carbonique.*

Pendant longtemps on a pensé que les animaux supérieurs (Mammifères, Oiseaux), seuls, avaient besoin d'air. Puis on sut par une expérience fort simple qu'un Poisson mourait rapidement dans de l'eau privée d'air par ébullition. Les animaux aquatiques respirent donc au moyen de l'air qui est en dissolution dans l'eau.

L'embryon de Poulet qui se développe à l'intérieur de l'œuf a besoin de l'air qui passe à travers les pores de la coquille. Si l'on vernit cette coquille, en effet, l'air ne pénètre plus, l'embryon ne se développe plus et meurt bientôt.

On sait, d'autre part, que les plantes respirent comme les animaux.

Certains êtres peuvent ne pas absorber de l'oxygène libre ; ils sont même tués par cet oxygène. Tels sont de nombreux *microbes*, comme le *Bacillus amylobacter*, dont nous avons déjà parlé, et aussi la plupart des microbes pathogènes. Dans ce cas, l'être vivant décompose le liquide dans lequel il vit pour y prendre de l'oxygène. C'est ainsi que la *Levure de bière*, qui est un Champignon, placée dans de l'eau sucrée et privée d'air, décompose le sucre pour prendre de l'oxygène ; le sucre privé d'une partie de son oxygène donne de l'alcool, du gaz carbonique, de la glycérine, de l'acide succinique, etc. La Levure a donc pris de l'oxygène en *combinaison* ; mais elle peut aussi vivre en présence de l'oxygène libre, sur une tranche de citron par exemple : dans ce cas elle ne décompose pas les produits organiques, elle respire comme la plupart des êtres vivants. Toutes les cellules de l'organisme, plongées dans la profondeur de nos tissus, n'ont pas d'oxygène libre à leur disposition ; elles sont par conséquent dans le cas des globules de Levure vivant dans l'eau sucrée : aussi prennent-elles de l'oxygène en décomposant l'oxyhémoglobine du sang.

En résumé, tous les êtres vivants ont besoin d'oxygène ; tantôt ils le prennent à *l'état libre* dans l'air, tantôt en *dissolution* dans l'eau, tantôt enfin en *combinaison* dans les substances organiques oxygénées.

On peut donc dire avec Claude Bernard que, si le *mécanisme de la respiration* varie avec les différents animaux, la *respiration proprement dite* de la cellule, de l'élément anatomique, est identique partout et se résume dans l'*absorption d'oxygène* et le *rejet de gaz carbonique*.

Les divers modes de la respiration. — Les échanges gazeux entre l'être vivant et le milieu extérieur doivent se faire à travers la membrane qui limite le corps. De sorte qu'on peut considérer un appareil respiratoire très simple comme formé d'une *membrane épithéliale* (*fig.* 116) séparant le *milieu extérieur* (air ou eau), qui contient l'oxygène, du *sang*, qui va

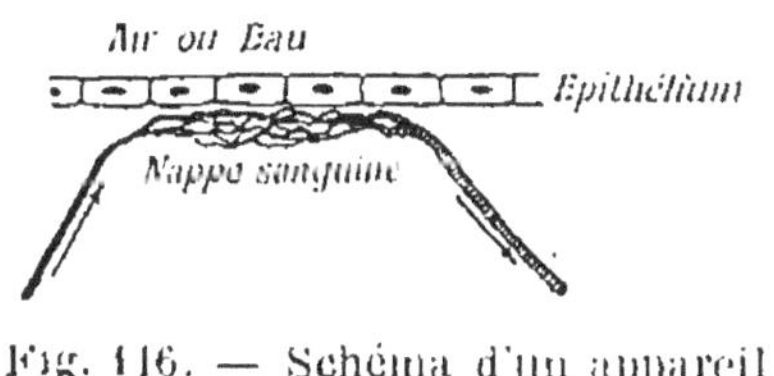

Fig. 116. — Schéma d'un appareil respiratoire.

absorber cet oxygène et rejeter le gaz carbonique. Ce mode

de respiration très simple peut se faire à travers la peau : c'est la *respiration cutanée.*

Il y a évidemment intérêt à ce que la surface de contact entre le sang et l'oxygène soit aussi grande que possible. Plus cette *surface respiratoire* sera grande, plus la respiration sera intense. Un moyen d'agrandir cette surface est de la plisser. Si la membrane, en se plissant, produit une dépression, on a un *poumon (fig 117, A)*; si au contraire le plissement se fait par un soulèvement, on a une *branchie (fig. 117, B).*

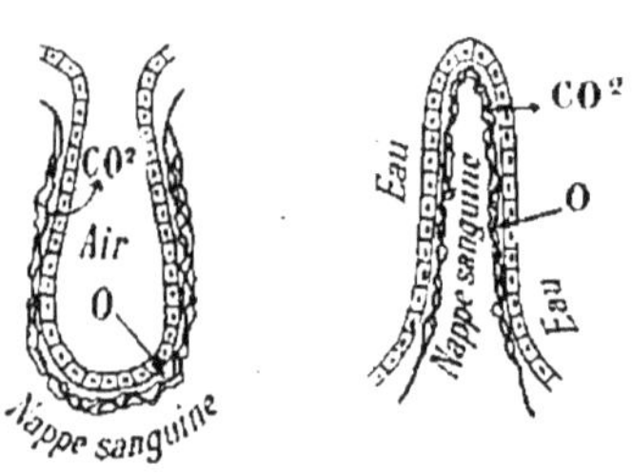

A. — Poumon.   B. — Branchie.
Fig. 117. — Poumon et branchie.

Le poumon constitue l'organe essentiel de la *respiration aérienne*, et la branchie celui de la *respiration aquatique.*

II. — Appareil respiratoire.

L'appareil respiratoire se compose des *voies respiratoires*, par lesquelles l'air pénètre dans l'organisme, et des *poumons*, qui sont les organes essentiels.

Voies respiratoires. — Les voies respiratoires comprennent les fosses nasales et la bouche, le pharynx, le larynx, et enfin la *trachée-artère* et les *bronches*. La bouche et le pharynx ont été décrits à propos de la digestion ; les fosses nasales seront étudiées avec les organes des sens, et le larynx comme organe de la voix. Étudions la *trachée-artère* et les *bronches*.

a) La *trachée-artère (fig. 118)*, qui fait suite au larynx, est un tube de 12 centimètres de long ; elle descend verticalement le long du cou, en avant de l'œsophage, pour pénétrer ensuite dans la poitrine, où, après un trajet de 4 centimètres, elle se bifurque en deux conduits appelés *bronches*.

Sur une section transversale *(fig. 119)* la trachée-artère a une forme demi-circulaire en avant et aplatie en arrière. La trachée-artère présente des anneaux cartilagineux régulière- ment disposés et destinés à maintenir ce conduit béant ; mais, en arrière, dans la portion aplatie, l'anneau cartilagineux ne se continue pas.

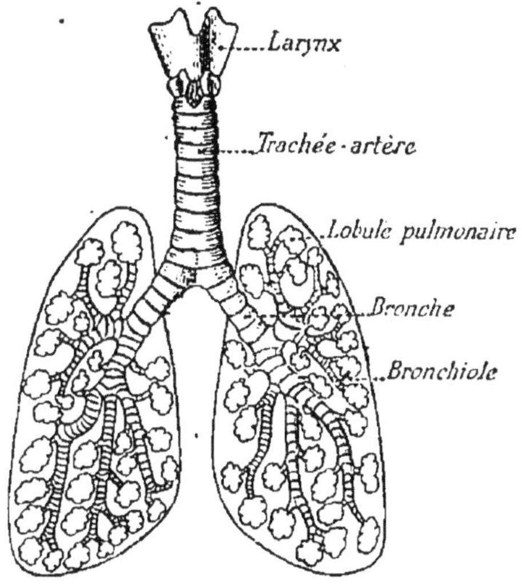

Fig. 118. — Ramification des bronches.

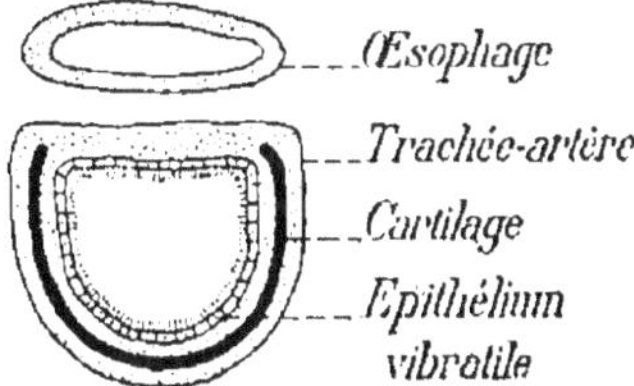

Fig. 119. — Coupe transversale de la trachée-artère et de l'œsophage.

La *structure* de la paroi de la trachée se compose : 1° d'une enveloppe externe *fibreuse* dans laquelle se trouvent les anneaux cartilagineux ; 2° d'une couche *muqueuse* interne, recouverte par un épithélium dont les cellules portent des cils vibratiles destinés à rejeter vers l'extérieur les poussières qui ont été entraînées par l'air ; dans l'épaisseur de cette couche muqueuse se trouvent des glandes à mucus.

b) Les *bronches*, qui résultent de la bifurcation de la trachée, se rendent chacune à un poumon. Chaque bronche, à l'intérieur du poumon, se subdivise en un grand nombre de rameaux appelés *bronchioles*. Ces bronchioles deviennent de plus en plus étroites et viennent se terminer dans des cavités appelées *alvéoles pulmonaires*, cavités limitées par un tissu formant de petites masses appelées *lobules pulmonaires*.

La structure des *bronches principales* est la même que celle de la trachée, mais dans les bronchioles les anneaux cartilagineux se réduisent à des plaques, puis finissent par disparaître complètement au voisinage des alvéoles. En revanche, au niveau des fines bronchioles, les fibres musculaires lisses et le tissu élastique sont plus abondants ; en même temps, l'épithélium vibratile disparaît pour faire place à un épithélium pavimenteux et d'une minceur extrême dans les alvéoles.

Les poumons. — Les poumons sont les organes essentiels de la respiration. Ils sont situés dans la poitrine, de chaque côté du cœur, et sont au nombre de deux : l'un, le *poumon droit*, est partagé par deux scissures en *trois lobes* ; l'autre, le *poumon gauche*, ne présente qu'un sillon qui le partage en *deux lobes* (*fig.* 120). Les poumons sont très élastiques et leur couleur est rose.

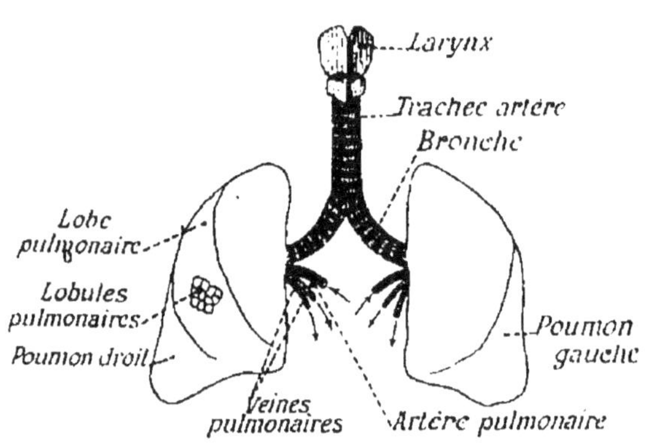

Fig. 120. — La trachée-artère et les poumons.

Leur face externe est convexe et appliquée contre la paroi thoracique ; la face interne est concave et embrasse le cœur.

En examinant la surface du poumon, on voit une série de lignes foncées qui s'entrecroisent et limitent de petites surfaces polygonales d'une étendue d'un centimètre carré. Ces lignes marquent la séparation de petites masses appelées *lobules pulmonaires*, et elles sont formées par du tissu conjonctif imprégné de poussières de charbon qui ont été introduites par l'air et qui ont pénétré à travers les tissus jusque dans les espaces interlobulaires. Chaque lobule se trouve suspendu à l'extrémité d'une des ramifications bronchiques. Comme tous les lobules sont semblables, il suffit d'en décrire un pour connaître la structure du poumon.

Le *lobule* (*fig.* 121) est partagé en un certain nombre de segments (10 à 12), dont chacun reçoit une *bronche terminale*

et présente un certain nombre de cavités bosselées ; chaque
cavité est appelée *alvéole*, et chaque alvéole comprend plu-

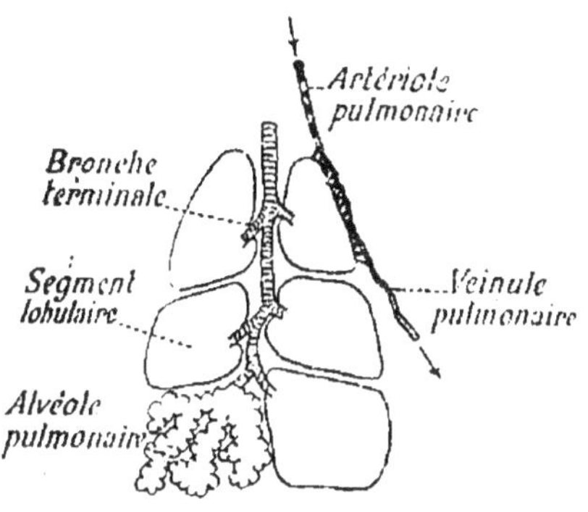

Fig. 121. — Schéma d'un lobule
pulmonaire.

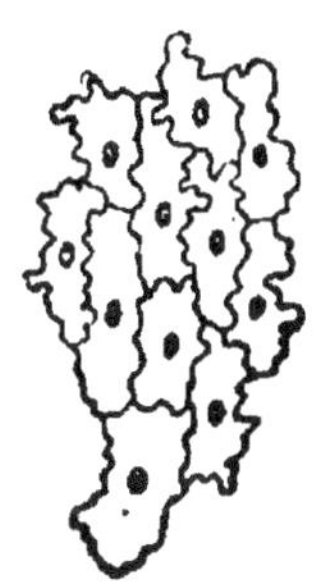

Fig. 122. — Épithélium
pulmonaire.

sieurs petites cavités appelées *vésicules*. Les vésicules ont
une structure très simple ; elles se composent d'un *tissu élastique* abondant, tapissé intérieurement par un épithélium pavimenteux très aplati et rappelant l'endothélium des vaisseaux
sanguins (*fig.* 122).

En résumé, plusieurs vésicules composent un *alvéole*, plu-

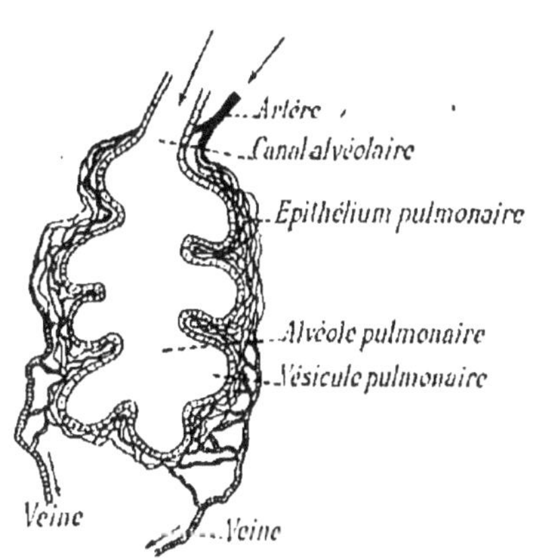

Fig. 123. — Rapport des vaisseaux
sanguins avec l'alvéole pulmonaire.

sieurs alvéoles forment un
lobule, et plusieurs lobules
constituent le *poumon*. Ces
diverses parties sont réunies
par du tissu conjonctif.

Le sang *veineux* arrive au
poumon par l'*artère pulmonaire*, qui se ramifie en suivant les divisions des bronches. Chaque lobule et même
chaque segment de lobule
reçoit une branche de cette
artère (*fig.* 123), et cette
branche se divise en un fin
réseau de capillaires qui va envelopper la vésicule pulmonaire. Ce réseau capillaire donne naissance à des veinules

qui, en se réunissant, forment les deux *veines pulmonaires*; celles-ci, après être sorties du poumon, vont se rendre à l'oreillette gauche du cœur, où elles ramènent le sang qui a subi l'*hématose* (transformation du sang veineux en sang artériel).

Les capillaires du poumon forment un réseau tellement serré que leur surface est trois fois plus grande que celle des intervalles compris entre les mailles de ce réseau. La surface respiratoire des alvéoles étant évaluée à environ 100 mètres carrés, la surface des capillaires — et par conséquent de la nappe sanguine — serait de 75 mètres carrés, et le volume du sang ainsi étalé à la surface du poumon serait de près d'un litre.

La plèvre. — Les poumons sont enveloppés chacun dans une membrane séreuse appelée *plèvre*. Comme le péritoine et comme le péricarde, c'est une membrane à deux feuillets, dont l'un, le *feuillet pariétal* (*fig.* 124), tapisse la cage thoracique et la face supérieure du diaphragme,

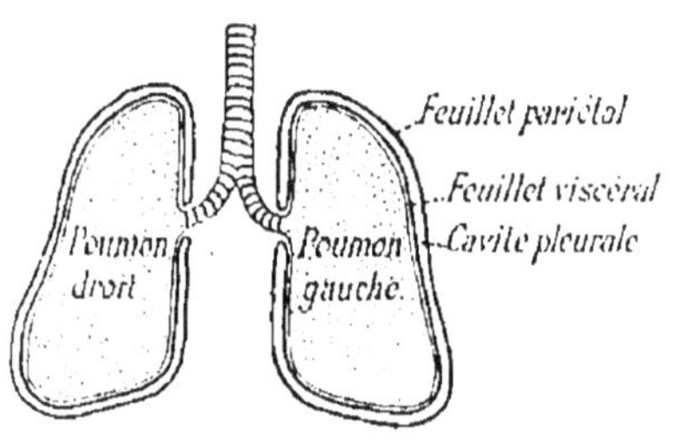

Fig. 124. — La plèvre.

tandis que l'autre, le *feuillet viscéral*, revêt les poumons. Les deux feuillets sont séparés par un intervalle, la *cavité pleurale*, contenant un peu de liquide séreux qui facilite le glissement du poumon sur la cage thoracique. Ce liquide peut devenir trop abondant dans l'inflammation de la plèvre (*pleurésie*) et empêcher par suite les mouvements du poumon.

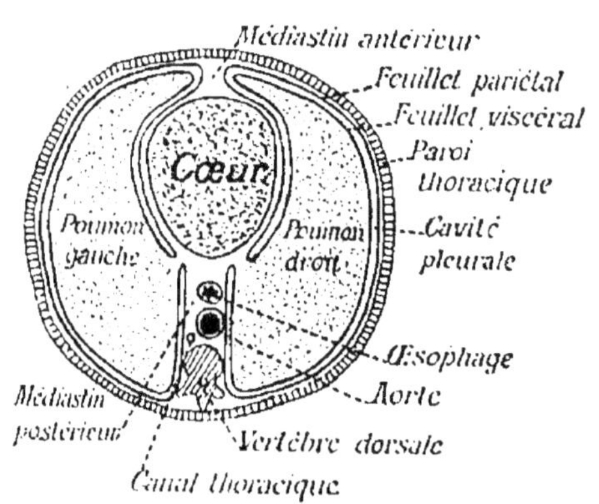

Fig. 125. — Coupe transversale du thorax au niveau du cœur.

Les deux feuillets pariétaux des deux plèvres s'étendent depuis le sternum jusqu'à la colonne vertébrale, en passant de chaque côté du cœur (*fig.* 125) : ils forment une cloison appelée *médiastin*, qui, dans sa partie antérieure,

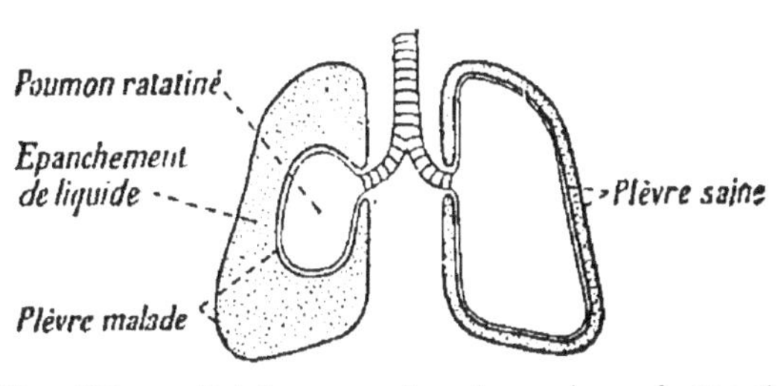

Fig. 126. — Schéma montrant un épanchement de liquide dans la plèvre droite.

renferme le cœur, et, dans sa partie postérieure, l'œsophage, l'aorte et le canal thoracique.

Les deux cavités pleurales sont donc complètement distinctes : aussi chacune peut s'enflammer séparément et se remplir de liquide, comme dans la *pleurésie* (*fig.* 126).

III. — Physiologie de la respiration.

Nous étudierons successivement le *mécanisme* de la respiration, les *phénomènes chimiques* de la respiration et enfin l'*asphyxie*.

§ 1. — Mécanisme de la respiration.

Mouvements respiratoires. — L'air situé dans les vésicules pulmonaires perd de l'oxygène, qui est absorbé par le sang, tandis qu'il se charge de gaz carbonique ; cet air devient alors impropre à la respiration et a besoin d'être renouvelé. Ce renouvellement se fait par la dilatation et la contraction successives de la cage thoracique : ce sont les mouvements respiratoires. Chaque *mouvement respiratoire* se décompose en deux : 1° l'*inspiration* ou entrée de l'air dans les poumons ; 2° l'*expiration* ou rejet de l'air.

Les mouvements respiratoires se font environ 15 fois par minute ; mais dans certains cas pathologiques, dans la *pneu-*

monie par exemple, le nombre peut s'élever jusqu'à 50. La fréquence de ces mouvements s'accroît avec les exercices musculaires ; elle est moindre pendant le sommeil. Chez l'enfant les mouvements respiratoires sont rapides (44 chez le nouveau-né). D'une façon générale leur nombre est en raison inverse de la taille des animaux : il est de 150 chez la Souris et de 11 chez le Cheval.

Pour bien comprendre le mécanisme de ces mouvements, il est nécessaire de connaître l'anatomie de la cage thoracique.

La cage thoracique. — La cage thoracique est formée d'un squelette osseux que recouvrent de nombreux muscles. Elle est limitée en arrière par la *colonne vertébrale* (*fig.* 127), sur les côtés par les *côtes*, et en avant par le *sternum*.

Les côtes, au nombre de 12 paires, sont des arcs osseux (*fig.* 127 et 128)

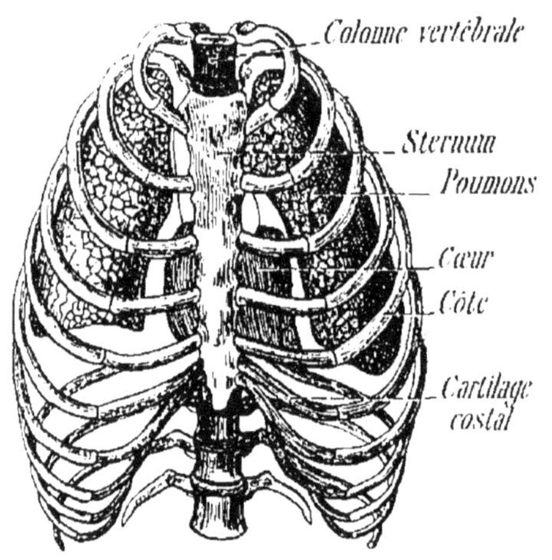

Fig. 127. — La cage thoracique avec les poumons et le cœur.

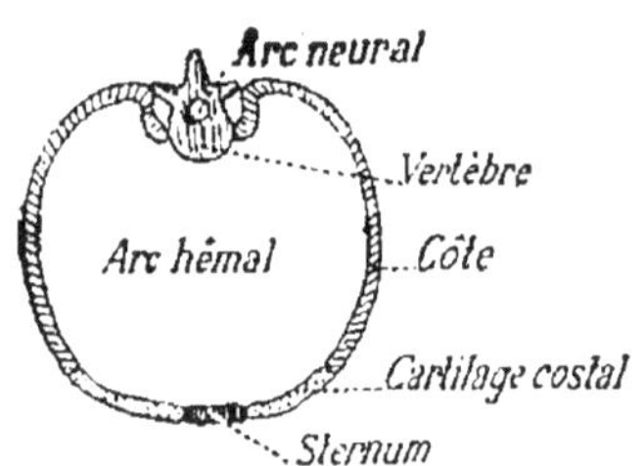

Fig. 128. — Cage thoracique en section transversale.

qui s'appuient en arrière sur les vertèbres dorsales, et en avant sur le sternum par l'intermédiaire de *cartilages*.

Grâce à l'élasticité du cartilage, l'extrémité antérieure de la côte est mobile et peut être soulevée en haut, en avant et en dehors.

Cette sorte de cage à claire-voie est revêtue d'un grand nombre de muscles, dont nous n'étudierons ici que ceux qui jouent un certain rôle dans les mouvements respiratoires.

Les muscles de la respiration. — Les plus importants sont les *muscles intercostaux*, les *scalènes* et le *diaphragme*.

Les *muscles intercostaux* réunissent les côtes entre elles, ils forment deux plans : l'un interne (muscles *intercostaux internes*) et l'autre externe (muscles *intercostaux externes*).

Les *muscles scalènes* (*fig.* 129) s'attachent par leur extrémité

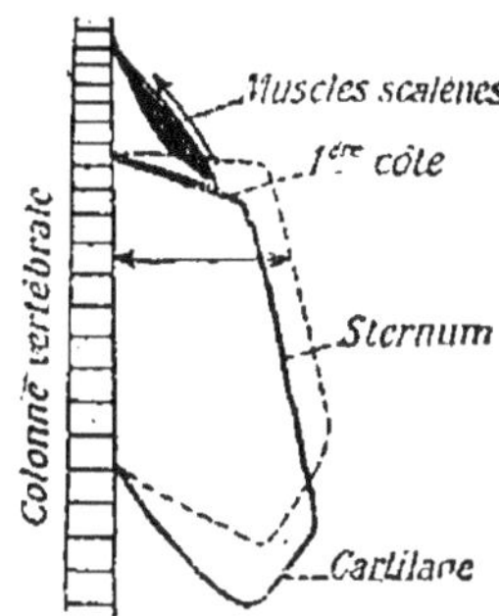

Fig. 129. — Augmentation du diamètre antéro-postérieur de la poitrine.

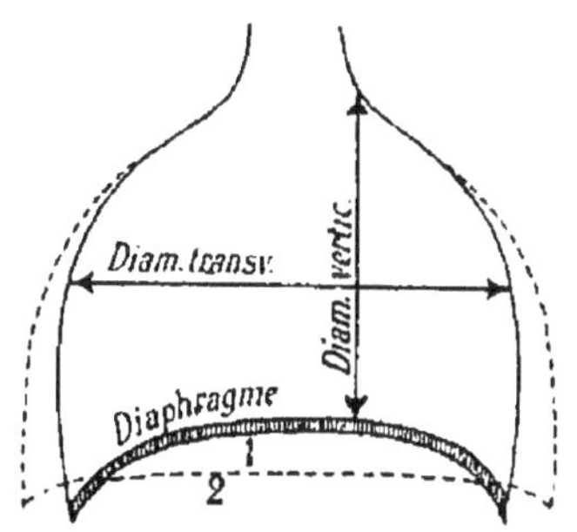

Fig. 130. — Augmentation du diamètre vertical et du diamètre transversal de la poitrine.

supérieure sur les vertèbres cervicales, et par leur extrémité inférieure sur les premières côtes.

Le *diaphragme* (*fig.* 130) est une cloison musculaire disposée en forme de voûte entre le thorax et l'abdomen. Les fibres musculaires du diaphragme s'insèrent sur le pourtour de la cage thoracique et viennent converger vers le centre de la voûte où elles se terminent en un tendon brillant, nacré, où les anciens plaçaient l'âme et que pour cette raison on appelle *centre phrénique*. On a dit avec raison que le diaphragme était le plus important des muscles après le cœur ; c'est, en effet, lui qui a une action prédominante sur les mouvements respiratoires.

L'inspiration. — L'*inspiration* ou entrée de l'air dans les poumons est due à l'activité des muscles intercostaux et scalènes et du diaphragme.

Les *muscles intercostaux*, en se contractant, écartent les côtes et agrandissent transversalement la poitrine (*fig.* 130).

Les *muscles scalènes* (*fig.* 129), en soulevant les premières côtes, projettent le sternum en avant ; de sorte que la cavité thoracique est agrandie dans le sens *antéro-postérieur*.

Le *diaphragme* (*fig.* 130), en se contractant, s'abaisse (de la position 1 à la position 2, sur la figure) en appuyant sur les viscères abdominaux qui, refoulés, produisent un léger soulèvement du ventre : il y a donc agrandissement de la cavité thoracique dans le sens *vertical*.

La cage thoracique s'étant agrandie dans les trois directions, il en résulte une augmentation de son volume. Mais les poumons, appliqués contre la plèvre, suivent passivement la cage thoracique, de sorte que les alvéoles pulmonaires se distendent, et que, leur volume augmentant, la pression de l'air qui y est contenu diminue. L'air extérieur se précipite alors par les voies respiratoires pour rétablir l'équilibre. C'est cette entrée de l'air qui constitue l'*inspiration*.

Une simple perforation à travers la paroi thoracique et le feuillet externe de la plèvre supprime le vide pleural et empêche par suite l'inspiration, car l'air pénètre entre les deux feuillets et empêche le mouvement du poumon.

Il entre à chaque inspiration environ *un demi-litre d'air*.

Les différentes régions de la cage thoracique ne s'agrandissent pas toujours de la même façon. Chez certains sujets c'est le diaphragme qui fonctionne surtout alors que les côtes restent presque immobiles ; dans d'autres cas c'est la partie inférieure de la poitrine qui s'agrandit ; chez d'autres, enfin, c'est la partie supérieure. Il y a donc trois modes d'inspiration bien différents : l'inspiration est *abdominale* (mouvements du diaphragme) chez les enfants, *thoracique inférieure* chez l'homme, *thoracique supérieure* chez la femme.

L'expiration. — L'*expiration* est l'expulsion d'une partie de l'air contenu dans les poumons. Le diaphragme, qui était contracté pendant l'inspiration, revient au repos et reprend sa voussure en passant de la position 2 à la position 1 (*fig.* 130). En même temps, les autres muscles de la respiration se relâchent et les côtes s'affaissent. De plus, les muscles abdominaux se contractent et compriment les viscères qui soulèvent le diaphragme. La cage thoracique, diminuant en tous sens, comprime les poumons, qui expulsent au dehors l'air contenu dans leurs alvéoles. A chaque expiration *un demi-litre d'air* s'échappe ainsi par les voies respiratoires.

L'expiration ordinaire est un phénomène *passif*, tandis que l'inspiration est un phénomène *actif*.

Pendant l'inspiration, la dilatation de la poitrine se faisant progressivement, l'air entre *lentement* ; tandis que dans l'expiration, les muscles se relâchent rapidement, l'air est expulsé *brusquement* ; ce qui facilite le rejet des mucosités et des poussières qui pourraient obstruer les voies respiratoires.

Une expérience simple nous permet de comprendre le mécanisme de ces mouvements. Prenons une cloche en verre dont l'ouverture supérieure est fermée par un bouchon traversé par un tube de verre (*fig.* 131).

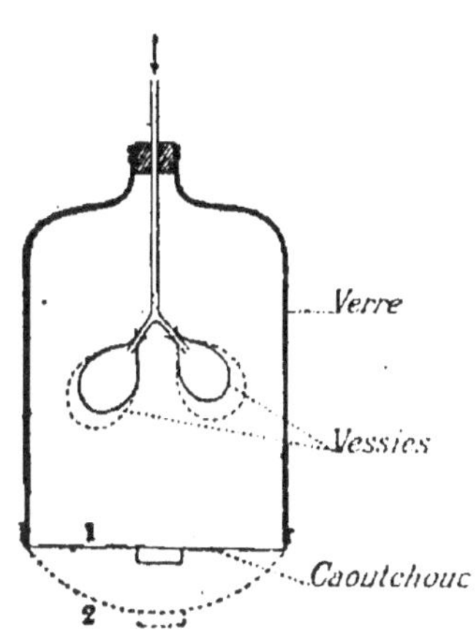

Fig. 131. — Appareil montrant le mécanisme des mouvements respiratoires.

A l'extrémité inférieure de ce tube on attache la trachée-artère et les poumons d'un Lapin, ou simplement deux petites vessies élastiques. L'ouverture inférieure de la cloche est fermée par une membrane de caoutchouc que l'on peut abaisser à volonté. Tirons sur cette membrane, le volume de la cloche augmente ; il y a un appel d'air et celui-ci pénètre par le tube dans les vessies qui se gonflent : c'est *l'inspiration*. Laissons la membrane revenir sur elle-même, le volume de la cloche diminue, l'air est expulsé et les vessies se dégonflent : c'est *l'expiration*. En somme, l'air entre quand le volume de la cloche augmente et sort quand ce volume diminue.

Inspiration et expiration forcées. — Les mouvements respiratoires *forcés* sont produits par l'action de muscles spéciaux, action qui s'ajoute à celle des muscles ordinaires de la respiration.

Dans l'*inspiration forcée*, ce sont des muscles qui s'attachent soit au crâne, soit aux membres supérieurs (sterno-mastoïdien, grand dentelé, grand pectoral, etc.). Ces muscles, qui viennent s'insérer à la partie supérieure de la cage thoracique, soulèvent et dilatent les parois de cette cavité. Lorsque la poitrine est ainsi dilatée à son maximum, le volume de la cavité pulmonaire est d'environ 5 litres.

Dans l'*expiration forcée*, ce sont des muscles de la paroi abdominale qui s'attachent à la base de la cage thoracique, et qui, en se contractant, abaissent les côtes et diminuent la cavité thoracique. Lorsque le thorax est réduit à son minimum, le volume de la cavité pulmonaire est d'environ 1 litre $\frac{1}{2}$.

La différence entre ces deux volumes extrêmes de la cavité pulmonaire est d'environ 3 litres $\frac{1}{2}$: c'est ce qu'on appelle la *capacité respiratoire*.

Il reste toujours dans nos poumons, même après l'expiration la plus énergique, une certaine quantité d'air qui ne peut en être expulsée : c'est l'*air résiduel*.

Certains mouvements spéciaux comme le *hoquet*, le *sanglot* ne sont que des inspirations brusques, souvent dues à des contractions énergiques du diaphragme ; le *rire* et l'*éternuement* sont des expirations brusques ; enfin le *bâillement* et le *soupir* sont des inspirations prolongées suivies d'expirations prolongées.

La *toux* est une expiration brusque, précédée d'une inspiration lente ; elle a pour effet de rejeter au dehors les mucosités qui encombrent les voies respiratoires.

Il faut remarquer que la quantité d'air pur qui pénètre dans le poumon pendant l'inspiration n'est pas utilisée tout entière. Une partie est rejetée par l'expiration suivante, et l'autre partie reste dans le poumon et s'y mélange avec l'air qui y existait déjà. C'est à ce mélange que les physiologistes ont donné le nom de *ventilation* du poumon. On a montré par des expériences et des mesures précises qu'une forte inspiration produit une ventilation plus efficace que deux inspirations plus petites apportant cependant le même volume d'air.

Quantité d'air. — A chaque inspiration, l'homme introduit un demi-litre d'air dans ses poumons ; or, le nombre des inspirations par minute est de 15 environ : donc la quantité d'air qui entre dans les poumons en 24 heures est de

$$0^l,5 \times 15 \times 60 \times 24 = 10\,800 \text{ litres.}$$

D'un autre côté, comme environ 20 000 litres de sang *passent* chaque jour dans les poumons, on admet que 10 000 litres d'air servent à l'hématose de 20 000 litres de sang dans l'espace de 24 heures.

Bruits respiratoires. — L'étude de ces bruits est d'une grande importance en médecine : c'est ce qu'on appelle *l'auscultation* ; elle a été découverte par le médecin français Laënnec au commencement du XIXe siècle.

Lorsqu'on applique l'oreille contre la poitrine d'une personne qui respire, on entend *deux bruits* : 1° un *murmure vésiculaire* très doux, qui accompagne l'inspiration et qui est dû au déplissement des vésicules pulmonaires au moment où l'air y pénètre ; 2° au moment de l'expiration, un bruit plus fort et plus rude, le *souffle bronchique*, qu'on entend mieux au niveau des grosses bronches et de la trachée, et qui est dû au courant d'air passant dans la trachée et les bronches.

Les altérations de ces bruits (râles, sifflements, etc.) renseignent le médecin sur l'état du poumon et des bronches.

Le médecin est aussi renseigné sur l'état de la plèvre et des poumons par la *percussion* qu'il pratique en frappant avec les doigts un petit coup sec sur le thorax : si le son est clair, c'est qu'il n'y a pas de lésion au point frappé ; si le bruit est mat, c'est que les organes sont en mauvais état.

Influence du système nerveux. — Le système nerveux règle les mouvements respiratoires. Le *centre nerveux* qui commande à ces mouvements est situé dans le *bulbe rachidien* (voir *Système nerveux*), en un endroit appelé *nœud vital*. Une lésion de cette région peut amener instantanément la mort en arrêtant les mouvements respiratoires et le cœur. Ce centre nerveux est excité par le gaz carbonique ; aussi lorsque ce gaz s'accumule dans le sang, il se produit une accélération convulsive de la respiration : c'est la *dyspnée*. Au contraire, l'excès d'oxygène dans le sang supprime temporairement le besoin de respirer et suspend les mouvements respiratoires : il y a *apnée*. C'est pourquoi, avant de sauter à l'eau, les plongeurs de profession exécutent des mouvements respiratoires extrêmement profonds, afin de supporter plus longtemps la privation d'air.

Les mouvements respiratoires peuvent être modifiés, dans une certaine mesure, par la volonté. Mais normalement ils sont réglés par un automatisme spécial. Un mouvement respiratoire est une sorte de *réflexe* : les excitations partent du poumon (*fig.* 132) et sont conduites par le pneumo-gastrique jusqu'au bulbe, qui les réfléchit vers les muscles de la respiration par le nerf phrénique.

La peau semble aussi avoir une certaine influence sur ces mouvements, car on a remarqué

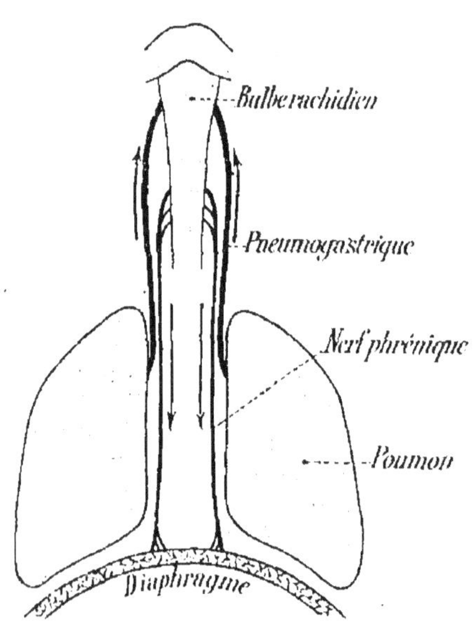

Fig. 132. — Schéma du système respiratoire.

que des hommes, à la suite de brûlures généralisées sur toute la surface de la peau, ne pouvaient respirer que par la force de la volonté. Si le sommeil survient, la volonté est suspendue, les mouvements respiratoires s'arrêtent et ces blessés succombent.

On a montré, par une expérience très simple, que pour provoquer les mouvements respiratoires il faut un excitant extérieur : on plonge un Poisson dans l'eau, en ayant soin de lui maintenir la bouche hors de l'eau et les branchies dans l'eau. Dans ce cas le Poisson ne fait plus de mouvements respiratoires ; il les fait au contraire si la bouche est plongée dans l'eau, alors que les branchies sont restées en dehors de l'eau. L'eau, milieu respiratoire du Poisson, est donc l'excitant qui, au contact de la bouche, est le point de départ des mouvements de la respiration.

§ 2. — Phénomènes chimiques de la respiration.

Historique. — De tout temps, les phénomènes de la respiration, par leur régularité et par leur présence constante, ont attiré l'attention de l'homme. Le premier cri de l'enfant et le dernier soupir du mourant ne sont-ils pas des mouvements respiratoires ? Aussi, l'on s'explique que les expressions *vivre* et *respirer* soient devenues synonymes.

Jusqu'au XVIIe siècle on n'eut cependant aucune idée précise sur les phénomènes respiratoires. Les médecins de l'antiquité se contentaient de dire que l'entrée de l'air dans les poumons servait simplement à *rafraîchir* le sang.

Priestley, en 1775, montra le premier que les animaux, en respirant, rejettent de l'air incapable d'entretenir la respiration et la combustion. Mais il ne

Fig. 133. — LAVOISIER, chimiste français (1743-1794).

se prononça pas sur la nature de cette altération de l'air respiré.

C'est Lavoisier (*fig.* 133) qui, en 1777, montra que l'air respiré contenait du *gaz carbonique.*

« La respiration, dit cet illustre chimiste, n'est qu'une combustion lente de carbone et d'hydrogène, qui est semblable en tout à celle qui s'opère dans une lampe ou dans une bougie allumée, et sous ce point de vue, les animaux qui respirent sont de véritables corps combustibles qui brûlent et se consument. » Par des expériences rigoureuses, il établit que la *respiration était une combustion* qui résultait de la combinaison de l'*oxygène* de l'air avec du *carbone* et de l'*hydrogène.* Et c'est cette combustion qui produisait du *gaz carbonique et de la vapeur d'eau.* Depuis plus de cent ans, la science n'a fait que confirmer cette mémorable découverte. On a seulement précisé le lieu où se font les combustions : si les échanges gazeux (absorption d'oxygène et dégagement de gaz carbonique) ont bien lieu dans les poumons, la combustion se produit en réalité dans l'intimité des tissus, dans la cellule, ainsi que nous le montrerons plus loin.

Modifications de l'air inspiré. — Quotient respiratoire. — Au point de vue chimique, la respiration consiste en une *absorption d'oxygène* par le sang, et en un dégagement de *gaz carbonique et de vapeur d'eau.*

On peut montrer l'absorption d'oxygène en analysant l'air d'un espace parfaitement clos dans lequel on enferme un animal.

La présence du gaz carbonique dans l'air expiré est facile à constater en soufflant avec un tube de verre dans un vase contenant de l'*eau de chaux* (*fig.* 134). Au bout de quelques minutes cette eau de chaux se trouble ; il s'est formé du

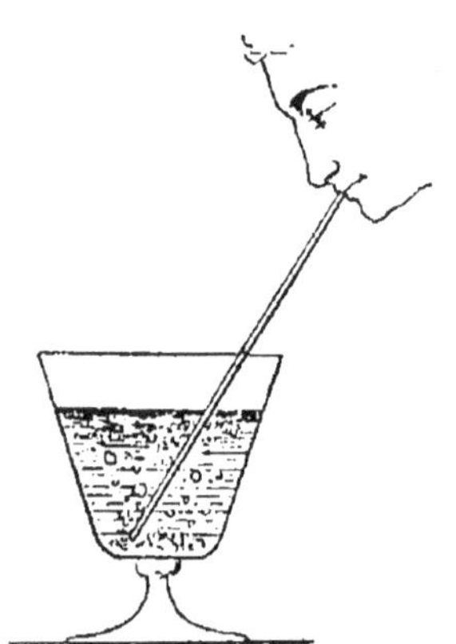

Fig. 134. — Expérience montrant que l'air expiré contient du gaz carbonique.

carbonate de calcium, insoluble dans l'eau et qui se dépose sous forme d'une poudre blanche. Ce carbonate s'est **formé** à l'aide du gaz carbonique fourni par l'air expiré.

La présence de la vapeur d'eau peut se montrer facilement en soufflant sur une vitre froide ; il se dépose une *buée* qui résulte de la condensation de la vapeur d'eau. En hiver cette vapeur forme devant la bouche une sorte de brouillard. On a calculé qu'un homme adulte exhale par la surface pulmonaire environ 500 grammes d'eau en 24 heures, si l'air est sec, et seulement 350 grammes si l'air est humide.

Le tableau suivant indique la composition de l'air inspiré et de l'air expiré :

	AIR	AZOTE	OXYGÈNE	GAZ CARBONIQUE
Air inspiré . . .	100	79	21	0,0003
Air expiré. . . .	99,5	79	16	4,5

En additionnant les volumes des gaz provenant de l'air expiré, on obtient 99,5, au lieu de 100, parce qu'une partie de l'oxygène a été utilisée dans l'organisme, non pour produire du gaz carbonique, mais pour donner d'autres produits d'oxydation, tels que l'*urée* par exemple.

On voit par ce tableau que l'azote est rejeté intégralement ; c'est donc un gaz *inerte* dans la respiration. Sur les 10 000 litres d'air qui sont inspirés en 24 heures, il y a environ 2 000 litres d'oxygène ; et sur ces 2 000 litres, 500 sont absorbés par les poumons, qui ne rejettent que 400 litres de gaz carbonique. Or on sait que le gaz carbonique contient son volume d'oxygène : il y a donc 500 — 400 = 100 litres d'oxygène qui sont utilisés dans l'organisme et y produisent des oxydations et des hydratations (eau, urée, acide urique, etc.).

Le rapport du gaz carbonique produit à l'oxygène consommé est appelé *quotient respiratoire*. Ce rapport $\dfrac{CO^2}{O}$

est toujours plus petit que 1 ; dans le cas cité, il est de $\frac{400}{500} = 0,8$. Il varie avec l'alimentation : il s'élève avec les féculents et les sucres, et s'abaisse avec les graisses et les albuminoïdes. Il varie aussi avec l'âge : il est plus grand chez l'enfant que chez l'adulte.

Respiration des tissus. — Ce n'est ni dans les poumons, ni dans les vaisseaux sanguins que s'effectue la combustion respiratoire.

C'est Lagrange qui, le premier, émit l'hypothèse que ce phénomène siège dans les tissus, et que dans les poumons a lieu l'échange des gaz indiqué par Lavoisier. William Edwards (1777-1842) montra, en effet, qu'une Grenouille privée de poumons continue à vivre en rejetant du gaz carbonique. C'est donc bien dans les tissus que se produit ce gaz et par conséquent la combustion.

Paul Bert (1833-1886), d'ailleurs, démontra ce fait directement en plaçant des organes et des tissus séparés du corps des animaux dans une éprouvette contenant de l'air (*fig.* 135). L'analyse de cet air montra : 1° que les tissus animaux respirent en absorbant de l'oxygène et en dégageant du gaz carbonique ; 2° que les divers tissus d'un même animal respirent avec une intensité variable (le tissu musculaire est celui qui respire le plus activement) ; 3° que les tissus des animaux à température constante (Mammifères et Oiseaux) respirent plus activement que les tissus identiques des animaux à température variable (Reptiles, Batraciens, Poissons).

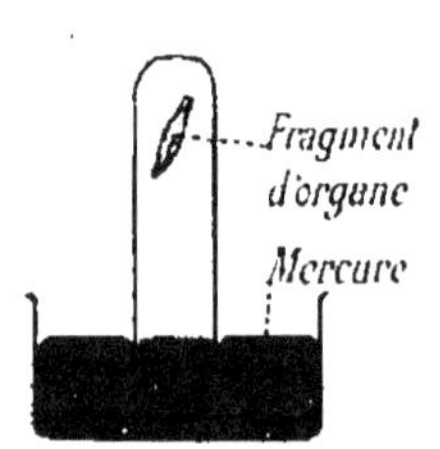

Fig. 135. — Respiration des tissus.

Une ingénieuse disposition permet de réaliser expérimentalement cette respiration des tissus. On place dans une cuve (*fig.* 136), contenant de l'eau tiède et des globules de levure, qui sont bien des cellules, des vaisseaux très minces en baudruche. Le sang artériel qu'on fait passer dans ces vaisseaux est transformé en sang veineux ; c'est que les cellules de levure ont absorbé l'oxygène du sang artériel à travers la membrane, et qu'elles ont rejeté du gaz carbonique qui s'est fixé sur le sang.

En résumé, chaque cellule vivante, qu'elle soit libre ou

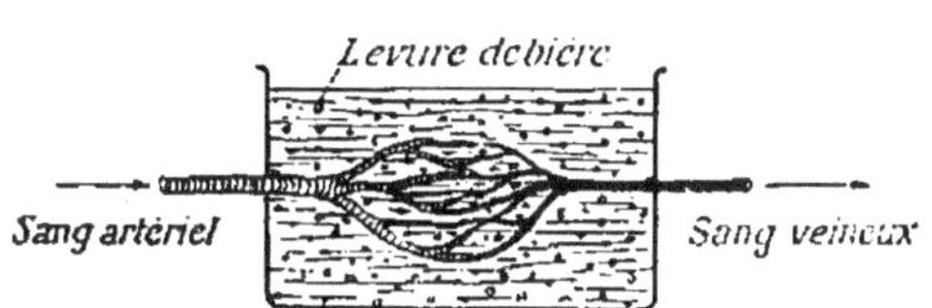

Fig. 136. — Respiration des cellules.

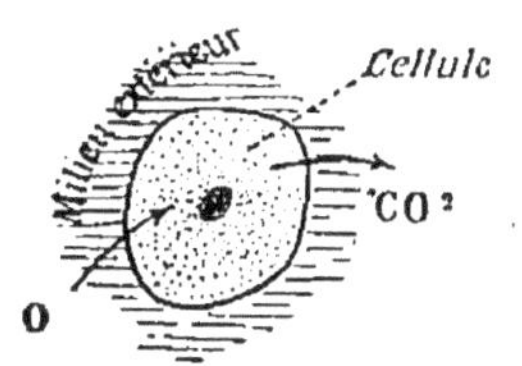

Fig. 137. — Respiration cellulaire.

qu'elle soit associée, respire en absorbant de l'oxygène dans le milieu ambiant, et en rejetant du gaz carbonique (*fig.* 137). Si ce milieu ne contient pas d'oxygène libre, ce qui est le cas pour les cellules de l'organisme, celles-ci décomposent l'oxyhémoglobine du sang pour prendre l'oxygène.

Mécanisme des échanges gazeux. — Ce phénomène est purement physique ; il est soumis aux lois de l'osmose et de la dissociation.

Dans l'intimité des tissus qui forment les organes, au niveau des capillaires sanguins et à travers leurs parois, les cellules (*fig.* 137) prennent l'oxygène de l'oxyhémoglobine, en même temps qu'elles forment du gaz carbonique, qui va se combiner aux sels du plasma sanguin pour donner des *bicar-*

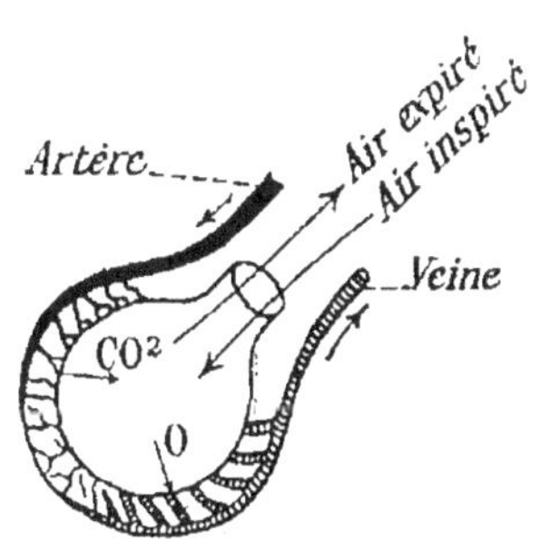

Fig. 138. — Échanges gazeux au niveau de la vésicule pulmonaire.

bonates et des *phosphocarbonates.* Or, ces deux combinaisons, oxyhémoglobine et bicarbonates sont très instables : elles vont donc se dissocier et laisser s'échapper O ou CO² lorsque la tension de dissociation de ces gaz sera plus forte que la tension du même gaz dans le milieu ambiant ; dans le cas contraire, elles absorberaient encore O ou CO².

Dans les capillaires du poumon, ces sels du plasma sanguin se dissocient en donnant CO_2 qui a une tension plus grande que celle de CO_2 de l'air des poumons. Par osmose, le gaz carbonique va passer à travers les parois des capillaires, puis de l'épithélium de la vésicule pulmonaire (*fig.* 138) et arrivera dans cette vésicule, d'où il s'échappera avec l'air expiré. Pendant ce temps, l'oxygène de l'air est absorbé par l'hémoglobine des globules et donne de nouveau de l'oxyhémoglobine que le sang va porter aux tissus.

Le sang est donc l'intermédiaire entre le *milieu extérieur*, où il puise l'oxygène, et les *cellules* auxquelles il apporte cet oxygène sous forme d'oxyhémoglobine ; mais inversement, il enlève le gaz carbonique aux *cellules* pour le rejeter dans le *milieu extérieur*.

En résumé, la chimie de la respiration comprend trois phases : 1° la *respiration* ou la *combustion dans les cellules ;* 2° le *transport des gaz* (oxygène et gaz carbonique) *par le sang ;* 3° la *purification ou hématose du sang dans les poumons.*

L'intensité de la respiration varie avec l'individu et le milieu. — La quantité d'oxygène absorbée et de gaz carbonique dégagée, qui mesure l'intensité de la respiration, varie suivant de nombreuses circonstances, dont voici les principales :

1° *L'âge :* elle augmente chez l'homme avec l'âge jusqu'à un maximum qui est atteint vers 32 ans, puis diminue jusqu'à la mort.

2° *L'espèce et la taille :* elle est plus intense chez les animaux à sang chaud que chez les animaux à sang froid, et parmi les premiers, ce sont les Oiseaux qui respirent le plus activement. Ainsi, en rapportant la quantité d'oxygène absorbée au kilogramme de matière vivante et à l'heure, on trouve que la Grenouille consomme 50 centimètres cubes d'oxygène, le Lézard 130, l'Homme 300 et le Poulet 1000. Enfin les animaux de petite taille respirent plus activement que les gros.

3° *Le sommeil* : l'intensité respiratoire diminue pendant le sommeil, d'un quart environ. Les animaux hibernants (Marmotte) dégagent pendant leur sommeil 75 fois moins de gaz carbonique que pendant la veille.

4° *Les exercices physiques* : les mouvements du corps amplifient la poitrine et font pénétrer plus d'oxygène dans les poumons. D'un autre côté la combustion dans les muscles est plus active ; il y a donc un plus grand besoin d'oxygène, et par suite se produisent des mouvements respiratoires plus fréquents et plus amples. Ces faits ont une grande importance chez l'enfant, dont les jeux en plein air contribueront à élargir la poitrine et à donner plus de puissance aux poumons.

Des mesures ont été faites qui ont montré que l'intensité respiratoire augmente dans les proportions suivantes :

Position assise	1,18
Debout	1,33
A cheval, au pas	2,20
Marche (2 milles à l'heure)	2,76
A cheval, au galop	3,16
— au trot	4,05
Natation	4,8
Course (7 milles à l'heure)	7,09

5° *La température* : chez l'Homme et les animaux à sang chaud, l'intensité de la respiration augmente quand la température s'abaisse, et inversement elle diminue si la température s'élève. Au contraire chez les animaux à sang froid et les animaux hibernants, le froid, qui les plonge dans l'engourdissement, ralentit aussi leur respiration, tandis que la chaleur, qui les réveille, active leurs échanges gazeux.

§ 3. — Asphyxie.

Causes de l'asphyxie. — Paul Bert définit l'asphyxie *l'arrêt des phénomènes respiratoires* ; de sorte que pour ce savant la mort naturelle est aussi une asphyxie.

L'asphyxie peut se produire : 1° par *défaut d'oxygène* ; 2° par *excès de gaz carbonique* ; 3° par des *variations de pression de l'air* (air raréfié ou air comprimé) ; 4° par l'absorption de *gaz toxiques*.

1° Défaut d'oxygène. — Paul Bert a montré que si l'on place un Oiseau sous une cloche remplie d'air, et si l'on enlève avec une dissolution de potasse le gaz carbonique dégagé par la respiration de cet Oiseau, l'animal ne tarde pas à mourir : il ne meurt cependant que lorsque l'air de la cloche ne contient plus que 4 à 5 % d'oxygène.

Lorsque la proportion d'oxygène tombe au-dessous de 15 %, ce qui arrive parfois dans les galeries de mine, l'air devient irrespirable pour l'homme, et l'asphyxie est complète lorsque la proportion d'oxygène descend au-dessous de 9 %.

2° Excès de gaz carbonique. — On dispose un animal comme précédemment, dans un endroit clos ; mais on laisse accumuler le gaz carbonique et l'on maintient constante la pression de l'oxygène. L'animal meurt au bout de quelque temps, lorsque la pression du gaz carbonique atteint environ 19 centimètres de mercure. Dans ce cas, la pression du gaz carbonique dans le milieu ambiant étant supérieure à celle du gaz carbonique que l'animal a dans le sang, ce gaz ne peut plus se dégager et il s'accumule dans le sang en produisant l'asphyxie.

Lorsqu'on place un animal dans un milieu confiné, l'asphyxie se produit pour les deux raisons précédentes : *défaut d'oxygène* et *excès de gaz carbonique*. Le malaise qu'on éprouve dans une salle de théâtre qui est remplie de spectateurs, ou dans un salon au cours d'une soirée, est plutôt dû à ces deux causes qu'à la chaleur. Il est donc d'une grande importance de renouveler l'air dans un milieu où séjournent de nombreuses personnes. On a calculé que pour une respiration normale, il faut pour une seule personne 10 mètres cubes d'air pur par heure. Les dimensions des logements étant insuffisantes, une *ventilation* active est nécessaire.

3º Variations de pression. — Deux cas sont à considérer suivant que la pression diminue (air raréfié) ou suivant qu'elle augmente (air comprimé).

a) *Air raréfié.* — En plaçant un Oiseau sous le récipient d'une machine pneumatique, l'Oiseau meurt au bout de quelque temps lorsque la pression descend au-dessous de 180 millimètres. Mais si avant d'atteindre cette limite on laisse rentrer l'air, l'Oiseau ne meurt pas et se remet vite. Les personnes qui s'élèvent en ballon ou sur les hautes montagnes se placent dans des conditions identiques ; car la diminution de pression correspond à la raréfaction. Les troubles qui surviennent sont bien connus sous le nom de *mal des montagnes* : ce sont des bourdonnements d'oreille, des saignements de nez, des lourdeurs de tête, de la fatigue et même la syncope et des accidents mortels. La fameuse ascension du ballon le *Zénith*, en 1875, où deux aéronautes trouvèrent la mort, est un exemple des dangers de l'air raréfié. Ordinairement ces accidents commencent à se faire sentir vers 4 000 mètres (450^{mm} de pression) ; au sommet du Mont-Blanc, à 4 800^m (410^{mm} de pression), presque tout le monde les éprouve.

Cette asphyxie survient par manque d'oxygène ; mais, d'après les expériences du physiologiste italien Mosso, le mal des montagnes est dû aussi à la diminution du gaz carbonique dans le sang. L'observation montre déjà que ce mal est plus grave la nuit et pendant le repos, alors que la production de gaz carbonique est moindre. De même aussi s'explique le bien-être qu'on ressent à se lever la nuit lorsqu'on éprouve une oppression : en faisant quelques pas on produit plus de gaz carbonique et on rétablit l'équilibre de ce gaz dans le sang. Expérimentalement M. Mosso, en se plaçant dans une chambre où l'on pouvait raréfier l'air, put subir sans accident une pression de 192 millimètres, mais il avait pris soin d'ajouter dans l'air de la chambre du gaz carbonique en quantité suffisante pour rétablir l'équilibre des gaz du sang. Cette pression barométrique de 192 millimètres correspond à 11 650 mètres d'altitude, de sorte qu'on pourrait dire que M. Mosso est l'homme qui s'est élevé le plus haut dans l'atmosphère.

On s'explique ces faits en se souvenant que le gaz carbonique excite les centres nerveux qui commandent les mouvements respiratoires, ainsi que nous l'avons dit plus haut.

b) Air comprimé. — Paul Bert a montré que lorsqu'on place un animal, un Chien par exemple, dans de l'oxygène pur à la pression de 3 à 4 atmosphères, l'animal est atteint de convulsions semblables à celles que produit la strychnine, et il meurt rapidement dans un état de rigidité spéciale. L'oxygène à haute pression agit donc comme un véritable poison.

Au contraire, si la pression de l'oxygène ne dépasse pas 1,5 à 2 atmosphères, l'Homme peut vivre dans l'air à la pression de 5 atmosphères. C'est le cas pour les ouvriers qui travaillent dans les cloches à plongeur (construction des piles de pont), ou dans les chambres à air comprimé (percement de certains tunnels). Ce qu'il faut éviter alors, c'est de produire une décompression brusque en ramenant la pression de l'air à la pression atmosphérique normale. Les gaz qui s'étaient dissous dans le sang, sous l'influence de la haute pression, se dégagent et forment dans les vaisseaux des chapelets de bulles, qui opposent une résistance considérable à la circulation et peuvent même l'arrêter. Il faut donc, si l'on veut éviter des accidents, souvent mortels, décomprimer lentement.

En résumé, la respiration dépend beaucoup plus de la pression de l'oxygène que de la pression de l'air.

4° Absorption de gaz toxiques. — Certains gaz, même répandus à faible dose dans l'air, peuvent produire l'asphyxie.

Le plus redoutable de ces gaz, et aussi le plus fréquent, car il se produit dans toutes les combustions incomplètes, est l'*oxyde de carbone*. Il forme avec l'hémoglobine des globules rouges un composé très stable qui n'abandonne plus son oxygène aux tissus ; les globules sont donc dans l'impossibilité de transporter l'oxygène vers les tissus et la mort survient.

On peut encore citer parmi les gaz toxiques l'hydrogène sulfuré, l'acide sulfureux, l'acide cyanhydrique, etc.

Certains gaz qui sont toxiques à forte dose produisent, lorsqu'ils sont absorbés en faible quantité, l'insensibilité du système nerveux et aussi l'immobilité : ce sont des *anesthésiques* ; tels sont le protoxyde d'azote, l'éther et le chloroforme. Il se produit d'abord une excitation cérébrale, des rêves, des mouvements désordonnés ; puis, en augmentant un peu la dose, le sujet devient complètement insensible et immobile. C'est cet état qui facilite les opérations chirurgicales. Si l'on force la dose, l'*anesthésie* atteint les centres nerveux qui commandent aux mouvements du cœur et de la respiration, et ceux-ci s'arrêtant, la mort se produit.

Asphyxie brusque.— Dans certains cas, soit par immersion dans l'eau (*noyés*), soit par compression de la trachée (*pendus*), l'asphyxie est brusque. L'asphyxie se produit dans l'espace de 4 à 5 minutes. Pendant une première période qui ne dure que 30 à 40 secondes, l'individu éprouve de l'angoisse ; puis le gaz carbonique, s'accumulant dans le sang, produit une excitation du système nerveux : les facultés intellectuelles, et en particulier la mémoire, sont exagérées, l'asphyxié voit repasser devant ses yeux, dans l'espace de quelques secondes, les principaux épisodes de sa vie, et cela avec une prodigieuse netteté. Mais, le gaz carbonique continuant à s'accumuler dans le sang, les battements du cœur se ralentissent, puis s'arrêtent : c'est la mort, qui survient ordinairement au bout de 4 à 5 minutes.

On peut essayer de ramener l'asphyxié à la vie en pratiquant la *respiration artificielle*.

Respiration artificielle. — Elle peut se faire par deux procédés : dans le premier, on étend le malade, on comprime lentement et énergiquement la base de la poitrine pour chasser l'air des poumons ; puis on cesse brusquement la compression pour faire entrer une certaine quantité d'air. On répète ces mouvements avec la même vitesse que celle des mouvements respiratoires ordinaires (15 à 20 par minute). L'autre procédé consiste à se placer derrière la tête de l'asphyxié et à saisir chaque avant-bras au-dessous du coude;

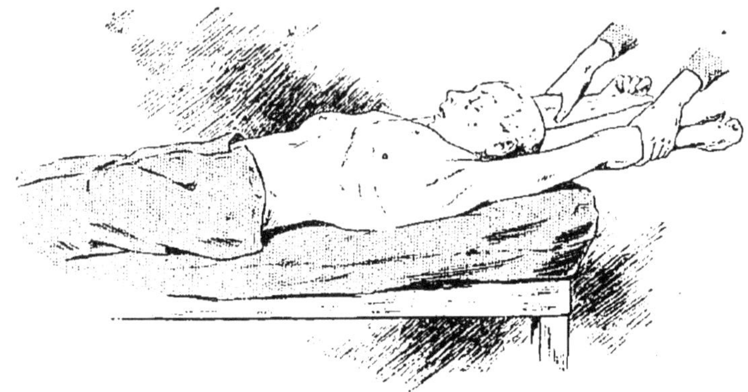

Fig. 139. — Respiration artificielle : 1er temps (inspiration forcée).

puis, dans un *premier temps* (*fig.* 139), on ramène les deux bras de chaque côté de la tête, et dans un *second temps*

Fig. 140. — Respiration artificielle : 2e temps (expiration forcée).

(*fig.* 140) on les replie en les ramenant lentement de chaque côté de la poitrine et en pressant fortement les coudes contre les côtes. On recommence les mêmes mouvements en se guidant sur sa propre respiration (15 à 20 fois par minute). Le premier temps produit une inspiration, le second une expiration.

Enfin, on peut aussi faire l'*insufflation*, c'est-à-dire envoyer de l'air, soit en se plaçant bouche à bouche, soit en utilisant un soufflet de cuisine.

Depuis quelques années on emploie une méthode très simple et qui a donné d'excellents résultats. Elle consiste à faire des *tractions rythmées* de la langue. En tirant énergiquement, et par intervalles réguliers, on peut rétablir les mouvements respiratoires et par conséquent rappeler l'asphyxié à la vie. Cela s'explique facilement, car en agissant sur les nerfs de la base de la langue, cette excitation peut se transmettre aux centres nerveux de la respiration et les réveiller de leur torpeur. Dans plusieurs cas le rappel à la vie a été obtenu après trois heures de mort apparente.

RÉSUMÉ

Tout être vivant respire. — Tout être vivant accomplit des échanges gazeux avec le milieu extérieur ; il absorbe de l'oxygène et rejette du gaz carbonique. Les animaux aériens prennent O libre dans l'air, les animaux aquatiques prennent O en dissolution dans l'eau, et certains microbes prennent O en combinaison.

Appareil respiratoire. — Il comprend les *voies respiratoires* et les *poumons*.

1° *Voies respiratoires*.	*Trachée - artère*, en avant de l'œsophage : { Anneaux cartilagineux. Épithélium vibratile. 2 *bronches* : pénètrent par le hile du poumon et se ramifient pour donner les *bronchioles*.
2° *Poumons*.	Situés dans la poitrine ; enveloppés par une membrane séreuse, la *plèvre*. Formés par les lobes et les lobules. *Lobule* formé par plusieurs alvéoles ; et chaque alvéole comprend plusieurs vésicules. Une vésicule est formée { 1° Par un épithélium pavimenteux très mince ; 2° Par du tissu élastique ; 3° Par un réseau de capillaires sanguins.

Mécanisme de la respiration. — Le renouvellement de l'air se fait par les mouvements de la cage thoracique et du diaphragme.

Chaque mouvement respiratoire se décompose en deux :

1° L'*inspiration.* {
    L'abaissement du diaphragme et la contraction des muscles inspirateurs font agrandir la poitrine.
    Il entre environ 1/2 litre d'air à chaque inspiration.

2° L'*expiration* : passive.

Il se produit environ 15 mouvements respiratoires par minute.

Les *bruits respiratoires* sont produits par le courant d'air passant dans les bronches et par le déplissement des alvéoles.

Chimie de la respiration. — Au niveau de la vésicule pulmonaire, le sang veineux abandonne CO_2 et absorbe O qui se fixe sur l'hémoglobine du sang pour donner de l'*oxyhémoglobine.*

Dans les tissus, l'oxyhémoglobine abandonnera son O pour produire la combustion respiratoire. En même temps CO_2 formé par cette combustion se fixera sur les sels du plasma sanguin et sera transporté jusque dans les poumons, d'où il s'échappera avec l'air expiré.

Le *quotient respiratoire* $\dfrac{CO_2}{O}$ est < 1.

L'intensité de la respiration varie avec l'individu et le milieu.

Asphyxie. — L'*asphyxie* est l'arrêt des mouvements respiratoires. Elle peut se produire :

1° Par le manque d'O ;

2° Par excès de CO_2 ;

3° Par des variations de pression (air raréfié, air comprimé) ;

4° Par intoxication (CO, H_2S, etc.).

On peut essayer de ramener l'asphyxié à la vie en pratiquant la *respiration artificielle.*

CHAPITRE VI

L'ÉLIMINATION

I. — But de l'élimination. — Les glandes.

But de l'élimination. — L'*élimination* a pour but de débarrasser l'organisme des produits de désassimilation résultant de l'activité du protoplasma cellulaire. La nutrition des éléments anatomiques étant la cause de la désassimilation, il en résulte que l'élimination est, comme la respiration, un fait biologique qui existe chez tous les êtres vivants et dans toutes les parties de ces êtres. De même que l'appareil respiratoire entraîne au dehors du gaz carbonique et de la vapeur d'eau, de même l'appareil éliminateur débarrasse l'organisme des produits de désassimilation tels que l'eau, l'urée, l'acide urique, etc. Ces diverses substances proviennent presque toutes de l'oxydation des albuminoïdes.

Appareil éliminateur. Les glandes. — L'expulsion de ces produits ne pouvant se faire que par les surfaces libres du corps, il en résulte que l'*appareil éliminateur*, comme l'appareil respiratoire, est en rapport avec le tube digestif et avec les téguments.

Pour bien comprendre le mécanisme de l'élimination, il faut se rappeler que l'organisme est limité extérieurement par une membrane épithéliale (*fig.* 141) ; c'est donc au travers de cette membrane que se font les échanges entre l'organisme et le milieu extérieur. Un double courant existe : d'un côté l'*absorption* de sub-

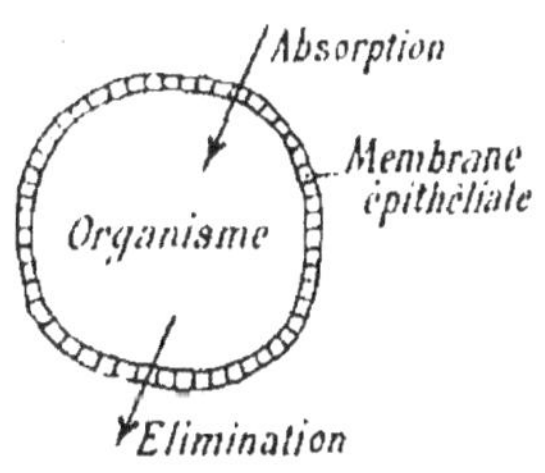

Fig. 141. — Schéma montrant les échanges de l'organisme avec le milieu extérieur.

stances utiles à la nutrition (oxygène dans les poumons, produits de la digestion dans le tube digestif) ; de l'autre, l'*élimination* de substances devenues inutiles ou même nuisibles à l'organisme.

Les parties de l'épithélium qui deviennent plus aptes à accomplir ces fonctions forment l'*appareil éliminateur*, encore appelé *sécréteur*. C'est du sang que cet appareil extrait les produits de la désassimilation ; le rein, par exemple, qui est l'appareil de l'élimination urinaire, retire du sang l'urée, l'acide urique, etc., tout comme le poumon extrait le gaz carbonique du sang veineux. On donne le nom de *glandes* aux organes destinés à extraire du sang ces différents produits.

Une *glande* se compose essentiellement : 1° d'une *membrane épithéliale* (*fig.* 142) ; 2° d'une *nappe sanguine* formée par des artères et des veines qui se ramifient en fins capillaires ; 3° de *filets nerveux* qui agissent sur l'activité sécrétrice.

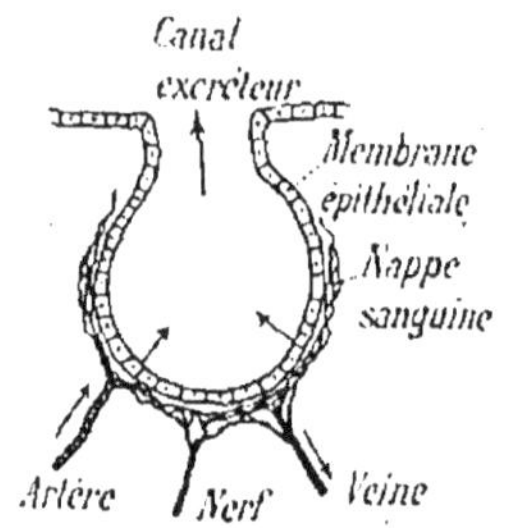

Fig. 142. — Structure d'une glande.

Les produits sécrétés seront rejetés au dehors, ou dans certaines cavités du corps, par un conduit appelé *canal excréteur*. Ces produits peuvent être *gazeux* (gaz carbonique et vapeur d'eau dans les poumons); *liquides* (urine, sueur, larmes, etc.) ; *demi-solides* (graisses, mucus, cérumen des conduits auditifs, etc.) ; *solides* (desquamation de la peau, débris épithéliaux, œufs, etc.).

Certains poisons agissent d'une façon remarquable sur les sécrétions. Ainsi l'atropine, poison de la Belladone, tarit les sécrétions, tandis que la pilocarpine, extrait du Jaborandi, les excite.

D'autre part, une expérience de Claude Bernard montre bien l'action différente de certaines glandes dans l'élimination de matières introduites dans l'organisme : on injecte dans les veines d'un animal un mélange d'iodure et de ferrocyanure de potassium, et l'on retrouve bientôt l'iodure dans la salive et le ferrocyanure dans l'urine.

Diverses sortes de glandes. — Au point de vue anatomique, on distingue plusieurs catégories de glandes : la *cellule caliciforme*, les *glandes en tube*, les *glandes en grappes* et les *glandes closes*.

Fig. 143. — Cellules caliciformes.

a) La cellule *caliciforme* (*fig.* 143) est la glande la plus simple. C'est une cellule épithéliale qui se spécialise, et à l'intérieur de laquelle s'accumulent certaines substances (mucus, sérosité, etc.) provenant de l'activité protoplasmique. Ces substances peuvent ensuite se déverser à l'extérieur, et la cellule prend alors la forme d'un calice au fond duquel se trouve le protoplasma et le noyau.

b) Les *glandes en tube* (*fig.* 144) ont la forme d'un simple tube qui est en réalité une dépression en doigt de gant de l'épithélium. Ce sont, en général, les cellules profondes du tube qui sécrètent. Ces glandes peuvent être *simples* (*fig.* 144, A) (glandes de l'intestin) ; *ramifiées* (*fig.* 144, B) (glandes gastriques), *enroulées* (*fig.* 144, C) (glandes sudoripares).

Fig. 144. — Glandes en tube.

A — Simple
B — Ramifiée
C — Enroulée

c) Les *glandes en grappes* sont aussi des dépressions de l'épithélium, mais la partie profonde est élargie et renflée ; c'est l'*acinus* (*fig.* 145). Le canal excréteur est revêtu d'un épithélium ordinaire, tandis que l'acinus est tapissé par des cellules épithéliales glandulaires. Souvent ce canal se ramifie un grand nombre de fois, et chaque conduit aboutit à un acinus

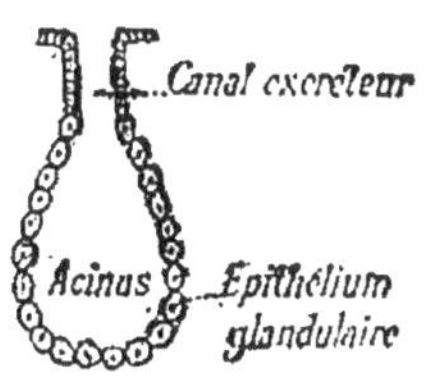

Fig. 145. — Glande en grappes.

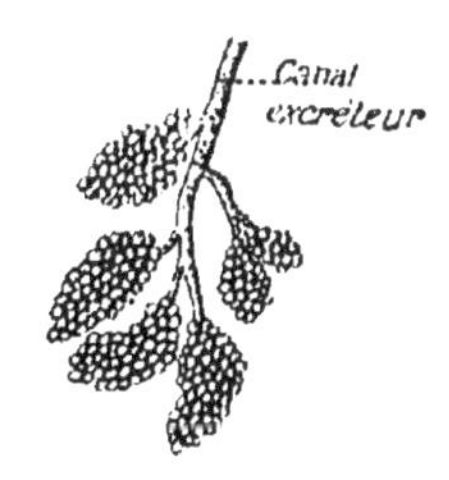

Fig. 146. — Portion de glandes en grappes.

(*fig.* 146). Les *acini* sont suspendus à l'extrémité de ces conduits comme les grains de raisin dans une grappe. Exemple : les glandes salivaires.

d) Les *glandes closes* sont des glandes dont les produits ne s'écoulent pas au dehors ; elles n'ont pas de canaux excréteurs et leurs produits ne peuvent que passer dans le sang. Exemples : la rate, les capsules surrénales, le corps thyroïde, etc.

Principaux procédés d'élimination. — Lorsque les cellules glandulaires ont accumulé dans leur intérieur certains produits puisés par le protoplasma dans le milieu ambiant, généralement dans le sang, deux cas peuvent se présenter : 1° les produits peuvent être utiles à l'organisme et repris par lui, tels sont les sucs digestifs (salive, suc gastrique, etc.); 2° les produits ne sont pas utilisés et sont même nuisibles, tels sont l'urine, la sueur, etc.; ils sont alors rejetés au dehors, et c'est ce rejet de matières inutiles ou nuisibles qui constitue l'*élimination*.

Cette élimination se fait par trois principaux procédés : par la *sécrétion de l'urine*, par la *sécrétion de la sueur* et par la *sécrétion de la bile*.

II. — Sécrétion de l'urine.

La sécrétion urinaire est la principale voie de l'élimination de l'eau. On évalue à 3 kilogrammes par jour la quantité d'eau qui pénètre dans le corps par les aliments et par les boissons, et l'on estime que 1 500 grammes sont éliminés par l'urine, 1 000 par la sueur et 500 par la respiration.

§ 1. — Anatomie de l'appareil urinaire.

L'appareil urinaire comprend deux parties : 1° les glandes sécrétrices ou *reins*, qui retirent l'urine du sang ; 2° l'appareil excréteur, formé des *uretères*, qui conduisent l'urine dans la *vessie*, d'où elle est rejetée au dehors par un canal appelé *urèthre*.

Les reins. — Les *deux reins*, appelés vulgairement *rognons*, sont situés dans la cavité abdominale, symétriquement de chaque côté de la colonne vertébrale (*fig.* 147) ; il sont en dehors du péritoine qui recouvre seulement leur face antérieure, de sorte que dans les opérations chirurgicales on peut atteindre ces organes par la face postérieure sans ouvrir le péritoine. Ils ont la forme d'un haricot et pèsent environ chacun 160 grammes. Leur couleur est rouge *lie de vin*. Ils sont

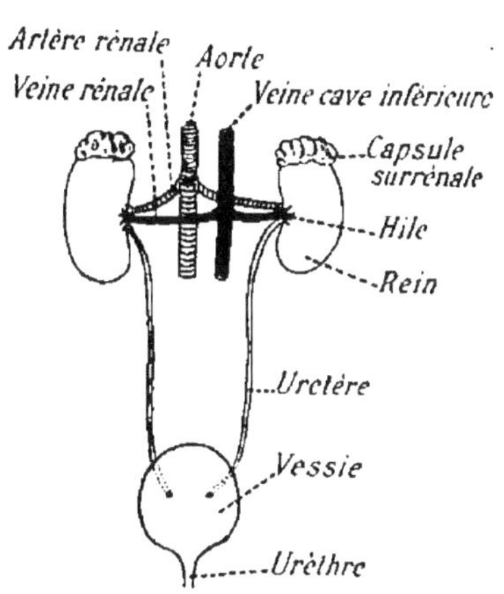

Fig. 147. — Ensemble de l'appareil urinaire.

surmontés de glandes spéciales que nous étudierons plus loin et qu'on appelle *capsules surrénales*. Dans l'échancrure du rein ou *hile* se trouvent trois canaux : l'*artère rénale*, qui vient de l'aorte et amène le sang ; la *veine rénale*, qui ramène le sang à la veine cave inférieure, et enfin l'*uretère*, qui conduit l'urine dans la vessie.

Structure. — Sur une coupe longitudinale (*fig.* 148) du rein on voit une *membrane fibreuse* enveloppant l'organe ; puis deux régions bien distinctes : l'une, externe, d'aspect granuleux, c'est la *zone corticale* ; l'autre, interne, d'aspect strié, c'est la *zone médullaire*.

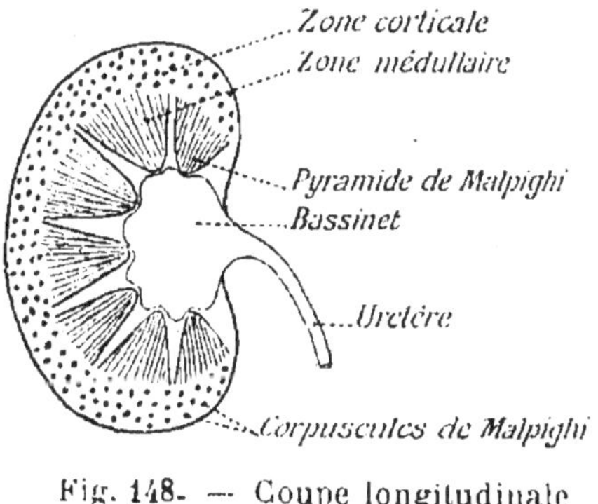

Fig. 148. — Coupe longitudinale d'un rein.

La zone corticale montre de nombreux petits corps rouges appelés *corpuscules de Malpighi*.

La zone médullaire se décompose en une série de petites pyramides dont la base est dirigée vers la zone corticale, et le sommet vers le hile du rein : ce sont les *pyramides de Malpighi* qui sont au nombre de 12 à 15 dans chaque rein. Chacune de ces pyramides présente un certain nombre de tubes qui viennent déboucher au sommet de la pyramide. Ces tubes sont les tubes *urinifères*, dans lesquels est recueillie l'urine : celle-ci vient sourdre au sommet de la pyramide par petites gouttelettes qui tombent dans un grand réservoir appelé *bassinet*, d'où s'échappe l'*uretère*.

Tubes urinifères. — Chaque tube urinifère est une véritable glande en tube (*fig.* 149). Il s'ouvre sur le sommet des pyramides de Malpighi et commence dans la zone corticale par une sorte de capsule dans laquelle vient se loger un peloton vasculaire, le *glomérule de Malpighi* : l'ensemble de la capsule et du glomérule forme le *corpuscule de Malpighi*, visible à l'œil nu sous forme d'un petit corps rouge (diamètre : 200 μ). A la suite, le tube se contourne, puis se recourbe en *anse* dont la branche descendante est mince, et la branche ascendante trois fois

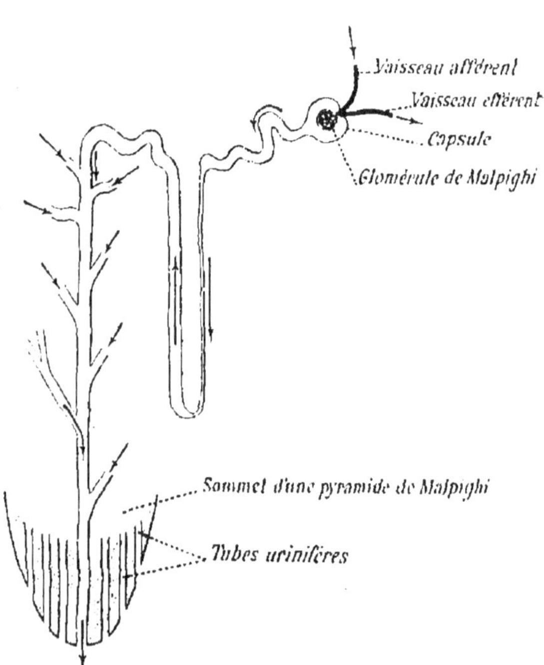

Fig. 149. — Tube urinifère et sommet d'une pyramide de Malpighi.

plus large ; enfin le tube se contourne encore un peu et s'élargit pour aboutir à un canal collecteur, le *tube de Bellini*, qui reçoit un grand nombre de tubes urinifères semblables et qui vient s'ouvrir par un orifice au sommet de la pyra-

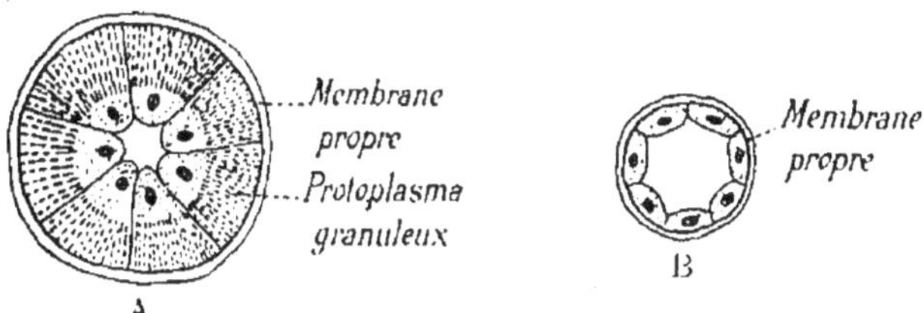

Fig. 150. — Coupe transversale d'un tube urinifère.

mide de Malpighi ; il y a de 20 à 30 orifices semblables au sommet de chaque pyramide.

La structure du tube urinifère varie suivant la région con-

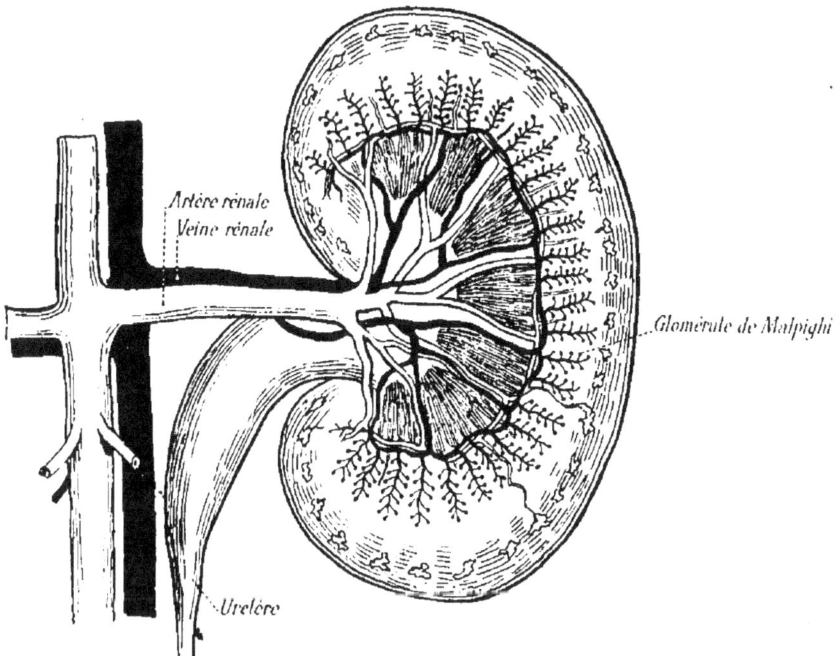

Fig. 151. — La circulation sanguine dans le rein.

sidérée : dans la partie contournée et dans la branche ascendante de l'anse (*fig.* 150, **A**), l'épithélium est formé de cellules hautes à protoplasma granuleux et strié dans sa partie externe, tandis que dans la branche descendante (*fig*. 150, B) et dans la capsule les cellules sont très aplaties.

Les corpuscules de Malpighi et les tubes contournés sont situés dans la zone corticale ; les anses et les tubes collecteurs, dans la zone médullaire.

Circulation sanguine. — Dès son entrée dans le rein, l'artère rénale se divise en un certain nombre de branches disposées en éventail (*fig*. 151) et qui se réunissent toutes, à la limite des zones corticale et médullaire, par une sorte d'arcade. De cette arcade partent des artères qui se dirigent vers la région corticale et d'où se détachent les *artères afférentes* qui vont donner le *glomérule de Malpighi* (*fig*. 151).

Il y a un *premier réseau* de capillaires dans le corpuscule

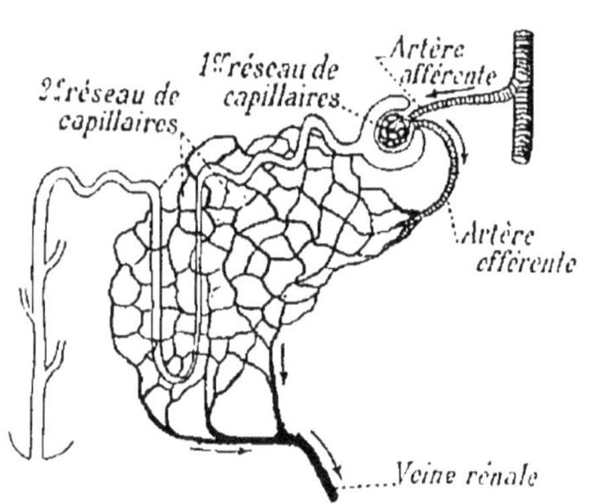

Fig. 152. — Système porte rénal.

(*fig*. 152) ; puis il s'en échappe une *artère efférente* qui va fournir un *second réseau* de capillaires autour des tubes urinifères, et c'est seulement de ce second réseau que partent les origines de la *veine rénale*. Il y a donc, entre l'artère et la veine, deux systèmes de capillaires : c'est ce qui constitue le *système porte rénal*, disposition rappelant celle du *système porte hépatique*.

Appareil excréteur. — L'urine, formée dans le tube urinifère, s'écoule dans le *bassinet* ; de là elle est conduite par l'*uretère* jusque dans la *vessie*.

L'*uretère* descend de la région lombaire jusque dans le bassin, où il aborde la vessie, qui est située à la partie inférieure de l'abdomen. Il s'ouvre obliquement dans la vessie (*fig.* 153), de telle sorte que l'urine entrée dans la vessie appuie contre la paroi et ferme l'orifice de l'uretère. L'urine ne peut donc remonter vers les uretères.

La *vessie* est une poche musculaire à fibres lisses, revêtue intérieurement d'un épithélium stratifié. Cet épithélium, chez l'être vivant, est imperméable à l'urine ; mais quelques heures après la mort, l'urine filtre à travers les parois de la vessie pour tomber dans la cavité générale. L'urine arrive goutte à goutte dans la vessie ; elle y est maintenue, à l'état normal, par un *sphincter uréthral*, muscle circulaire dont la contraction ferme l'entrée de l'urèthre.

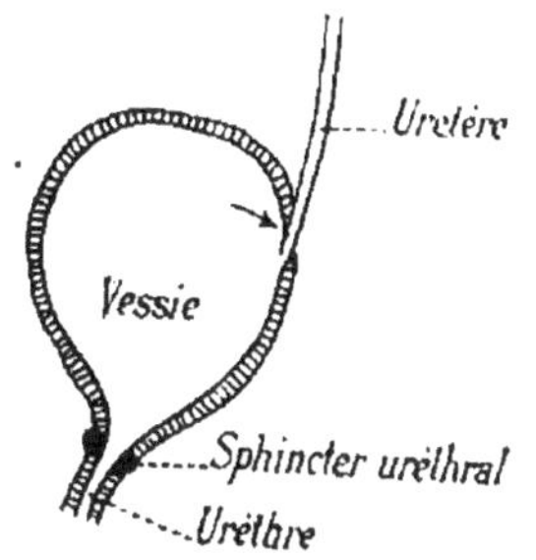

Fig. 153. — Appareil excréteur de l'urine.

§ 2. — L'urine.

Composition de l'urine. — L'urine de l'Homme est un liquide acide, de couleur jaune ambré. Un homme adulte émet environ 1 500 grammes d'urine par jour.

La composition de l'urine peut se résumer dans le tableau suivant :

Eau.	955
Urée	25
Acide urique.	0,50
Chlorure de sodium	11
Autres sels minéraux.	8,50
Urine.	1 000

Cette composition montre qu'on peut considérer l'urine comme une *dissolution d'urée dans de l'eau salée*.

L'*urée* est une substance azotée, qui a pour formule $CO(AzH^2)^2$; elle peut se transformer en *carbonate d'ammonium* sous l'influence d'un ferment, le *Micrococcus urex*,

$$CO(AzH^2)^2 + 2H^2O = CO^3(AzH^4)^2$$

ce qui explique l'odeur ammoniacale de l'urine qui se décompose au contact de l'air.

L'urée est un produit de transformation des matières albuminoïdes ; sa quantité, qui est de 25 grammes par jour, augmente avec un régime carnivore et peut s'élever jusqu'à 50 grammes ; une alimentation végétale, au contraire, peut abaisser cette quantité à 20 grammes. L'urée est donc le témoin de la transformation des matières albuminoïdes ; c'est pour cette raison que le dosage de l'urée a une si grande importance en médecine.

On sait que le foie est le principal organe formateur de l'urée. On a constaté, en effet, que le sang de la veine sus-hépatique contient deux fois plus d'urée que le sang de la veine porte.

L'acide urique provient aussi de la transformation des matières albuminoïdes ; il s'en forme environ 1 gramme par jour. Tandis que l'urée est très soluble dans l'eau, il n'en est pas de même des urates et de l'acide urique qui se déposent dans l'urine refroidie. Parfois ces dépôts, auxquels s'ajoutent des phosphates acides, se font dans l'organisme : dans les articulations qui deviennent noueuses (*goutte*) ou dans la vessie (*gravelle*).

Enfin l'urine de l'Homme contient des traces d'*acide hippurique*.

Les *sels minéraux* sont le chlorure de sodium, les sulfates et phosphates acides de sodium et de magnésium. Les sulfates proviennent de l'oxydation du soufre contenu dans les aliments albuminoïdes ; les phosphates sont surtout des produits de désassimilation du tissu osseux et du système nerveux.

L'urine, évacuée et abandonnée à l'air, laisse souvent déposer ces substances sous forme de dépôts jaunâtres, dépôts qui peuvent se faire dans la vessie et donner des sortes de pierres (*calculs urinaires*). Le passage de ces corps étrangers dans les voies urinaires produit les atroces douleurs connues sous le nom de *coliques néphrétiques*.

La matière colorante de l'urine est l'*urobiline*, qui provient de la substance colorante de la bile, la *bilirubine*.

On trouve souvent dans l'urine des produits que l'organisme n'a pas utilisés et que le rein élimine rapidement. Les toxines microbiennes et de nombreux médicaments sont expulsés par cette voie ; de même certains principes des aliments : c'est ainsi que les asperges, par exemple, communiquent une odeur fétide aux urines, et presque aussitôt après le repas.

Produits anormaux. — Parmi les produits anormaux de l'urine, il faut citer le *sucre* et l'*albumine*.

Lorsque le sang contient trop de sucre (plus de 3 pour 1 000), celui-ci est rejeté au dehors par les urines : c'est ce qui constitue la maladie connue sous le nom de *diabète*. L'urine d'un diabétique peut contenir plus de 200 grammes de sucre par jour. Le sucre est mis en évidence par la *liqueur de Fehling*, qui donne un précipité rouge de sousoxyde de cuivre.

L'*albumine* peut aussi apparaître dans l'urine : c'est ce qui se produit dans la maladie appelée *albuminurie*. La présence de l'albumine dans l'urine se reconnaît soit par la *chaleur* qui la fait coaguler, soit par l'*acide azotique* qui donne un précipité blanc.

L'urine varie avec le régime. — La composition de l'urine varie chez le même individu non seulement avec l'âge, mais aussi avec l'alimentation.

Chez les *Carnivores* l'urine est acide, jaune clair, riche en urée et acide urique.

Chez les *Herbivores* l'urine est alcaline, trouble et riche en acide hippurique : celle du Cheval par exemple.

Claude Bernard a montré qu'un Lapin qu'on fait jeûner pendant deux ou trois jours a son urine qui, de trouble et d'alcaline (herbivore) qu'elle était, devient claire et acide (carnivore). C'est que, pendant ce jeûne, le Lapin s'est nourri aux dépens de son sang, de sa graisse, il est donc devenu *carnivore*. Lorsque l'Homme a la fièvre, il ne prend pas d'aliments ; il se nourrit aux dépens de ses tissus, et son urine devient très acide comme celle d'un carnivore.

§ 3 — Physiologie de la sécrétion urinaire.

L'urine préexiste dans le sang.— Tous les éléments de l'urine se trouvent dans le sang. On peut le démontrer par plusieurs expériences :

1° On enlève les reins à un animal (*néphrotomie*), et l'on constate que les produits urinaires s'accumulent dans le sang et y causent des accidents mortels : il s'est produit une véritable intoxication connue sous le nom d'*urémie*.

2° On fait une *ligature* sur un uretère et l'urée augmente dans le sang parce que l'excrétion urinaire est empêchée.

3° On dose la quantité d'urée dans le sang qui entre dans le rein par l'artère rénale, et dans celui qui en sort par la veine rénale ; on trouve alors que le sang de l'artère rénale contient plus d'urée (52 milligrammes par 100 grammes de sang) que celui de la veine (41 milligrammes) : le rein a donc extrait 11 milligrammes d'urée.

Donc, l'*urée préexiste dans le sang* ; et l'on peut faire la même observation pour les autres principes de l'urine. Le rein a par conséquent pour fonction physiologique d'*extraire l'urine du sang*.

Mécanisme de la sécrétion urinaire. — La sécrétion de l'urine dans le tube urinifère se fait en deux temps :

1° L'*eau* et les *sels* du plasma sanguin, à cause de la pression de celui-ci à l'intérieur du glomérule, filtrent à travers les parois de la capsule et s'écoulent par le tube urinifère ; aussi lorsque la pression sanguine s'élève, à la suite de l'absorption de boissons chaudes ou simplement après les repas, la sécrétion urinaire augmente-t-elle. L'urine est alors plus aqueuse et moins colorée.

De même, sous l'influence du froid, il se produit une vaso-constriction de la peau, par suite une augmentation de la pression sanguine : on observe alors une plus grande sécrétion de l'urine. La chaleur agit inversement en produisant une vaso-dilatation cutanée, et par suite une diminution de la pression sanguine et de la quantité d'urine.

2° Dans les parties contournées du tube urinifère, les cellules épithéliales, par leur activité, retirent du sang l'*urée* et les autres principes de l'urine.

On peut démontrer ceci par l'expérience suivante : on injecte dans le sang d'un animal une matière colorante, le carmin d'indigo; on constate, quelques heures après, que les tubes urinifères sont colorés, tandis que les glomérules ne le sont pas. Ces régions colorées indiquent les parties sécrétrices.

De même chez les Oiseaux, dont l'urine contient beaucoup d'urates, on trouve des cristaux de ces sels dans les tubes urinifères et non dans les glomérules.

Les cellules épithéliales du tube urinifère ont donc une grande importance sur la sécrétion urinaire, puisque c'est par leur travail protoplasmique que les substances de l'urine sont extraites du sang. Aussi des lésions de cet épithélium amènent-elles toujours des désordres très graves dans l'organisme.

Excrétion de l'urine. — L'urine est maintenue dans la vessie, car elle ne peut refluer vers les uretères et elle ne peut s'écouler par l'urèthre que ferme normalement le sphincter. Lorsque la vessie est fortement distendue, elle détermine une sensation particulière qui est le besoin d'uriner. C'est alors que les fibres musculaires lisses de la vessie se contractent lentement, que le sphincter uréthral se relâche et que l'urine est expulsée au dehors.

Rôle de la sécrétion urinaire. — La sécrétion urinaire débarrasse l'organisme de certains produits de désassimilation qui sont de vrais toxiques. Pour se rendre compte de cette toxicité, il suffit d'injecter de l'urine dans les veines d'un animal; on constate alors des troubles nerveux graves, des convulsions et finalement la mort, si la quantité d'urine est suffisante.

L'organisme fabrique continuellement ce poison urinaire. Et l'on a pu calculer qu'un homme du poids moyen de 65 kilogrammes mettrait environ 2 jours et 4 heures à fabriquer la quantité de poison nécessaire pour s'intoxiquer lui-même. De plus, on a pu constater que les urines du jour étaient plus toxiques que celles de la nuit.

Bref, on voit que l'élimination de l'urine joue un rôle protecteur des plus importants pour l'organisme.

III. — Sécrétion de la sueur.

La peau étant en rapport avec le milieu ambiant, il est bien naturel d'y trouver divers organes sécréteurs tels que les *glandes sudoripares*, les *glandes sébacées* et les *glandes mammaires*. Ces deux dernières catégories de glandes seront étudiées plus loin.

Les glandes sudoripares. — Les *glandes sudoripares*, qui sécrètent la sueur, sont formées de deux parties : 1º le *glomérule*, qui est un tube pelotonné situé dans la profondeur du derme de la peau (*fig.* 154, A) : 2º le *canal excréteur*, qui traverse le derme et l'épiderme pour venir s'ouvrir à la surface de la peau.

Le canal excréteur est formé par une double couche de cellules cylindriques (*fig.* 154, B) ; et le tube du glomérule est formé par une rangée de cellules glandulaires (*fig.* 154, C).

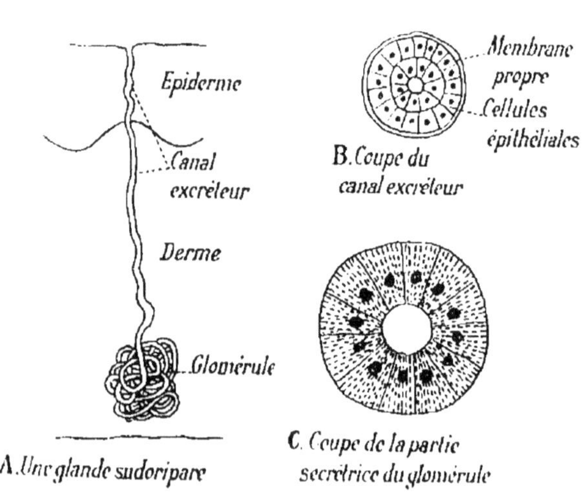

Fig. 154. — Une glande sudoripare.

On compte environ 2 millions de glandes sudoripares réparties sur toute la surface du corps, où elles sont irrégulièrement disséminées. Elles sont surtout abondantes au front, aux aisselles, à la paume de la main et à la plante des pieds. Chez le Cheval elles sont abondantes, moins chez le Bœuf; elles existent seulement à la pulpe des doigts chez le Chat et pas du tout chez le Chien, le Lapin et la Chèvre

La sueur et son rôle. — La sueur, en imbibant l'épiderme, donne à la peau une certaine souplesse et une moiteur caractéristique. A l'état ordinaire, la sécrétion de la sueur n'est pas visible. Mais on peut la mettre en évidence en plaçant sur la peau sèche un papier imprégné d'azotate d'argent; on verra alors sur ce papier, après son exposition à la lumière, un pointillé très fin correspondant aux orifices des glandes. Ce pointillé est dû à l'action des chlorures de la sueur sur l'azotate d'argent : il s'est formé du chlorure d'argent.

La *sueur* est un liquide acide, renfermant beaucoup d'eau, du chlorure de sodium et un peu d'urée. C'est en quelque sorte de l'urine très étendue Son odeur spéciale est due à des acides gras volatils dont la nature varie avec les régions du corps. La quantité de sueur rejetée en 24 heures est d'environ 1 000 grammes. Cette quantité varie suivant diverses conditions : sous l'influence d'un exercice physique violent, elle peut aller jusqu'à 400 grammes par heure; elle augmente avec une alimentation carnivore et par l'absorption de boissons chaudes et alcooliques; des émotions, comme la peur et la douleur, ont aussi une grande influence sur sa sécrétion.

Si l'on injecte 1^{cg} de pilocarpine sous la peau d'un Chat, on provoque une sudation abondante et prolongée ; l'atropine (1^{mg}), au contraire, la suspend.

La sueur a un double rôle : 1° Elle débarrasse l'organisme de produits de déchet ; c'est ainsi qu'elle rejette environ 2 grammes d'urée par jour : elle aide par conséquent la fonction urinaire. La sueur, comme l'urine, contient des matières toxiques, car si l'on supprime la transpiration en recouvrant d'un vernis la peau d'un animal, la sueur reste dans le sang et l'on ne tarde pas à constater un empoisonnement. Ce fait montre bien l'importance hygiénique du nettoyage minutieux de la peau, qui pourrait par la malpropreté se recouvrir d'une couche imperméable.

2° La sueur a aussi pour effet, en s'évaporant à la surface du corps, de refroidir l'organisme et de régulariser sa température. C'est Benjamin Franklin (1786-1847) qui a montré le rôle de la sueur dans la régularisation thermique.

IV. — Sécrétion de la bile.

Rôle de la sécrétion biliaire. — Nous avons vu comment la bile était sécrétée par le foie et quel était son rôle digestif. Mais elle a encore un autre rôle : c'est d'enlever de l'organisme des produits inutilisables ou même nuisibles. Des expériences ont montré que la bile est plus toxique que l'urine : ainsi un Lapin meurt avec des convulsions si on lui injecte dans les veines 4 ou 5 centimètres cubes de bile par kilogramme de son poids, ce qui représente une toxicité neuf fois plus grande que celle de l'urine. Tous ces résidus toxiques rejetés par la bile en dehors de l'organisme proviennent de l'activité des cellules hépatiques.

V. — Glandes closes.

Les glandes closes n'ayant pas de canaux excréteurs rejettent dans le sang les produits qu'elles sécrètent. On peut les ranger en deux groupes : celles qui sont de nature lymphatique (follicules clos, amygdales, thymus, rate), et celles qui, par leur structure, rappellent les glandes ouvertes (corps thyroïde, parathyroïdes et capsules surrénales).

Les plus simples des glandes lymphatiques sont : les *follicules clos*, que nous avons décrits à propos de l'intestin grêle ; les *ganglions lymphatiques* et les *amygdales*, également décrits ; et enfin le *thymus* (fig. 155), qui descend verticalement dans le cou et de chaque côté de la trachée-artère. Ce dernier organe est très développé chez les jeunes animaux (*riz de Veau*), mais il s'atrophie chez l'adulte. Les amygdales et le thymus peuvent être enlevés sans produire de troubles dans l'organisme.

La rate. — La *rate* est une glande située dans l'abdomen, à gauche de l'estomac. Son poids est d'environ 200 grammes.

Par sa structure, elle ressemble à un énorme ganglion lymphatique. En effet, elle est constituée par une *enveloppe fibreuse* qui envoie des prolongements à l'intérieur ; ces prolongements limitent des mailles dans lesquelles se trouve une *matière pulpeuse* formée surtout de globules rouges et de globules blancs.

La rate, nous l'avons vu, a pour rôle essentiel de former les globules rouges.

La rate, comme les ganglions lymphatiques, a la propriété de retenir les particules solides amenées par la circulation sanguine. Le gonflement de cette glande dans les maladies infectieuses montre son activité dans la destruction des germes pathogènes.

On peut enlever la rate sans conséquences graves, mais alors le nombre des globules rouges diminue tandis que celui des leucocytes augmente.

Le corps thyroïde. — Le *corps thyroïde* est une glande située en avant et au-dessous du larynx (*fig. 155*). Il pèse environ 30 grammes et peut s'hypertrophier pour donner le *goître*.

Les médecins savent depuis longtemps que si le corps thyroïde s'atrophie, des troubles surviennent dans la nutrition ; le derme s'infiltre de graisse et donne une peau dont la bouffissure est caractéristique du *myxœdème*.

Les chirurgiens observent les mêmes troubles après l'ablation du corps thyroïde ; ces troubles se complètent par un affaiblissement des facultés intellectuelles aboutissant à l'idiotie et au crétinisme. Chez les jeunes individus, il y a un arrêt dans le développement.

Si, au contraire, on n'enlève qu'une partie du corps thyroïde, rien de semblable ne se produit. On peut même empêcher ces troubles en faisant absorber au malade du corps thyroïde d'un animal, ou en lui injectant les extraits qu'on en tire et qui contiennent une quantité notable d'iode.

Il est probable que le corps thyroïde fournit des substances (*antitoxines*) qui détruisent les poisons du sang (*toxines*). Ces poisons agissent dès que cette glande est atrophiée ou enlevée.

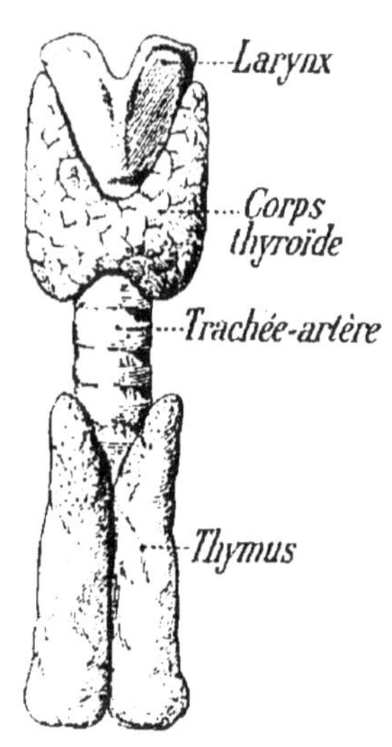

Fig. 155. — Thymus et corps thyroïde.

Les parathyroïdes. — Ce sont deux paires de petites glandes situées de chaque côté du corps thyroïde, parfois même dans sa masse. Mais elles en sont différentes par leur structure, leur origine et leur physiologie. Leur ablation complète a pour effet de produire des contractions tétaniques qui amènent vite la mort. Il est donc probable que ces glandes, comme le corps thyroïde, sécrètent une antitoxine nécessaire au bon fonctionnement de l'organisme.

Les capsules surrénales. — Les *capsules surrénales* sont des glandes qui coiffent chacun des reins (*fig.* 147). Si l'on enlève une capsule surrénale à un animal, l'autre grossit et travaille pour l'absente. Si l'on enlève les deux, l'animal présente des troubles graves : faiblesse musculaire, ralentissement des battements du cœur, puis la mort.

Il est probable que ces glandes sécrètent aussi des antitoxines capables de neutraliser les toxines produites par l'organisme.

On a retiré des capsules surrénales une matière très toxique, l'*adrénaline*, qui agit puissamment sur le cœur et sur les vaisseaux.

Le pancréas. — Le pancréas, outre ses fonctions digestives, joue aussi le rôle de glande close au point de vue de son action sur la nutrition. De sorte que si on l'enlève complètement, le diabète apparaît aussitôt et la mort survient. Rien de semblable ne se produit si on n'extirpe qu'une partie du pancréas.

En somme l'organisme est obligé de se défendre contre lui-même. C'est aux glandes closes et aussi à d'autres organes, comme le foie et le pancréas, que revient ce rôle de défense.

D'ailleurs il est probable que tous les éléments anatomiques possèdent ce pouvoir antitoxique à un degré plus ou moins marqué. Les expériences de Behring et de Roux ont montré que chez les animaux vaccinés contre les toxines du tétanos et de la diphtérie, le sérum sanguin acquiert un pouvoir antitoxique considérable. Il semble que tout l'organisme réagisse en sécrétant une antitoxine très active.

RÉSUMÉ

L'*élimination* a pour but de débarrasser l'organisme des produits de désassimilation.

Appareil éliminateur. Les glandes. — Certaines parties de l'organisme deviennent plus aptes à accomplir l'*élimination* de ces produits; elles constituent l'appareil *sécréteur* ou *glandulaire*.

Une glande comprend :
- 1° Une membrane épithéliale sécrétrice ;
- 2° Des capillaires sanguins ;
- 3° Des filets nerveux.

Les glandes peuvent être en *tubes* ou en *grappes*.

Appareil urinaire. — Il comprend les *reins* et les *voies urinaires*.

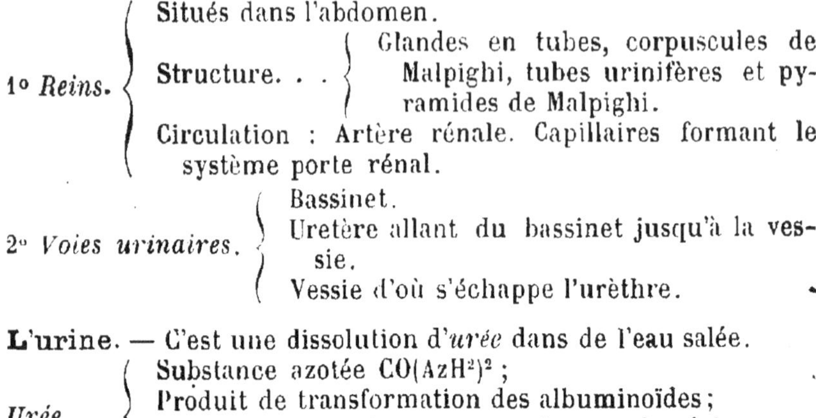

1° *Reins.*
- Situés dans l'abdomen.
- Structure. . . : Glandes en tubes, corpuscules de Malpighi, tubes urinifères et pyramides de Malpighi.
- Circulation : Artère rénale. Capillaires formant le système porte rénal.

2° *Voies urinaires.*
- Bassinet.
- Uretère allant du bassinet jusqu'à la vessie.
- Vessie d'où s'échappe l'urèthre.

L'urine. — C'est une dissolution d'*urée* dans de l'eau salée.

Urée . .
- Substance azotée $CO(AzH^2)^2$;
- Produit de transformation des albuminoïdes ;
- 25 grammes par jour ; augmente avec le régime carnivore.

L'urine contient aussi de l'*acide urique* et des *urates*, des *sels minéraux* qui peuvent se déposer et donner les calculs urinaires (gravelle). Elle contient aussi parfois des produits anormaux, le sucre (diabète) et l'albumine (albuminurie).

L'urine préexiste dans le sang, car le sang qui entre dans le rein contient plus d'urée que celui qui en sort.

La sécrétion urinaire a donc pour rôle d'extraire du sang les produits urinaires qui sont toxiques.

Sécrétion de la sueur. — Elle se fait par les *glandes sudoripares*.

Gl. sudoripares . .
- Gl. en tubes situées dans la peau.
- Sécrètent la sueur, qui contient un peu d'urée.

La sueur, comme l'urine, contient des matières toxiques. Sa sécrétion aide donc la sécrétion urinaire. C'est aussi un régulateur thermique.

Sécrétion de la bile. — La bile, en dehors de son rôle digestif, a encore la mission d'enlever de l'organisme des produits de désassimilation devenus inutiles ou nuisibles.

Glandes closes. — Les glandes closes sont des glandes dépourvues de canaux excréteurs. Les principales sont : la *rate*, le *corps thyroïde*, les *parathyroïdes* et les *capsules surrénales*.

La *rate* forme des globules rouges et a la propriété de détruire les germes des maladies amenées par le sang.

Le *corps thyroïde*, les *parathyroïdes* et les *capsules surrénales* sécrètent des *antitoxines* capables de neutraliser les *toxines* du sang. Le foie et le pancréas ont aussi cette propriété

CHAPITRE VII

LA NUTRITION. — LES MATIÈRES DE RÉSERVE
L'ÉNERGIE CHEZ LES ÊTRES VIVANTS

I. — La nutrition.

Assimilation et désassimilation. — Les fonctions étudiées jusqu'ici (digestion, respiration, circulation, élimination) assurent la nutrition de l'individu. Parmi ces fonctions, les unes apportent des aliments ; les autres enlèvent les déchets organiques. Les premières permettent l'*assimilation*, les secondes, la *désassimilation*.

Par l'*assimilation*, les aliments sont transformés et deviennent partie intégrante de la matière vivante. Les éléments anatomiques empruntent à la lymphe et au sang les produits de la digestion (peptones, glucoses, sels, eau, etc.). Chaque cellule prend dans le sang ce qui lui convient, ce qui lui est utile : c'est ainsi que l'élément musculaire prend surtout des hydrates de carbone, l'élément nerveux des matières albuminoïdes, etc.

Par la *désassimilation*, les éléments anatomiques rejettent dans le sang ou la lymphe les substances devenues inutiles ou nuisibles et qui proviennent de l'activité de leur protoplasma. Parmi les produits rejetés, citons le gaz carbonique, l'urée, l'acide urique, la cholestérine, l'eau, etc. Ce sont des produits de l'oxydation des diverses matières organiques.

Les échanges continus qui se produisent entre chaque cellule et le milieu qui l'entoure se traduisent par un double mouvement : assimilation et désassimilation. Il y a donc entre chaque élément anatomique et le milieu nutritif, et par suite entre l'organisme et le milieu ambiant, une perpétuelle circulation de matière que Cuvier désignait sous le nom de *tourbillon vital*.

En somme, par l'assimilation, l'organisme se répare et s'accroît ; par la désassimilation, il produit de l'énergie (mouvement, chaleur) et des déchets.

Le bilan organique. La ration d'entretien. — Lorsqu'on établit une balance exacte entre les recettes et les dépenses de l'organisme, c'est-à-dire entre la quantité d'aliments pénétrant dans l'organisme et la quantité de déchets rejetés, on dit qu'on dresse le *bilan organique*. Nous devons évidemment veiller à ce bilan si nous voulons établir un équilibre physiologique.

Voici le tableau des pertes subies en 24 heures (en grammes) dans les diverses fonctions (respiration, transpiration,

VOIES D'ÉLIMINATION	H^2O	C	H	Az	O	SELS
Pulmonaire . .	330	248,8	»	»	651,2	»
Cutanée . . .	660	2,6	»	»	7,2	»
Urinaire . . .	1 700	9,8	3,3	15,8	11,1	26
Excréments . .	128	20	3	3	12	6
Eau formée par l'hydrogène des aliments .	»	»	32,9	»	263,4	»
	2 818	281,2	39,2	18,8	944,9	32

etc.). Ce tableau montre que les pertes journalières s'élèvent à environ 4 kilogrammes, soit le $\frac{1}{20}$ à peu près du poids du corps.

L'expérience a montré que, pour couvrir ces pertes, l'organisme doit consommer en 24 heures :

    Eau. . . . .   2 818^g
    Albumine.   120
    Graisse.   90
    Hydrates de carbone   330
    Oxygène (respiration).   945

C'est cette quantité d'aliments qui constitue ce qu'on appelle la *ration d'entretien*. Quand elle est absorbée, la restitution est égale à la consommation, et le poids du corps revient chaque jour à ce qu'il était la veille. Cette ration correspond à peu près à 220 grammes de viande et 700 grammes de pain, sans compter les 2 ou 3 litres d'eau.

Lorsque la ration tombe au-dessous de ces chiffres, la faim se fait sentir, l'amaigrissement survient et l'organisme se débilite. Au contraire, si la restitution dépasse la consommation, le poids du corps augmente et l'organisme acquiert plus de vigueur : c'est ce qu'on appelle faire de la *suralimentation*.

La ration alimentaire des individus et des familles. — La ration alimentaire varie nécessairement beaucoup d'un individu à l'autre. Par exemple chez l'enfant qui grandit, les aliments doivent jouer un double rôle : réparer les pertes et servir à l'accroissement du corps. De même, l'ouvrier qui travaille doit manger davantage que lorsqu'il est au repos. En se basant sur ces faits, on a établi la *ration de croissance* et la *ration de travail*. On pourrait encore faire intervenir le sexe, le poids du corps, le climat, les saisons, comme autant de facteurs qui modifient les exigences de l'organisme.

C'est à déterminer ces différentes rations, en se basant sur les lois de la nutrition, qu'ont tendu les recherches des chimistes et des physiologistes contemporains. Depuis plus de 25 ans le physiologiste américain Atwater poursuit des recherches expérimentales pour fixer le régime alimentaire le meilleur et le plus économique pour les différents individus, considérés isolément, ou par familles, ou par collectivités telles que collèges, hospices, etc.

Les recherches du biologiste américain ont porté sur plus de 4 000 denrées alimentaires d'origine animale et végétale et sur plus de 10 000 individus, hommes, femmes et enfants, d'âge, de profession et d'état social divers. Les résultats obtenus ont été contrôlés et adoptés par des physiologistes compétents. Parmi ces résultats retenons seulement le cas d'une famille d'ouvriers américains, composée du père, de la mère et d'un certain nombre d'enfants d'âges et de sexes différents. Prenant comme *unité* la quantité d'aliments nécessaire à l'entretien de l'homme adulte, de poids moyen, se livrant à un travail modéré, on en déduit les rapports suivants pour les principaux cas qui se présentent :

	QUANTITÉ D'ALIMENTS
Homme au travail modéré	1
— — — intense.	1,2
— — — très modéré. . . Garçons de 15 à 16 ans.	0,9
Homme au repos, sédentaire. Femme au travail modéré Garçons de 13 à 14 ans Fillettes de 15 à 16 ans	0,8
Garçons de 12 ans Fillettes de 13 à 14 ans.	0,7
Enfants de 6 à 9 ans	0,5

II. — Les matières de réserve.

Leur formation et leur utilité. — Nous avons montré plus haut que chaque élément anatomique prenait, dans le milieu nutritif, ce qui lui était utile, et rejetait ce qui lui était nuisible; en un mot chacun travaille pour son propre compte. Mais, parmi tous les éléments, il en est de moins égoïstes que les précédents; il en est qui fabriquent des substances qui ne sont pas immédiatement employées et qui seront utilisées plus tard par l'association tout entière, par l'organisme. Ces matières, mises de côté, constituent les *matières de réserve*. Elles ont une grande utilité, car les fonctions digestives sont *intermittentes*, tandis que la nutrition des éléments anatomiques est *continue*. Dans la diète, de même que dans l'intervalle qui sépare deux repas, l'animal au repos ou au travail vit aux dépens des réserves. La graisse de ses tissus, le sucre élaboré par son foie sont brûlés par l'oxygène emprunté à l'air dans la respiration.

Étudions quelques-unes de ces substances de réserve telles que la *graisse*, le *glycogène*, le *fer*, l'*oxygène*.

La graisse. — Sous l'influence d'une bonne alimentation, l'assimilation peut l'emporter sur la désassimilation et il se dépose de la graisse dans le protoplasma des cellules du tissu

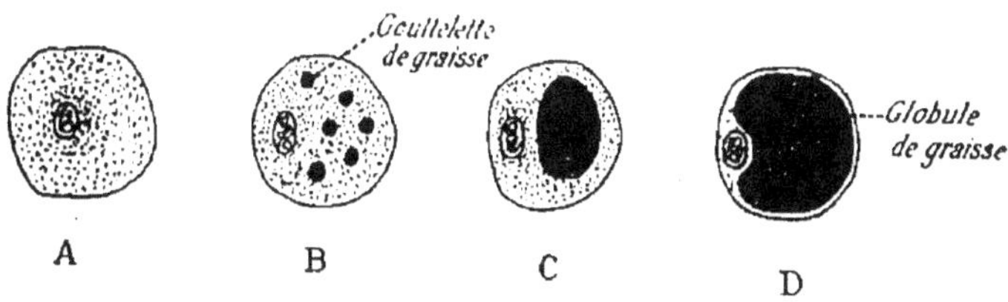

Fig. 156. — Développement d'une cellule adipeuse.

conjonctif (*fig.* 156). C'est ainsi que se forme le *tissu adipeux* dans le derme de la peau, dans le grand épiploon, autour des viscères, etc.

La graisse provient surtout de la transformation des hydrates de carbone (féculents et sucres). Ainsi l'on engraisse rapidement les herbivores par un régime féculent. Une Oie maigre, mise au régime de la farine de maïs, augmente de 2^{kg},500 (dont près de 2^{kg} de graisse) en cinq semaines. De même, dans la suralimentation, les purées de haricots, de pois ou de lentilles contribuent au développement rapide de la graisse.

La graisse est bien une *réserve alimentaire*. En effet, lorsque l'alimentation est insuffisante, l'organisme reprend cette graisse accumulée dans les tissus, et la cellule adipeuse se vide. Cette réserve est consommée au fur et à mesure des besoins de l'organisme : c'est ainsi que pendant une maladie le corps s'amaigrit.

Les animaux *hibernants* (Marmotte, Hérisson, etc.), c'est-à-dire qui passent l'hiver dans une sorte de sommeil léthargique, accumulent de la graisse dans leurs tissus pendant la belle saison ; mais à leur réveil, au printemps suivant, ils sont dans un certain état d'amaigrissement : le tissu adipeux a servi à leur nutrition. De même, la bosse du Chameau est un amas de graisse qui sert de réserve à l'animal lorsqu'il est soumis au jeûne : alors cette bosse diminue et devient flasque, tandis qu'une alimentation abondante lui fait ensuite reprendre ses dimensions ordinaires.

Le glycogène et la fonction glycogénique. — Le *glycogène* est une matière de réserve qui se trouve sous forme de

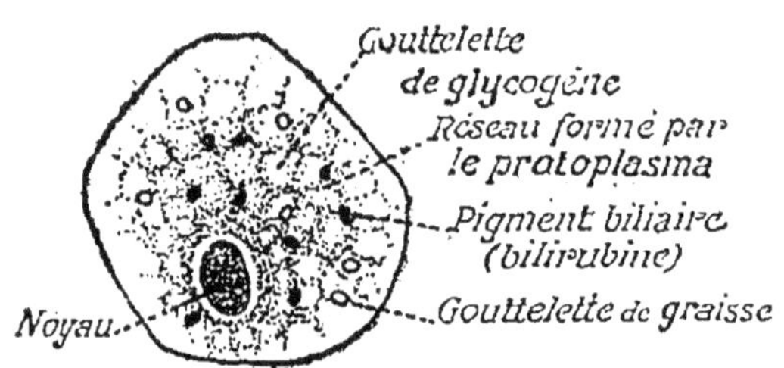

Fig. 157. — Cellule hépatique très grossie.

gouttelettes diffuses dans le protoplasma des cellules du foie (*fig.* 157). Ces gouttelettes peuvent se colorer en violet par l'iode et elles ont la même composition que l'amidon ($C^6H^{10}O^5$) ; aussi le glycogène est-il encore appelé *amidon animal*.

Claude Bernard a montré que le foie était l'organe producteur du glycogène, car il y a toujours du glycogène dans le foie quelle que soit l'alimentation. Les cellules hépatiques forment le glycogène aux dépens du glucose ou des peptones amenés par la veine porte : c'est la *fonction glycogénique* du foie.

Au fur et à mesure des besoins, le *glycogène* est ensuite *transformé en sucre* par hydratation :

$$C^6H^{10}O^5 + H^2O = C^6H^{12}O^6.$$

Cette transformation du glycogène en sucre se fait par l'activité des cellules hépatiques. On peut le démontrer par l'expérience du *foie lavé*. Pour cela, on injecte un courant d'eau salée dans le foie d'un Chien afin d'enlever le sucre ; puis on place le foie dans une étuve à 37°, et au bout de quelques minutes on dose d'une part la quantité de glycogène et, de l'autre, la quantité de sucre que contient une petite partie du foie ; puis, quelques minutes plus tard, on prélève une nouvelle portion de l'organe, et l'on fait un nouveau dosage. On constate alors que la quantité de glycogène diminue pendant que le sucre continue à se produire.

Claude Bernard a montré que cette production du sucre est indépendante de l'alimentation. Pour cela, il analyse, chez un animal qui n'a pas absorbé de féculents ni de sucre, le sang qui entre dans le foie par la veine porte ; puis il analyse le sang qui en sort par la veine sus-hépatique et il constate que ce dernier sang contient plus de sucre : donc le foie *produit du sucre*. De plus dans les différentes expériences qu'il fit, Claude Bernard montra que : 1° la quantité de sucre contenu dans la veine sus-hépatique est constante ; 2° dans le sang de la veine porte, la quantité de sucre dépend de l'alimentation.

Si l'aliment ne fournit pas de sucre au foie, celui-ci en fabrique, soit avec le glycogène, soit avec les peptones ou d'autres substances. Si, au contraire, il arrive dans le foie par la veine porte une trop grande quantité de sucre, le foie en laisse passer une certaine quantité (environ 3 pour 1000 parties de sang) et il transforme le reste, l'excès, en glycogène qui s'accumule dans les cellules du foie et qui pourra servir plus tard selon les besoins de l'organisme. On peut donc considérer le foie, à cause de sa fonction glycogénique, comme un véritable *grenier d'abondance* chargé d'emmagasiner et de fournir le sucre nécessaire à l'organisme.

Le fer et la fonction martiale. — Outre la fonction biliaire et la fonction glycogénique, le foie joue encore d'autres rôles. Ainsi il régularise la distribution du fer dans l'organisme : c'est ce qu'on appelle la *fonction martiale*. Pour fournir le fer qui est nécessaire à la formation des globules rouges, l'embryon fait des réserves de fer dans l'organisme maternel, et cette réserve, qui est localisée dans le foie, diminue après la naissance, au cours de l'allaitement.

L'organisme élimine constamment du fer par la voie intestinale, et il en reprend par certains aliments, en particulier par les œufs, qui contiennent un nucléo-albuminoïde ferrugineux assimilable.

L'oxygène. — On a constaté depuis longtemps que pendant la journée, et surtout pendant le travail, la quantité de gaz carbonique dégagé est plus considérable que pendant la nuit ou pendant le repos. En même temps l'oxygène absorbé pendant la nuit est en quantité plus grande, de sorte que cet oxygène s'accumule dans le sang pendant le sommeil, pour être utilisé ensuite pendant le jour et produire les oxydations plus énergiques qui marquent une plus grande activité vitale.

III. — L'énergie chez les êtres vivants.

La conservation de l'énergie chez les êtres vivants. — La grande loi de la *conservation de l'énergie*, qui domine toute la philosophie naturelle et qui a accompli une révolution profonde dans notre conception de l'univers, est l'œuvre d'un médecin, Robert Mayer, qui avait formulé ce principe en 1842 ; mais cette loi et ses conséquences restèrent presque ignorées jusqu'au jour (1847) où Helmholtz, dans son célèbre mémoire sur *la conservation de la force*, les mit en lumière et fit valoir leur importance. Cette loi est générale ; elle s'applique aux êtres vivants comme aux corps bruts. Dans la nature « rien ne se crée et rien ne se perd », ni en matière ni en force, « tout se transforme ». Et lorsqu'une certaine quantité d'énergie semble disparue, en réalité elle ne l'est point : elle n'a fait que se transformer. On démontre dans les cours de physique les lois de la transformation de la chaleur en énergie mécanique, et en particulier on établit l'équivalence entre la quantité de chaleur disparue et le travail mécanique produit. On sait, en effet, qu'*une calorie* représente en énergie mécanique *425 kilo-*

grammètres, c'est-à-dire la quantité d'énergie nécessaire pour élever 425 kilogrammes à 1 mètre de hauteur.

Tous les phénomènes dont l'organisme est le siège ont pour origine la chaleur contenue en puissance dans les aliments. Et c'est la chaleur dégagée par la transformation des aliments qui permet à l'organisme de produire le travail interne (digestion, circulation, etc.) et le travail extérieur (marche, course, exercices physiques, etc.). C'est donc dans les aliments que les animaux puisent leur énergie, et quant à l'origine de cette énergie, il faut remonter jusqu'aux végétaux qui, par leur fonction chlorophyllienne, empruntent au soleil la force qu'ils mettent en réserve. Il s'établit donc entre les êtres vivants et le monde extérieur une circulation de l'énergie comme il se fait une circulation de matière.

En résumé, les êtres vivants ne créent pas l'énergie ; ils ne font que transformer l'énergie qui leur vient du monde extérieur. Dans tout phénomène naturel on admet donc, avec les physiciens, qu'il n'entre en jeu que deux éléments : la *matière* et l'*énergie*. C'est là comme une sorte de postulat de la science expérimentale.

Les différentes formes de l'énergie. — L'énergie se manifeste chez les êtres vivants sous différentes formes, dont les principales sont le *mouvement*, la *chaleur*, la *lumière* et l'*électricité*.

Le **mouvement** est la forme de l'énergie la plus facile à observer. On l'observe chez tous les animaux et même chez certains végétaux. La cause du mouvement réside dans le protoplasma. Nous verrons plus loin que certains éléments, les cellules musculaires, possèdent à un haut degré la propriété de se mouvoir énergiquement et rapidement.

La **chaleur** est une autre forme de l'énergie facile à mettre en évidence. Nous verrons dans le chapitre suivant qu'on a mesuré par des méthodes calorimétriques précises la chaleur produite par les animaux et même les végétaux. On sait, par exemple, que la température peut s'élever à 40° dans une ruche d'abeilles, que des graines en germination s'échauffent légèrement, que la chaleur dégagée par l'*Arum* en floraison est appréciable au toucher.

La **lumière** est produite par un grand nombre d'animaux. On trouve des animaux lumineux dans les groupes zoologiques les plus divers. De nombreux animaux inférieurs et particulièrement les Insectes, certains Poissons vivant dans les grandes profondeurs de la mer ont la propriété d'émettre des radiations lumineuses. Ces animaux produisent souvent une lumière assez vive pour qu'on puisse lire dans leur voisinage. La phosphorescence de la mer est due à la présence de nombreux organismes inférieurs qui brillent dans l'obscurité. Cette production de lumière est en relation avec l'activité du protoplasma, et l'on a constaté qu'elle était d'autant plus grande que la consommation d'oxygène était plus considérable. Enfin des expériences ont montré que la phosphorescence de certains animaux était due au développement dans leurs tissus de microbes spéciaux : le professeur Giard a réussi à inoculer des microbes lumineux à quelques espèces de Crustacés. Dans ce cas, il est évident que la phosphorescence est une maladie ; l'animal rendu phosphorescent est, en général, voué à une mort rapide. Chez certains animaux la production de la lumière est un fait biologique normal : ainsi il existe des *organes producteurs de lumière* chez les larves de quelques Insectes (Lampyres) et chez quelques Poissons et Crustacés des grandes profondeurs.

L'**électricité** est aussi un phénomène général de la vie. La production d'électricité est surtout apparente dans les glandes, les muscles et les nerfs. Certains animaux ont même des appareils spéciaux chargés de produire de l'électricité. Tels sont les Poissons électriques, comme les Torpilles, les Gymnotes, les Malaptérures, qui ont la propriété de dégager de l'électricité sous forte tension et de lancer, lorsqu'ils sont excités, des décharges analogues à celles des condensateurs. Ces décharges sont assez puissantes pour rendre ces animaux redoutables aux êtres auxquels ils font la chasse. Elles se produisent soit par la volonté de l'animal, soit par réflexe (excitation de la peau), soit par excitation directe du nerf de l'organe électrique.

Tous ces faits montrent que chez les êtres vivants, non seulement leur chaleur, mais leurs mouvements, aussi bien que tous leurs actes mécaniques ou physiques les plus intimes, sont des formes diverses de cette énergie qu'ils emmagasinent et qu'ils puisent dans leurs aliments, source unique de leur activité.

On comprend donc que l'organisme exige de l'aliment non pas seulement de la *matière*, mais aussi et surtout de l'*énergie*.

RÉSUMÉ

La nutrition. — La *nutrition* comprend deux termes : 1° l'*assimilation*, qui apporte les substances nutritives ; 2° la *désassimilation*, qui enlève les déchets organiques.

Trois cas peuvent se présenter.	1° Assimilation > désassimilation	Accroissement et mise en réserve des matières nutritives.
	2° Assimilation = désassimilation	État stationnaire.
	3° Assimilation < désassimilation	Décrépitude.

Le *bilan organique*, c'est-à-dire le compte des recettes et des dépenses de l'organisme, doit être équilibré. La *ration d'entretien* est ce qui est nécessaire à l'homme pour compenser les pertes qu'il fait par les glandes, les reins, les poumons.

La *ration alimentaire* varie avec l'âge, le sexe, le poids du corps, l'activité physique, etc.

Les matières de réserve. — Elles se produisent lorsque l'assimilation l'emporte sur la désassimilation. Parmi elles, on peut citer la *graisse*, le *glycogène*, le *fer*, l'*oxygène*.

1° *La graisse.*	Se dépose sous forme de gouttelettes dans le protoplasma des cellules ; Provient de la transformation des aliments hydrocarbonés (féculents) ; Est utilisée par l'organisme quand l'alimentation est insuffisante (jeûne, animaux hibernants).

<table>
<tr><td>2º Le glycogène.</td><td>Se dépose dans les cellules du foie.
Même composition que l'amidon ($C^6H^{10}O^5$).
Le foie le fabrique et le transforme en sucre suivant les besoins de l'organisme ($C^6H^{10}O^5 + H^2O = C^6H^{12}O^6$).</td></tr>
<tr><td>3º Le fer.</td><td>Mis en réserve dans le foie de l'embryon.</td></tr>
<tr><td>4º L'oxygène.</td><td>Pendant le sommeil la quantité d'O absorbé est plus considérable et s'accumule dans le sang ;
Pendant le jour, cet O produit des oxydations plus énergiques, ainsi que le montre CO^2 rejeté en plus grande quantité.</td></tr>
</table>

L'énergie chez les êtres vivants. — Le principe de la *conservation* de l'énergie s'applique aux êtres vivants comme aux corps bruts. C'est dans les aliments que les êtres vivants puisent l'*énergie* comme ils y prennent la *matière*.

Les différentes formes de l'énergie chez les êtres vivants sont le *mouvement*, la *chaleur*, la *lumière*, l'*électricité*.

CHAPITRE VIII

LA CHALEUR ANIMALE

La chaleur animale est, avec le travail mécanique, une des principales formes de l'énergie chez l'être vivant. Nous allons d'abord montrer que la chaleur est une manifestation extérieure de la vie, puis nous chercherons quelles sont les principales sources de cette chaleur et comment l'homme arrive à maintenir un degré de température constant dans ses tissus, malgré le milieu dans lequel il vit et qui présente des variations de température souvent considérables.

La chaleur est nécessaire à la vie. — Tout le monde sait que le corps de l'Homme possède une chaleur naturelle qui ne disparaît qu'avec la vie : c'est la *chaleur animale*.

On peut même constater, en plaçant un thermomètre dans la bouche, ou sous l'aisselle, le bras étant appliqué contre le tronc, que la température est de 37°. C'est ce qu'on appelle *prendre la température*. Cette mesure de la température est fréquemment faite sur les malades. On se sert pour cela d'un thermomètre à maxima (*fig.* 158) dont la graduation est limitée à quelques degrés au-dessus et au-dessous de 37, c'est à dire entre les températures extrêmes en deçà et au delà desquelles la vie n'est ordinairement plus possible. De plus cette graduation est divisée en dixièmes de degré.

La chaleur est une condition nécessaire à la vie. Mais cette condition varie suivant les animaux. Il faut surtout bien établir la différence entre la température du milieu extérieur et celle de l'organisme lui-même.

Ainsi l'organisme peut supporter un abaissement considérable de la température du milieu extérieur, mais il ne survit pas dès que sa température s'abaisse de quelques degrés seulement.

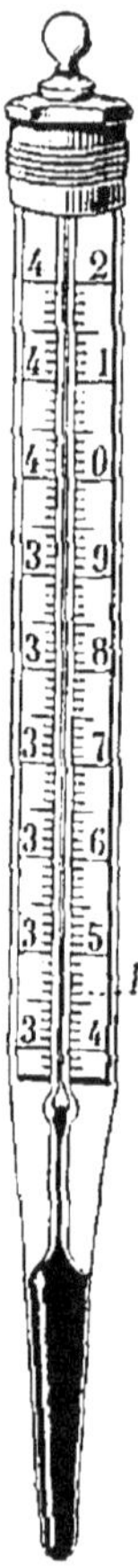

Il est évident qu'en raison de la quantité d'eau qui pénètre les tissus de l'organisme, l'activité organique ne peut guère subsister au-dessous de 0°. Certains animaux peuvent résister à la congélation, mais leur activité est suspendue. Ainsi des Poissons et des Batraciens peuvent être pris dans la glace, s'y congeler et revenir ensuite à la vie : leurs organes sont devenus durs et cassants comme du verre, mais ils redeviennent flexibles si on les réchauffe. De même la congélation du nez ou des oreilles de l'homme n'est pas forcément destructive de ces appendices.

Fig. 158.
Thermomètre
médical.

La température des animaux. — Lorsqu'on touche un Mammifère ou un Oiseau, on a une sensation très nette de chaleur : c'est pourquoi l'on dit que ce sont des animaux à *sang chaud*. Si, au contraire, on prend une Grenouille dans l'herbe, ou un Poisson dans l'eau, on éprouve une sensation de froid : ces animaux sont dits à *sang froid*. Mais il est préférable, comme nous allons le montrer, d'appeler les premiers *animaux à température constante*, et les seconds *animaux à température variable*.

1° **Animaux à température constante.** — Ce sont les Oiseaux et les Mammifères. Leur température est *presque constante*, quelle que soit la température du milieu extérieur. La température de l'Homme, par exemple, sera de 37°, qu'il habite notre pays tempéré, ou les régions glaciaires, ou les climats tropicaux. Lorsque cette température est dépassée, l'organisme est dans un état pathologique connu sous le nom de *fièvre*.

Chez le même individu, la température du corps ne saurait subir de grandes variations sans amener la mort. Il est une maladie (choléra) où elle peut cependant descendre jusqu'à 24°, et dans d'autres maladies (tétanos) on cite des cas où la température a pu s'élever jusqu'à 45°.

La température varie un peu suivant le moment de la journée : ainsi, sur le même homme, elle sera minimum vers 4 heures du matin (36°,5) et maximum vers 4 heures du soir (37°,5).

La température varie avec les espèces : elle est en général plus élevée chez les Oiseaux que chez les Mammifères, ainsi que le montrent les chiffres suivants :

MAMMIFÈRES		OISEAUX	
Homme	37°	Faucon	40,5
Cheval.	37,7	Chat-huant .	41
Singe	38,1	Perdrix	42
Chat.	38,8	Canard. . . .	42
Chien	39,2	Poule	43
Lapin	39,5	Pigeon	44
Lièvre. . . .	39,7	Moineau	44,5
Loup	40,5		

2° **Animaux à température variable.** — Ce sont tous les autres animaux, c'est-à-dire les Reptiles, Batraciens, Poissons, et tous les Invertébrés chez lesquels les combustions internes ne sont pas suffisantes pour compenser les pertes de chaleur, de sorte que leur température *varie* avec celle du milieu ambiant, tout en lui restant supérieure d'environ un demi-degré.

Il en résulte que ces animaux sont actifs quand il fait chaud, et tombent en léthargie quand il fait froid. Toutes leurs fonctions se ralentissent à mesure que la température s'abaisse.

Animaux hibernants. — Parmi les animaux à sang chaud, il en est un certain nombre qui, à l'approche de l'hiver, s'engourdissent et semblent s'endormir ; tels sont les Marmottes, les Loirs, les Chauves-Souris, les Hérissons, etc. Pendant ce sommeil ou *hibernation*, l'activité organique se ralentit et la température du corps s'abaisse au-dessous de 10° ; cette température se rapproche de celle du milieu ambiant. On peut

constater aussi que les mouvements respiratoires sont ralentis
(3 ou 4 par minute chez la Marmotte), de même que les battements du cœur. Mais dès le réveil, la circulation et la respiration reprennent leur rythme habituel et la température
remonte vers 37°. Les animaux hibernants sont donc en quelque sorte intermédiaires entre les animaux à température
constante et ceux à température variable.

Mesure des températures. — Il est difficile, souvent impossible, de mesurer directement la température d'un organe
à l'aide d'un thermomètre. On se sert alors d'*aiguilles* ou
sondes thermo-électriques, qui permettent de mesurer des différences de température
Une sonde thermo-élec-
trique (*fig.* 159) est formée
de deux fils de fer et de
cuivre soudés par leurs
extrémités et enveloppés
par une gaine de gomme
isolante.

On place deux sondes
semblables, l'une dans un
bain de température con-
nue, l'autre dans l'organe
dont on veut apprécier la
température. On relie ces
deux aiguilles par un circuit et il s'établit un courant dont l'intensité est

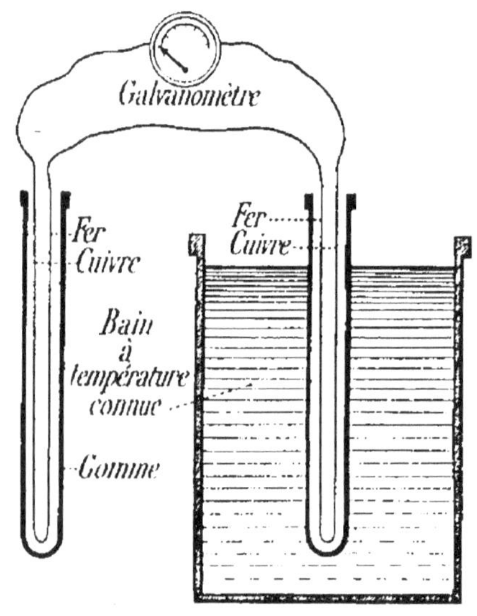

Fig. 159. — Sondes thermo-électriques.

proportionnelle à la différence de température. On peut
alors mesurer celle-ci au moyen d'un galvanomètre introduit dans le circuit. On a reconnu ainsi des différences de
température de $\dfrac{1}{1\,000}$ de degré.

On a constaté aussi que la température varie suivant
les régions de l'organisme ; elle est plus élevée (de $\dfrac{2}{10}$ de

degré) dans le ventricule droit que dans le ventricule gauche ; elle est constante dans les grosses artères ; c'est dans la veine sus-hépatique qu'elle est la plus élevée, indiquant ainsi l'activité des combustions qui se produisent dans le foie ; c'est au niveau des membres et de la périphérie qu'elle est la plus faible.

Production de la chaleur. — La chaleur animale provient des réactions chimiques (oxydations, hydratations) qui se produisent dans les tissus : ce sont donc les phénomènes de nutrition qui sont les sources de la chaleur animale.

C'est Lavoisier qui, le premier, a montré que la chaleur animale était le résultat des combustions qui se produisent dans le corps et qui donnent naissance au gaz carbonique, à l'urée, etc. Ces combustions, comme nous l'avons montré à propos de la respiration et de la nutrition, se font dans l'intimité des tissus. C'est surtout la formation du gaz carbonique qui est la source principale de la chaleur animale, de sorte que l'on peut avoir une idée de la quantité de chaleur produite par la quantité de gaz carbonique formé. La chaleur se produit donc dans tous les organes, et c'est le sang qui distribue cette chaleur dans tout le corps, les vaisseaux fonctionnant en quelque sorte comme les tuyaux de conduite d'un calorifère à liquide chaud. Mais c'est dans les *muscles*, les *glandes* et les *centres nerveux* que les combustions s'accomplissent avec le plus d'intensité.

Les *muscles en activité* sont le siège d'une combustion active ; le sang y circule plus que dans les muscles au repos ; par suite les oxydations sont plus énergiques, la quantité de gaz carbonique formé plus considérable, et la chaleur dégagée plus abondante. Aussi, sous l'influence d'un exercice musculaire violent, la température peut-elle monter à plus de 38°. Pourtant, on démontre en physique que pour produire du travail, il faut de la chaleur. Le muscle en travail devrait donc se refroidir ; or il s'échauffe. Cette contradiction n'est qu'apparente : le muscle, par son oxydation abondante, fournit une telle quantité d'énergie qu'une partie est transformée en travail et que l'excès est utilisé à élever la température du muscle.

Les *glandes en activité*, et en particulier le foie, ont une température élevée (elle est d'environ 40°).

L'*activité nerveuse* détermine aussi une légère élévation de la température.

Pour se rendre compte de la production de chaleur par les animaux, il ne suffit pas d'apprécier la température de leurs différents organes ; il faut mesurer la quantité de chaleur qu'ils dégagent, c'est-à-dire la quantité de *chaleur libérée*. Pour faire cette mesure on a recours aux méthodes calorimétriques décrites en physique. En physiologie on se sert des calorimètres à eau ou à air; un des plus fréquemment employés est le calorimètre à eau (*fig.* 160), consti-

Fig. 160. — Calorimètre à eau.

tué par deux enveloppes : l'une, interne, dans laquelle est placé le sujet en expérience; l'autre, externe, contenant l'eau calorimétrique. Un système de tubes permet la ventilation de la chambre interne, en évitant une perte de chaleur. La chaleur rayonnée par l'animal détermine l'échauffement de l'eau ; elle peut donc être calculée. Chez l'Homme elle a été évaluée à 1790 calories pour 24 heures.

Mais cette chaleur *libérée* ne représente pas toute l'énergie chimique *produite* dans l'organisme. Il faut aussi tenir compte de la chaleur employée à l'évaporation de l'eau (transpiration pulmonaire et cutanée), à l'échauffement de l'air inspiré, des aliments, et au travail interne.

Pour mesurer la chaleur produite on peut employer une autre méthode : au lieu de mesurer l'énergie, *à la sortie*, sous forme de chaleur, on la mesure, *à l'entrée*, sous forme d'énergie chimique apportée par les aliments. Ceux-ci peuvent se ramener à trois : albumines, hydrates de carbone (sucres et féculents), et graisses. Dans l'organisme les albumines brûlent en donnant de l'urée, et les hydrates de carbone et graisses, en donnant du gaz carbonique et de l'eau. Il se forme des produits intermédiaires, mais Berthelot a montré (*principe de l'état initial et de l'état final*) que, pour mesurer l'énergie chimique libérée, il suffisait de mesurer la quantité de chaleur obtenue en brûlant, dans une bombe calorimétrique, les sucres et les graisses complètement jusqu'à l'état de gaz carbonique et d'eau et l'albumine jusqu'à l'état d'urée. Les chimistes ont déterminé que :

1^g d'albumine produit . . . . 4 cal. 8
1^g de sucre   —   4,2
1^g de graisse   —   9,4

Connaissant la ration d'entretien de l'homme qui n'effectue aucun travail pénible, et dont l'organisme est le même au commencement et à la fin de l'expérience, il a été facile d'évaluer la valeur énergétique de cette ration alimentaire : elle est de 2 600 calories environ.

Chez l'homme qui travaille, cette quantité de chaleur peut s'élever de 3 200 à 3 900 calories suivant l'intensité du travail.

On a calculé que si la chaleur produite par les combustions restait accumulée dans l'organisme, la température du corps atteindrait celle de l'eau bouillante au bout d'un jour et demi. Or, la température du corps reste constante : c'est donc que la quantité de chaleur perdue est égale à celle qui est produite pendant le même temps.

Déperdition de la chaleur. — Les principales causes de déperdition de la chaleur sont : la *transpiration* à la surface de la peau, l'*évaporation* de l'eau par les poumons, l'*échauffement* de l'air inspiré, de l'urine et des excréments expulsés à la température du corps, le *rayonnement* de l'organisme dans l'air extérieur.

Le tableau suivant indique les diverses quantités de chaleur libérées par l'organisme, en 24 heures :

Transpiration cutanée	384 calories
Évaporation pulmonaire	192 —
Échauffement de l'air inspiré.	84 —
Émission d'urine et d'excréments . .	50 —
Rayonnement	1790 —
	2500

La différence entre l'énergie produite et l'énergie ainsi libérée (2 600 ^{cal} — 2 500 ^{cal} = 100 ^{cal}) a été employée sous une autre forme pour produire la sécrétion et le travail interne.

Pour que l'équilibre thermique existe, c'est-à-dire pour que la température du corps ne s'élève ni ne s'abaisse malgré les variations du milieu extérieur, un mécanisme régulateur est nécessaire. L'appareil régulateur est le système nerveux, qui règle la circulation du sang. Nous allons montrer d'ailleurs comment l'organisme peut lutter contre le *froid* et contre la *chaleur* afin de maintenir son équilibre thermique.

Lutte contre le froid. — Pour se défendre contre le refroidissement l'organisme a deux procédés : augmenter ses combustions, diminuer la déperdition de chaleur.

1° **L'augmentation des combustions** s'obtient par une respiration plus active, une alimentation plus abondante et une activité musculaire plus grande.

Quand la température extérieure s'abaisse, l'intensité des *phénomènes chimiques de la respiration* augmente ; par suite la quantité de gaz carbonique formé est plus grande, et la chaleur produite s'accroît. De ce fait découle une conséquence : c'est que les combustions étant plus actives, les combustibles, c'est-à-dire les aliments, devront être plus abondants ; c'est pourquoi dans les pays froids l'homme mange beaucoup plus que dans les pays chauds.

L'*alimentation* doit donc être abondante et composée de

préférence de graisses, qui sont, parmi les aliments, ceux qui dégagent le plus de chaleur en brûlant. Ainsi 100 grammes de graisse dégagent en s'oxydant autant de chaleur que 210 grammes d'albuminoïdes et 240 grammes de féculents. C'est pourquoi les habitants des régions polaires, Esquimaux et Lapons, recherchent les aliments gras.

L'*activité musculaire* étant la principale source de chaleur, il est évident qu'elle sera un excellent moyen pour lutter contre le froid. Le tremblement musculaire ou *frisson*, que l'on éprouve sous l'influence du froid, est un indice de la réaction du système nerveux contre l'abaissement de température.

2° La diminution de la déperdition de chaleur s'obtient chez les animaux par les *plumes* et les *poils*, et chez l'Homme par les *vêtements* et les *fourrures*. Le refroidissement se faisant surtout par le contact avec l'air froid, il est nécessaire, en effet, de placer autour de l'organisme, une sorte d'écran mauvais conducteur de la chaleur. C'est le rôle que jouent les plumes et les poils qui emprisonnent dans leur feutrage une couche d'air, mauvaise conductrice de la chaleur. Aussi une fourrure formée de poils fins, longs et soyeux, qui retiennent entre eux une épaisse couche d'air, protège-t-elle mieux contre le froid qu'une fourrure formée de poils raides.

L'accumulation de la *graisse* sous la peau remplit le même rôle que les poils ou les plumes, car cette matière est mauvaise conductrice de la chaleur. C'est pourquoi l'on trouve une épaisse couche de graisse chez certains Mammifères marins (comme la Baleine) dont la peau est nue et qui pourtant vivent dans les régions froides.

Quant aux *vêtements*, on a constaté depuis longtemps que la déperdition de chaleur dépend avant tout des couches d'air superposées entre les différents vêtements. Ainsi deux ou trois feuilles de papier superposées sur la peau empêchent le refroidissement beaucoup mieux qu'un épais pardessus unique. Ce fait explique pourquoi certaines personnes ont l'habitude d'accumuler des vêtements les uns par dessus les autres selon la température.

L'Homme peut, en prenant certaines précautions, résister
à une température de — 50° et même — 60° ; les explorations
faites sur les hauts plateaux du Thibet l'ont parfaitement
démontré.

Lutte contre la chaleur. — Lorsque la température am-
biante s'élève, la température du corps ne s'élève pas ; ce
qui ne s'explique que par une perte plus abondante de chaleur et par une diminution des combustions.

1° **L'augmentation de la déperdition de chaleur**
s'obtient par la *transpiration cutanée* et par l'*évaporation
pulmonaire*. Dès que la température extérieure s'élève, la
transpiration augmente à la surface du corps, absorbe plus
de chaleur et empêche ainsi la température du corps de s'élever. La sécheresse de l'air et son renouvellement à la surface
de l'organisme activent l'évaporation de la sueur et permettent
de mieux lutter contre la chaleur. C'est pourquoi nous ré-
sistons mieux à la *chaleur sèche* qu'à la *chaleur humide* ;
car, dans le premier cas, l'évaporation qui est considérable
produit une grande perte de chaleur. Ainsi un Lapin résiste

      10 minutes dans une étuve sèche à 100°,
      7   —   —   120°,
      2   —   étuve humide à 80°.

On cite des hommes ayant pu résister pendant quelques
minutes à une température de 100°, mais dans un milieu sec.

2° **La diminution des combustions** ne peut être obtenue
d'une façon bien appréciable. Pourtant il est certain qu'une
alimentation légère et le *repos* ou *sieste* aident l'Homme à
supporter la chaleur. De plus, dans les climats chauds, la
sécrétion biliaire est augmentée ; or, la bile rejette des matières combustibles, ce qui diminue la production de chaleur par l'organisme. Cette activité du foie explique l'augmentation du volume de cet organe dans les pays chauds.

Organisme et machine. — On a comparé l'organisme
à une machine dans laquelle le combustible serait repré-

senté par les aliments. En réalité, il y a dans la machine animale quelque chose de plus ; les aliments, en effet, fournissent bien de l'énergie qui sera utilisée pour la production du travail et le maintien de la température, mais ils doivent aussi réparer les pertes de la machine, qui s'use.

De plus le rendement des meilleures machines ne dépasse pas 1/12 de l'énergie produite par le charbon employé, tandis que le rendement de l'organisme atteint facilement 1/5, souvent même 1/4. L'organisme animal peut donc être considéré comme une machine des plus parfaites.

RÉSUMÉ

La chaleur est nécessaire à la vie.

Animaux à température constante et à température variable. — L'Homme, les Mammifères et les Oiseaux ont une température presque *constante*, quelle que soit la température du milieu extérieur ; celle de l'Homme, par exemple, est de 37° environ. On les appelle aussi *animaux à sang chaud*.

Tous les autres animaux ont une température qui se met en équilibre avec celle du milieu extérieur ; leur température est donc *variable* suivant le milieu. On les appelle encore *animaux à sang froid*.

Certains animaux à *température constante* peuvent *hiberner*, c'est-à-dire s'endormir pendant l'hiver ; leur température peut alors descendre au-dessous de 10°.

Production de chaleur. — La chaleur animale provient des oxydations et des hydratations qui se produisent dans les tissus. Les principales sources de chaleur sont surtout le *travail musculaire*, la *sécrétion des glandes* et le travail des *centres nerveux*.

Les principales causes de déperdition de la chaleur sont la *transpiration*, l'*évaporation pulmonaire*, l'*échauffement de l'air inspiré*, l'*émission de l'urine et des excréments*, le *rayonnement*.

Lutte contre le froid et contre la chaleur. — L'organisme doit lutter contre les variations extérieures pour maintenir son équilibre thermique.

1° *Contre le froid :* par une respiration plus active, une alimentation plus abondante et riche en graisses, une activité musculaire plus grande, et par les vêtements.

2° *Contre la chaleur :* par la transpiration cutanée, l'évaporation pulmonaire, une alimentation légère, la sieste et la sécrétion biliaire.

DEUXIÈME SECTION

LES FONCTIONS DE RELATION

Le mouvement et la sensibilité. — L'animal, pour assurer sa nutrition, pour chercher sa nourriture, doit se déplacer ; il doit accomplir des *mouvements*. Mais ces mouvements, pour être utiles, ont besoin d'être guidés par une certaine *sensibilité*. Le *mouvement* et la *sensibilité* sont les deux principales fonctions de relation : c'est par elles, en effet, que nous sommes en relation avec le monde extérieur.

Le *squelette* et les *muscles* sont les organes essentiels du mouvement.

Le *système nerveux* et les *organes des sens* constituent les organes de la sensibilité.

CHAPITRE IX

LE SQUELETTE

Le *squelette*, qui forme la charpente du corps, est constitué par un ensemble de pièces dures appelées *os*. Nous allons étudier successivement l'*os*, puis les différents os qui forment le *squelette*, et enfin le mode d'union de ces os ou *articulations*.

I. — L'os.

La forme des os. — Les os qui composent le squelette de l'Homme sont au nombre de plus de 200. D'après leur forme, ces os peuvent être rangés en trois groupes : 1° les *os longs*, tels que les os des membres (humérus, fémur, etc.); ces os présentent généralement une partie moyenne, appelée *diaphyse*, plus mince que les deux extrémités, appelées *épiphyses* ; 2° les *os plats*, qui ont la forme de lames aplaties, généralement de faible épaisseur : tels sont les os du crâne, l'omoplate, etc. ; 3° les *os courts*, dont aucune dimension ne l'emporte sur les autres : tels sont les os du carpe, du tarse, les vertèbres, etc.

Les os sont rarement lisses ; ils présentent souvent des saillies qu'on désigne sous le nom d'*apophyses*.

Structure des os. — Sur une coupe transversale d'un os long, tel que le fémur, on distingue trois parties, qui sont, de dehors en dedans : le *périoste*, l'*os* proprement dit et la *moelle* (*fig.* 161).

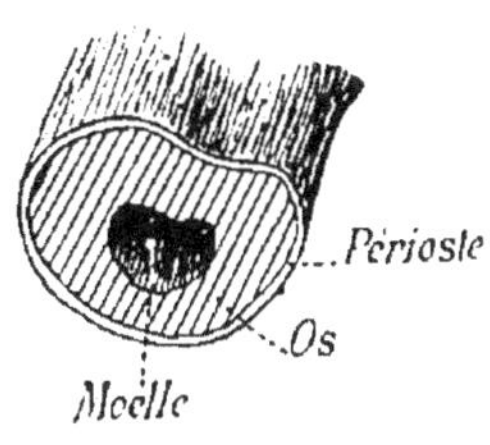

Fig. 161. — Coupe transversale d'un os long.

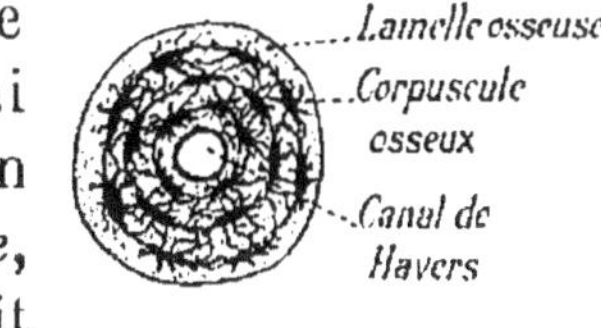

Fig. 162. — Coupe transversale d'un canal de Havers.

1° Le *périoste* est une membrane conjonctive et élastique qui constitue une gaine autour de l'os et qui lui est unie solidement par de nombreuses fibres ; il joue un rôle important dans l'accroissement de l'os.

2° L'*os* proprement dit. On découpe avec une scie, sur la diaphyse d'un os long, une lamelle qu'on use sur une pierre à rasoir jusqu'à ce qu'elle devienne mince et transparente. En examinant cette lamelle au microscope, on voit une série de petits trous (*fig.* 162) qui représentent les sections de petits canaux creusés dans l'os et appelés *canaux de Havers*. Ces canaux sont disposés parallèlement à l'axe de l'os et peuvent s'anastomoser (*fig.* 163); ils logent des vais-

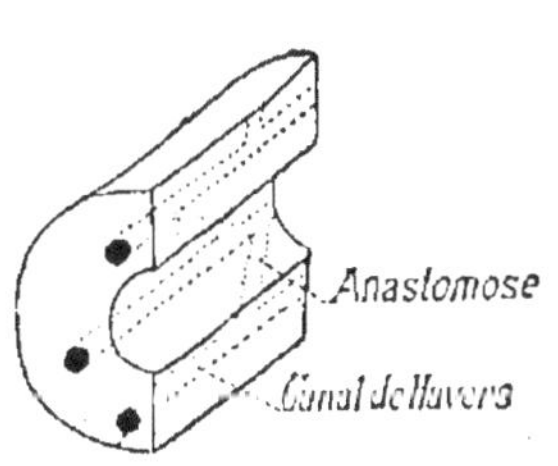

Fig. 163. — Os fendu en long montrant les canaux de Havers et leurs anastomoses.

seaux sanguins provenant de la ramification des vaisseaux qui ont pénétré dans l'os par le *trou nourricier*.

Autour de chaque canal de Havers se trouve le *tissu osseux* (*fig*. 164) disposé en lamelles concentriques. Dans ces lamelles se trouvent des taches noires, étoilées, régulièrement rangées autour du canal et s'anastomosant les unes avec les autres : ce sont des cavités dans lesquelles se

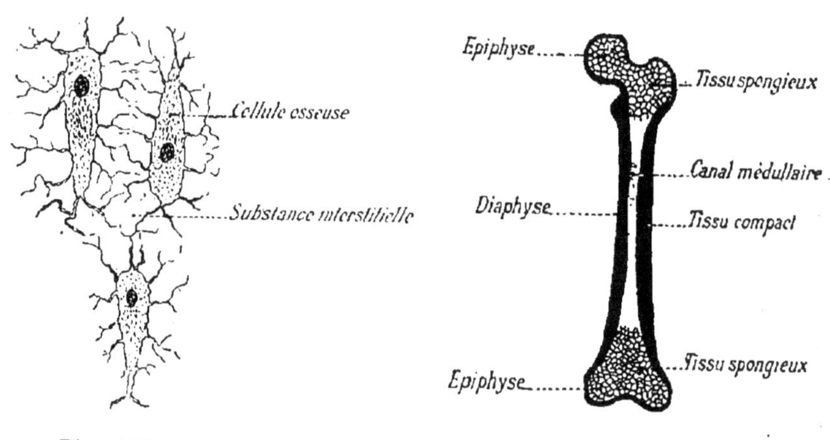

<table>
<tr><td>Fig. 164. — Tissu osseux
très grossi.</td><td>Fig. 165. — Coupe en long du
fémur.</td></tr>
</table>

trouvent les *cellules osseuses* ou *ostéoblastes*, dont les prolongements sont ramifiés ou anastomosés avec ceux des cellules voisines. Entre les cellules se trouve la substance interstitielle de nature essentiellement calcaire.

L'*os long* présente dans sa diaphyse la structure que nous venons de décrire : c'est le *tissu compact* (*fig*. 165) ; mais du côté des épiphyses, le tissu est formé de lamelles limitant des cavités qui donnent à l'os un aspect spongieux : c'est le *tissu spongieux*.

L'*os plat* est formé par deux lamelles de tissu compact entre lesquelles se trouve du tissu spongieux.

L'*os court* a la structure des épiphyses de l'os long ; il est donc formé presque entièrement de tissu spongieux.

3° La *moelle des os* est une substance molle, de couleur *jaune* dans le canal médullaire des os longs ; elle est *rouge* dans les cavités du tissu spongieux. La moelle est très riche en vaisseaux sanguins ; de plus elle contient de nombreuses *cellules adipeuses*, des *cellules lymphatiques*, des *myéloplaxes* ou cellules géantes (*fig*. 166, A) à nombreux noyaux, des cellules à noyau bourgeonnant (*fig*. 166, B) et des cellules rondes en train de devenir des globules rouges (*fig*. 166, C). Ces dernières sont surtout abondantes dans la moelle rouge et rares dans la moelle jaune qui, par contre, est riche en cellules adipeuses et en myéloplaxes. On attribue à ces derniers éléments la propriété de détruire l'os pour agrandir la cavité médullaire.

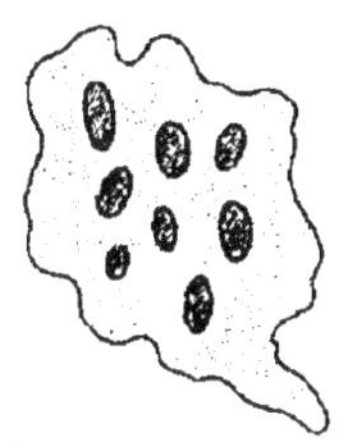
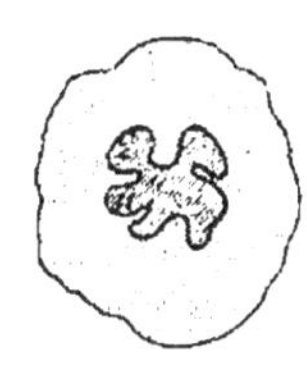

A. — Myéloplaxe.   B. — Cellule à noyau   C. — Jeune
                    bourgeonnant.   globule rouge.

Fig. 166. — Cellules de la moelle.

Composition des os. — Les os sont formés de deux parties : 1° une substance organique, l'*osséine* ; 2° une substance minérale, où dominent les *sels calcaires*.

L'*osséine* constitue environ le tiers de l'os, et les *sels minéraux* les deux autres tiers.

On peut séparer l'*osséine* de la matière minérale en plaçant un os dans de l'acide chlorhydrique étendu d'eau ; au bout de quelques jours la matière minérale est dissoute, et il reste la matière organique, transparente et élastique. L'action prolongée de l'eau bouillante la transforme en *gélatine* soluble dans l'eau, mais précipitée par l'acide acétique.

Si, au contraire, on place l'os sur un feu ardent, au contact de l'air, on détruit l'osséine, et il ne reste, comme résidu, que la *matière minérale*, sous forme d'une cendre blanche. Si l'on calcine en vase clos, le charbon de l'osséine reste combiné avec les sels minéraux pour donner le *noir animal*, qui sert dans l'industrie comme décolorant.

Les sels minéraux sont surtout des phosphates et des car-

bonates de calcium ; la quantité de fluorure de calcium qu'on
y trouve est faible dans les os modernes, elle augmente
dans les os anciens et devient encore plus grande dans les
os fossiles. On peut par conséquent se servir du dosage du
fluorure de calcium pour déterminer l'*âge relatif* d'un os.

Pour 100 parties de cendres d'os on trouve :

Phosphate tribasique de calcium . . .	85
Carbonate de calcium	9
Fluorure de calcium	4
Phosphate de magnésium	2
	100

Développement du squelette. Le cartilage. — En suivant les différentes phases du développement d'un embryon,
on constate que le squelette passe par différents stades : il
est d'abord *muqueux*, puis *cartilagineux*, enfin *osseux*.

Le squelette *muqueux* est formé par des cellules étoilées
séparées par une matière interstitielle muqueuse, liquide.

Le squelette *cartilagineux* est formé par du *tissu cartilagineux*, lequel comprend des cellules arrondies, disposées
dans des cavités creusées
au milieu d'une substance
interstitielle (*fig.* 167).
Cette substance, qui est
élastique, a la propriété
de se transformer dans
l'eau bouillante en une
matière soluble, la *chon-
drine*, qui se gélifie par
refroidissement.

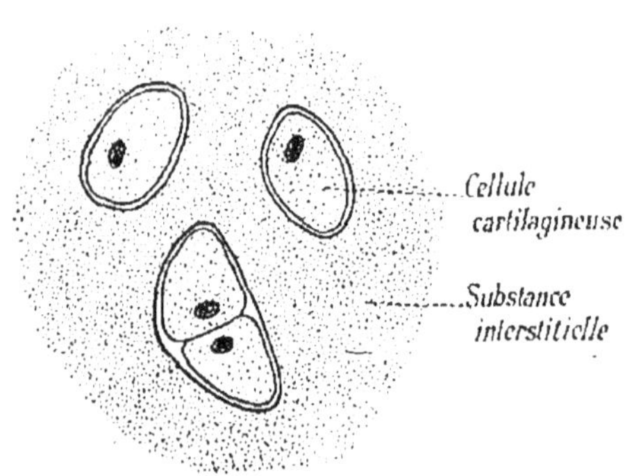

Fig. 167. — Tissu cartilagineux.

Pourtant cette gélatine
est différente de celle des
os, car elle ne précipite pas de sa solution aqueuse quand
on la traite par l'acide acétique.

Le squelette cartilagineux a déjà la forme des futurs os,
mais en petit ; il est en quelque sorte la miniature du squelette osseux de l'adulte.

Le squelette cartilagineux est transitoire ; il est remplacé par le squelette osseux ; cependant il persiste pendant toute la vie chez certains Vertébrés inférieurs (Raie, Requin).

Chez l'Homme le cartilage est remplacé progressivement par l'os. Des bourgeons vasculaires pénètrent dans le cartilage, le résorbent et donnent des ostéoblastes qui déposent de la matière solide dans les interstices cellulaires. Un os ainsi formé est un *os de cartilage*. La plupart des os plats, comme ceux du crâne, proviennent de la calcification d'une membrane conjonctive : ce sont des *os de membrane*.

Accroissement de l'os en longueur. — L'os ne remplace pas brusquement le cartilage. En général, on voit le tissu osseux apparaître en certains points du cartilage : ces points sont dits *points d'ossification*. Dans un os long (*fig.* 168), par exemple, on distingue souvent trois régions d'ossification : l'une donne la diaphyse, et les deux autres les épiphyses. Ces zones d'ossification s'agrandissent peu à peu, mais elles restent longtemps séparées par du cartilage.

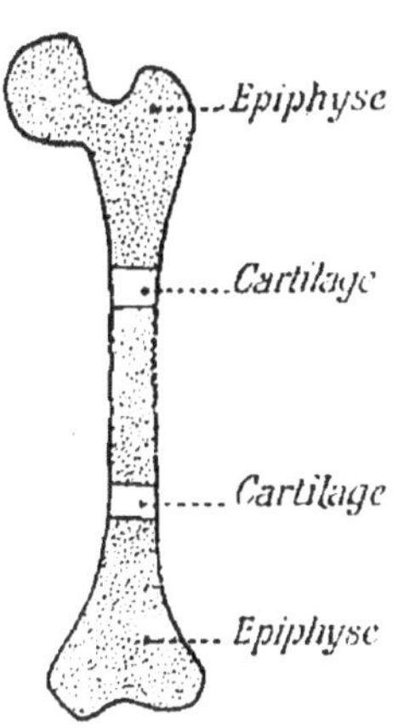

Fig. 168. — Os long en voie d'ossification.

Ce cartilage joue un rôle important dans la croissance de l'os : ses cellules se multiplient et élaborent une nouvelle matière cartilagineuse, ce qui allonge le cartilage et par suite l'os tout entier. Mais lorsque la diaphyse se sera soudée aux épiphyses, l'os ne grandira plus et conservera toute sa vie la longueur acquise. Chez l'Homme, cette soudure se fait, dans les membres, de 20 à 25 ans ; à cet âge il cesse de grandir : sa taille est définitive.

Si l'ossification se fait trop vite chez des enfants, comme cela arrive à la suite de surmenage physique, la taille reste petite ; au contraire, dans certains cas pathologiques, l'accroissement se fait d'une façon démesurée et la taille devient gigantesque. Ainsi se forment les nains et les géants.

Accroissement de l'os en épaisseur. — Lorsque l'os vient de remplacer le cartilage, il est d'abord plein ; puis bientôt les lamelles qui forment le tissu spongieux du centre de cet os se résorbent et l'on a la *cavité médullaire*. En même temps il se forme, sous le périoste, de nouvelles cellules qui vont sécréter une substance interstitielle osseuse et former ainsi une nouvelle zone osseuse à la partie externe.

On a mis en évidence cette propriété du périoste par plusieurs expériences.

Dès 1740, Duhamel remarquait qu'un Porc nourri avec de la garance présentait, sous le périoste, une zone colorée en rouge, et qu'en alternant ce régime avec une alimentation ordinaire l'os du Porc présentait des zones alternativement rouges et blanches.

En 1840, Flourens place un fil de platine sous le périoste d'un jeune animal ; la plaie se ferme et, plus tard, en sacrifiant

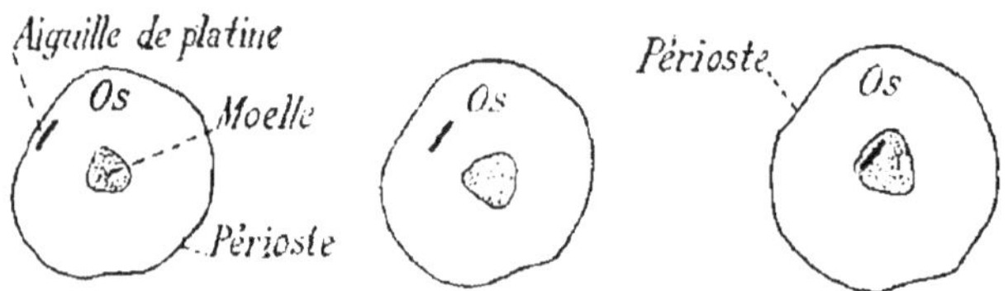

Fig. 169. — Expérience de Flourens montrant l'accroissement en épaisseur d'un os long.

l'animal, il retrouve le fil de platine plus profondément dans l'os, et même dans le canal médullaire (*fig.* 169). C'est qu'il y a accroissement à l'extérieur, tandis que les parties internes se détruisent, agrandissant ainsi le canal médullaire.

Enfin l'expérience suivante montre le pouvoir qu'a le périoste de former de l'os. On détache un lambeau de périoste de l'os en le laissant attaché à l'os par l'un des bouts, tandis que l'autre bout est placé dans les muscles voisins : le périoste *fait de l'os* au milieu de ces muscles. Sur des animaux, on réussit même à transplanter des lambeaux de périoste soit dans la chair, soit sous la peau ; et là ce périoste produisait du tissu osseux. C'est la *greffe osseuse*.

Cette propriété du périoste se perd avec l'âge : chez le

vieillard le périoste n'est plus qu'une enveloppe fibreuse ayant perdu toute activité cellulaire. Ainsi s'explique la guérison rapide des fractures chez un jeune homme et leur persistance chez les vieillards.

Ossification. — *Une alimentation riche en sels calcaires* est nécessaire pour que l'ossification puisse se faire convenablement. Sinon le squelette ne s'ossifie pas ; il reste mou et se déforme : c'est le *rachitisme (fig.* 170). C'est ce qui arrive chez les jeunes enfants privés de lait, aliment riche en sels calcaires, et souvent aussi chez les habitants des régions granitiques dont les eaux sont pauvres en sels calcaires. Milne-Edwards a montré expérimentalement l'importance des sels calcaires ; il nourrit des jeunes Pigeons avec des aliments privés de calcaire, et il vit que leur squelette s'allongeait mais restait mou et se déformait. Les Pigeons étaient devenus *rachitiques*.

Fig. 170. — Tibia incurvé de la jambe d'un rachitique.

L'observation a montré que les aliments riches en phosphates et en lécithine favorisent le développement du squelette.

II. — Squelette.

Le squelette de l'Homme (*fig.* 171) comprend trois parties : le *tronc*, la *tête* et les *membres*.

§ 1. — Le tronc.

Le squelette du tronc est formé de trois parties : la *colonne vertébrale*, les *côtes* et le *sternum*.

La colonne vertébrale. — La *colonne vertébrale* est en

quelque sorte l'axe du corps. Elle est formée par un ensemble

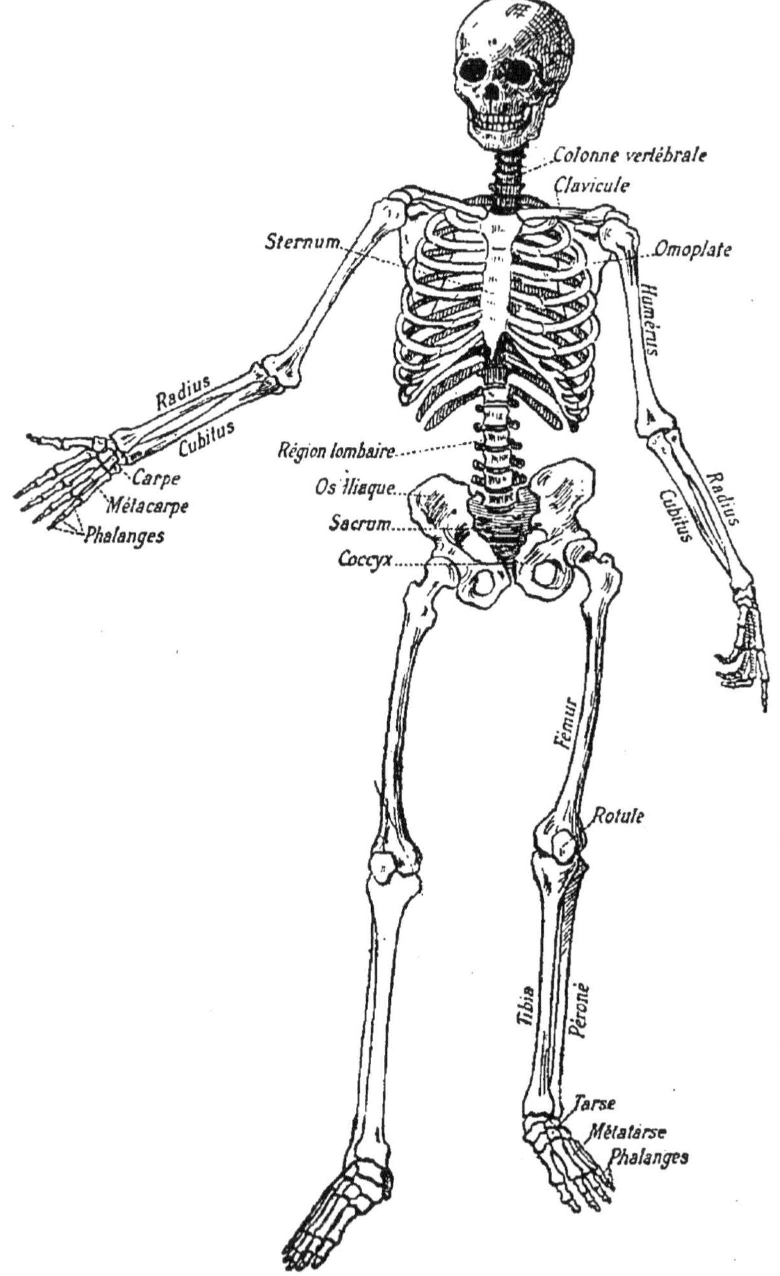

Fig. 171. — Squelette de l'Homme.

d'os empilés les uns sur les autres : ce sont les *vertèbres*.

Une *vertèbre* se compose d'une partie centrale appelée *corps*

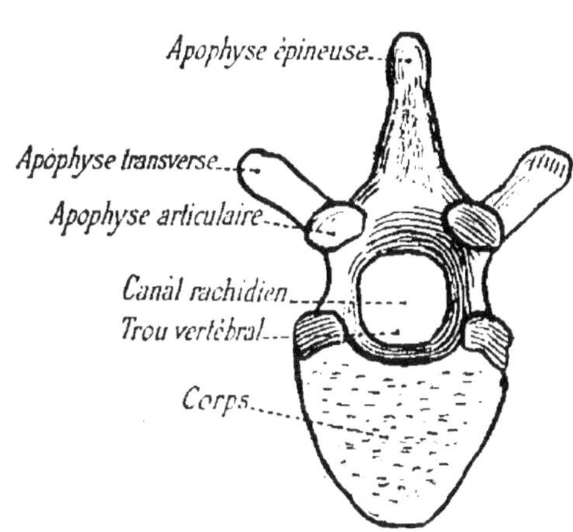

Fig. 172. — Une vertèbre dorsale.

(*fig.* 172) ; en arrière, d'un anneau osseux qui forme l'*arc neural*, limitant le *trou vertébral* dans lequel passe la moelle épinière. Cet arc neural se prolonge en arrière, par l'*apophyse épineuse :* ce sont les apophyses épineuses qui ont valu à la colonne vertébrale le nom d'*épine dorsale.* Sur les côtés sont les *apophyses transverses* et quatre *apophyses articulaires* résultant de la superposition des vertèbres.

Les trous vertébraux, en se superposant, constituent le *canal rachidien,* qui loge la moelle épinière. Sur les côtés de ce canal se trouvent les *trous de conjugaison* (*fig.* 173) par lesquels sortent les nerfs rachidiens.

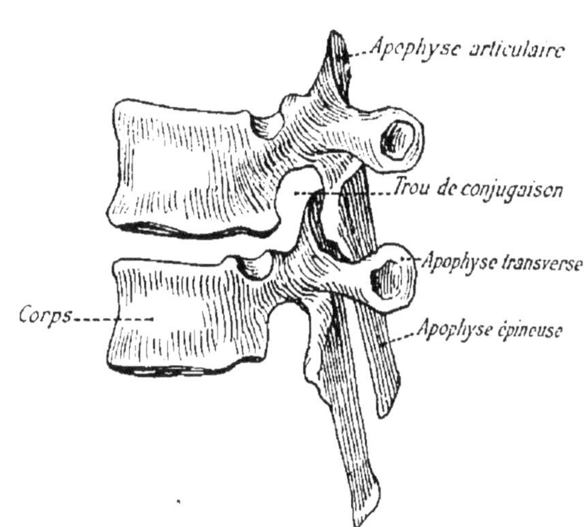

Fig. 173. — Deux vertèbres superposées.

Les vertèbres sont au nombre de 33 (*fig.* 174), réparties de la manière suivante :

1° Les *vertèbres cervicales,* au nombre de 7, occupent la région du cou ; elles ont un petit corps, leurs apophyses épineuses sont bifurquées, et les apophyses transverses sont percées d'un trou pour laisser passer l'*artère vertébrale.* La première, appelée *atlas* (*fig.* 175), a son apophyse épineuse atrophiée et présente deux facettes articulaires sur lesquelles reposent les deux condyles de la base du

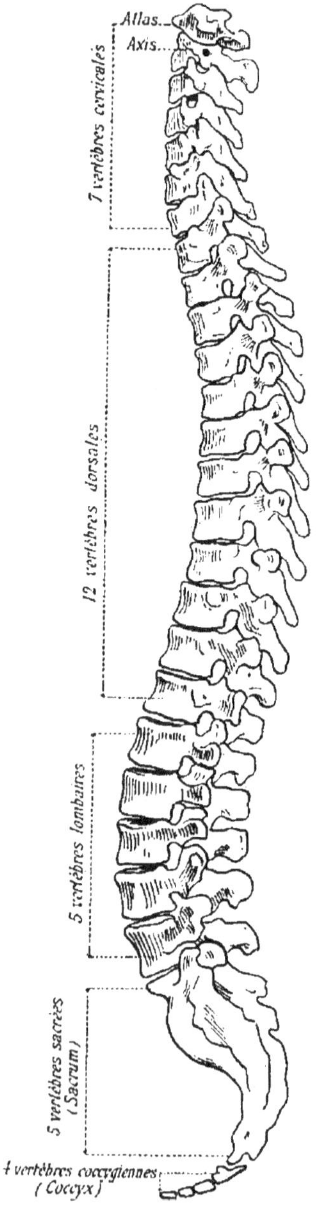

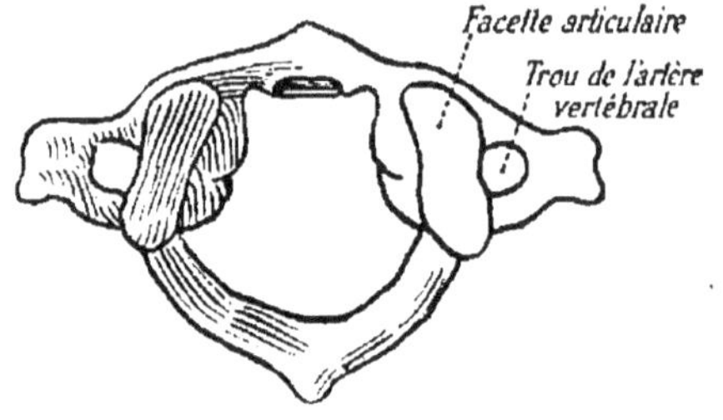

Fig. 175. — L'atlas (première vertèbre cervicale).

crâne. La seconde, appelée *axis* (*fig.* 176), porte un prolongement, l'*apophyse odontoïde*, sorte d'axe, autour duquel tournent l'atlas et la

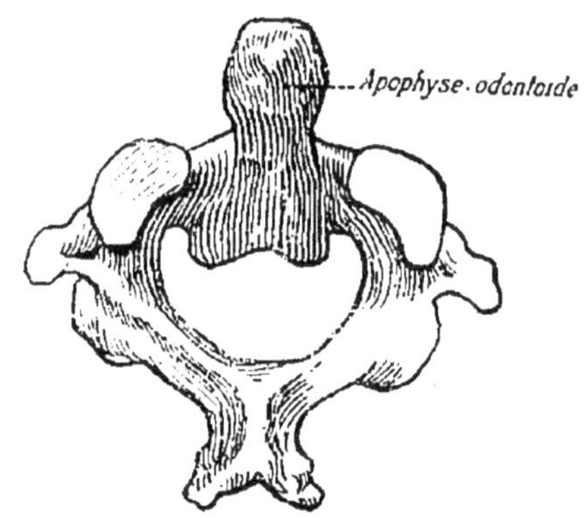

Fig. 176. — L'axis (deuxième vertèbre cervicale).

tête. La septième est parfois appelée la *proéminente* parce qu'elle fait saillie à la base de la nuque, surtout lorsque la tête est légèrement inclinée en avant.

2° Les *vertèbres dorsales*, au nombre de 12, occupent la

Fig. 174. — Colonne vertébrale.

région du dos ; leurs apophyses épineuses sont obliques de haut en bas (*fig.* 173) et empêchent le corps de s'infléchir en arrière ; chaque vertèbre dorsale porte une paire de côtes.

3° Les *vertèbres lombaires*, au nombre de 5, occupent la région des reins ; ce sont les plus grosses, et leurs apophyses transverses sont longues.

4° Les *vertèbres sacrées*, au nombre de 5, sont soudées en un seul os, le *sacrum* (*fig.* 177). Elles occupent la région sacrée, c'est-à-dire la région contenant les viscères

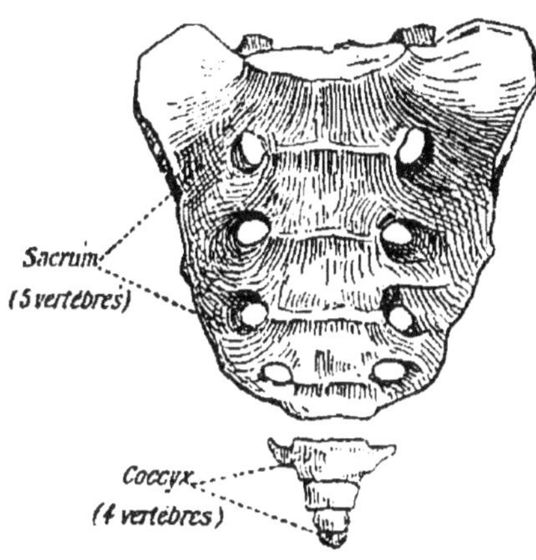

Fig. 177. — Le sacrum et le coccyx.

qui étaient réservés aux dieux dans les sacrifices. Par la conformation du sacrum, il est facile de voir que cet os résulte de la soudure de 5 vertèbres.

5° Les *vertèbres coccygiennes* (*fig.* 177), au nombre de 4, sont petites, atrophiées et soudées en un seul os, le *coccyx*, qui termine la colonne vertébrale et forme comme un rudiment de queue.

La colonne vertébrale de l'Homme présente, dans son ensemble, une *double courbure* (*fig.* 174) : une convexité dorsale dans la région thoracique et une concavité dorsale dans la région lombaire. Cette courbure lombaire, qui n'existe chez aucun autre Mammifère, est en rapport chez l'Homme avec son attitude verticale.

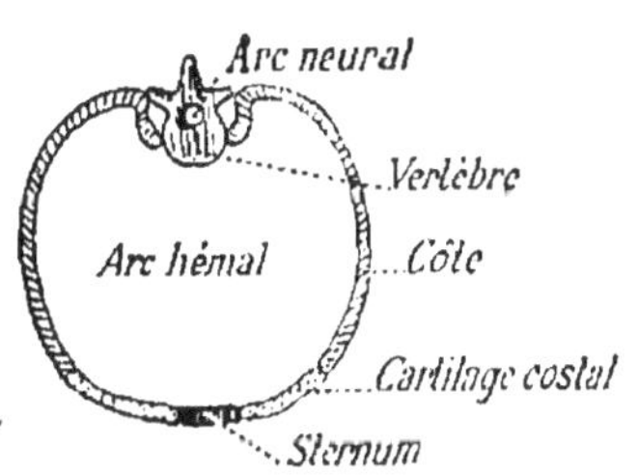

Fig. 178. — Segment vertébral.

Les côtes et le sternum. — Les *côtes* sont au nombre de 12 paires. Chaque côte a la forme d'un arc osseux (*fig.* 178), qui vient s'appuyer, en arrière, contre les vertèbres et, en avant, par l'intermédiaire d'un cartilage (*cartilage costal*), sur le *sternum*. L'ensemble de la vertèbre, des côtes, du sternum et des cartilages forme ce qu'on appelle un *segment vertébral*.

Le *sternum* est un os plat, médian, situé en avant de la poitrine, et terminé en pointe à sa partie inférieure par l'*appendice xiphoïde*. Sur lui viennent s'appuyer les deux clavicules. Les 7 premières paires de côtes viennent s'y rattacher directement ; puis les 3 paires de côtes suivantes ou *fausses côtes* s'y rattachent par l'intermédiaire des côtes précédentes ; enfin les 2 dernières côtes sont dites *flottantes* parce qu'elles sont libres en avant.

§ 2. — La tête.

La *tête* comprend deux parties : le *crâne* et la *face*.

Le crâne. — Le crâne est une boîte osseuse qui renferme l'encéphale (cerveau, cervelet, bulbe, etc.) et qui est constituée par des os plats soudés par engrènement.

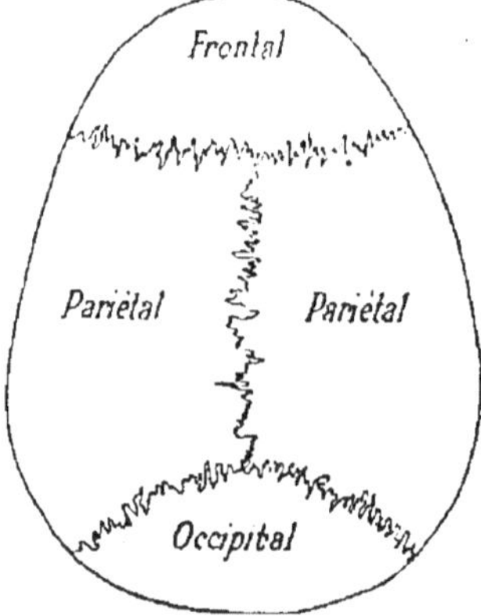

Fig. 179. — Crâne vu par la face supérieure.

Le crâne a une forme ovoïde (*fig.* 179) à grosse extrémité postérieure ; il n'est pas tout à fait symétrique. Son volume et sa forme varient chez les différentes races humaines : c'est ainsi que la partie la plus développée est la partie antérieure dans la race blanche, la partie moyenne dans la race jaune, et la partie postérieure dans la race noire.

La forme du crâne présente, dans la même race, des variations intéressantes au point de vue ethnographique : tantôt le crâne est arrondi (*brachicéphale*), tantôt il est allongé (*dolichocéphale*). Ce qui varie également c'est l'*angle facial*, c'est-à-dire l'angle que formerait une ligne s'appuyant sur le front et les incisives avec une ligne passant par le trou auditif et l'épine nasale. Cet angle est de 70 à 80 degrés, et plus il s'approche de 90°, plus il est voisin du type idéal de la beauté

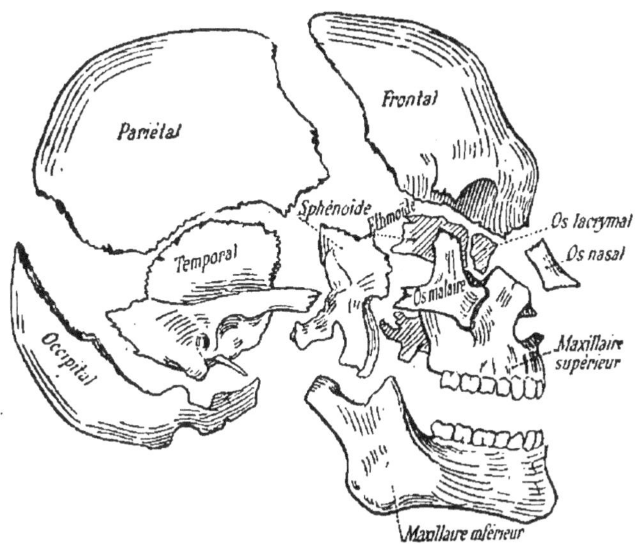

Fig. 180. — Os de la tête désarticulés.

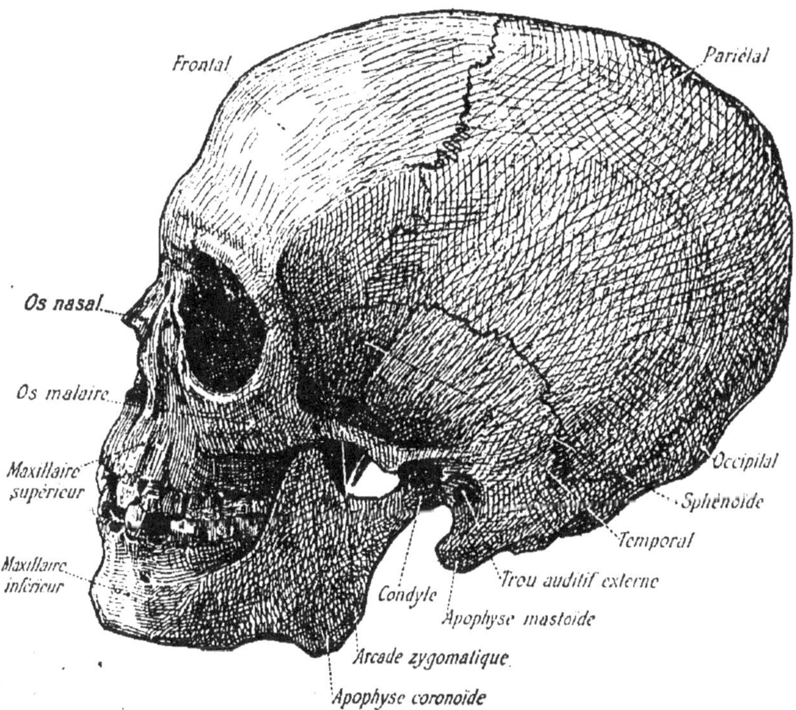

Fig. 181. — Squelette de la tête (profil).

telle que nous la concevons. C'est pourquoi les statuaires grecs donnaient aux têtes de dieux et de héros un angle facial souvent supérieur à 90 degrés.

Le crâne est formé par 8 os solidement engrenés les uns avec les autres. Ce sont (*fig.* 180) : le *sphénoïde* au centre de la base du crâne, l'*ethmoïde* un peu plus en avant, le *frontal* en avant, l'*occipital* en arrière, les deux *temporaux* sur les côtés et les deux *pa-*

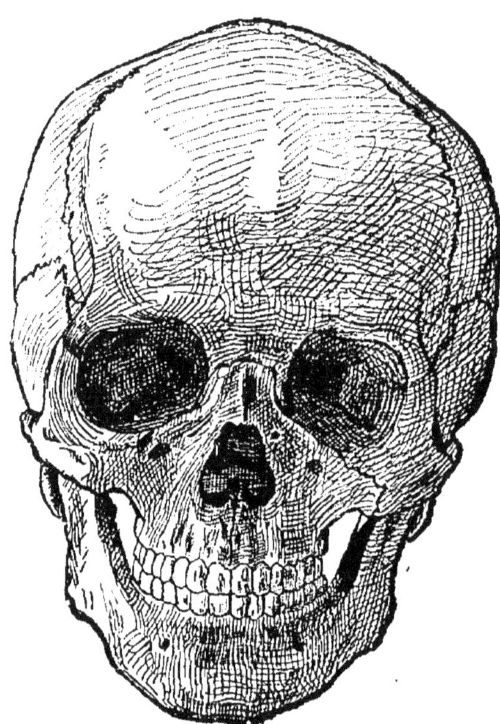

Fig. 182. — Squelette de la tête (face).

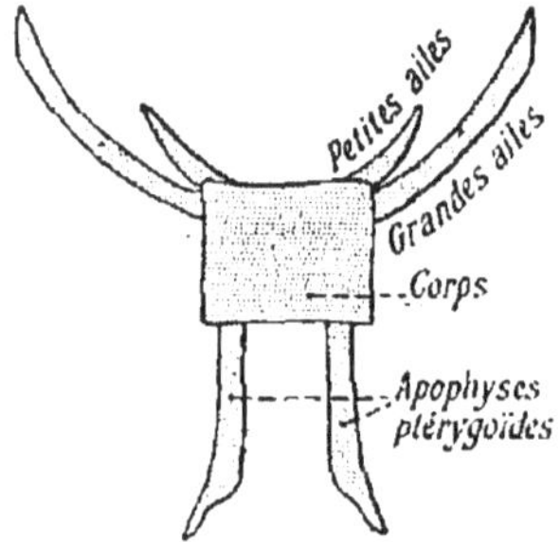

Fig. 183. — Coupe schématique verticale du sphénoïde.

riétaux fermant la boîte à la partie supérieure (*fig.* 181 et 182).

Le *sphénoïde* est la clef de voûte du crâne ; il est soudé avec la plupart des os du crâne ; sa forme rappelle assez l'aspect d'une Chauve-Souris. Il est formé d'une partie centrale, le *corps* (*fig.* 183), portant à la partie supérieure deux *grandes* et deux *petites ailes* et, à la partie inférieure, deux prolongements appelés *apophyses ptérygoïdes*. La face supérieure présente une dépression, la *selle turcique*, dans laquelle se loge la glande pituitaire ou hypophyse.

L'*ethmoïde* présente sur sa face supérieure une crête saillante, de chaque côté de laquelle se trouve une *lame criblée*, percée de trous pour le passage des filets du nerf olfactif.

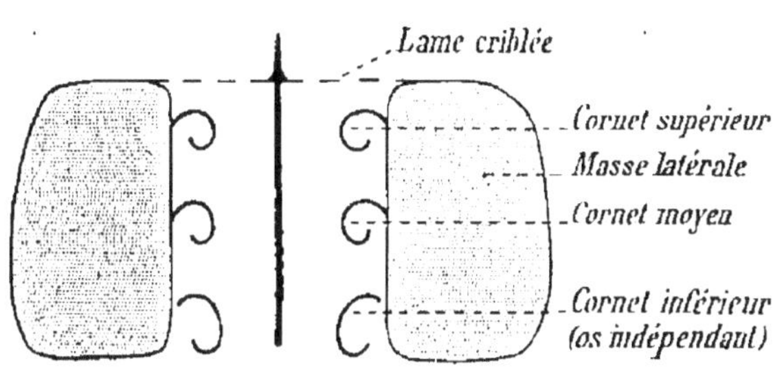

Fig. 184. — Coupe schématique verticale et transversale de l'ethmoïde.

Au-dessous de la lame criblée se trouve une lame osseuse verticale (*fig.* 184) qui contribue à former la cloison séparant les narines. Enfin de chaque côté se trouvent les deux *masses latérales* creusées de cavités et qui portent en dedans les deux *cornets supérieur* et *moyen* du nez. L'ethmoïde prend donc une part importante dans la constitution du nez.

L'*occipital* est percé d'un large orifice, le *trou occipital*, pour le passage de la moelle épinière ; de chaque côté de ce trou se trouvent deux saillies ou *condyles occipitaux*, qui viennent s'appuyer sur les deux facettes articulaires de l'atlas.

Le *temporal* présente une partie amincie, l'*écaille*, et une partie renflée contenant l'oreille, c'est le *rocher* ; en avant, cet os se prolonge par l'*apophyse zygomatique* ; à sa partie inférieure se trouve la *cavité glénoïde*, qui reçoit le condyle de la mâchoire inférieure.

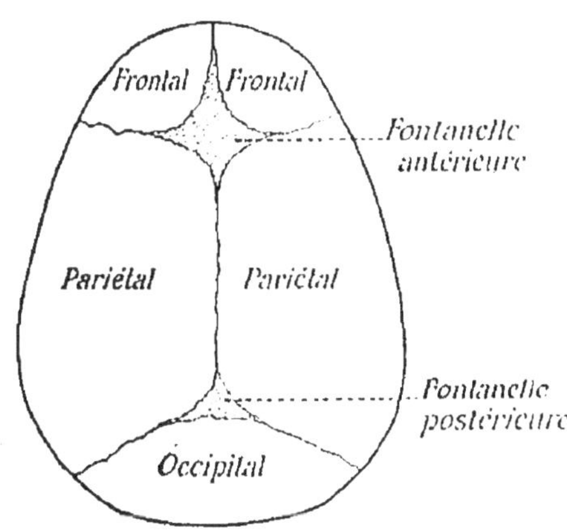

Fig. 185. — Ossification du crâne.

Ossification. — Les os du crâne sont des os de membrane. Ils se développent par des points d'ossification qui marchent l'un vers l'autre, mais qui mettent longtemps à se souder (*fig.* 185). Les espaces membraneux qui séparent les os en voie de développement sont appelés *fon-*

tanelles. La fontanelle antérieure est quadrangulaire, la postérieure est triangulaire.

La face. — Le squelette de la *face* (*fig.* 180 et 181) est formé par un ensemble d'os limitant des cavités qui abritent les organes des sens. Il comprend 14 os, dont 13 sont soudés au crâne : le *maxillaire inférieur*, seul, est articulé avec le crâne.

Les 13 os soudés au crâne sont : 2 os *nasaux*, qui forment le squelette du nez, 2 *maxillaires supérieurs*, 2 os *malaires* ou *jugaux*, formant la saillie connue sous le nom de *pommette*, 2 *palatins*, formant avec les maxillaires supérieurs la voûte du palais, 2 os *lacrymaux*, situés sur la paroi interne de l'orbite, 2 *cornets inférieurs* du nez, enfin le *vomer*, qui forme une partie de la cloison du nez.

Théorie vertébrale. — On a voulu voir dans le crâne le prolongement de la colonne vertébrale : les os du crâne ne seraient alors que des *vertèbres transformées*, modifiées par une adaptation à des fonctions spéciales. C'est le poète allemand Gœthe qui, le premier, émit cette théorie.

Mais la *théorie vertébrale* du crâne ne s'accorde guère avec ce que nous apprennent l'anatomie comparée et l'embryogénie ; aussi a-t-elle été remplacée par une nouvelle conception, celle de la *métamérie*. D'après cette théorie, la tête et le tronc seraient formés de segments ou *métamères*. La tête comprendrait 12 métamères, car il y a 12 paires de nerfs crâniens qui, comme les nerfs rachidiens, doivent correspondre à autant de segments.

§ 3. — **Les membres**.

Les membres de l'homme sont au nombre de deux paires : les *membres thoraciques* ou *supérieurs*, les *membres abdominaux* ou *inférieurs*. Ces membres sont rattachés au corps par des os qui forment les *ceintures*.

Le membre thoracique. — Le membre thoracique comprend les régions suivantes : le *bras*, l'*avant-bras*, le *poignet*, la *paume de la main* et les *doigts*.

Le *bras* (*fig*. 186, A) a pour squelette l'*humérus*, dont la tête arrondie s'articule à l'épaule et la partie inférieure avec les deux os de l'avant-bras. La tête sphérique de l'humérus, roulant facilement dans la cavité articulaire de l'épaule, permet au bras de se mouvoir dans tous les sens.

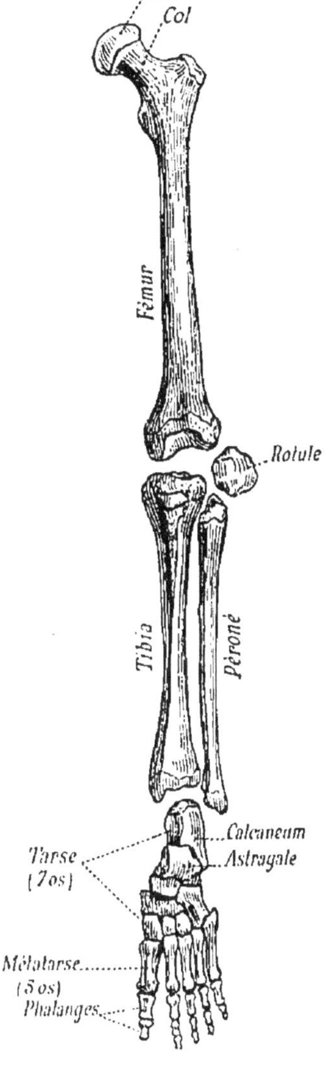

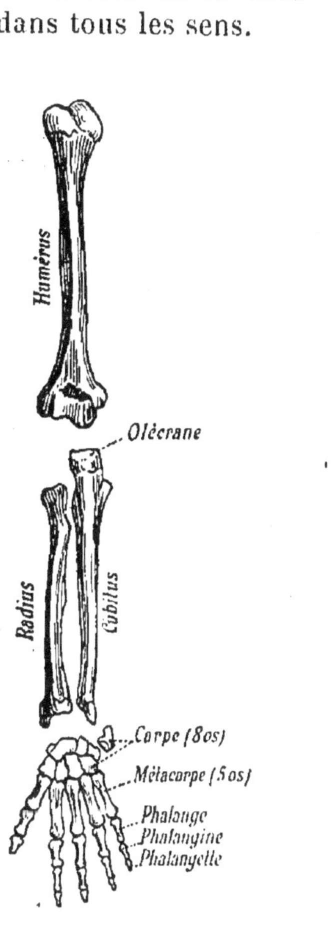

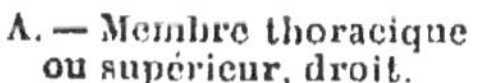

A. — Membre thoracique
ou supérieur, droit.

B — Membre abdominal
ou inférieur, gauche.

Fig. 186. — Squelette des membres.

L'*avant-bras* comprend deux os : le *cubitus*, en dedans, et le *radius*, en dehors. Le cubitus présente à sa partie supé-

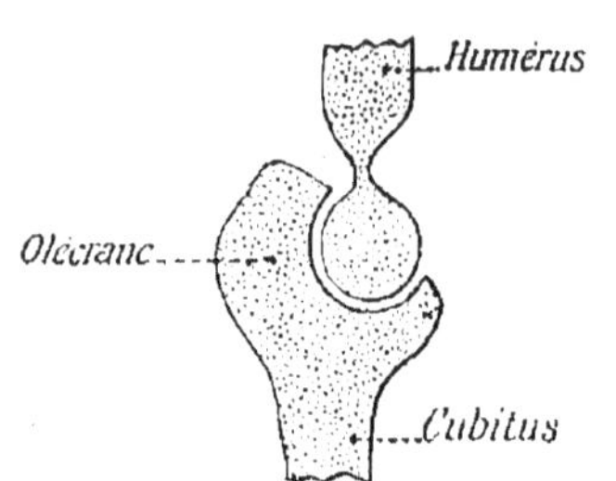

Fig. 187. — Coupe antéro-
postérieure du coude.

rieure une saillie, l'*olécrane* (*fig.* 186 et 187), dont le bec, en heurtant contre l'humérus empêche le bras de se ployer en arrière. Le radius tourne autour du cubitus.

Le *poignet* a son squelette formé de 8 petits os disposés sur deux rangées : c'est le *carpe*.

La *paume de la main* comprend 5 os, disposés presque parallèlement : c'est le *méta-carpe*, formé par conséquent de 5 *métacarpiens*.

Les *doigts* sont au nombre de 5, et chaque doigt possède 3 petits os, appelés *phalanges*, sauf le pouce, qui n'en a que deux.

Le membre abdominal. — Le membre abdominal (*fig.* 186, B) comprend les régions suivantes : la *cuisse*, la *jambe*, le *cou-de-pied*, la *plante des pieds* et les *doigts*.

Le squelette de la *cuisse* est le *fémur* ; c'est l'os le plus long du corps ; il a une tête sphérique, qui s'articule à la hanche et qui se rattache au reste de l'os par une partie rétrécie appelée *col*.

La *jambe* comprend deux os : le *tibia*, en dedans, et le *péroné*, en dehors. Le tibia est de forme triangulaire ; il présente un large plateau sur lequel vient rouler la surface articulaire du fémur. En avant de cette articulation du genou se trouve un petit os, la *rotule*, dont le rôle est d'empêcher la jambe de se ployer en avant ; la rotule joue le même rôle que l'olécrane pour le bras. A leur partie inférieure le tibia et le péroné se renflent pour donner les *chevilles*, qui limitent une sorte de mortaise dans laquelle vient s'emboîter le pied.

Le *cou-de-pied* a son squelette ou *tarse* formé de 7 os, dont un, l'*astragale*, s'articule avec le tibia et reçoit le poids du corps, et dont un autre, le *calcanéum*, forme le talon.

La *plante des pieds* a son squelette ou *métatarse* formé de 5 os disposés parallèlement et appelés *métatarsiens*.

Enfin les *doigts* ou *orteils* sont au nombre de 5, et chaque doigt possède trois phalanges, sauf le pouce, qui n'en a que deux.

L'ensemble du pied forme une sorte de voûte dont les différentes parties articulées permettent l'élasticité de la marche.

Les *membres thoraciques et abdominaux sont construits sur le même plan*, ainsi que le résume le tableau suivant :

MEMBRE THORACIQUE		MEMBRE ABDOMINAL	
Bras	*Humérus.*	Cuisse . .	*Fémur.*
Avant-bras .	*Cubitus.* *Radius.*	Jambe . . .	*Tibia.* *Péroné.*
Coude . . .	*Olécrane.*	Genou . . .	*Rotule.*
Poignet . .	*Carpe* (8 os).	Cou-de-pied.	*Tarse* (7 os).
Paume . . .	*Métacarpe* (5 os).	Plante. . . .	*Métatarse* (5 os).
Doigts . . .	*3 phalanges.*	Orteils . . .	*3 phalanges.*

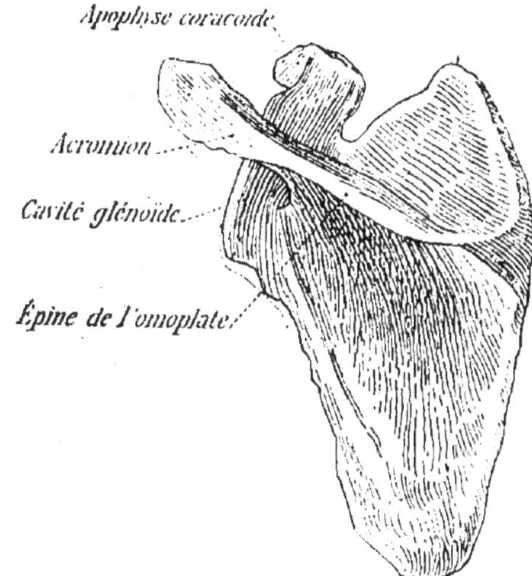

Fig. 188. — Omoplate gauche (face postérieure).

Les ceintures. — Les membres sont rattachés au corps par des os disposés autour du tronc et qui forment les *ceintures*. Il y a deux ceintures : la *ceinture thoracique* ou *scapulaire*, la *ceinture abdominale* ou *pelvienne*.

1° La *ceinture thoracique* est formée de deux *omoplates* en arrière, et de deux *clavicules* en avant.

L'*omoplate* (*fig.* 188) est un os plat, triangulaire, présentant sur sa face dorsale une arête, l'*épine* de l'omoplate.

Cette arête se prolonge par une apophyse, l'*acromion*, qui vient s'articuler avec la clavicule. A l'angle supérieur et externe de l'omoplate se trouve la *cavité glénoïde*, où vient s'articuler la tête de l'humérus et qui est protégée par l'*apophyse coracoïde*. C'est cette région qui constitue l'épaule.

La *clavicule*, située en avant, est recourbée et s'étend de l'acromion au sternum. Elle empêche l'épaule de se porter en avant.

2° La *ceinture abdominale* est formée de deux os appelés *os iliaques*. Ces deux os se soudent au sacrum en arrière, et viennent s'articuler en avant, pour constituer le *bassin*.

L'os iliaque (*fig.* 189) a sa partie supérieure aplatie, c'est l'*ilion* ; en bas, une partie épaissie, c'est l'*ischion* ; enfin en avant, un prolongement qui rejoint celui du côté opposé, c'est le *pubis*. Dans le développement de l'os iliaque, ces trois os sont distincts, et tous trois participent à la formation de la *cavité cotyloïde* où

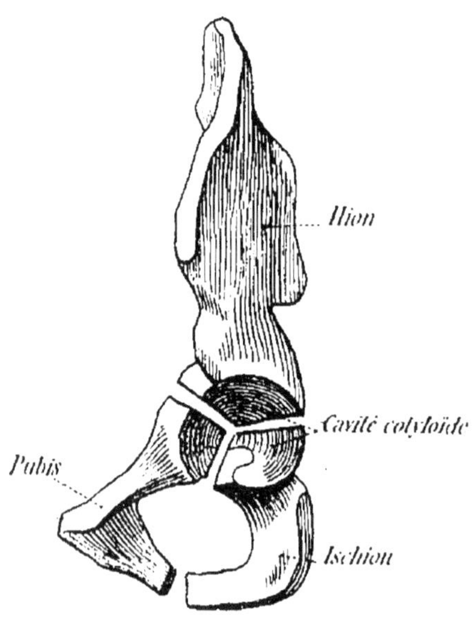

Fig. 189. — Os iliaque.

vient s'emboîter la tête sphérique du fémur. C'est l'os iliaque qui forme la saillie de la hanche.

III. — Articulations.

Les diverses articulations. — Le mode d'union de deux os constitue une *articulation*. Il y a trois variétés d'articulations : articulations immobiles, semi-mobiles et mobiles.

1° Les articulations *immobiles* sont encore appelées *sutures*. Si les deux surfaces osseuses s'engrènent, on a une suture *dentée* (*fig*. 190, A) (sutures du crâne) ; si les surfaces osseuses sont taillées en biseau (*fig*. 190, B), on a une suture *écailleuse* (suture du temporal et du pariétal).

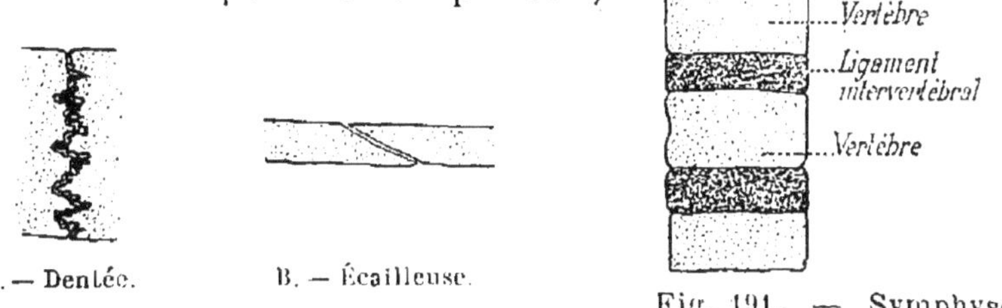

A. — Dentée.   B. — Écailleuse.

Fig. 190. — Sutures.

Fig. 191. — Symphyse (colonne vertébrale).

2° Les articulations *semi-mobiles* sont appelées aussi *symphyses*. Les surfaces osseuses sont séparées par des ligaments dont l'élasticité permet un léger déplacement des os. C'est ainsi que dans la colonne vertébrale (*fig*. 191), entre deux vertèbres successives, se trouve un disque fibro-élastique qui permet de légers mouvements dans les divers sens et donne par suite une certaine flexibilité à l'ensemble des vertèbres. Chez les vieillards ces disques se tassent et perdent de leur élasticité : d'où une diminution dans la taille et dans la souplesse des mouvements.

Les deux pubis sont aussi unis par une symphyse.

3° Les articulations *mobiles* sont les plus variées et les plus nombreuses.

Une articulation mobile, comme celle du genou ou du coude par exemple, se compose : 1° d'un cartilage *articulaire* (*fig*. 192), qui recouvre les deux surfaces osseuses en contact ; 2° de *ligaments*, qui vont d'un os à l'autre et qui sont destinés à maintenir les deux os en contact ; ils peuvent être en dehors de l'articulation et former autour de celle-ci une sorte de manchon fibreux appelé *capsule articulaire* ; ou bien ils peuvent être à l'intérieur de l'articulation, entre les

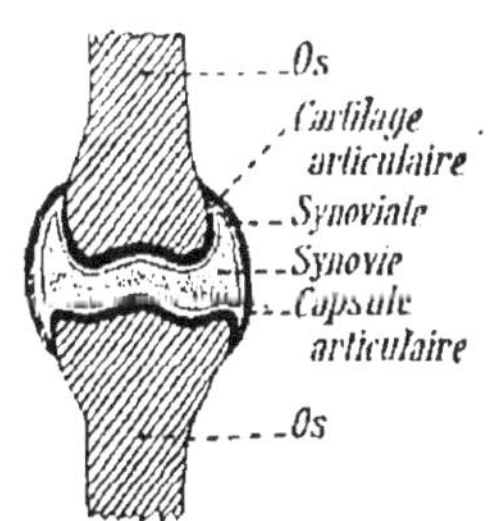

Fig. 192. — Articulation mobile.

surfaces osseuses, ce sont les *ligaments intraarticulaires*;
3° d'une membrane séreuse, dite *synoviale*, qui tapisse la
capsule articulaire et qui sécrète un liquide filant, huileux,
la *synovie*, destiné à lubréfier les surfaces articulaires. Il se
produit parfois à la surface du cartilage des concrétions
solides (*acide urique*); c'est alors que l'articulation fait
entendre des craquements (*arthrite*).

Si l'on immobilise un membre pendant la période d'ossification, les os se soudent et le membre s'ankylose. Dans une
luxation, c'est-à-dire lorsque les os sont déboîtés ou dérangés
de leur position normale, au bout de quelques mois l'ancienne articulation se détruit, et une nouvelle peut se produire au point où les deux os sont en contact : on peut dire
qu'ici l'articulation a été produite par le mouvement. C'est
une preuve de plus de ce principe biologique d'après lequel
la *fonction crée l'organe*.

Rôle de la pression atmosphérique. — Les surfaces articulaires sont maintenues en contact non seulement par les
ligaments et par les muscles qui les entourent, mais encore
par la pression atmosphérique.

On peut facilement démontrer ce fait par l'expérience
suivante : on coupe autour de la hanche d'un cadavre toutes
les parties molles : muscles, ligaments et même capsule articulaire. Il semblerait alors que la jambe doive se détacher :
il n'en est rien, la tête du fémur ne sort pas de la cavité cotyloïde. Mais si l'on perce avec une vrille ou une épingle le fond
de la cavité cotyloïde, l'air pénètre et le fémur sort de cette
cavité. On peut ensuite replacer la tête du fémur dans la
cavité, lui faire exécuter quelques mouvements pour chasser
l'air, boucher avec de la cire le trou que l'on a fait et le
fémur reste de nouveau dans la cavité cotyloïde. C'est donc
le vide obtenu par le contact des deux surfaces osseuses qui
permet à la pression atmosphérique de maintenir les surfaces
articulaires en place.

En tirant sur les doigts on entend des craquements dus à
ce que la pression atmosphérique étant vaincue, les surfaces

articulaires s'écartent, et les parties molles environnantes se précipitent entre les surfaces ; ces mouvements qui se font brusquement sont la cause du craquement entendu.

RÉSUMÉ

Le squelette est formé d'un ensemble de pièces dures, les *os*, qui forment la charpente du corps.

Étude de l'os. — On en peut considérer la *forme*, la *structure*, la *composition* et le *développement*.

1° *Forme.*
{ Os long : fémur, humérus.
{ Os plat : omoplate.
{ Os court : os du carpe.

2° *Structure.*
1. *Périoste* : membrane fibreuse.
2. *Os proprement dit* : cellules osseuses ramifiées et substance interstitielle. Canaux de Havers où circulent les vaisseaux.
3. *Moelle* : cellules adipeuses et lymphatiques, myéloplaxes, hématies.

2° *Composition.*
1° *Osséine* : substance organique.
2° *Sels minéraux* : phosphates et carbonates de calcium.

4° *Développement.*
1° Squelette muqueux ;
2° — cartilagineux ;
3° — osseux : { Accroissement de l'os en longueur : points d'ossification ; Accroissement de l'os en épaisseur : sous le périoste.

Une alimentation riche en sels calcaires est nécessaire pour que l'ossification se fasse bien.

Le squelette. — Le squelette comprend trois régions : *tronc, tête* et *membres*.

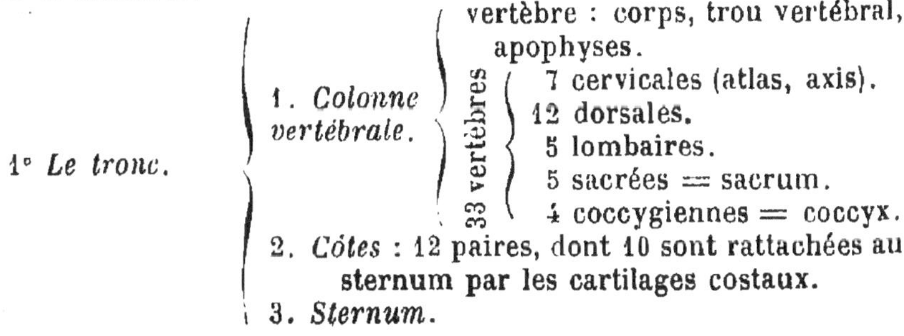

1° *Le tronc.*
1. *Colonne vertébrale.* — vertèbre : corps, trou vertébral, apophyses.
33 vertèbres { 7 cervicales (atlas, axis). 12 dorsales. 5 lombaires. 5 sacrées = sacrum. 4 coccygiennes = coccyx.
2. *Côtes* : 12 paires, dont 10 sont rattachées au sternum par les cartilages costaux.
3. *Sternum.*

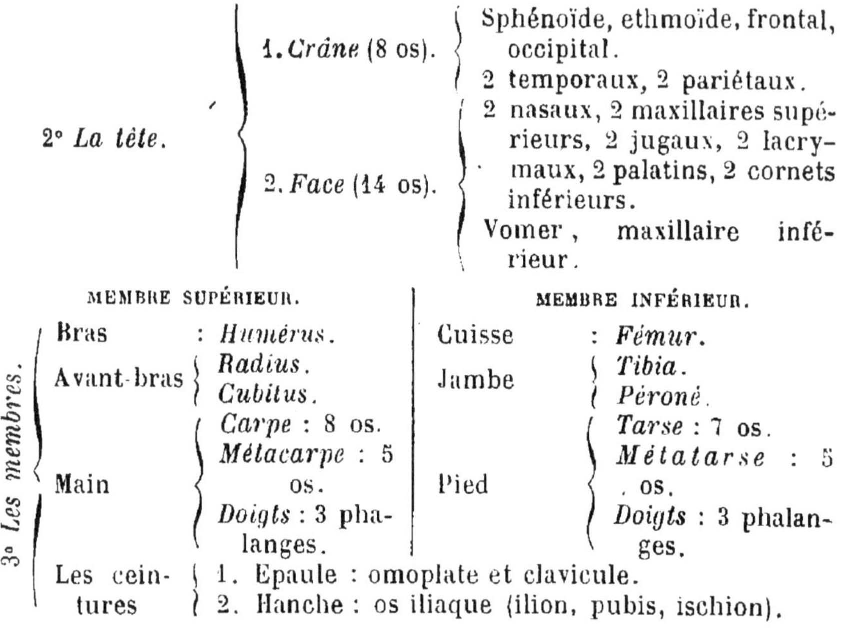

2° *La tête.*

- 1. *Crâne* (8 os). — Sphénoïde, ethmoïde, frontal, occipital. 2 temporaux, 2 pariétaux.
- 2. *Face* (14 os). — 2 nasaux, 2 maxillaires supérieurs, 2 jugaux, 2 lacrymaux, 2 palatins, 2 cornets inférieurs. Vomer, maxillaire inférieur.

3° *Les membres.*

MEMBRE SUPÉRIEUR.

- Bras : *Humérus.*
- Avant-bras : *Radius. Cubitus.*
- Main : *Carpe* : 8 os. *Métacarpe* : 5 os. *Doigts* : 3 phalanges.

MEMBRE INFÉRIEUR.

- Cuisse : *Fémur.*
- Jambe : *Tibia. Péroné.*
- Pied : *Tarse* : 7 os. *Métatarse* : 5 os. *Doigts* : 3 phalanges.

Les ceintures :
- 1. Épaule : omoplate et clavicule.
- 2. Hanche : os iliaque (ilion, pubis, ischion).

Articulations. — Trois variétés :
- 1. Immobiles ou *sutures* : os du crâne.
- 2. Semi-mobiles ou *symphyses* : les vertèbres.
- 3. Mobiles : la plupart des os.

Une articulation mobile, comme celle du genou, se compose de trois parties essentielles : le *cartilage articulaire* recouvrant les surfaces osseuses, les *ligaments* maintenant les os en place, une membrane séreuse, la *synoviale.*

Les surfaces articulaires sont maintenues en place non seulement par les ligaments, mais aussi par la pression atmosphérique.

CHAPITRE X

LES MUSCLES

———

Le mouvement. — Le mouvement est un des phénomènes les plus caractéristiques de la vie animale.

Chez les animaux inférieurs les mouvements sont dus à la contractilité du protoplasma. Tels sont les mouvements amiboïdes décrits au début de ce livre.

Chez les animaux supérieurs les mouvements s'observent facilement soit avec les cellules lymphatiques, soit avec l'épithélium vibratile. Nous avons d'ailleurs indiqué les expériences fort simples qui montrent l'action motrice des cils vibratiles. Enfin une spécialisation des cellules se produit pour donner des *éléments musculaires*, qui possèdent à un haut degré la faculté de se contracter et par suite de se mouvoir.

Nous allons étudier successivement l'anatomie des muscles, leur *physiologie* et le *mécanisme du mouvement*.

I. — Anatomie des muscles.

Les *muscles* sont des organes actifs du mouvement ; ils forment ce qu'on appelle la *chair*, et sont au nombre d'environ 450.

On peut, d'après leur structure et d'après leurs fonctions, ranger les muscles en deux catégories : 1° les *muscles striés*, qui sont soumis à la volonté ; ce sont les organes essentiels de la locomotion : tels sont les muscles des membres : 2° les *muscles lisses*, qui sont indépendants de la volonté : tels sont les muscles des parois de l'estomac, de la vessie, etc.

Muscles striés. — Un *muscle strié* tel que le *biceps*, qui est situé à la partie antérieure du bras, se compose d'une partie charnue, renflée (*fig.* 193), terminée par deux prolongements blancs et élastiques, les *tendons*. L'ensemble du muscle a la forme d'un fuseau.

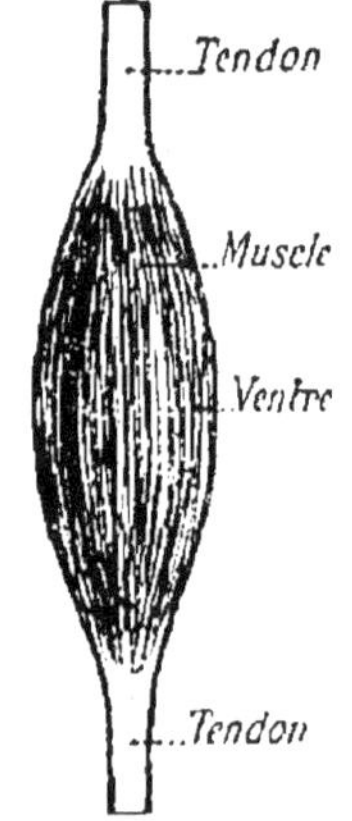

Fig. 193. — Un muscle long.

Les *tendons*, qui rattachent le muscle au squelette, sont formés par du tissu élastique et ne sont autre chose que les prolongements de l'enveloppe fibreuse du muscle.

Le *muscle*, présente sur une section transversale (*fig.* 194) : 1° une enveloppe externe fibreuse, c'est l'*aponévrose* ; 2° des cloisons provenant de cette enveloppe externe et qui partagent le muscle en un certain nombre de *faisceaux musculaires*. Ces faisceaux se voient facilement sur de la viande bouillie, car le tissu conjonctif des cloisons a été gélifié par la cuisson ; 3° des filaments à peine visibles à l'œil nu et qu'on appelle *fibres musculaires*.

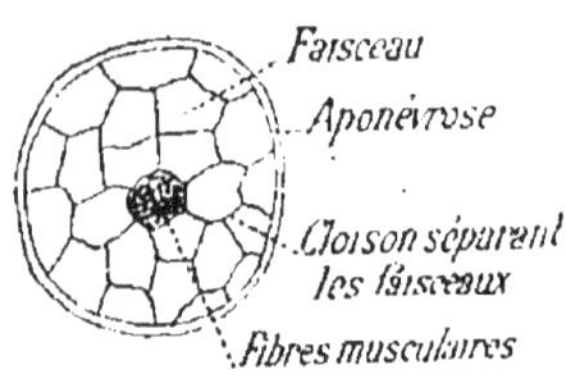

Fig. 194. — Coupe transversale d'un muscle.

Fig. 195. — Fibre musculaire striée.

Fig. 196. — Fibrille musculaire.

Lorsqu'on regarde une de ces fibres au microscope et à un fort grossissement, on voit qu'elle présente des stries longitudinales et transversales : d'où son nom de *fibre striée* (*fig* 195). Les stries longitudinales sont dues à ce que la fibre est formée d'un certain nombre de *fibrilles* parallèles, et la striation transversale provient de ce que chaque fibrille (*fig.* 196) est constituée par des disques alternativement *sombres* et *clairs* et empilés les uns sur les autres. Les disques de même nature sont au même niveau dans toutes les fibrilles d'une même fibre, ce qui donne à cette dernière un aspect strié fort net. Les disques sombres sont *contractiles*, tandis que les disques clairs sont *élastiques*.

Chaque fibre est entourée d'une membrane (*sarcolemme*) à l'intérieur de laquelle se trouvent plusieurs noyaux. Elle résulte donc de la fusion de plusieurs cellules.

Les muscles striés, comme nous le verrons plus loin, sont à *contraction rapide* et sont *soumis à l'influence de la volonté*, sauf ceux du cœur, qui se contractent sans que notre volonté intervienne. Leur couleur est rouge.

Muscles lisses. — En dissociant les muscles qui forment les parois de l'estomac, ou de l'intestin, ou de la vessie, on voit qu'ils sont formés de fibres ne présentant pas l'aspect strié. Ces *fibres lisses* (*fig.* 197) sont simplement des cellules très allongées, et qui parfois même peuvent s'ajouter bout à bout.

Les muscles lisses sont à *contraction lente* et ne sont pas *soumis à l'influence de la volonté*. Leur couleur est blanchâtre.

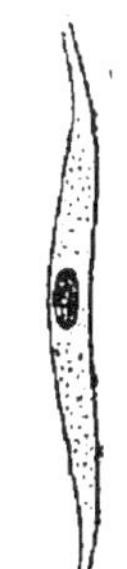

Fig. 197. — Fibre musculaire lisse.

Transitions entre les muscles striés et les muscles lisses. — Chez les animaux il existe des fibres musculaires dont les formes sont intermédiaires entre la fibre lisse et la fibre striée.

Dans le cœur de la Grenouille on trouve des fibres formées par une cellule allongée et présentant quelques stries sur les bords (*fig.* 198, A). Dans le cœur du jeune Mouton existent des fibres (*fig.* 198, B) formées par des cellules placées bout à bout et dont la striation est un peu plus accentuée que celle des fibres du cœur de la Grenouille. Enfin les mus-

cles du cœur de l'Homme sont formés de fibres striées *fig.*
198, C), où l'indépendance des cellules est encore très nette, et qui, de plus, ne sont pas soumises à la volonté.

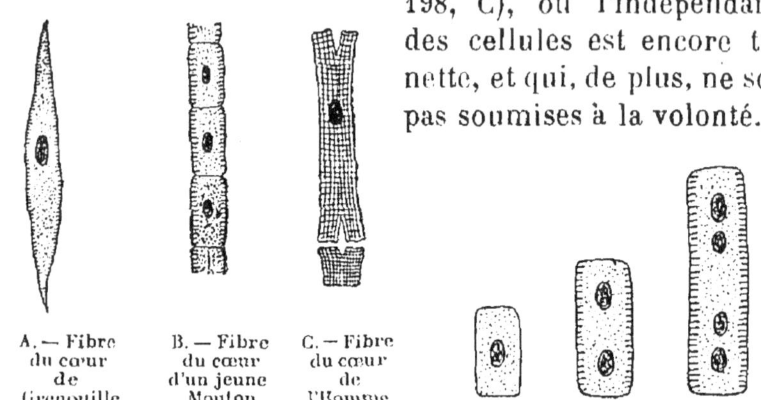

A. — Fibre du cœur de Grenouille. B. — Fibre du cœur d'un jeune Mouton. C. — Fibre du cœur de l'Homme.

Fig. 198. — Transitions entre la fibre lisse et la fibre striée.

Fig. 199. — Développement d'une fibre musculaire striée.

Toutes ces formes de transition se retrouvent chez le jeune animal en voie de développement : les cellules qui doivent être striées s'allongent d'abord, puis le noyau se divise et la striation commence sur les bords (*fig.* 199) pour s'accentuer ensuite dans tout le protoplasma. En somme, une fibre lisse peut être considérée comme une fibre striée au début de son développement.

Forme et distribution des muscles. — La *forme* des muscles est très variable. Ils peuvent en effet être *longs* (biceps), *courts* (muscles interdigitaux), *larges* (diaphragme).

Les muscles peuvent aussi s'insérer de différentes façons sur les diverses parties de l'organisme : ils peuvent s'attacher par leurs deux tendons sur les os (muscles des membres), ou bien sur la peau (muscles peauciers), ou bien encore par un tendon sur l'os et par l'autre tendon sur un organe (muscles de l'œil).

Souvent deux muscles agissent sur les mêmes parties du squelette pour produire des mouvements de sens contraires : on dit que ces muscles sont *antagonistes*. Tels sont les muscles *extenseurs* et *fléchisseurs* des doigts.

Ne pouvant étudier en détail tous les muscles du corps,

nous énumérerons seulement les muscles qui jouent le rôle

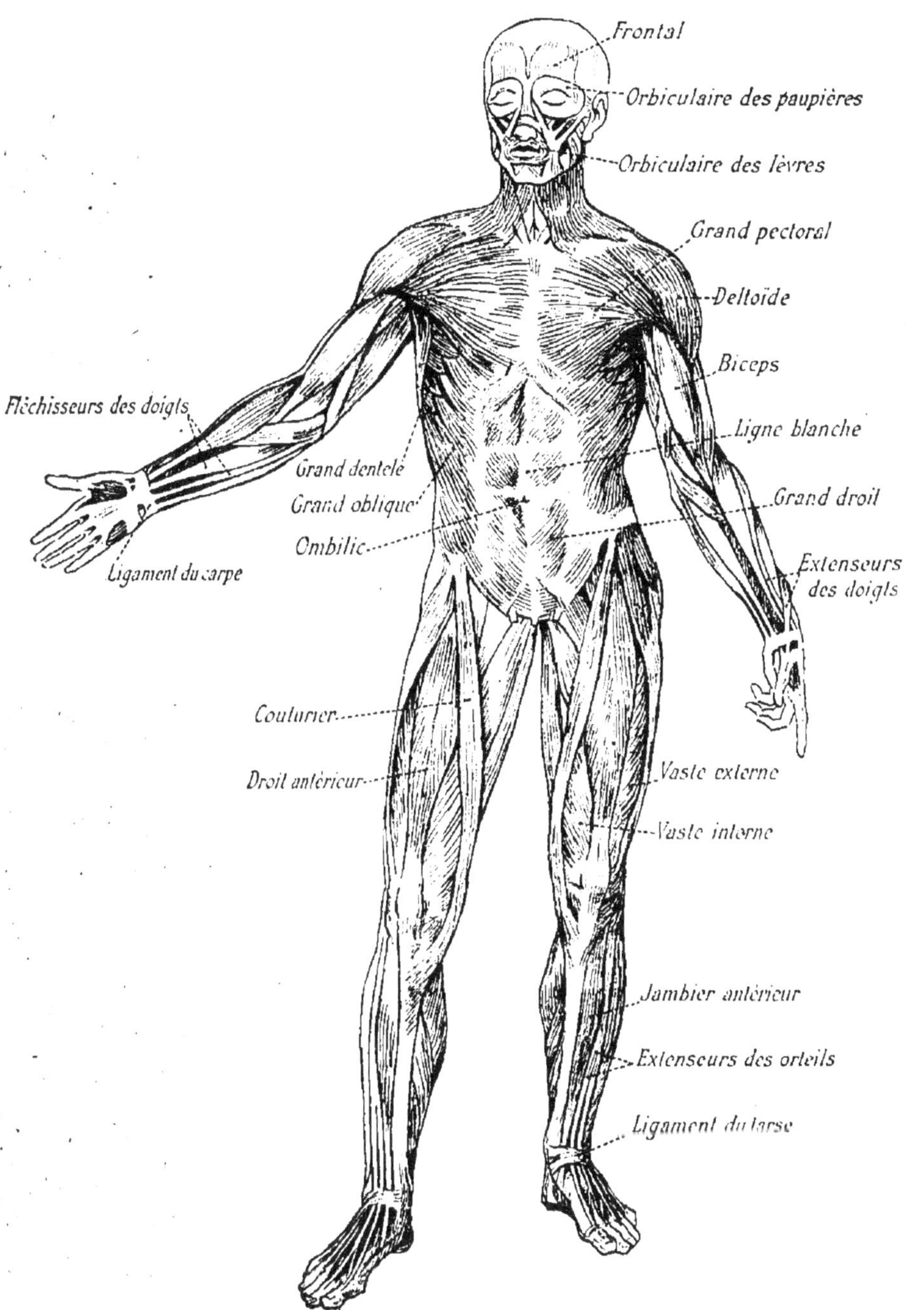

Fig. 200. — Les muscles de l'Homme (face antérieure).

le plus important dans les mouvements et en particulier dans la locomotion (*fig.* 200 et 201).

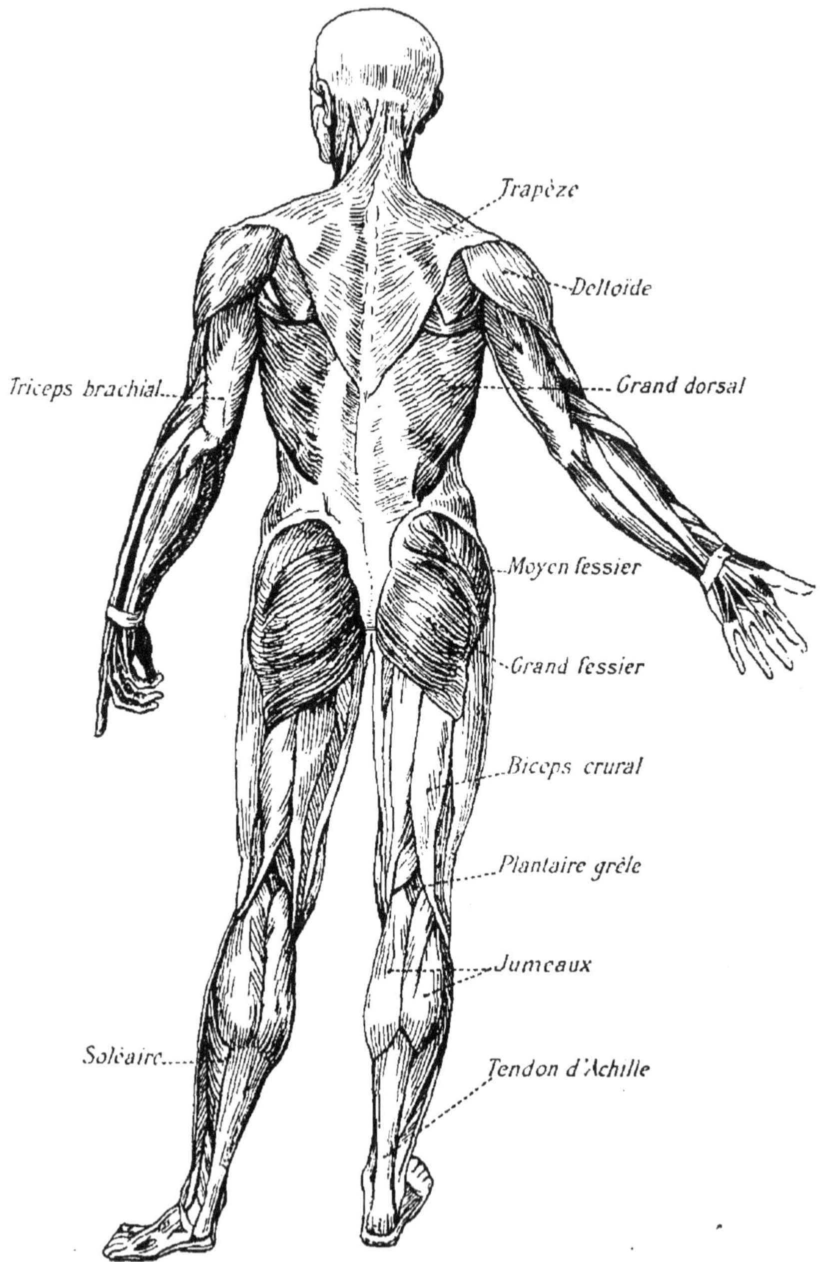

Fig. 201. — Les muscles de l'Homme (face postérieure).

TÊTE : *Frontal, Orbiculaires des paupières et des lèvres,* etc., dont les contractions donnent de l'expression à la physionomie.

TRONC : *Grand oblique* et *Grand droit* : servent à maintenir le tronc droit ou à le fléchir en avant.

Trapèze : élève ou efface l'épaule; incline la tête de côté.

Grand pectoral : ramène le bras en avant et élève les côtes.

Grand dorsal : abaisse le bras et le ramène en arrière.

Muscles intercostaux : mouvements de la respiration.

MEMBRE SUPÉRIEUR : *Deltoïde* : élève le bras.

Biceps : fléchit l'avant-bras sur le bras.

Triceps : antagoniste du Biceps.

Fléchisseurs et *extenseurs* des doigts.

MEMBRE INFÉRIEUR : *Grand et Moyen fessier* : verticalité du corps.

Biceps crural : fléchit la jambe sur la cuisse.

Triceps fémoral : antagoniste du Biceps.

Couturier : fléchit la jambe sur la cuisse en la portant vers le dedans.

Jumeaux (tendon d'Achille) : traction du pied.

Terminaisons nerveuses.—Les muscles reçoivent des ramifications des nerfs. Les nerfs des muscles striés viennent des centres nerveux (cerveau, moelle) ; ceux des muscles lisses proviennent du sympathique.

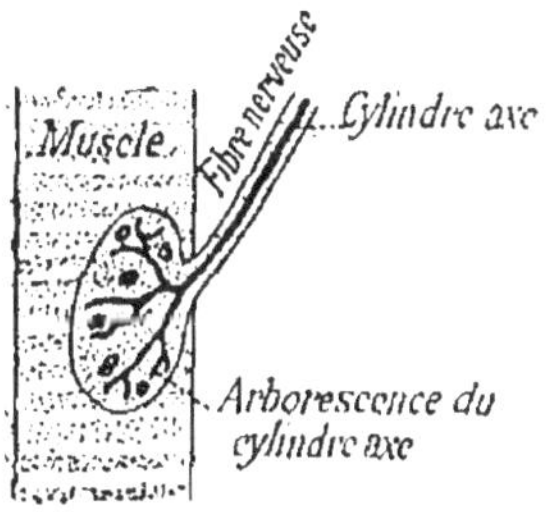

Fig. 202. — Terminaison nerveuse dans une fibre striée.

Les fibres nerveuses viennent se terminer dans les muscles striés de la façon suivante (*fig.* 202) : le cylindre-axe de la fibre nerveuse pénètre seul dans la fibre ; il s'y ramifie en arborescence, au milieu d'un protoplasma granuleux présentant de nombreux noyaux. C'est cet ensemble qu'on appelle *plaque motrice*. Dans les muscles lisses la fibre nerveuse se termine sous forme d'un simple bouton.

II. — Physiologie des muscles.

Propriétés des muscles. — Les mouvements que peuvent accomplir les muscles sont très variés, mais tous les muscles ont les mêmes propriétés.

Ils ont une couleur rouge due à l'hémoglobine du sang ; ils sont *mous* au repos, *durs* en activité.

Les deux propriétés essentielles des muscles sont : l'*élasticité* et la *contractilité*.

Les muscles sont *élastiques*, c'est-à-dire qu'ils reprennent leur forme primitive si on les en écarte. C'est une propriété importante, car on démontre qu'une force de courte durée qui agit par intervalles produit plus d'*effet utile* lorsqu'elle agit par l'intermédiaire d'un corps élastique (supériorité, dans les attelages, du trait élastique sur le trait rigide).

Une conséquence de l'élasticité est la *tonicité*. Pour la mettre en évidence, coupons transversalement (*fig.* 203, A) un muscle sur le membre d'un animal au repos ; ce muscle va se raccourcir, et chacune des moitiés va se rétracter vers le tendon correspondant (*fig.* 203, B). Donc, même au repos, le muscle était légèrement tendu : c'est cet état qu'on décrit sous le nom de *tonicité*. Cette tonicité est sous la dépendance du système nerveux, car si l'on coupe d'abord le nerf qui se rend au muscle, puis le muscle lui-même, celui-ci ne se raccourcit plus. On trouve une autre

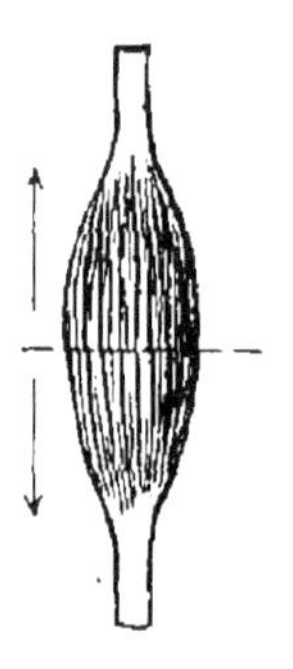
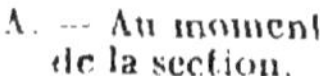

Fig. 203. — Tonicité musculaire.

preuve de ce fait dans la *paralysie faciale*, où l'on voit la moitié paralysée de la figure entraînée vers la moitié saine, qui est en tonicité.

La contraction musculaire. Les myographes. — De toutes les propriétés du muscle, la *contractilité* est la plus importante.

Sous l'influence d'un excitant, le muscle se contracte

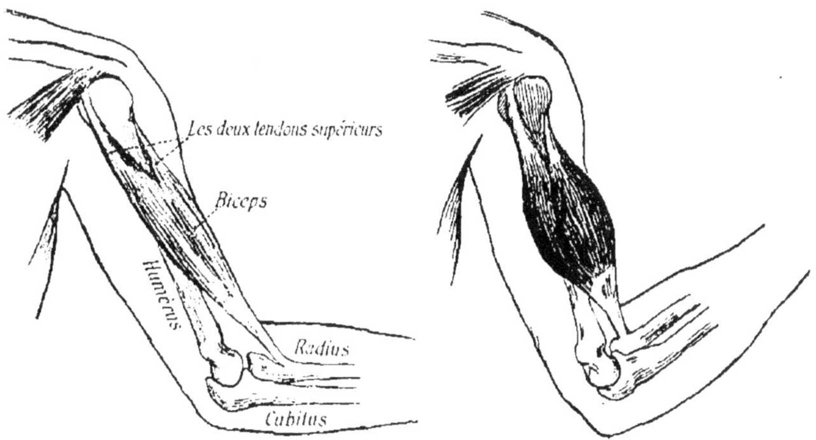

Fig. 204. — Biceps au repos.　　　Fig. 205. — Biceps contracté.

(*fig*. 204 et 205), c'est-à-dire qu'il diminue de longueur et devient dur et globuleux ; en revanche son épaisseur s'accroît, de sorte que le volume du muscle reste constant. Pour le démontrer, il suffit de placer dans un flacon plein d'eau (*fig*. 206), et communiquant avec un tube étroit, une patte de Grenouille en relation avec une bobine d'induction : le muscle se contracte, mais le niveau de l'eau dans le tube ne varie pas ; donc le muscle n'a pas changé de volume.

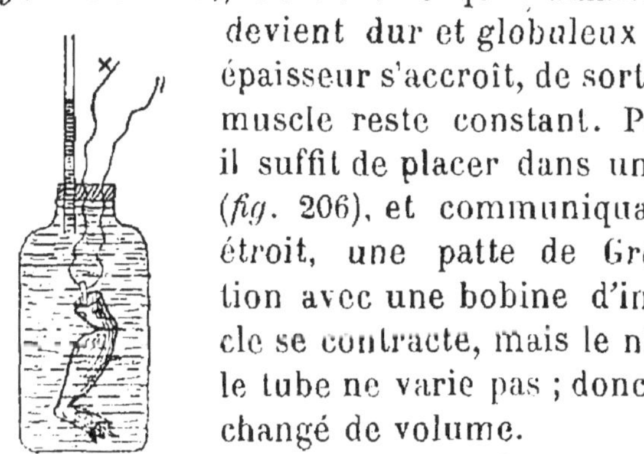

Fig. 206. — Le volume du muscle ne varie pas.

En se raccourcissant le muscle attaché sur les os produit un mouvement de ces os.

Ainsi le biceps, en se contractant, fait ployer l'avant-bras sur le bras (*fig*. 205). La longueur des fibres du muscle indique l'étendue du mouvement, car le raccourcissement équivaut environ au tiers de sa longueur.

Les *excitants* qui déterminent la contraction musculaire peuvent être physiques, chimiques ou physiologiques. Parmi les *excitants physiques*, citons le choc, le pincement, le courant d'air, le froid et le chaud, les courants induits, etc. ; tous les corps *chimiques*, même l'eau distillée, agissent sur la contraction ; enfin l'*excitant physiologique*, qui provient des centres nerveux, est l'excitant naturel.

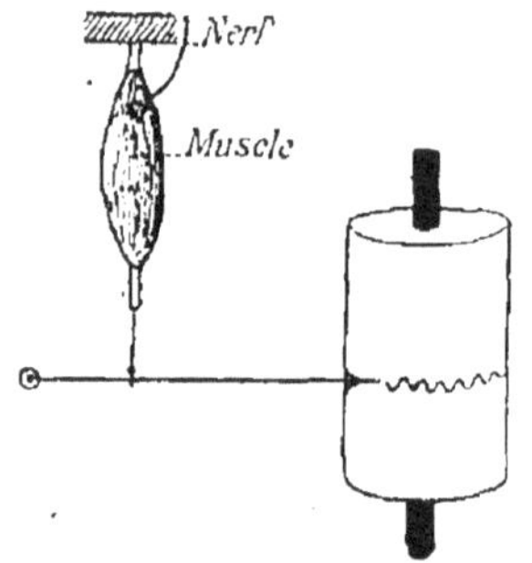

Fig. 207. — Myographe simplifié.

La contractilité est bien une propriété du muscle, car si l'on coupe le nerf se rendant au muscle et qu'on excite ce muscle directement, il se contracte.

Pour étudier la contraction musculaire, on se sert d'appareils appelés *myographes* et dont le but est d'amplifier considérablement le mouvement : c'est pourquoi on les appelle encore les *microscopes du mouvement*. En voici le principe : on attache, à l'aide d'un fil, la partie inférieure d'un muscle (*fig.* 207) de la cuisse d'une Grenouille à un stylet mobile autour d'un axe et dont la pointe vient appuyer sur un cylindre. Ce cylindre est recouvert de noir de fumée (*fig.* 208) et tourne uniformément autour de son axe. Si l'on

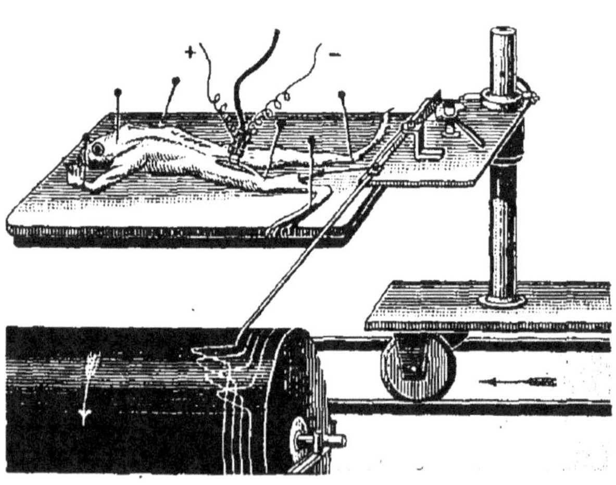

Fig. 208. — Myographe.

porte une excitation sur le muscle, il se raccourcit et attire le levier dont la pointe trace sur le cylindre enregistreur une courbe qui représente la contraction musculaire.

Après une excitation brusque et courte, obtenue par l'ouverture ou la fermeture d'un courant électrique ou par la décharge d'un condensateur, on voit, en analysant cette courbe, qu'une contraction ou *secousse musculaire* comprend trois temps (*fig.* 209) : 1° un temps très court AB (environ $\frac{1}{100}$ de seconde) pendant lequel le muscle ne se contracte pas : c'est le *temps perdu* ; 2° la période d'*énergie croissante* BC, pendant laquelle le muscle se raccourcit, elle dure $\frac{1}{6}$

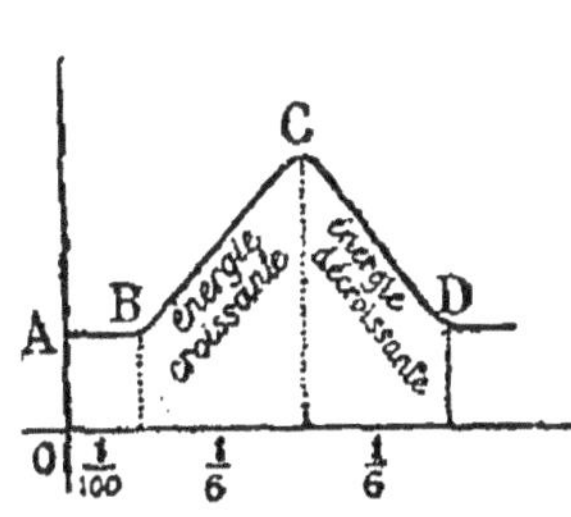

Fig. 209. — Tracé d'une secousse musculaire chez la Grenouille.

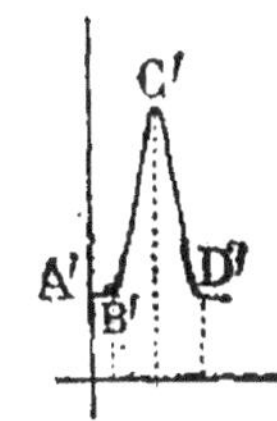

Fig. 210. — Tracé d'une . secousse musculaire chez un animal à sang chaud.

de seconde ; 3° la période d'*énergie décroissante* CD pendant laquelle le muscle rentre au repos, sa durée est de $\frac{1}{6}$ de seconde. Au total, la durée d'une secousse musculaire chez la Grenouille est de $\frac{1}{6} + \frac{1}{6} = \frac{1}{3}$ de seconde. Elle est beaucoup plus courte (*fig.* 210) chez les animaux à sang chaud (2 à $\frac{3}{100}$ de seconde).

On peut faire suivre la première excitation d'une deuxième (*fig.* 211, A) ; on aura alors deux secousses successives. Enfin si l'on porte une série d'excitations successives et rapprochées, chaque excitation survenant avant que le muscle soit revenu au repos, la courbe présentera une série d'ondulations, puis elle finira par rester parallèle à l'axe (*fig.* 211, B) ; le muscle est contracté au maximum ; on dit qu'il est en *tétanos physiologique*, parce que dans la maladie du même nom, qui est due à l'invasion de l'organisme par un microbe particulier, les muscles entrent en contraction permanente. Pour obtenir le tétanos complet (*fig.* 212), il faut 30 excitations à

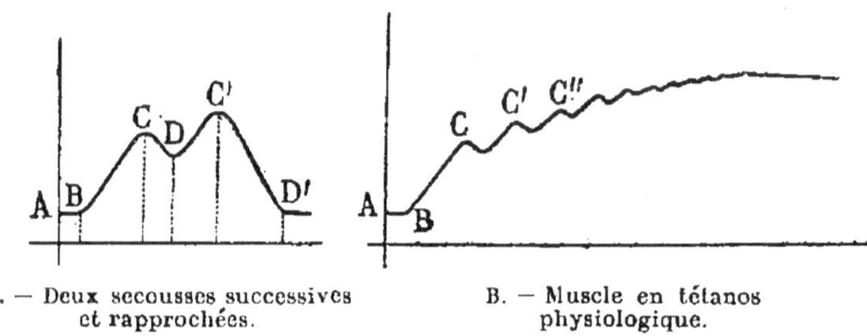

A. — Deux secousses successives
et rapprochées.

B. — Muscle en tétanos
physiologique.

Fig. 211. — **Passage de la secousse musculaire au tétanos physiologique.**

la seconde pour les muscles de Grenouille, 70 pour les muscles d'Oiseaux et 400 pour les muscles d'Insectes. Il ˉpeut arriver que les muscles d'une certaine région, de la jambe par exemple, entrent en

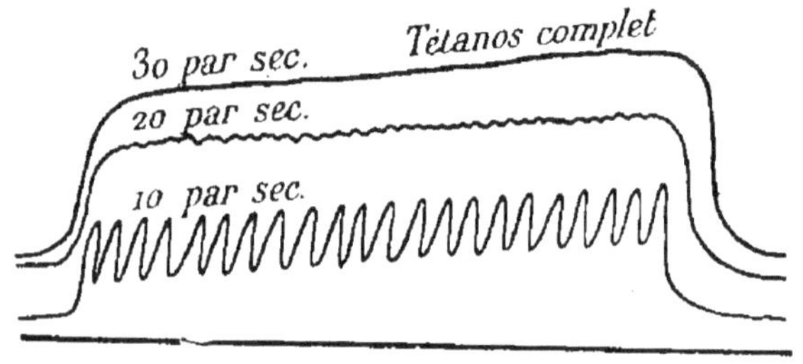

Fig. 212. — Courbes obtenues avec le muscle
de Grenouille.

tétanos malgré notre volonté : c'est le malaise connu sous le nom de *crampe*.

Le tétanos artificiel obtenu comme nous venons de le dire ressemble d'ailleurs à l'état que présentent les muscles lorsqu'ils se contractent naturellement dans l'organisme.

Si les excitations portées sur le muscle ne sont séparées que par des intervalles infiniment petits, le muscle ne se contracte pas. On a démontré en effet qu'un courant électrique d'une grande intensité, mais de *très haute fréquence* (c'est-à-dire interrompu un grand nombre de fois en un temps très court), peut traverser l'organisme sans produire aucun effet, alors qu'il pourrait tuer un individu s'il ne présentait pas cette haute fréquence. Ainsi en faisant passer un courant de haute fréquence (1 million de vibrations par seconde) à travers le corps d'une personne tenant à la main une lampe électrique, la lampe s'illumine mais le sujet n'éprouve aucune sensation. Pourtant ces courants ne sont pas dépourvus d'action physiologique : on a démontré récemment qu'ils pouvaient diminuer la pression sanguine, ce qui les fait utiliser en médecine dans certains cas.

La contractilité du muscle disparaît avec la vie. Sur le cadavre, les muscles perdent peu à peu cette propriété : c'est d'abord le diaphragme, puis la langue, les muscles des membres, et enfin les muscles de l'abdomen. Si l'on injecte du sang oxygéné dans un muscle mort, ce muscle redevient contractile : on le ressuscite en quelque sorte.

Nutrition des muscles : 1° au repos ; 2° en activité. — Les phénomènes de *nutrition* qui se passent dans le muscle sont différents suivant qu'il est au repos ou en activité.

Au repos, le muscle a une réaction *alcaline* ; il respire et se nourrit, comme les autres tissus, par le sang qui lui est apporté.

En **activité**, le muscle a une réaction *acide*, due au gaz carbonique et à d'autres produits acides résultant des échanges nutritifs entre le muscle et le sang. On a démontré expérimentalement que dans un muscle en activité : 1° la circulation du sang était 5 fois plus active qu'au repos ; 2° la composition du sang variait comme le montrent les chiffres suivants :

Sang artériel d'un muscle au repos contient 7,3 d'O $^o/_o$. Sang artériel d'un muscle en activité contient 4,2 d'O $^o/_o$.	Le muscle en activité absorbe plus d'O.
Sang veineux d'un muscle au repos contient 0,8 de CO^2 $^o/_o$. Sang veineux d'un muscle en activité contient 4,2 de CO^2 $^o/_o$.	Le muscle en activité dégage plus de CO^2.

On peut voir que pendant l'activité il y a plus d'anhydride carbonique formé que d'oxygène absorbé ; or, on sait que l'anhydride carbonique renferme son volume d'oxygène ; le muscle utilise donc, pendant l'activité, une partie de la réserve d'oxygène qu'il avait emmagasinée pendant le repos.

Par suite les phénomènes d'oxydation qui se produisent dans le muscle en activité sont considérables : c'est là, comme nous l'avons vu, la principale source de la chaleur animale.

La nutrition du muscle est sous la dépendance du système nerveux, car si l'on coupe le nerf d'un muscle, le sang qui sort de ce muscle contient peu de gaz carbonique et le muscle s'atrophie, ce qui indique évidemment un trouble dans la nutrition.

Les aliments qui servent surtout aux muscles sont les hydrates de carbone (féculents, sucres et graisses). La consommation des graisses explique l'amaigrissement des personnes qui travaillent beaucoup. Mais c'est surtout le sucre qui est le meilleur aliment du muscle, ainsi que l'ont montré de nombreuses expériences faites sur les hommes et sur les animaux. Des soldats absorbant, en plusieurs fois, une dose de 60 grammes de sucre par jour ont augmenté de poids plus que les soldats soumis au régime ordinaire, et de plus leur énergie musculaire s'était accrue.

Travail du muscle. — Lorsqu'un muscle travaille, c'est-à-dire lorsqu'il est en activité, il dégage de la chaleur : c'est que les combustions internes sont très abondantes, et par-suite la quantité de chaleur produite considérable. Une partie de cette énergie sert à produire le travail mécanique, et l'autre partie élève la température du muscle. Cette dernière partie n'est donc pas perdue pour l'organisme puisqu'elle contribue à l'entretien de la chaleur animale.

Le muscle est une sorte de moteur animé bien supérieur au moteur à vapeur, car le rendement de ce dernier ne dépasse pas le 1/12 de l'énergie correspondant à la combustion du charbon, les 11/12 restants étant perdus comme chaleur, tandis que le rendement du muscle peut atteindre 1/4 et même 1/3 de l'énergie produite.

Le travail d'un muscle peut être calculé en mesurant la hauteur h à laquelle est soulevé un poids p. On sait en effet que le travail

$$T = p \times h.$$

On peut montrer, en attachant différents poids au muscle de la cuisse d'une Grenouille, que le travail passe par un *maximum*.

Un poids de 50ᵍ est soulevé à 9ᵐᵐ, donc T = 50 × 9 = 450
— 100 — 7 — T = 100 × 7 = 700
— 150 — 5 — T = 150 × 5 = 750
— 200 — 2 — T = 200 × 2 = 400
— 250 — 0 — T = 250 × 0 = 0

Il y a donc un moment où le poids n'est plus soulevé : c'est ce poids qui mesure la *force absolue* du muscle. Cette force est 10 fois plus grande chez les Insectes que chez l'Homme.

Plus les fibres sont nombreuses et plus le muscle est puissant.

Si un muscle travaille régulièrement et souvent, il reçoit plus de sang et par suite plus de matières nutritives, de sorte qu'il se développe davantage. Une personne qui fait des exercices physiques a les muscles plus développés qu'une personne inactive (*fig* 213). Pour maintenir une certaine harmonie dans le développement des muscles, il faut, autant que possible, les exercer tous.

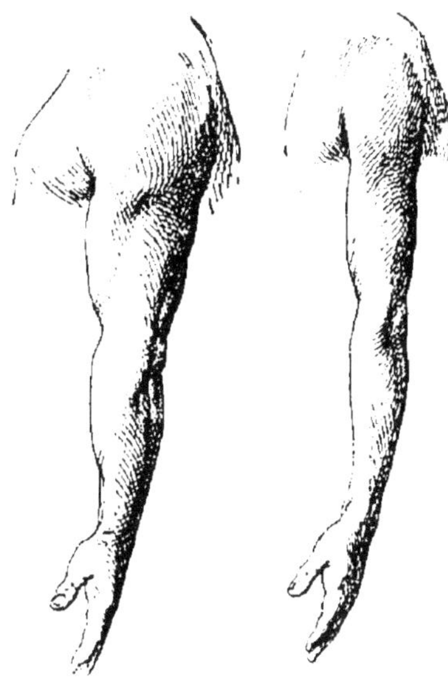

Fig. 213. — Muscles du bras chez un homme exercé et chez un homme non exercé.

Fatigue musculaire. Lorsqu'un muscle travaille normalement, le sang alcalin, en circulant, neutralise ou enlève les acides formés ; mais si le travail est de trop longue durée, le muscle se *fatigue*. Les produits de désassimilation, et en particulier les acides, s'accumulent dans le muscle, la substance du muscle ou *myosine* se coagule, et le muscle devient rigide. La fatigue se manifeste d'abord par une sensation vague, puis par un certain tremblement musculaire. Cet état est dû à ce que les produits de désassimilation, en se répandant dans le sang, causent dans la circulation et la respiration des troubles qui se manifestent par des *battements de cœur* et de *l'essoufflement*. La fatigue est une intoxication. Si la circulation du sang est activée, ces matières toxiques sont enlevées plus rapidement et la fatigue disparaît plus vite : d'où l'utilité du *massage*, qui retarde la fatigue en activant la circulation.

On peut provoquer expérimentalement une fatigue instantanée en injectant dans les muscles d'un animal de l'acide lactique par exemple ; on peut au contraire faire diparaître cette fatigue, en injectant une solution de permanganate de potassium, qui est alcalin et qui cède de l'oxygène au sang.

On a montré qu'un muscle fatigué est moins excitable, qu'il se contracte plus lentement et que sa force va en diminuant, pour disparaître complètement.

Pour cela le physiologiste italien Mosso se sert d'un appareil appelé *ergographe* (*fig.* 214). Cet appareil se compose d'un anneau dans lequel on passe le doigt dont on veut me-

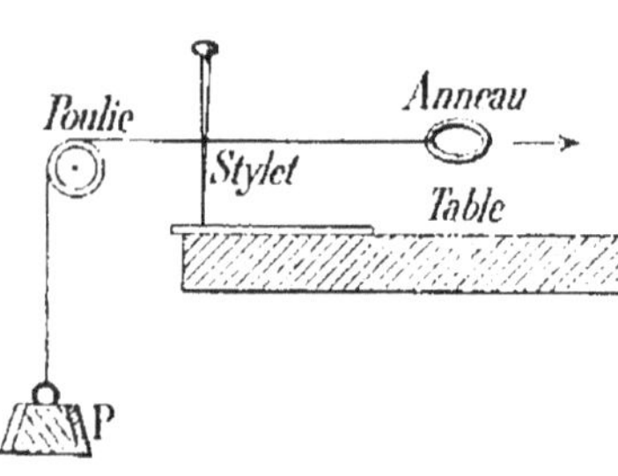

Fig. 214. — Schéma de l'ergographe.

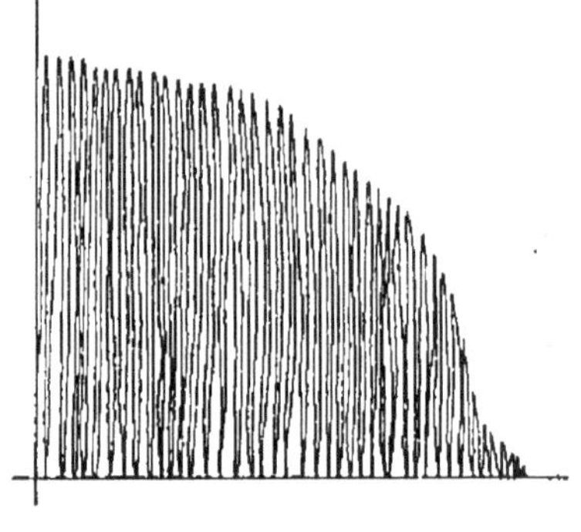

Fig. 215. — Tracé ergographique montrant une diminution d'abord graduée, puis brusque, de la force musculaire.

surer la force musculaire. Cet anneau est rattaché, par une corde qui passe sur une poulie, à un poids à soulever. Un stylet inscrit les mouvements de va-et-vient sur un papier qui se déplace. Le tracé obtenu (*fig.* 215) montre qu'à mesure que les flexions se succèdent, elles vont en diminuant d'a-

bord lentement, puis brusquement, montrant de cette façon
la fatigue du muscle. Après une trentaine de flexions, pour
un poids de 5ᵏᵍ, la force musculaire est épuisée.

Cet appareil permet aussi de reconnaître l'effet dynamo-
gène du sucre dans l'alimentation.

La résistance à la fatigue peut s'acquérir par l'éducation.
On peut apprendre à ne pas gaspiller ses forces, à régulariser ses mouvements, et cela par des exercices gradués : c'est
ce qu'on appelle de l'*entraînement* Nous reviendrons, dans
la 2ᵉ partie (Hygiène), sur ces notions de fatigue et d'entraînement.

La rigidité cadavérique. — Quelques instants après la
mort (au plus tôt 10 minutes et 6 heures au plus tard) les
muscles deviennent rigides et durs. On attribue cette rigidité à la coagulation de la myosine par l'acide lactique. Si la
fatigue a précédé la mort, la rigidité se produira plus vite,
puisque la quantité d'acide est augmentée ; cette rigidité
pourra même se produire au moment de la mort. Tous les
chasseurs savent qu'un gibier *forcé*, par conséquent fatigué,
est rigide aussitôt la mort. On cite un colonel qui, tué sur le
champ de bataille, avait conservé le bras étendu dans l'attitude du commandement.

Le muscle en rigidité se raccourcit un peu ; c'est ce qui
explique la tenue uniforme des cadavres : pouce replié dans
la paume de la main et recouvert par les doigts, mâchoires
serrées, yeux ouverts, tête renversée en arrière, membre
supérieur en demi-flexion, membre inférieur légèrement
fléchi, abdomen excavé.

On peut donc considérer la rigidité cadavérique comme
une dernière manifestation de l'activité musculaire. Cette
rigidité persiste jusqu'au moment où la matière organique
entre en décomposition.

III. — Mécanisme des mouvements.

Les trois genres de leviers. — Les différentes parties
du squelette sont mues par la contraction des muscles qui

s'y attachent. De sorte que les os jouent le rôle de *leviers*. En étudiant les divers mouvements, on a retrouvé les trois genres de leviers définis en mécanique.

1° *Levier du premier genre* (*fig.* 216) : le point d'appui est situé entre le point d'application de la puissance P et le point d'application de la résistance R. Exemple : l'équilibre de la tête sur la colonne vertébrale ; le point d'appui est l'articulation du crâne avec la colonne vertébrale ; la résistance est

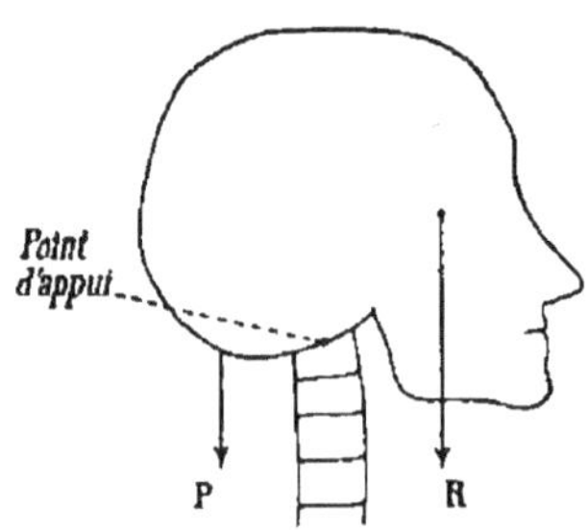

Fig. 216. — Levier du 1er genre.

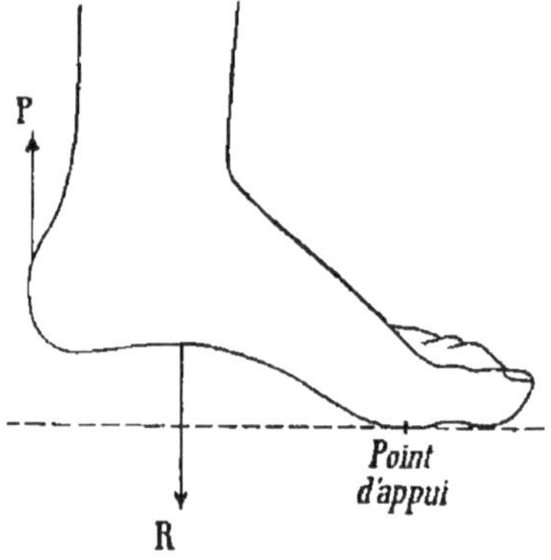

Fig. 217. — Levier du 2e genre.

le poids de la tête qui tend à faire fléchir la tête en avant, comme pendant le sommeil ; la puissance est représentée par les muscles de la nuque, qui, en se contractant, tendent à relever la tête.

2° *Levier du second genre* (*fig.* 217) : la résistance est appliquée entre le point d'appui et la puissance. Exemple : en nous soulevant sur la pointe du pied, la résistance est représentée par le poids du corps, le point d'appui est le contact de l'extrémité du pied avec le sol, et la puissance est formée par les muscles de la jambe.

3° *Levier du troisième genre* (*fig.* 218) : la puissance est appliquée entre le point d'appui et la résistance. C'est le plus répandu dans l'organisme. Exemple : la flexion de l'avant-bras sur le bras ; la puissance est le muscle biceps, le point d'appui est l'articulation du coude et la résistance, le poids soutenu par la main.

Enfin, disons que dans tout mouvement, même très simple, un grand nombre de muscles entrent en jeu. Ainsi, dans les mouvements de locomotion que nous allons étudier, ce sont surtout les muscles des membres inférieurs qui fonctionnent, mais ceux du tronc agissent aussi pour maintenir verticale la position du corps.

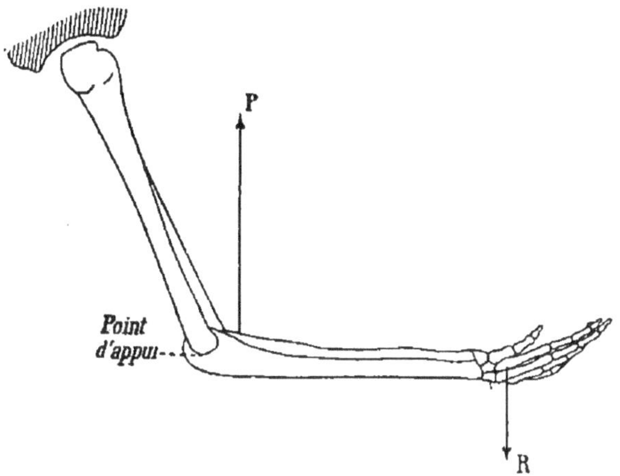

Fig. 218. — Levier du 3e genre.

Locomotion : marche, course, saut. — Trois cas sont à considérer dans la locomotion : la *marche*, la *course* et le *saut*.

La *marche* est une succession de *pas*. Donc le pas est l'élément de la marche. On l'a étudié à l'aide du cinématographe, c'est-à-dire en prenant une série de photographies instantanées représentant la position des membres aux différents moments de la marche. Ce qui caractérise le pas, c'est que le corps repose toujours sur le sol soit par un

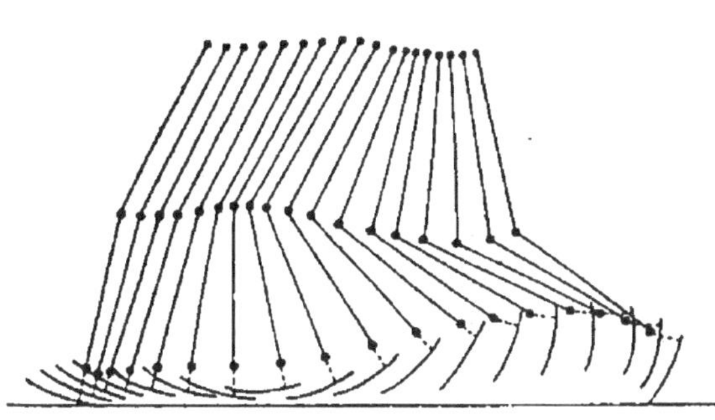

Fig. 219. — Oscillation du membre inférieur d'un homme qui marche (d'après Marey).

pied, soit par les deux. La figure 219 montre que le pied de la jambe qui oscille quitte le sol par sa pointe et reprend contact par le talon.

Les différentes phases du pas (*fig.* 220) sont :

1° La période de *double appui* (*fig.* 220, 1), pendant laquelle les deux pieds portent sur le sol, mais pas de toute leur longueur en même temps ; le corps porte sur le talon du pied antérieur et sur la pointe du pied postérieur ; la jambe postérieure est légèrement fléchie ;

2° Le *pas postérieur* (*fig.* **220**, 2 et 3), pendant lequel la jambe

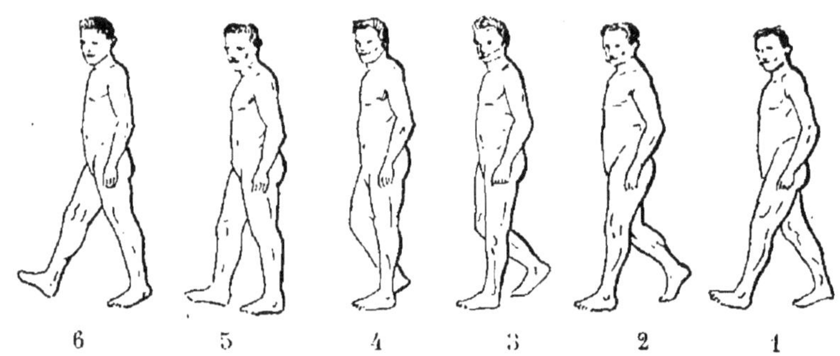

Fig. 220. — Différentes phases du pas chez l'Homme.

antérieure est appuyée, tandis que la jambe postérieure devient oscillante et se fléchit de plus en plus pendant la durée du pas postérieur ;

3° Le moment de la *verticale* (*fig.* 220, 4), pendant lequel la jambe antérieure est en extension et l'autre en flexion ;

4° Le *pas antérieur* (*fig.* 220, 5 et 6), pendant lequel la jambe postérieure a sa flexion qui diminue, et à la fin duquel elle arrive en extension pour devenir portante à son tour.

Le corps est ainsi porté en avant par l'activité successive des deux membres. Chaque fois que le membre actif est en extension, le poids du corps est soulevé, puis il est abaissé quand le membre devient passif. Le centre de gravité n'est donc pas fixe ; il oscille dans le sens vertical ; de sorte que pendant la marche il décrit une courbe. Il est certain que si le centre de gravité restait sur une ligne horizontale, la fatigue serait moindre.

Dans la *course*, les phénomènes sont les mêmes, avec cette différence qu'à un moment donné les deux pieds quittent le sol et le corps est suspendu en l'air. La course est plus fatigante que la marche, car le centre de gravité du corps subit des déplacements plus grands.

Dans le *saut*, les deux pieds quittent le sol pour retomber en même temps.

La photographie instantanée et, en particulier, le cinématographe ont rendu de grands services dans l'étude des mouvements chez l'Homme et chez les animaux. On a pu analyser ainsi, non seulement la marche et la course de l'Homme (*fig.* 221), mais le galop du Cheval, le vol de l'Oiseau, la natation du Poisson, etc. Ces documents photographiques sont d'un grand secours pour les artistes, car ils leur font

Fig. 221. — Attitude vraie du coureur donnée par la photographie.

Fig. 222. — Allure exacte d'un Cheval (colonne Trajane).

connaître l'attitude vraie, qu'il est difficile de saisir. Il est curieux de noter que la plupart des œuvres des artistes grecs et romains figurent des attitudes vraies; c'est que les artistes de cette époque étaient d'habiles observateurs de la nature. Ainsi l'allure du Cheval de la colonne Trajane (*fig.* 222), aussi bien que celle des chevaux de Phidias dans la frise du Parthénon, sont conformes à celles que nous fait connaître la photographie moderne.

RÉSUMÉ

Anatomie des muscles. — Les *muscles* sont les organes actifs du mouvement. On les range en deux catégories : 1° les *muscles* *striés*, soumis à la volonté ; 2º les *muscles lisses*, indépendants de la volonté.

Un muscle présente en général une partie renflée et deux parties amincies ou *tendons*.

Le *muscle strié* est formé de faisceaux musculaires, lesquels résultent du groupement de *fibres striées*. Il est rouge et à contraction rapide.

Le *muscle lisse* est formé de fibres lisses. Il est blanchâtre et à contraction lente.

Propriétés des muscles. — Ils sont *mous* au repos, *durs* en activité.

Leurs principales propriétés sont :

1º *L'élasticité* ;

2º *La contractilité :*
- Le muscle excité se raccourcit et devient globuleux ; il ne change pas de volume.
- La secousse musculaire est très courte (*myographe*).
- Tétanos physiologique (crampes).

Nutrition des muscles. — Le muscle en *activité* a une nutrition plus active ; les oxydations y sont plus considérables : la circulation du sang y est *cinq fois plus active* que dans le muscle au repos ; aussi le muscle actif devient *acide*, car il se produit de l'anhydride carbonique, de l'acide lactique, etc.

La nutrition du muscle est sous la dépendance du système nerveux, car si l'on coupe le nerf d'un muscle, le muscle s'atrophie.

Les aliments des muscles sont les hydrates de carbone (graisses, féculents et surtout les sucres).

Un *travail* exagéré produit la *fatigue* du muscle ; les acides formés s'accumulent dans le muscle et coagulent la *myosine*, en produisant la *rigidité*.

Mécanisme des mouvements. — Les 3 genres de leviers se trouvent dans les divers mouvements du corps.

La *marche* est une succession de *pas* ; et le pas est caractérisé par ce que le corps repose toujours sur le sol soit par un pied, soit par les deux, tandis que dans la *course*, les deux pieds, à un moment donné, quittent le sol.

CHAPITRE XI

SYSTÈME NERVEUX

Le *système nerveux* remplit dans l'organisme un double rôle : 1º il assure les relations de l'Homme avec le monde extérieur ; 2º il met en relation les différentes parties de l'organisme entre elles, établissant ainsi une solidarité entre les diverses fonctions organiques.

I. — Anatomie du système nerveux.

Le *système nerveux*, dans son ensemble, présente trois parties à considérer : 1º le *système nerveux central*, comprenant la *moelle épinière*, située dans le canal rachidien, et l'*encéphale*, qui remplit la boîte crânienne ; 2º les *nerfs*, qui sont comme des fils conducteurs s'échappant du système nerveux central pour se rendre dans tous les organes ; 3º le *grand sympathique*, formé par deux chaînes nerveuses situées de chaque côté de la colonne vertébrale, et reliées, d'un côté, avec le système nerveux central, et de l'autre, avec les différents organes ou viscères.

§ 1. — Le tissu nerveux et son origine.

Origine du système nerveux. — Chez l'embryon, ce sont les cellules qui se trouvent en rapport avec le milieu extérieur, qui sont les plus aptes à nous renseigner sur ce milieu ;

aussi ce sont elles qui donnent les *cellules nerveuses* : c'est en effet aux dépens de cette couche superficielle ou *ectoderme* que prend naissance le système nerveux.

De bonne heure on voit apparaître sur la partie dorsale de l'embryon une ligne superficielle qui va se déprimer en son milieu pour donner la *gouttière médullaire* (*fig*. 223, A). Sur une coupe transversale (*fig*. 223, B), on voit les bords de cette gouttière se rapprocher, puis se souder pour donner un canal (*fig*. 224) qui s'étend suivant l'axe de l'embryon : c'est le *tube* ou *canal médullaire*, d'où

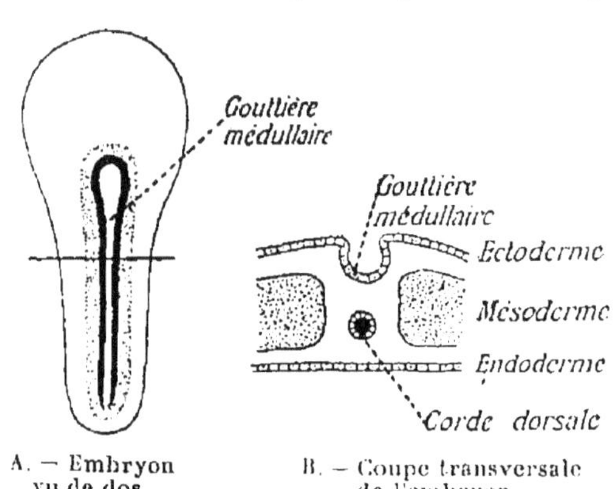

A. — Embryon vu de dos..
B. — Coupe transversale de l'embryon.

Fig. 223. — Formation de la gouttière médullaire.

provient tout le système nerveux central. La partie cylindrique (*fig*. 225) donnera la moelle épinière et la partie antérieure, renflée, donnera l'encéphale.

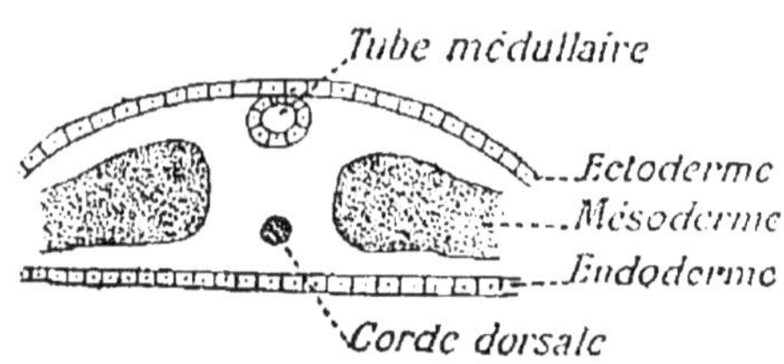

Fig. 224. — Le tube médullaire est formé.

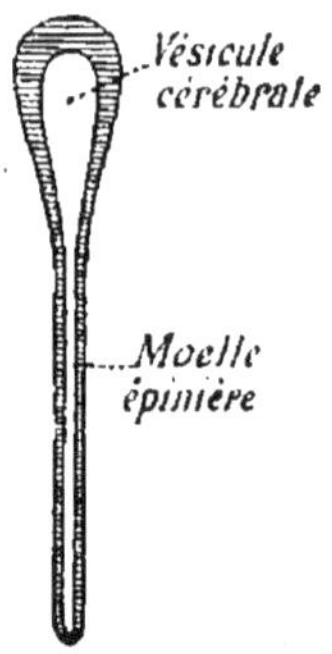

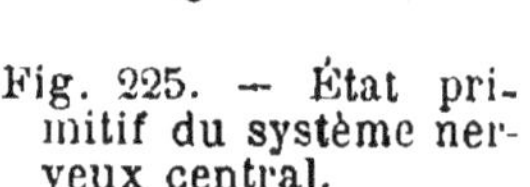

Fig. 225. — État primitif du système nerveux central.

Les cellules de l'ectoderme qui forment ce tube nerveux vont se différencier peu à peu pour constituer les éléments du tissu nerveux. L'élément fondamental du tissu nerveux a reçu le nom de *neurone*.

Neurone : cellule et fibre nerveuses. — Un *neurone* est

constitué par une *cellule nerveuse* et ses ramifications.
La *cellule nerveuse* possède un gros noyau et n'a pas de
membrane. Elle envoie deux sortes de prolongements

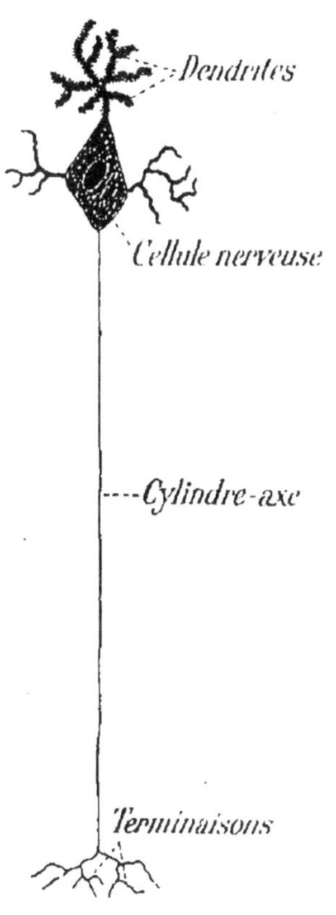

Fig. 226. — Neurone de
l'Homme.

(*fig.* 226): les uns, courts, épais et
très ramifiés, forment un panache,
ce sont les *prolongements protoplasmiques* ou *dendrites* ; un autre,
appelé *cylindre-axe*, plus réfringent,
plus mince, rarement ramifié, présente seulement à son extrémité un
buisson de branches terminales.
Chaque cellule ne présente qu'un
cylindre-axe, qui peut se prolon-
ger jusqu'aux extrémités des membres et qui, chez certains Mammifères, peut atteindre plusieurs mètres de long. Les ramifications d'un
neurone peuvent se mettre en *contact* avec les prolongements d'une
cellule voisine, et établir ainsi entre les éléments nerveux une *conti-
guïté* et non une *continuité*.

Le cylindre-axe est ainsi appelé
parce que, sorti des centres nerveux, il s'entoure d'une gaine de
cellules protectrices pour former
la *fibre nerveuse*, dont il occupe le
centre.

Deux cas peuvent alors se présenter :

1° Les cellules traversées par le cylindre-axe (*fig.* 227) sont
des cellules qui contiennent une graisse phosphorée, la
myéline. On a ainsi une *fibre à myéline*, dans laquelle le
cylindre-axe est entouré d'un manchon de myéline, puis
d'une gaine contenant le noyau cellulaire et le protoplasma.
La myéline donne à la fibre un aspect blanc brillant bien
spécial.

2° Les cellules traversées par le cylindre-axe ne contiennent pas de myéline : on a alors une *fibre sans myéline*, que son aspect terne fait parfois désigner sous le nom de *fibre pâle*.

Les cellules nerveuses forment la *substance grise* des cen-

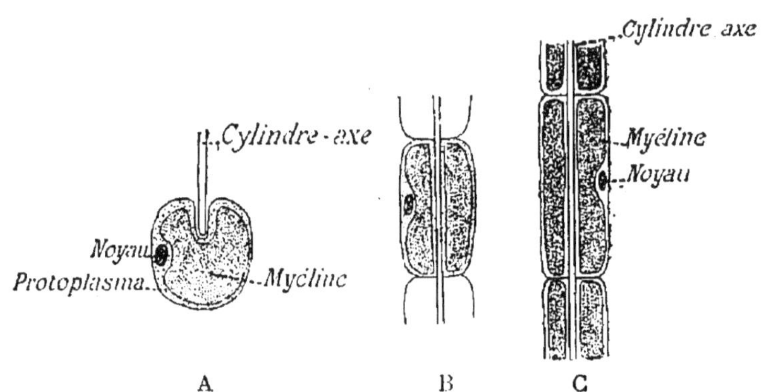

Fig. 227. — Formation de la fibre nerveuse à myéline.

tres nerveux (moelle épinière et encéphale) ; tandis que les cylindres-axes constituent la *substance blanche* des centres nerveux et qu'en dehors de ces derniers les cylindres-axes, devenus des fibres nerveuses, vont former les *nerfs* en se groupant et en s'entourant d'une gaine conjonctive appelée *névrilemme*.

Développement et modifications d'un neurone. — Il est intéressant de remarquer que le neurone sera d'autant plus compliqué qu'il sera plus âgé. De même, plus un animal est élevé en organisation, plus les prolongements protoplasmiques et les cylindres-axes seront ramifiés *(fig. 228)*.

C'est ainsi que chez l'Homme la cellule nerveuse est d'abord simple, sans prolongements protoplasmiques, comme chez les Vers et les animaux inférieurs ; puis bientôt elle pousse une tige protoplasmique, dont le panache se développe peu à peu. Parfois des ramifications latérales du cylindre-axe apparaissent *(fig. 229)*.

On a pu observer, dans certaines maladies, des altérations du neurone. C'est ainsi que dans la rage que l'on donne expérimentalement au Lapin, le panache protoplasmique des cellules du cerveau disparaît ; il ne reste que la tige centrale et quelques rameaux présentant çà et là des boules de

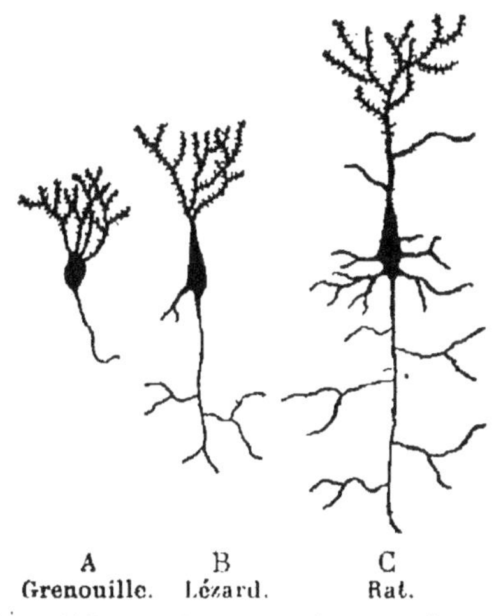

Fig. 228. — Neurone chez quelques Vertébrés.

Fig. 229. — Différents stades du développement d'un neurone.

myéline. On a trouvé des lésions comparables dans certaines maladies qui altèrent les facultés intellectuelles, comme la paralysie générale par exemple. La cellule elle-même se déforme et prend l'aspect embryonnaire, ce qui justifierait, même anatomiquement, l'expression commune : *retourner en enfance*.

Des altérations des neurones ont été observées aussi chez les alcooliques.

Composition chimique du système nerveux. — Il est essentiellement composé d'*albuminoïdes*, de *lécithine*, qui est une graisse phosphorée, d'un glucoside, la *cérébrine*, et d'un alcool monoatomique, la *cholestérine*. La lécithine est surtout abondante dans la matière grise (17 °/₀).

§ 2. — Les centres nerveux.

Les *centres nerveux* comprennent la *moelle épinière* et l'*encéphale*, formant ce qu'on appelle parfois l'*axe cérébro-spinal*.

La moelle épinière. — La *moelle épinière* est un long cordon nerveux qui s'étend, dans le canal rachidien, du trou occipital jusqu'à la 2e vertèbre lombaire.

Elle provient du *canal médullaire*, dont les parois se sont épaissies et dont la cavité a donné le *canal de l'épendyme*, que l'on observe au centre de la moelle (*fig.* 232).

Chez l'adulte, la moelle épinière est cylindrique et son diamètre est d'environ 1 centimètre ; elle présente deux renflements : le *renflement cervical* (*fig.* 230), au niveau de la naissance des nerfs qui se rendent aux membres supérieurs ; le *renflement lombaire*, au niveau des nerfs qui se rendent aux membres inférieurs.

Ces renflements sont parfois considérables : certains Reptiles fossiles de l'époque secondaire (*Iguanodon*) avaient ces renflements plus gros que le cerveau.

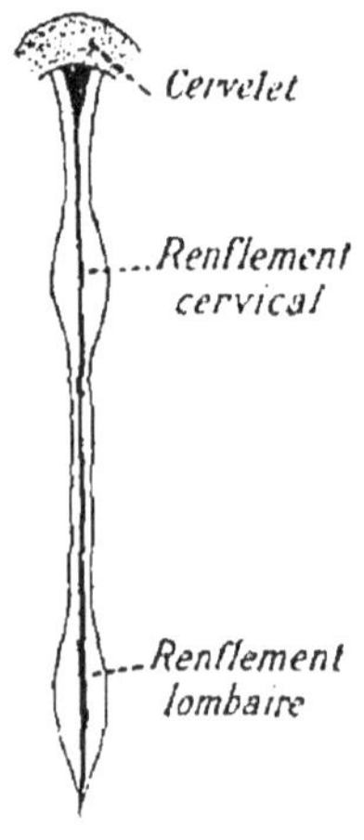

Fig. 230. — La moelle épinière.

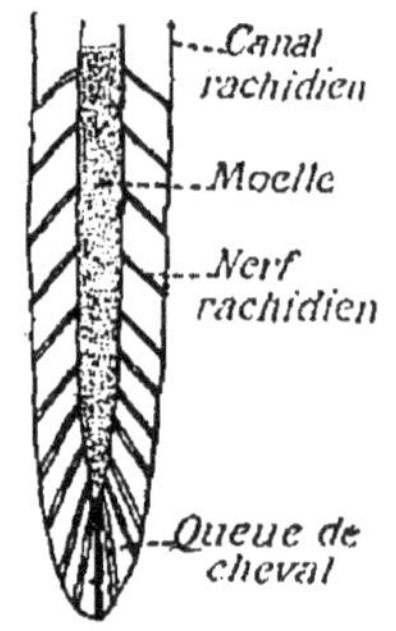

Fig. 231. — Terminaison de la moelle épinière.

A sa partie inférieure la moelle se termine par un long filament, le *fil terminal*, qui est rattaché à l'extrémité du canal rachidien, et de chaque côté se trouvent de nombreux nerfs disposés en *queue de cheval* (*fig.* 231).

En enlevant les enveloppes de la moelle on voit qu'elle présente un certain nombre de *sillons* longitudinaux : le *sillon antérieur* (*fig.* 232) et le *sillon postérieur*, qui partagent la moelle en deux moitiés symétriques ; les deux *sillons latéral antérieur* et *latéral postérieur*, qui coïncident avec les lignes où s'implantent les racines antérieures et postérieures des nerfs rachidiens ; enfin le *sillon intermédiaire*, situé entre le sillon postérieur et le sillon latéral postérieur.

Ces sillons partagent la moelle en trois faisceaux ou *cordons* : ce sont les *cordons antérieurs, latéraux, postérieurs*.

Ces derniers se subdivisent en deux : en dedans, le *cordon de Goll*; en dehors, le *cordon de Burdach*.

La moelle épinière, sur une coupe transversale (*fig.* 232), montre : 1° une *substance blanche* à la périphérie; 2° une

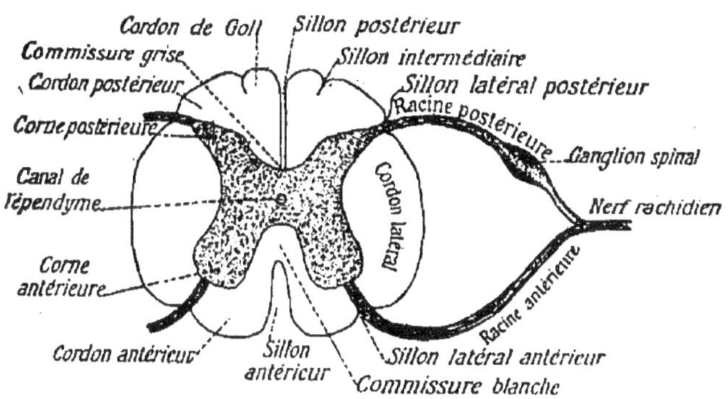

Fig. 232. — Coupe transversale de la moelle épinière.

substance grise centrale ayant la forme d'un X dont les extrémités renflées donnent les *cornes antérieures* et *postérieures* de la moelle. Au centre de cette substance grise se trouve le canal de l'*épendyme*, qui est le reste du tube médullaire de l'embryon. Les cornes antérieures sont formées de grosses cellules nerveuses (*cellules motrices* ou *neurones centrifuges*), dont les cylindres-axes vont former les racines antérieures des nerfs rachidiens. Les cornes postérieures sont en relation avec les ramifications de cellules spéciales (*cellules sensitives* ou *neurones centripètes*) placées dans le ganglion spinal des racines postérieures des nerfs rachidiens.

L'encéphale. — *L'encéphale* comprend tous les centres nerveux contenus dans la boîte crânienne. Vu de profil (*fig.* 233), il montre trois parties essentielles : le *cerveau*, le *cervelet* et le *bulbe rachidien*.

L'anatomie de l'encéphale, quoique compliquée, est facile à comprendre si l'on suit le développement de cet organe chez l'embryon.

L'encéphale provient de la partie antérieure du tube nerveux, et les cavités ou *ventricules* de cet organe proviennent de la vésicule cérébrale primitive.

La vésicule cérébrale primitive (*fig.* 225) se partage

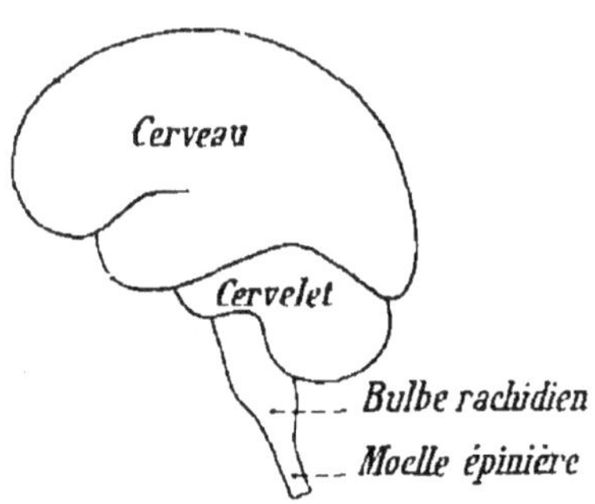

Fig. 233. — Encéphale vu de profil.

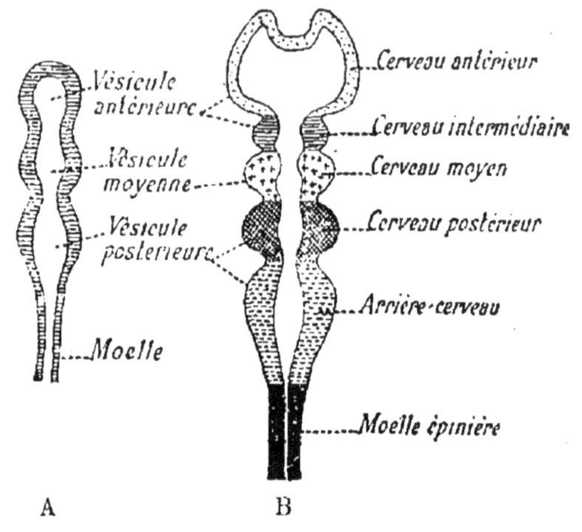

Fig. 234. — Les vésicules cérébrales primitives.

d'abord en trois (*fig.* 234, A), puis en cinq *vésicules cérébrales* (*fig.* 234, B) avec cinq cavités ou *ventricules*. On leur a donné les noms de : *cerveau antérieur*, *cerveau intermédiaire*, *cerveau moyen*, *cerveau postérieur* et *arrière-cerveau*. Ces cinq vésicules sont représentées, sur la figure 234, par des signes conventionnels que nous conserverons pour figurer les diverses régions de l'encéphale qui dérivent de ces vésicules primitives.

Les modifications que vont subir ces vésicules se compliquent en allant de l'arrière-cerveau vers le cerveau antérieur; nous allons les étudier en allant d'arrière en avant, pour procéder du simple au composé.

1° L'arrière-cerveau donne le bulbe rachidien et le 4ᵉ ventricule. — Le *bulbe rachidien*, qui a la forme d'un tronc de cône, unit la moelle épinière à l'encéphale ; il provient de l'arrière-cerveau qui a épaissi sa paroi antérieure (*fig.* 235) et aminci sa paroi postérieure. La cavité forme le *4ᵉ ventricule*, qui est recouvert à sa partie postérieure par une mince lamelle nerveuse. A la périphérie du bulbe on voit des cordons de substance blanche appelés *pyramides*. Les *pyramides* *antérieures* sont centrifuges et motrices, les *latérales* et *postérieures* sont centripètes et sensitives. Ces dernières, qui continuent les cordons de Goll de la moelle, s'écartent pour limiter un espace triangulaire présentant un sillon médian (*fig.* 238), appelé *calamus scriptorius*, à

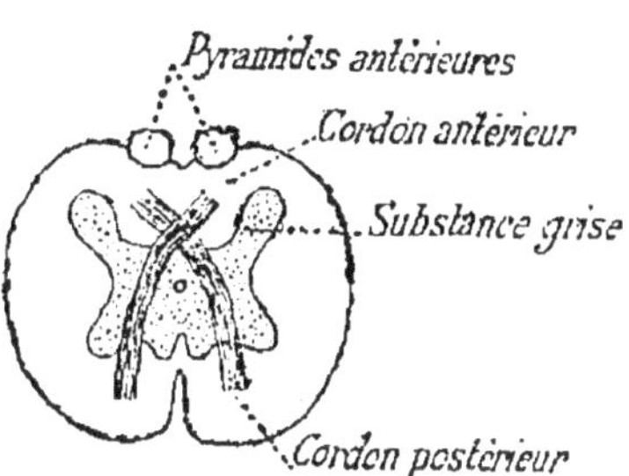

Fig. 235. — Coupe transversale du bulbe rachidien.

Fig. 236. — Coupe du bulbe au niveau de la décussation des cordons postérieurs.

cause de sa ressemblance avec une plume à écrire.

Par une série de coupes transversales faites à différents niveaux dans le bulbe, on a pu voir comment les cordons de la moelle se continuaient dans le bulbe et dans l'encéphale. Certains, comme les cordons de Goll, passent directement pour former les pyramides postérieures ; d'autres, comme les *cordons postérieurs* (*fig.* 236), passent en avant et se croisent

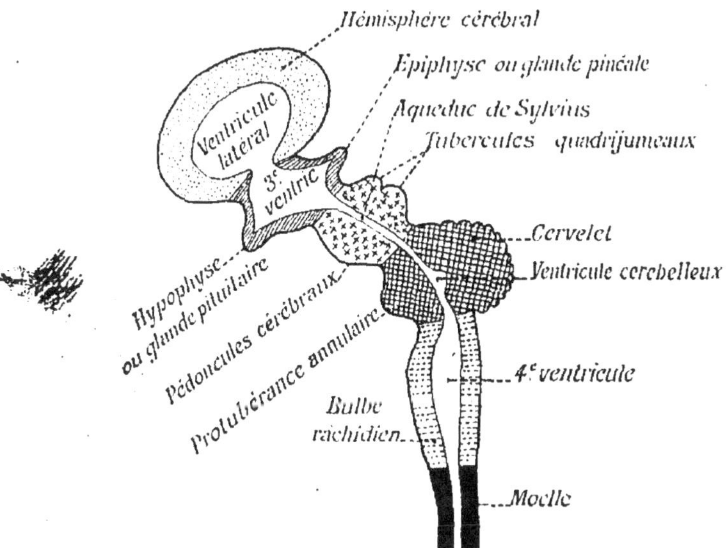

Fig. 237. — Développement de l'encéphale.

pour aller former les *pyramides antérieures* : le cordon postérieur gauche aboutit par conséquent à la pyramide antérieure droite. Cet entrecroisement des cordons au niveau du bulbe est désigné sous le nom de *décussation des pyramides*.

2° Le cerveau postérieur donne le cervelet et la protubérance annulaire. — Par épaississement de ses parois, le cerveau postérieur donne le *cervelet*, en arrière, et la *protubérance annulaire* ou *pont de Varole*, en avant (*fig.* 237). Entre ces deux parties se trouve le *ventricule cérébelleux* qui communique en bas avec le 4e ventricule et, en haut, avec l'aqueduc de Sylvius.

Le cervelet présente trois lobes : le *vermis médian* et les deux *hémisphères cérébelleux*, qui sont latéraux. Le cervelet est formé à la périphérie par de la substance grise qui forme des replis ou *circonvolutions* (*fig.* 238); à l'intérieur, par

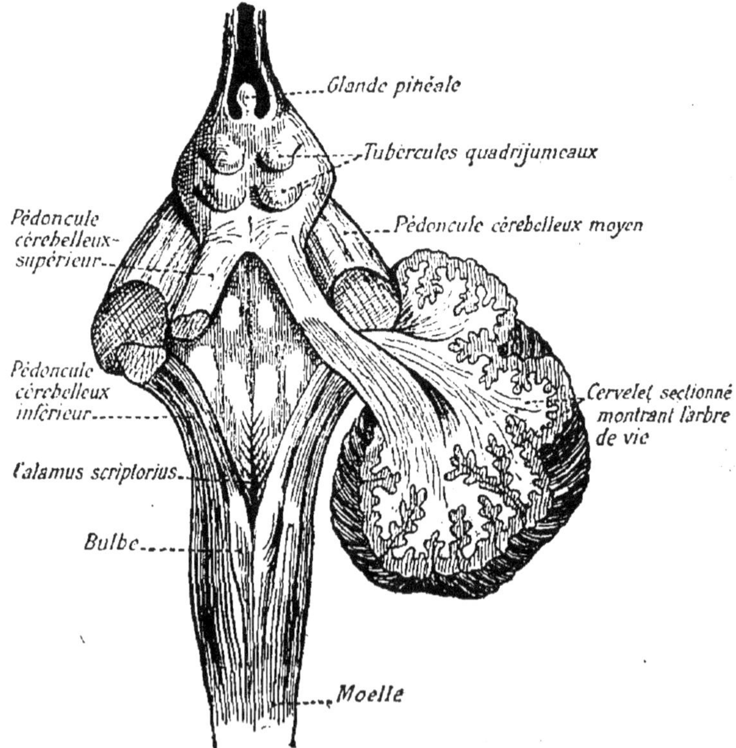

Fig. 238. — Vue du bulbe (face postérieure), d'un hémisphère du cervelet, des pédoncules cérébelleux et des tubercules quadrijumeaux.

de la substance blanche disposée sous une forme arborescente qui lui a valu le nom d'*arbre de vie*. Cette substance blanche est rattachée aux parties voisines par trois prolongements appelés *pédoncules cérébelleux* (*fig.* 238) ; l'*inférieur*, qui va au bulbe ; le *moyen*, qui forme, en se réunissant en avant avec celui du côté opposé, la protubérance annulaire ou pont de Varole ; le *supérieur*, qui plonge sous les tubercules quadrijumeaux et va se perdre dans les couches optiques du cerveau.

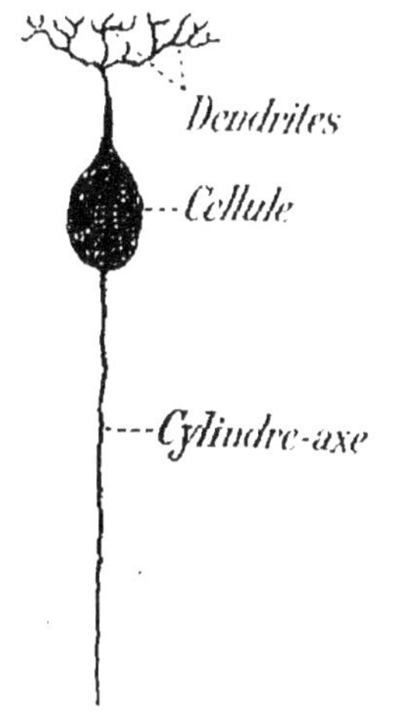

Fig. 239. — Neurone bipolaire ou cellule de Purkinje.

La substance grise du cervelet contient des neurones *bipolaires* (*fig.* 239), c'est-à-dire présentant deux prolongements seulement : un qui donne les dendrites tournées vers la périphérie ; un autre, le cylindre-axe, qui va entrer dans la constitution des pédoncules cérébelleux et qui ira s'articuler avec les neurones moteurs de la moelle.

3° **Le cerveau moyen donne les tubercules quadrijumeaux et les pédoncules cérébraux.** — Entre les *tubercules quadrijumeaux*, au nombre de quatre, et les *pédoncules cérébraux* se trouve une cavité rétrécie (*fig.* 237 et 244), l'*aqueduc de Sylvius*, qui communique en bas avec le ventricule cérébelleux, en haut avec le 3e ventricule.

Les pédoncules cérébraux sont de gros cordons blancs formés par le prolongement des pyramides du bulbe.

4° **Le cerveau intermédiaire donne les couches optiques et le 3e ventricule.** — Les parois du cerveau intermédiaire s'épaississent pour donner les *couches optiques* (*fig.* 241 et 242) ; sa cavité forme le 3° ventricule (*fig.* 237), qui se continue en arrière avec l'aqueduc de Sylvius, en avant et de chaque côté (*fig.* 240 et 241) avec le *ventricule latéral* de chaque hémisphère. Au-dessus ,et en arrière des couches optiques (*fig.* 237) se trouve un soulèvement de la paroi ner-

veuse appelé *glande pinéale* ou *épiphyse*. Cet organe est
chez certains Reptiles la base d'un nerf qui se rend dans un

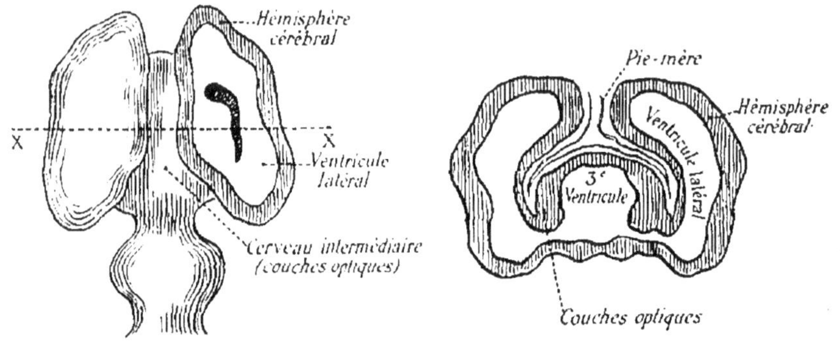

Fig. 240. — Les hémisphères
communiquent avec le 3e
ventricule.

Fig. 241. — Coupe transversale
du cerveau antérieur et du cerveau intermédiaire, suivant XX,
fig. 240.

3e œil placé au sommet de la tête. Au-dessous et en avant,
une saillie forme la *glande pituitaire* ou *hypophyse* (*fig.* **244**)
qui vient reposer sur le sphénoïde.

Cette glande pituitaire n'est pas d'origine nerveuse ; c'est
un diverticule de la bouche qui s'est isolé au cours du développement embryonnaire et qui est venu adhérer à la face
inférieure de l'en-
céphale.

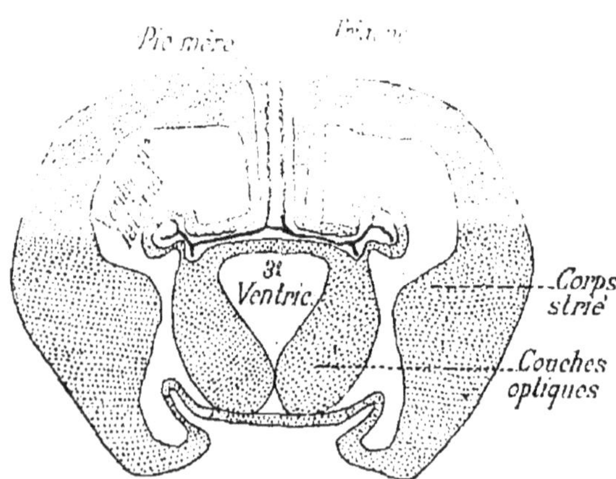

Fig. 242. — Coupe transversale du cerveau en
voie de développement.

3° **Le cerveau an-
térieur donne les
hémisphères céré-
braux**. — Le cer-
veau antérieur se
dédouble en deux
vésicules qui de-
viennent les deux
*hémisphères céré-
braux* (*fig.* **234, B
et 240**). Les parois
latérales des hémi-
sphères s'épaississent pour donner les *corps striés*, qui finiront

par se souder avec les couches optiques (*fig*. 242). De sorte que le ventricule latéral se trouve partagé en deux étages (*fig*. 243) communiquant l'un avec l'autre, en arrière, en contournant la région d'adhérence des corps striés avec les couches optiques.

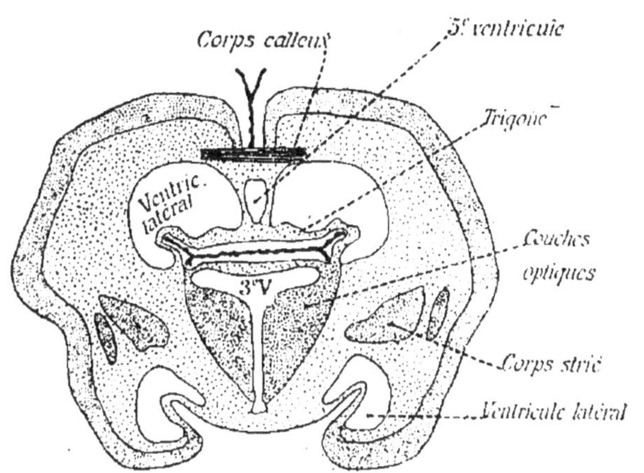

Fig. 243. — Coupe transversale du cerveau définitivement constitué.

Les hémisphères cérébraux se développent beaucoup, recouvrent le cerveau intermédiaire qu'ils finissent par envelopper complètement. A la partie supérieure les deux hémisphères vont se rejoindre (*fig*. 242 et 243), se souder même, sauf en un endroit, où les deux parois amincies viennent s'accoler en limitant un espace appelé 3° *ventricule* (*fig*. 242).

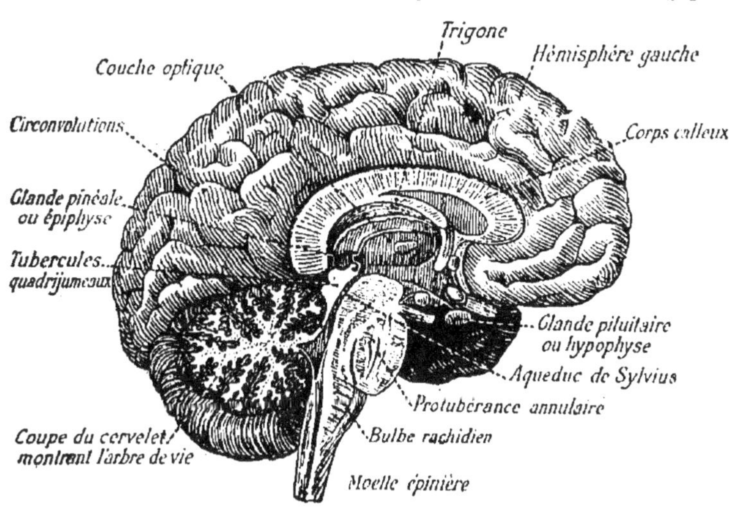

Fig. 244. — Coupe verticale et médiane de l'encéphale.

Deux ponts de substance blanche réunissent les deux

hémisphères : l'un au-dessus du 5ᵉ ventricule, c'est le *corps calleux* ; l'autre au-dessous, c'est le *trigone* (*fig.* 243 et 244).

La couche périphérique du cerveau, ou écorce cérébrale, est formée de substance grise contenant des cellules nerveuses de forme pyramidale, dont la base, qui fournit le cylindre-axe, est tournée vers l'intérieur du cerveau, tandis que le sommet, d'où partent les prolongements protoplasmiques, regarde la surface. On peut distinguer plusieurs couches de cellules (*fig.* 245) ; elles sont d'abord petites, puis grandes (200 μ). Leurs cylindres-axes se groupent pour former la substance blanche, tandis que les panaches protoplasmiques (couche moléculaire) et les cellules forment la substance grise.

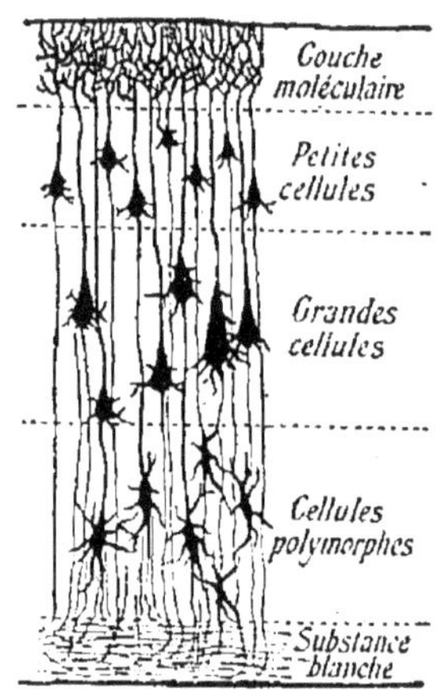

Fig. 245. — Coupe schématique de l'écorce cérébrale.

Le poids moyen du cerveau est de 1 360 grammes.

Au début du développement, le cerveau est lisse ; puis, peu à peu, son accroissement étant continu tandis que le crâne ne grandit pas dans les mêmes proportions, le cerveau se plisse. Ces replis sont appelés *circonvolutions cérébrales*. La première qui apparaît (*fig.* 246, A) est la *scissure de Sylvius*, puis c'est le *sillon de Rolando* (*fig.* 246, B), enfin la *scissure perpendiculaire* ou *occipitale*, qui est très courte. Ces sillons partagent le cerveau en quatre *lobes*, qui sont : le *lobe frontal*, le *lobe pariétal*, le *lobe occipital* et enfin le *lobe sphénoïdal* ou *temporal*. Ces lobes sont ainsi appelés à cause de leurs rapports avec les os frontal, pariétal, occipital, sphénoïde et temporal.

Puis la surface du cerveau continue à se plisser ; de nouveaux sillons apparaissent, qui délimitent de nombreuses circonvolutions (*fig.* 246, C). Dans le lobe *frontal*, on trouve trois circonvolutions dirigées d'arrière en avant : les *première, seconde* et *troisième frontales* (F₁, F₂, F₃) ; et le long du sillon de Rolando, la *frontale ascendante*. Dans le lobe pariétal, trois circonvolutions : la *pariétale ascendante* (P$_a$), puis la

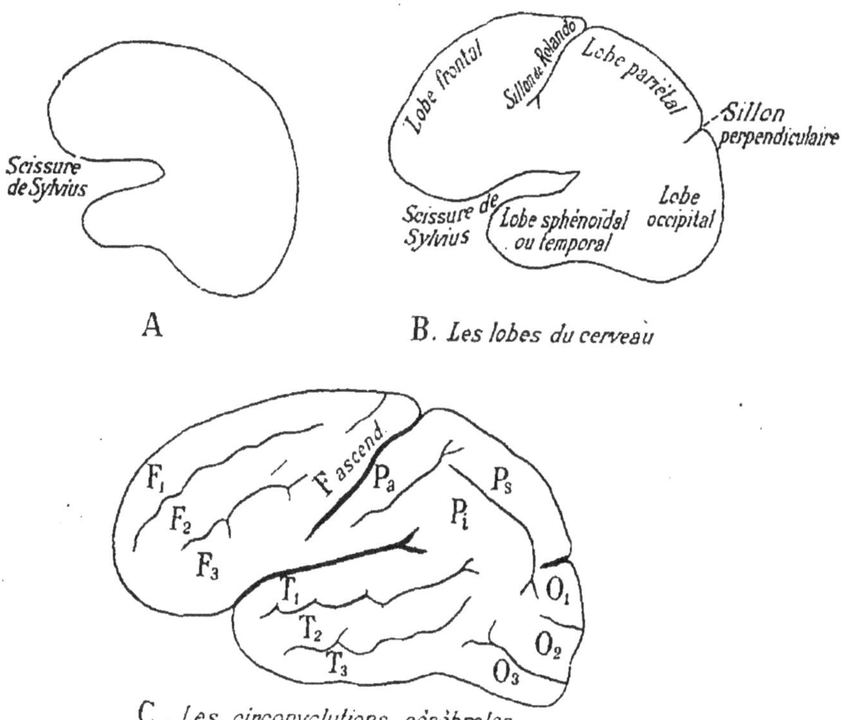

Fig. 246. — Développement des lobes et des circonvolutions
du cerveau.

première et la *deuxième pariétale* (P$_i$ et P$_s$). Enfin dans le lobe occipital et dans le lobe temporal, trois circonvolutions (O$_1$, O$_2$, O$_3$ et T$_1$, T$_2$, T$_3$). Lorsqu'on regarde les hémisphères cérébraux par leur face supérieure, on a une idée nette de l'abondance des circonvolutions (*fig.* 247).

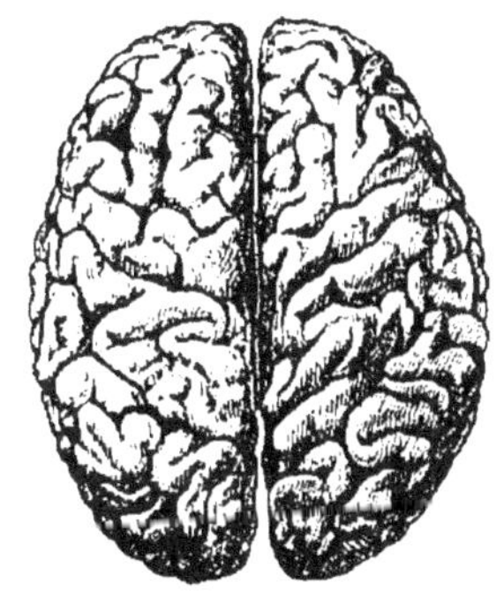

Fig. 247. — Hémisphères cérébraux vus par la face supérieure.

Lorsqu'on suit le développement du cerveau d'un Mammifère supérieur, on constate qu'il passe par une série de stades provisoires qui rappellent les états définitifs du cerveau des Vertébrés inférieurs. Les hémisphères cérébraux d'un enfant (*fig.* 248) sont successivement semblables à ceux d'un Poisson, puis d'un Reptile et d'un Oiseau. C'est une preuve de plus du parallélisme qui existe entre le développement d'un animal supérieur et les différents stades de l'évolution organique considérée dans les groupes zoologiques.

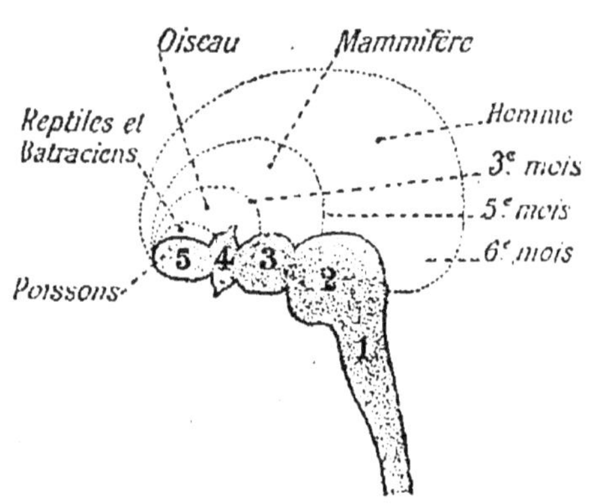

Fig. 248. — Développement des hémisphères dans la série des Vertébrés et chez l'embryon d'un Mammifère supérieur.

Les méninges. — Les *méninges* sont des membranes destinées à protéger les centres nerveux, moelle épinière et encéphale. Elles sont au nombre de trois : la *dure-mère*, l'*arachnoïde* et la *pie-mère* (*fig.*249).

1° La *dure-mère* est la membrane externe. Elle est fibreuse et résistante, et est appliquée contre les parois osseuses.

2° L'*arachnoïde* est une membrane séreuse dont le feuillet *pariétal* est appliqué contre la dure-mère, mais dont le feuillet *viscéral* est à une certaine distance de la pie-mère ; ce feuillet est rattaché à la pie-mère par de fins prolongements rappelant les fils d'une toile d'araignée : d'où le nom donné à cette séreuse. Entre le feuillet viscéral de l'arachnoïde et la pie-mère, se trouve un liquide abondant, le *liquide céphalo-rachidien*. Ce liquide forme une sorte de manchon autour de la moelle épinière et de l'encéphale, et c'est lui qui empêche la compression de ces centres nerveux. Le crâne, en effet, est une boîte rigide ; de sorte qu'à chaque pulsation du cœur, l'ondée sanguine pénétrant dans l'encéphale comprimerait la matière nerveuse et pourrait l'altérer si le liquide céphalo-rachidien, refoulé vers le canal rachidien, ne dimi-

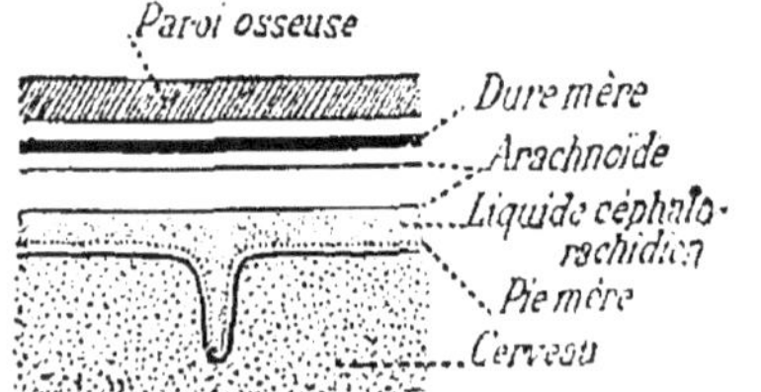

Fig. 249. — Les méninges.

nuait pas par suite le contenu de la boîte crânienne pour faire

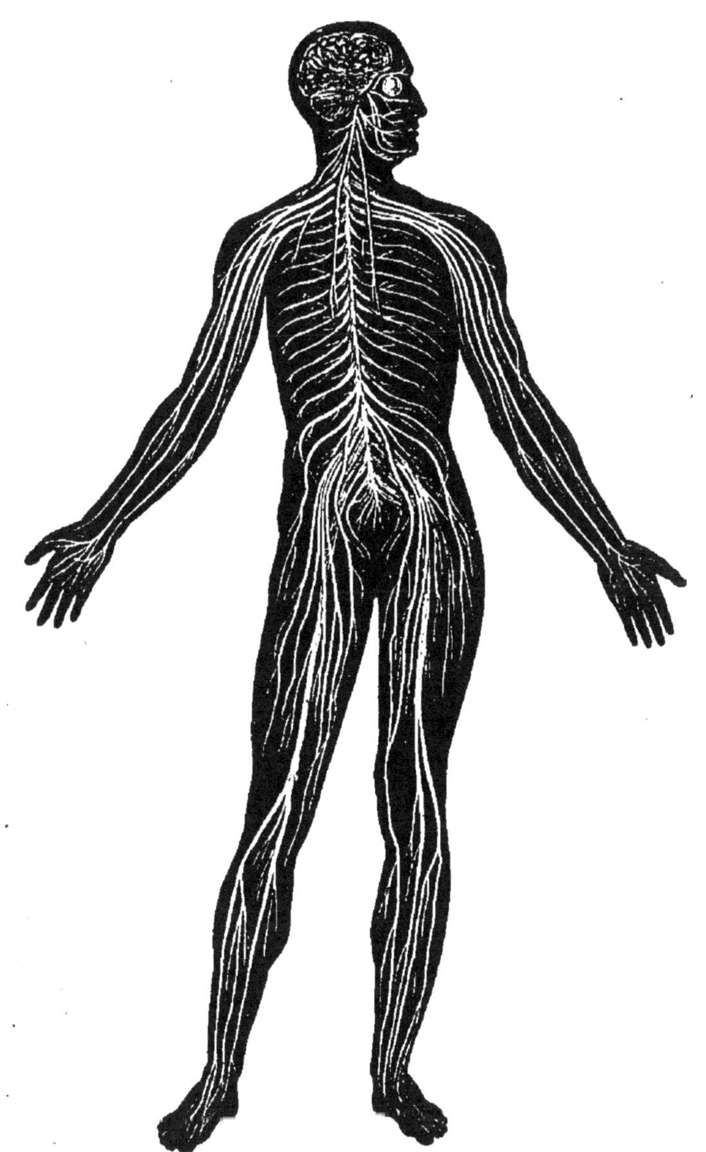

Fig. 250. — Ensemble du système nerveux.

place à l'afflux de sang. Un déplacement inverse se produit
quand le sang afflue en trop grande quantité dans la moelle.

3º La *pie-mère* est une membrane très délicate ; elle est parcourue par de nombreux vaisseaux sanguins qui viennent nourrir les centres nerveux. Elle s'applique contre la matière nerveuse et en suit exactement les contours.

L'inflammation des méninges est une maladie grave appelée *méningite*.

§ 3. — Les nerfs.

Nous ne saurions piquer une partie quelconque de notre corps sans ressentir une certaine douleur. C'est qu'il y arrive, dans toutes les régions, des petits filets blancs appelés *nerfs* (*fig.* 250) qui se ramifient en apportant partout, comme nous le verrons plus loin, la sensibilité et le mouvement.

Les *nerfs* prennent naissance sur les centres nerveux : ceux qui viennent de la moelle épinière sont les *nerfs rachidiens ;* ceux qui viennent de l'encéphale sont les *nerfs crâniens.*

Les nerfs rachidiens. — Les nerfs rachidiens naissent

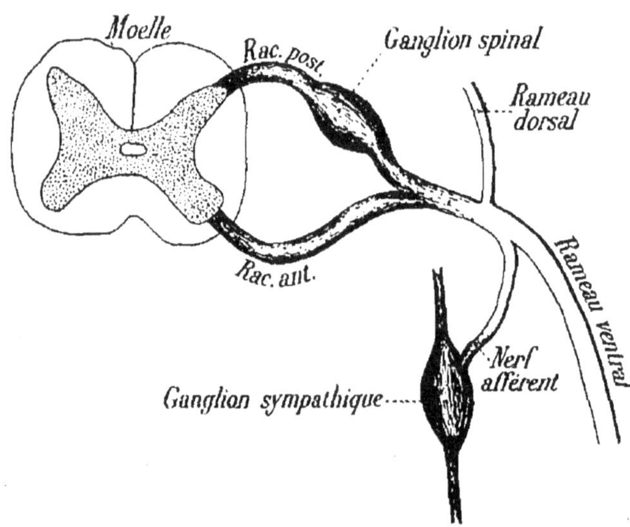

Fig. 251. — Naissance et rapports d'un nerf rachidien avec la moelle et le sympathique.

par paire, de chaque côté de la moelle épinière, sous forme

de cordons nerveux qui vont se ramifier dans les organes. Ils sont au nombre de 31 paires.

Chaque nerf naît par deux racines (*fig.* 251) ; une *racine antérieure* destinée à transmettre le mouvement, et une *racine postérieure* qui conduit la sensibilité et présente toujours un renflement, le *ganglion spinal*. Les deux racines se réunissent, dans le canal rachidien, pour former le *nerf rachidien*, qui va sortir par le trou de conjugaison. Aussitôt, ce nerf se ramifie en deux branches : une *dorsale* qui se rend à la peau et aux muscles, une autre *ventrale* qui va se rendre aux organes, mais après avoir donné des ramifications qui s'entrelacent et forment un réseau appelé *plexus*.

Le *plexus cervical*, formé par les quatre premiers nerfs cervicaux, donne le *nerf phrénique*, qui descend dans la poitrine pour se rendre au diaphragme.

Le *plexus brachial*, situé sous la clavicule, donne le *nerf médian*, le *cubital* et le *radial*, qui vont au membre supérieur.

Le *plexus lombaire* donne le *nerf crural*, et le *plexus sacré* le *nerf sciatique*. Ces deux nerfs vont innerver le membre inférieur.

Les nerfs crâniens. — Les *nerfs crâniens* viennent de l'encéphale. Ils sont au nombre de *12 paires* (*fig.* 253), qui naissent d'avant en arrière, dans l'ordre suivant :

1° Le *N. olfactif* se rend aux fosses nasales.

2° Le *N. optique* se rend à l'œil, après s'être entre-croisé avec celui du côté opposé (*fig.* 252) en formant le *chiasma optique*.

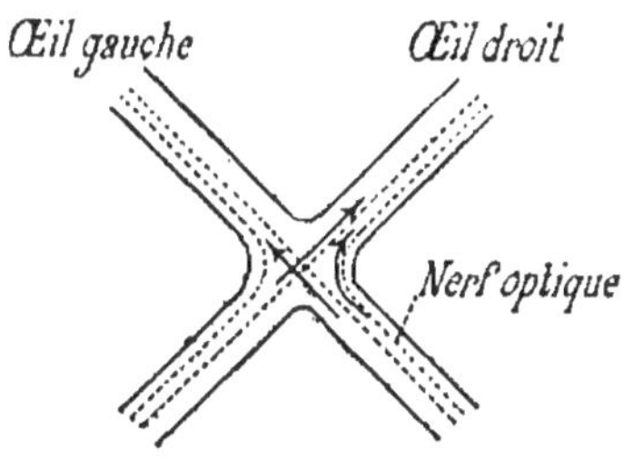

Fig. 252. — Chiasma optique.

La moitié des fibres proviennent du même côté et l'autre moitié du côté opposé.

Le N. olfactif et le N. optique ne sont pas de vrais nerfs ; ce sont plutôt des bourgeonnements de l'encéphale auxquels se rattachent, ainsi que nous le verrons plus loin, les cellules sensorielles de l'odorat et de la vue.

3° Le *N. moteur oculaire commun* va aux muscles de l'œil.

4° Le *N. pathétique* va au muscle grand oblique de l'œil.

5° Le *N. trijumeau* est ainsi appelé parce qu'il se divise en

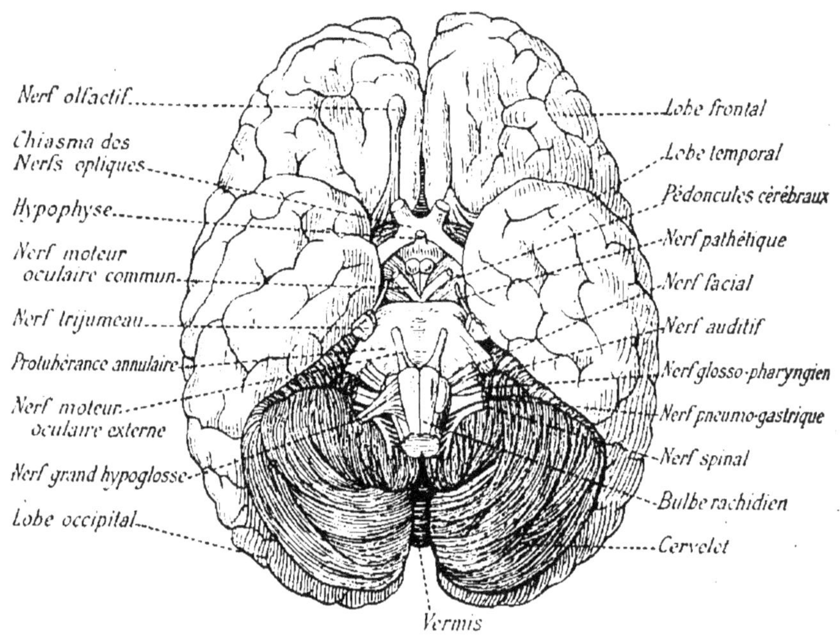

Fig. 253. — Face inférieure du cerveau.

trois branches qui se rendent au globe de l'œil et aux mâchoires supérieure et inférieure.

6° Le *N. moteur oculaire externe* va au muscle droit externe de l'œil.

7° Le *N. facial* va aux muscles de la face et aux glandes salivaires (*corde du tympan*).

8° Le *N. auditif* va à l'oreille.

9° Le *N glosso-pharyngien* va à la langue et au pharynx.

10° Le *N. pneumo-gastrique* ou *N. vague* va aux poumons, au cœur et à l'estomac.

11° Le *N. spinal* va aux muscles du larynx.

12° Le *N. grand hypoglosse* va aux muscles de la langue.

§ 4. — Le grand sympathique.

Les ganglions, les nerfs et les plexus. — Le système nerveux *grand sympathique* se compose : 1º d'une *double chaîne nerveuse* dont chacune est située de chaque côté de la colonne vertébrale et présente de distance en distance des renflements ou *ganglions* (*fig.* 254) ; il faut y ajouter quatre paires de ganglions logés dans le crâne et situés sur le trajet de certains nerfs crâniens; 2º de *branches afférentes* qui relient le sympathique au système nerveux central, car elles proviennent de la branche ventrale du nerf rachidien et sont reliées par suite à la moelle épinière (*fig.* 251) ;

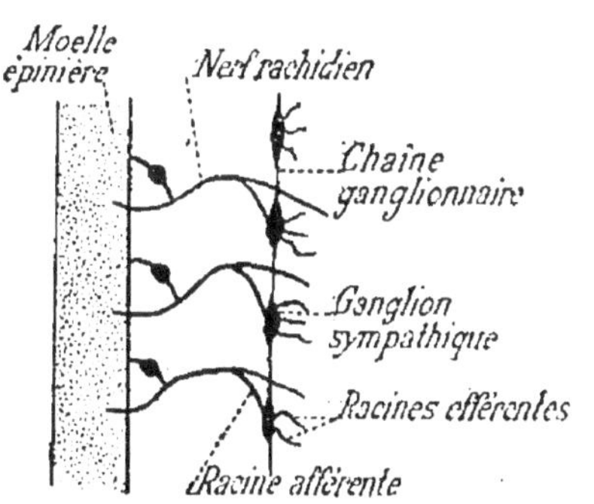

Fig. 254. — Rapports du sympathique avec les nerfs rachidiens.

3º de *branches efférentes* qui forment les nerfs et plexus allant aux viscères.

Les branches efférentes qui partent des ganglions forment souvent des *plexus* autour des organes. Les trois *ganglions cervicaux* donnent des branches efférentes qui forment le *plexus cardiaque* (*fig.* 255) en s'anastomosant avec des rameaux du pneumo-gastrique. Les premiers *ganglions thoraciques* donnent le *plexus pulmonaire*; les derniers, le *grand* et le *petit nerf splanchnique*, qui vont aboutir, sous le diaphragme, aux *ganglions semi-lunaires*. De ces ganglions semi-lunaires partent des branches qui forment le *plexus solaire*, d'où partent à leur tour des prolongements qui vont à presque tous les viscères abdominaux.

Les *ganglions lombaires* et *sacrés* donnent les plexus *mésentériques, hypogastrique*, etc.

En résumé, le sympathique est en relation, d'un côté, avec les organes et, de l'autre, avec les centres nerveux. D'autre part l'embryologie démontre que le sympathique se développe aux dépens du système cérébro-spinal. Ces deux systèmes dépendent donc étroitement l'un de l'autre.

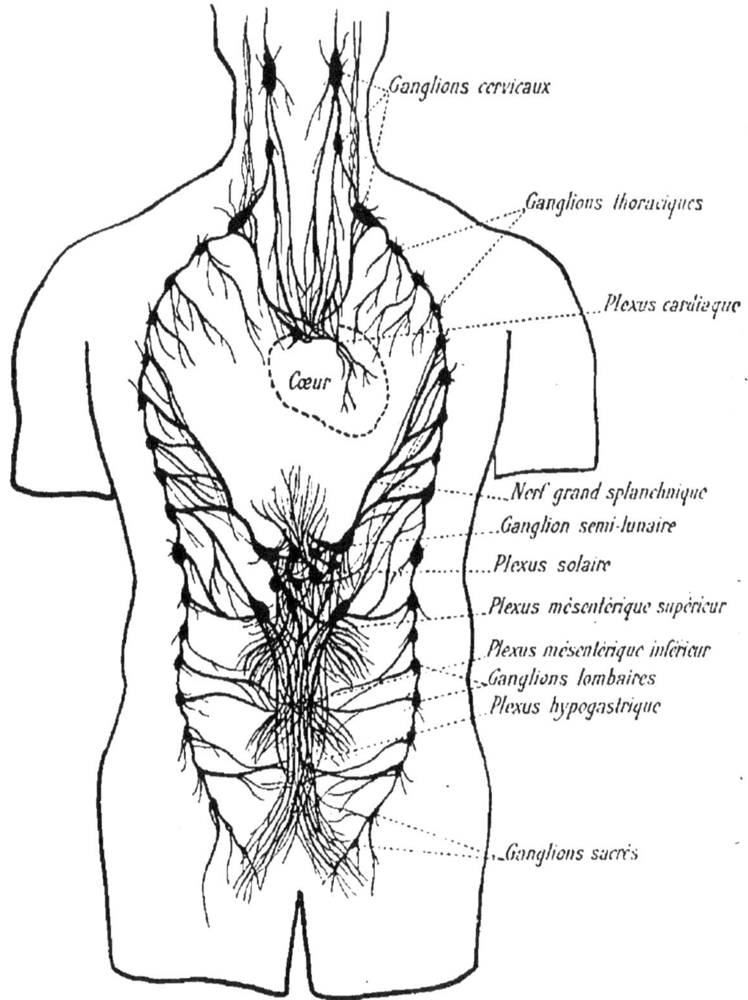

Fig. 255. — Figure théorique du sympathique.

Structure du sympathique. — Les *ganglions* sont formés par des amas de grosses cellules nerveuses. Ils ont donc la même structure que la substance grise des centres nerveux.

Les *fibres nerveuses* du sympathique ont un aspect grisâtre; ce sont généralement des fibres sans myéline.

II. — Physiologie du système nerveux.

Tous les phénomènes nerveux, si compliqués et si divers qu'ils soient, peuvent être ramenés à un type simple : le *réflexe*.

Le réflexe. — On peut réaliser un *réflexe simple* par l'expérience suivante : on décapite une Grenouille en lui sectionnant la tête en arrière des globes oculaires ; l'animal est donc privé de cerveau. Si l'on porte une excitation, si l'on fait une piqûre par exemple, sur une patte, on provoque un mouvement de celle-ci. Voici ce qui s'est passé et que la

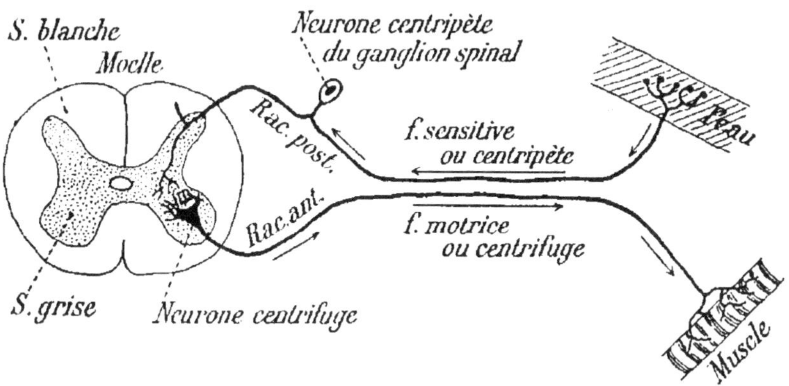

Fig. 256. — Schéma d'un réflexe simple.

figure 256 explique clairement : l'*excitation* portée sur la peau a été recueillie par les terminaisons d'un *neurone centripète* ou *sensitif* situé dans le ganglion spinal de la racine postérieure ; puis elle a été transmise par cette voie centripète vers la moelle, et là, dans les cornes antérieures, elle a été communiquée à un *neurone centrifuge* ou *moteur* qui l'a transportée jusqu'aux muscles de la patte, sous forme d'excitation motrice. On dit que la moelle a *réfléchi* cet influx nerveux, d'où le nom de *réflexe* donné à cet acte. Tout acte réflexe nécessite au moins deux neurones : un centripète qui reçoit l'excitation, et un centrifuge qui réfléchit l'excitation en la modifiant.

Dans la plus grande majorité des cas le réflexe comprend un plus grand nombre de neurones, ainsi que nous le verrons en étudiant la physiologie des centres nerveux.

Le nerf centrifuge peut aboutir à un autre organe qu'à un muscle, à une glande par exemple : l'acte final du réflexe sera alors une sécrétion. C'est ainsi qu'un morceau de sucre placé sur la langue est le point de départ d'un réflexe qui aboutit à la sécrétion de la salive.

§ 1. — **Physiologie des nerfs.**

L'étude du réflexe vient de nous montrer les deux propriétés essentielles des nerfs : l'*excitabilité* et la *conductibilité*.

Excitabilité. — Le système nerveux n'entre en jeu que sous l'influence d'un stimulant, d'un *excitant*, qui peut être mécanique ou physique, chimique ou physiologique.

Les excitants mécaniques ou physiques sont le choc, la chaleur, l'électricité. On connaît la célèbre expérience de Galvani (1737-1798) sur l'excitabilité des nerfs de la Grenouille par l'électricité. Celle-ci est fréquemment employée sous ses différentes formes : décharges de condensateur, courants continus et courants induits. D'autre part, la médecine utilise l'électricité dans le traitement des maladies nerveuses. On sait que des courants de grande intensité sont capables de foudroyer un animal ou un homme. Mais ces courants ne sont même pas sentis s'ils sont de *haute fréquence*.

Les *excitants chimiques* sont les acides, les alcalis, etc.

Les centres nerveux peuvent exciter *physiologiquement* les nerfs. C'est ainsi que la volonté agit sur les nerfs.

L'excitabilité peut varier : elle est diminuée par la fatigue et par certains poisons, comme le bromure de potassium, le chloroforme, l'éther ; d'autres, comme la strychnine, l'augmentent ; une mauvaise nutrition, débilitant l'organisme, rend les nerfs plus excitables ; enfin l'anémie peut amener l'insensibilité.

Conductibilité. — La conductibilité est la propriété que possèdent les nerfs de transporter l'excitation qui les a frappés en un certain point. Ce transport est encore appelé *influx nerveux*. On ne connaît pas exactement la nature de cet influx nerveux, mais on peut étudier ses effets. En physique, on ignore aussi la nature exacte de l'électricité ; cela n'empêche pas d'étudier ses effets et ses merveilleuses applications.

Nous allons montrer que les nerfs sont comme des fils télégraphiques reliant toutes les régions organiques à un bureau central, constitué par le cerveau et la moelle épinière, où viennent aboutir toutes les informations recueillies par les nerfs, et d'où partent tous les ordres transmis également par eux. Pourtant la conductibilité du nerf n'est pas comparable à celle d'un fil électrique, car la vitesse de l'influx nerveux n'est que de 40 mètres par seconde, vitesse bien inférieure à celle de l'électricité (300 000 kilomètres à la seconde).

Une expérience fort simple permet de mettre en évidence la durée de transmission de l'influx nerveux. Un poids est suspendu à la main par une ficelle (*fig*. 257). Les muscles fléchisseurs de l'avant-bras sont seuls contractés. On coupe la ficelle et, bien que l'on soit prévenu, il est impossible de ne pas fléchir l'avant-bras sur le bras.

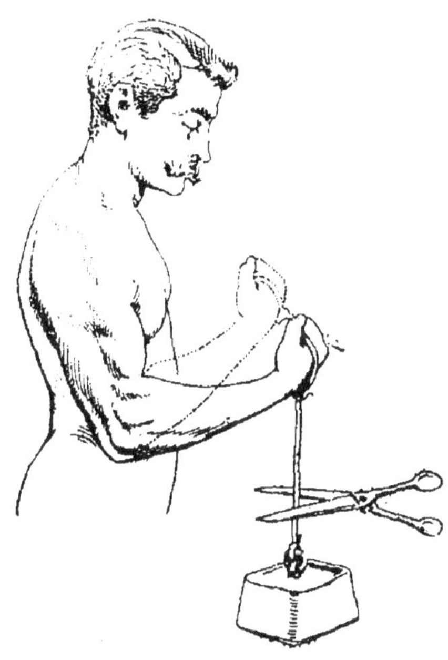

Fig. 257. — Expérience montrant la durée de la transmission de la volonté par les nerfs.

C'est que l'ordre envoyé aux muscles extenseurs a suivi immédiatement la rupture de la

ficelle, mais *pendant la durée de la transmission* de la volonté, les muscles fléchisseurs, débarrassés du poids, agis-
saient seuls et faisaient, par suite, fléchir l'avant-bras.

Le nerf peut *transmettre l'excitation dans les deux sens*.

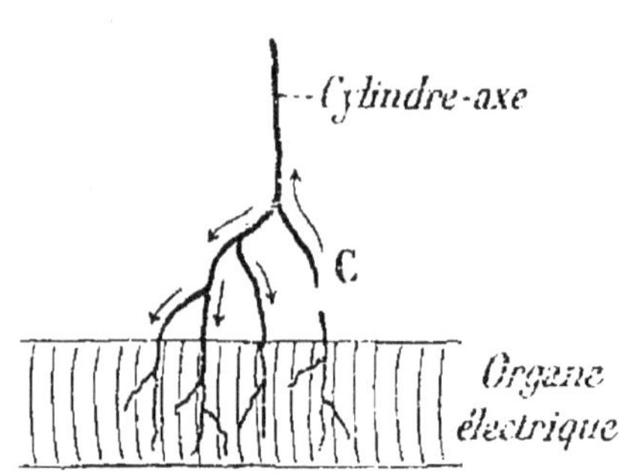

Fig. 258. — Expérience faite sur l'organe électrique du Malaptérure.

Pour démontrer ce fait, on utilise un Poisson, le Mala-ptérure, qui possède deux organes électriques dont cha-cun est innervé par un seul cylindre-axe se subdivisant vers la périphérie (*fig.* 258). En excitant ce cylindre-axe on provoque une décharge électrique. Mais on obtient aussi cette dernière si l'on sectionne une des branches du cylindre-axe et si l'on excite son bout central C. L'excitation s'est donc propagée dans le sens centripète, puis dans le sens centrifuge, et cela dans un même cylindre-axe.

Au point de vue de la conductibilité, il y a trois sortes de nerfs : les nerfs *centripètes* ou *sensitifs, centrifuges* ou *moteurs*, et *mixtes*.

1° Les nerfs *centripètes* ou *sensitifs* transportent l'excita-
tion de la périphérie vers le centre nerveux. Le *nerf optique*, par exemple, conduit à l'encéphale les excitations lumineuses reçues par l'œil ; aussi si l'on sectionne ce nerf, on produit la cécité.

2° Les nerfs *centrifuges* conduisent l'incitation venue des centres nerveux vers la périphérie ; tantôt ils aboutissent à des muscles, ce sont les nerfs *moteurs* ; tantôt ils se terminent dans une glande, ce sont les nerfs *sécréteurs*. Si l'on coupe un nerf moteur tel que le *grand hypoglosse*, qui se rend aux muscles de la langue, on produit une paralysie de cet organe.

3° Les nerfs *mixtes* sont des nerfs qui contiennent des fibres nerveuses centrifuges et des fibres nerveuses centripètes. Tels sont les nerfs *rachidiens*.

Fonctions des nerfs rachidiens. Loi de Magendie. —
Pour étudier les fonctions des nerfs rachidiens on met à nu,
sur un Chien, la moelle au niveau des nerfs qui se rendent
aux membres postérieurs ; puis on fait les expériences suivantes :

1° On coupe la racine antérieure d'un côté (*fig.* 259) et l'on
constate que l'animal
ne peut plus remuer
la patte correspondante ; de plus, si l'on
excite le bout central,
on n'obtient rien ; si
l'on excite le bout périphérique, on observe
une contraction des
muscles, l'animal exécute des mouvements sans manifester de douleur. Donc la
racine antérieure transmet le *mouvement* vers la périphérie :
elle est, par conséquent, formée de fibres centrifuges.

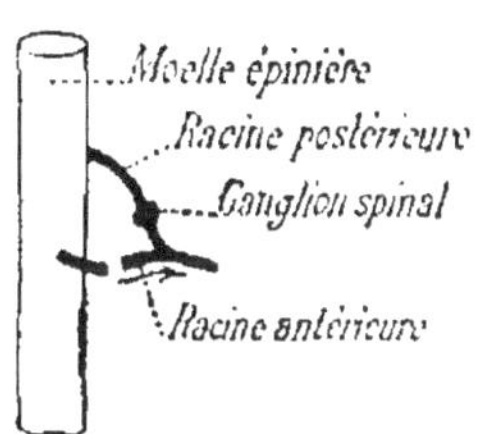

Fig. 259. — La racine
antérieure est coupée.

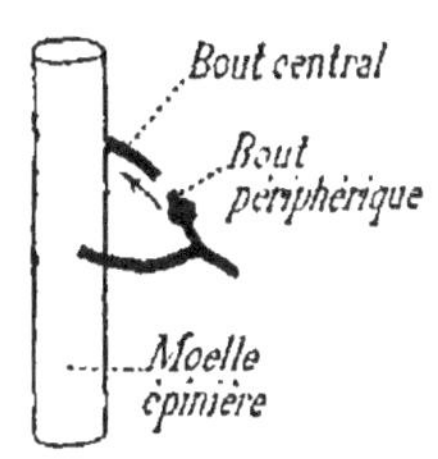

Fig. 260. — La racine
postérieure est coupée.

2° On sectionne la racine postérieure (*fig.* 260) du côté opposé,
et l'on constate que l'animal ne manifeste aucune douleur et
ne produit aucun mouvement quand on excite la patte correspondante ; de plus, si l'on excite le bout périphérique, rien
ne se produit ; si l'on excite le bout central, l'animal
pousse des cris. Donc la racine postérieure transmet la *sensibilité* vers les centres nerveux : elle est, par conséquent, formée
de fibres centripètes. Le nerf rachidien étant constitué par
la réunion de ces deux sortes de fibres est à la fois centrifuge
et centripète, c'est donc bien un nerf *mixte*. Aussi en coupant
le nerf rachidien, toute la région où ce nerf se distribue perd-
elle à la fois le *mouvement* et la *sensibilité*.

Cette loi, que *tout nerf rachidien a des racines antérieures
motrices (centrifuges) et des racines postérieures sensitives (centripètes)*, est connue sous le nom de *loi de Magendie*, du nom
du physiologiste français (1783-1855) qui l'a mise en évidence.

Action du curare. — Le curare peut supprimer le pouvoir moteur du nerf et conserver sa sensibilité. Le curare est un poison violent qu'utilisent les peuplades de l'Amérique du Sud ; mais il n'agit comme poison que s'il passe dans le sang ; certains Indiens s'en servent même comme médicament. Introduit dans le sang d'un animal, il le tue en une minute ou deux. Ce poison a permis à Claude Bernard de faire l'expérience suivante : on fait une ligature dans la région lombaire de la Grenouille (*fig.* 261) en ayant soin de laisser en dehors les nerfs lombaires ; on injecte ensuite du curare dans la région antérieure ; puis on pince la partie antérieure qui reste immobile, tandis que le train de derrière est agité. Le *mouvement* est donc supprimé dans la partie antérieure qui est empoisonnée, mais il persiste dans la partie postérieure ; de plus la *sensibilité* du train antérieur a été conservée puisque la bête réagit contre la piqûre faite dans cette région. La Grenouille

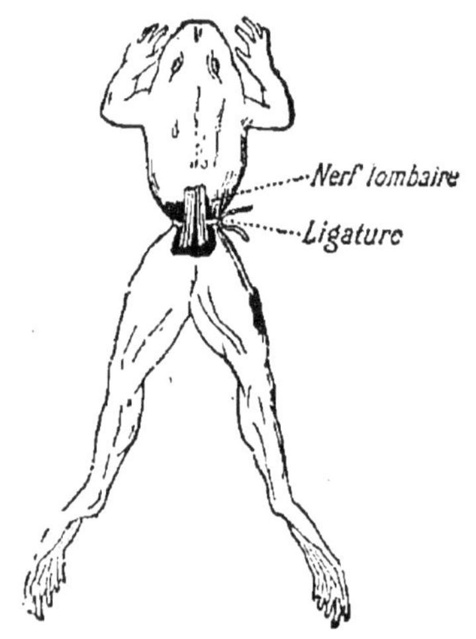

Fig. 261. — Grenouille préparée pour recevoir une piqûre de curare.

a même conservé ses sens et sa volonté. En effet, si l'on couvre le vase dans lequel elle se trouve de façon à la placer dans l'obscurité, et si l'on fait pénétrer ensuite un rayon de soleil, immédiatement on voit le train de devant flasque s'avancer vers le soleil poussé par les deux pattes de derrière. Les organes du mouvement sont atteints, mais la sensibilité persiste.

Le curare agit donc en supprimant le pouvoir moteur du nerf, mais il respecte la sensibilité.

<h2 style="text-align:center">§ 2. — Physiologie des centres nerveux.</h2>

Physiologie de la moelle épinière. — La moelle épinière joue un double rôle : 1° par sa substance blanche, c'est un organe *conducteur* ; 2° par sa substance grise, c'est un *centre nerveux*.

1° **Rôle conducteur**. — La moelle épinière transporte les impressions sensitives à l'encéphale, puis elle transmet à toutes les parties de l'organisme les incitations venues du cerveau. Si l'on sectionne le cordon *antéro-latéral* de la moelle, on prive de mouvement toute la partie située au-dessous de la section. Ainsi un Lapin opéré de cette façon au niveau de la 10e vertèbre thoracique ne marche que sur trois pattes, la quatrième patte pend, inerte, tout en restant sensible. La section des cordons *postérieurs* supprime la sensibilité du côté opposé.

La figure 262 rend compte de ces faits en montrant la voie suivie par la sensibilité et le mouvement. Une excitation portée en T est transmise par le nerf centripète, d'abord jusqu'au bulbe, d'où un neurone de relai (N. B.) la porte aux cellules pyramidales de l'écorce grise du cerveau (C. P.). Cette cellule *transforme l'excitation en sensation* et par son cylindre-axe porte l'influx nerveux au neurone centrifuge de la moelle et, par suite, fait contracter le muscle.

La pathologie met aussi en évidence le rôle conducteur de la moelle. Les maladies de cet organe produisent la dégénérescence centrifuge des fibres motrices, et la dégénérescence centripète des fibres sensitives. C'est ainsi que l'*ataxie locomotrice*, maladie caractérisée par une démarche désordonnée, est due à la dégénérescence des cordons postérieurs.

L'altération de ces cordons, en effet, cause des troubles de la sensibilité et par suite la démarche devient chancelante.

2° **Rôle de centre nerveux. Réflexes et leur irradiation**. — La moelle est le centre nerveux des actes réflexes et inconscients. Pour le démontrer, décapitons une Grenouille : la volonté est supprimée et l'animal reste immobile. Pinçons légèrement une patte, celle-ci va se mouvoir. C'est que l'excitation a été transmise à la moelle par les nerfs centripètes (*fig.* 256), puis la moelle a *réfléchi* cette excitation, qui, par les nerfs centrifuges, a fait contracter les muscles. L'animal n'a pas eu conscience du mouvement ; le réflexe est dit inconscient.

Plus l'excitation est forte, plus son action s'étend : une excitation légère fait contracter une patte ; si on l'augmente un peu, les deux pattes symétriques se contractent ; enfin si on l'augmente encore, les quatre pattes entrent en mouvement et la Grenouille saute. L'excitation a fait *tache d'huile*. On dit qu'il

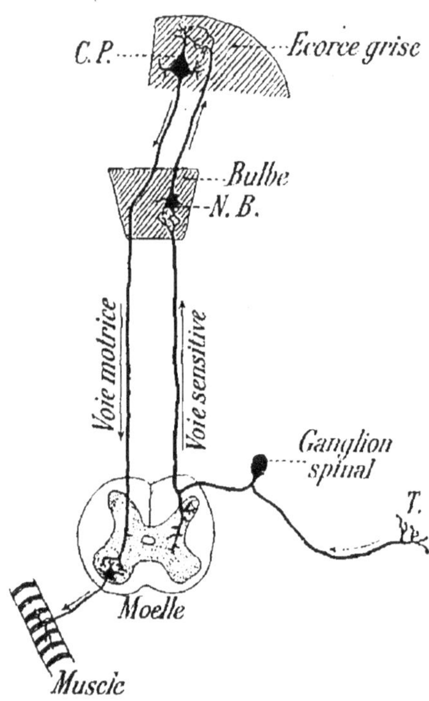

Fig. 262. — Schéma de la voie suivie par l'influx nerveux dans la moelle et l'encéphale.

y a *irradiation* du réflexe.

La disposition des neurones dans la moelle (*fig.* 263) explique clairement cette irradiation. Quand le prolongement interne du *neurone centripète* du ganglion spinal pénètre dans la substance blanche, il se divise en deux branches : une descendante, qui va s'articuler aussitôt avec le *neurone centrifuge* du même côté (*fig.* 263) ; une

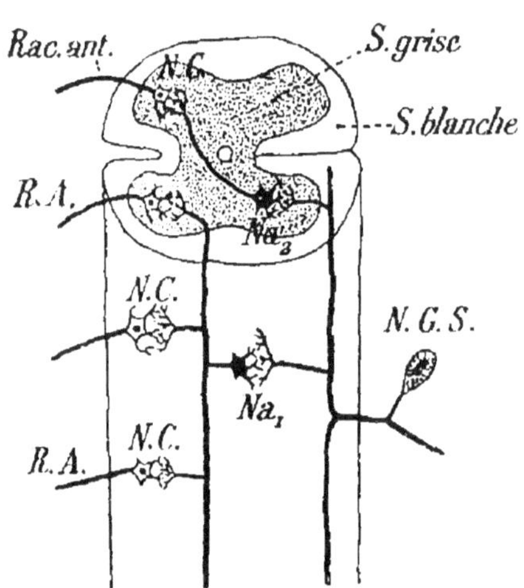

Fig. 263. — Schéma montrant les rapports des neurones à l'intérieur de la moelle.

ascendante, plus longue, qui monte vers le bulbe sans le dépasser, en émettant des branches collatérales qui pénètrent dans la substance grise. Ces branchements se mettent en relation avec des neurones centrifuges par l'intermédiaire de *neurones d'association* qui se rendent, les uns (Na_1), du même côté de la moelle, les autres (Na_2), du côté opposé. On voit par cette disposition que l'influx nerveux, transmis par le neurone centripète (N. G. S.), peut entrer en relation avec plusieurs neurones centrifuges (N. C.). Le réflexe pourra ainsi s'étendre, s'irradier.

Le mouvement, dans un réflexe, est *involontaire*. Si, par exemple, on chatouille la plante des pieds d'une personne endormie, cette personne retire sa jambe sans s'éveiller, et au réveil elle n'aura pas souvenir de ce mouvement. Donc, la contraction est involontaire et inconsciente.

Les réflexes se produisent avec une régularité qui indique un mécanisme particulier. Ce mécanisme peut être inné, instinctif, comme l'acte de teter chez un jeune animal. Il peut aussi être acquis par l'habitude, comme dans la marche par exemple.

En enlevant chez certains animaux des tranches de moelle à différents niveaux, on a vu qu'il y avait des centres spéciaux pour certaines fonctions. La moelle est donc formée d'un certain nombre de centres nerveux échelonnés et ayant chacun une fonction propre. L'être humain, comme tout animal supérieur, pourrait donc, à ce point de vue physiologique, être considéré comme une collection, une *colonie d'individus élémentaires*. Et l'unité apparente résulte de l'harmonie qui existe entre ces différents individus. C'est surtout l'anatomie comparée et l'embryogénie qui ont permis d'établir que l'animal supérieur pouvait être considéré comme une association d'organismes élémentaires.

Physiologie de l'encéphale. — Nous étudierons successivement la physiologie des différentes parties de l'encéphale, à savoir : le *bulbe rachidien,* le *cervelet,* les *pédoncules cérébelleux,* les *tubercules quadrijumeaux,* les *hémisphères cérébraux.*

A. Bulbe rachidien. — Le *bulbe rachidien* est une des parties les plus importantes de l'encéphale. Le physiologiste français Flourens a montré qu'il était possible, chez un animal, de détruire la moelle sur une certaine étendue, d'enlever même le cerveau et le cervelet : l'animal continue à respirer, à vivre. Mais si l'on blesse la pointe du *calamus scriptorius*, on obtient la mort subite de l'animal. « C'est là, dit Flourens, la clef de voûte de tout l'organisme, le *nœud vital*. » C'est que cette région est l'origine du nerf pneumogastrique, qui agit sur les battements du cœur et sur les mouvements respiratoires. La mort survient donc par arrêt du cœur en diastole, et par arrêt des mouvements respiratoires. Certains centres nerveux ont donc la propriété de suspendre l'action nerveuse ; on désigne ces phénomènes sous le nom d'*actions d'arrêt* ou d'*inhibition*.

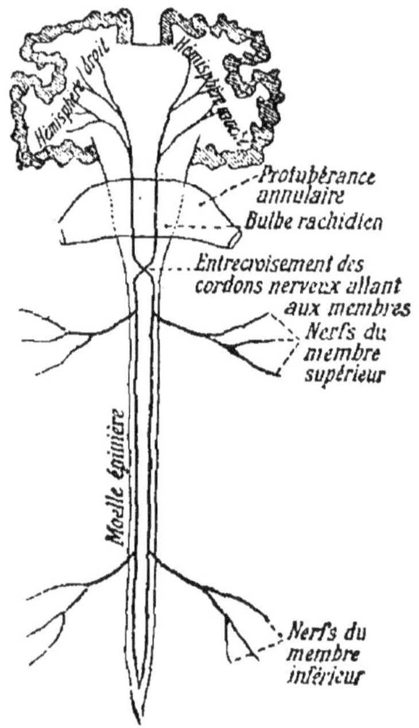

Fig. 264. — Coupe verticale du cerveau, du bulbe rachidien et de la moelle épinière.

Si l'on pique le plancher du 4ᵉ ventricule un peu plus haut, on produit de la *polyurie* (abondance de l'urine).

Un peu plus haut on produit de la *glycosurie*, c'est-à-dire que le foie rejette dans le sang une plus grande quantité de sucre.

Encore un peu au-dessus, on produit de l'*albuminurie*.

Enfin, en haut du 4ᵉ ventricule, on augmente considérablement la *sécrétion salivaire*.

Ces actions sont dues à ce que de nombreuses racines du grand sympathique prennent naissance dans le bulbe.

La *décussation des pyramides* (entrecroisement des cordons blancs venant de la moelle) se produisant au niveau du bulbe (*fig.* 236 et 264), on conçoit que la pyramide antérieure *droite* commande le mouvement dans la partie *gauche* du corps. De sorte que la section d'une pyramide produit la paralysie du côté opposé du corps (*hémiplégie*). Une personne frappée d'apoplexie cérébrale unilatérale est privée des mouvements volontaires du côté opposé ; la figure, elle, est paralysée du même côté, car les nerfs qu'elle reçoit prennent naissance au-dessus de l'entrecroisement des pyramides.

B. **Cervelet.** — Le cervelet a pour rôle essentiel de *coordonner les mouvements volontaires*. Dès 1851, Flourens montra qu'en enlevant le cervelet à un Pigeon, celui-ci continue à se mouvoir, mais d'une façon déréglée : il lui est impossible de se tenir en équilibre et il culbute dans tous les sens. De plus, dans l'*ataxie cérébelleuse*, causée par des lésions du cervelet, les mouvements sont désordonnés, la démarche est incertaine et l'attitude est celle d'un homme ivre.

Le cervelet est aussi un stimulant des muscles. Si, en effet, on enlève à un animal la moitié du cervelet, on produit une grande faiblesse musculaire du côté lésé.

Son action est *directe*, c'est-à-dire que chacune de ses moitiés agit sur la moitié du corps correspondante.

C. **Pédoncules cérébelleux.** — Ils servent à mettre en communication le cervelet avec le cerveau (pédoncules cérébelleux supérieurs), avec la moelle (pédoncules cérébelleux inférieurs), et les deux hémisphères cérébelleux entre eux (pédoncules cérébelleux moyens). Suivant l'endroit où l'on coupera ces pédoncules, on obtiendra des mouvements de *rotation* ou de *manège*. Si on les coupe d'un côté seulement, l'animal roule autour de son axe longitudinal ; il tourne avec une rapidité qui peut atteindre 60 tours par minute.

D. **Tubercules quadrijumeaux.** — Lorsqu'on enlève les tubercules quadrijumeaux d'un animal, l'iris ne se contracte ni ne se dilate plus. Ces organes sont en rapport avec les fonctions visuelles, car ils semblent aussi coordonner les mouvements des yeux. Mais ils doivent avoir un autre rôle, car ils sont très développés chez des animaux aveugles tels que la Taupe.

E. Hémisphères cérébraux. — Par leur *substance blanche*, les hémisphères jouent un rôle conducteur ; par leur *substance grise*, ils forment les centres nerveux les plus importants.

Les philosophes de l'antiquité, avec Hippocrate, considéraient le cerveau comme étant le siège de l'âme. Les philosophes de la Renaissance et Descartes au xviie siècle admettaient l'existence de fluides particuliers commandant aux phénomènes de la vie : ils les appelaient les *esprits animaux*. Descartes pensait que ces fluides venus du cerveau devaient se répandre dans tout le corps au moyen des nerfs ; mais au-dessus de cette fonction physiologique, le philosophe plaçait l'âme qui donne à l'Homme la faculté de penser. Ayant étudié l'anatomie, et frappé de la situation de la *glande pinéale* au centre de l'encéphale, il la considérait « comme la source d'où les parties du sang les plus subtiles, les esprits, coulaient de tous côtés dans le cerveau et se dirigeaient vers un point quelconque ».

Le cerveau est le siège de la volonté et de l'intelligence. — Les observations anatomiques modernes ont montré que lorsque la raison est altérée, comme chez un aliéné, il existe toujours une lésion du cerveau, et que des intelligences saines ne peuvent se trouver chez des individus dont le cerveau est ramolli ou pétrifié. Il y a donc une relation incontestable entre le cerveau et les facultés intellectuelles ; ce qui ne veut pas dire que nous connaissons à fond la physiologie du cerveau. Nous devons même dire que le mécanisme de la pensée nous est inconnu. Aussi nous ne nous occuperons ici que des faits indiscutables, bien établis par l'expérience et par l'observation. Laissant de côté les discussions théoriques qui sont du domaine de la métaphysique, le physiologiste peut répéter cette phrase de Pascal qui résume tout ce que l'on sait de la physiologie du cerveau : « On ne pense pas sans tête. »

Ce n'est qu'en 1840 que Flourens démontra expérimentalement ce fait. Il enleva le cerveau à des animaux vivants et put ensuite les conserver pendant quelque temps. Une Poule privée de ses hémisphères cérébraux vécut pendant 10 mois. Et, fait intéressant, cette opération ne donne souvent lieu à aucun signe de douleur : c'est ainsi qu'on peut enlever sur un Cheval des tranches de matière cérébrale, pendant que l'animal continue à manger. Une fois le cerveau enlevé, l'animal est plongé dans une sorte de torpeur.

Le Pigeon se prête bien à l'extirpation du cerveau, mieux que les Mammifères à cause des hémorragies qui se produisent chez ces derniers. Un Pigeon opéré a l'apparence d'un Pigeon normal, mais il demeure immobile, somnolent ; cependant si on le jette en l'air, il vole ; un bruit violent le fait tressaillir, mais si on le laisse tranquille il retombe dans sa torpeur ; il se laisserait mourir de faim devant des grains de blé ; pour le nourrir il faut lui placer les graines dans le gosier. Tout besoin, tout instinct ont disparu. Le Pigeon a perdu la *volonté et l'intelligence*. De même la Grenouille opérée reste accroupie ; si on la pousse, elle saute ; si on la jette dans l'eau, elle nage jusqu'aux bords du vase ; si on la met sur le dos, elle se redresse prestement ; elle aussi se laisse mourir de faim au milieu de l'abondance ; il ne reste plus que l'*automate*, que la *machine-grenouille* comme il ne restait plus que la *machine-pigeon*. On a réussi aussi à conserver des Chiens privés de cerveau : leur figure était sans expression et ils étaient inattentifs à tout ce qui se passait autour d'eux. De ces faits il est permis de conclure que les animaux acérébrés agissent comme de vrais automates sans spontanéité, et que, par suite, le cerveau est le siège des facultés intellectuelles.

Le poids du cerveau et l'intelligence. — A la suite de ces expériences on a voulu voir une relation entre le poids du cerveau et le degré d'intelligence. Les *microcéphales*, en effet, qui sont généralement des idiots, ont un cerveau qui pèse moins de 1 000 grammes, alors que le poids moyen est d'environ 1 360 grammes chez l'homme et 1 240 chez la femme. D'un autre côté, on a relevé des poids cérébraux énormes

chez certains hommes illustres : le cerveau de Cuvier pesait
1 860 grammes, celui de Byron 2 200, et celui de Cromwell
2 230. Ce n'est pas là une règle générale, car il faut aussi tenir
compte de l'abondance de substance grise et, par conséquent,
des circonvolutions; il faut faire intervenir non seulement la
quantité, mais aussi la *qualité*. C'est ainsi que le cerveau de
Gambetta, un des plus grands orateurs des temps modernes,
pesait 1 294 grammes, c'est-à-dire un poids inférieur à la
moyenne, alors que certaines circonvolutions étaient particulièrement développées. Ce qu'il y a de certain, c'est qu'à
mesure qu'on s'élève dans la série animale, le poids du cer-

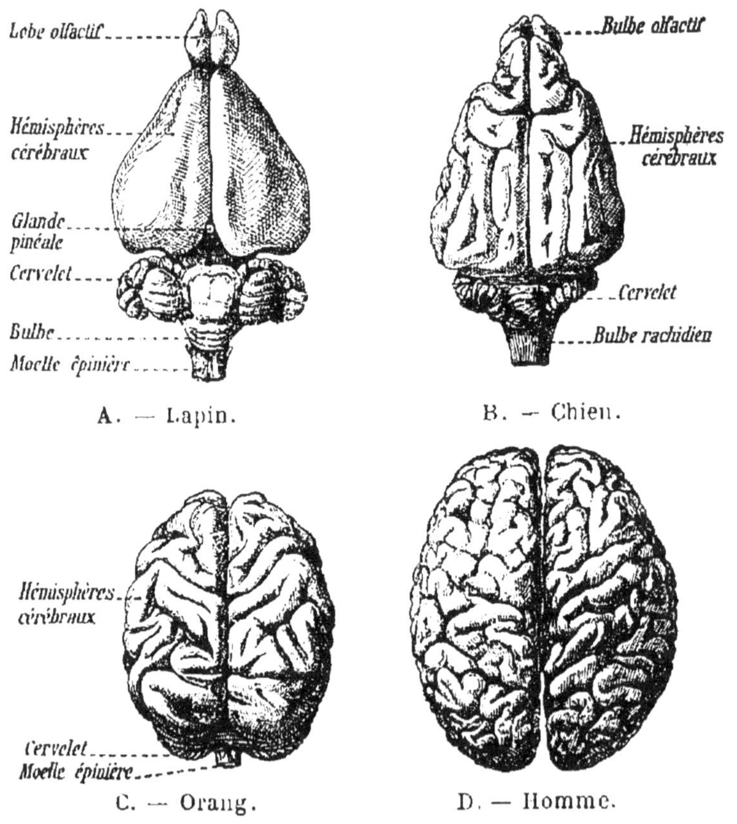

Fig. 265. — Cerveaux de Mammifères.

veau augmente, et sa surface, d'abord lisse chez les animaux
inférieurs, se plisse peu à peu (*fig.* 265).

Le rapport du poids du cerveau au poids du corps croît en même temps que croît ce qu'on est convenu d'appeler l'intelligence. Ainsi, il est chez les Poissons de $\dfrac{1}{5\,000}$, chez les Reptiles de $\dfrac{1}{1\,500}$, chez les Oiseaux de $\dfrac{1}{200}$, chez les Mammifères de $\dfrac{1}{180}$, chez les Singes anthropoïdes de $\dfrac{1}{120}$ et chez l'Homme de $\dfrac{1}{40}$.

En somme, les relations du poids du cerveau et de l'intelligence sont vagues. C'est qu'il est difficile d'apprécier le développement de l'intelligence chez les animaux et même chez l'Homme. Ainsi chez ce dernier on *mesure* souvent l'intelligence d'une façon étrange. Voici, par exemple, deux hommes : l'un est un savant mathématicien ; l'autre, un artiste de grand talent. On admet volontiers qu'ils ont tous deux une *intelligence supérieure*. Mais si nous cherchons à comparer leurs deux intelligences et que nous prenions comme critérium de l'intelligence le raisonnement mathématique, nous assimilerons facilement l'artiste à un idiot, et inversement. C'est que pour juger les hommes dits supérieurs nous nous basons sur des spécialisations ; or elles sont souvent trompeuses, et peut-être serait-il aussi rationnel de considérer comme supérieurs des hommes qu'on range habituellement parmi les hommes *moyens* et qui sont simplement des hommes bien équilibrés, dont l'ensemble des facultés intellectuelles est uniformément développé.

Localisations cérébrales. Centres moteurs et sensitifs. — Dès la fin du xviiie siècle, le médecin allemand Gall eut l'idée de *localiser* dans les différentes parties du cerveau les facultés intellectuelles. Il partit de ce fait que certaines personnes ont certaines facultés plus développées que d'autres personnes, que par suite les régions du cerveau où siègent ces facultés doivent être plus développées, et par conséquent correspondre à des *bosses* de la surface du crâne. Après avoir examiné des crânes d'hommes et d'animaux dont il connaissait les défauts et les qualités, les penchants et les instincts, Gall divisa le crâne en un certain nombre de territoires (27), dont chacun correspondait à une faculté spéciale : courage, affection, orgueil, etc. Telle est la célèbre théorie de la *phrénologie* ou *système des bosses*. Cette théorie, après un moment de célébrité, fut abandonnée, car si le point de départ est juste, c'est évidemment une erreur que de vouloir juger le contenu (cerveau) par la forme du contenant (crâne). Les saillies du cerveau, en effet, ne s'impriment que sur la surface interne du crâne et ne laissent pas de trace sur la face externe.

Ce n'est que beaucoup plus tard, vers 1861, que l'étude des localisations cérébrales fut reprise, mais avec une méthode vraiment scientifique, la méthode *anatomo-pathologique*, dont Charcot (*fig.* 266) et ses élèves ont tiré de si brillants résultats. Cette méthode est basée sur deux ordres de faits :

1° L'étude, sur l'homme vivant, des troubles produits par des *blessures* du cerveau ;

Fig. 266. — CHARCOT, médecin français (1825-1893).

2° L'étude, sur le cadavre, des lésions du cerveau d'individus ayant présenté pendant leur existence des troubles moteurs ou psychiques.

Si la *même lésion* observée plusieurs fois dans la *même région* produit les *mêmes troubles*, il est naturel de considérer comme exacte la relation entre la *faculté altérée* et le *siège de la lésion*.

C'est le chirurgien français Broca (1824-1880) qui, en 1861, montra le premier que la faculté du langage articulé devait être localisée dans la 3e circonvolution frontale gauche

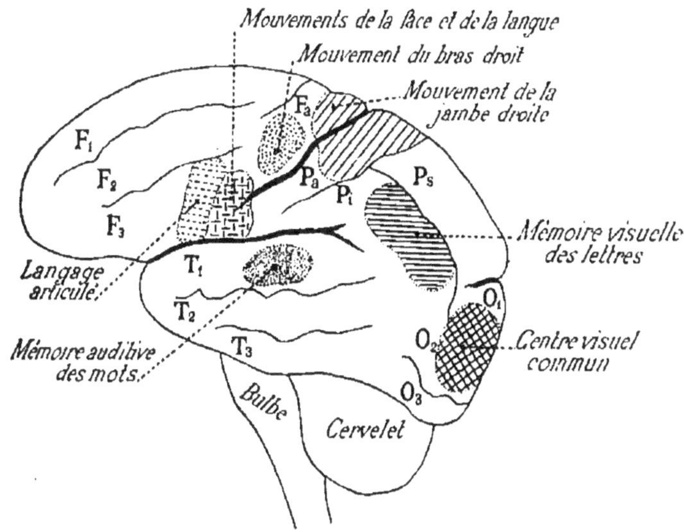

Fig. 267. — Principaux centres de l'écorce cérébrale.

(*fig.* 267). Il observa un malade qui ne pouvait plus parler et dont cependant les muscles de la langue et du larynx n'étaient pas paralysés. A l'autopsie, Broca observa un ramollissement dans une région limitée et située dans la 3e circonvolution frontale gauche, appelée depuis la *circonvolution de Broca*. On a désigné cette maladie des personnes qui comprennent, mais qui ne peuvent plus s'exprimer, sous le nom d'*aphasie motrice*. Chez les gauchers, c'est une lésion de la 3e circonvolution droite qui amène ces troubles. Un développement considérable de cette région du cerveau doit correspondre à une faculté oratoire remarquable : c'est ce qui a été observé sur le cerveau de Gambetta. Par des études semblables on est arrivé à localiser certaines facultés motrices et psychiques.

On a pu localiser la faculté des *mouvements de la langue et de la face* (3e circonvolution frontale gauche), celle des *mouvements des membres* (*fig.* 267).

La *mémoire auditive des mots*, c'est-à-dire la mémoire du sens des mots entendus, a pu être aussi localisée. Lorsqu'un malade est privé de cette faculté, il peut parler, lire, écrire, mais il ne comprend plus le sens des mots ; il est atteint de *surdité verbale* ou *aphasie sensorielle*. A son autopsie on trouve un ramollissement de la 1re circonvolution temporale gauche. Certains malades prononcent souvent un mot pour un autre, on dit qu'ils ont de la *paraphasie*.

De même, la *mémoire visuelle des lettres* ou *sens des mots écrits* a été localisée dans la 2e circonvolution pariétale gauche. Le malade qui est privé de cette faculté voit les lettres, mais il ne peut plus les lire, car il ne comprend plus les mots écrits ou imprimés ; il écrit, mais il ne peut plus se lire ; on dit qu'il est atteint de *cécité verbale* ou *agraphie sensorielle*, homologue de l'aphasie sensorielle. Parfois le malade est dans l'impossibilité d'écrire, il ne sait plus tracer les lettres, et cependant sa main n'est pas paralysée : c'est de l'*agraphie motrice*, qui correspond à l'aphasie motrice.

On a pu, en expérimentant sur les Chiens et les Singes, soit par *ablation*, soit par *excitation* de certaines régions cérébrales, déterminer certains centres.

Les *centres optiques* (*fig.* 267) ont été ainsi déterminés. Si l'on enlève chez un Oiseau l'écorce grise du *lobe occipital* gauche, on obtient une cécité de l'œil droit. Chez un Chien, la cécité serait limitée à la moitié de chaque œil, car le chiasma des nerfs optiques est incomplet, tandis qu'il est complet chez les Oiseaux. Si on enlève l'écorce grise des deux lobes occipitaux, il y a cécité complète dans les deux yeux. Chez l'Homme, on a observé que des lésions pathologiques de ces régions produisent des phénomènes de cécité analogues à ceux qu'on observe chez les Mammifères.

Les *centres acoustiques* ont été mis en évidence par les

mêmes méthodes. Ils sont situés dans la partie antérieure du lobe temporal. Une lésion de cette région produit la surdité.

La mémoire. — Chaque sensation perçue par le cerveau se traduit par une idée ; et lorsque l'idée est élaborée, deux cas peuvent se présenter : ou bien l'idée va se manifester à l'extérieur par des mouvements, ou bien l'idée va s'emmagasiner dans les cellules cérébrales pour reparaître ensuite. Cette sorte de mise en réserve de l'idée, c'est la *mémoire*. Au moment où elle est utilisée elle produit une *reviviscence des sensations*, laquelle peut en amener d'autres, une idée en appelant une autre : c'est l'*association des idées*, la *comparaison*, le *jugement*, etc.

Le sommeil. — Le sommeil est un arrêt dans la vie de relation. Pendant le sommeil, qu'il soit *naturel* ou qu'il soit *anesthésique*, le cerveau est pâle, exsangue, anémié. En mettant à nu le cerveau d'un Chien à qui on fait respirer du chloroforme, on voit d'abord le cerveau se gonfler et faire hernie au dehors, puis il pâlit et s'affaisse. Certains physiologistes admettent que le sommeil naturel serait dû à des toxines sécrétées par l'organisme quand il est actif, et qui s'accumuleraient dans le sang en jouant le même rôle que les narcotiques.

Le sommeil peut être complet, et le cerveau est au repos dans toute son étendue ; mais certaines régions peuvent veiller, il en résulte des *rêves*. Pendant le rêve une idée surgit, par suite un centre d'ébranlement se produit et se communique de proche en proche faisant surgir d'autres idées, mais sans lien. Ces idées incohérentes sont caractéristiques des rêves. Ces phénomènes, au lieu de rester localisés dans le domaine psychique, peuvent retentir sur l'appareil moteur : c'est le *somnambulisme*.

On peut provoquer le sommeil par des moyens artificiels, par exemple en fatiguant l'attention, en appuyant sur les globes oculaires : c'est le *sommeil hypnotique*. Au réveil, l'individu hypnotisé n'a pas conscience de ce qui s'est passé pendant son sommeil. Dans cet état de sommeil le sujet est sous la dépendance de la volonté de l'expérimentateur ; il obéit mécaniquement aux ordres de ce dernier, même après son réveil. On dit que l'expérimentateur a fait une *suggestion*.

Nutrition du système nerveux. — Le sang apporte au système nerveux les aliments dont il a besoin. C'est surtout dans le cerveau que la nutrition est active. Aussi observe-t-on une élévation de température pendant le travail cérébral. On a constaté, au contraire, que dans le sommeil, la température du cerveau s'abaisse sensiblement.

L'activité du cerveau se traduit encore par des phénomènes chimiques, et en particulier par l'augmentation des phosphates dans l'urine.

D'autre part, tout travail cérébral correspond à une augmentation de la circulation dans le cerveau : le sang y afflue en plus grande abondance, augmentant le volume de cet organe. On peut le constater facilement soit chez l'enfant, dont le crâne n'est pas complètement ossifié, en appliquant la main sur les fontanelles, soit chez des individus dont la boîte crânienne a subi accidentellement une large perte de substance. Le physiologiste Mosso a montré que, pendant le sommeil, le cerveau s'anémie tandis qu'il se gonfle dès qu'il entre en activité. Il a même vu qu'il suffisait d'un rêve pendant le sommeil, ou d'une émotion pendant la veille, ou d'un travail cérébral plus difficile pour que la circulation soit augmentée.

L'influence de la circulation nous est encore bien montrée par ce qui se passe dans l'anémie cérébrale, où le sang diminuant, les fonctions cérébrales s'affaiblissent et peuvent même disparaître. Les *syncopes*, les *vertiges* sont souvent produits par un arrêt plus ou moins complet du sang dans les capillaires du cerveau. Et lorsqu'on injecte du sang oxygéné dans la carotide d'un Chien décapité, on rend la sensibilité au cerveau, et l'on peut même obtenir des mouvements volontaires de la face.

§ 3. — Physiologie du grand sympathique.

Fonctions du sympathique. — Par ses *ganglions*, le sympathique est capable de réflexes : c'est ainsi que le cœur arraché de la poitrine d'un animal, d'une Grenouille par exemple, continue à battre pendant un certain temps, parce que ses ganglions commandent les mouvements.

Par ses *nerfs*, le sympathique a surtout pour rôle de régulariser la circulation du sang et la sécrétion. Mais il est à remarquer que la volonté n'a aucune action sur ces nerfs.

Les nerfs cardiaques du sympathique, comme nous l'avons montré, sont *accélérateurs* des battements du cœur. Les filets nerveux du sympathique qui se ramifient dans les vaisseaux peuvent agir sur les muscles de ces vaisseaux et par conséquent sur leur calibre : ce sont les nerfs *vaso-moteurs*. Ces nerfs peuvent faire dilater les vaisseaux (*vaso-dilatateurs*) ou les faire contracter (*vaso-constricteurs*). La circulation du sang n'est donc pas uniforme dans toute l'étendue de l'organisme ; c'est le système nerveux qui la règle dans chaque organe, suivant les besoins de cet organe.

Le sympathique a aussi une grande influence sur le système glandulaire, dont il règle la sécrétion. La sécrétion salivaire (voir page 68), du suc gastrique (voir page 71), de la sueur, etc. sont régies par le sympathique.

RÉSUMÉ

Le *système nerveux* a un double rôle : 1° il met l'individu en relation avec le monde extérieur ; 2° il met en relation les différentes parties de l'organisme, assurant ainsi la solidarité des fonctions.

Le tissu nerveux. — Il se forme aux dépens de l'ectoderme. L'élément nerveux est le *neurone*, comprenant la *cellule nerveuse*, et la *fibre nerveuse*.

1° *Cellule nerveuse*	Noyau volumineux ; pas de membrane.
	Nombreux prolongements protoplasmiques ramifiés.
	Cylindre-axe long et se ramifiant peu.
	Constitue la substance grise des centres nerveux.

	1. *Fibre à* *myéline*	*Cylindre-axe.*
2° *Fibre* *nerveuse*		Manchon de *myéline.*
	2. *Fibre de* *Remak*	*Cylindre-axe.*
		Gaine protoplasmique *sans myéline.*

	1. *Centres* *nerveux*	Moelle épinière.
Le *système* *nerveux* comprend:		Encéphale.
	2. *Nerfs.*	
	3. *Grand sympathique.*	

Les centres nerveux. — Se forment aux dépens d'une partie de l'ectoderme, qui s'infléchit pour donner la *gouttière médullaire*, puis le *tube neural*, dont la partie cylindrique donne la *moelle épinière*, et la partie renflée l'*encéphale*.

1°
Moelle épinière.

Située dans le canal rachidien.

Cordon avec deux renflements (cervical et lombaire), se terminant par le *fil terminal* et la *queue de cheval*.

Structure :
Substance blanche à la périphérie.

Substance grise en X :
1. Cornes antérieures (cellules motrices).
2. Cornes postérieures (cellules sensitives).

Canal de l'épendyme au centre.

2°
Encéphale.

1. *Bulbe rachidien* :
Unit la moelle épinière à l'encéphale.
Paroi postérieure amincie.
Paroi antérieure épaissie.
Cavité du 4° *ventricule*.
Décussation des pyramides.

2. *Cervelet* :
Vermis médian et deux *hémisphères cérébelleux* réunis en avant par la *protubérance annulaire*.
Substance grise à l'extérieur.
Substance blanche en arborescence (*arbre de vie*).

3. *Cerveau* :
Deux *hémisphères cérébraux* réunis par le *corps calleux* et le *trigone*.
A l'intérieur, deux *ventricules latéraux* communiquant par le 3° *ventricule*, *l'aqueduc de Sylvius*, et le 4° *ventricule* avec le canal de l'épendyme de la moelle.
Corps striés et couches optiques.
Lobes cérébraux : frontal, pariétal, occipital et temporal.
Circonvolutions cérébrales : plissement de la substance grise.

Les *méninges* sont des membranes destinées à protéger les centres nerveux.

Elles sont au nombre de trois :
1. *Dure-mère* (externe) : fibreuse.
2. *Arachnoïde* : séreuse avec deux feuillets.
3. *Pie-mère* (interne) : membrane vasculaire.

Les nerfs. — Ils prennent naissance sur la moelle épinière (*nerfs rachidiens*) et sur l'encéphale (*nerfs crâniens*).

1° *Nerfs rachidiens*
Naissent par deux racines.
antérieure.
postérieure (ganglion spinal).
31 paires de nerfs.

Les branches forment en s'anastomosant des *plexus*.
2° *Nerfs crâniens* : 12 paires.

Le grand sympathique. — Le système du *grand sympathique* se compose de trois parties :

1° Une *double chaîne nerveuse ganglionnaire*, symétriquement située de chaque côté de la colonne vertébrale ;

2° Des *racines afférentes* venant de la moelle épinière ;

3° Des *racines efférentes* se rendant aux organes.

Les *ganglions sympathiques* sont constitués par de grosses cellules nerveuses ; ce sont des centres nerveux disséminés dans l'organisme.

Les *fibres nerveuses* du sympathique sont surtout constituées par des *fibres sans myéline*.

Le réflexe. — Les phénomènes nerveux peuvent se ramener à l'*acte réflexe* qui se résume de la façon suivante :

1° *Excitation* portée sur la partie impressionnable ;

2° Transmission de cette excitation par le *nerf centripète* ou *sensitif* vers les centres nerveux ;

3° Le centre nerveux transforme cette excitation en *sensation* qui se manifeste extérieurement par du mouvement ou de la sécrétion ;

4° Cet acte nerveux est transmis par le *nerf centrifuge* vers les organes : muscles (*nerf moteur*) ou glandes (*nerf sécréteur*).

Fonction des nerfs. — La *conductibilité* est la propriété essentielle des nerfs. A ce point de vue, il y a trois sortes de nerfs :

1° Les *nerfs centripètes* ou *sensitifs*
Conduisent l'excitation de la périphérie vers le centre.
Exemple : le N. optique conduit à l'encéphale les excitations reçues par l'œil.

2° Les *nerfs centrifuges* ou *moteurs*
Conduisent les ordres des centres vers les organes.
S'ils agissent sur un muscle : *nerfs moteurs*.
S'ils agissent sur une glande : *nerfs sécréteurs*.

3° Les *nerfs mixtes*
- Contiennent :
  1. Des fibres nerveuses centripètes.
  2. »   »   centrifuges.
- Les nerfs rachidiens sont mixtes.
  - Racine antérieure : centrifuge, motrice.
  - Racine postérieure : centripète, sensitive.

Fonctions des centres nerveux. — Les *centres nerveux*, d'une manière générale, sont nécessaires à l'accomplissement de l'*acte réflexe*.

1° *Moelle épinière.*
1. *Rôle conducteur*
- Sensibilité : par les cordons postérieurs.
- Mouvements : par les cordons antérolatéraux.
2. *Centres nerveux* des actes réflexes inconscients.

2° *Encéphale.*
1. *Bulbe rachidien*
- *Nœud vital* : arrêt du cœur et des mouvements respiratoires.
- *Centres sécréteurs* : glycosurie, albuminurie, etc.
2. *Cervelet* : Coordination des mouvements. Action directe sur les muscles.
3. *Cerveau*
- *Substance blanche* conductrice.
- *Substance grise* : Siège des *facultés intellectuelles*. Centre des actes réflexes conscients. Localisations cérébrales. Centres de la parole, de l'écriture, de la vision, etc.

Nutrition du système nerveux. — Elle est assurée par la circulation, très active dans le cerveau. Un produit de désassimilation est constitué par des phosphates, qui sont abondants dans l'urine après un travail cérébral actif.

C'est le sang qui apporte au système nerveux les aliments dont il a besoin ; aussi dans l'anémie cérébrale les fonctions intellectuelles s'affaiblissent-elles. Pendant le *sommeil* le sang arrive en moins grande quantité au cerveau.

Fonctions du grand sympathique. — Par ses *ganglions* le sympathique est capable d'actes réflexes ; par ses *nerfs* il transmet des *mouvements involontaires* ; il agit surtout en régularisant la circulation du sang (*vaso-moteurs*) et la sécrétion.

CHAPITRE XII

LES ORGANES DES SENS

———

Les organes des sens et les sensations. — Les organes des sens sont destinés à recevoir les *impressions* venant de l'extérieur. Ces impressions sont ensuite transmises, par les nerfs, aux centres nerveux chargés de les transformer en *sensations*. L'œil, par exemple, reçoit l'*impression lumineuse ;* puis cette impression est transmise par le nerf optique jusqu'au cerveau, et c'est le cerveau qui nous donne la *sensation lumineuse.*

Un appareil sensoriel comprend ordinairement trois parties : 1° un *neurone périphérique* (*fig.* 268), chargé de recevoir les impressions ; 2° un *neurone profond*, qui conduit l'excitation au centre nerveux ; 3° un *centre nerveux*, qui transforme l'impression en sensation.

Chacune de ces parties a un rôle spécial : 1° le neurone périphérique est ordinairement muni de parties annexes, de façon à ne recevoir qu'une seule sorte d'excitation et à éliminer les autres ; 2° le neurone profond conduit toutes les excitations quelles qu'elles soient ; 3° le centre nerveux ne développe qu'une seule sorte de sensation, quelle que soit l'excitation qui y

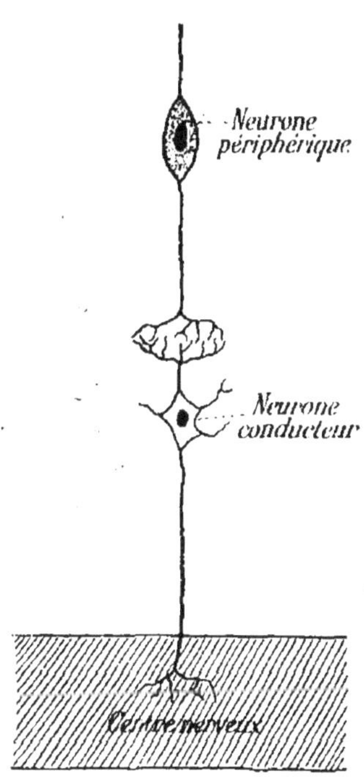

Fig. 268. — Schéma d'un organe sensoriel.

arrive. C'est ainsi qu'une simple pression sur le globe de l'œil excite le nerf optique et produit une sensation lumineuse. De sorte que si le nerf qui va de l'organe des sens au centre nerveux était mis en relation avec un autre centre, la sensation serait changée. « Si, par exemple, les nerfs optiques aboutissaient au centre acoustique, et si les nerfs acoustiques aboutissaient au centre optique, nous verrions le tonnerre et nous entendrions l'éclair. » (ARTHUS.)

Il y a cinq principales sortes de sensations, à chacune desquelles correspond un organe spécial :

1º Le *toucher*, dont l'organe est la peau ;
2º Le *goût*,   —   —   la langue ;
3º L'*odorat*,   —   —   le nez ;
4º L'*ouïe*,   —   —   l'oreille ;
5º La *vue*,   —   —   l'œil.

Le toucher est le sens le plus général ; il s'exerce sur des corps solides, liquides ou gazeux. Les autres sens sont plus spéciaux : le goût et l'odorat sont déjà plus délicats et ont pour excitants des liquides ou des gaz ; l'ouïe et la vue sont encore plus perfectionnées et permettent d'apprécier des mouvements vibratoires tels que les ondes sonores ou lumineuses.

Loi psycho-physique de Fechner. — Les physiologistes ont établi une relation entre l'excitation et la sensation. Ils ont montré que *la sensation croît en progression arithmétique quand l'excitation croît en progression géométrique*, ou, en d'autres termes, que *la sensation est le logarithme de l'excitation*. C'est la loi psycho-physique de Fechner.

I. — Le toucher et la peau.

§ I. — La peau.

Structure de la peau. — La peau est formée de deux parties : 1º l'*épiderme*, qui est la couche superficielle ; 2º le *derme*, situé dans la profondeur.

L'*épiderme* est lui-même formé de deux couches :

1° La *couche cornée* (*fig.* 269), qui est superficielle et dont

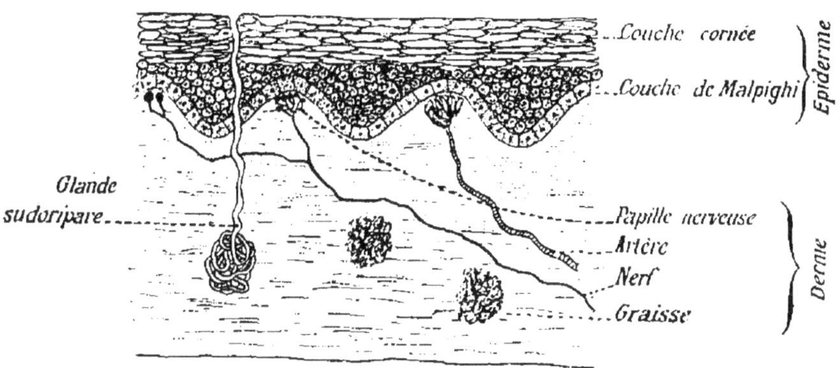

Fig. 269. — Coupe de la peau.

les cellules sont de plus en plus plates ; à la surface ces cellules sont réduites à leur membrane, qui est cornée ; elles sont mortes et se détachent sous forme de lamelles. Cette couche cornée a surtout un rôle protecteur, aussi s'épaissit-elle dans les régions de frottement (paume des mains, plante des pieds) ; c'est encore elle qui se soulève et se détache après une brûlure ou l'apposition d'un vésicatoire.

2° La *couche de Malpighi*, qui est située plus profondément et qui est formée de cellules épithéliales actives, dont la multiplication donne de nouvelles cellules chargées de remplacer les cellules mortes de la couche cornée ; de sorte que l'épiderme conserve son épaisseur. Les cellules de la couche de Malpighi contiennent des pigments qui colorent la peau, beaucoup chez le nègre, moins chez le blanc.

Lorsqu'un lambeau d'épiderme a été enlevé, par une blessure par exemple, on voit l'épiderme qui entoure la plaie végéter vers le centre de façon à régénérer le morceau enlevé ; mais ce travail se fait lentement. On peut emprunter un morceau d'épiderme, au bras par exemple, pour réparer une plaie du visage : la *greffe* de la peau se fait alors rapidement.

Le *derme* est formé d'un tissu conjonctif très riche en

fibres élastiques ; sa partie superficielle est hérissée de saillies appelées *papilles*, dans lesquelles viennent se terminer les nerfs et les vaisseaux. La partie profonde est riche en tissu adipeux, particulièrement abondant chez les personnes grasses.

On trouve dans l'épaisseur de la peau trois sortes d'organes : les *glandes sudoripares*, les *poils* et les *terminaisons nerveuses*. Les premières ayant été étudiées à propos de la sueur, il nous reste à décrire les poils et les terminaisons nerveuses.

Poils et ongles. — Les *poils*, comme les glandes sudoripares, se forment aux dépens de l'épiderme. L'épiderme,

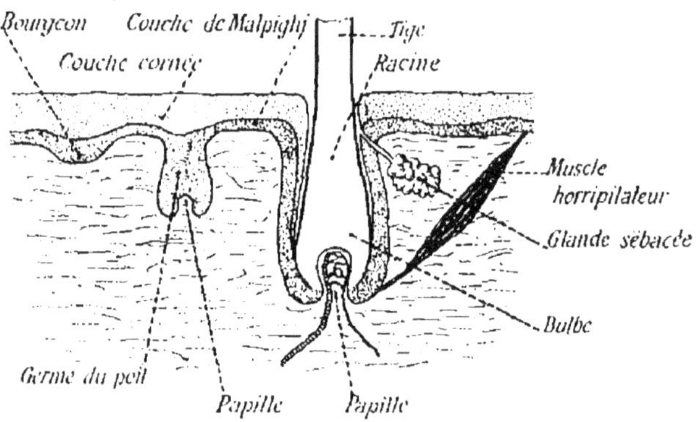

Fig. 270. — Poil et son développement.

pour donner un poil, pousse un bourgeon (*fig.* 270) vers le derme ; à la base de ce bourgeon est située la *papille*, qui n'est qu'un prolongement du derme dans lequel viennent se ramifier les vaisseaux et les nerfs.

Le poil comprend une partie libre ou *tige*, et une partie enfoncée dans le derme, la *racine*. Cette racine se renfle autour de la papille pour donner le *bulbe*. Les cellules du bulbe se multiplient sans cesse, de sorte que le poil s'accroît par la base. Sur une coupe transversale le poil présente des cellules disposées suivant trois couches concentriques : l'interne ou moelle, la couche moyenne dont les pigments donnent la nuance du poil, la couche externe formée de cellules cornées. Les pigments du poil, sous l'influence de la vieillesse ou de certaines maladies, peuvent être détruits, digérés, par des cellules lymphatiques : c'est l'origine des cheveux blancs. A la base du poil, on trouve chez certains animaux des terminaisons nerveuses qui donnent au poil une grande sensibilité (moustaches du Chat, poils de la membrane des Chauves-Souris).

Sur les côtés du poil, il se forme aux dépens de l'épiderme des glandes dites *sébacées*, qui sécrètent un liquide gras spécial, le *sébum*, destiné à recouvrir les poils et la peau d'une couche imperméable à l'eau.

Enfin, à la base, s'attache un petit muscle (*fig.* 270) qui, par son autre extrémité, s'insère à la partie superficielle de la peau. Ce muscle, appelé *muscle horripilateur*, est formé de fibres lisses ; c'est lui qui, en se contractant, soulève le poil et produit la *chair de poule*.

Les *ongles*, qui recouvrent les extrémités des doigts, se forment (*fig.* 271, A) aux dépens de la couche de Malpighi. Cette couche envoie un prolongement dans une sorte de repli de la peau (*fig.* 271, B). Puis, peu à peu, les cellules épithéliales deviennent cornées et forment une lame dure qui s'avance vers l'extrémité du doigt. Les *griffes* et les *sabots* ont la même origine.

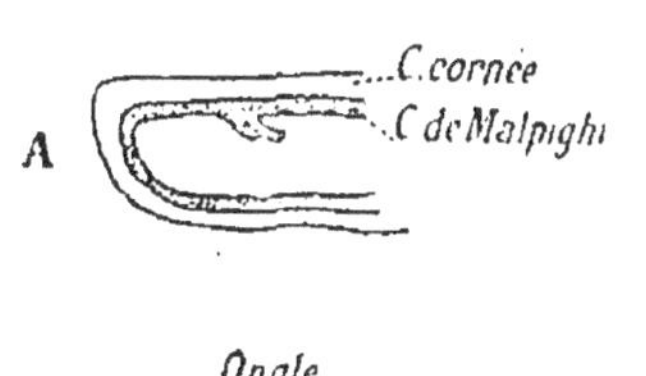

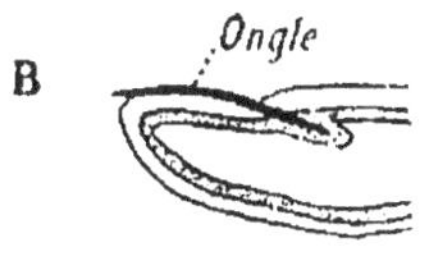

Fig. 271. — Formation de l'ongle.

Terminaisons nerveuses. — Les fibres nerveuses viennent se terminer dans le derme, parfois même dans la couche de Malpighi. Ces terminaisons nerveuses forment les *corpuscules* du tact, qui sont de trois sortes :

1° Les uns, les *corpuscules de Meissner* (*fig.* 272), sont abondants dans les papilles du derme et sont constitués par une *enveloppe conjonctive* mince, contenant des *cellules de soutien* entre lesquelles viennent se terminer les fibres nerveuses dont le cylindre-axe se renfle en un *disque tactile*.

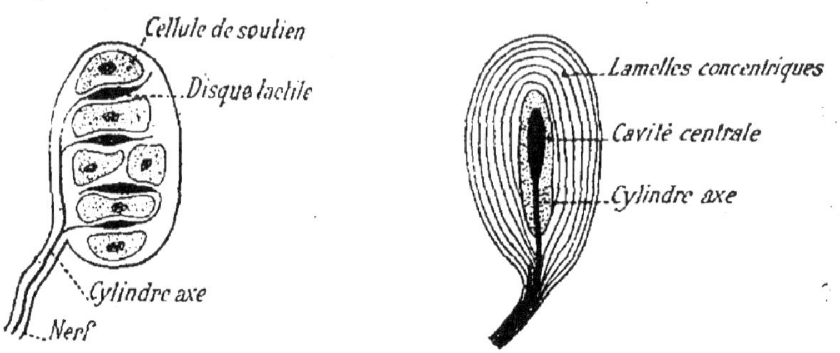

Fig. 272. — Corpuscule de Meissner.   Fig. 273. — Corpuscule de Vater.

2° D'autres, les *corpuscules de Vater* (*fig*. 273), sont formés par une capsule composée d'une série de lamelles conjonctives concentriques, au milieu desquelles vient se terminer un cylindre-axe.

3° Enfin d'autres *corpuscules*, très petits, se trouvent surtout dans la muqueuse de la langue.

§ 2. — Physiologie du toucher.

Les sensations tactiles. — Les sensations perçues par la peau sont de trois sortes : *contact, poids* et *température*.

Par le *contact* nous apprécions si un corps est lisse ou rugueux. C'est surtout la pulpe des doigts qui est sensible, et c'est précisément dans cette région de la peau qu'il existe le plus de *corpuscules* du toucher. On peut se rendre compte de la finesse du toucher à l'aide d'un compas dont on applique les deux pointes sur la peau. Pour produire deux sensations de piqûre, il faut écarter les pointes de 6 centimètres sur la peau du dos, de 4 centimètres sur l'avant-bras, de 3 millimètres sur la pulpe des doigts et de 1 millimètre seulement à la pointe de la langue.

Le *poids* est aussi bien apprécié par les terminaisons nerveuses situées dans la peau.

La *température* est particulièrement appréciée par certaines régions telles que le dos de la main et les joues. Le médecin, pour apprécier la chaleur du corps, se sert du dos de la main ; la repasseuse, dans un même but, approche le fer de la joue. On constate que, dans ces régions, l'épiderme est riche en terminaisons nerveuses ; il semble donc que ces terminaisons soient sensibles à la chaleur.

Un caractère spécial des sensations tactiles est que nous rapportons ces sensations à la surface du corps, même lorsque l'excitation s'est produite sur le trajet du nerf. Il suffit de citer l'exemple bien connu des amputés de la jambe qui rapportent la douleur qu'ils éprouvent au pied qu'ils n'ont plus.

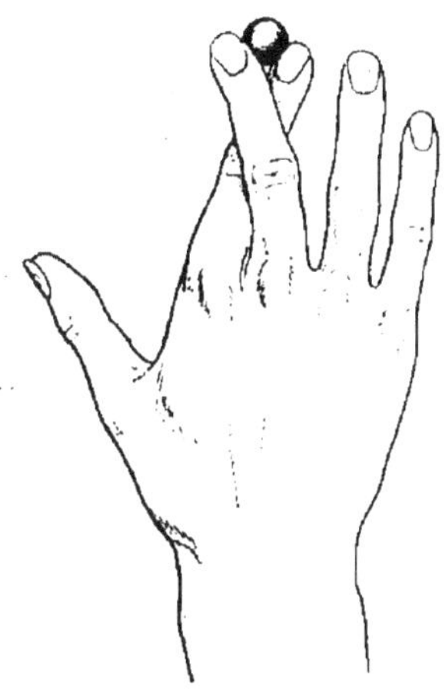

Fig. 274. — Expérience d'Aristote.

Nous avons l'habitude de rapporter les sensations tactiles aux points où se produit le contact du corps : ainsi plaçons une bille entre l'index et le médius, on a la sensation d'une bille unique ; croisons ces deux doigts et plaçons la bille entre les extrémités des deux doigts, on éprouve une sensation double, on croit tenir deux billes : c'est une *illusion*. Cette expérience (*fig.* 274) est due à Aristote.

II. — Le goût et la langue

Le *goût* nous renseigne sur la saveur des substances ; il a pour organe la *langue*.

§ 1. — La langue.

Structure de la langue. — La langue est un organe charnu, libre en avant et rattaché en arrière à l'os hyoïde. A la face inférieure on observe un repli vertical de la muqueuse, c'est le *frein* de la langue.

La langue est composée d'une *membrane muqueuse* qui la recouvre complètement et de *muscles* nombreux qui lui donnent une grande mobilité.

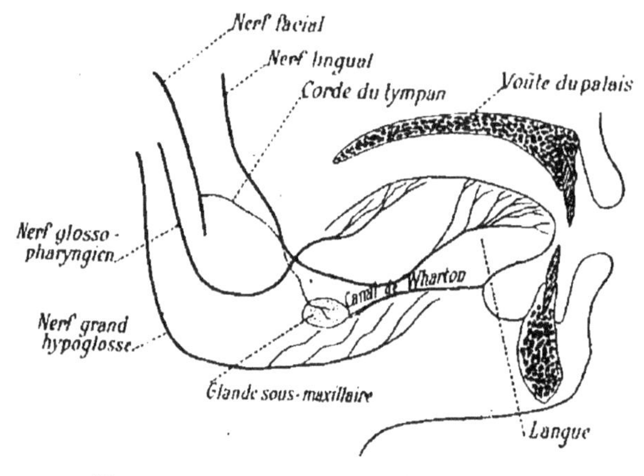

Fig. 275. — Innervation de la langue.

Les nerfs de la langue (*fig.* 275) sont : le *grand hypoglosse*, qui se distribue aux muscles, c'est le nerf moteur de la langue ; le nerf *lingual* (branche du trijumeau), qui innerve la région antérieure et les bords de la langue ; le *glosso-pharyngien*, qui se distribue à la partie postérieure de la langue ; et enfin la *corde du tympan*, qui est un rameau du nerf facial et dont certaines branches se distribuent dans les glandes sous-maxillaires.

Terminaisons nerveuses. — La muqueuse linguale présente de nombreuses saillies appelées *papilles* ; elles sont de trois sortes : *caliciformes*, *fongiformes* et *filiformes*.

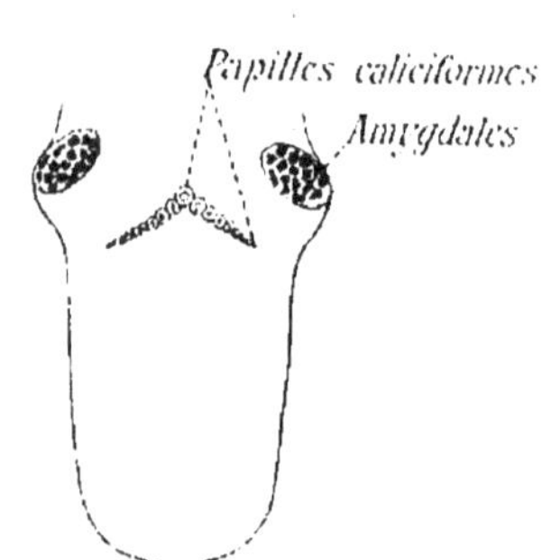

Fig. 276. — Face supérieure de la langue montrant le V lingual.

1° Les *papilles caliciformes*, au nombre d'une douzaine, sont disposées en V sur le dos de la langue (*fig.* 276), et le sommet de ce V *lingual* est dirigé en arrière. Sur une coupe on voit que chaque papille est formée d'une saillie médiane (*fig.* 277), entourée par un sillon annulaire sur les bords duquel se trouvent des groupes de cellules formant ce qu'on appelle les *corpuscules gustatifs*.

Chaque corpuscule (*fig*. 278) se compose : 1° d'une enveloppe, formée de *cellules de soutien* ; 2° de *cellules gustatives*,

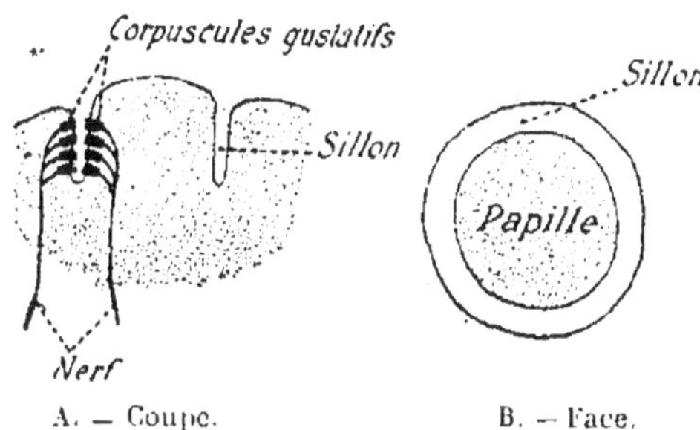

A. — Coupe.   B. — Face.

Fig. 277. — Papille caliciforme.

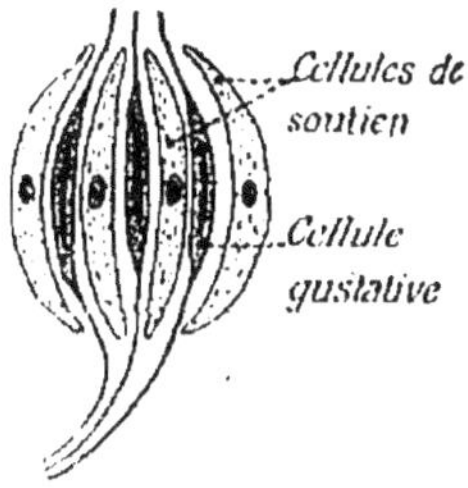

Fig. 278. — Corpuscule gustatif grossi.

fusiformes, en communication d'un côté avec les fibres nerveuses, et se prolongeant de l'autre vers l'extérieur par un petit bâtonnet protoplasmique. Il peut y avoir plusieurs centaines de corpuscules à la base d'une même papille.

2° Les *papilles fongiformes* (*fig*. 279) ont la forme d'un Champignon et sont irrégulièrement distribuées sur toute la surface de la langue. Elles contiennent aussi des corpuscules gustatifs.

3° Les *papilles filiformes* (*fig*. 280) sont terminées par des filaments et sont disséminées sur toute l'étendue de la langue. Elles semblent

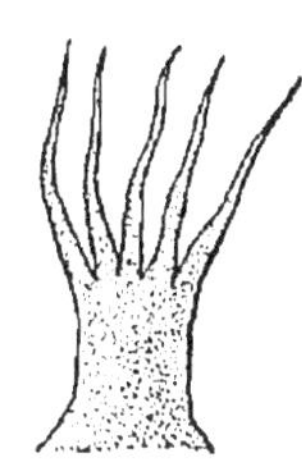

Fig. 279. — Papille fongiforme.

Fig. 280. — Papille filiforme.

surtout *tactiles*, tandis que les deux premières sont *gustatives*.

§ 2. — Physiologie du goût.

Les sensations gustatives. — La notion du goût nous est fournie par la langue et non par le palais. On constate que c'est surtout la région des papilles caliciformes qui est gustative. Cette région est innervée par le *glosso-pharyngien*, qui est le vrai nerf gustatif ; si l'on coupe ce nerf sur un Chien, on peut faire avaler à cet animal les substances les plus amères. De même, lorsque ce nerf est paralysé, les saveurs ne sont plus appréciées.

Pour que la saveur d'une substance soit appréciée, il faut que cette substance soit dissoute, de façon à pouvoir agir sur le bâtonnet des cellules gustatives et par suite sur les terminaisons nerveuses et le nerf. La sécrétion de la salive est par conséquent nécessaire; aussi dès qu'une substance est placée sur la langue, le réflexe de la sécrétion salivaire se produit ; la vue même d'un aliment agréable au goût suf-fit pour *faire venir l'eau à la bouche*.

Les saveurs ne peuvent guère être classées; rien n'est plus variable que le goût. Parmi les saveurs sur lesquelles on est assez d'accord, citons les saveurs *salées, acides, sucrées* et *amères*

III. — L'odorat et le nez.

§ 1. — Le nez et les fosses nasales.

Structure du nez et des fosses nasales. — Le nez a la forme d'une pyramide ; sa charpente est formée par les *os nasaux* du côté de la racine, et par des cartilages à sa base. Les fosses nasales communiquent, en avant, par les nari-nes, avec l'exté-rieur, et en arrière avec le pharynx.

Les deux narines sont séparées (*fig.* 281) par une cloison osseuse formée de deux os : la *lame perpendiculaire de*

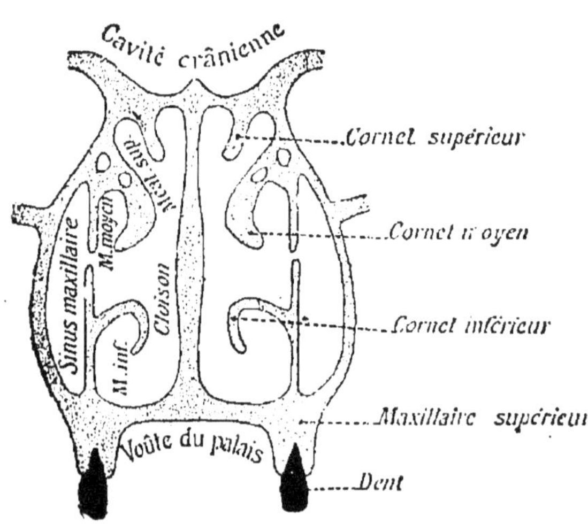

Fig. 281. — Coupe transversale des fosses nasales.

l'ethmoïde en avant, et le *vomer* en arrière. Sur les côtés les fosses nasales sont limitées par l'ethmoïde; en haut par la lame criblée de l'ethmoïde; en bas les maxillaires supérieurs et les palatins forment la voûte du palais, qui sépare la bouche des fosses nasales.

Sur les faces latérales, l'ethmoïde envoie deux lamelles osseuses enroulées : ce sont les *cornets supérieur* et *moyen*

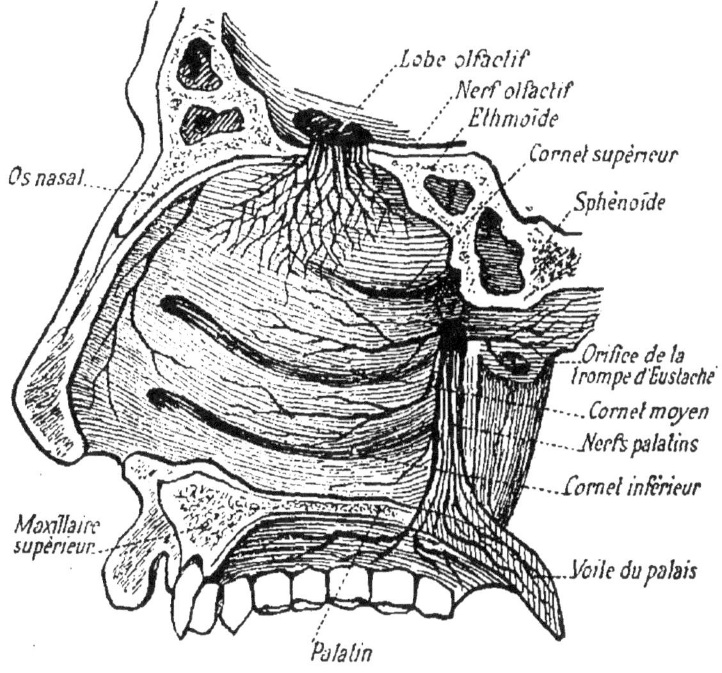

Fig. 282. — Innervation des fosses nasales.

(*fig.* 282) ; le *cornet inférieur* est un os spécial. Ces trois cornets délimitent des espaces appelés *méats supérieur, moyen* et *inférieur*. Enfin les os avoisinants sont creusés de cavités ou *sinus* en communication avec les fosses nasales par des orifices cachés sous les cornets.

Terminaisons nerveuses. — Les fosses nasales (*fig.* 282) sont tapissées par une membrane muqueuse spéciale appelée *pituitaire*. Cette membrane présente deux régions distinctes : 1° une région rouge, dite région *respiratoire*, qui occupe le méat inférieur et le méat moyen ; elle est riche en vaisseaux sanguins, elle renferme des glandes à mucus, et elle est recouverte par un épithélium vibratile ; c'est elle qui s'enflamme dans le « rhume de cerveau » ; 2° une région d'aspect jaunâtre, dite région *olfactive*, qui occupe le méat supérieur et, en haut, le reste des cavités nasales ; parmi les cellules de l'épithélium de cette muqueuse, certaines sont des cellules à mucus, d'autres sont prolongées par un bâtonnet effilé (*fig.* 283) et sont en relation avec des cylindres-axes qui traversent la lame criblée de l'ethmoïde : ce sont les *cellules olfactives*.

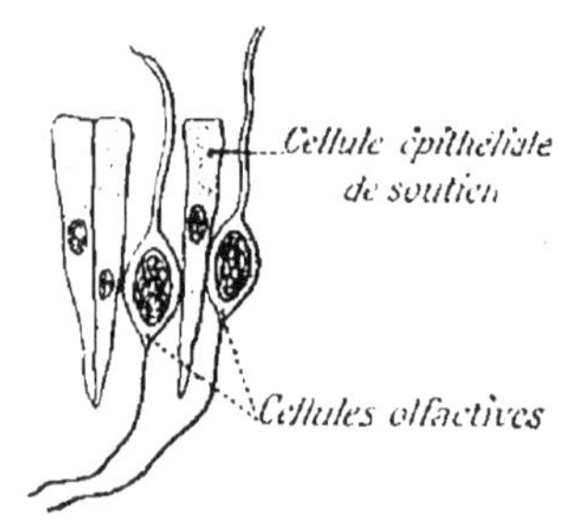

Fig. 283. — Cellules olfactives de la pituitaire.

Ces terminaisons nerveuses sont en relation avec les ramifications provenant des neurones du *lobe olfactif* (*fig.* 284), qui repose sur la lame criblée de l'ethmoïde. Puis ces neuro-

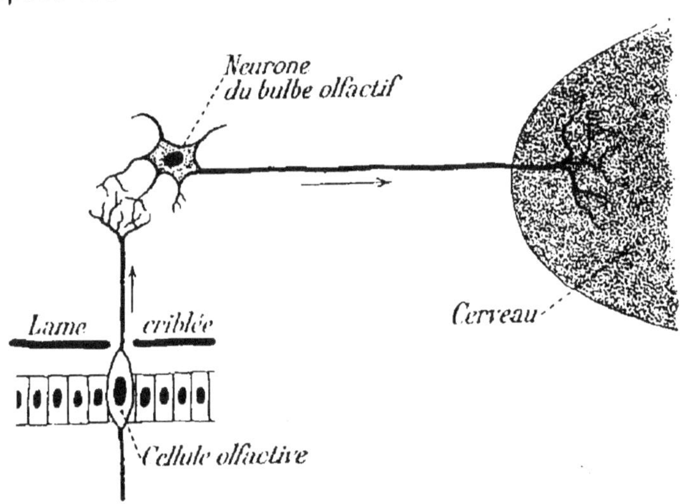

Fig. 284. — Schéma de l'olfaction.

nes conduisent l'impression olfactive au cerveau par leur cylindre-axe.

§ 2. — Physiologie de l'odorat.

Les sensations olfactives. — La région jaune de la

muqueuse pituitaire reçoit les impressions olfactives, tandis que la région rouge est destinée à rendre l'air inspiré plus chaud et ne joue aucun rôle dans l'olfaction.

L'odeur d'une substance n'est perçue que si cette substance est gazeuse, ou bien si ses particules en suspension dans l'air sont solubles dans le liquide qui humecte la pituitaire. L'action de flairer a pour but d'amener au contact de la pituitaire les particules odorantes. Ce sens, parfois rudimentaire chez l'Homme civilisé, est très subtil chez certains sauvages et chez quelques Mammifères (Chien de chasse).

Il y a une certaine relation entre le goût et l'odorat ; c'est ainsi que dans le *coryza* ou rhume de cerveau l'odorat est aboli, en même temps que le goût est considérablement atténué. D'ailleurs certaines sensations olfactives sont souvent confondues avec des sensations gustatives : ainsi le goût de vanille n'est pas une sensation gustative, c'est une sensation olfactive, car on ne perçoit pas ce goût quand on a le nez bouché. L'olfaction ne se produit pas si la muqueuse est par trop desséchée. On sait que l'odorat du Chien de chasse est très atténué par un temps sec.

La sensibilité olfactive est grande ; on peut reconnaître $\dfrac{1}{2\,000\,000}$ de milligramme de musc dans 50cm³ d'air. Cette sensibilité diminue avec le temps pendant lequel l'odeur agit. Ainsi, au bout d'un moment, l'odeur ne produit plus de sensation ; aussi s'habitue-t-on aux parfums violents. L'odeur est d'autant mieux perçue qu'elle agit par intermittence. C'est pourquoi on renifle pour mieux sentir les odeurs.

IV. — L'oreille et l'audition.

§ 1. — Anatomie de l'oreille.

L'*oreille* est l'organe qui perçoit les *sons*, c'est-à-dire des vibrations rapides des corps. Ces vibrations lui sont transmises par le milieu ambiant (air ou eau). Or on sait que les liquides conduisent mieux les vibrations que les gaz ; donc l'oreille la plus simple devra se trouver chez les animaux aquatiques. L'oreille d'un Mollusque, par exemple,

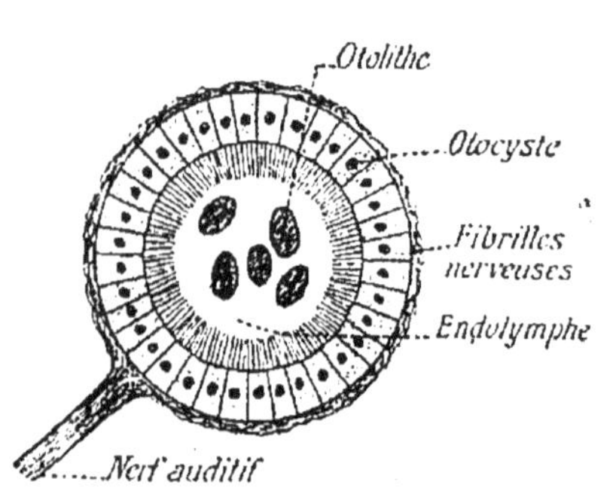

Fig. 285. — Vésicule auditive ou otocyste d'un Mollusque.

se compose d'une vésicule close, appelée *otocyste* (*fig.* 285), formée par des cellules ciliées. A l'intérieur se trouve un liquide, l'*endolymphe*, dans lequel nagent de petites poussières calcaires appelées *otolithes*. Un nerf auditif vient se terminer autour de cette vésicule, mettant en relation les cellules ciliées avec les centres nerveux. Avec cet appareil les vibrations sonores se transmettent du milieu ambiant à l'endolymphe, puis aux otolithes, aux cellules ciliées, au nerf auditif et enfin aux centres nerveux. On retrouve cet appareil chez les Vertébrés et même chez l'Homme, mais avec une plus grande complexité.

L'oreille de l'Homme comprend trois parties :

1º L'*oreille externe*, qui recueille les vibrations sonores ;

2º L'*oreille moyenne*, qui transmet les vibrations;

3º L'*oreille interne*, qui est l'organe de réception et qui contient les terminaisons nerveuses du nerf auditif.

L'oreille externe. — L'*oreille externe* est formée par le *pavillon* et par le *conduit auditif externe* (*fig.* 286).

Le *pavillon*, de nature cartilagineuse, a la forme d'un entonnoir présentant des saillies et des dépressions : sa partie inférieure ou *lobule* est graisseuse. Il est relié aux os du crâne par des ligaments solides : on peut suspendre un homme par le pavillon sans craindre de détacher cet organe.

Le *conduit auditif externe* (*fig.* 286 et 287), cartilagineux en avant, osseux dans la profondeur, est un conduit recourbé ayant environ 3^{cm} de long; il est limité en arrière par la membrane du tympan, et la peau qui le tapisse sécrète une matière grasse, jaunâtre, appelée *cérumen.* A l'entrée du con-

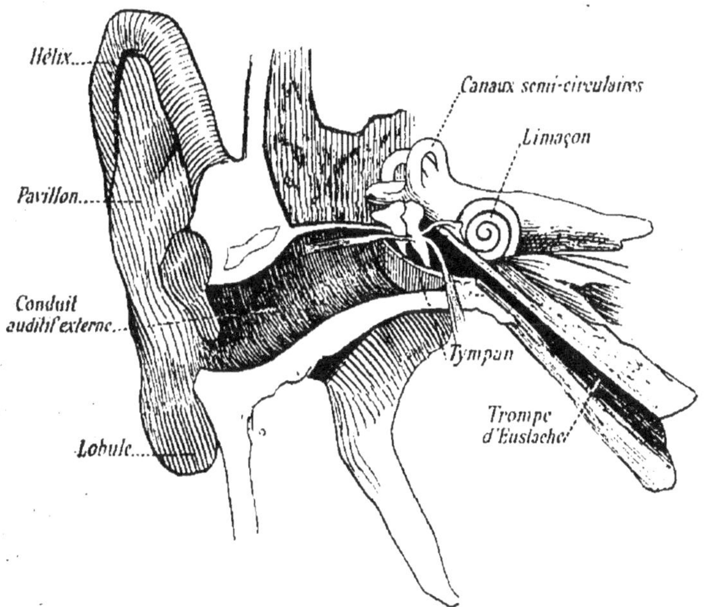

Fig. 286. — Ensemble de l'oreille.

duit se trouvent des poils qui, avec le cérumen, ont pour but
d'arrêter les poussières.

L'oreille moyenne. — *L'oreille moyenne* ou *caisse du
tympan* est une cavité irrégulière creusée à l'intérieur de
l'os temporal dans la partie appelée *rocher*. Elle est séparée
de l'oreille externe par la membrane du *tympan*, et de
l'oreille interne par une paroi osseuse où sont situées la
fenêtre ovale et la *fenêtre ronde*, fermées toutes deux par
une mince membrane (*fig.* 287). Elle communique avec les
cellules mastoïdiennes, cavités creusées à l'intérieur du temporal ; et, par la *trompe d'Eustache*, elle est en communication avec l'arrière-cavité des fosses nasales.

La *membrane du tympan* est une lame mince à concavité
externe et qui est située très obliquement dans le fond du
conduit auditif externe.

La *trompe d'Eustache* (*fig.* 287) est un conduit, long de 3 à 4^{cm}, qui vient s'ouvrir dans l'arrière-cavité des fosses nasales. Elle établit la communication et par conséquent assure un équilibre de pression entre l'air de la caisse du tympan et l'air extérieur. Ce conduit, ordinairement fermé, s'ouvre à chaque mouvement de déglutition.

La membrane du tympan est reliée à la fenêtre ovale par quatre petits os articulés les uns avec les autres et formant

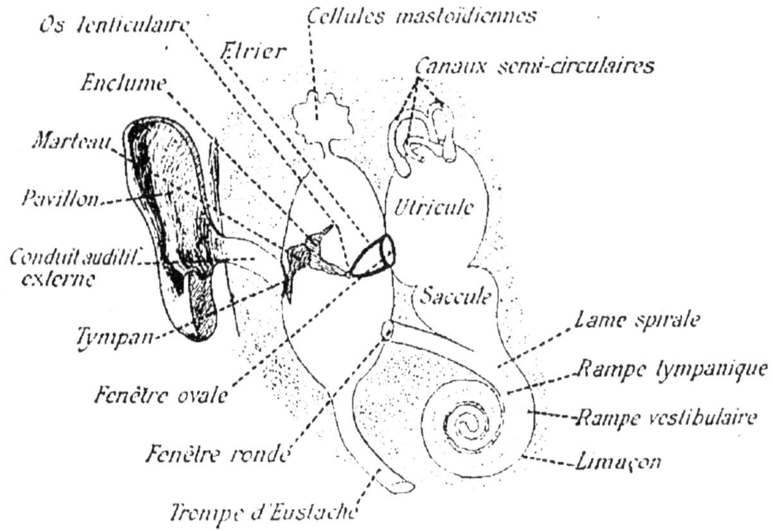

Fig. 287. — Schéma de l'oreille.

la *chaîne des osselets*. Ces quatre os (*fig.* 287) sont: 1° le *marteau*, dont le manche s'engage dans l'épaisseur du tympan et dont la tête vient s'appuyer sur le second osselet appelé *enclume* ; 2° l'*enclume* ; 3° l'*os lenticulaire* ; 4° l'*étrier*, dont les deux branches viennent s'appuyer sur la fenêtre ovale.

Deux petits muscles font mouvoir cette chaîne des osselets : 1° le *muscle du marteau*, qui s'attache sur la partie antérieure de l'oreille moyenne ; il a pour rôle, en se contractant, de tendre la membrane du tympan et celle de la fenêtre ovale ; 2° le *muscle de l'étrier*, qui s'insère sur la tête de l'étrier et sur la partie postérieure de l'oreille moyenne ; il a pour effet de relâcher la membrane du tympan en se contractant.

L'oreille interne. — L'*oreille interne* (*fig*. 286 et 287), qui est la partie fondamentale de l'oreille puisqu'elle contient les terminaisons nerveuses auditives, est logée en entier dans le *rocher*. Elle communique avec l'oreille moyenne par la fenêtre ovale et la fenêtre ronde, et avec la cavité crânienne par le *conduit auditif interne*, dans lequel passe le *nerf auditif*.

Sa structure compliquée lui a valu le nom de *labyrinthe*.

Elle comprend deux parties : le *labyrinthe osseux*, creusé dans l'os temporal, et le *labyrinthe membraneux*, sur lequel s'est moulé le labyrinthe osseux et qui contient un liquide appelé *endolymphe* ; entre les deux labyrinthes se trouve un autre liquide appelé *périlymphe*.

On distingue dans l'oreille interne trois parties : 1° le *vestibule* ; 2° les *canaux semi-circulaires* ; 3° le *limaçon*.

1° **Le vestibule**. — Le vestibule est une sorte de sac communiquant avec l'oreille moyenne par la fenêtre ovale, et directement avec les canaux semi-circulaires et le limaçon. Un rétrécissement le partage en deux parties : l'*utricule* et le *saccule* (*fig*. 287). En deux points, situés l'un dans l'utricule et l'autre dans le saccule, se trouvent les *taches acoustiques*, formées par un épithélium dont les cellules (*fig*. 288) ont un long cil vibratile flottant dans l'endolymphe ; au milieu des cils vibratiles se trouvent des poussières calcaires ou otolithes, ce qui rappelle la vésicule auditive des animaux inférieurs. Ces cellules, dites *cellules auditives*, sont en rapport avec les fibres nerveuses du nerf auditif.

Fig. 288. — Cellule des taches acoustiques.

2° **Les canaux semi-circulaires**. — Ces canaux (*fig*. 286 et 287) sont au nombre de trois et sont disposés suivant trois plans rectangulaires : deux verticaux, perpendiculaires l'un sur l'autre, et le troisième, horizontal, perpendiculaire sur les deux premiers. Ils viennent déboucher par leurs extrémités dans le vestibule, et tous trois ont l'une de leurs extrémités renflée en *ampoule*. Dans ces ampoules se trouve une saillie ou *crête acoustique*, formée par des cellules ciliées en rapport avec les fibres nerveuses auditives.

3° **Le limaçon**. — Le limaçon (*fig*. 287 et 289) est un tube osseux enroulé en spirale autour d'un axe appelé *columelle* ; il fait environ trois tours, et il est partagé par une cloison en deux canaux ou *rampes* : l'une, la *rampe vestibulaire*, qui aboutit au saccule ; l'autre, la *rampe tympanique*, qui aboutit à la fenêtre ronde. Cette cloison est constituée par une *lame spirale* qui est *osseuse* dans le premier tour de spire ; puis elle devient en partie *membraneuse*. La partie osseuse diminue peu à peu de lar-

Fig. 289. — Limaçon ouvert montrant la lame spirale.

Fig. 290. — Les fibres de la membrane basilaire.

geur vers le sommet du limaçon tandis que la partie membraneuse ou *membrane basilaire* augmente. Cette membrane est formée d'une série de fibres transversales élastiques (*fig*. 290), tendues comme les cordes d'une harpe entre la

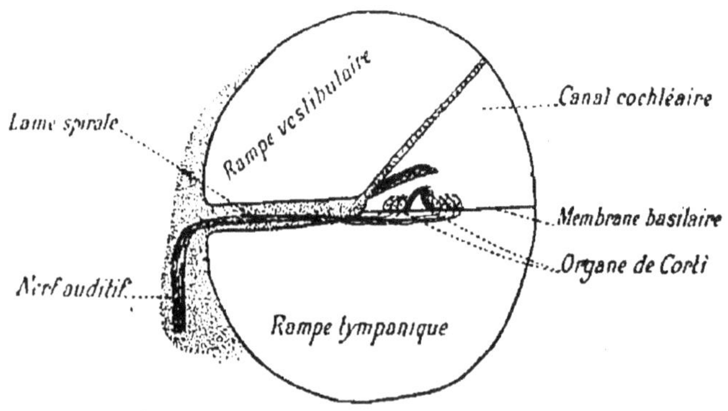

Fig. 291. — Coupe transversale du limaçon.

lame spirale et la paroi du limaçon. Ces cordes, au nombre

de plus de 60 000, ont leur longueur qui augmente de la base vers le sommet du limaçon.

La *rampe tympanique* n'offre rien de particulier ; la *rampe vestibulaire* est partagée en deux par une membrane (*fig.* 291) : la *rampe vestibulaire* proprement dite et le *canal cochléaire*. C'est dans ce dernier que se trouvent les *organes de Corti*.

Chaque *organe de Corti* (*fig.* 292) comprend : 1° une *arcade* formée de deux piliers et dont la base s'appuie sur la membrane basilaire ; le sommet de ces piliers se prolonge sous forme d'une *membrane réticulée* dans les mailles de laquelle

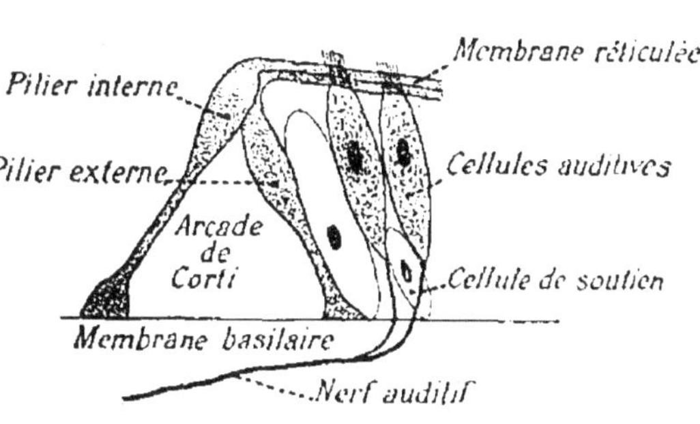

Fig. 292. — Organe de Corti.

passent les cils des *cellules auditives* ; 2° de *cellules auditives ciliées*, disposées sur les côtés de l'arcade de Corti et en rapport avec les terminaisons nerveuses des fibres du nerf auditif. Chaque organe de Corti repose à cheval sur deux cordes transversales de la membrane basilaire ; il y avait environ 60 000 cordes, il y a donc 30 000 arcades de Corti.

4° **Le nerf auditif.** — Il pénètre dans le rocher par le *conduit auditif interne*, puis il se divise en quatre branches, qui pénètrent à l'intérieur du labyrinthe osseux : une va au limaçon et se ramifie dans la lame spirale pour se terminer aux cellules ciliées de l'organe de Corti (*fig.* 292) ; les trois autres vont au saccule, à l'utricule et aux ampoules des canaux semi-circulaires.

La branche vestibulaire présente à son origine un ganglion, de même la branche cochléaire qui va au limaçon. Ces ganglions sont homologues d'un ganglion spinal : leurs prolongements périphériques sont en rapport avec les cellules auditives et leurs prolongements internes vont former le nerf auditif qui va au centre acoustique du cerveau (lobe temporal).

§ 2. — Physiologie de l'oreille.

L'oreille externe recueille les vibrations sonores. — Le pavillon recueille les vibrations sonores, jouant ainsi le rôle d'un cornet acoustique. Il dirige les ondes sonores vers l'oreille moyenne, et il nous renseigne sur la direction d'où vient le son. C'est pourquoi nous tournons instinctivement la tête pour orienter le pavillon dans ce sens.

L'oreille externe n'existe que chez les Mammifères et les Oiseaux ; encore chez quelques-uns (Taupe, Cétacés, Oiseaux) est-elle réduite au conduit auditif : le pavillon a disparu. Le pavillon est au contraire très développé et très mobile chez les animaux nocturnes (Chauve-souris). Le Cheval et l'Ane ont le pavillon très mobile.

L'oreille moyenne transmet les vibrations sonores. — Le tympan, sous l'influence des vibrations qui lui sont transmises par l'oreille externe, entre en vibration pour tous les sons et proportionnellement à leur intensité. Le muscle du marteau, en tendant la membrane du tympan, la rend moins apte à vibrer pour tous les sons intenses tels que le bruit du canon. Au contraire, le muscle de l'étrier, en relâchant le tympan, lui permet de vibrer avec de plus grandes amplitudes et, par suite, permet d'entendre des sons de faible intensité.

Les vibrations du tympan sont ensuite transmises à l'oreille interne par la chaîne des osselets et par l'air de l'oreille moyenne.

Enfin la trompe d'Eustache sert à maintenir l'égalité de pression sur les deux faces du tympan, puisqu'elle établit une communication entre l'oreille moyenne et l'extérieur. On sait d'autre part qu'une membrane vibre mieux lorsqu'elle supporte sur ses deux faces des pressions égales. Aussi l'obstruction de la trompe d'Eustache peut-elle causer une certaine dureté de l'ouïe et même la surdité.

L'oreille interne permet d'apprécier les qualités du son. — L'oreille interne est l'organe essentiel de l'audition ; c'est elle qui reçoit les vibrations sonores et qui permet d'apprécier leurs qualités. On sait que le labyrinthe membraneux contient un liquide, l'endolymphe, et qu'il flotte dans la périlymphe ; celle-ci reçoit les vibrations venant de l'oreille moyenne, elle les transmet à l'endolymphe qui, à son tour, fait vibrer les cellules ciliées des taches acoustiques, des crêtes acoustiques et de l'organe de Corti. Ces impressions sont ensuite transmises au cerveau par le nerf auditif. C'est tout ce qu'on sait de précis sur le mécanisme de l'audition.

Nous allons indiquer cependant le rôle probable de l'oreille dans la perception des trois qualités du son : l'*intensité*, la *hauteur* et le *timbre*.

1° L'*intensité* dépend de l'amplitude des vibrations. Toutes les cellules sensorielles, en vibrant avec plus ou moins d'énergie, nous renseignent sur l'intensité du *son*. Les cils vibratiles des cellules des taches acoustiques semblent surtout nous renseigner sur l'intensité des *bruits*.

2° La *hauteur* du son dépend du nombre de vibrations par seconde. Quand ce nombre descend au-dessous de 30 et monte au-dessus de 40 000 vibrations par seconde, l'Homme n'éprouve plus de sensation sonore. Or les cordes de la membrane basilaire peuvent, comme les cordes d'un piano, vibrer chacune pour un son différent, d'autant plus grave que la corde est plus longue. Comme il y a 60 000 cordes de longueur différente (les plus longues au sommet du limaçon et les plus courtes à la base), 60 000 sons de hauteur différente pourraient être appréciés ; c'est plus que n'en comprend l'échelle musicale. La hauteur du son sera donc appréciée suivant la corde qui entrera en vibration.

3° Le *timbre* dépend de la superposition au son fondamental d'un certain nombre d'harmoniques, c'est-à-dire de sons produits par des vibrations 2, 3, 4, etc. fois plus nombreuses. Tandis qu'un son simple ne fera vibrer qu'une seule corde, un son complexe fera vibrer simultanément la corde affectée au son fondamental et les cordes affectées aux harmoniques. De cet ensemble de vibrations résultera la notion du timbre.

Rôle probable des canaux semi-circulaires. — Les *canaux semi-circulaires* semblent nous renseigner sur la *notion de l'espace*. Si l'on enlève à un Pigeon les canaux semi-circulaires, on produit chez cet animal des troubles dans le mouvement. Chez l'Homme, des lésions des canaux semi-circulaires causent du vertige. Il paraît donc exister une relation entre ces faits et l'orientation des trois canaux semi-circulaires, dont la direction correspond aux trois dimensions de l'espace.

V. — L'œil et la vision.

§ 1. — Anatomie de l'œil.

L'œil est l'organe de la vision ; son rôle est de recueillir les vibrations lumineuses pour nous renseigner sur la forme, l'étendue et la couleur des objets.

Les vibrations de l'éther sont plus ou moins rapides. Elles sont perçues comme lumière si elles sont comprises entre 435 milliards par seconde (rouge obscur) et 764 milliards (extrême violet). En deçà et au delà, les vibrations n'agissent pas sur l'œil : ce sont des vibrations caloriques dans l'infra-rouge et chimiques dans l'ultra-violet.

L'œil de l'Homme comprend deux parties : 1° les *parties accessoires*, dont le rôle est de ne laisser pénétrer que la lumière ; 2° le *globe de l'œil*, qui est la partie essentielle contenant les terminaisons nerveuses sensibles à la lumière.

Les parties accessoires. — Les *parties accessoires* comprennent : 1° les parties *protectrices* ; 2° les parties *motrices* ; 3° les parties *sécrétrices*.

1° **Parties protectrices : orbite, paupières, cils, sour-**

cils. — L'œil est logé dans une cavité osseuse appelée *orbite* ; cette cavité a la forme d'une pyramide quadrangulaire à sommet postérieur, et elle est limitée par les os du crâne et de la face. Le fond de l'orbite est percé d'un orifice, le *trou optique*, par lequel pénètre le nerf optique. L'œil n'occupe que la partie antérieure de l'orbite ; le reste est comblé par du tissu graisseux traversé par des muscles, des vaisseaux et des nerfs.

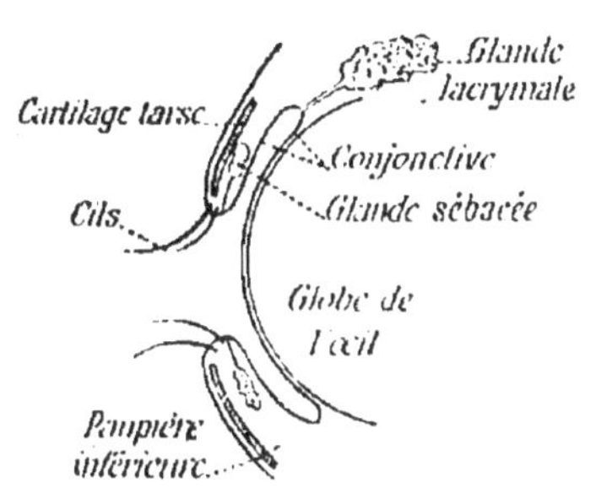

Fig. 293. — Les paupières.

En avant, l'œil est protégé par deux replis de la peau, les *paupières* (*fig.* 293). Le bord libre des paupières porte de longs poils, les *cils*, destinés à arrêter les poussières. Au-dessus de la paupière supérieure se trouve une rangée de poils, les *sourcils*, dont le rôle est de protéger l'œil contre la sueur qui s'écoule du front. Les paupières sont constituées : 1° par la *peau* ; 2° par une lamelle résistante, le *cartilage tarse* ; 3° par un muscle, l'*orbiculaire* des paupières, qui, en se contractant, rapproche les paupières l'une de l'autre ; 4° par des *glandes sébacées*, qui sécrètent un liquide huileux destiné à lubréfier le bord libre des paupières ; 5° par une membrane muqueuse très mince, la *conjonctive*, qui se replie et passe devant l'œil, où elle est transparente.

Dans le coin interne de l'œil, la conjonctive forme le *repli semi-lunaire* (*fig.* 294), membrane très développée chez le Cheval où elle forme la membrane *clignotante*, et chez les Oiseaux où elle devient la troisième paupière ou

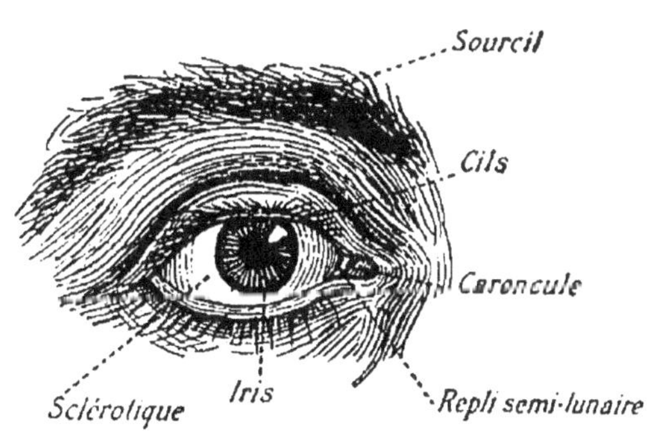

Fig. 294. — Œil droit.

membrane *nictitante*. Un peu plus en dedans se trouve une
petite glande appelée *caroncule lacrymale*.

2° **Parties motrices : les muscles de l'œil.** — L'œil est
capable de mouvements variés qui lui permettent d'explorer,
sans remuer la tête, tous les points de l'espace vers lequel
la face est tournée. Ces mouvements sont obtenus à l'aide de
six muscles qui s'insèrent, par une
extrémité sur le globe de l'œil,
et par l'autre sur la paroi de l'orbite. En déplaçant le regard, ces

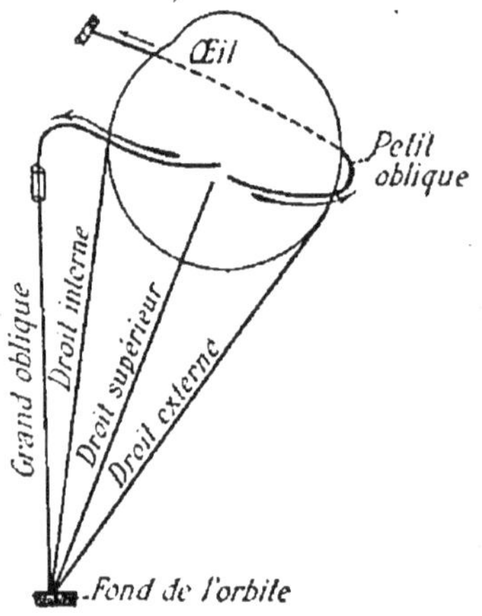

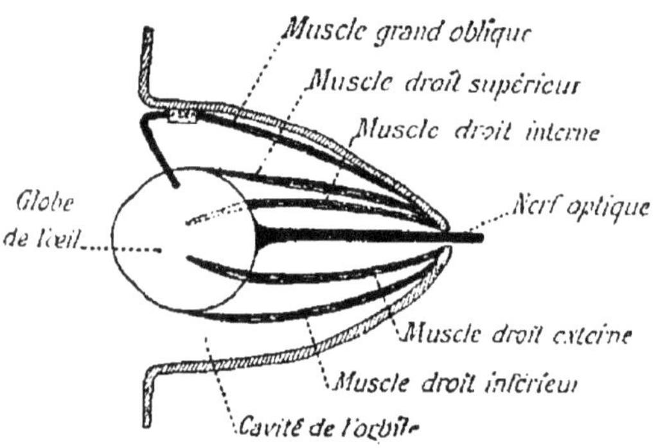

Fig. 295. — Les muscles de l'œil.

Fig. 296. — Schéma mon-
trant le rôle de certains
muscles de l'œil.

muscles peuvent aussi modifier l'expression de la physionomie.

Ces muscles (*fig.* 295 et 296) sont : 1° le *muscle droit supérieur*, dont la contraction fait relever l'œil en haut ; 2° le
muscle droit inférieur, qui fait regarder en bas ; 3° le *muscle
droit externe*, qui dirige l'œil en dehors (muscle de la *colère*) ;
4° le *muscle droit interne*, qui fait regarder en dedans (muscle des *yeux doux*) ; 5° le *muscle grand oblique*, qui s'insère
à la face supérieure du globe de l'œil, passe dans un anneau
fibreux situé en haut de l'orbite et vient se fixer dans le
fond de l'orbite ; il fait tourner l'œil droit dans le sens des
aiguilles d'une montre, et l'œil gauche en sens inverse ; 6° le
muscle petit oblique, qui s'attache sur la face inférieure du
globe de l'œil et va se fixer dans l'angle interne et inférieur
de l'orbite ; il agit en sens inverse du grand oblique.

3° Parties sécrétrices : glandes lacrymales. — La *glande lacrymale* (*fig.* 297), qui sécrète les larmes, est logée dans une petite fossette située dans l'angle supérieur et externe de l'orbite. Elle a la même structure qu'une glande salivaire et elle sécrète les larmes comme celle-ci sécrète la salive. Les larmes sont formées d'eau contenant en dissolution un peu de chlorure de sodium. Ce liquide est déversé par une dizaine de canaux dans le repli supérieur de la conjonctive, d'où il se répand sur toute la conjonctive grâce au mouvement des paupières. L'excès peut s'écouler par des orifices, situés dans le coin interne de l'œil, et appelés *points lacrymaux* (*fig.* 297) ; ces deux orifices, par les deux *conduits lacrymaux*, permettent aux larmes d'arriver dans le *sac lacrymal*, puis dans le *canal nasal* qui débouche dans le méat inférieur du nez. Les larmes s'écoulent donc dans les fosses nasales, ce qui explique pourquoi les émotions pénibles produisent le nasillement et le besoin de se moucher.

Les larmes ont pour rôle de maintenir humide la conjonctive qui, desséchée, ne serait plus transparente.

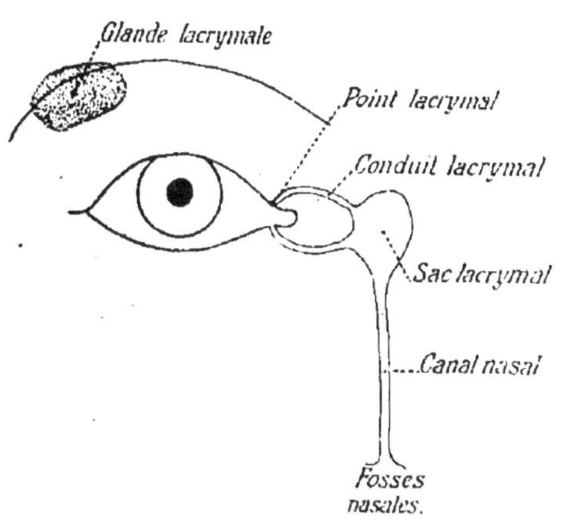

Fig. 297. — Appareil lacrymal.

Le globe de l'œil. — L'œil a une forme sphérique et son diamètre est d'environ 22ᵐᵐ ; il se compose : 1° de *membranes* ; 2° de *milieux transparents*.

A. Les membranes. — Les membranes de l'œil sont, de dehors en dedans : la *sclérotique*, la *choroïde* et la *rétine*.

1° La sclérotique (*fig.* 298) est l'enveloppe extérieure de l'œil ; elle est fibreuse et résistante. A cause de sa couleur, elle est encore appelée *blanc de l'œil*. En arrière, elle est percée d'un trou pour laisser passer le nerf optique. En avant elle est transparente et sa courbure est plus accentuée : c'est la *cornée transparente*.

2° **La choroïde** (*fig.* 298) est une membrane conjonctive, très riche en vaisseaux sanguins et dont la partie interne, accolée

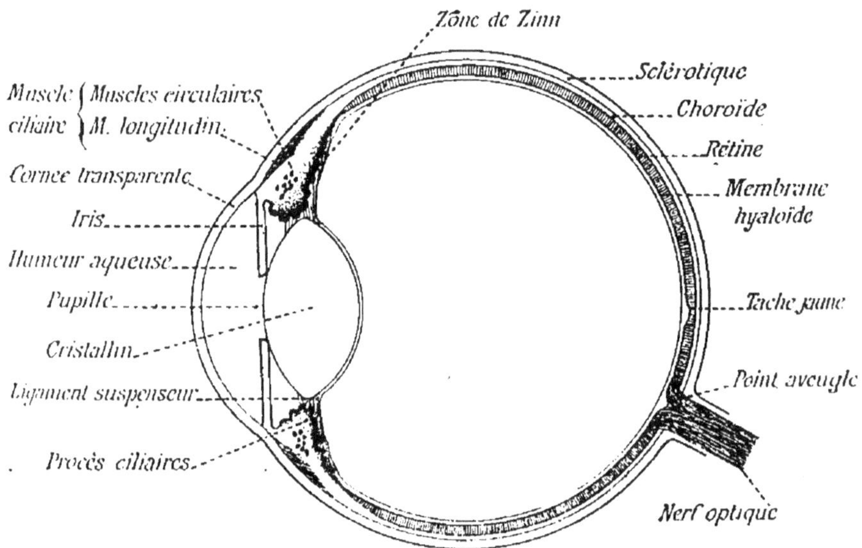

Fig. 298. — Coupe théorique de l'œil.

à la rétine, est formée de cellules contenant de nombreux pigments noirs. Cette couche pigmentaire transforme l'intérieur de l'œil en une véritable chambre noire. Chez les *albinos* ces cellules ne contiennent pas de pigments, de sorte que la lumière n'est pas absorbée et qu'elle est diffusée en tous sens. C'est aussi l'absence de ces pigments noirs dans certaines parties, qui produit des irisations connues sous le nom de *tapis* chez certains animaux (bleu chez le Chien, vert chez le Bœuf).

Près du cristallin, la choroïde se renfle et comprend deux couches : l'une, externe, le *muscle ciliaire* ; l'autre, interne, entoure le bord du cristallin, ce sont les *procès ciliaires*.

Le *muscle ciliaire*, formé de fibres lisses, a l'aspect d'un anneau dont la partie externe comprend des fibres longitudinales, et la partie interne des fibres circulaires.

Les *procès ciliaires* se présentent comme une couronne de plis (environ 80) rayonnant autour du cristallin et l'encadrant. Ces plis sont très vasculaires et peuvent se gonfler par l'afflux de sang.

En avant, la choroïde se prolonge par une cloison verticale appelée *iris* ; ce diaphragme est percé d'un orifice appelé *pupille*. L'iris est diversement coloré suivant les individus : noir, gris, bleu, etc. La pupille est noire parce qu'elle laisse voir dans le fond de l'œil la choroïde, qui est noire ; chez les *albinos*, la choroïde n'ayant pas de pigments noirs, la pupille est rouge clair. Dans l'épaisseur de l'iris se trouvent des

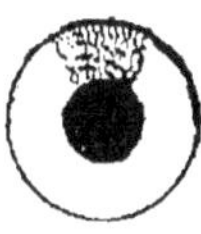

Fig. 299. — Les muscles de l'iris.

fibres musculaires lisses, qui sont les unes *radiales*, les autres *circulaires* (*fig.* 299) ; en se contractant, les premières dilatent la pupille, les secondes la rétrécissent. L'iris règle donc la quantité de lumière qui pénètre dans l'œil.

3° **La rétine** (*fig.* 298), qui est la membrane sensible de l'œil, tapisse la face interne de la choroïde ; elle résulte de l'épanouissement du nerf optique, et s'étend, en forme de coupe, du fond de l'œil à la région ciliaire. La rétine présente au point où arrive le nerf optique une saillie appelée *papille optique* ou encore *point aveugle* (*punctum cæcum*), car cette partie de la rétine n'est pas sensible à la lumière. Au centre du fond de l'œil se trouve une dépression appelée *tache jaune* (*macula lutea*), très sensible à la lumière.

La rétine est une mince membrane au milieu de laquelle viennent se terminer les fibres du nerf optique. Si l'on suit une fibre nerveuse venant du nerf optique et pénétrant par le point aveugle (*fig.* 300), on la voit pénétrer dans l'épaisseur de la rétine et son extrémité se tourner de dedans en dehors, vers la choroïde, pour venir se terminer contre la couche pigmentaire. Chacune de ces fibres (*fig. 301*) présente sur son trajet des *cellules multipolaires*, puis *bipolaires* et se termine par des *cellules visuelles*, qui sont munies de prolongements ayant la forme de *cônes* ou de *bâtonnets*.

Les cônes et les bâtonnets sont entourés par une matière colorante rouge appelée

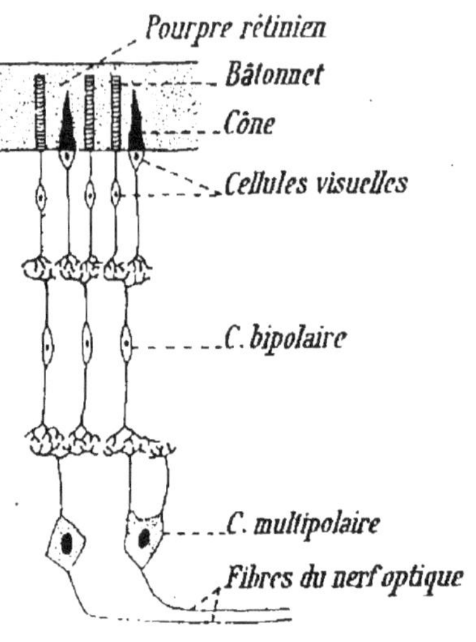

Fig. 301. — Schéma de la rétine.

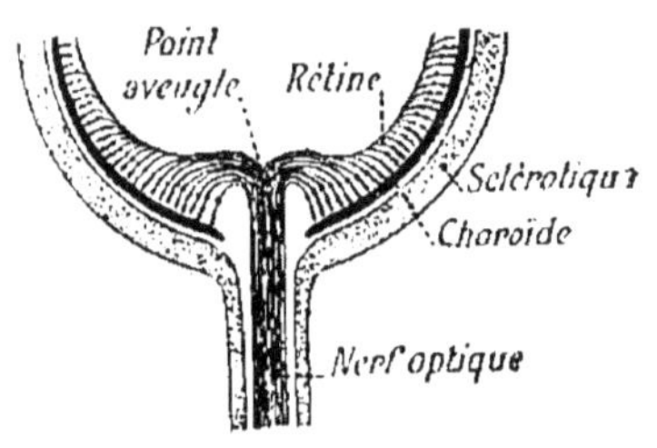

Fig. 300. — Épanouissement du nerf optique et ses terminaisons dans la rétine.

pourpre rétinien ou *érythropsine*, substance très sensible à l'action de la lumière. Dans la tache *jaune on ne trouve que des cônes.*

L'embryogénie montre que la rétine n'est qu'un prolongement du cerveau. Sur l'embryon, en effet (*fig.* 302), on voit le cerveau antérieur pousser une vésicule qui s'étrangle à la base pour donner le nerf optique et qui

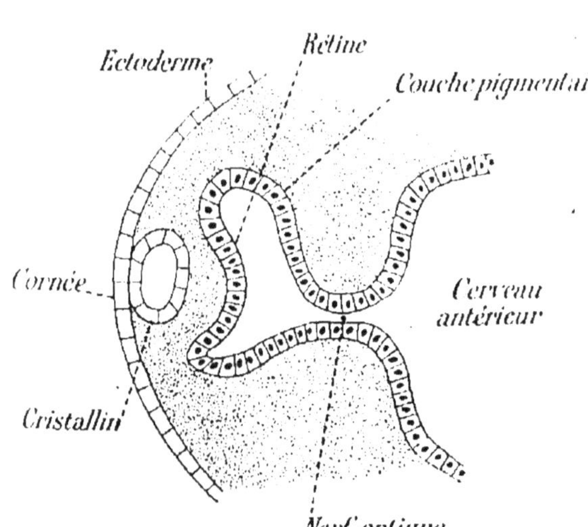

Fig. 302. — Développement de l'œil.

se replie en formant une cupule dont la partie interne deviendra la rétine et la partie externe, la couche pigmentaire. L'origine cérébrale de la rétine explique pourquoi elle a une structure rappelant celle de l'écorce grise du cerveau.

B. Les milieux transparents de l'œil. — Les milieux réfringents de l'œil sont, d'avant en arrière : la *cornée transparente*, décrite plus haut, l'*humeur aqueuse*, le *cristallin* et le *corps vitré*.

L'humeur aqueuse (*fig*. 298) est un liquide transparent, contenu dans l'espace compris entre la cornée et l'iris et qu'on appelle la *chambre antérieure* de l'œil.

Le **cristallin** (*fig*. 298) est une lentille biconvexe dont l'axe principal se confond avec l'axe antéro-postérieur de l'œil. Il est formé de couches concentriques dont la réfringence augmente de l'extérieur à l'intérieur. Il est entouré d'une membrane mince, solide, et il est maintenu en place, entre l'iris et le corps vitré, par le *ligament suspenseur*, qui rattache la membrane hyaloïde au cristallin. Le cristallin peut devenir opaque et amener la cécité; on est alors obligé de faire l'opération de la *cataracte*, qui consiste à enlever le cristallin. Des lunettes très convexes peuvent alors remplacer cet organe.

Le **corps vitré ou humeur vitrée** (*fig*. 298) remplit tout l'espace compris entre le cristallin et la rétine. C'est une substance gélatineuse contenue dans une membrane transparente appelée *membrane hyaloïde*.

Ophtalmoscope. — On peut observer le fond de l'œil à l'aide d'un appareil imaginé par Helmholtz et qui se compose essentiellement d'un miroir plan (*fig*. 303) percé d'un orifice et incliné à 45° sur l'axe optique de l'œil ; on éclaire ce miroir par une source lumineuse S dont la lumière sera envoyée dans l'œil observé. Si cet œil n'accommode pas, il ne se fera pas d'image de la source sur la rétine, mais une nappe

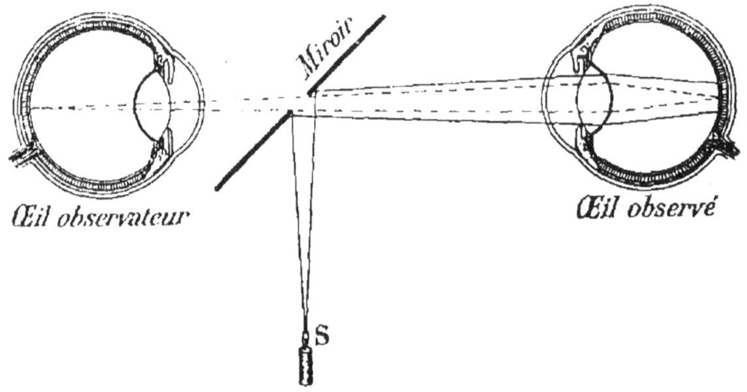

Fig. 303. — Schéma de l'ophtalmoscope.

lumineuse l'éclairera. Cette lumière sortira de l'œil et après avoir traversé le trou du miroir elle viendra impressionner l'œil de l'observateur.

Si celui-ci n'accommode pas, il pourra distinguer le fond de l'autre œil (*fig.* 304), rose, traversé par les vaisseaux sortant d'un petit disque blanchâtre qui est la *papille*, point de pénétration du nerf optique. Il

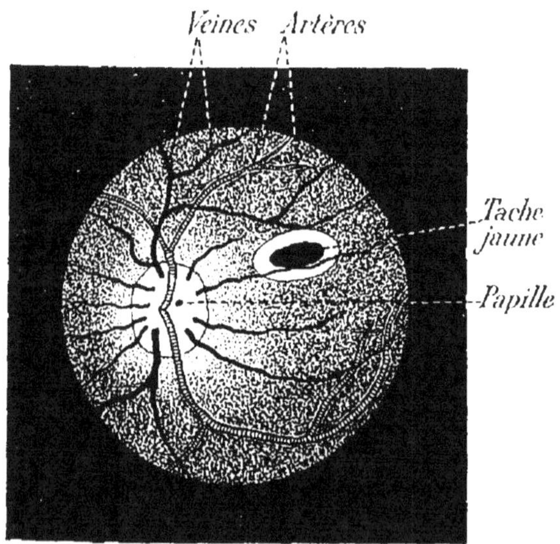

Fig. 304. — Le fond de l'œil vu à l'ophtalmoscope.

pourra également apercevoir la tache jaune.

§ 2. — **Physiologie de l'œil.**

L'œil se compose au point de vue physiologique : 1° d'un *appareil d'optique* destiné à former sur la rétine les images des objets ; 2° d'un *appareil sensible* destiné à recevoir ces images, qui sont le point de départ de nos impressions lumineuses.

L'œil est un instrument d'optique. — L'œil comprend des milieux transparents en forme de lentilles, puisqu'ils sont limités par des surfaces courbes. La principale lentille est le cristallin, dont l'indice de réfraction est 1,45. On peut réduire l'action de ces milieux réfringents (humeur aqueuse, cristallin, etc.) à l'action d'une *lentille* unique dont le centre optique serait près de la face postérieure du cristallin.

Les objets extérieurs vont donner des images *réelles* et *renversées* qui, si l'œil est bien conformé, devront se former sur la rétine. On peut observer ces images en opérant sur un œil de Lapin albinos ou sur un œil de Bœuf dont on enlève

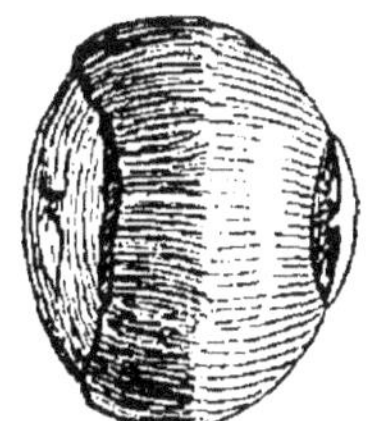

Fig. 305. — Expérience de Magendie.

la sclérotique et la choroïde dans la moitié postérieure (*fig.* 305) : une bougie placée en face de l'œil se peint renversée sur la rétine.

Pour que l'image soit nette, il faut : 1° que les rayons lumineux qui traversent le cristallin ne soient pas trop écartés de l'axe, c'est-à-dire qu'ils ne traversent pas les bords de la lentille ; sans quoi il se produit une *aberration de sphéricité* qui trouble l'image ; 2° que l'image vienne se former exactement sur la rétine.

C'est l'iris qui empêche les rayons trop écartés de l'axe de pénétrer dans l'œil, jouant ainsi le rôle du diaphragme de l'appareil photographique.

L'*atropine* fait dilater la pupille, tandis que l'*ésérine* la fait contracter.

La seconde condition est plus difficile à remplir. On sait que l'image d'un objet n'est bien nette que si l'écran sur lequel elle se peint est placé au foyer de la lentille. Ainsi si l'objet AB (*fig.* 306) a son image en A'B' sur la rétine, cette image est nette ; si l'objet s'éloigne de l'œil, l'image se formera en avant de la rétine et manquera de netteté ; si l'objet se rapproche de l'œil, l'image se formera en arrière de la rétine et la netteté sera encore troublée. L'œil, pour forcer les images à se faire sur la rétine, doit donc modifier ses milieux réfringents ; il doit s'*accommoder* aux distances variables des objets.

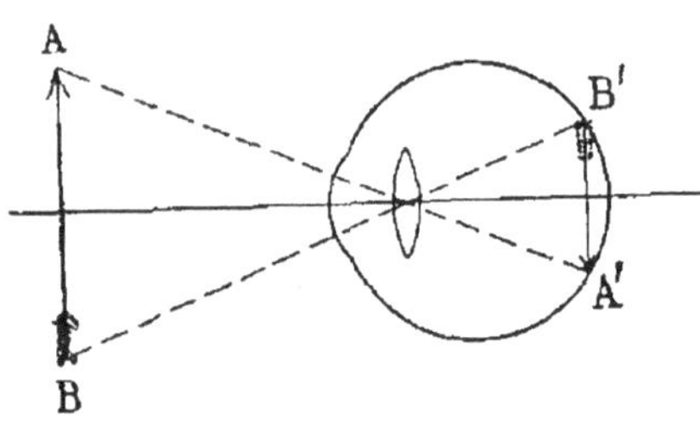

Fig. 306. — Formation des images sur le fond de l'œil.

L'accommodation et son mécanisme. — On peut démontrer que c'est le cristallin qui modifie sa courbure pour s'adapter ou s'*accommoder* aux différentes distances. On place une bougie devant l'œil d'une personne, on voit alors dans cet œil trois images (*fig.* 307) : 1° une antérieure (1), droite, donnée par la cornée ; 2° une moyenne (2), droite, donnée par la face antérieure du cristallin ; 3° une postérieure (3), renversée, formée par la face postérieure du cristallin.

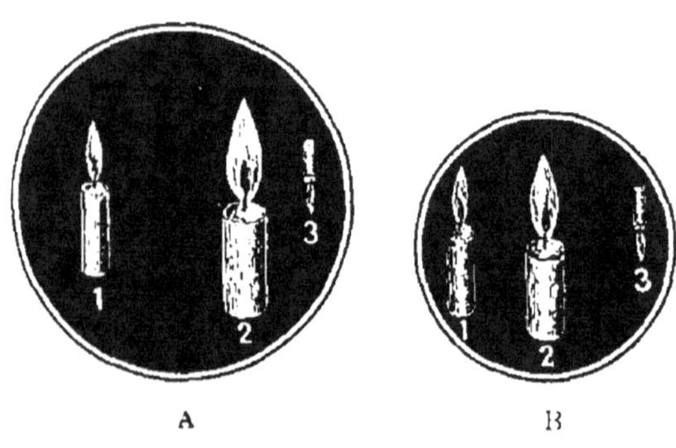

Fig. 307. — Expérience montrant l'accommodation du cristallin. En A, vision éloignée ; en B, vision rapprochée.

Si le sujet fixe un objet plus rapproché, la bougie restant à la même distance de l'œil, on voit la première et la troisième images conserver leurs dimensions [*fig*. 307, B (1 et 3)]. Seule, la seconde, donnée par la face antérieure du cristallin, est devenue plus petite : ce qui ne peut s'expliquer que par l'augmentation de courbure de la face antérieure du cristallin. C'est donc le cristallin qui modifie sa courbure antérieure et amène l'image à se faire sur la rétine.

Ce changement de courbure du cristallin est produit: 1° par les fibres longitudinales du *muscle ciliaire* qui, en se contractant, font relâcher le *ligament suspenseur*, ce qui permet au cristallin de se bomber davantage ; 2° par les fibres circulaires du *muscle ciliaire*, qui se contractent et déterminent l'afflux du sang dans les *procès ciliaires*, ce qui comprime le cristallin. Celui-ci étant maintenu, à sa face postérieure, par l'humeur vitrée, se courbe davantage par sa face antérieure. Tel est le mécanisme de l'accommodation.

Œil normal et presbytie. — Le pouvoir accommodateur de l'œil a une limite, car la courbure du cristallin ne peut augmenter indéfiniment. Pour un *œil normal* ou *emmétrope* (*fig*. 308), l'image d'un objet placé entre l'infini et 65 mètres se fait sur la rétine. Si l'on rapproche l'objet de l'œil, l'image recule en arrière de la rétine; c'est alors que, pour éviter ce déplacement de l'image, le cristallin se courbe. Mais à partir d'une certaine distance, lorsque l'objet sera près de l'œil, le cristallin ne peut plus se courber davantage, et l'image se forme en arrière de la rétine, c'est-à-dire que cette image n'est plus perçue nettement. Cette distance est ce qu'on appelle la *distance minimum de la vision distincte*. Le point le plus rapproché où peut se faire la vision distincte est appelé *punctum proximum*.

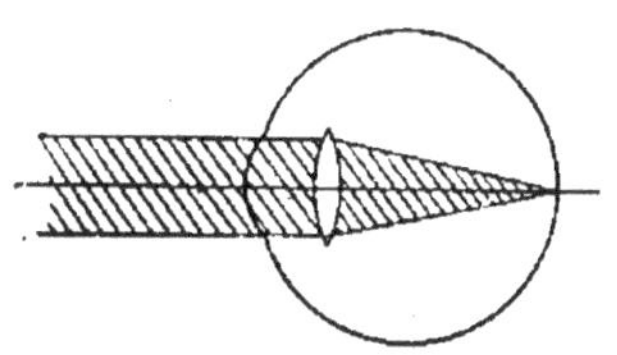

Fig. 308. — Œil emmétrope (l'image se forme sur la rétine).

Avec l'âge, l'élasticité du cristallin diminue; il en résulte chez les vieillards un affaiblissement du pouvoir accommodateur, et la vision n'est plus distincte pour les courtes distances. Ainsi chez l'enfant de 10 ans, dont le pouvoir accommodateur est puissant, le *punctum proximum* est à 7cm de l'œil ; il en est à 14cm vers la 30e année, à 25cm vers 40 ans et à 1m vers 60 ans. Le vieillard sera obligé de se placer à 1m des caractères d'imprimerie, par exemple, pour les voir nettement. Ce défaut d'accommodation est connu sous le nom de *presbytie*. On peut le corriger à l'aide d'une lentille biconvexe qui fait converger davantage les rayons lumineux et ramène sur la rétine les images des objets peu éloignés.

Anomalies de la vision : myopie, hypermétropie, astigmatisme. — L'œil *normal* ou *emmétrope* (*fig.* 308) est celui pour lequel les images des objets placés entre l'infini et 65 mètres se font sur la rétine, sans accommodation. Pour voir tous les objets placés entre 65 mètres et la *distance minimum de la vision distincte*, l'œil doit *accommoder*.

L'œil *myope* (*fig.* 309) est un œil dont l'axe antéro-postérieur est trop long, de sorte que l'image d'un objet placé à l'infini se forme en avant de la rétine. Dans ce cas la distance minimum de la vision distincte est réduite à quelques millimètres. On corrige cette infirmité par l'emploi de lentilles

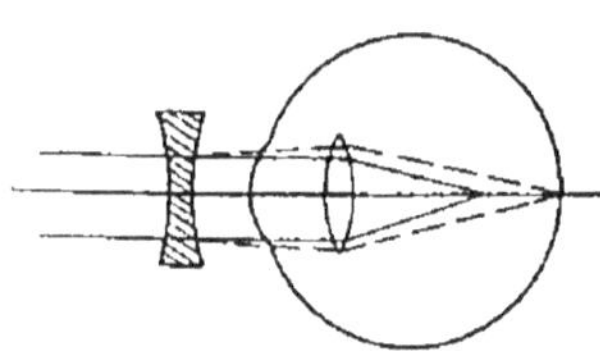

Fig. 309. — Œil myope (l'image est en avant de la rétine).

biconcaves, qui font diverger les rayons lumineux et reportent l'image en arrière, sur la rétine, si leur courbure est convenablement choisie. Avec l'âge, l'œil myope peut devenir presbyte, ce qui n'améliore guère son état anormal.

Chez les myopes, les objets éloignés ont leur image en avant de la rétine ; si les objets sont plus proches, leur image se rapproche de la rétine, et à partir d'une certaine distance (10cm parfois) l'image se produit sur la rétine. Ce point le plus éloigné de la vision distincte est le *punctum remotum* ; à partir de cette distance l'accommodation s'opère et le *punctum proximum* peut être à quelques millimètres de l'œil.

L'œil *hypermétrope* (*fig.* 310) est un œil dont l'axe antéro-postérieur est trop court, de sorte que l'image d'un objet placé à l'infini se fait en arrière de la rétine. C'est par conséquent le contraire de ce qui se passe dans l'œil myope. Dans ce cas le *punctum proximum* est reculé. On corrige ce défaut par l'usage de lentilles biconvexes qui font converger les rayons

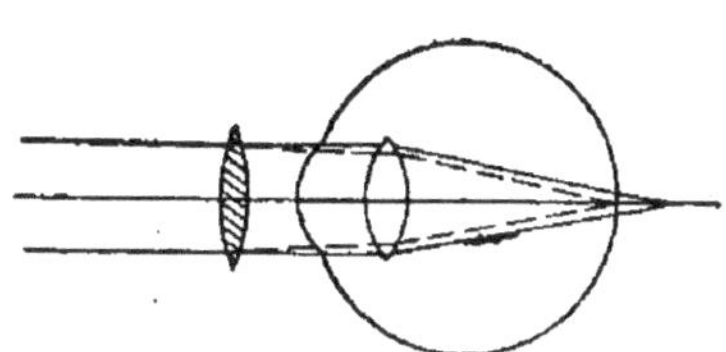

Fig. 310. — Œil hypermétrope (l'image est en arrière de la rétine).

lumineux et ramènent l'image en avant, sur la rétine, si leur courbure est convenablement choisie.

Chez les hypermétropes, les points situés au delà de 65^m ont leur image en arrière de la rétine, et les points plus rapprochés ont leur image encore plus en arrière ; il en résulte que les personnes hypermétropes devront accommoder sans arrêt. Aussi devront-elles toujours porter des lentilles convergentes : jeunes, pour éviter une accommodation persistante ; vieilles, pour remplacer l'accommodation qui n'existe plus.

L'œil *astigmate* est un œil qui présente des inégalités de courbure dans ses divers méridiens ; de sorte que les images sont déformées. On arrive à corriger ce défaut par l'usage de verres cylindriques.

La rétine est l'organe sensible à la lumière.— La rétine est la membrane sensible à la lumière ; elle semble recevoir une *impression photographique* qui donne naissance à l'impression lumineuse. L'expérience suivante le démontre : on place un Lapin dans une chambre noire, puis on lui fait regarder une fenêtre vivement éclairée, et l'on place rapidement l'œil de cet animal dans une dissolution d'alun à 4 º/₀, afin de fixer l'image formée sur la rétine. On voit alors sur le fond rose de la rétine l'image photographique, en *négatif*, de la fenêtre. C'est que le pourpre rétinien est décomposé par la lumière comme les sels d'argent d'une plaque photographique ; et c'est cette action qui est transmise par le nerf optique à l'encéphale, qui perçoit la sensation lumineuse.

La rétine n'est sensible que dans les régions où se trouvent les cônes et les bâtonnets. Ainsi le point où pénètre le nerf optique est *aveugle* parce qu'il ne présente ni cônes ni bâtonnets. L'expérience de Mariotte démontre ce fait : on

Fig. 311. — Expérience de Mariotte.

trace sur une feuille de papier une croix et un cercle (*fig.* 311) distants de 5 centimètres environ; on ferme l'œil droit et on regarde avec l'œil gauche le cercle placé à droite; on voit d'abord les deux dessins, puis on éloigne la feuille de papier et bientôt la croix disparaît pour reparaître plus loin. La croix devient invisible lorsque son image se forme sur le *point aveugle*.

Persistance des impressions lumineuses. — Les impressions produites par la lumière sur la rétine persistent pendant $\frac{1}{10}$ de seconde après la disparition du corps lumineux. C'est probablement le temps qui est nécessaire au pourpre rétinien, attaqué par la lumière, pour se régénérer. Si les images visuelles se succèdent plus vite qu'elles ne s'effacent, on a une sensation unique : c'est ainsi qu'un charbon ardent qu'on fait tourner donne l'impression d'un cercle lumineux. C'est la même raison qui fait que l'étoile filante trace une ligne lumineuse, que la pluie semble rayer le ciel, etc. On peut aussi à l'aide du disque de Newton, sur lequel sont peintes les sept couleurs du spectre, reconstituer la lumière blanche, car les couleurs se superposent et c'est la résultante qu'on perçoit. L'expérience suivante montre bien la persistance des impressions lumineuses : on dessine une cage sur l'une des faces d'un carton ; sur l'autre face, un Oiseau (*fig.* 312); puis, à l'aide d'une ficelle, on imprime au carton un mouvement de rotation assez rapide, et l'Oiseau paraît enfermé dans la cage.

L'instrument appelé *cinématographe* est construit sur ce

principe de la persistance des impressions lumineuses. On fait passer devant les yeux une série de photographies repré-

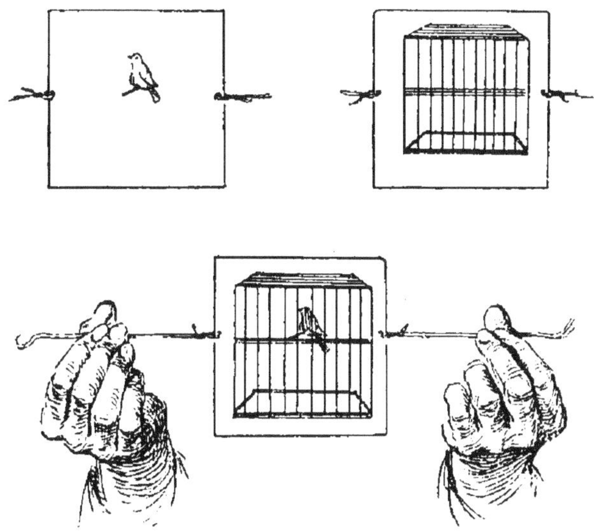

Fig. 312. — Expérience montrant la persistance des impressions lumineuses.

sentant les diverses phases qui se succèdent dans une scène et l'on a l'illusion du mouvement dans son ensemble : c'est ainsi que l'on peut voir un coureur, un bicycliste, un train en marche, etc.

Perception des couleurs. Daltonisme. — L'œil perçoit les diverses couleurs qui composent la lumière blanche. Il semble que les cônes seuls soient impressionnés par la lumière colorée, car la rétine des animaux nocturnes (Hibou, Chauve-Souris), qui ne peuvent guère apprécier les couleurs, est dépourvue de cônes. C'est pourquoi Helmholtz admettait que les bâtonnets servaient à la perception de l'intensité de la lumière, et les cônes à la perception des couleurs.

Certaines personnes ne peuvent pas apprécier les couleurs : on dit qu'elles sont atteintes de *daltonisme*. Cette cécité des couleurs est fréquente pour le *rouge* : pour ces personnes, disait Arago, les cerises ne sont jamais mûres. Dans les chemins de fer et dans la marine, où l'on se sert surtout de couleurs comme signaux, les candidats aux emplois qui comportent l'observation des signaux sont l'objet, en ce qui concerne la vue et notamment le daltonisme, d'un examen des plus minutieux.

Si l'on fixe longtemps un cercle *rouge*, et que l'on regarde ensuite un fond blanc, on voit la couleur complémentaire, c'est-à-dire un cercle *vert*. On dit que deux couleurs sont *complémentaires* lorsque leur addition donne du blanc. D'après cette loi du *contraste successif* le rouge paraît plus vif quand on a regardé du vert, et réciproquement.

Lorsqu'on regarde un cercle *blanc* sur du papier vert, on voit le cercle blanc en *rouge* : c'est du *contraste simultané*. Les couleurs juxtaposées peuvent donc se modifier les unes les autres. Deux couleurs complémentaires se renforceront mutuellement. D'autres couleurs, au contraire, paraîtront plus effacées quand elles seront les unes à côté des autres.

Vision binoculaire. — La vision avec un œil ne nous renseigne que sur la forme des objets, mais elle ne peut apprécier ni la distance, ni le relief de ces objets. Chaque œil voit en effet une image qui n'est pas identique ; de sorte qu'un même objet donnera deux images, et c'est la superposition de ces deux images qui donne la notion du relief. Le *stéréoscope* est une application de cette notion de relief donnée par la vision binoculaire. Les objets ne sont pas vus *doubles*, quoiqu'ils donnent deux images ; cela tient à ce que l'image de chaque point d'un objet se fait dans les deux yeux en deux *points correspondants*, et que l'éducation de l'œil nous a habitués à confondre ces deux images : il n'y a qu'une seule impression nerveuse dans l'encéphale.

Au contraire, les images d'un objet que nous ne regardons pas ne se font pas en des points correspondants et sont vues séparément. Aussi l'objet est-il vu en double. On dit qu'il y a *diplopie*. On peut s'en assurer en fixant une feuille de papier et en interposant entre ce papier et nos yeux un crayon, par exemple : le crayon est vu double.

C'est aussi par l'éducation des yeux que nous ramenons à leur position normale les objets dont les images sont renversées sur la rétine.

Illusions d'optique. — L'œil peut nous donner des impressions fausses : c'est ce qu'on appelle les *illusions d'optique*.

Fig. 313. — Phénomène de l'irradiation.

Nous pouvons citer comme exemple le phénomène de l'*irradiation* (*fig.* 313). On trace deux carrés égaux, l'un blanc sur fond noir, l'autre noir sur fond blanc ; on les met dans le voisinage l'un de l'autre, et c'est le carré blanc qui semble le plus grand. C'est que l'action de la lumière du carré blanc semble, sur la rétine, se propager, s'irradier, au delà de la région directement touchée par la lumière. C'est l'*irradiation* qui explique pourquoi des personnes habillées de vêtements clairs paraissent plus grosses.

On peut encore citer d'autres illusions : deux lignes (*fig.* 314) rigoureusement égales

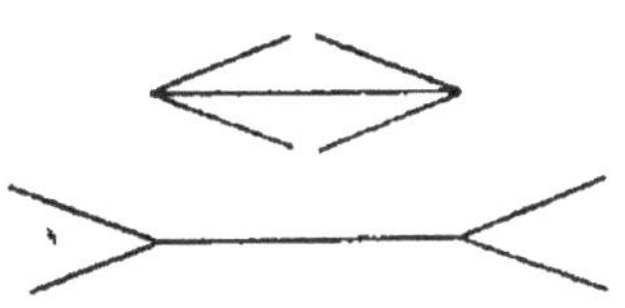

Fig. 314. — Illusion d'optique.

prolongées par des parallèles semblent inégales ; deux lignes parallèles sur lesquelles on trace d'autres parallèles (*fig.* 315) paraissent concourantes.

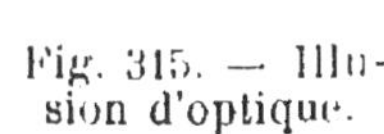

Fig. 315. — Illusion d'optique.

RÉSUMÉ

Les *organes des sens* sont destinés à recevoir les impressions venant de l'extérieur.

Un *appareil sensoriel* comprend. . . .
- 1º un *neurone périphérique* ;
- 2º un *neurone profond*, qui conduit l'excitation au centre nerveux ;
- 3º un *centre nerveux*, transformant l'impression en sensation.

$$5 \text{ sortes de sensations . . . } \left\{ \begin{array}{l} \text{1. Toucher . . . . Peau.} \\ \text{2. Goût. . . . . Langue.} \\ \text{3. Odorat. . . . . Nez.} \\ \text{4. Ouïe. . . . . Oreille.} \\ \text{5. Vue . . . . Œil.} \end{array} \right\} \text{organes des sens.}$$

Le toucher et la peau. — La *peau*, organe du *toucher*, est formée de *l'épiderme* et du *derme*.

1º Épiderme. . . . . $\left\{ \begin{array}{l} \text{1. } \textit{Couche cornée.} \\ \text{2. } \textit{Couche de Malpighi.} \end{array} \right.$

2º Derme . . . . . $\left\{ \begin{array}{l} \textit{Tissu conjonctif} \text{ et } \textit{tissu adipeux.} \\ \textit{Poils} \text{ et } \textit{ongles} : \text{ formation épidermique.} \\ \textit{Terminaisons nerveuses} \text{ ou } \textit{corpuscules du} \\ \quad \textit{toucher.} \end{array} \right.$

Les *impressions* reçues par la peau sont de trois sortes : *contact, poids, température.*

Le goût et la langue. — La *langue* est l'organe du goût.

Structure de la langue . . . $\left\{ \begin{array}{l} \text{1. } \textit{Muscles.} \\ \text{2. } \textit{Muqueuse lin-} \\ \quad \textit{guale.} \end{array} \right.$ $\left\{ \begin{array}{l} \text{Papilles caliciformes : V lin-} \\ \quad \text{gual, cellules gustatives.} \\ \text{Papilles fongiformes.} \\ \text{Papilles filiformes.} \end{array} \right.$

Le goût nous fait apprécier les *saveurs.* Le nerf *glosso-pharyngien* est le nerf gustatif.

L'odorat et le nez. — Les *fosses nasales* présentent des replis osseux, les *cornets*, tapissés par une membrane muqueuse, la *pituitaire.*

La *pituitaire* comprend deux régions . . . . $\left\{ \begin{array}{l} \text{1. Région } \textit{rouge} \text{ (inférieure),} \\ \quad \text{respiratoire.} \\ \text{2. Région } \textit{jaune} \text{ (supérieure),} \\ \quad \text{olfactive.} \end{array} \right.$

C'est le *lobe olfactif* qui envoie à travers la lame criblée de l'ethmoïde les rameaux nerveux qui innervent la région olfactive.

L'oreille et l'audition. — L'*oreille* est l'organe chargé de percevoir les sons.

L'*oreille la plus simple* se trouve chez les animaux aquatiques (Mollusques, par exemple). Elle se compose :

Vésicule close ou otocyste. $\left\{ \begin{array}{l} \textit{Cellules auditives} \text{ ciliées.} \\ \text{Liquide ou } \textit{endolymphe} \text{ dans lequel nagent} \\ \quad \text{des } \textit{otolithes.} \\ \text{Fibres nerveuses terminant le } \textit{nerf auditif.} \end{array} \right.$

L'oreille de l'Homme comprend trois parties : *oreille externe, moyenne* et *interne.*

L'OREILLE EXTERNE comprend { 1° le *pavillon* ;
2° le *conduit auditif externe*.

Elle a pour fonctions de recueillir les vibrations sonores et de les conduire vers le tympan.

L'OREILLE MOYENNE. — L'*oreille moyenne* ou *caisse du tympan* est séparée de l'oreille externe par la membrane du *tympan*, et de l'oreille interne par les membranes de la *fenêtre ovale* et de la *fenêtre ronde* ; elle communique avec l'arrière-bouche par la *trompe d'Eustache*.

La *chaîne des osselets* (marteau, enclume, os lenticulaire, étrier) rattache le tympan à la fenêtre ovale.

Elle a pour fonction de transmettre les sons à l'oreille interne. La trompe d'Eustache a pour rôle de maintenir l'égalité de pression sur les deux faces du tympan.

L'OREILLE INTERNE. — Elle est située dans la partie du *temporal* appelée *rocher*. Elle comprend : le *labyrinthe membraneux*, qui contient un liquide appelé *endolymphe*, et le *labyrinthe osseux*, creusé dans le rocher. Entre les deux labyrinthes se trouve un liquide, la *périlymphe*. Le labyrinthe comprend trois parties : le *vestibule*, les *canaux semi-circulaires* et le *limaçon*.

1° *Vestibule* : utricule et saccule avec *taches acoustiques* (épithélium et otolithes).

2° *Canaux semi-circulaires* { 3 canaux disposés suivant 3 plans rectangulaires. — Ampoules et crêtes acoustiques.

3° *Limaçon* { 1. Rampe vestibulaire { séparées par la *lame spirale* dont la partie membraneuse ou *membrane basilaire* est formée de 2. Rampe tympanique { fibres transversales élastiques.

Dans la rampe vestibulaire se trouve l'*organe de Corti*, formé : 1° d'une *arcade* à deux piliers dont le sommet donne la *membrane réticulée* ; 2° de *cellules auditives ciliées* en rapport avec les fibres du nerf auditif.

L'oreille interne est l'organe essentiel de l'audition ; par sa périlymphe et par son endolymphe les vibrations sont facilement transmises aux cellules auditives, lesquelles sont les terminaisons des fibres du nerf auditif.

Les *taches acoustiques* du vestibule perçoivent surtout l'*intensité des bruits*.

Les *cellules acoustiques* de l'organe de Corti, par l'intermédiaire des cordes de la membrane basilaire, apprécient la *hauteur* et le *timbre* des sons.

Les *canaux semi-circulaires* semblent nous renseigner sur la notion de l'espace.

L'œil et la vision. — L'œil a pour fonction de recueillir les vibrations lumineuses.

Anatomie de l'œil. — L'organe de la vision comprend deux parties : 1° les *parties accessoires*, qui ne laissent passer que la lumière ; 2° la *partie fondamentale* ou *globe de l'œil*.

1° PARTIES ACCESSOIRES. . . . .
> *Parties protectrices* : orbite, paupières, cils, sourcils.
> *Parties motrices* : 6 muscles moteurs de l'œil.
> *Parties sécrétrices* : glande lacrymale, glandes sébacées.

2° GLOBE DE L'ŒIL. . . . .

A. *Membranes.*
> 1. *Sclérotique* et *cornée transparente* en avant.
> 2. *Choroïde* : en avant *procès ciliaires* et *muscle ciliaire*; *iris* et *pupille.*
> 3. *Rétine* : origine cérébrale; épanouissement du nerf optique, dont les fibres se terminent en cônes ou en bâtonnets. *Tache jaune. Point aveugle.*

B. *Les milieux transparents.*
> *Cornée transparente.*
> *Humeur aqueuse* dans la chambre antérieure de l'œil.
> *Cristallin*, lentille biconvexe.
> *Corps vitré*, entre le cristallin et la rétine, maintenu par la *membrane hyaloïde.*

Le fond de l'œil peut être observé à l'aide d'un appareil appelé *ophtalmoscope.*

Physiologie de l'œil. — L'œil est un *instrument d'optique* et un *appareil sensible.*

1° *Instrument d'optique.* . . . .
> *Cristallin et milieux* donnent images réelles et renversées sur la rétine.
> *Iris* arrête les rayons trop éloignés de l'axe, et règle la quantité de lumière entrant dans l'œil.
> *Accommodation* de l'œil aux distances. *Presbytie.*
> OEil normal ou *emmétrope.*
> Anomalies de la vision : œil **myope, hypermétrope,** *astigmate.*

2° *Appareil sensi-ble* . . . .

Images se forment sur la rétine ; décomposition de l'*érythropsine*.

Point aveugle ; entrée du nerf optique, ni cônes, ni bâtonnets.

Les impressions lumineuses *persistent* $\left(\dfrac{1}{10} \text{ de seconde environ} \right)$.

L'œil perçoit les couleurs. *Daltonisme*. Contrastes simultanés et successifs.

Vision binoculaire : idée du relief.

Illusions d'optique. Irradiation.

CHAPITRE XIII

LE LARYNX ET LA VOIX

Chez l'Homme et les Vertébrés supérieurs la partie supérieure de la trachée-artère se modifie pour donner un organe, le *larynx*, destiné à émettre des sons qui caractérisent la *voix*.

Anatomie du larynx. — Le larynx provient de la différenciation des deux anneaux supérieurs de la trachée-artère. Il communique avec le pharynx par une ouverture qui se ferme pendant la déglutition au moyen d'une languette appelée *épiglotte*. La cavité du larynx (*fig*.316) présente d'abord une dilatation suivie d'un rétrécissement formé par les *cordes vocales supérieures*. Un peu au-dessous se trouvent deux replis, très rapprochés, les *cordes vocales inférieures*, qui limitent un orifice triangulaire, la *glotte*.

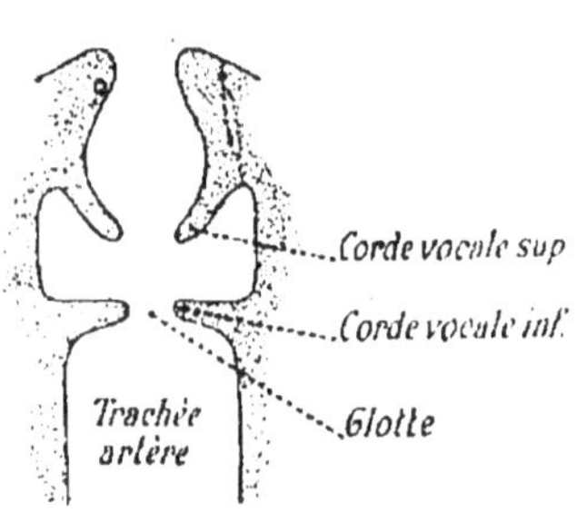

Fig. 316. — Coupe du larynx.

Le *squelette* du larynx est formé par le *cartilage thyroïde*, le *cartilage cricoïde* et les deux *aryténoïdes*.

Le *cartilage thyroïde* est le plus développé : il forme une saillie antérieure appelée *pomme d'Adam* (*fig*. 317). Des ligaments le relient à l'os hyoïde ; il est rattaché par une membrane au cartilage cricoïde avec lequel il est articulé.

Le *cartilage cricoïde* (*fig.* 317 et 318) surmonte le premier anneau de la trachée : il a la forme d'une bague dont le cha-

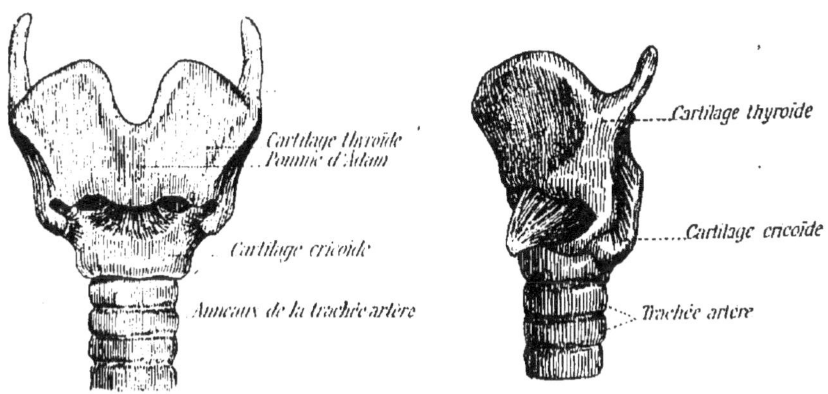

Fig. 317. — Face antérieure du larynx.

Fig. 318. — Larynx vu sur le côté.

ton serait placé en arrière ; il supporte les deux *aryténoïdes*. Les *cartilages aryténoïdes* (*fig.* 319) sont triangulaires et placés symétriquement sur la partie supérieure du cricoïde. C'est de leur mobilité que dépend la forme de la glotte.

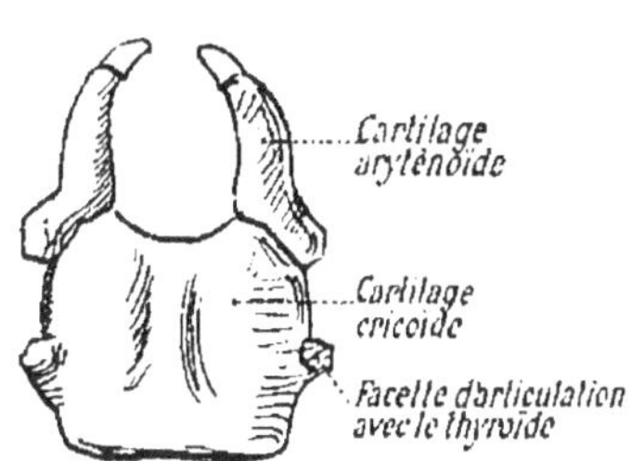

Fig. 319. — Cartilage cricoïde surmonté des cartilages aryténoïdes.

Ces divers cartilages sont réunis par des muscles qui s'attachent, en avant, à la face interne du cartilage thyroïde, et en arrière, se dirigent horizontalement vers les aryténoïdes, où ils s'insèrent. Ces muscles contribuent à la formation des cordes vocales inférieures.

Le larynx reçoit des nerfs de deux sources différentes : 1° les *nerfs laryngés*, qui sont des branches du *nerf spinal* ; 2° les nerfs venant du *pneumo-gastrique* et qui donnent de la sensibilité au larynx. C'est le nerf spinal qui est le nerf de la phonation, car si on l'enlève à un Chat, par exemple, l'animal ne peut plus miauler, il est *aphone*. C'est aussi le nerf spinal qui commande aux mouvements de la tête dans les gestes expressifs.

Physiologie du larynx. — La production du son est due à la vibration des cordes vocales inférieures. On peut le démontrer en faisant passer un courant d'air dans des larynx enlevés sur des cadavres. On peut aussi l'observer à l'aide d'un appareil appelé *laryngoscope*, petit miroir que l'on introduit dans l'arrière-bouche et qui, par réflexion, permet de voir les cordes vocales. C'est donc le courant d'air venant de la poitrine qui fait vibrer les cordes vocales inférieures, à la manière des languettes des instruments à anche. Mais il est impossible d'assimiler complètement le larynx à aucun des instruments connus, car les cordes vocales peuvent à chaque instant changer de longueur, d'épaisseur, de tension : d'où ces modulations merveilleuses de la voix humaine.

Le son émis par le larynx a trois caractères : l'*intensité*, la *hauteur* et le *timbre*.

L'*intensité* dépend de l'amplitude des vibrations des cordes vocales et, par suite, de la force du courant d'air expiré. Le développement des poumons et de la cage thoracique ont donc une action sur l'intensité de la voix.

La *hauteur* dépend du nombre de vibrations et par suite de la longueur, de la tension et de la grosseur des cordes vocales. Plus les cordes sont courtes, tendues et minces, plus le son est aigu. Chez l'enfant et chez la femme les cordes vocales sont courtes et délicates : aussi leur voix est-elle plus aiguë. Chez l'homme elles s'allongent et s'épaississent avec l'âge ; la voix devient par conséquent de plus en plus grave et c'est ainsi qu'en vieillissant le ténor peut devenir baryton, puis enfin basse. L'étendue de la voix chez un même individu est à peu près constante : elle est en moyenne de deux octaves, et exceptionnellement de trois.

Le *timbre* dépend du son fondamental et des harmoniques. Il varie suivant la forme du larynx et des cavités de résonance (pharynx, bouche, fosses nasales, etc.); ce qui explique pourquoi chaque personne a un timbre de voix particulier.

Dans la *voix de poitrine* les résonances se produisent surtout dans les cavités inférieures de l'appareil aérien (bouche, trachée) ; dans la *voix de tête*, elles se produisent dans les cavités supérieures (fosses nasales, arrière-bouche).

La voix et la parole. — Tous les animaux pourvus d'un larynx (Mammifères, Oiseaux, Reptiles, Batraciens) peuvent émettre des sons qui constituent la *voix*. Ils peuvent même, par des modifications qu'ils font subir à leur voix, se comprendre entre eux. C'est une sorte de langage que la voix du Chien hurlant, pleurant, poussant des cris de joie ou de terreur.

L'Homme seul est doué de la *parole*, ou *langage articulé*. Pour cela, il associe des sons de deux sortes : les *voyelles* et les *consonnes* ; il constitue ainsi des syllabes, puis des mots. A chaque mot il donne un sens déterminé : de sorte que le langage articulé devient la traduction des idées. Il faut dire que l'Homme a d'autres moyens d'exprimer sa pensée ; ainsi l'enfant se fait comprendre par des gestes, des signes; il *mime* sa pensée. Plus tard, il représente les mots par des lettres, et l'écriture devient alors le graphique des idées.

Les *voyelles* sont des sons simples dont chacun exige une forme spéciale du larynx et des cavités de résonance. Chaque voyelle a sa note particulière, d'une hauteur déterminée.

Les *consonnes* sont des bruits produits par le courant d'air qui vient se briser contre des obstacles tels que les lèvres ou la langue. Ainsi les consonnes sont *labiales*, *linguales* ou *gutturales* suivant que les lèvres, la langue ou le gosier agissent pour modifier le courant d'air.

RÉSUMÉ

Le *larynx*, organe de la voix, est une modification de la partie supérieure de la trachée-artère.

Anatomie du larynx. — La cavité du larynx présente deux

rétrécissements, dus aux *cordes vocales supérieures* et aux *cordes vocales inférieures*.

Le squelette du larynx est formé par les cartilages *thyroïde* (pomme d'Adam à la partie antérieure), *cricoïde* et deux *aryténoïdes*. Ces différents cartilages sont réunis par des ligaments et par des muscles.

Le larynx est innervé par des branches du *nerf spinal*, qui est le nerf de la phonation, et par des branches du *pneumo-gastrique* (sensibilité du larynx).

Physiologie du larynx. — Le son se produit au niveau des cordes vocales inférieures, par la vibration de ces cordes :

1º L'*intensité* du son émis dépend de l'amplitude des vibrations et par conséquent de la force du courant d'air expiré.

2º La *hauteur* dépend de la longueur, de la tension et de l'épaisseur des cordes vocales. Des cordes vocales courtes, tendues, minces donnent un son aigu ; longues, peu tendues et épaisses, elles donnent un son grave.

3º Le *timbre* dépend de la forme du larynx et des cavités de résonance (pharynx, bouche, fosses nasales).

La *voix* est constituée par des sons *inarticulés*.

La *parole* est formée de sons *articulés* : l'Homme seul est doué du langage articulé. Ce langage est constitué par l'association de deux sortes de sons : les voyelles et les consonnes.

SECONDE PARTIE

HYGIÈNE

L'hygiène : son but, ses progrès. — L'*hygiène* est l'art de conserver la santé, car elle nous apprend à éviter les maladies et à être fort. Tandis que la médecine a pour but de guérir le malade, l'hygiène indique ce qu'il faut faire pour ne pas devenir malade. De sorte que si l'hygiène atteignait son idéal, elle supprimerait la médecine.

Pendant longtemps l'hygiène fut plus une vertu qu'une science, car elle était surtout fondée sur la tempérance et la sagesse. Mais les découvertes biologiques du xixe siècle, surtout celles de Pasteur, ont complètement révolutionné l'hygiène et en ont fait une véritable science. Aux moyens empiriques que conseillait l'hygiène d'autrefois, on a substitué des mesures basées sur des données scientifiques et contrôlées par l'expérience. Aussi bien les résultats ne se sont pas fait attendre et sans être prophète on peut dire que certaines maladies, aujourd'hui en voie de disparition, seraient même déjà disparues si l'hygiène ne mettait pas tant de lenteur à pénétrer dans le public, si nous nous laissions guider un peu moins par la routine et un peu plus par la science.

On est en droit de se demander comment il se fait que l'hygiène soit encore si peu répandue. Cependant nulle science n'est aussi humanitaire, car elle intéresse toutes les classes de la société, les riches comme les pauvres, puisque tous nous tenons à la vie.

Il y a plusieurs causes à cela.

C'est d'abord que l'hygiène est une science compliquée reposant sur les sciences physiques et naturelles, particulièrement sur la physiologie et la bactériologie.

C'est ensuite une cause d'ordre social, car on a beau discuter sur le régime alimentaire le plus sain, légiférer sur les logements insalubres et déterminer le cubage d'air nécessaire pour chaque individu, on n'empêchera pas l'insuffisance des salaires et le prix des loyers de forcer des familles de travailleurs à se mal nourrir et à s'entasser dans des locaux trop étroits, mal aérés et plus mal éclairés encore.

Une autre cause aussi est l'indifférence regrettable dans laquelle restèrent longtemps les pouvoirs publics, car ce n'est que depuis 1902 que nous possédons en France une loi sur *la protection de la santé publique et l'organisation sanitaire* ; ce qui n'empêche, pour ne citer qu'un exemple, que si l'on désinfecte régulièrement les wagons ayant servi au transport des bestiaux, nous continuons à voyager dans des voitures de propreté douteuse et qui sont d'excellents milieux de culture pour microbes de tous genres.

Enfin une dernière cause à signaler est l'ignorance de l'hygiène chez nombre de personnes, même instruites : d'où la nécessité de l'enseignement de cette science.

La connaissance et la pratique de l'hygiène constituent un devoir. — Plutarque raconte qu'à Lacédémone tout nouveau-né était porté devant les Anciens de la tribu. Si l'enfant était bien constitué, l'État veillait à ce qu'il fût bien nourri ; s'il était chétif ou contrefait, il était précipité dans un gouffre. Les Grecs, en se conformant ainsi à la loi de la sélection, constituèrent une race intelligente et forte dont l'influence se fait encore sentir de nos jours sur le monde civilisé tout entier.

Au XX siècle nous n'avons plus la brutalité des Spartiates et nous nous efforçons, par esprit de justice et de solidarité, de conserver à la vie les enfants débiles et contrefaits. Ce sentiment de tendresse pour les déshérités de la nature est assurément l'un des plus nobles de l'humanité actuelle.

Mais d'autre part, fait-on suffisamment d'efforts pour conserver la santé des enfants et des adultes sains et vigoureux? On édifie des hôpitaux pour les enfants tuberculeux, et l'on organise, dans des établissements confortables, l'éducation des enfants anormaux : cela est bien. Mais aussi on laisse des familles de six enfants ou plus s'entasser avec leurs parents dans une seule pièce, sans lumière et sans air ; on attend pour s'occuper d'eux que ces enfants soient atteints par la tuberculose, le rachitisme ou d'autres misères.

Secourir les malades et venir en aide aux malheureux est un devoir connu de tous ; mais conserver la santé aux robustes et aux vigoureux est un devoir ignoré de beaucoup. Et pourtant si nous voulons rester un peuple fort, actif et vivant, la sauvegarde de l'homme sain doit nécessairement dominer notre conception du devoir social. C'est donc dans l'étude de l'hygiène que l'on puisera les connaissances nécessaires à l'accomplissement de ce devoir.

Principales divisions. — Dans ce Précis nous nous efforcerons de donner l'essentiel, de résumer aussi nettement que possible les questions les plus importantes.

Nous devons d'abord distinguer l'*hygiène individuelle* de l'*hygiène sociale*.

1° L'*hygiène individuelle* comprend l'*hygiène alimentaire* (eau, air, aliments), à laquelle se rattache l'importante question de l'*alcoolisme*, et les *exercices physiques* ;

2° L'*hygiène sociale* ou *publique* s'occupe surtout de la propagation et de la préservation des *maladies contagieuses*, de la salubrité de la *maison*, enfin de la *police sanitaire des animaux* et de la nouvelle loi pour la *protection de la santé publique*.

CHAPITRE PREMIER

L'EAU

Son utilité. — L'eau est la boisson par excellence et l'on peut vivre et travailler en ne buvant que de l'eau. Elle est un aliment nécessaire puisqu'elle entre, ainsi que nous l'avons dit dans le cours de physiologie, pour les trois quarts de leur poids dans la constitution de nos organes. Elle est tellement indispensable à l'existence humaine que les peuplades sauvages, avant de faire une halte ou de fonder un village, s'assurent d'abord de l'*eau potable*. D'autre part on sait le soin apporté par les Romains aux adductions d'eaux partout où ils s'installaient. Enfin, l'eau est l'unique boisson de certains peuples : Arabes mahométans, Turcs, Indiens, Chinois, Japonais ne boivent que de l'eau ou des infusions aqueuses.

Rien n'est plus sain et n'étanche mieux la soif qu'un verre d'eau *fraîche* et *pure* ; mais rien n'est plus dangereux qu'un verre d'eau qui peut contenir les germes de certaines maladies. On doit donc veiller à ce que l'eau destinée à l'alimentation soit pure chimiquement et biologiquement, c'est-à-dire à ce qu'elle ne contienne que les éléments minéraux nécessaires à la nutrition et aucun germe vivant, aucun microbe.

Sa pureté. Conditions d'une eau potable. — Les qualités physiques et chimiques que doit présenter une eau pour être potable sont étudiées dans les cours de Chimie. Rappelons seulement qu'une eau potable doit être *fraîche, limpide, sans odeur, agréable au goût, aérée, et propre aux principaux usages domestiques.*

Une eau est *fraîche* si sa température ne dépasse pas 15 degrés ; au delà elle ne désaltère plus ; au-dessous de 5 degrés, elle est trop froide et produit des accidents intestinaux.

Une eau est *limpide* quand elle permet de distinguer, même sous une grande épaisseur, les formes et les arêtes des objets. On peut apprécier la limpidité d'une eau par l'expérience suivante : on enduit d'un vernis noir la moitié droite d'un ballon de verre ; au centre de cet hémisphère on ménage une ouverture de 1 centimètre de diamètre, qu'on éclaire à l'aide d'une lampe ; on remplit le ballon d'eau et l'on constate que le faisceau lumineux qui traverse l'eau a une teinte variable avec la limpidité du liquide : il est d'autant plus visible que les poussières sont plus nombreuses.

L'eau est *aérée*, c'est-à-dire contient les gaz de l'air en dissolution, si, par l'agitation, on voit des bulles de gaz venir s'accoler aux parois du vase qui la renferme.

On reconnaît que l'eau est *propre aux usages domestiques* quand elle dissout le savon en moussant et sans former de grumeaux et quand elle cuit bien les légumes. Si l'eau ne présente pas ces qualités, c'est qu'elle contient trop de matières minérales, plus de 50 centigrammes par litre ; elle est alors indigeste et peut avoir une action nuisible sur l'organisme. Lorsque, par exemple, une eau contient trop de calcaire, elle forme à la surface des légumes qu'on y a fait cuire une incrustation qui les rend durs et indigestes.

De même, lorsqu'une eau contient trop de chlore, plus de 4 centigrammes par litre, elle doit être tenue pour suspecte et considérée comme ayant reçu des infiltrations de fumiers ou de cabinets d'aisance.

Toute eau qui ne présente pas ces différents caractères de fraîcheur, de limpidité, etc. doit être rejetée ; mais il faut encore qu'elle ne contienne aucun germe vivant capable de communiquer certaines maladies. Nous indiquerons plus loin comment on peut corriger une eau impure de façon à la rendre potable.

Ses origines. — Les eaux utilisées par l'Homme ont

diverses origines dont les principales sont : les *sources*, les *rivières*, les *puits*, les *citernes*, les *eaux minérales* et la *glace*.

I. L'eau de source. — C'est la seule eau qui soit pure, car c'est la seule qui, dans les conditions ordinaires, ne renferme pas de microbes. On sait, en effet, qu'elle provient de l'eau de pluie qui s'est infiltrée à travers les couches du sol et qui s'est purifiée en laissant en route toutes les impuretés, tous les germes qu'elle contenait. Les couches du sol, si elles sont assez épaisses, ont fonctionné comme un filtre parfait en laissant passer seulement l'eau et en retenant les germes.

Pour que cette eau reste pure, il faut éviter de placer dans le voisinage de la source des tas de fumier ou des lavoirs, car les souillures répandues à la surface du sol pourraient pénétrer jusqu'à la nappe d'eau. Il est donc nécessaire d'établir autour de la source une zone de protection. C'est ce que les Romains avaient bien compris ; ils entouraient les sources de bois sacrés où personne ne pénétrait. Un autre danger plus redoutable est celui que présentent beaucoup de sources des terrains calcaires où le sol est crevassé, fissuré, et où, par ces fissures, l'eau de la surface peut disparaître dans la profondeur, circuler sous la terre et réapparaître à une certaine

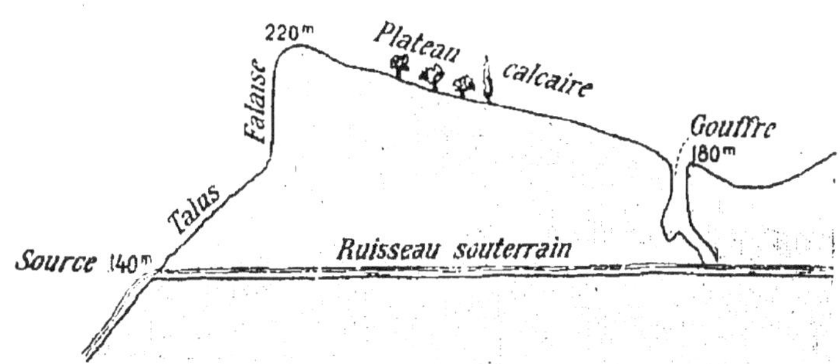

Fig. 320. — Contamination d'une source par un gouffre
(Plateau de la Berrie, dans le Lot).

distance, sans avoir subi de filtration et contenant par conséquent toutes les impuretés de la surface (*fig.* 320).

En réalité ces sources, appelées souvent *sources vauclusiennes* (du nom de la célèbre fontaine de Vaucluse), que l'on considérait comme pures à cause de leur limpidité, ne sont pas de vraies sources puisque leurs eaux n'ont pas été filtrées : ce sont de simples réapparitions, des *résurgences* de ruisseaux qui ont déjà coulé au dehors et qui sont restés chargés de toutes les impuretés recueillies avant leur pénétration dans le sol.

Les terrains calcaires *n'étant pas filtrants*, les maladies transmissibles par l'eau, la fièvre typhoïde par exemple, peuvent passer d'un pays à l'autre par les rivières souterraines, à travers de longues étendues de sous-sols. L'étude des sources en pays calcaire est donc d'une réelle importance en hygiène. Pour savoir d'une façon sûre s'il y a communication entre une source et le point d'absorption d'eaux dangereuses, une mare stagnante par exemple, on verse dans ces eaux une matière colorante très puissante, la *fluorescéine*. Si, en examinant l'eau de la source, on la voit colorée, c'est que la communication existe. Cette méthode est très sensible car, à l'aide de certains appareils, on découvre dans l'eau la présence d'un cent-millionième de fluorescéine.

La mesure de la *résistance électrique* d'une eau de source peut aussi donner d'utiles renseignements. Si cette résistance varie brusquement, c'est que l'eau n'a plus la même composition et qu'elle a dû recevoir un apport d'eau qui peut être suspecte. On écoute pour cela dans un téléphone spécial le bruit causé par le courant électrique traversant l'eau à surveiller ; si le bruit change, c'est que la résistance de l'eau, et par suite sa composition, a changé. C'est ainsi que la ville de Paris surveille ses eaux de source.

Sans nous étendre sur les travaux de captage et d'adduction, qui sont du domaine de l'ingénieur, disons toutefois que :

1° L'eau doit être captée avec soin et maintenue en mouvement depuis son point de captation jusqu'au robinet de consommation ;

2° L'eau doit toujours circuler à couvert dans des tuyaux rigoureusement étanches, pour être à l'abri de toute souillure.

II. L'eau de rivière ou de lac. — *L'eau de rivière* est toujours impure, car la rivière est le déversoir habituel des résidus de toute sorte. Des lavoirs s'installent sur ses bords ; des égouts y déversent des flots de matières infectes ; des usines y rejettent leurs résidus souvent toxiques. Cette infection est portée à un tel degré dans la traversée des grandes villes que l'aspect repoussant de cette eau inspire le plus profond dégoût.

L'exemple de la Seine est particulièrement instructif à cet égard : en amont de Paris, à Choisy, l'eau de Seine contient 500 microbes par centimètre cube ; à Villejuif, elle en a déjà 5 000 ; après la traversée de Paris, à Saint-Denis, c'est 200 000 microbes par centimètre cube qu'elle renferme, ce qui représente environ 30 millions de microbes par verre d'eau ! Certes, ils ne sont pas tous malfaisants, mais quelques-uns peuvent suffire à communiquer des maladies graves.

Pour être utilisées les eaux de rivière devront donc subir une purification, ainsi que nous l'indiquerons plus loin. C'est ainsi qu'à Paris on a installé des bassins filtrants pour les eaux de la Marne et de la Seine et que Londres prend les neuf dixièmes de son eau à la Tamise et à la Lee.

En dehors des villes, les eaux de rivière s'épurent par l'agitation du courant à l'air libre et par l'action du soleil, qui détruit les microbes.

Les *eaux des lacs* sont ordinairement assez pures, car elles proviennent de la fusion des glaciers ou des cours d'eau des montagnes peu exposés aux contaminations. De plus, l'eau se purifie encore par le repos dans le lac. Quelques villes ont recours à ce moyen : Glasgow est alimentée par le lac Kalvine ; Genève par son lac ; Stockholm par le lac Mœlar ; Chicago par le Michigan. On a proposé, pour alimenter Paris, d'amener les eaux du lac de Neufchâtel à travers le Jura.

Dans une certaine mesure on est renseigné sur les qualités d'une eau de rivière ou de lac par les animaux et les végétaux qui y vivent : une eau que les Poissons n'habitent pas doit être suspecte ; au contraire le Cresson ne vit que dans une eau de bonne qualité ; enfin, le Jonc, le Nénuphar, la Menthe, le Roseau recherchent les eaux stagnantes et suspectes. Mais il faut bien savoir que ces qualités peuvent n'être qu'apparentes, car la présence de microbes ne saurait être révélée que par le microscope.

III. L'eau de puits. — Les puits creusés à une grande profondeur (*fig.* 321) peuvent donner de l'eau pure, car c'est en somme de l'eau de source. Mais le plus souvent, le puits est peu profond et l'eau qu'il ras-

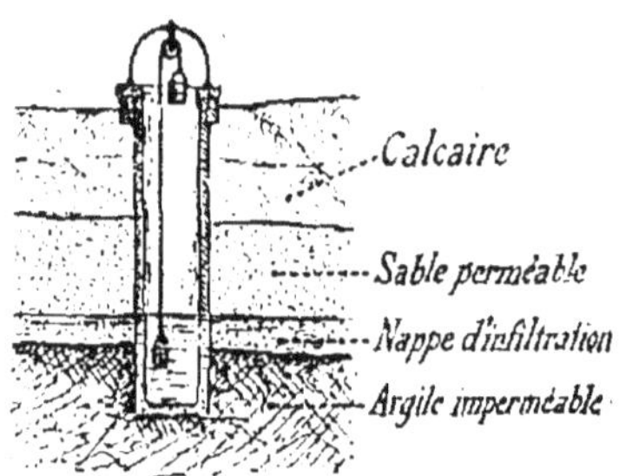

Fig. 321. — Puits ordinaire.

semble appartient à une nappe superficielle qui peut être facilement souillée. Ainsi la plupart des fermes et des maisons de la campagne sont alimentées par des puits creusés au voisinage des bâtiments d'exploitation, des trous à fumier, des écuries, etc. Ces puits sont donc exposés à toutes les infiltrations possibles, d'autant plus dangereuses que les fosses d'aisance sont souvent inconnues et que, si elles existent, leurs parois sont facilement traversées par les matières excrémentitielles.

Les puits doivent par conséquent être éloignés d'une dizaine de mètres au moins de ces causes d'infection. De plus, leurs parois doivent être bien cimentées pour protéger l'eau contre les infiltrations latérales.

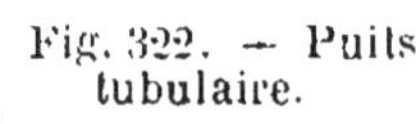

Fig. 322. — Puits tubulaire.

On emploie souvent des *puits tubulaires* (*fig.* 322) qui consistent en un tube de fer qu'on enfonce dans le sol et qui est muni à sa partie inférieure d'une pointe d'acier au-dessus de laquelle sont de petits trous qui laissent passer l'eau. Dès que cette partie est arrivée dans la nappe aquifère, on adapte une pompe à la partie supérieure et l'on obtient en quelques heures une eau fraîche et limpide. C'est un procédé qui rend de grands services aux armées en campagne et dans les grands chantiers.

Citons aussi les puits artésiens, qui, en Algérie et en Tunisie, ont rendu de grands services. Mais à Paris, à cause de leur grande profondeur, leurs eaux sont chaudes (28°) et désagréables à boire.

IV. L'eau de pluie ou de citerne. — L'eau de pluie n'est jamais pure lorsqu'elle est recueillie dans les villes, car elle a balayé l'atmosphère et lavé les toits. Elle peut renfermer de l'acide sulfureux, de l'acide nitrique, des gaz ammoniacaux, qui existent dans l'air impur des villes. De plus, en coulant sur les toits, elle se charge de poussières, de microbes et elle dissout le plomb des gouttières et des toitures. Le plomb reste en dissolution dans l'eau à l'état d'hydrocarbonate et peut causer des empoisonnements.

En été, l'eau de pluie est plus riche en microbes, car elle entraîne, en tombant, les poussières de l'air plus abondantes en cette saison. De même, la pluie renferme plus de germes dans les villes que dans les campagnes. Mais dans tous les cas elle ne devrait pénétrer dans les citernes qu'après avoir été filtrée : c'est ainsi qu'on procède à Venise, à Cette, à Vannes.

L'eau de pluie est utilisée avec avantage pour laver le linge, car elle dissout très bien le savon.

V. Eaux minérales. — Depuis que l'on sait que les eaux de source ne sont pas toujours d'une pureté irréprochable, on consomme beaucoup d'eaux minérales qui passent pour être pures et surtout privées de microbes. Pour qu'elles soient réellement pures, il faut qu'elles aient été bien captées et mises en bouteilles proprement.

On doit considérer comme une falsification l'opération qui consiste à charger artificiellement l'eau de gaz carbonique au moment de l'embouteillage, car l'eau peut alors ne plus posséder les qualités thérapeutiques qui la font rechercher.

Les eaux minérales peuvent aussi s'altérer à la longue. Des eaux sulfatées, par exemple, peuvent produire de l'hydrogène sulfuré, dont la présence se constate facilement par l'odeur d'œufs pourris qui se dégage.

Quant aux eaux gazeuses artificielles, comme l'eau de Seltz, par exemple, leurs qualités dépendent de l'eau qui a servi à leur fabrication. Il est clair que les microbes mis en bouteilles n'en sont pas moins dangereux.

L'usage continu des eaux minérales est mauvais : quand elles sont alcalines comme l'eau de Vichy, elles déterminent à la longue un affaiblissement ; si elles sont ferrugineuses, leur usage régulier fatigue le tube digestif, car elles sont indigestes.

VI. Glace alimentaire. — La glace alimentaire est surtout utilisée dans les villes. Pendant longtemps on s'est contenté de la *glace naturelle* extraite des étangs avoisinant les villes et provenant par conséquent d'eaux contaminées par de nombreux microbes. Or, on sait aujourd'hui que le froid ne détruit pas les microbes, même par une action prolongée. Ainsi le bacille de la fièvre typhoïde, exposé pendant 100 jours à un froid de — 10°, a résisté. C'est pourquoi l'on ne doit consommer que de la *glace artificielle*, fabriquée industriellement avec de l'eau stérilisée ; c'est la seule qui peut inspirer toute confiance. Pour cette raison le conseil d'hygiène exige qu'une distinction soit établie entre la glace alimentaire et la glace non alimentaire.

En somme, quand on a des doutes sur la pureté de la glace, il est prudent de refroidir les boissons par simple contact en les plaçant dans une glacière.

L'approvisionnement des villes. — Ce que nous venons de dire montre combien il est difficile de fournir à une ville l'eau potable dont elle a besoin. D'autre part, plus les villes sont grandes et populeuses, plus elles se salissent, plus leur nettoyage doit être actif et plus elles ont besoin d'eau.

Le tableau suivant indique la quantité d'eau consommée

par tête d'habitant et par jour dans quelques grandes villes :

	En 1894.	En 1902.
Paris	215 litres.	320
Marseille.	450 —	»
Lyon.	140 —	270
Bruxelles	115 —	138
Londres.	135 —	170
Berlin	175 —	190
New-York	297 —	750
Lausanne	560 —	»
Rome.	1 000 —	»

Il y a lieu de diviser les eaux en deux groupes : celles du *service public*, destinées à la voirie, à l'arrosage, au tout-à-l'égout et aux besoins industriels ; et celles du *service privé*, destinées aux usages domestiques. C'est pourquoi l'on a recours souvent à une double distribution d'eau : l'une conduisant l'eau suspecte d'une rivière utilisée par la voirie, l'autre servant à l'eau de source destinée à l'alimentation.

Notons qu'en 1903, il y avait encore à Paris 7 000 maisons, sur un total de 75 000, qui n'avaient aucune canalisation d'eau de source. Il est juste de dire que 12 ans auparavant ce chiffre était de 22 000.

Depuis quelques années on se préoccupe de l'alimentation en eau potable des villages. Dans les pays montagneux où les sources sont abondantes, le problème est facile à résoudre : mais dans les pays de plaines, comme la Beauce, les difficultés sont considérables.

Eaux contaminées. — L'eau la plus limpide, de même que la glace la plus transparente, peut, malgré son apparence de pureté, contenir des microbes de toute sorte et en nombre considérable.

Pour *compter les microbes* contenus dans une eau donnée, on prend un échantillon de cette eau dans un flacon stérilisé que l'on ferme avec un bouchon stérilisé ; puis, rentré au laboratoire, on prend $\frac{1}{10}$ de centimètre cube de cette eau, on le mélange à 10 centimètres cubes de gélatine, matière nutritive pour les microbes, et on porte le tout à l'étuve. Au bout de quelques jours, chaque microbe devient, en se multipliant, le point de départ d'une colonie bien visible. Le nombre de ces colonies sera égal à celui des microbes contenus dans $\frac{1}{10}$ de centimètre cube d'eau.

Tous ces germes, heureusement, ne sont pas malfaisants ; mais il en est beaucoup qui sont dangereux et capables de transmettre des maladies redoutables dont les plus communes sont : la *fièvre typhoïde,* la *dysenterie* et le *choléra.*

La **fièvre typhoïde** est une affection grave qui fait encore de nombreuses victimes. Elle est due à un microbe, le *bacille typhique* ou *bacille d'Eberth* (*fig.* 323), qu'on trouve dans la rate, dans l'intestin et les déjections des personnes atteintes de cette maladie. C'est en introduisant ce microbe dans son tube digestif que l'Homme sain prend la fièvre typhoïde. Des faits bien et souvent observés ont montré que l'eau jouait le principal rôle dans la contagion de cette maladie. L'eau, en

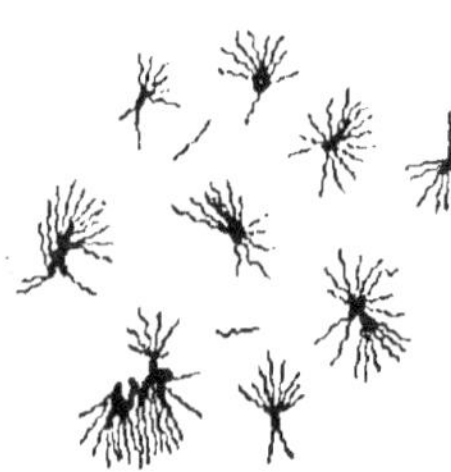
Fig. 323. — Bacille typhique.

effet, peut être contaminée, soit *directement* par les déjections des malades ou le lavage des linges souillés, soit *indirectement* par les infiltrations des fosses d'aisance ou des fumiers infectés. Cette eau pourra introduire dans le tube digestif un nombre considérable de bacilles qui détermineront la maladie.

Voici quelques faits qui montrent bien que l'eau est le principal agent de transmission de la fièvre typhoïde : à Paris, trois à quatre semaines après la distribution d'eau de Seine non filtrée, le nombre des entrées par la fièvre typhoïde dans les hôpitaux augmente, et il revient à son chiffre normal trois à quatre semaines après la fin de cette distribution d'eau impure ; les cas de cette maladie ont diminué beaucoup dans l'armée depuis qu'on emploie de l'eau filtrée ou bouillie.

Parfois des épidémies de fièvre typhoïde peuvent se développer dans des villes malgré la bonne qualité de l'eau. C'est ainsi que souvent des Parisiens sont contaminés, non à Paris, mais en vacances, surtout au bord de la mer où l'eau est presque toujours détestable. Aussi est-il fréquent de voir une fièvre typhoïde éclater au retour des bains de mer, après trois ou quatre semaines d'incubation.

La **dysenterie** a aussi pour principale cause la putridité de l'eau. C'est ainsi qu'à Vienne, cette maladie si meurtrière a presque disparu, depuis que l'on a substitué l'eau de source à celle du Danube. Pendant l'expédition du Dahomey, la dysenterie ne fit des ravages que lorsque l'eau ne put être purifiée. En Algérie et en Indo-Chine on la voit disparaître chez tous ceux qui ne boivent que de l'eau bouillie. C'est pourquoi l'usage du thé est à ce point de vue un excellent moyen de prophylaxie contre la dysenterie.

Le **choléra** a pour cause un microbe qui a la forme d'une virgule et qui se multiplie dans l'intestin du malade. On peut donc contracter le choléra en faisant pénétrer ce microbe dans le tube digestif, soit en touchant aux linges salis par un cholérique et en maniant ensuite des substances alimentaires ; soit, ce qui est plus fréquent, en buvant l'eau qui a été contaminée par ce germe.

Tous ces faits nous montrent l'importance qu'il y a à savoir si une eau contient ou non les germes de ces maladies. Malheureusement on ne connaît pas encore de moyen rapide et facile de révéler leur présence. Il n'existe pour cela que des méthodes compliquées, à la portée seulement de quelques opérateurs. Le plus prudent est par conséquent de considérer toute eau comme suspecte, et de chercher à la purifier par les moyens que nous allons indiquer.

Purification des eaux contaminées. — Pour purifier l'eau il faut la débarrasser des matières étrangères qu'elle contient et surtout des microbes. Deux moyens sont employés pour atteindre ce but : la *filtration* et la *stérilisation*.

1° **Filtration.** — Filtrer l'eau ne veut pas dire seulement la *clarifier*, mais bien la *purifier*, c'est-à-dire lui enlever tous les germes qu'elle contient. Tous les filtres clarifient l'eau, mais bien peu la purifient d'une façon complète ; la plupart, en effet, ne retiennent que les impuretés grossières et donnent à l'eau qu'ils filtrent la *limpidité*, mais non la *pureté*.

Les différentes méthodes de filtration peuvent être groupées en deux catégories : dans la première, l'eau est filtrée avant d'être livrée aux particuliers, c'est la *filtration centrale* ; dans la seconde, les particuliers assurent eux-mêmes la pureté de l'eau, c'est la *filtration à domicile*.

Filtration centrale. Bassins filtrants. — La filtration centrale consiste à reproduire les conditions de filtration naturelle, c'est-à-dire à faire passer l'eau à travers une couche de sable qui arrête les germes.

C'est ainsi que des villes comme Berlin, Hambourg, Rotterdam, Zurich et, récemment, Paris ont construit des *bassins filtrants* pour purifier l'eau des lacs ou des rivières. Ce sont des réservoirs en maçonnerie qui peuvent avoir 3 000 mètres carrés de superficie et au fond desquels se trouvent des drains en terre poreuse, des couches de gravier et de sable. Au début le filtre laisse passer les microbes ; puis, peu à peu, il se forme à la surface du sable une sorte de membrane gélatineuse constituée par des sédiments, des microbes et des algues. Ce voile glaireux arrête les germes et laisse passer l'eau presque pure ; mais il épaissit de plus en plus, de sorte qu'au bout d'un certain temps la filtration cesse et l'on est obligé de nettoyer le filtre en enlevant un ou deux centimètres de la couche supérieure. A Berlin, les filtres sont nettoyés tous les onze jours en été, et tous les mois en hiver.

Les villes alimentées par ces eaux filtrées présentent la mortalité la plus faible pour ce qui est de la fièvre typhoïde, parce que les germes de cette maladie sont toujours retenus sur le filtre. Aussi s'est-il produit, en France, depuis quelques années, un mouvement très net en faveur des bassins filtrants, qui n'y étaient que rarement utilisés.

Pour l'alimentation de Paris, des bassins fonctionnent à Ivry pour les eaux de la Seine, et à Saint-Maur pour les eaux de la Marne. Dans ce dernier filtre, l'eau contient

80000 microbes par centimètre cube à son arrivée et elle n'en renferme plus que 600 à la sortie.

Filtration à domicile. — De tout temps on a filtré l'eau dans les ménages. Mais on avait seulement pour but de débarrasser l'eau des matières solides en suspension qui lui donnaient un aspect peu agréable. On se servait pour cela de filtres formés de sable et de charbon pulvérisé. L'eau ainsi filtrée était limpide, mais elle contenait encore tous les microbes qui s'y trouvaient avant l'opération.

Deux filtres seulement sont capables de retenir les microbes : la vieille fontaine à pierre lithographique, autrefois très répandue, mais très difficile à entretenir dans un état de propreté satisfaisant, et le *filtre Chamberland*. Ce filtre est basé sur ce fait que la porcelaine dégourdie laisse passer l'eau et arrête les microbes grâce à la petitesse de ses pores.

Il en existe deux types, suivant que l'eau a ou n'a pas de pression.

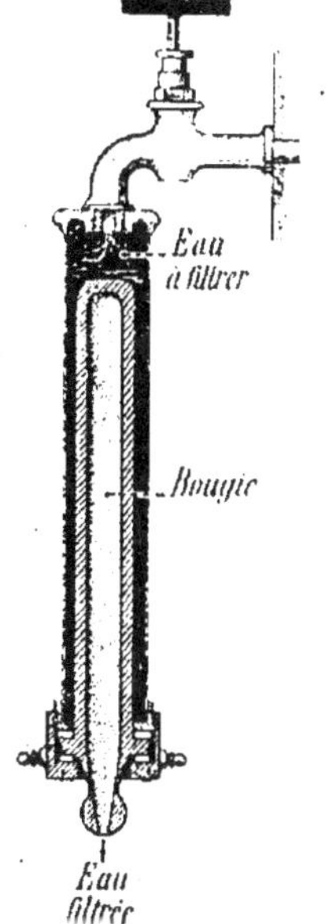

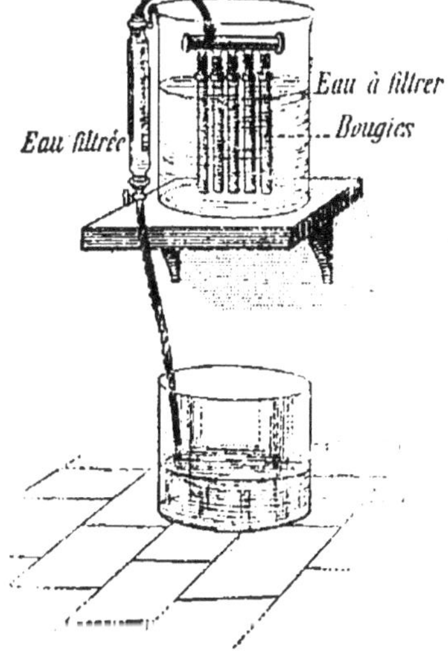

Fig. 324. — Filtre Chamberland à pression.

Fig. 325. — Filtre Chamberland sans pression.

Le *filtre à pression* (*fig.* 324) est formé par un tube creux en porcelaine appelé *bougie.* Cette bougie est placée dans un cylindre métallique que l'on peut visser sur le robinet d'une conduite d'eau. L'eau arrive dans ce cylindre, passe à travers la porcelaine et s'écoule goutte à goutte par l'orifice inférieur.

Le *filtre sans pression* (*fig.* 325) est utilisé dans les campagnes, où l'on ne peut se servir du filtre précédent, car on ne dispose ordinairement pas d'une pression d'eau suffisante. L'appareil se compose de plusieurs bougies fixées sur un même tube et qu'on plonge dans un seau rempli d'eau. Au tube collecteur on adapte un tube qui fonctionne comme un siphon, une fois amorcé. L'eau passe alors lentement dans les bougies, puis dans le tube collecteur et vient tomber dans un récipient.

Il faut avoir soin de nettoyer fréquemment les bougies, car la porcelaine se recouvre d'une couche glaireuse. Pour cela il est nécessaire, toutes les semaines, de brosser les bougies, puis de les placer dans de l'eau additionnée d'acide chlorhydrique et de les passer ensuite dans l'eau bouillante.

2° Stérilisation. — La stérilisation consiste à tuer les microbes contenus dans l'eau. Elle peut se faire par la *chaleur*, par la *lumière* ou par certaines *substances chimiques*.

A. L'*ébullition* est le seul moyen pratique et certain de purifier l'eau, pour cette raison que la température de 100° tue la plupart des germes, et en tout cas sûrement ceux de la fièvre typhoïde et du choléra, à la condition que l'ébullition dure dix minutes au moins.

Faire bouillir de l'eau est une pratique simple et à la portée de tous ; aussi, en temps d'épidémie typhique ou cholérique, ne doit-on faire usage que d'eau bouillie.

L'eau bouillie a perdu l'air et les sels qu'elle contenait en dissolution ; aussi passe-t-elle pour être indigeste. Mais mieux vaut après tout boire une eau lourde et non dangereuse qu'une eau légère et malfaisante. On peut ajouter à l'eau bouillie quelques centimètres cubes d'une solution d'acide citrique qui redissout le carbonate de calcium utile à la nutrition, donnant ainsi une eau limpide et plus agréable.

Pour l'approvisionnement des collectivités (casernes, hôpitaux, etc.) on a construit des appareils destinés à stériliser l'eau en grand et sous pression. Grâce à cette pression la température est élevée à 120° sans que l'ébullition se produise, de sorte que les gaz et les sels restent dissous ; de plus tous les microbes, sans exception, sont tués à cette température, et enfin le procédé est économique, car 1 kilogramme de charbon suffit à stériliser 100 litres d'eau.

B. Des expériences précises ont montré que la *lumière solaire* pouvait stériliser une eau contenant 100 000 microbes par centimètre cube. On s'explique ainsi pourquoi des eaux stagnantes et infectes peuvent devenir inoffensives après quelques heures d'exposition au soleil.

C. Les *substances chimiques* recommandées pour purifier l'eau sont nombreuses : l'*alun* (3 grammes pour 10 litres d'eau), la *chaux* (50 centigrammes par litre), le *chlorure de chaux* (15 centig. par litre), le *permanganate de potassium* (10 centig. par litre); le *brome* ou l'*iode* (6 centig. par litre) stérilisent l'eau en 5 minutes. La destruction par l'iode des microbes dangereux peut rendre de grands services à une armée en campagne. Il faut avoir soin de se débarrasser de l'excès d'iode par un peu d'hyposulfite de soude.

On utilise beaucoup depuis quelques années l'*ozone* ; son pouvoir oxydant en fait un antiseptique énergique. Il suffit de faire passer l'eau que l'on veut épurer dans une colonne cylindrique contenant de l'ozone ; on obtient ainsi une stérilisation complète, rapide et économique. Certaines villes (Cosne, Nice) purifient leurs eaux par ce procédé.

RÉSUMÉ

L'eau. — L'eau est nécessaire à la vie ; mais elle doit être *potable* et surtout ne pas contenir de germes capables de communiquer certaines maladies.

L'eau potable doit être fraîche, limpide, aérée et propre aux usages domestiques (savonnage et cuisson des légumes).

Les eaux utilisées dans l'alimentation sont :

1° *L'eau de source* : c'est la seule qui soit pure, mais il faut la capter avec soin et la distribuer dans des conduites bien étanches ;

2° *L'eau de rivière* : elle est toujours impure. Celle des lacs est ordinairement assez pure ;

3° *L'eau de puits* : elle peut être pure si le puits est profond, mais elle est souvent contaminée par les eaux superficielles ;

4° *L'eau de pluie ou de citerne* : elle est presque toujours impure à cause des poussières qu'elle a balayées ;

5° *Les eaux minérales* : ordinairement pures, à la condition qu'elles soient bien captées et mises en bouteilles proprement. Les *eaux gazeuses artificielles* sont souvent suspectes ;

6° *La glace alimentaire* : pour être pure elle doit être fabriquée industriellement avec de l'eau pure.

L'approvisionnement en eau des villes est un problème difficile. Plus les villes sont grandes et plus la proportion d'eau par habitant doit être élevée.

Eaux contaminées. — Les eaux contaminées sont des eaux impures contenant les germes de certaines maladies et en particuculier de la *fièvre typhoïde*, de la *dysenterie* et du *choléra*. La substitution d'une eau pure à une eau suspecte modifie toujours l'état sanitaire d'une ville : la mortalité par la fièvre typhoïde, par exemple, s'abaisse dès qu'on a pris cette mesure.

Purification des eaux contaminées. — Pour purifier des eaux contaminées il faut les débarrasser des germes qu'elles contiennent. Deux procédés sont employés :

1° La *filtration*, qui peut se faire en grand dans des *bassins filtrants*, ou à domicile dans des filtres en porcelaine dégourdie (filtre Chamberland).

2° La *stérilisation*, qui peut se faire par la chaleur, la lumière solaire ou certaines substances chimiques ; l'*ébullition*, pendant 10 minutes au moins, est le seul moyen certain de purifier l'eau, car à 100° les germes des maladies sont tués. On emploie aussi avec succès l'*ozone*.

CHAPITRE II

L'AIR

L'air est indispensable à la vie. Asphyxie. — Nous avons montré dans la première partie (Anatomie et Physiologie) que l'air est indispensable à la vie et que la mort survient dès que la respiration s'arrête.

Nous avons vu également que l'asphyxie peut se produire : 1° par *défaut d'oxygène* ; 2° par *excès de gaz carbonique* ; 3° par des *variations de pression de l'air* (air raréfié ou air comprimé) ; 4° par l'absorption de *gaz toxiques* ; 5° par des *causes mécaniques* (noyés, pendus). Puis nous avons indiqué comment on pouvait rappeler un asphyxié à la vie en pratiquant la *respiration artificielle* ou des *tractions rythmées* de la langue.

Nous étudierons seulement ici les conditions qui peuvent assurer une bonne respiration. Elles sont de deux sortes : 1° il faut de l'*air pur*, c'est-à-dire qui ne soit ni vicié par des gaz toxiques, ni chargé de poussières ou de microbes ; 2° cet air doit être introduit en quantité suffisante dans les poumons, afin de produire une bonne ventilation, et pour cela il faut apprendre à respirer, il faut une *éducation de l'appareil respiratoire*.

Air confiné et ses dangers. — La composition de l'air dans les campagnes est d'une constance remarquable. L'air y conserve sa pureté. Aussi vivre le plus possible à l'air libre est une des meilleures conditions de santé. Le paysan qui vit toute la journée au plein air est plus robuste que l'ouvrier des villes enfermé dans un atelier souvent mal aéré.

Dans les grands centres, l'air est souillé par les émanations des usines, les gaz provenant des appareils de chauffage et d'éclairage, les poussières et les déchets de toute sorte.

Dans une chambre close où se trouvent plusieurs personnes, la composition de l'air est profondément altérée pour plusieurs causes. D'abord par la diminution de l'oxygène et par l'augmentation du gaz carbonique. Mais ce qui rend plus dangereux encore l'air confiné, c'est que l'air rejeté par l'Homme contient un poison doué de propriétés toxiques énergiques. Ce poison, encore mal connu, est sans doute la cause du malaise que l'on éprouve quand on a séjourné dans une salle trop bondée de monde, malaise que l'on attribue volontiers à la chaleur et qui est plutôt un commencement d'asphyxie et d'intoxication.

Quand on pénètre dans une chambre habitée où l'air n'est pas suffisamment renouvelé, on est incommodé par une odeur désagréable de *renfermé,* puis on est empoisonné par une toxine dont les propriétés sont mises en évidence par l'expérience suivante : on suspend dans une salle où se trouvent de nombreuses personnes un ballon de verre refroidi extérieurement par de la glace ; l'eau qui se dépose à l'intérieur du ballon et qui provient de la vapeur condensée prend vite une odeur infecte, et, injectée dans le sang d'un Chien ou d'un Lapin, elle le tue.

Un séjour dans l'air confiné présente donc un réel danger : après les lourdeurs de tête viennent les nausées, les sueurs abondantes, une soif vive, de la difficulté à respirer, parfois du délire et bientôt la mort. « L'haleine de l'Homme est mortelle à l'Homme. »

Ajoutons que le danger de l'air confiné peut être augmenté par la présence de fleurs, dont les parfums agissent comme des poisons. Aussi dans une chambre à coucher est-il bon qu'il n'y ait ni feu, ni fleurs, ni animaux, car tous consomment de l'oxygène et produisent des gaz nuisibles.

Cube d'air nécessaire.— Le moyen d'éviter les accidents causés par l'air confiné est de donner aux pièces où doivent séjourner plusieurs individus un volume suffisant pour que l'air ne soit pas trop vicié. Pour évaluer la *quantité d'air nécessaire* à chaque personne dans une chambre à coucher, par exemple, on se base sur ce fait que l'Homme absorbe par heure 20 à 25 litres d'oxygène et rejette de 15 à 20 litres de gaz carbonique. On détermine ainsi que pour une nuit d'environ huit heures, il faut au moins 30 mètres cubes d'air par personne.

Cette condition hygiénique est importante à réaliser, mais mieux vaut encore assurer le renouvellement de l'air, c'est-à-dire établir une bonne *ventilation*.

Ventilation. — La ventilation d'une salle consiste à lui fournir de l'air pur et à la débarrasser de l'air vicié. Il existe deux sortes de ventilation : la *ventilation naturelle* et la *ventilation artificielle*.

1° **Ventilation naturelle.** — Elle est simple et à la portée de tous, car elle consiste à aérer largement, en ouvrant portes et fenêtres le plus souvent possible. C'est ce que l'on fait dans les salles de classe, par exemple, chaque fois que les élèves quittent une salle où ils viennent de séjourner.

Dans les appartements, par les temps froids, on n'ouvre ordinairement que quelques minutes, au moment du nettoyage, « pour faire sortir la poussière » comme disent les ménagères ; c'est insuffisant pour une bonne aération.

On a donc le tort de ne pas aérer suffisamment les appartements : on se calfeutre avec des tentures, des bourrelets aux fenêtres, on entoure le lit d'une cage de rideaux épais où l'on respire plusieurs fois l'air expiré et empoisonné. Ouvrons donc nos fenêtres ; dormons même avec la fenêtre ouverte pendant la nuit, à la condition d'avoir le corps bien couvert et la tête seule exposée au froid et à l'air vif. Avec la fenêtre ouverte on se lève le matin frais et dispos, car le sommeil est calme et réparateur. Le pauvre qui couche sur un mauvais lit, la fenêtre ouverte, dort mieux et dans des conditions plus saines que le riche enfoui sous les édredons dans une chambre somptueusement tapissée et bien fermée.

Aussi lorsqu'on essaye loyalement ce régime, en prenant certaines précautions (se couvrir chaudement et éviter les courants d'air), le bien-être est tel qu'au bout de quelques jours on ne veut plus renoncer à cette excellente habitude. Pourtant quand l'air est chargé de poussières et de brouillard, mieux vaut fermer la fenêtre.

En hiver, un excellent moyen de ventilation de la chambre à coucher est un feu de bois dans la cheminée : il adoucit l'air s'il fait froid, en diminue l'humidité et établit un courant avec les fenêtres en entraînant l'air vicié. Malheureusement la cheminée tend à disparaître, remplacée par le poêle ou le calorifère.

2° Ventilation artificielle. — Elle se fait par des procédés mécaniques et exige des appareils perfectionnés qui sont de la compétence des architectes et des ingénieurs. Toutefois, remarquons que l'air expiré, ayant, à cause de sa température, une densité plus faible que l'air ambiant, s'élève en haut de la salle ; il ne faudra donc pas faire évacuer l'air par le bas, car on ramènerait ainsi au contact des personnes l'air qu'elles ont déjà respiré.

Les poussières de l'air. — Lorsqu'un rayon de soleil pénètre dans une salle, il est facile de se rendre compte de l'abondance des poussières éparpillées dans l'air et que nous faisons pénétrer dans notre organisme en respirant. Ces poussières sont *minérales* ou *organiques*.

Parmi les *poussières minérales*, celles qui dominent proviennent du charbon. L'air des villes, en particulier, est chargé de ces poussières qui entrent avec l'air jusque dans les poumons où elles se fixent. Aussi, à mesure que l'on avance en âge, les poumons contiennent-ils davantage de ces particules charbonneuses, si bien que les poumons des vieillards présentent à leur surface un réseau de traînées noirâtres dues à ces poussières.

Ordinairement les poussières ne constituent pas un danger ; mais dans les mines de charbon, elles deviennent si abondantes qu'elles obstruent les petites bronches et gênent la respiration. Aussi les mineurs ont-ils beau rejeter sans cesse des crachats noirâtres chargés de charbon, leurs poumons finissent par se désorganiser ; ils toussent de plus en plus et finissent par mourir de consomption, à la façon des phtisiques.

Les poussières les plus dangereuses sont celles qui sont dures, celles du silex, par exemple, car elles peuvent déchirer les bronches et y préparer une demeure aux germes de la tuberculose. Sur 100 tailleurs de silex, 80 meurent tuberculeux ; 70 pour 100 parmi les aiguiseurs d'aiguilles, 65 parmi les tailleurs de limes, 40 parmi les tailleurs de meules et 7 parmi les ouvriers en ciment.

Parmi les *poussières organiques* on trouve des débris de tissus, des poils animaux ou végétaux, des brins de laine et de coton, des grains de pollen, etc. On attribue même à ces derniers une affection connue sous le nom de *fièvre de foin*, causée par une irritation des muqueuses du nez, des yeux et des voies respiratoires.

Toutes ces impuretés de l'air ne présentent pas de grave inconvénient ; ce qu'il y a de plus dangereux dans l'air, ce sont les *germes vivants, les microbes* qu'il contient.

Les microbes de l'air. Expériences de Pasteur. — Pendant longtemps l'existence de germes vivants dans l'air a été niée ; il a fallu les célèbres expériences de Pasteur pour la mettre en évidence.

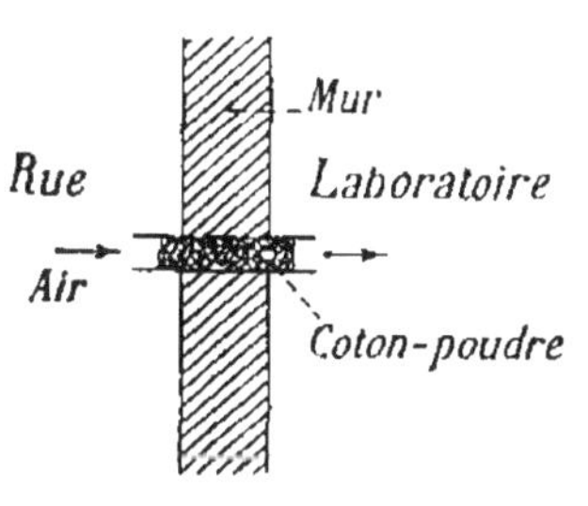

Fig. 326. — Expérience de Pasteur.

Dans une première expérience (*fig.* 326) il place dans un tube une bourre de coton-poudre ; puis il fait communiquer le tube, d'un côté avec l'air de la rue, de l'autre avec une trompe qui produit un appel d'air. L'air de la rue passe à travers le coton, y laisse déposer les poussières qu'il contient et noircit le coton. En dissolvant le coton dans l'éther on obtient une poussière noirâtre composée de matières minérales et de spores de Champignons et d'Algues qui sont bien vivantes, car on peut les faire germer en les plaçant dans un milieu nutritif. L'air contient donc des germes vivants qui peuvent être la cause des maladies et des décompositions organiques.

Ainsi s'explique l'apparition des microbes dans le bouillon, le lait, l'urine, la viande que l'on expose à l'air. C'est aussi de cette façon que les moisissures se développent sur le pain humide, les confitures et le vieux cuir. Tous ces êtres microscopiques travaillent à la décomposition des matières dans lesquelles ils vivent.

D'autre part, Pasteur a montré que l'on peut conserver du bouillon ou du lait pendant plusieurs années, indéfiniment même, en les plaçant à l'abri de l'air (voir page 17).

Par ces procédés on a pu étudier la répartition des germes dans l'air. Il suffit pour cela de se transporter aux différents endroits dont on veut étudier l'air avec des ballons Pasteur (*fig.* 15) stérilisés et fermés ; puis on brise la pointe avec une pince : un sifflement est produit par l'air qui entre dans le ballon ; enfin on ferme de nouveau à la lampe. Si le liquide se trouble, c'est que l'air a introduit des germes que l'on pourra étudier au microscope ; si, au contraire, il reste intact, c'est que l'air ne contenait pas de germes.

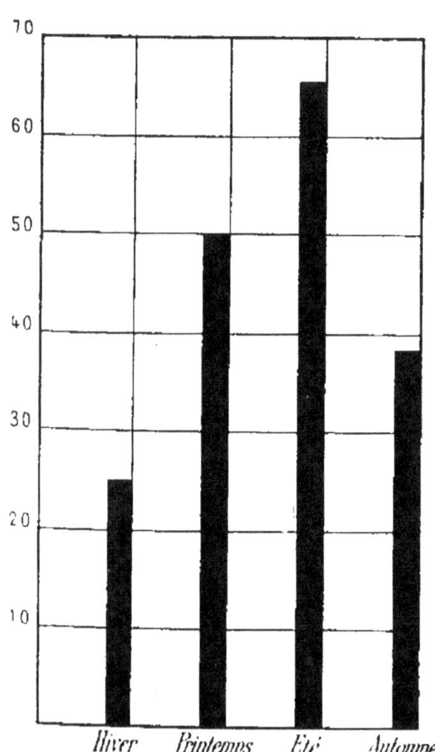

Fig. 327. — Graphique représentant la moyenne des microbes par saison (Parc Montsouris).

Nombre et répartition des microbes dans l'air. — On a pu voir ainsi que l'air du centre des villes est celui qui contient le plus de microbes. Ainsi à Paris, au parc Montsouris, le nombre des microbes est en moyenne de 320 par mètre cube, tandis que dans la rue de Rivoli, sans doute parce qu'elle est une des rues les plus mouvementées, la moyenne est de 4 000.

A mesure qu'on s'éloigne des lieux habités le nombre des microbes va en diminuant. Ainsi l'air des campagnes en renferme beaucoup moins que celui des villes, et enfin l'air des hautes montagnes et de la mer est d'une pureté presque absolue. Les expériences faites par Pasteur dans les Alpes sont bien démonstratives à cet égard : 20 ballons préparés comme on l'a dit plus haut furent ouverts au Montanvert, près de la mer de Glace, à 2000ᵐ d'altitude et par un vent assez fort ; un seul ballon s'est altéré.

D'ailleurs, à mesure qu'on s'élève, l'air devient de plus en plus pur. Les chiffres suivants le montrent bien :

A Paris	Rue de Rivoli . . .	3 220	bactéries par mètre cube.
	Parc Montsouris . .	320	—
	Sommet du Panthéon.	198	—
Massif du Mont-Blanc	Montanvert	49	—
	Mer de Glace . . .	23	—
	Plan de l'Aiguille . .	14	—
	Grands Mulets . . .	8	—
	Grand Plateau . . .	6	—
	Sommet du Mont-Blanc	4	—

On a pu constater aussi (*fig.* 327) que les microbes sont plus nombreux dans l'air au printemps et surtout en été qu'en hiver. La pluie fait diminuer le nombre de germes, qui devient, au contraire, plus considérable quand le vent soulève les poussières ; la pluie est donc un agent purificateur de l'atmosphère.

Dans les appartements médiocrement tenus il n'est pas rare de trouver plusieurs milliers de microbes par mètre cube d'air, et dans les salles d'hôpitaux où séjournent de nombreux malades on peut en compter plus de 50 000.

Dans les espaces clos le nombre des microbes varie dans

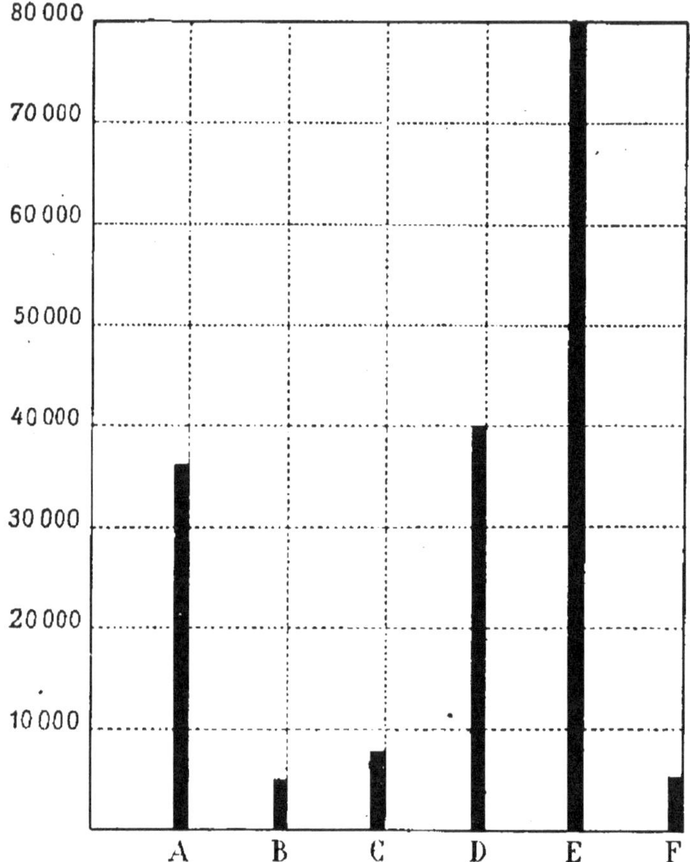

A. Appartement de la rue Monge. — B. Appartement neuf de la rue Censier. — C. Laboratoire de Montsouris. — D. Hôtel-Dieu de Paris. — E. Hôpital de la Pitié. — F. Égouts de Paris.

Fig. 328. — Graphique montrant la richesse en microbes des espaces clos (*Miquel*).

des proportions énormes (*fig.* 328). Si l'air des égouts renferme si peu de germes, cela tient à ce que l'humidité les empêche de se répandre dans l'atmosphère.

On a montré aussi que les cours intérieures des maisons contenaient plus de germes que les rues les plus fréquentées. Aussi les habitants des chambres prenant jour sur des cours respirent-ils un air fort impur

Invasion de l'organisme par la voie aérienne. — L'air peut amener les microbes au contact de nos voies respiratoires et favoriser ainsi l'invasion de notre organisme par des germes dangereux, en particulier par ceux de la *tuberculose*, de la *diphtérie*, de la *variole*, de la *scarlatine*, de la *rougeole* et de la *grippe*.

Il nous semble donc difficile d'éviter cette contagion, surtout dans les villes, où l'air est chargé de germes de toute sorte. Mais fort heureusement les germes de l'atmosphère sont soumis à toutes les causes de destruction (oxygène, lumière, sécheresse, etc.), et ils disparaissent rapidement. Aussi, quand une épidémie naît dans un pays, il faut en rechercher l'origine non dans l'air, mais chez les habitants.

D'autre part, beaucoup de ces germes sont retenus dans les voies respiratoires par le mucus des fosses nasales, du pharynx, du larynx et de la trachée, et sont expectorés ensuite. On a montré, en effet, que dans une atmosphère contenant 20 000 microbes par mètre cube, l'air expiré n'en contenait plus que 40 et se trouvait pour ainsi dire débarrassé des germes.

Il est quand même prudent de se mettre à l'abri de la poussière, et pour cela il faut en répandre le moins possible dans l'air. L'arrosage des rues et le goudronnage des routes sont d'une grande utilité pour empêcher la formation de la poussière. D'autre part, dans les appartements comme dans les rues, *on ne devra jamais balayer à sec*. Ce balayage, en effet, est *inefficace*, car il déplace les poussières sans les enlever ; de plus, il est *dangereux*, car il répand dans l'air les poussières et les germes des maladies. Il faut lui substituer le balayage à l'aide de la *sciure de bois* ou du *sable humides*. De cette façon la poussière est agglomérée et non disséminée dans l'air.

Pour la même raison, *il faut essuyer* les meubles et *non les épousseter*, car dans ce dernier cas on ne fait que changer la poussière de place, avec une circonstance aggravante, c'est qu'on la répand dans l'air.

Il faudrait aussi éviter les tapis, qui sont de véritables réceptacles à mi-
crobes. On utilise depuis
quelque temps un pro-
cédé qui permet de net-
toyer les tapis et les tentures sans soulever la
poussière ; c'est le *nettoyage par le vide*. Il consiste à faire aspirer la
poussière par une pompe
à air qui fait le vide dans
un cône à bords en caout-
chouc que l'on promène
sur les tapis (*fig*. 329). La
poussière contenue dans le
tapis et même en dessous,
sur le plancher, est enlevée et recueillie en vase
clos. En somme, le parquet
qui peut être nettoyé fa-
cilement, le linoléum ou

Fig. 329. — Nettoyage par le vide.

le pavé de céramique qu'on lave rapidement sont préférables
aux tapis les plus somptueux. Les murs peints à l'huile et
que l'on peut laver à grande eau devraient remplacer les
tapisseries et les tentures. Mais tout cela n'est guère d'accord
avec le goût moderne ; il serait pourtant utile de consentir
quelque sacrifice à l'hygiène si l'on veut lutter avec succès
contre les maladies contagieuses.

Éducation de l'appareil respiratoire. — Il ne suffit
pas de respirer, *il faut savoir respirer*. On devrait apprendre
à l'enfant à respirer, comme on lui enseigne à marcher et à
parler.

Il faut respirer par le nez et non par la bouche, car l'inspiration faite par le nez fournit un plus grand volume d'air ;
de plus, l'air en passant par les sinuosités des fosses nasales

s'échauffe et se débarrasse des poussières qu'il contient et que nous rejetons ensuite en nous mouchant. La respiration par la bouche amenant moins d'air, on comprend que les enfants dont les fosses nasales sont obstruées par des *végétations adénoïdes* soient chétifs et que leur développement soit ralenti, car ils subissent une sorte d'asphyxie lente. Aussi l'ablation de ces végétations s'impose-t-elle.

D'autre part, en respirant par la bouche, l'air froid et sec arrive directement dans les bronches et provoque la toux. C'est souvent la cause de maladies des voies aériennes.

Pour qu'une bonne ventilation se fasse dans les poumons, il faut *s'habituer à faire de profondes et lentes inspirations* car elles apportent plus d'air que des inspirations courtes et rapides. On a montré par des mesures précises que 40 inspirations de 300 centimètres cubes chacune ne produisent pas un renouvellement de l'air aussi parfait que 20 inspirations de 500 centimètres cubes. On sait que pendant une promenade à l'air vif et pur de la campagne, les profondes inspirations donnent une sensation particulière de bien-être

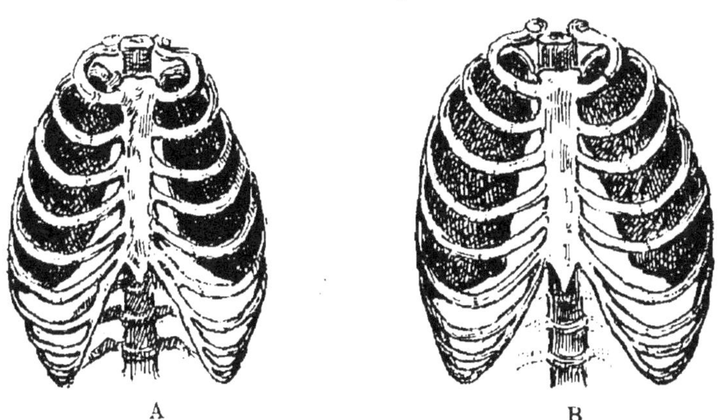

Fig. 330. — Cage thoracique.

A, d'une personne qui ne fait pas d'exercice ;
B, d'une personne qui en fait.

qui décongestionne le cerveau et rend plus dispos et plus vigoureux.

Il est nécessaire aussi de favoriser le développement de la

cage thoracique par des exercices physiques (*fig.* 330), et de veiller à ce que la dilatation de la poitrine et celle de l'abdomen ne soient pas gênées par des vêtements trop serrés.

Nous avons montré dans le cours de Physiologie comment les exercices physiques accéléraient les mouvements respiratoires.

RÉSUMÉ

L'air est indispensable à la vie ; aussi dès que les mouvements respiratoires s'arrêtent, la mort survient-elle : c'est l'*asphyxie*. Elle peut se produire : 1° par *défaut d'oxygène* ; 2° par *excès de gaz carbonique* ; 3° par des *variations de pression* ; 4° par des *gaz toxiques* ; 5° par des *causes mécaniques*.

Pour assurer une bonne respiration, il faut : 1° de l'*air pur* ; 2° de l'*air en quantité suffisante*.

Air confiné et ses dangers. — Vivre le plus possible à l'air libre est une des meilleures conditions de santé.

L'air d'une chambre close est vicié non seulement par la diminution de l'oxygène et l'augmentation du gaz carbonique, mais encore par la présence d'une toxine.

La quantité d'air nécessaire à une personne placée dans une chambre close est d'environ 30 mètres cubes pour une nuit de huit heures.

Pour aérer une salle on a recours à la *ventilation*, qui peut être *naturelle* ou *artificielle*.

Les poussières et les microbes de l'air. — Les poussières de l'air sont *minérales* ou *organiques*. Parmi les premières, celles du charbon sont les plus fréquentes ; les secondes proviennent d'êtres vivants, et parmi elles les plus dangereuses sont les *germes vivants* ou *microbes*. Les expériences de Pasteur ont montré nettement l'existence de ces germes et ont même permis d'étudier leur répartition dans l'air. C'est ainsi que l'on a vu que l'air des villes était plus riche en germes que l'air des campagnes, et que l'air des montagnes et de la mer est d'une pureté presque absolue.

Pour éviter l'invasion de l'organisme par la voie aérienne, il faut *ne jamais balayer à sec, essuyer et ne pas épousseter*.

On emploie très efficacement le *nettoyage par le vide*.

Éducation de l'appareil respiratoire. — Il ne suffit pas de respirer, *il faut savoir respirer* : on doit respirer par le nez et non par la bouche ; il faut aussi s'habituer à faire de profondes et lentes inspirations, qui sont plus efficaces que des inspirations courtes et rapides.

Il est nécessaire aussi de favoriser le développement de la cage thoracique par des exercices physiques.

CHAPITRE III

LES BOISSONS ET L'ALCOOLISME

Les excitants. — Nous avons vu qu'il y avait nécessité pour l'Homme d'absorber des boissons afin de rendre à l'organisme l'eau qu'il a perdue. Cette nécessité se manifeste par un besoin impérieux, la *soif*. Avoir soif, c'est en réalité avoir besoin d'eau. Aussi rien n'étanche mieux la soif, nous l'avons déjà dit, qu'un verre d'eau fraîche et pure.

La boisson par excellence est l'eau, et l'on peut vivre et travailler en ne buvant que de l'eau. C'est la seule boisson qui réponde à un besoin de l'organisme. Et pourtant nos préjugés sont tels que nous éprouvons un sentiment pénible à donner un verre d'eau à quelqu'un qui nous demande à boire. C'est que depuis la plus haute antiquité l'Homme ne s'est pas contenté de cette boisson naturelle : il a recherché des liquides parfumés et plus excitants. Ces liquides, ordinairement peu nutritifs, ont la propriété de stimuler l'organisme en excitant le système nerveux. Aussi comme par leur simple présence ils donnent plus d'énergie à l'organisme, on les avait appelés *aliments d'épargne*. En réalité, ils n'ont qu'une valeur alimentaire très faible, et l'expérience a montré qu'ils méritaient mieux le nom d'*aliments de gaspillage*, car s'ils rendent de réels services quand on les emploie judicieusement et modérément, ils causent, au contraire, si l'on en abuse, des troubles graves dont l'*alcoolisme* est le plus triste exemple.

Ces différents excitants peuvent être rangés en quatre groupes : les *boissons aromatiques, fermentées, distillées*, et les *liqueurs*.

§ 1. — Boissons aromatiques.

Les boissons aromatiques sont des aliments nervins. — Les boissons aromatiques sont des infusions de feuilles ou de graines. Les plus usitées sont : le *café*, le *thé*, le *cacao*, le *maté*. Ce sont des aliments *nervins*, c'est-à-dire que par l'excitation qu'elles produisent sur le système nerveux, ces boissons donnent une sensation de bien-être, de puissance, qui réveille la vigueur physique et facilite le travail intellectuel.

Toutes contiennent un alcaloïde, la *caféine*, qui accroît l'activité musculaire et cérébrale, et permet à l'ouvrier déjà affaibli par un travail antérieur de mieux lutter contre la fatigue et de triompher des difficultés de la vie. Mais si précieuse que soit leur action bienfaisante, ces boissons deviennent dangereuses par l'abus, car elles provoquent des troubles organiques, en particulier des maux d'estomac, des palpitations du cœur, des tremblements et même de véritables crises nerveuses.

La caféine n'a pas de valeur alimentaire, car en augmentant l'activité des tissus, elle oblige ceux-ci à consommer leurs réserves nutritives, elle contribue donc finalement à épuiser l'organisme. Aussi son action n'est bienfaisante que si l'alimentation est suffisante. Dans ce cas elle permet une utilisation plus complète de la chaleur fournie par cette alimentation et augmente ainsi le rendement du travail : d'où son utilité incontestable.

Le café. — Le café est obtenu par une infusion de la poudre des grains torréfiés du *Caféier* (*fig.* 331), arbrisseau cultivé aujourd'hui dans toutes les régions tropicales. Le fruit de cet arbrisseau est une baie rouge de la grosseur d'une petite cerise ; il renferme deux graines qui sont les grains de café. Ce grain contient un parfum qui se développe à mesure que le grain vieillit. Pour obtenir l'infusion de café, il est nécessaire de faire bouillir l'eau.

Non seulement le café facilite et active la digestion, mais il est un contrepoison utile dans certains empoison-

Fig. 331. — Rameau, fleur et fruit du Caféier.

nements alimentaires ; il combat aussi les excès alcooliques et les effets de la nicotine chez ceux qui abusent du tabac.

A cause de son prix élevé, le café est souvent falsifié. Le grain peut être fabriqué de toutes pièces à l'aide de farines torréfiées, aromatisées, agglutinées avec de la dextrine, puis moulées. Mais c'est surtout sur le café en poudre que la fraude s'exerce par l'addition de farine, de poudre de glands et le plus souvent de chicorée torréfiée. Le mélange de la poudre de chicorée n'est pas toujours considéré comme une falsification, car en Allemagne et dans le nord de la France le café pur est peu apprécié : le bon café doit contenir de la chicorée. C'est un préjugé inexplicable, car la chicorée n'a aucune des propriétés stimulantes du café. Toutefois ses propriétés laxatives peuvent rendre quelque service.

On reconnaît facilement si la poudre de café contient de la chicorée en mettant une pincée de cette poudre dans un verre d'eau : si elle est pure, elle surnage et ne s'imbibe que lentement, tandis que si elle contient de la chicorée, celle-ci tombe au fond du verre et donne une coloration brune.

Le thé et le maté. — Le *thé* est obtenu par une infusion de feuilles sèches d'un arbrisseau originaire de Chine (*fig.* 332). Une tasse de thé faite avec 5 grammes de feuilles contient à peu près la même quantité de caféine (environ 10 centigrammes) que la tasse de café faite avec 15 grammes de café. Pourtant ces boissons contiennent des huiles essentielles qui n'ont pas la même action physiologique, car le thé, par exemple, peut produire de l'insomnie chez des sujets habitués au café, ou inversement.

Fig. 332. — Rameau fleuri de Thé.

La même plante peut donner le *thé noir* et le *thé vert*, mais alors que le premier provient de feuilles rapidement séchées au soleil, le second est obtenu par des feuilles séchées à l'ombre et qui ont subi un commencement de fermentation ; de sorte que le thé vert contient plus d'essence et qu'il est plus aromatique, mais aussi plus excitant, que le thé noir.

L'infusion de thé calme bien la soif et active la digestion. Elle peut même entraîner les aliments avant qu'ils soient digérés complètement, de sorte que la nutrition se fait mal et qu'un amaigrissement se produit. Aussi les grands buveurs de thé sont-ils ordinairement maigres.

La falsification du thé se fait avec des feuilles desséchées de Fraisier, d'Erable, de Frêne, ou avec des feuilles de thé ayant déjà servi.

Le *maté* est obtenu par une infusion de feuilles d'une

sorte de Houx ; il est très consommé dans l'Amérique du Sud.

Cacao. Kola. Coca. — Le *cacao* contient peu de caféine, aussi est-il peu excitant ; mais il renferme une sorte de beurre qui le rend très nutritif.

La *kola* renferme avec la caféine de la théobromine, qui est un alcaloïde stimulant des muscles. Aussi la graine de kola est-elle consommée couramment par les nègres de l'Afrique tropicale.

La *coca* provient d'un arbuste de l'Amérique du Sud dont les feuilles mâchées par les indigènes permettent de résister à un jeûne prolongé ; c'est qu'elle contient un alcaloïde spécial, la *cocaïne*, qui, ayant des propriétés anesthésiques, calme la sensation de faim et de soif, tout en accroissant l'activité musculaire. La dissolution de cocaïne est employée en chirurgie, comme anesthésique local ; elle supprime la douleur sans abolir la sensibilité tactile.

§ 2. — Boissons fermentées.

Origine des boissons fermentées. — Les boissons fermentées proviennent de la décomposition des jus sucrés sous l'influence de Champignons appelés *Levures*.

Cette décomposition qui produit de l'alcool, ainsi que nous l'avons montré dans le cours de Physiologie, est connue sous le nom de *fermentation alcoolique* ; elle est représentée par la formule suivante :

$$C^6H^{12}O^6 = 2C^2H^6O + 2CO^2$$

$$\text{sucre} \qquad \text{alcool} \qquad \text{gaz carbonique.}$$

La matière première de l'alcool est donc le sucre. C'est pourquoi les boissons fermentées provenant de jus sucrés sont toutes à base d'alcool ; mais elles ne peuvent en contenir qu'une quantité limitée, car les Levures qui opèrent la transformation du sucre en alcool cessent de fonctionner à partir du moment où le liquide renferme 16 à 17 % d'alcool.

Par la *distillation* de ces boissons fermentées, on peut en extraire l'alcool et obtenir de l'alcool presque pur. Telle est la différence entre les *boissons fermentées* et les *boissons distillées*.

Nous allons étudier les trois boissons fermentées les plus communes : le *vin*, le *cidre* et la *bière*.

Le vin. — Le vin est le produit de la fermentation du jus de raisin sous l'influence des Levures qui vivent naturellement sur le fruit ou des Levures sélectionnées dans des bouillons de culture appropriés et récoltées sur de bons cépages.

Lorsqu'on observe au microscope une goutte de jus sucré dont la fermentation est en marche, on voit des Levures de

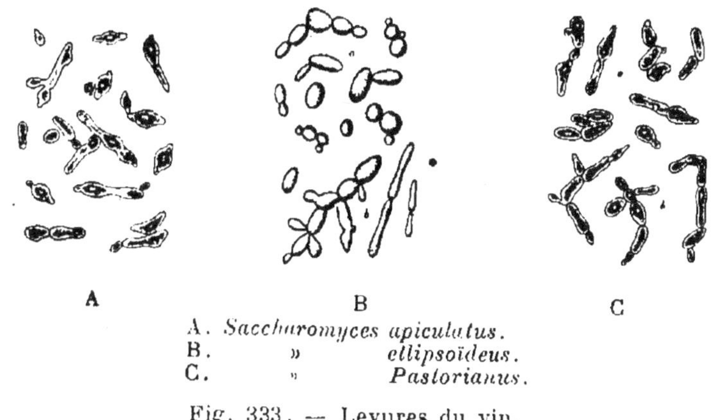

A. *Saccharomyces apiculatus.*
B.   »   *ellipsoïdeus.*
C.   "   *Pastorianus.*

Fig. 333. — Levures du vin.

plusieurs sortes : les unes sont en forme de citron, d'autres sont ovales (*fig. 333*).

Les premières (*Saccharomyces apiculatus*) sont abondantes au début de la fermentation ; les autres (*S. ellipsoïdeus* et *S. Pastorianus*) travaillent vers la fin de la fermentation.

Sa composition — Elle est très complexe. Le vin contient de l'*alcool* (environ 10 °/₀), du *tanin*, des *sels* (chlorures, phosphates, bitartrate de potassium ou crème de tartre), de la *glycérine*, des traces d'*éthers* (bouquet du vin) et d'*aldéhydes*.

La quantité d'alcool contenue dans 100 parties de vin est ce qu'on appelle le *degré alcoolique*. Ce degré varie beaucoup; il va depuis 6 dans les vins du Centre jusqu'au-dessus de 15 dans les vins du Midi. Les vins contenant plus de 15 % d'alcool sont appelés *vins de liqueur*. Tels sont : le Banyuls, 17°; le Madère, 20°; le Marsala, 23°.

La composition du vin varie suivant qu'il est *rouge* ou *blanc*.

Le *vin rouge* est obtenu en faisant fermenter le jus sucré au contact de la grappe; l'alcool, à mesure qu'il se forme, dissout la matière colorante rouge des grains de raisin et une certaine quantité de tanin. Aussi le vin rouge est-il essentiellement tonique.

Le *vin blanc* s'obtient aussi bien avec le raisin rouge qu'avec le raisin blanc, mais il faut pour cela que le jus de raisin fermente seul, isolé des grappes. Il est pauvre en tanin, mais assez riche en crème de tartre, ce qui le rend diurétique.

Le vin est à la fois un excitant et un aliment. Excitant par son alcool, « il nous nourrit par sa crème de tartre et ses phosphates, qui fournissent à nos cellules la potasse et le phosphore nécessaires, et par la glycérine, qui sert à la production des graisses; il nous convient aussi par les éthers qui le parfument, il nous soutient par ses matières tanniques et colorantes, qui nous tonifient à la façon du quinquina et qui activent les fonctions de l'estomac. » (A Gautier.)

Hâtons-nous de dire que cela n'est vrai que du bon vin naturel et pris à dose modérée. Falsifié ou pris en trop grande quantité, il devient un danger que nous préciserons plus loin à propos de l'alcoolisme.

Ses falsifications. — Actuellement le vin naturel est si bon marché qu'on ne fabrique plus cette boisson comme on le faisait il y a quelques années. Pourtant on fait encore subir au vin certaines falsifications dont les plus communes sont : le mouillage, le vinage, le sucrage, le plâtrage, etc.

Le meilleur moyen de découvrir la falsification d'un vin est d'en faire l'analyse chimique et de la comparer avec celle d'un vin authentique du même cru et de la même année, car il ne faut pas oublier que le vin du même cru a sa composition qui varie avec l'année. Un dégustateur habile peut aussi arriver à découvrir les fraudes, mais il n'y a ni règle ni principe pour cela.

Le *mouillage* consiste à ajouter au vin naturel une certaine quantité d'eau, ce qui fait baisser le degré alcoolique ; on est alors amené à relever celui-ci en ajoutant de l'alcool : c'est ce qu'on appelle le *vinage*. Le mouillage appelle donc le vinage. Or, le vinage est dangereux, car la composition chimique naturelle du vin est changée. C'est au vinage, malheureusement trop fréquent, qu'il faut attribuer la plupart des désordres produits dans l'organisme chez les buveurs de vin, alors qu'autrefois ceux-ci présentaient rarement les troubles de l'alcoolisme. Une loi de 1894 interdit le vinage quel qu'il soit.

Comme le vin mouillé perd de sa couleur, on lui ajoute souvent des matières colorantes ; elles peuvent être inoffensives, comme les baies de Sureau et le Campêche, mais elles sont dangereuses quand elles proviennent de la houille, comme la fuchsine.

Au lieu d'ajouter de l'alcool au vin, on pratique le *sucrage*, c'est-à-dire qu'on sucre le jus de raisin en fermentation, afin d'augmenter la proportion d'alcool. Cette opération est licite.

Le *plâtrage* consiste à ajouter du sulfate de potassium dans le vin afin de lui donner une coloration plus vermeille et de rendre sa conservation plus facile en augmentant son acidité. Les vins plâtrés, en effet, supportent mieux la chaleur et le transport. Mais l'usage du vin plâtré étant dangereux pour l'intestin et surtout pour les reins, une loi de 1891 exige que la quantité de sulfate de potassium ne dépasse pas 2 grammes par litre.

Enfin, on donne souvent au vin des *bouquets artificiels* à l'aide d'essences qui donnent l'illusion des crus les plus réputés de Bourgogne et de Bordeaux, mais qui sont des toxiques redoutables. Quelques centimètres cubes de ces essences pures suffisent pour tuer un Chien.

Ses maladies. — Il ne suffit pas d'avoir du bon vin naturel, il faut encore le conserver sans qu'il s'altère ; car malgré les soins qu'on lui prodigue, il prend souvent des maladies, telles que la *piqûre*, la *graisse*, la *pousse* ou la *tourne*, l'*amertume*, etc. Le vin malade devient nuisible à l'organisme

Les découvertes de Pasteur ont montré que ces maladies étaient causées par des germes qui se trouvent partout, même dans le vin le plus robuste, mais qui se développent seulement quand les circonstances sont favorables. Ainsi dans un vin maintenu dans une cave bien fraîche, les germes ne se développent pas et tombent dans la lie, dont on devra se débarrasser par des soutirages. Ces soutirages, de même que l'embouteillage, ne devront être faits que lorsque la pression atmosphérique sera élevée, de façon qu'elle maintienne les gaz en dissolution dans le vin.

Deux ferments aérobies peuvent altérer le vin : le *Mycoderma aceti* ou *ferment acétique* (*fig.* 334),

Fig. 334. — Ferment acétique (*Mycoderma aceti*).

qui transforme l'alcool en acide acétique, et par suite le vin en vinaigre ; le *Mycoderma vini* ou *fleur de vin* (*fig.* 335), qui forme un voile blanc à la surface du vin exposé à l'air et qu'on observe

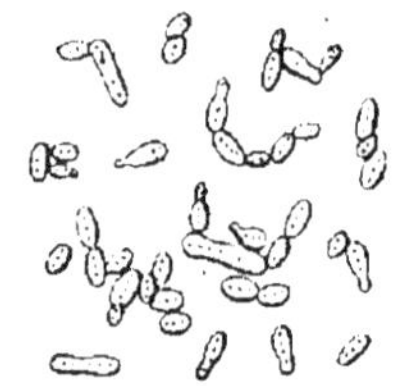

Fig. 335. — Fleur de vin (*Mycoderma vini*).

souvent dans des bouteilles en vidange. Ce dernier brûle l'alcool en donnant H_2O et CO_2 ; il rend le vin *plat*. Pour empêcher le développement de ces microbes, il suffit de soustraire le vin au contact de l'air.

Quant aux autres germes (microbes de la pousse, de la graisse, etc.), qui sont anaérobies, on peut les détruire par la chaleur en chauffant le vin à 60°, ainsi que l'a indiqué Pasteur.

Le cidre. — Le cidre est obtenu par la fermentation du jus de pomme. C'est la boisson habituelle en Normandie, en

Bretagne et en Picardie. La France en produit en moyenne
17 millions d'hectolitres par an. Il est d'abord sucré et mous-
seux et peut se conserver quelques années s'il est mis en
bouteilles ; mais tiré au tonneau, son alcool s'oxyde et donne
de l'acide acétique : il *durcit*.

Son degré alcoolique moyen est de 5. Il est riche en acides
organiques, notamment en acide malique. Les sels de potasse
qu'il contient lui donnent des propriétés purgatives et diurétiques.

Les différentes Levures de cidre agissent soit en transformant incomplètement le sucre en alcool (*cidre doux*), soit en
le transformant complètement (*cidre sec*).

Le cidre s'altère facilement : il *file* et devient visqueux
s'il ne contient pas assez de tanin, ni d'alcool ; il *noircit* s'il
contient trop de sels alcalins, ce qu'on peut éviter en ajoutant de l'acide tartrique.

Le cidre est une boisson saine, mais il ne doit être consommé ni trop sucré, car il provoque des accidents intestinaux, ni trop acide, car il irrite l'estomac. Il facilite les fonctions éliminatrices : la maladie de la pierre est presque in-
connue chez les buveurs de cidre.

La bière. — La bière provient de la fermentation du *moût*
sucré de l'orge.

Pour préparer ce moût on fait germer l'orge pendant quelques jours. Pendant ce temps la diastase sécrétée par l'embryon transforme l'amidon de la graine en dextrine, puis en
maltose, qui est un sucre pouvant fermenter. On dessèche
ensuite l'orge pour arrêter la germination et l'on obtient une
poudre ou *malt*, que l'on brasse avec de l'eau tiède. Quand
cette dessiccation est poussée jusqu'au voisinage de la torré-
faction, on obtient un malt propre à la fabrication des
bières brunes. Le liquide sucré ainsi obtenu est le moût, que
l'on fait fermenter ; mais auparavant on le fait bouillir avec
du Houblon, qui lui communique une amertume particulière.

Par cette ébullition le liquide est stérilisé et peut être ensuite ensemencé avec des Levures pures sélectionnées, propres à l'obtention de telle ou telle variété de bière.

Le degré alcoolique moyen de la bière est 5. Elle est plus riche en matières nutritives que le vin, mais elle n'en a pas les propriétés stimulantes. A faible dose elle excite l'appétit; mais à forte dose, elle dilate l'estomac et produit des troubles digestifs.

Les falsifications de la bière sont nombreuses : la plus fréquente consiste à remplacer en partie le moût sucré de l'orge par des glucoses impurs qui donnent par la fermentation des produits nuisibles ; on remplace aussi le Houblon, qui coûte cher, par d'autres substances amères telles que l'acide picrique, le fiel de bœuf, le buis, la gentiane ; enfin, pour conserver la bière qui s'altère facilement on lui ajoute de l'acide salicylique, matière dangereuse.

Le tableau suivant montre bien les qualités nutritives du vin, du cidre et de la bière.

	VIN	CIDRE	BIÈRE
Degré alcoolique	10	5	5
Matières solides totales par litre.	20g	40g	50g
Matières minérales, par litre.	2	2,8	2,5
Sucre. —	1,5	8	16
Dextrine. —	»	»	22
Tartre. —	2,05	»	»
Albumine. —	traces	traces	5
Acides. —	5	4,5	2
Gaz carbonique. —	traces	traces	2

En résumé, le *vin* est la boisson fermentée la plus alcoolique et la plus tonique; le *cidre* est moins alcoolique et plus rafraîchissant ; la *bière* est la plus nutritive.

§ 3. — Boissons distillées.

Origine des boissons distillées. — Les boissons distillées sont obtenues par la distillation des boissons fermen-

tées ou de matières ayant subi la fermentation alcoolique.
On peut les ranger en trois groupes : les *eaux-de-vie naturelles*, les *alcools d'industrie* et les *eaux-de-vie artificielles*.

Outre l'alcool ordinaire ou *éthylique*, les boissons distillées
contiennent des impuretés qui leur donnent un bouquet recherché des buveurs, mais qui sont très toxiques. Parmi ces
produits les uns sont plus volatils que l'alcool ordinaire, ce
sont : les *aldéhydes*, les *éthers* et les *essences ;* les autres
sont moins volatils, savoir : les *alcools* dits *supérieurs* et notamment l'*alcool propylique*, l'*alcool butylique* et l'*alcool amylique*, le plus toxique de tous ; enfin le *furfurol*, ou aldéhyde
pyromucique, dont l'action convulsivante est caractéristique.

On peut, par un travail compliqué, enlever ces impuretés
et obtenir de l'alcool pur : on dit alors qu'il est *rectifié*.
Cette opération industrielle exige un outillage perfectionné
et ne se fait convenablement que dans les grandes distilleries.

Eaux-de-vie naturelles. — Elles sont tirées des boissons
fermentées par simple distillation. Leur degré alcoolique
varie de 38 à 62.

Les plus communes sont :

L'*eau-de-vie de vin*, provenant de la distillation du vin ;
c'était jadis la seule connue en France ; celle de la Charente
est particulièrement renommée sous le nom de *cognac* ou
fine champagne. Elle contient peu d'alcools supérieurs;

L'*eau-de-vie de marc*, provenant de la distillation des marcs
de Raisin fermentés, et l'*eau-de-vie de cidre* ou *Calvados*,
obtenue par la distillation du cidre. Toutes deux renferment
une certaine quantité d'alcool propylique qui leur donne un
bouquet recherché, mais qui les rend plus toxiques que la
précédente ;

Le *rhum*, provenant de la distillation du jus de Canne à
sucre fermenté, et le *tafia*, obtenu avec les mélasses de
Cannes ;

L'*eau-de-vie de fruits*, retirée des jus sucrés et fermentés de certains fruits, tels que les Cerises qui donnent le *kirsch* et les prunes qui fournissent l'*eau-de-vie de quetsche*. Le kirsch doit son parfum à un mélange d'essence d'amandes amères (aldéhyde benzoïque) et d'acide prussique.

On peut encore citer l'*eau-de-vie de grain*, l'*eau-de-vie de betterave*, riche en alcool butylique, l'*eau-de-vie de pomme de terre*, contenant beaucoup d'alcool amylique et de fur-furol.

Alcools d'industrie. — Ces alcools que l'industrie produit en quantité considérable ont diverses origines. On peut extraire de l'alcool de toute substance contenant du sucre, ou même des hydrates de carbone (amidon, cellulose) capables de produire du sucre. A cet effet, on transforme d'abord l'amidon en glucose par l'acide sulfurique étendu ou par le malt (orge germée). Il suffit ensuite de faire fermenter et de distiller.

On fabrique ainsi de l'alcool avec la Pomme de terre, les céréales, la Châtaigne, etc. On extrait même de l'alcool de la sciure de bois, que l'on saccharifie par l'acide sulfurique et qu'on fait fermenter.

Tous ces alcools contiennent de nombreuses impuretés qu'il est nécessaire d'enlever par la rectification avant de les livrer à la consommation.

Eaux-de-vie artificielles. — Elles sont obtenues à l'aide des alcools d'industrie que l'on amène au degré exigé par le commerce (environ 45°) en ajoutant de l'eau, puis que l'on aromatise à l'aide d'essences ou *bouquets*. Aussi ces eaux-de-vie sont nuisibles non seulement par leur alcool, mais aussi et surtout par les essences toxiques avec lesquelles on les aromatise.

Le *bouquet de cognac*, par exemple, qui est obtenu par l'action de l'acide nitrique sur un mélange d'huile de ricin et autres corps gras, peut tuer un Chien à la dose d'un centigramme.

Le *bouquet de noyau*, dont on se sert pour fabriquer certains kirschs, est obtenu par un mélange de nitrobenzine et d'aldéhyde benzoïque. Cinq grammes de cette essence tuent un Chien en un quart d'heure, en provoquant des convulsions tétaniques : c'est la dose qui entre dans la fabrication d'un litre de kirsch.

Toxicité des alcools. — Tous les alcools sont toxiques, mais ils le sont à des degrés divers. A ce point de vue on peut les ranger dans l'ordre croissant que voici : *alcool éthylique, propylique, butylique, amylique* et *furfurol*.

Des recherches ont montré, en effet, que le pouvoir toxique des alcools s'élevait avec leur poids atomique et leur degré d'ébullition :

	Formule	Point d'ébullition	Dose toxique par kilog. de Chien
Alcool éthylique.	C^2H^6O	77°	6^g,52
— propylique.	C^3H^8O	97°	3,28
— butylique.	$C^4H^{10}O$	116°	1,90
— amylique .	$C^5H^{12}O$	137°	1,55

Ainsi tandis qu'il faut environ 90 grammes d'alcool éthylique pour tuer rapidement un Chien pesant 14^{kg}, il suffit de 46 grammes d'alcool propylique, de 27 d'alcool butylique, de 22 d'alcool amylique et de 10 seulement de furfurol.

Ces expériences montrent que la rectification complète des eaux-de-vie ne suffirait pas pour faire disparaître les accidents de l'alcoolisme, puisque ceux-ci sont produits même par l'alcool éthylique pur.

Des expériences faites sur le Cobaye montrent l'action particulière des trois produits principaux qui se trouvent dans les boissons distillées : l'alcool éthylique, l'alcool amylique et le furfurol. On fait à un premier animal une injection sous-cutanée de 1^{cm3} *d'alcool éthylique rectifié* ; à un second, de 1^{cm3} *d'alcool amylique rectifié* ; enfin, à un troisième, de 1^{cm3} d'alcool amylique non rectifié, contenant par conséquent du *furfurol*.

Le premier Cobaye titube, perd son équilibre, tombe sur le côté, et reste dans cet état d'affaissement jusqu'au moment où l'alcool est éliminé ; il revient ensuite à son état normal sans que l'alcool ait laissé de trace apparente.

Le second présente les mêmes symptômes, mais plus accentués : il reste immobile et ne répond pas aux excitations ; on peut le bousculer, le jeter en l'air sans le faire sortir de son inertie ; il est empoisonné, car il ne tarde pas à succomber.

Quant au troisième, qui a reçu du furfurol, il présente, en plus des troubles précédents, des mouvements convulsifs et la mort vient rapidement.

Ces expériences nous laissent deviner les troubles organiques qui, à la longue, doivent se produire chez les personnes faisant de ces boissons alcooliques une consommation quotidienne.

§ 4. — Boissons à essences ou liqueurs.

Les liqueurs sont fabriquées presque toujours avec des alcools d'industrie auxquels on ajoute des essences aromatiques, toujours toxiques. Par leur alcool et par leurs essences, elles sont donc doublement toxiques. On les range en deux groupes : les liqueurs dites *apéritives*, et celles dites *digestives*. Aucune d'elles d'ailleurs ne mérite ces appellations.

Liqueurs dites apéritives. — Les plus importantes sont : l'*absinthe*, le *vermouth*, les *amers*, les *quinquinas*.

Toutes sont mauvaises, mais la plus funeste, à coup sûr, est l'*absinthe*, dont l'effet est si particulier qu'on lui a réservé un nom spécial : l'*absinthisme*. Cette boisson agit par son degré alcoolique élevé (60 à 72°) et surtout par les essences qu'elle renferme et qui, toutes, ont des propriétés *stupéfiantes* et *épileptisantes*. Les attaques épileptiques que l'on voit chez les absinthiques ne se trouvent pas chez les alcooliques qui n'ont pas abusé de cette terrible liqueur : elles sont donc bien dues à l'absinthe.

Pour préparer l'absinthe, on fait macérer dans l'alcool des

plantes odorantes (feuilles et fleurs de grande Absinthe, de petite Absinthe, de Fenouil ; fleurs d'Hysope ; fruits d'Anis et de Badiane, etc.) et on distille ensuite.

L'essence de Reine-des-Prés, souvent remplacée par de l'aldéhyde salycilique, qui forme une partie constituante du *vermouth* et du *bitter*, est aussi épileptisante.

A côté de ces boissons dangereuses, on doit placer un produit des plus toxiques et auquel on attribue bien à tort des propriétés réconfortantes : c'est le *vulnéraire* ou *eau d'arquebuse*, qui renferme jusqu'à 18 espèces d'essences végétales, toutes plus ou moins toxiques.

Liqueurs dites digestives. — Toutes, même prises à faible dose, sont nuisibles par leur degré alcoolique, par les essences qu'elles renferment, et parce qu'elles retardent la digestion plutôt qu'elles ne l'accélèrent.

Le tableau suivant indique la teneur en alcool de quelques-unes de ces liqueurs :

Chartreuse verte	57°	Curaçao	39°
Kummel	50	Liqueurs ordinaires	28
Chartreuse jaune	43	Cassis	20
Bénédictine	43		

§ 5. — L'alcoolisme.

Ivresse et alcoolisme — Avant d'indiquer les dangers de l'alcoolisme et de rechercher les moyens de combattre ce fléau, il est nécessaire d'établir une distinction entre l'*ivresse* et l'*alcoolisme*, deux termes que l'on confond trop souvent dans le langage courant.

L'*ivresse* est une intoxication *aiguë* due à une trop grande absorption de boissons fermentées ou distillées. Elle passe par trois phases : c'est d'abord la période d'*excitation*, marquée par de la gaieté, et au cours de laquelle l'individu devient plus expansif et plus émotionnable ; il est heureux et veut le bonheur de tous. Puis c'est la période d'*abandon*, pendant laquelle l'intelligence va en s'affaiblissant et les idées deviennent confuses et se dissocient. Enfin, c'est la période de *dépression*, pendant laquelle l'individu s'affale et tombe dans l'hébétement et l'abrutissement : son corps se refroidit et un sommeil profond s'empare de lui. Si dégradante que soit l'ivresse au point de vue moral, elle peut, si elle reste un fait isolé, ne pas avoir de conséquence au point de vue physiologique.

Au contraire, l'ivresse répétée cause une intoxication *chronique* qui affaiblit les forces physiques et les facultés intellectuelles et conduit sûrement à l'*alcoolisme* avec tous ses maux. Mais on peut aussi, par l'usage habituel de l'alcool, devenir alcoolique sans jamais avoir été ivre. Celui qui consomme régulièrement des boissons alcooliques peut n'avoir jamais perdu la raison et avoir toujours une tenue correcte ; il deviendra quand même alcoolique et présentera peu à peu toutes les tares de ce terrible mal.

Tout dépend d'ailleurs de l'élimination du poison absorbé. Ainsi on voit des ouvriers consommer sans danger apparent une quantité formidable d'alcool : c'est que leur vie active et au grand air leur permet d'éliminer la plus grande partie de l'alcool. Au contraire un homme à la vie sédentaire, soumis au même régime, serait vite empoisonné.

Le buveur d'autrefois usait seulement du vin ; aussi son ivresse n'était-elle souvent que passagère et gaie. Le buveur d'aujourd'hui, au contraire, est triste et méchant : c'est qu'il a remplacé le vin par l'alcool, qui détruit les intelligences les plus robustes et abaisse l'Homme au niveau de la brute ; c'est que si l'alcool s'attaque aux organes de la nutrition, il frappe encore plus le cerveau, bouleverse et ruine l'intelligence, cause l'oubli de tous les devoirs et pousse jusqu'au crime et à la folie. Les effets désastreux de ce fléau moderne se font sentir non seulement sur l'individu, mais aussi sur la famille et sur la société.

Absorption et élimination de l'alcool par l'organisme. — Des expériences faites sur des animaux ont permis de se

rendre compte de l'absorption et de l'élimination de l'alcool.
On injecte dans l'estomac d'un animal, à l'aide d'une sonde,
50^{cm3} d'alcool à 10 % par kilogramme d'animal ; puis on
fait des prises de sang d'heure en heure et l'on dose l'alcool
par des procédés précis. En portant les heures sur la ligne
des abscisses, et les proportions d'alcool absolu en centièmes
de centimètre cube contenus dans 100^{cm3} de sang sur la ligne

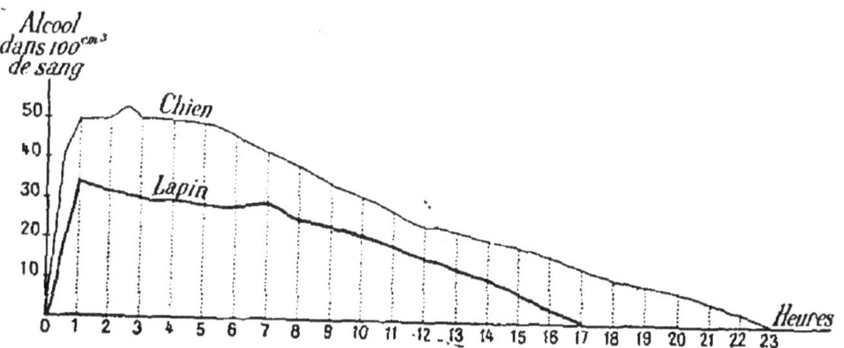

Fig. 336. — Courbes obtenues par le dosage de l'alcool dans le sang,
chez le Chien et le Lapin (Gréhant).

des ordonnées, on obtient les courbes de la figure 336. Ces
courbes montrent que l'absorption de l'alcool ne se fait pas
instantanément et qu'elle maintient dans le sang pendant 5
heures environ une proportion d'alcool constante. Ce n'est
que vers la sixième heure chez le Chien que la proportion
d'alcool dans le sang baisse progressivement, pour disparaître
complètement au bout de 23 heures (17 heures chez le Lapin).

L'alcool ingéré passant dans le sang circule par conséquent
dans les divers organes. Dans les expériences précédentes on a
dosé l'alcool dans les divers tissus et voici ce qu'on a trouvé
pour 100 grammes :

Cerveau. 0,44
Reins. 0,39
Muscles. 0,33
Foie. 0,32

Des expériences conduites de la même façon chez des animaux (Chiennes, Brebis) ont montré que : 1º l'alcool peut passer de la mère à l'embryon et causer ainsi une sorte d'*alcoolisme congénital* devant avoir des effets désastreux sur un organisme en voie de formation ; 2º l'alcool donné à une mère qui allaite ses petits se retrouve presque dans les mêmes proportions dans le sang et dans le lait. D'où la nécessité pour une nourrice de s'abstenir de boissons alcooliques sous peine de voir l'enfant donner, par un sommeil agité et une mauvaise nutrition, les premiers signes de l'alcoolisme.

Dangers de l'alcoolisme pour l'individu. — Aucun organe n'échappe à l'œuvre de destruction de l'alcoolisme chronique, mais c'est surtout sur l'estomac, le foie, le cœur et les vaisseaux, et le cerveau qu'elle porte. Chez les buveurs de vin ce sont les troubles digestifs qui prédominent, tandis que chez les buveurs d'alcool et d'absinthe, ce sont les troubles nerveux qui, d'emblée, sont les plus accentués.

Tous ces troubles se produisent de préférence à certains âges. Selon les médecins qui s'occupent de ces questions, on observerait la gastralgie entre 20 et 35 ans, la goutte entre 30 et 40, la congestion du foie entre 30 et 50, la neurasthénie entre 40 et 45 ans, le diabète entre 40 et 50 ans, la cirrhose (induration du foie) entre 50 et 55 ans.

Nous allons étudier successivement l'influence de l'alcool sur la digestion, sur la circulation, sur le travail musculaire et sur le cerveau.

L'alcoolisme et la digestion. — Et d'abord *l'alcool est-il un aliment ?* C'est une question qui a été passionnément discutée. Or, il résulte des expériences faites par plusieurs physiologistes qu'une partie de l'alcool est brûlée dans le corps et que des quantités équivalentes d'alcool et d'aliments (graisse, sucre, etc.) produisent la même énergie. Au point de vue physique, l'alcool est donc bien un aliment. Mais il faut bien savoir que ces expériences ont été faites sur de faibles quantités d'alcool : 65 à 85 grammes par jour pour un homme, ce qui équivaut à une bouteille de vin. Si cette dose est dépassée, l'excès d'alcool n'est pas brûlé, il se fixe sur les organes et les altère comme nous allons le dire. Il faut aussi remarquer que cette quantité d'alcool ne doit pas être prise sous forme d'eau-de-vie par exemple, ce qui serait certainement pernicieux, mais bien à l'état de boisson fermentée autant que possible étendue d'eau.

Chez les buveurs de vin, la langue est rouge et fendillée ; la muqueuse de l'*estomac* durcit et ne sécrète plus suffisamment de suc gastrique, de sorte que les digestions sont lentes et pénibles ; l'estomac peut même s'*ulcérer*, c'est-à-dire présenter des plaies qui causeront des vomissements de sang et de vives douleurs. Cette inflammation de l'estomac est souvent accompagnée d'une sécrétion abondante de mucus que l'alcoolique rejette le matin, au lever et après une quinte de toux, ce qui constitue la « pituite des buveurs ». *L'intestin* présente également des lésions qui se manifestent par de la diarrhée ou de la constipation. Enfin, le *foie* devient dur, douloureux et subit une altération profonde qui empêche cet organe de remplir ses importantes fonctions et qu'on connaît en médecine sous le nom de *cirrhose*. Pour toutes ces raisons, la nutrition se fait mal et l'alcoolique devient maigre ou obèse.

Les troubles causés par les boissons distillées, et particulièrement par l'absinthe, sont encore plus graves, surtout si l'alcool est pris à jeun. Aussi le petit verre du matin que beaucoup d'ouvriers prennent « pour tuer le ver » est-il des plus nuisibles. L'appétit disparaît ; l'amaigrissement se produit, et la faiblesse est telle que l'alcoolique devient la proie des maladies contagieuses. Toujours il est frappé le premier dans les épidémies. Il est surtout très exposé à la tuberculose : sur 100 phtisiques on en compte 90 qui, avant l'invasion de la maladie, étaient alcooliques.

L'alcoolisme et la circulation. — Par l'abus de l'alcool, les artères durcissent et perdent leur élasticité ; c'est un fait qui, chez les personnes sobres, ne se produit que dans la vieillesse. On dit volontiers, en médecine, que *l'homme a l'âge de ses artères*, ce qui revient à dire que l'alcoolique, même adolescent, a des artères de vieillard et qu'il est en quelque sorte un jeune vieillard.

Les artères, ayant perdu leur élasticité, forcent le cœur à travailler davantage ; aussi devient-il plus gros, il s'hypertrophie, ses battements deviennent plus violents, plus rapides et souvent douloureux, produisant ce qu'on appelle des palpitations. Chez les vieillards et chez les alcooliques, le choc produit par l'ondée sanguine arrivant dans les artères rigides se propage jusqu'à l'extrémité des vaisseaux : de là les battements ressentis dans les organes, dans le cerveau en particulier, comme des coups de bélier.

Le cœur de l'alcoolique devient graisseux, s'amincit par places et donne de petites poches ou *anévrismes*, qui, en se rompant, entraînent la mort subite.

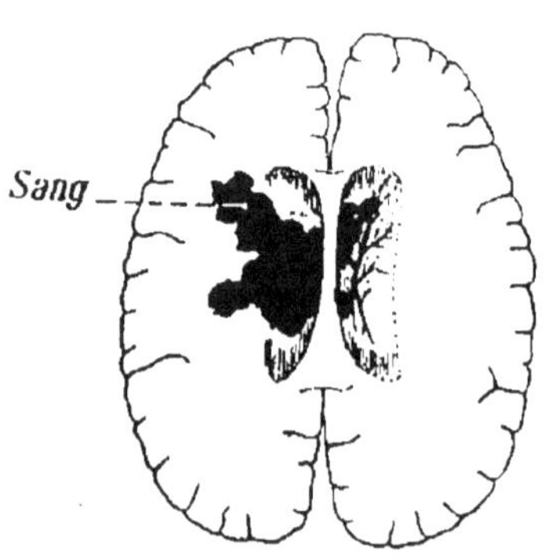

Fig. 337. — Anévrismes d'une artère cérébrale.

En certains points des artères où le tissu est altéré il se produit aussi des anévrismes (*fig.* 337) qui peuvent se dé-

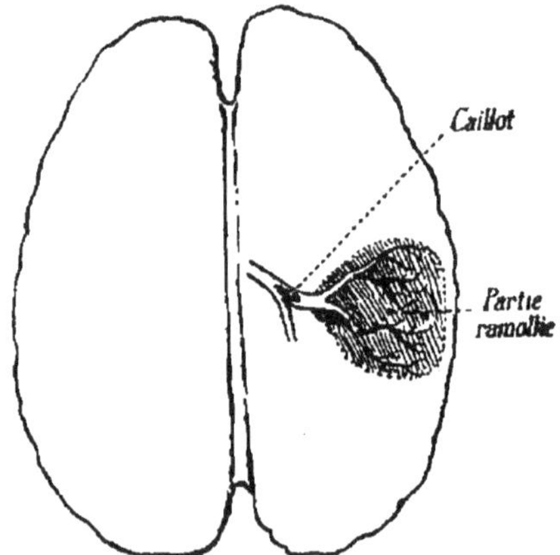

Fig. 338. — Hémorragie par rupture d'un anévrisme à l'intérieur du cerveau.

Fig. 339. — Caillot obstruant une artère cérébrale.

chirer et donner lieu à des hémorragies mortelles, quand

elles ont lieu dans le cerveau (*fig*. 338) : c'est ce qu'on appelle l'*apoplexie*.

Il peut aussi se former à l'intérieur d'une artère cérébrale un caillot (*fig*. 339) qui empêchera le sang d'arriver à une région du cerveau. Cette région n'étant plus nourrie suffisamment va se détruire, se ramollir en produisant ce qu'on appelle du *ramollissement cé ébral*.

L'alcoolisme et le travail musculaire. — On a vérifié expérimentalement, avec l'ergographe de Mosso (*fig*. 214), que l'amplitude des mouvements est plus grande lorsqu'on a fait absorber à un individu une *faible* quantité d'alcool, prise sous forme de vin (un verre par exemple). Mais lorsque l'alcool est absorbé en *excès* et surtout sous forme d'eau-de-vie, la courbe de la fatigue est différente et montre nettement une augmentation rapide de cette dernière. Toutes les personnes qui déploient une grande activité musculaire savent qu'après une courte période d'excitation, l'alcool « coupe les jambes » ; aussi renoncent-elles de plus en plus à son usage.

L'alcoolisme et le cerveau. — Le cerveau est l'organe le plus sensible à l'action de l'alcool. Aussi l'alcoolique présente-t-il rapidement des troubles nerveux : un tremblement des mains bien caractéristique ; un affaiblissement de la mémoire ; des colères non motivées ; des rêves terrifiants et des cauchemars dans lesquels le malade voit toutes sortes de bêtes ; puis enfin du délire ou de la manie. Enfin, l'alcoolique est sujet au *delirium tremens*, sorte d'attaque épileptique qui tord le corps dans de hideuses convulsions ; et c'est souvent par la paralysie générale, qui se manifeste extérieurement par la folie ou le gâtisme, que se termine ce triste tableau de l'intoxication alcoolique.

Il faut donc s'abstenir d'alcool si l'on veut conserver toute sa vigueur intellectuelle.

Les maladies chez les alcooliques. — Non seulement l'alcoolisme détermine des maladies particulières, mais il aggrave les accidents auxquels l'individu est exposé et, en déprimant l'organisme, il le rend plus apte à contracter les maladies. Nous avons dit plus haut que la tuberculose trouvait chez l'alcoolique un terrain des plus favorables. C'est ainsi qu'à Rouen et au Havre, où la consommation d'alcool s'élève à 14 litres par an et par habitant, il y a 402 et 522 décès phtisiques par 100 000 habitants, tandis qu'à Toulouse où la consommation n'est que de 2 litres, il n'y a que 290 décès phtisiques.

Des expériences ont montré que des lots d'animaux soumis à l'influence combinée de l'alcool et de la tuberculose donnaient une mortalité double de celle d'animaux simplement tuberculisés sans alcool.

D'autre part, une fièvre typhoïde, une pneumonie, un érysipèle qui seraient bénins chez un homme sobre, tuent souvent l'alcoolique. D'une façon générale on peut donc dire que l'alcoolisme *diminue la résistance* de l'organisme à la mal·die, *aggrave* les maladies infectieuses et *accélère* leur évolution fatale.

De même, les plaies se guérissent difficilement et les opérations chirurgicales sont toujours graves chez un alcoolique, d'abord parce qu'il supporte mal le chloroforme; ensuite à cause de sa dépression nerveuse et de l'apparition, toujours possible, du *délirium tremens*.

Dangers de l'alcoolisme pour la famille et pour la race. — Les effets désastreux de l'alcoolisme se prolongent au delà de l'individu : ils s'étendent à la famille et à la race, qu'ils frappent de dégénérescence. L'alcoolique ne fait donc pas tort qu'à lui-même, puisque ses enfants expient le vice de leur père. Pour s'en convaincre, il suffit de suivre pendant deux ou trois générations une famille d'alcooliques. A la première génération, la taille diminue, le désir de boire augmente, les forces physiques et intellectuelles s'affaiblissent, les maladies nerveuses apparaissent. A la seconde, les enfants naissent débiles et sont imbéciles ou idiots ; atteints d'épilepsie, ils finissent souvent par le crime, le suicide ou la folie Quant à la troisième génération, elle disparaît sans laisser d'enfants.

Ainsi l'observation a montré que sur 761 enfants d'alcooliques, 322 étaient des dégénérés, 131 des épileptiques et 155 des aliénés. Les autres, c'est-à-dire environ le cinquième, avaient vécu en bonne santé, au moins au point de vue physique, car chez eux les tares intellectuelles ne devaient pas être rares.

On a vu d'autre part que dans les départements où la consommation de l'alcool va en augmentant, le pourcentage des « bons pour le service militaire » va en diminuant. L'alcoolisme est donc une cause de diminution de la vigueur nationale.

Il est de toute nécessité de veiller attentivement sur les enfants d'alcooliques si l'on veut atténuer chez eux les tendances morbides héréditaires. Une hygiène sévère est nécessaire pour lutter contre cette dégénérescence infantile.

Dangers de l'alcoolisme pour la société. — Dans un pays où l'alcoolisme se développe, *la natalité diminue, la mortalité augmente et les crimes et les suicides deviennent plus nombreux.*

Au point de vue de la criminalité, en particulier, on a fait la constatation suivante : sur les détenus pour assassinat on trouve 53 % d'alcooliques, 37 % sur les détenus pour incendie, 70 % sur les condamnés pour mendicité et 90 % sur les condamnés pour coups et blessures.

Il en résulte des charges énormes pour le budget de l'État, car il faut entretenir un nombre de plus en plus considérable de malades et de dégénérés dans les hôpitaux, dans les hospices, dans les asiles d'aliénés et dans les prisons.

De plus la consommation de l'alcool représente une somme énorme prélevée en grande partie sur la classe ouvrière. En effet on consomme en France, par an, 4 millions d'hectolitres d'alcool à 50 degrés ; à 4 francs le litre, vendu au détail, cela fait 400 francs l'hectolitre et 1 milliard 600 millions de francs au total ! Ce calcul montre que l'alcoolisme nuit autant à la bourse qu'à la santé.

Enfin, rappelons que certaines peuplades primitives sont décimées par les alcools d'importation européenne. Ce qui se conçoit facilement, car les trafiquants vendent aux nègres des alcools à bas prix, mal rectifiés, par conséquent très toxiques ; et d'autre part les effets de l'alcool sont encore plus terribles sous les climats tropicaux que dans nos pays tempérés.

La consommation de l'alcool. — La consommation de l'alcool dans les divers pays peut nous renseigner sur le degré d'alcoolisme qui y est répandu. Les chiffres suivants permettent de faire cette triste constatation qu'en France l'alcoolisme reste à peu près stationnaire alors qu'il diminue sensiblement dans les autres pays comme l'Allemagne, la Norvège et la Suède.

En 1830, un Français buvait en moyenne 1^l \
   1840,   —   1,5 \
   1860,   —   2,4   d'alcool \
   1880,   —   3,8   absolu \
   1890,   —   4,4   par an. \
   1900,   —   5 \
   1903,   —   3,8

Si l'on fait le classement des nations européennes en prenant pour base l'alcool qu'elles consomment, aussi bien en boissons fermentées qu'en boissons distillées, la France, à cause de la grande quantité de vin qu'on y boit, occupe le premier rang, avec plus de $6^l,5$ d'alcool à $100°$ par habitant, Mais si l'on tient compte seulement des boissons distillées (eaux-de-vie et liqueurs), la France n'occupe plus que le 5° rang, après le Danemark, qui vient en tête, puis la Belgique, la Hollande et l'Allemagne.

La consommation des boissons distillées varie beaucoup avec les régions : c'est dans la Seine-Inférieure, l'Oise et le Calvados qu'elle est le plus accusée, et c'est dans les pays vignobles qu'elle est la plus faible (*fig.* 340). Si l'on envisage seulement les villes, c'est le Havre qui tient le premier rang, avec $17^l,4$ d'alcool absolu par habitant, puis Cherbourg avec $16^l,4$, Rouen avec $16^l,2$, et Caen avec $14^l,2$. Paris n'occupe que le 18° rang avec $6^l,1$.

Il faut remarquer que ces chiffres ne sont qu'approxima-
tifs, car pour être plus près de la réalité il faudrait ajouter

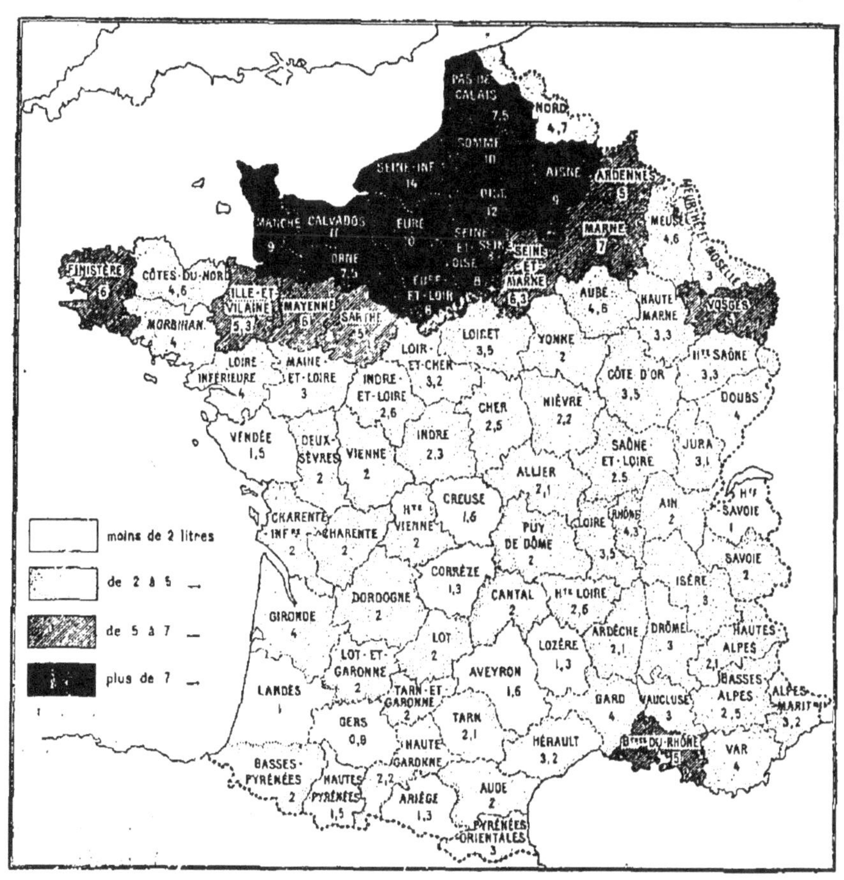

Fig. 340. — Carte de la consommation des boissons distillées
en France.

l'alcool qui échappe à l'estimation officielle et est utilisé
directement par les *bouilleurs de cru*, c'est-à-dire par les
propriétaires qui convertissent en eau-de-vie le produit, le
cru, de leurs vignobles ou de leurs arbres fruitiers. Leur
nombre est passé en vingt ans de 150000 à 900000.

Jusqu'à ces dernières années l'alcoolisme semblait se localiser dans les pays industriels et maritimes, mais avec les
bouilleurs de cru et grâce aux distillateurs ambulants qui

sillonnent nos campagnes, distillant les fruits et les marcs
de raisins, les paysans peuvent s'empoisonner en famille.
Les femmes s'alcoolisent comme les hommes, et de bonne
heure les enfants sont dressés à *boire la goutte*. Aussi la
population des campagnes, qui constituait comme une réserve d'énergie pour notre pays, va-t-elle être touchée à son
tour par le poison.

La lutte contre l'alcoolisme. — L'alcoolisme étant un
péril social, la lutte contre ce fléau est devenue un devoir.
Non seulement, en effet, il empoisonne notre société actuelle, mais il compromet l'avenir de la société de demain.
N'oublions pas que « l'avenir est aux peuples sobres ».

En Suède et en Norvège on a courageusement entrepris la
lutte contre ce mal, et le succès a été frappant. Les distilleries particulières ont été partout supprimées. De grandes
compagnies ont seules été autorisées à distiller, mais sous
un contrôle sévère, et elles n'ont aucun intérêt à favoriser
la consommation de l'alcool, car tout bénéfice dépassant
5 °/₀ d'intérêt est employé par l'Etat à des œuvres de mora-
lisation ou d'utilité publique. Aussi en Norvège ne compte-
t-on plus que 21 distilleries avec un cabaret environ pour
8000 habitants. La consommation, de 4¹ par habitant en 1876,
a passé à 2¹ en 1892. En Suède, elle a passé de 8¹ en 1874 à
4¹ en 1898. Certes, c'est encore beaucoup, mais le progrès
obtenu est considérable.

Deux moyens existent pour combattre l'alcoolisme : *l'intervention des pouvoirs publics* et *l'initiative des particuliers*.

1° Intervention des pouvoirs publics. — Il ne faut pas,
comme d'habitude, se faire illusion sur elle ; mais il ne
faut pas non plus la négliger. Elle peut agir par plusieurs
procédés, dont les principaux sont :

Le *monopole de l'alcool*, c'est-à-dire l'alcool rectifié par
l'Etat et vendu uniquement par lui aussi pur que possible ;
mais l'alcool a beau être pur, il est quand même dangereux,
et puis cette sorte de garantie de l'Etat ne serait-elle pas un
encouragement à la consommation ?

L'*augmentation des droits sur l'alcool* (ils comprennent aujourd'hui un droit de consommation de 220 francs par hectolitre d'alcool pur, et, en outre, des droits d'entrée et d'octroi variables suivant les localités : à Paris, 415 francs au total) ;

La *loi sur l'ivresse*, qu'il suffirait d'appliquer (elle a été faite en 1873), surtout en ce qui concerne les enfants, pour en tirer un effet utile ; mais comment frapper le cabaretier qui verse le poison, alors qu'il est souvent le grand électeur, parfois même l'élu du suffrage universel ?

La *diminution du nombre des cabarets* serait surtout efficace. Le nombre des cabarets a, en effet, suivi une progression croissante : en 1830, il était de 280 000 ; en 1860, de 350 000 ; en 1890, de 415 000 ; actuellement il dépasse 500 000, ce qui fait un débit par 80 habitants (moins cependant qu'en Belgique où l'on en compte un par 39 habitants). A Paris, il y a 30 000 cabarets, c'est-à-dire plus d'un par trois maisons. Et encore nous ne comptons pas les wagons-bars et autres inventions modernes qui permettent à l'alcoolique en voyage de continuer ses occupations favorites.

2° **Initiative des particuliers.** — L'alcoolisme étant une sorte de *maladie de la volonté*, on luttera efficacement contre lui par l'éducation : à l'école et après l'école, dans ce long et dangereux intervalle qui va de l'école au service militaire, c'est à l'instituteur qu'appartient ce rôle ; à la caserne, l'officier devra continuer, par son influence morale et par son exemple, ce rôle d'éducateur de la jeunesse. En somme, c'est à tous ceux qui ont eu le bonheur de recevoir de l'instruction qu'il appartient de faire connaître les dangers de ce vice dégradant qu'est l'alcoolisme et de servir eux-mêmes d'exemples en pratiquant la tempérance. Aussi bien, l'on ne saurait trop louer les sociétés scolaires de tempérance, qui combattent l'alcoolisme avec efficacité parce qu'elles disposent des moyens puissants de l'association : l'exemple, l'émulation et le respect de l'engagement tenu.

N'oublions pas que sous aucun prétexte nous ne devons

donner d'alcool aux enfants. N'imitons pas ces parents qui, pour récompenser les enfants bien sages, leur présentent un morceau de sucre imbibé d'alcool, alors qu'ils réservent l'eau pour la punition.

Il faut lutter contre cette idée que les boissons alcooliques sont indispensables à l'existence de l'Homme. Tout est prétexte à boire. « Pas de réunion de famille sans libations copieuses ; pas d'affaires qui puissent se traiter autrement qu'au café. On boit dans les circonstances les plus opposées sans autre souci de la logique : l'hiver pour se réchauffer et l'été pour se rafraîchir; on boit quand on est triste et tout autant quand on est gai ; on boit quand on est riche pour dépenser son argent et quand on est pauvre pour oublier sa misère. » (Legris.)

Les médecins ont un rôle important à jouer dans la lutte contre le fléau, non seulement en traitant les alcooliques et en les guérissant, ce qui n'est pas impossible, mais surtout en détournant de l'alcoolisme ceux qui en sont encore indemnes. Ils doivent montrer au peuple qu'il se trompe en cherchant dans l'alcool une force factice. Aussi sont-ils bien dans leur rôle quand ils rédigent des notions fondamentales comme celles que nous transcrivons ici et qui sont affichées dans tous les établissements de l'Assistance publique de Paris depuis 1902 :

L'alcoolisme, ses dangers.

L'alcoolisme est l'empoisonnement chronique qui résulte de l'usage habituel de l'alcool, alors même que celui-ci ne produirait pas l'ivresse

C'est une erreur de dire que l'alcool est nécessaire aux ouvriers qui se livrent à des travaux fatigants, qu'il donne du cœur à l'ouvrage ou qu'il répare les forces ; l'excitation artificielle qu'il procure fait bien vite place à la dépression nerveuse et à la faiblesse; en réalité, l'alcool n'est utile à personne, il est nuisible pour tout le monde.

L'habitude de boire des eaux-de-vie conduit rapidement à l'alcoolisme, mais les boissons dites hygiéniques contiennent aussi de l'alcool ; il n'y a qu'une différence de doses : l'homme qui boit chaque jour une quantité immodérée de vin, de cidre ou de bière, devient aussi sûrement alcoolique que celui qui boit de l'eau-de-vie.

Les boissons dites apéritives (absinthe, vermouth, amers), les liqueurs aromatiques (vulnéraire, eau de mélisse ou de menthe, etc.) sont les plus pernicieuses parce qu'elles contiennent, outre l'alcool, des essences qui sont, elles aussi, des poisons violents.

L'habitude de boire entraîne la désaffection de la famille, l'oubli de tous les devoirs sociaux, le dégoût du travail, la misère, le vol et le crime Elle mène, pour le moins, à l'hôpital, car l'alcoolisme engendre les maladies les plus variées et les plus meurtrières : la paralysie, la folie, les affections de l'estomac et du foie, l'hydropisie ; il est une des causes les plus fréquentes de la tuberculose. — Enfin, il complique et aggrave toutes les maladies aiguës : une fièvre typhoïde, une pneumonie, un érysipèle, qui seraient bénins chez un homme sobre, tuent rapidement le buveur alcoolique.

Les fautes d'hygiène des parents retombent sur leurs enfants ; s'ils dépassent les premiers mois, ils sont menacés d'idiotie ou d'épilepsie, ou bien encore ils sont emportés un peu plus tard par la méningite tuberculeuse ou par la phtisie.

Pour la santé de l'individu, pour l'existence de la famille, pour l'avenir du pays, l'alcoolisme est un des plus terribles fléaux.

RÉSUMÉ

Les boissons peuvent être rangées en quatre groupes : les *boissons aromatiques, fermentées, distillées* et les *liqueurs*.

1° Boissons aromatiques. — Ce sont des infusions de feuilles ou de graines. Les plus usitées sont : le *café*, le *thé*, le *cacao*, le *maté*. Ce sont des aliments *nervins*, c'est-à-dire qu'ils agissent sur le système nerveux en réveillant la vigueur physique et en facilitant le travail intellectuel. Elles contiennent un alcaloïde, la *caféine*. Leur abus est dangereux.

Le *café* sert aussi à combattre les excès alcooliques et les effets de la nicotine chez ceux qui abusent du tabac.

Le *thé* calme bien la soif, mais pris en excès, il fait maigrir.

2° Boissons fermentées. — Elles proviennent de la *fermentation alcoolique* des jus sucrés sous l'influence des Levures. Les plus importantes sont le *vin*, le *cidre* et la *bière*.

Le *vin* par sa composition (alcool, tanin, sels, glycérine, éthers, etc.) est un excitant et un véritable aliment, à la condition qu'il soit bon et pris à dose modérée. Son degré alcoolique moyen est 10. Il est souvent falsifié par le *mouillage* qui entraîne le *vinage*, par le *sucrage*, le *plâtrage*, les *colorants* et les *essences* destinées à lui donner un bouquet artificiel. Il est sujet à des maladies qui altèrent sa composition. Falsifié ou pris en trop grande quantité il devient un danger pour l'organisme.

Le *cidre* est une boisson saine ; les sels de potasse qu'il contient lui donnent des propriétés diurétiques ; son degré alcoolique est 5.

La *bière* est une boisson plus nutritive que les précédentes Son degré alcoolique moyen est 5. Elle est souvent falsifiée par l'usage de glucoses impurs qui remplacent le moût d'orge, et par des substances amères qui remplacent le houblon.

3° **B issons distillées.** — Elles sont obtenues par la distillation des boissons fermentées. Elles comprennent les *eaux-de-vie naturelles*, les *alcools d'industrie* et les *eaux-de-vie artificielles*.

Ces boissons sont dangereuses a cause des impuretés qu'elles contiennent, en particulier les *alcools propylique, butylique, amylique,* et le *furfurol*, et surtout à cause des *essences* avec lesquelles on les aromatise.

4° **Boissons à essences ou liqueurs.** — Elles sont fabriquées avec des alcools d'industrie auxquels on ajoute des essences aromatiques toujours toxiques. Elles comprennent les liqueurs dites *apéritives*, dont la plus dangereuse est l'absinthe, et les liqueurs dites *digestives*.

L'alcoolisme. — L'abus des boissons alcooliques cause l'*ivresse* s'il est passager, et l'*alcoolisme* s'il est continu. L'alcoolisme affaiblit les forces physiques, trouble les facultés intellectuelles, et engendre les maladies les plus variées.

L'alcool atteint surtout l'estomac, le foie (cirrhose), le cœur et les vaisseaux, le cerveau. Il déprime l'organisme et le rend plus apte à contracter les maladies. Pris en excès il augmente rapidement la fatigue musculaire.

L'alcool poursuit ses effets désastreux au delà de l'individu alcoolique, car il frappe la famille et la race de dégénérescence (épilepsie, folie).

Dans un pays où l'alcoolisme se développe, la natalité diminue, la mortalité augmente, les crimes et les suicides deviennent plus nombreux

En France, l'alcoolisme semble rester stationnaire, alors qu'il diminue dans les autres pays.

L'alcoolisme est un péril social contre lequel il est du devoir de tous de réagir. Dans la lutte contre ce fléau il faut s'appuyer sur les *pouvoirs publics*, mais c'est surtout sur l'*initiative des particuliers* qu'il faut compter.

CHAPITRE IV

LES ALIMENTS

Nous avons indiqué (première partie, chap. VII) les qualités que devait présenter un aliment pour être utile à l'organisme ; nous avons montré ce que devait être la ration alimentaire. Il nous reste à parler des aliments au point de vue hygiénique, c'est-à-dire de leur composition chimique, des falsifications qu'ils peuvent subir et des dangers qu'ils peuvent présenter.

Nous nous occuperons enfin de l'*éducation de l'appareil digestif*, des *intoxications alimentaires* et des *parasites* contenus dans les aliments.

Les aliments usuels seront classés selon leur origine : *végétale* ou *animale*.

§ 1. — Aliments d'origine végétale.

Les aliments d'origine végétale sont nombreux. Nous citerons seulement les plus usuels : le *pain*, les *légumes*, les *fruits*, les *champignons*, les *condiments* ou *épices*.

Le pain. — Le *pain*, qui est la base alimentaire des pays civilisés, est fabriqué avec le Blé. En France surtout, et en particulier dans les campagnes, la consommation du pain est considérable.

Le grain de Blé (*fig*. 341) est formé de deux parties : l'em-

bryon, qui est de nature albuminoïde, et l'*albumen*, qui est

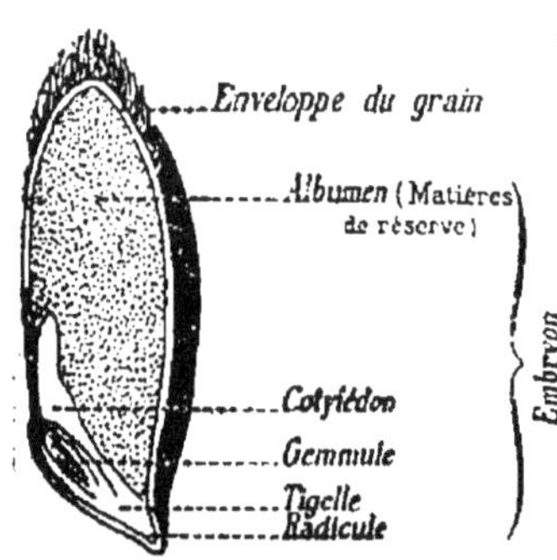

Fig. 341. — Grain de Blé (coupe longitudinale).

une réserve nutritive renfermant surtout de l'amidon. En écrasant le grain de Blé, on obtient de la *farine* avec l'albumen et l'embryon, et du *son* avec les débris de l'enveloppe du grain. On sépare la farine du son à l'aide de tamis spéciaux appelés *blutoirs*.

Les Blés à grains *tendres* sont les plus cultivés en France et les plus estimés pour la préparation des farines ; au contraire, d'autres Blés, cultivés dans les pays chauds, ont des grains *durs*, riches en gluten et particulièrement recherchés pour fabriquer le vermicelle, le macaroni et autres pâtes alimentaires.

Panification. — Pour fabriquer le pain, on pétrit la farine avec un volume à peu près égal d'eau, du sel et un peu de *levain*. Le levain est préparé soit avec de la farine et de la Levure de bière, soit avec de la pâte ayant déjà subi la fermentation (pâte aigre). Par l'action de cette Levure une partie de l'amidon de la farine subit la fermentation alcoolique et donne des traces d'alcool et du gaz carbonique. Ce gaz carbonique se dégage sous forme de bulles qui restent emprisonnées dans la pâte, la distendent, et, comme on dit,

A. — Avant la fermentation.

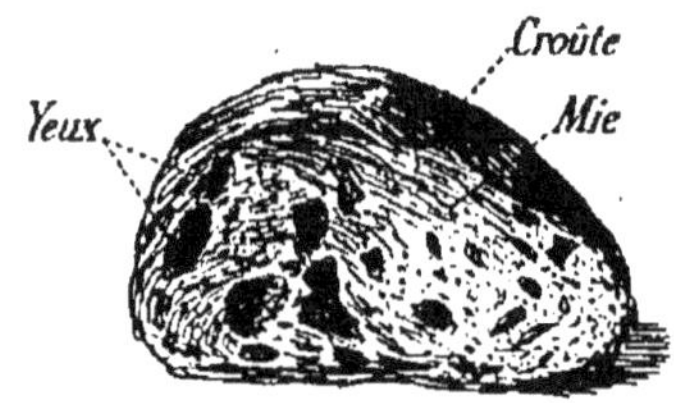

B. — Après la fermentation et la cuisson.

Fig. 342. — Aspect de la pâte avant la fermentation et après.

la font *lever* (*fig*. 342). Puis, sous l'influence de la chaleur, de la cuisson, ces bulles se dilatent, forment les *yeux* du pain qui devient ainsi plus poreux, et par suite plus digestible.

Cuisson. — La pâte subit ensuite la cuisson dans un four dont la température est de 250°, mais au centre du pain, dans la mie, la température est à peine de 70°. La croûte, ayant été portée à une température plus élevée, contient moins d'eau que la mie ; elle renferme aussi plus de matières azotées (13 °/₀ au lieu de 7 °/₀) : elle est donc plus nutritive. La cuisson a eu aussi pour effet de *stériliser* le pain, c'est-à-dire de détruire les Levures et certains microbes contenus dans la farine et dans l'eau. Mais cette stérilisation n'est pas complète, la température n'étant que de 70° à l'intérieur du pain, d'où la nécessité d'employer de l'eau pure pour la panification.

Bon et mauvais pain. — Un pain de bonne qualité ne doit pas contenir plus de 35 °/₀ d'eau. Insuffisamment cuit, il en renferme davantage : il est alors mauvais, car il est moins digestible, parce qu'étant pâteux il se laisse difficilement pénétrer par les sucs digestifs, et moins nutritif, parce qu'il contient trop d'eau. Il peut alors causer de véritables indigestions, surtout quand il est chaud. On le reconnaît facilement, car sa mie pâteuse colle aux doigts quand on l'écrase entre le pouce et l'index.

Le bon pain est léger ; sa mie est élastique, elle ne colle pas aux doigts et, légèrement comprimée, elle reprend lentement son volume ; sa croûte est dorée, épaisse, cassante et bien adhérente à la mie ; il ne contient pas de grumeaux blanchâtres et dans la soupe il absorbe le bouillon sans se délayer.

Pain complet. — On a beaucoup discuté dans ces dernières années sur le *pain complet*, c'est-à-dire contenant une partie du son. Ses défenseurs disent qu'en enlevant totalement le son on prive le pain d'une notable quantité de phosphates et d'azote. En réalité la différence entre le pain blanc et le pain complet est bien faible. Et d'autre part il faut tenir compte de ce fait que le pain blanc est mieux digéré, mieux assimilé et que, par suite, le gain en azote est supérieur avec le pain blanc qu'avec le pain complet.

Falsifications et altérations. — La farine du Blé est souvent falsifiée à l'aide de matières non nuisibles, comme de la farine de Seigle, ou même des fécules bon marché.

Des empoisonnements dus au plomb ont été parfois constatés. Ils étaient dus à ce que les boulangers chauffaient leur four avec des bois de démolition peints à la céruse. L'usage de ces bois doit donc être défendu.

Le pain, comme toutes les substances organiques, peut être altéré par les moisissures qui s'y développent, et le pain moisi peut causer des indigestions.

La farine peut aussi contenir des produits toxiques capables d'amener des accidents graves ; l'*ergotisme*, maladie causée par la présence dans le Seigle d'un Champignon, l'*Ergot du Seigle* (*fig.* 343), qui se développe dans les grains ; la *pellagre*, qui sévit sur les populations dont le Maïs constitue la principale alimentation ; le *ténulentisme*, caractérisé par des accidents nerveux peu graves et causés par des graines d'ivraie mélangées au Blé

En résumé, le pain est un aliment complet, et l'on peut vivre uniquement de pain alors qu'on ne saurait vivre exclusivement de viande. Il manque cependant un peu de matières azotées, qu'on peut donner avec une minime portion de viande.

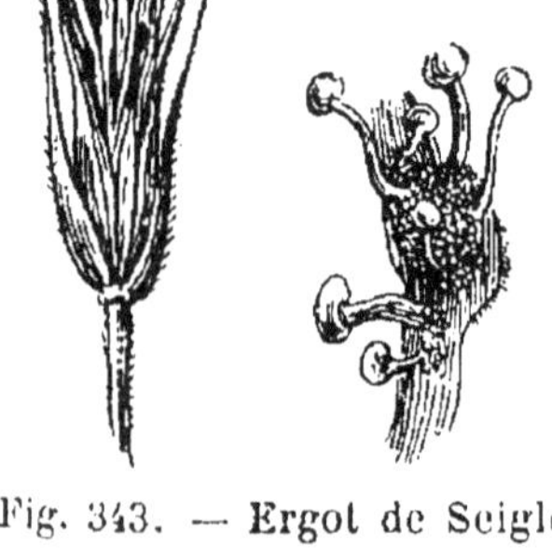

Fig. 343. — Ergot de Seigle.

Au contraire, le Riz, par exemple, très riche en matières féculentes, mais pauvre en matières albuminoïdes, doit être associé à des aliments riches en substances albuminoïdes.

C'est ainsi que les Chinois et les Japonais associent le Riz et
le Poisson.

Légumes. — Les légumes contiennent, en général, peu de
matières albuminoïdes, mais ils sont assez riches en sels calcaires, ce qui compense le déficit qu'une alimentation trop
carnivore pourrait produire Ils sont riches en cellulose,
mais cette matière n'est presque pas attaquée dans l'intestin
de l'Homme.

Ils sont consommés sous forme de *racines*, de *tiges*, de
feuilles et de *graines*.

Racines. — Elles sont peu employées dans l'alimentation.
Citons pourtant la Carotte, le Navet, le Salsifis, le Radis et
surtout le Manioc, qui fournit un aliment précieux dans les
pays tropicaux et qui sert à fabriquer le tapioca.

Tiges. — Beaucoup de celles qui sont consommées sont
renflées sous forme de tubercules. Les plus importantes
sont : la Pomme de terre, le Topinambour, le Crosne, la
Patate.

La *Pomme de terre* contient peu de matières azotées, mais
elle est riche en fécule et constitue un aliment très sain, à
condition qu'elle soit complétée par des substances albuminoïdes telles que du lait, de la viande. Elle renferme environ : 75 °/o d'eau, 20 °/o de fécule et 2 °/o de matières azotées.

Les Pommes de terre germées sont parfois la cause d'empoisonnements, car il se développe à ce moment des alcaloï-
des dont l'action peut être toxique.

Dans les pays montagneux, la Châtaigne joue le rôle de la
Pomme de terre dans les pays de plaine, avec cet avantage
qu'elle est quatre fois plus riche en matières albuminoïdes.

Feuilles. — Elles sont peu nutritives, car elles contiennent beaucoup d'eau et la cellulose qu'elles renferment n'est
presque pas attaquée par les sucs digestifs. Les plus communément utilisées sont celles du Chou, de l'Oseille, de l'Épi-
nard, des Salades, du Cresson, de l'Artichaut.

Graines. — Les graines de Haricot, de Pois, de Lentille et de Fève sont riches en matières albuminoïdes : elles en contiennent souvent plus que la viande. Ce sont donc d'excellents aliments permettant aux habitants des campagnes, qui en font une grande consommation, de ne recourir que rarement à la viande. A poids égal, leur valeur nutritive est trois fois plus grande que celle de la Pomme de terre.

Pour faciliter la digestion de ces graines, il est bon d'enlever leur enveloppe qui est indigeste ; c'est pourquoi on les mange souvent en purée ou décortiquées.

Les fruits. — Les fruits ne sont nutritifs que par le sucre qu'ils contiennent et qui est entièrement assimilé par l'organisme. Aussi, en flattant le goût par leur saveur, ils jouent plutôt le rôle de condiment. Avec le sucre, les fruits renferment ordinairement du tanin, des sels et des acides ; la présence de ces derniers explique leur action purgative.

Les fruits sont souvent consommés cuits, soit en compotes, soit en confitures. Ces dernières constituent un aliment très nutritif à cause de la quantité de sucre qu'elles renferment.

Les Champignons. — Les Champignons sont recherchés à cause de leur agréable saveur. Leur valeur nutritive est faible : on estime qu'il faut 9^{kg} de Champignons de couche ou 15^{kg} de Morilles pour valoir 1^{kg} de Bœuf. De plus, ils sont peu digestibles.

Certaines espèces de Champignons sont vénéneuses, c'est-à-dire qu'elles contiennent des matières toxiques, en particulier la *muscarine*, capables de causer la mort. Il importe donc de distinguer ces espèces vénéneuses des espèces comestibles, ce qui ne peut se faire que par les caractères botaniques, car *il n'existe aucun caractère d'ensemble permettant de distinguer sûrement les bons Champignons des mauvais.*

On indique pourtant certains moyens qui permettraient de faire cette distinction. Ils sont insuffisants. On dit, par exemple, qu'il faut rejeter les Champignons changeant de couleur quand on les brise et ceux dont le suc est coloré. Or, certaines espèces excellentes, comme le Lactaire délicieux, ont le suc coloré ; tandis que d'autres, comme l'Amanite printanière, sont vénéneuses, bien que leur suc soit incolore.

Un autre moyen également recommandé consiste à placer une pièce d'argent au contact du Champignon : si le métal reste blanc, le Champignon est bon; s'il noircit, le Champignon est mauvais. En réalité, ce procédé n'a aucune valeur, car si la pièce d'argent noircit c'est que le Champignon contient du soufre ; et elle pourrait rester blanche alors que le Champignon serait vénéneux.

De nombreuses expériences ont montré que, pour la plupart des Champignons consommés, des lavages répétés dans l'eau bouillante et légèrement vinaigrée, avec le rejet de l'eau de cuisson, suffisent pour éviter des accidents

Les accidents causés par les Champignons sont toujours redoutables, car on ne connaît aucun contrepoison des toxines qu'ils contiennent. Il faut donc, le plus vite possible, débarrasser les voies digestives du poison en provoquant les vomissements, par exemple en chatouillant le fond de la gorge avec le dos d'une cuiller. Le premier effet du poison est d'ailleurs plutôt favorable, car il provoque souvent des vomissements et de la diarrhée qui permettent à l'estomac et à l'intestin d'évacuer les Champignons ingérés. Malheureusement le poison, dans certains cas, a pu être absorbé en quantité suffisante pour pénétrer dans le sang et produire une paralysie du cœur.

Condiments. Épices. — Les *condiments* sont des substances que l'on ajoute aux aliments dans le but d'en relever la saveur, et par suite d'exciter la sécrétion du suc gastrique et de faciliter la digestion.

Les uns sont âcres, aromatiques ou sulfurés. Ce sont les épices : poivre, girofle, muscade, gingembre, cannelle, moutarde, etc. Les autres sont acides comme le vinaigre.

L'abus des condiments irrite les muqueuses du tube digestif, ce qui n'est pas sans inconvénient. On doit écarter les épices de l'alimentation des enfants. Leur usage est surtout répandu dans les pays chauds, où l'atonie digestive est commune.

§ 2. — **Aliments d'origine animale.**

Les principaux aliments d'origine animale sont fournis à l'Homme par la *boucherie*, la *chasse*, la *pêche* et la *basse-cour*.

Viandes de boucherie. — Ces viandes sont les plus importantes au point de vue de l'alimentation humaine. Elles contiennent de l'eau (environ 75 °/₀), des matières albuminoïdes (20 °/₀) et des sels. C'est par ces viandes que nous récupérons en grande partie les phosphates éliminés par l'urine.

Les animaux qui fournissent ces viandes sont : le *Bœuf*, le *Veau*, le *Mouton*, le *Porc* et le *Cheval*.

Le **Bœuf** de première qualité est celui qui, « systématiquement engraissé dès le jeune âge, et abattu entre les 4ᵉ et 6ᵉ années, aura les rognons de graisse volumineux, une graisse de couverture bien répartie, et le grain de viande rouge vif, fin et persillé selon la race ». Pour être de bonne

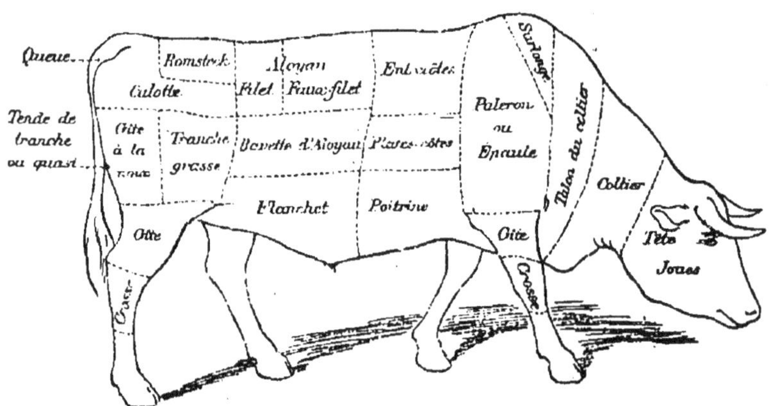

Fig. 344. — Différentes régions du Bœuf.

qualité, la viande prise chez le boucher doit être d'un rouge vif, ferme, élastique et d'une odeur douce et fraîche.

Dans un même animal, les diverses régions (*fig.* 344) fournissent des viandes de qualités différentes.

Les viandes de qualité inférieure sont décolorées ou trop foncées ; elles sont pauvres en graisse ; elles sont flasques et molles à la coupe ; enfin, elles sèchent facilement et noircissent à l'air, leur odeur est fade, ou aigre, ou légèrement aromatique (odeur de *relent*).

Les viandes provenant d'animaux *surmenés* sont mauvaises. On les reconnaît facilement par le papier bleu de tournesol, qui rougit à leur contact, car le suc de ces viandes est acide. Tout animal épuisé par le travail ou la maladie ne doit pas entrer dans l'alimentation.

Le **Veau**, surtout lorsqu'il a été nourri exclusivement avec du lait et qu'il est abattu entre 6 et 10 semaines, a une chair blanche et tendre. Si cette dernière est molle et de couleur foncée, c'est que l'animal a été mal nourri. Lorsque l'animal est trop jeune, sa chair est molle, souvent laxative et parfois même toxique. La viande de Veau ne réussit ni aux goutteux, ni aux arthritiques, ni aux personnes dont la peau est facilement irritable.

Le **Mouton** a une chair excellente et qui ne contient pas de parasites. Elle a parfois une odeur de laine qui s'accentue par la cuisson. Les Moutons de prés-salés, élevés sur les bords de la mer, fournissent la chair la plus estimée : elle est d'un beau rouge et d'un goût exquis.

Le **Porc** a une chair excellente, mais à la condition qu'elle soit bien cuite, car elle peut contenir des parasites, ainsi que nous le verrons plus loin. Comme elle est grasse et compacte, elle est plus difficile à digérer que celle du Bœuf ou du Mouton. Les principes qu'elle renferme sont facilement assimilés par l'organisme, d'où sa grande valeur nutritive. Pourtant les personnes prédisposées aux éruptions de la peau feront bien de s'en abstenir. La salaison du Porc rend la viande plus savoureuse et plus digestible. Aussi le jambon constitue-t-il un véritable aliment de convalescent.

Toutes les parties du corps de cet animal (*fig.* 345) sont utilisables : sa chair est mangée fraîche, salée ou fumée ;

son sang sert à faire du boudin ; sa graisse donne le lard et

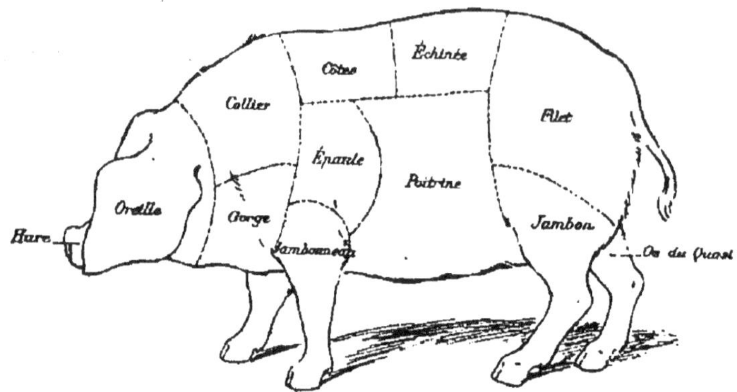

Fig. 345. — Différentes régions du Porc.

le saindoux, sa chair hachée fournit les saucissons et les saucisses, etc.

Le **Cheval**, l'**Ane** et le **Mulet** fournissent aussi une viande excellente, qui n'est pas appréciée à sa valeur. Cependant les abattoirs des grandes villes reçoivent ces animaux en quantité de plus en plus considérable.

La cuisson des viandes a de l'importance, car leur valeur alimentaire varie selon qu'elles sont *bouillies* ou *rôties*.

Les *viandes bouillies* perdent environ 40 % de leur poids ; mais en réalité leur valeur alimentaire a peu diminué ; elles sont surtout moins digestibles. Le *bouillon* obtenu a une faible valeur nutritive, mais il facilite la sécrétion du suc gastrique et apporte à l'organisme une forte proportion de sels minéraux. D'ailleurs sa valeur dépend de son mode de préparation : si l'on plonge la viande dans l'eau froide et si l'on fait bouillir celle-ci pendant 4 à 5 heures, on obtient un bouillon riche et un bouilli sec et filandreux ; au contraire, en ne mettant la viande dans l'eau qu'au moment de l'ébullition, on lui conserve ses sucs au détriment du bouillon.

Les *viandes rôties* ne perdent par la cuisson que 25 % de leur poids ; elles conservent presque toutes leurs qualités nutritives. Toutefois, elles ne devront pas être trop saignantes, de façon que les parasites qui peuvent y être contenus soient tués par la chaleur.

La chasse : le gibier. — La *chasse* procure le *gibier*, aliment ordinairement très nutritif, mais d'une digestion difficile. Sa rareté en fait d'ailleurs un mets de luxe.

Beaucoup de personnes ont la déplorable manie de ne manger le gibier que lorsqu'il est *faisandé*, c'est-à-dire lorsque sa chair présente une couleur verdâtre et acquiert un fumet particulier. Cette viande est dangereuse, car elle subit la putréfaction cadavérique et fabrique des matières toxiques appelées *ptomaïnes*, qui peuvent causer des empoisonnements ou tout au moins des troubles digestifs graves.

La pêche : Poissons, Batraciens, Crustacés, Mollusques. — I. Poissons. — Leur chair ne diffère de la viande de boucherie que par ce qu'elle contient un peu plus d'eau et un peu moins de matières azotées. Elle constitue un excellent aliment, qui, dans certains pays, forme la base de la nourriture. Malheureusement elle s'altère vite. Aussi, plus encore que la viande de boucherie, le Poisson doit-il être mangé *frais* et *bien cuit.* Sur les marchés son altération se reconnaît facilement aux signes suivants : odeur ; aspect mou et flasque ; branchies grisâtres ou vertes, tandis qu'à l'état frais elles ont une coloration rose vif ; orifice anal béant avec une saillie de l'intestin.

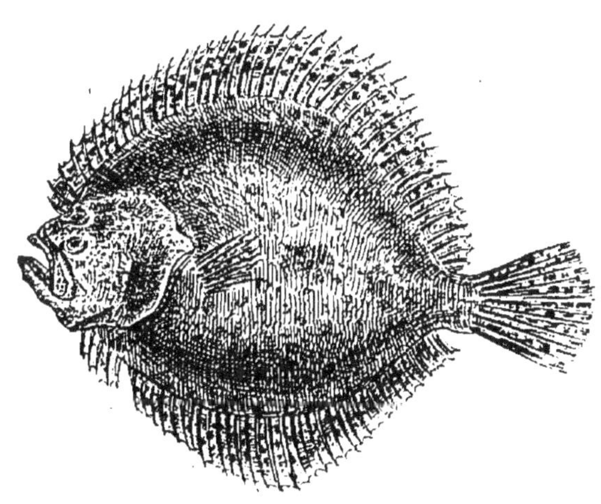

Fig. 346. — Turbot.

Au point de vue de leurs qualités alimentaires, les Poissons sont rangés en trois catégories :

1° Les Poissons à *chair blanche*, qui sont maigres, peu nutritifs et d'une digestion facile. Ils sont utiles dans l'alimentation des convalescents. Ce sont : la Sole, la Limande, le Carrelet, le Turbot (*fig.* 346), le Merlan ;

2° Les Poissons à *chair colorée*, grasse et plus nutritive que la précédente, mais aussi plus difficile à digérer. Ce sont : le Maquereau, le Thon, le Saumon, la Carpe, le Hareng, la Sardine, le Bro-

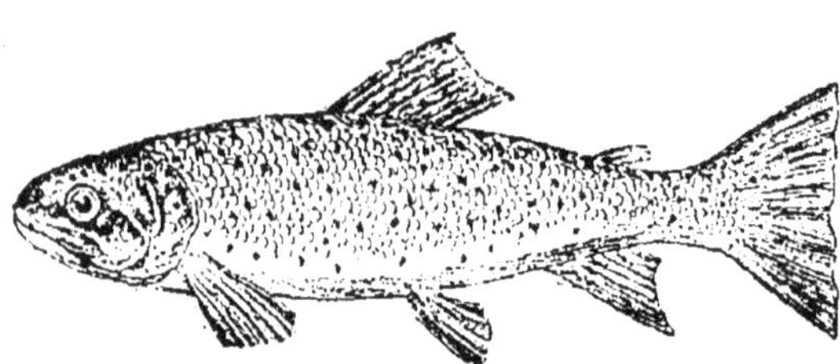

Fig. 347. — Truite.

chet, la Truite (*fig.* 347), la Perche, etc. ;

3° Les Poissons à *chair grasse* et d'une digestion difficile, comme l'Anguille (*fig.* 348), le Congre, la Lamproie.

Certains Poissons sont *vénéneux*, c'est-à-dire qu'ils contiennent dans leurs tissus des poisons ou toxines. Dans ce cas, c'est souvent dans les œufs que sont localisés ces poisons.

Fig. 348. — Anguille.

II. Batraciens. — Ils ne fournissent comme espèce comestible que la Grenouille, et encore ne mange-t-on de cet animal que les pattes postérieures, dont la chair est blanche et délicate. On peut reconnaître si dans les brochettes de pattes de Grenouille vendues sur les marchés on a introduit des pattes de Crapauds à ce que ces dernières sont courtes, trapues, à chair grisâtre, tandis que les autres sont longues, minces et à chair blanche ou rosée.

III. Crustacés. — Parmi les espèces comestibles, les plus communes sont : le Homard, la Langouste, la Crevette et le Crabe, qui vivent dans la mer, et l'Ecrevisse, dans les eaux douces. Leur chair est très nutritive, mais d'une digestion pénible, car étant très compacte, le suc gastrique la pénètre difficilement. Elle se putréfie facilement et donne lieu à des accidents qui varient avec les dispositions individuelles. Les rhumatisants sont fort sensibles à l'action de cette chair ; dès qu'ils mangent des Crustacés, même frais, leur peau présente des taches roses semblables à celles que produisent les piqûres d'Ortie : c'est ce qu'on appelle l'*urticaire*. Pour éviter les accidents causés par la putréfaction, il est bon d'acheter les animaux vivants et de les faire cuire soi-même.

IV. Mollusques. — Les espèces les plus importantes sont : l'Huître, la Moule et l'Escargot.

L'*Huître* a une valeur nutritive qui, à poids égal, ne diffère pas sensiblement de celle du lait ; elle est même un peu supérieure au point de vue des matières azotées. L'installation des parcs à Huîtres doit être surveillée, car s'ils reçoivent des eaux contaminées, les Huîtres peuvent se charger de microbes et transmettre certaines maladies. C'est ainsi que certains cas de fièvre typhoïde ont pu être attribués à ces Mollusques. Mais ce sont là, il faut le reconnaître, des cas exceptionnels.

Une Huître pond 2 millions d'œufs d'avril en septembre, d'où ce préjugé qu'il ne faut pas manger d'Huîtres pendant les *mois sans r* (mai, juin, juillet, août). En réalité, durant cette période elles sont de qualité inférieure ; mais elles peuvent, en général, être consommées sans danger.

La *Moule* est un aliment moins digestible, mais plus nutritif que l'Huître. Malheureusement elle s'altère facilement et peut causer des accidents, rarement mortels, mais souvent accompagnés d'urticaire. Ces Mollusques ne sont toxiques que lorsqu'ils sont morts, ou bien lorsqu'ils ont vécu dans des eaux stagnantes et putrides. Il est donc prudent de ne pas consommer les Moules récoltées dans les eaux malpropres, et d'éliminer celles qui sont mortes et qu'on reconnaît à ce que leurs valves sont ouvertes.

L'*Escargot* est nutritif, mais il est coriace et difficile à digérer.

La Basse-Cour : Lait, Beurre, Fromage, Volailles, Œufs, Lapins. — Les principaux produits de la basse-cour utilisés dans l'alimentation sont : le *lait*, le *beurre*, le *fromage*, les *volailles*, les *œufs* et les *lapins*.

I. Le lait. — Le *lait* est le plus complet des aliments naturels. Il est la seule nourriture de l'enfant pendant la première année, et chez certains malades il est le seul aliment qui puisse être utilisé. Il contient, en effet : de l'*eau*, de la graisse sous forme de petits globules en suspension dans l'eau et qui se rassemblent à la surface du lait au repos pour former une couche de *crème* ; une matière albuminoïde qui se coagule pour donner la *caséine*, base du fromage, et qui forme la pellicule superficielle du lait bouilli ; du sucre appelé *lactose* ; et enfin des *sels* (phosphates et chlorures) en faible quantité.

Une dose de 3 litres de lait par jour contient à peu près les matières nutritives nécessaires à la ration alimentaire de l'Homme qui ne produit pas de travail. Dans la pratique on constate que l'Homme soumis au régime lacté exclusif, même s'il consomme 5 litres, est incapable de fournir un travail suivi.

Pour certaines personnes qui le digèrent mal, le lait est légèrement purgatif, alors qu'il tend plutôt à constiper quand il est bien assimilé, car il ne laisse presque pas de résidu dans l'intestin.

La densité du lait de Vache, qui est de beaucoup le plus utilisé, est de 1,03. Un bon lait est d'un blanc mat, opaque, onctueux, colorant les parois du vase qui le renferme, d'une saveur douce et agréable ; sa réaction est alcaline ou neutre et ne doit jamais être acide.

Seule l'analyse chimique peut renseigner sur la composition exacte du lait. Cette composition varie avec l'alimentation de la Vache. Certains aliments aqueux augmentent la sécrétion du lait ; mais si le lait est abondant, en revanche il est pauvre en matières nutritives, et le résultat est le même que si l'on avait ajouté de l'eau au lait normal.

On considère comme falsifié tout lait qui ne présente pas la composition suivante fixée par le Laboratoire municipal de Paris :

Eau	87
Crème	4
Caséine.	3,4
Sucre de lait	5
Cendres.	0,6
	100

Falsifications. — Les falsifications du lait comprennent l'*écrémage* et le *mouillage*. En écrémant le lait, c'est-à-dire en enlevant la crème, on rend le lait plus dense. Aussi tout lait dont la densité est supérieure à 1,012 est considéré comme falsifié. On peut vérifier rapidement cette densité à l'aide d'appareils spéciaux appelés *lacto-densimètres*. Mais si l'écrémage augmente la densité du lait, l'eau ajoutée, c'est-à-dire le mouillage, diminue cette densité. De sorte qu'en combinant adroitement l'écrémage et le mouillage on peut obtenir un liquide de densité normale. Pourtant l'épaisseur de la couche de crème qui se forme à la surface du lait renseigne sur l'écrémage.

Le lait mouillé a la propriété de *tourner*, c'est-à-dire de se coaguler quand on le chauffe pour le faire bouillir. Cette coagulation peut se produire aussi avec un lait normal sous l'influence des microbes de l'air, mais elle se fait plus vite quand le lait est mouillé. Aussi, pour éviter cet inconvénient, le falsificateur ajoute-t-il à son lait déjà écrémé et mouillé, du bicarbonate de soude qui l'empêche de tourner mais qui lui donne une saveur désagréable de lessive.

Ces falsifications qui diminuent la valeur du lait sont déjà blâmables quand il s'agit de l'alimentation des adultes, mais elles deviennent criminelles quand elles portent sur un lait destiné aux enfants, dont il forme la seule alimentation et chez lesquels il cause souvent des accidents mortels. Il est donc juste de punir cette fraude, et l'on ne doit pas oublier qu'il existe un article 423 du Code pénal punissant d'une amende et d'une peine de trois mois à un an de prison les falsificateurs.

Microbes du lait. — Le lait est pour les microbes un excellent milieu de culture. C'est ainsi qu'un échantillon de lait recueilli avec de grands soins de propreté contenait, une demi-heure après la traite, 18000 microbes par centimètre cube, et le lendemain 6 millions ! Il paraît donc impossible, *en pratique*, de recueillir un lait privé de germes. Il est cependant indispensable, pour que le nombre de microbes soit moins élevé, de prendre certaines précautions : le pis de la Vache doit être lavé avant la traite, les vases nettoyés à l'eau bouillante et les mains de l'opérateur bien propres. Nous indiquerons plus loin les procédés à employer pour stériliser le lait.

Sous l'influence de certaines Bactéries le lait peut se colorer en jaune, en bleu, en rouge. Ces modifications sont dues à la matière colorante que sécrètent certains microbes.

Enfin, le lait provenant d'animaux tuberculeux peut contenir les microbes de la tuberculose. Aussi est-il prudent de ne pas consommer le lait cru, car c'est souvent par lui que se contracte la tuberculose. A cet égard, il faut savoir que le premier bouillon du lait, celui qui le fait *monter*, est dû au dégagement des gaz ; il ne faut pas le confondre avec la véritable ébullition, qui vient après et qui, seule, est suffisante pour tuer les germes pathogènes. Si l'on veut consommer du lait cru, il faut choisir celui de la Chèvre, car cet animal contracte rarement la tuberculose.

Le lait de Vaches atteintes de fièvre aphteuse ou de péripneumonie renferme des microbes qui le rendent dangereux pour les enfants.

Fermentation lactique. — Abandonné à lui-même, le lait, sous l'influence de la *Bactérie lactique*, subit ce qu'on appelle la *fermentation lactique* : le sucre de lait se transforme en *acide lactique*, qui fait coaguler la caséine. Le lait se sépare en deux parties : le *caillot*, blanc, formé de caséine, et le *petit-lait*, liquide incolore ou jaunâtre, contenant le sucre non décomposé et les sels.

La décomposition du lait peut aller plus loin et subir la *fermentation butyrique* : la caséine se putréfie, l'acide lactique

ou les corps gras donnent de l'*acide butyrique*, dont l'odeur
rance est bien caractéristique.

II. Le beurre. — Le beurre est obtenu par la soudure des
globules gras de la crème, ce qui s'obtient en plaçant cette
dernière dans un récipient appelé *baratte* que l'on agite dou-
cement. Pour avoir la crème on laisse reposer le lait : la
crème *monte* à la surface et on l'enlève avec une cuiller. On
se sert beaucoup aujourd'hui d'*écrémeuses centrifuges*

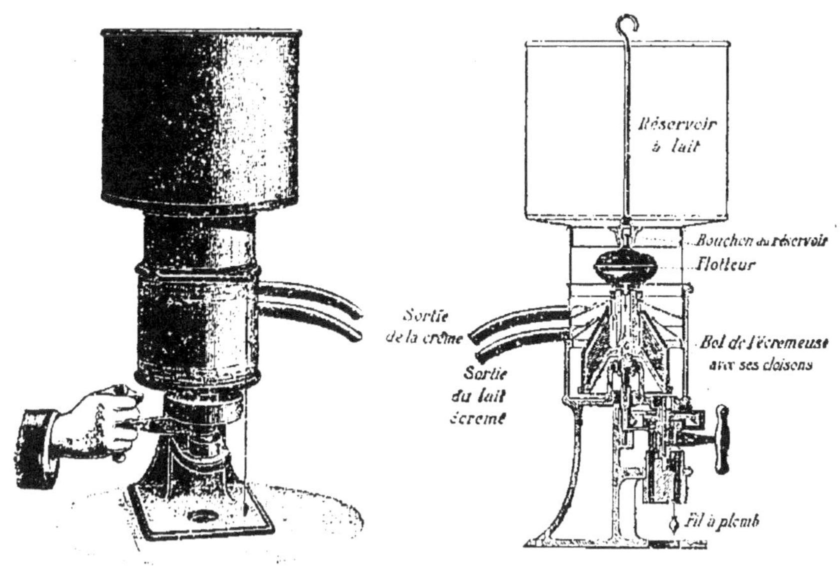

Fig. 349. — Écrémeuse centrifuge.

(*fig.* 349), qui permettent de séparer la crème du lait aussitôt
la traite. Pour cela on verse le lait dans un récipient tour-
nant avec une grande vitesse : la force centrifuge pousse à la
périphérie les parties du lait les plus denses (lait écrémé) et
celles-ci rejettent au centre les moins denses (crème). Le lait
écrémé et la crème sont recueillis dans des tubes distincts.

Le beurre doit être bien lavé et pétri dans l'eau pure, de
façon à être débarrassé du petit-lait qui, emprisonné dans le
beurre, donnerait de l'acide butyrique dont l'odeur rance est

désagréable. Un beurre bien fait ne doit pas laisser suinter de petit-lait lorsqu'on le coupe.

Le beurre est un excellent aliment qui contient 90 °/₀ de graisse et une légère quantité de caséine.

Le beurre est parfois falsifié avec la *margarine*, corps gras que l'on extrait du suif de Bœuf, et qui, au point de vue hygiénique, n'est nullement dangereux.

III. Le fromage. — Le fromage est fabriqué avec la caséine du lait que l'on fait coaguler par la *présure*, matière contenue dans la caillette ou quatrième poche de l'estomac du Veau.

On sépare le lait caillé du petit-lait en le plaçant dans des formes percées de trous. On obtient ainsi le fromage blanc, aliment riche en matières azotées et qui peut être consommé tel quel.

Mais le lait caillé et égoutté sert surtout à faire des *fromages fermentés* ; la fermentation est due à des microbes et à des Champignons qui se développent à la surface et dans la pâte du fromage. Sous l'influence de ces microorganismes il se forme des produits volatils qui donnent aux fromages leur saveur et leur odeur caractéristique. Les fromages peuvent être *crus*, comme le Brie, le Camembert, le Roquefort, ou *cuits*, comme le Gruyère et le Hollande.

La teinte verte du Roquefort est due au développement d'une moisissure verte, le *Penicillium*.

Les microbes et Champignons contenus dans le fromage sécrètent des diastases qui peuvent aider à la digestion. Le fromage, pris à la fin du repas, est donc un stimulant de la digestion, mais à la condition qu'il ne soit pas trop vieux, car, altéré, il contient les toxines de la putréfaction.

Le fromage est un excellent aliment ; certaines sortes, comme le Gruyère, sont plus riches en matières albuminoïdes que la viande elle-même.

IV. Les volailles. — Les volailles entrent pour une bonne part dans l'alimentation. Leurs qualités nutritives varient : ainsi les Poulets engraissés en liberté sont les plus estimés.

Les volailles ne sont consommées que lorsqu'elles sont âgées de moins d'un an. Leur âge se reconnaît facilement : la peau des pattes devient écailleuse en vieillissant ; l'ergot, à peine apparent chez le jeune Poulet, se développe avec l'âge ; enfin, le sternum est flexible chez le jeune.

V. Les œufs. — Les œufs constituent un aliment de premier ordre : nutritif, digestible et agréable.

Un œuf (*fig.* 350) comprend : 1° une *coquille calcaire* percée

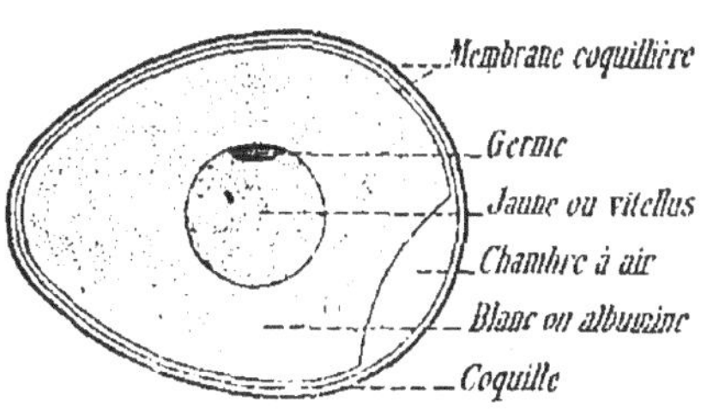

Fig. 350. — Œuf de Poule.

de petits pores destinés à laisser passer l'air nécessaire à la respiration du jeune Oiseau ; 2° deux *membranes* laissant entre elles, au gros bout de l'œuf, un réservoir ou *chambre à air* ; 3° un liquide incolore appelé *blanc*, qui durcit à la cuisson : c'est de l'*albumine* ; 4° une masse centrale appelée *jaune* ou *vitellus*, formée de matières grasses contenant de la *lécithine* et du *fer*. Ce jaune présente à la partie supérieure une petite tache blanche qui est le germe du jeune Oiseau.

Un œuf de Poule pèse environ 60 grammes et ses différentes parties le composent dans les proportions suivantes :

Coquille	10	
Blanc	60	100
Jaune	30	

Voici la composition chimique de l'œuf de Poule :

	Blanc	Jaune
Eau	85,5	51
Matières albuminoïdes	12,9	16,1
Matières grasses	0,2	31,4
Extrait non azoté	0,8	0,5
Sels	0,6	1
	100	100

Les matières albuminoïdes renferment du soufre qui peut

donner de l'hydrogène sulfuré, facilement reconnaissable à son odeur et noircissant les objets en argent.

L'œuf est un aliment complet, comme le lait ; mais, contenant moins d'eau, il est plus nutritif.

A travers les pores de la coquille l'eau s'évapore et l'œuf perd plus d'un gramme de son poids par jour. L'eau est alors remplacée par l'air, de sorte que plus l'œuf vieillit et plus la chambre à air augmente de capacité. On peut reconnaitre par le *mirage* un œuf sain et frais d'un œuf altéré ; pour cela on se place dans l'obscurité et on regarde à travers l'œuf la lumière de la lampe : si l'œuf est transparent, rose et sans taches, c'est qu'il est frais.

D'autre part, les œufs frais sont lourds et vont au fond de l'eau ; au contraire, les œufs altérés surnagent et donnent une sensation de ballottement quand on les agite.

Les blancs d'œufs altérés provoquent souvent des empoisonnements, qui peuvent être redoutables si les œufs sont consommés crus sous forme de neige battue (gâteau à la crème).

VI. Les Lapins. — Les Lapins fournissent une chair blanche de médiocre qualité, mais la facilité avec laquelle on les élève et, par suite, leur abondance font qu'ils jouent quand même un rôle important dans l'alimentation.

§ 3. — Éducation de l'appareil digestif.

Il importe, afin de faciliter la fonction digestive, non seulement de surveiller notre alimentation, mais de nous habituer, par l'*éducation*, à certaines règles d'hygiène. Nous devons nous placer dans des conditions avantageuses pour bien digérer, avoir de la régularité et de la sobriété dans nos repas, et nous devons faire un choix parmi les aliments.

Conditions nécessaires à une bonne digestion. — Il faut d'abord s'efforcer d'être en *appétit*. Sachons pour cela que celui-ci disparaît chez les personnes ayant des préoccupations morales, ou chez celles qui abusent de l'alcool ou qui ne prennent pas assez d'exercice.

Un *exercice violent* immédiatement avant le repas est nuisible, car la salive et le suc gastrique ne sont plus sécrétés en quantité suffisante pour assurer une digestion rapide. Immédiatement après le repas, un exercice violent trouble aussi la digestion, car il a l'inconvénient d'attirer dans les membres le sang qui devait affluer vers l'estomac. Voici d'ailleurs une expérience démonstrative : on donne à deux Chiens d'égale vigueur un repas copieux ; mais tandis qu'on laisse reposer l'un, on soumet l'autre à une course rapide et prolongée ; puis deux heures après, on les sacrifie tous deux : on constate que chez le Chien inactif la digestion stomacale est à peu près achevée, tandis qu'elle est à peine commencée chez le Chien fatigué, dont les aliments sont presque intacts dans l'estomac.

Au contraire, un *exercice modéré* favorise la digestion.

Il faut aussi éviter le *refroidissement*. Quand la digestion commence, on ressent parfois un léger frisson : c'est le sang qui abandonne la peau et les organes périphériques pour se porter vers les organes de la digestion. Or si nous nous refroidissons à ce moment, le travail digestif s'arrête, l'action chimique des diastases est modifiée, et une grave indisposition peut survenir.

Un *bain* pris après le repas peut être mortel, car il peut occasionner une congestion.

Enfin, le *travail intellectuel*, aussitôt après le repas, ralentit la digestion, d'autant plus que, dans ce cas, le corps est ordinairement courbé sur la table de travail et gêne l'estomac dans ses mouvements.

Nécessité d'une bonne mastication. — Une des premières conditions pour bien digérer est d'avoir une bonne mastication. Cette fonction a, en effet, un double rôle : 1° *mécanique*, elle divise les aliments et facilite leur attaque par les sucs digestifs ; 2° *réflexe*, elle détermine la sécrétion d'une salive abondante qui joue un rôle actif dans la digestion.

Il importe donc de bien mastiquer les aliments si l'on veut éviter la redoutable dyspepsie, qui fait tant de ravages dans les organismes.

Pour bien mastiquer, il faut : 1° une *bonne mâchoire*, ce que l'on obtient, ainsi que nous le montrerons plus loin, par des soins particuliers de la bouche et des dents ; 2° la *bonne habitude de s'en servir*. Beaucoup de personnes, en effet, prennent la mauvaise habitude, dès l'enfance, de manger trop rapidement et, par suite, de ne plus mâcher : elles ne mangent plus, elles avalent. Il devient alors difficile de se débarrasser de cette mauvaise habitude. On y parvient pourtant en faisant la *rééducation* des mouvements de la mâchoire. Il suffit, pour cela, d'appeler l'attention sur cet acte, d'y penser pendant le repas, au moins pendant quelques jours, et l'on arrivera ainsi à créer une nouvelle et utile habitude : celle de mâcher bien et lentement les aliments.

Régularité des repas et des fonctions digestives. — La vie bien réglée est une condition essentielle de la santé et de la vigueur. Nous devons donc nous habituer à régler notre faim.

Trois repas par jour suffisent. Le premier, au lever, bien que léger, est nécessaire, car l'organisme à jeun est dans un état de moindre résistance à l'invasion des germes de contagion. Le second, le plus important, a lieu vers midi. Enfin, le troisième, qui a lieu le soir, doit être moins copieux car une digestion laborieuse trouble notre sommeil et favorise le cauchemar.

Quant aux enfants qui dépensent beaucoup et digèrent plus vite, ils doivent manger plus souvent. Aussi pour eux le goûter est tout indiqué.

Les repas ne doivent pas être trop rapprochés, car il ne faut pas que la digestion de l'un empiète sur la digestion de l'autre.

S'il est nécessaire de prendre les aliments avec régularité, il n'est pas moins utile de veiller à ce que les résidus de la digestion soient régulièrement évacués chaque jour ; ils constituent, en effet, un foyer de putréfaction à l'intérieur de notre corps. Lorsque l'appareil digestif a absorbé les sucs nutritifs, l'idéal serait qu'il fût fait place nette dans l'intestin. Il n'en est malheureusement pas ainsi, et la situation se complique d'autant plus que les nombreux microbes introduits avec les aliments vont opérer leur travail et produire des toxines qui seront la cause de troubles organiques. On a même attribué à ces microbes de l'intestin un rôle important dans les manifestations d'une vieillesse précoce.

Nous devons donc veiller à l'évacuation de notre intestin. Pour cela, il est bon de se présenter à la selle, chaque jour, à la même heure, de façon à donner à l'intestin une habitude indispensable à la santé. C'est une bien mauvaise habitude qu'ont beaucoup d'enfants de remettre à plus tard l'accomplissement de cette fonction naturelle. La constipation est souvent la cause du manque d'appétit, de migraines, de névralgies, de congestions cérébrales, et aussi d'affections graves comme la *typhlite* et l'*appendicite*, qui nécessitent presque toujours une intervention chirurgicale. Aussi a-t-on pu dire avec raison que c'était là un des plus gros soucis de l'humanité.

Sobriété et gourmandise. — La sobriété est la condition essentielle de la vigueur physique et morale. Puisque nous mangeons pour vivre, nous devons manger sainement pour vivre sainement.

S'il est bon de stimuler l'appétit par des mets bien préparés, il est mauvais de s'exciter à manger outre mesure par des mets trop succulents. On doit se lever de table avec une sensation de légèreté et de vigueur, rester un peu sur sa faim, et éviter d'être alourdi par un excès de bonne chère. Sinon, on s'expose à l'obésité et à ses conséquences fâcheuses : indolence, incapacité de travail, goutte, gravelle, etc.

Il ne faut pas non plus exagérer la sobriété en imitant ces personnes qui mangent insuffisamment afin de conserver la finesse de leur taille et la pâleur de leur teint. La peur d'engraisser les fait maigrir, et lorsqu'elles veulent réparer le mal il est souvent trop tard : leur estomac est engourdi par une sorte de paresse fonctionnelle.

Il faut aussi éviter de boire trop en mangeant, car un excès de liquide nuit à l'action des sucs digestifs en les délayant trop, en même temps qu'il produit un ballonnement de l'estomac. Nous devons boire cependant, mais modérément, afin de réparer les pertes de l'organisme et aussi pour aider à l'élimination, par la sueur et l'urine, des poisons fabriqués par nos cellules.

Choix des aliments. — Il importe de prendre des aliments faciles à digérer et d'avoir une alimentation simple.

Il ne suffit pas, en effet, qu'un aliment soit substantiel, il faut encore qu'il soit *digestif*. Le meilleur aliment est celui qu'on digère le mieux. Pour être digestif, un aliment doit plaire au goût, car l'odeur agréable d'un mets excite la sécrétion du suc gastrique et celle de la salive, alors que la simple vue d'un aliment déplaisant peut donner la nausée. Le choix des mets et la manière de les préparer ont donc leur importance. Certains aliments réputés *lourds* peuvent être digérés facilement par un estomac qui ne pourra pas supporter d'autres aliments réputés *légers*. Ordinairement on digère facilement ce que l'on aime ou ce qui flatte le goût ; on digère mal, au contraire, un mets répugnant et qui, malgré sa composition chimique peut-être excellente, ne sera pas assimilé.

L'alimentation *simple*, c'est-à-dire l'alimentation de famille, est celle qui nous convient le mieux. Le « dîner en ville » qui ne nous ménage ni le nombre des plats, ni les mets difficiles à digérer, ni les sauces excentriques, est déplorable au point de vue hygiénique.

§ 4. — Intoxications alimentaires.

Les intoxications alimentaires, c'est-à-dire les empoisonnements causés par les aliments, sont *d'origine chimique*, comme celles qui sont produites par les falsifications, ou bien *d'ori-*

gine parasitaire, comme celles qui sont dues à la putréfaction.

Falsifications alimentaires. — « Un produit est falsifié lorsqu'il contient une substance étrangère à sa composition naturelle, ou quand une des substances qui entrent dans sa composition naturelle s'y trouve en quantité anormale. » Les découvertes de la chimie moderne ont contribué au développement de l'art de falsifier.

Parmi les falsifications, les unes sont *inoffensives*, les autres *nuisibles*.

A vrai dire, il n'existe pas de *falsifications inoffensives* puisque toutes diminuent la valeur nutritive de l'aliment ; mais on a coutume de considérer comme telles celles qui ne nuisent pas directement à la santé. Telle est, par exemple, la substitution de la *margarine* au beurre, ou bien encore l'usage que les pâtissiers font de la vaseline au lieu de beurre dans la confection des gâteaux. Or, si la vaseline a sur le beurre l'avantage de ne pas rancir, elle est, en revanche, indigeste et sans valeur nutritive. Un autre exemple nous est encore fourni par la *saccharine*, qu'on emploie comme succédané du sucre : son pouvoir sucrant est 300 fois plus grand que celui du sucre ordinaire, mais elle n'est pas nutritive. Aussi la loi du 30 mars 1902 prohibe-t-elle l'introduction de cette matière dans tout produit alimentaire.

Enfin, il est des *falsifications nuisibles* ; heureusement elles sont rares. Voici quelques exemples : l'emploi en confiserie de colorants dangereux qui sont de véritables poisons (arsenic, sels de cuivre, etc.) ; l'emploi de l'acide salicylique pour conserver les matières alimentaires ; le reverdissement des légumes au moyen des sels de cuivre.

Viandes putréfiées. Ptomaïnes. — Les matières organiques, sous l'influence de certains microbes, subissent une sorte de décomposition à laquelle on a donné le nom de *fermentation* ; aussi les fermentations ont-elles une grosse importance dans la question de l'alimentation. Nous parlerons seulement ici de la *fermentation putride* ou *putréfaction*, parce qu'elle produit des poisons d'une extrême violence. Ce fut Pasteur qui, en 1862, démontra que la putréfaction n'est pas due à l'air, mais bien aux germes que celui-ci renferme.

On sait aujourd'hui que tout microbe qui vit fabrique, aux dépens de la substance dans laquelle il se développe, des produits souvent toxiques appelés *ptomaïnes*. De sorte que l'absorption d'une viande putréfiée équivaut à l'absorption d'une certaine dose de ces poisons spéciaux. Les accidents qui surviennent dans ce cas sont donc bien des *intoxications*.

L'empoisonnement par les viandes putréfiées se produit même malgré la cuisson, car si celle-ci détruit les microbes, elle est sans action sur les ptomaïnes. Aussi l'effet de ces poisons suit-il de près l'ingestion des aliments avariés. De nombreux exemples montrent le danger de l'ingestion de viandes faisandées ou de conserves altérées, surtout chez les individus dont le foie ne fonctionne pas bien et chez lesquels la fonction antitoxique de cet organe est presque disparue.

Le cas d'intoxication le plus commun est celui qui est causé par la consommation de boudins et de saucisses, et qui est connu sous le nom de *botulisme*. En France, ces accidents sont rares, car la charcuterie y est ordinairement bien préparée et fraîchement faite, et nous avons peu le goût des viandes altérées. Il en est autrement en Allemagne, où le botulisme est fréquent, car la charcuterie n'y subit ordinairement qu'une cuisson légère, et de plus on fait entrer dans sa confection des matières qui se décomposent vite, telles que le lait, la graisse, la mie de pain, le sang de Bœuf ou de Porc. Les saucisses, en particulier, sont le plus souvent fabriquées avec des viandes qui n'ont pu être vendues fraîches.

Les accidents toxiques se produisent immédiatement après le repas. Ils sont presque toujours les mêmes: vertiges, défaillances, nausées, **vomissements, coliques et diarrhée.** Dans les cas graves ces accidents aboutissent à l'état cholériforme et quelquefois à la mort.

Nous devons donc écarter de notre alimentation toute substance qui n'est pas d'une rigoureuse fraîcheur ; pour reconnaître celle-ci, la vue et surtout l'odorat nous suffisent.

Soins à donner dans les empoisonnements par les matières alimentaires. — Dans les cas d'intoxication alimentaire, il est facile, en attendant l'arrivée du médecin, de donner les soins suivants : d'abord évacuer l'estomac en provoquant les vomissements (un bon moyen est de chatouiller le fond de la gorge avec le doigt ou une cuiller) ; puis, faire boire en abondance du thé, qui rend les vomissements moins pénibles et contribue, par le tanin qu'il contient, à précipiter les ptomaïnes et à les rendre moins dangereuses ; il est utile aussi comme stimulant.

Conserves alimentaires. — Conserver aux aliments leur fraîcheur est une question hygiénique de première importance. Aussi, pour obtenir ce résultat, de nombreux procédés sont-ils mis en œuvre. Tous ces procédés reposent sur la *cuisson*, la *stérilisation*, le *froid* et les *antiseptiques*.

Cuisson et stérilisation. — Ce procédé est appliqué à la conservation des viandes, des fruits, des légumes et du lait. Inventé en France, par Appert, au début du XIXe siècle, il consiste à placer les aliments que l'on veut conserver dans des bouteilles ou des boîtes métalliques, à boucher ces vases, et à les plonger dans un bain-marie dont on fait bouillir l'eau. On a soin de laisser au couvercle un petit trou pour laisser échapper la vapeur ; puis, la cuisson terminée, on ferme ce trou par une goutte de soudure, et le contenu, mis ainsi à l'abri de l'air, doit se conserver indéfiniment.

Pour obtenir ce résultat, deux conditions sont nécessaires :

1º Le vase doit être absolument *étanche*, de façon que l'air ne puisse apporter les germes de la putréfaction ;

2º Le contenu doit être absolument *stérile*, c'est-à-dire privé de tous germes.

La température de 100º n'est pas suffisante pour tuer tous

les germes de la putréfaction. Pour obtenir une stérilisation absolue, il faut une température de 110 à 120°. C'est pourquoi on se sert d'un appareil appelé *autoclave* (*fig.* 351), formé d'un cylindre vertical dont le couvercle est assujetti au moyen de boulons. Les boîtes à stériliser sont placées dans un panier métallique que l'on peut soulever ou abaisser à l'aide d'un palan, et qui s'emboîte dans l'autoclave. Le chauffage est obtenu par de la vapeur circulant dans un serpentin placé au fond de l'autoclave.

Fig. 351. — Autoclave servant à stériliser les conserves : à gauche, l'autoclave est ouvert et le panier soulevé ; à droite, l'autoclave est fermé.

A la sortie de l'autoclave, les boîtes sont bombées à cause de la dilatation du contenu, mais après le refroidissement le bombage disparaît, et même les fonds deviennent légèrement concaves. C'est à ce caractère que l'on reconnaît une boîte qui est *bonne* (*fig.* 352). Si, au contraire, la boîte est *mauvaise*, les fonds présentent un bombage dû aux gaz provenant de la fermentation qui s'est produite à l'intérieur.

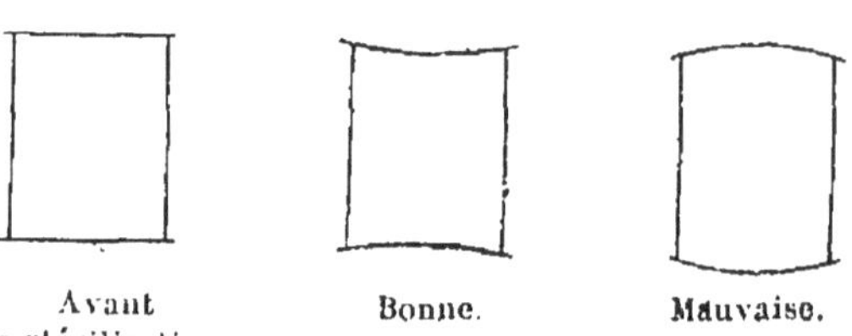

Fig. 352. — Aspect des boîtes de conserves.

D'autres signes d'altération sont : la liquéfaction de la gélatine, la saponification de la graisse, l'odeur aigre ou rance, etc.

La fabrication des conserves pour l'armée se fait de la façon suivante : on opère d'abord la cuisson de la viande en la plaçant sur les plateaux perforés d'un autoclave (*fig.* 353) et en chauffant à 115° pendant une heure au moyen de la vapeur. On retire ensuite la viande cuite et le jus qu'elle a produit ; on laisse refroidir et on concentre le jus au tiers de son volume. On remplit ensuite les boîtes, qui doivent renfermer 800 grammes de viande et 200 grammes de bouillon concentré. On stérilise enfin par le procédé ordinaire.

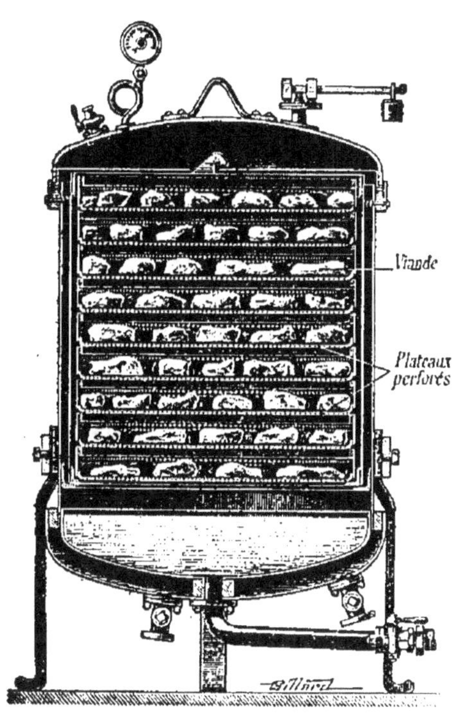

Fig. 353. — Appareil pour cuire les viandes sous pression.

Une conserve bien stérilisée ne subit aucune altération avec le temps : des millions de boîtes de conserves fabriquées depuis plusieurs années sont consommées journellement sans causer d'accident ; mais il est dangereux de laisser une boîte de conserves ouverte pendant quelque temps avant de consommer le contenu, qui s'altère vite au contact de l'air.

La conservation du lait, qui présente une grande importance, se fait par *pasteurisation* ou par *stérilisation*.

La *pasteurisation* consiste à chauffer le lait vers 70°, puis à le refroidir rapidement. Ce lait ne se conserve que pendant 48 heures, car plus tard les germes qui n'ont pas tous été tués donneraient de nouvelles colonies de microbes. Ce procédé est employé par les compagnies qui fournissent le lait à Paris et dans les grandes villes.

Fig. 354. — Appareil à stériliser le lait.

La *stérilisation* est obtenue en portant le lait à une température qui atteint ou dépasse 100°. Pour cela on place les flacons contenant le lait dans un bain-marie (*fig*. 354) que l'on fait bouillir ; on bouche les flacons avec un capuchon en caoutchouc blanc (*fig*. 355) ou avec un obturateur (*fig*. 356) qui est un simple disque de caoutchouc. Pendant l'ébullition, la vapeur s'échappe en soulevant le caoutchouc ; pendant le refroidissement, la vapeur se condense, un vide

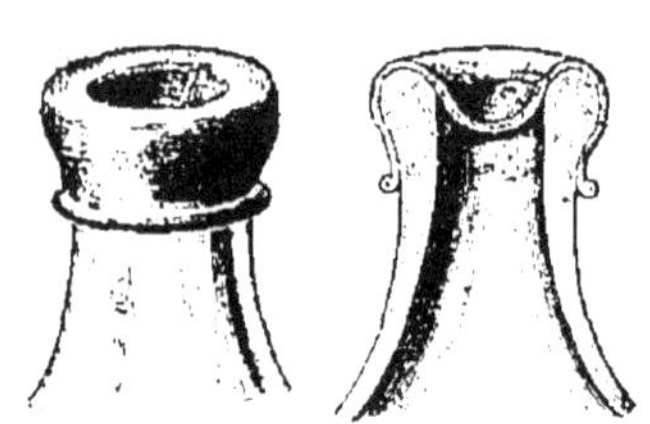

Fig. 355. — Capuchon en caoutchouc après la stérilisation.

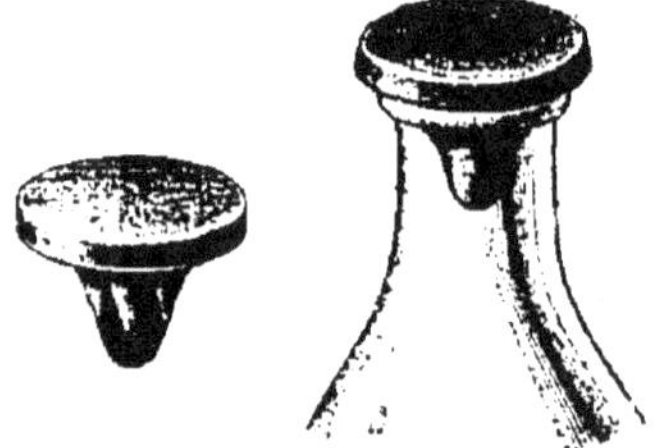

Fig. 356. — Obturateur avant et après la stérilisation.

se produit, et le disque s'enfonce sous l'influence de la pression atmosphérique, en fermant bien la bouteille.

Il est nécessaire que cette stérilisation ait lieu aussitôt la traite, car si le lait a subi le contact de l'air pendant un certain temps, il a été ensemencé par les microbes qui ont sécrété leurs poisons avant la stérilisation, et il peut causer des accidents, surtout chez les enfants.

Dans l'industrie on stérilise le lait dans des autoclaves, en le chauffant à 110° pendant quelques minutes. Mais à cette température le lait est altéré : il jaunit, prend un goût de cuit et perd de sa digestibilité.

On prépare aussi dans l'industrie des *laits concentrés* addi-

tionnés de sucre en se servant d'appareils à vide semblables
aux cuiseurs de sucrerie.

Le froid. — On sait depuis longtemps que le froid ne tue
pas les microbes, mais qu'il arrête leur développement. Les
aliments conservés à une température inférieure à 0° conservent leur aspect de fraîcheur et leur saveur naturelle. Les
Mammouths trouvés dans les blocs de glace de Sibérie prouvent que cette conservation peut être indéfinie. C'est aussi
par ce procédé que les navires amènent en Europe les Moutons d'Australie ou de La Plata.

Pour obtenir de bons résultats on congèle la chair à — 15°
immédiatement après l'abatage, et on la maintient à — 5°
pendant la traversée et jusqu'au lieu du marché. On se sert

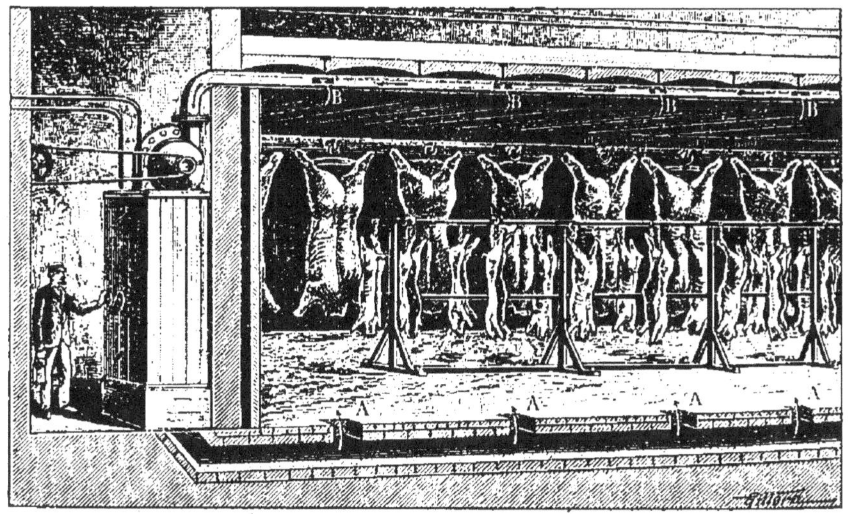

Fig. 357. — Chambre frigorifique contenant des viandes.

pour cette opération de *chambres frigorifiques* (*fig.* 357) à la
partie inférieure desquelles, en A, on fait arriver un courant
d'air refroidi artificiellement, tandis qu'un conduit B situé
en haut aspire l'air à refroidir. La viande conserve ses qualités comestibles et nutritives; elle perd seulement une légère
quantité d'eau, de sorte qu'à poids égal elle est un peu plus
riche que la viande fraîche.

Il ne faut pas oublier que le froid ne tuant pas les microbes, la chair d'un animal atteint de maladie infectieuse reste dangereuse malgré sa congélation. Il est donc utile d'examiner les viandes congelées à leur arrivée en France.

On a installé dans les sous-sols de la Bourse du Commerce de Paris d'immenses chambres frigorifiques, qui permettent aux moments de grands arrivages, de conserver pendant quelques jours des viandes, des Poissons, des fruits, etc.

Certains pays, comme le Danemark, où le lait est l'élément principal de la richesse, utilisent aussi le froid pour conserver ce liquide. Le lait, recueilli avec de grandes précautions, est d'abord pasteurisé, puis refroidi à — 25° et congelé dans des moules ; il y prend la forme de tablettes qui peuvent être expédiées dans des caisses, car elles restent 24 heures sans fondre.

Les antiseptiques. — La nature fournit à l'Homme des matières antiseptiques comme le sel, la fumée du bois et le vinaigre, qu'il peut utiliser pour empêcher la putréfaction des aliments. La chimie en procure d'autres, comme l'acide borique, le formol, l'acide salicylique, etc., qui jouent le même rôle, mais sont nuisibles à la santé et doivent être proscrites.

Dans la *salaison*, on saupoudre de sel la viande à conserver. Celle-ci s'en imprègne peu à peu et se dessèche ; elle perd environ le tiers de son poids et sa couleur se modifie. Avant de consommer cette viande, il faut enlever le sel en excès par un lavage. Les viandes salées sont, en général, d'une digestion difficile ; aussi leur usage prolongé cause-t-il des troubles graves. L'Amérique fournit d'énormes quantités de viandes salées, notamment de Bœuf et de Porc. Le beurre se conserve aussi par addition de sel.

Le *fumage* consiste à exposer la chair des animaux à la fumée du bois, qui contient des matières antiseptiques, en particulier de la créosote. La viande prend alors une saveur spéciale recherchée par les gourmets, en particulier dans le jambon, les saucisses et certains Poissons. Mais il est certain que le fumage ne stérilise que les parties superficielles de ces viandes et non les parties centrales, qui peuvent contenir des parasites.

Le *vinaigre* est utilisé pour conserver certains légumes comme les Cornichons.

Enfin, dans les pays chauds, on emploie un procédé simple et rapide qui consiste à exposer directement au soleil brûlant la viande à conserver ; celle-ci se recouvre d'une sorte de croûte qui met l'intérieur à l'abri des germes de l'air. C'est le *boucanage*.

<h3 style="text-align:center">§ 5. — Les parasites.</h3>

Les *parasites* sont des êtres vivants qui existent dans certaines viandes et qui, en se développant dans l'organisme humain, peuvent causer des troubles graves. Ce sont tantôt des *animaux*, comme le Ténia et la Trichine ; tantôt des *végétaux*, comme les germes de la tuberculose et du charbon.

Parasites animaux. — Les parasites animaux les plus communs dans les viandes sont le *Ténia* et la *Trichine*. Quelques Vers, comme l'*Ascaride*, l'*Oxyure* et la *Filaire* sont parfois transmis à l'Homme par l'eau.

Le Ténia ou Ver solitaire. Ladrerie. — C'est un Ver (*fig.*358) ayant la forme d'un ruban dont la longueur peut atteindre et même dépasser 10 mètres. Il vit à l'état adulte dans l'intestin de l'Homme où il se fixe sur la muqueuse au moyen de sa tête, qui est armée d'une double couronne de crochets chitineux et de quatre ventouses. A la suite de la tête vient une longue chaine d'anneaux, d'abord petits, puis de plus en plus grands à mesure qu'ils s'éloignent de la tête. De nouveaux anneaux se forment sans

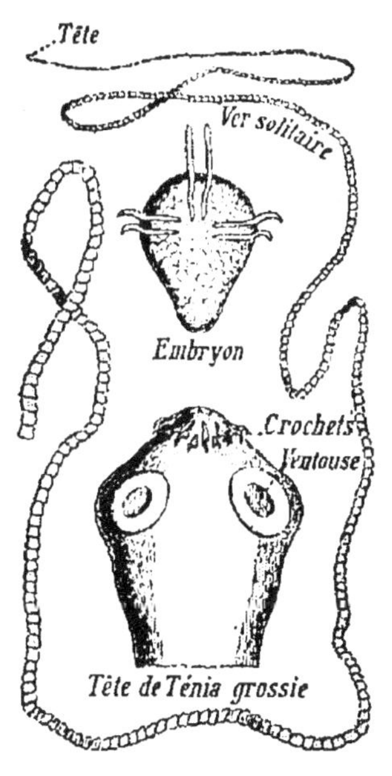

Fig. 358. — Ténia.

cesse entre la tête et les anneaux suivants, de sorte que la chaîne d'anneaux s'allongera rapidement si la tête n'est pas expulsée de l'intestin, ce dont il faut s'assurer lorsqu'on veut se débarrasser de ce parasite. Les derniers anneaux, bourrés d'œufs, se détachent et sont expulsés au dehors avec les excréments. Ces œufs sont très résistants et peuvent se conserver longtemps dans l'herbe, sur le fumier ou dans les flaques d'eau. Là ils pourront être avalés par un Porc, et une fois dans l'estomac de cet animal, leur enveloppe sera digérée et de chacun d'eux s'échappera un petit embryon muni de six crochets. Cet embryon va traverser les parois de l'estomac ou de l'intestin, arrivera dans le sang qui le charriera dans l'organisme. Il s'arrêtera de préférence dans les muscles, où il donnera une sorte de petit sac de la grosseur d'un pois et dans lequel va apparaître la tête du Ténia avec quelques anneaux. Cette sorte de larve est appelée *cysticerque*.

Chez le Porc le développement de cette larve n'ira pas plus loin et ne saurait reproduire le Ténia. Pour achever son développement, elle devra revenir dans l'intestin de l'Homme, ce qui peut se produire si ce dernier mange de la viande de Porc crue ou peu cuite. La larve se fixe alors au moyen de ses crochets, ses anneaux bourgeonnent et donnent en quelques semaines un ruban long de plusieurs mètres. Ce fait fut démontré, en 1852, par l'expérience suivante : des cysticerques furent donnés à un condamné à mort, et l'on retrouva dans son intestin des Ténias en voie de développement. Pour se développer complètement, le Ténia doit donc être successivement l'hôte du Porc et de l'Homme.

Un Porc peut contenir dans sa chair une quantité considérable de cysticerques ; on dit qu'il est *ladre*. On reconnaît la ladrerie en observant la face inférieure de la langue du Porc, car les cysticerques s'y présentent sous forme de grains blanchâtres. Cette inspection de la langue du Porc se fait attentivement dans les abattoirs : c'est ce qu'on appelle le *langueyage*.

Toute viande de Porc ladre doit être rejetée ; mais le plus sûr moyen d'éviter le Ténia est de ne manger la viande du

Porc que bien cuite, de façon que la cuisson ait détruit tous les cysticerques. Cet embryon, en effet, ne résiste pas à une température de plus de 50° maintenue pendant quelque temps. On admet aussi qu'une forte salaison et une fumure prolongée tuent les germes.

La présence d'un Ténia dans l'intestin n'est pas un véritable danger ; mais comme cet animal se nourrit en absorbant les aliments que digère son hôte, il est une cause d'affaiblissement, qui, chez des personnes déjà déprimées, peut amener des troubles graves. Ordinairement l'existence du Ténia se manifeste par de l'amaigrissement, des troubles de l'appétit, des démangeaisons au bout du nez et à l'extrémité de l'intestin. On se débarrasse ordinairement de ce Ver en absorbant de l'extrait frais de Fougère mâle.

Le Ténia que nous venons de décrire est rare en France, où la viande de Porc est surveillée et mangée bien cuite. En revanche, un autre Ténia, le *Ténia inerme*, ainsi appelé parce que sa tête ne porte pas de crochets, est fréquent et sa larve vit dans la viande de Bœuf. La consommation de viandes saignantes peut donc introduire ce Ver dans l'organisme. Aussi dans les cas où l'on est obligé de manger de la viande crue, remplace-t-on souvent la viande de Bœuf par celle de Mouton, qui est exempte de tout danger.

Il existe encore un autre Ténia, qui peut vivre dans l'intestin de l'Homme : c'est le *Bothriocéphale*, dont la tête est dépourvue de crochets et porte deux ventouses en forme de fente. Il atteint souvent 12 à 16 mètres de longueur. Ses anneaux sont plus larges que longs et ses larves vivent dans les Poissons d'eau douce. Il est fréquent dans la région des lacs de la Suisse française. Les Poissons doivent donc être mangés très cuits.

Signalons, enfin, le *Ténia cénure*, qui vit à l'état adulte dans l'intestin du Chien, et à l'état larvaire dans le cerveau du Mouton. Il produit ainsi chez ce dernier animal la maladie mortelle du *tournis*.

La Trichine. Trichinose. — C'est un Ver long de deux

millimètres à peine et ayant l'aspect d'un fil très fin. A l'état
larvaire, la Tri-
chine vit dans les
muscles du Porc
et du Rat : elle
est alors enrou-
lée en spirale et
entourée d'une
membrane ou
kyste (*fig*. 359).
Ces kystes sont

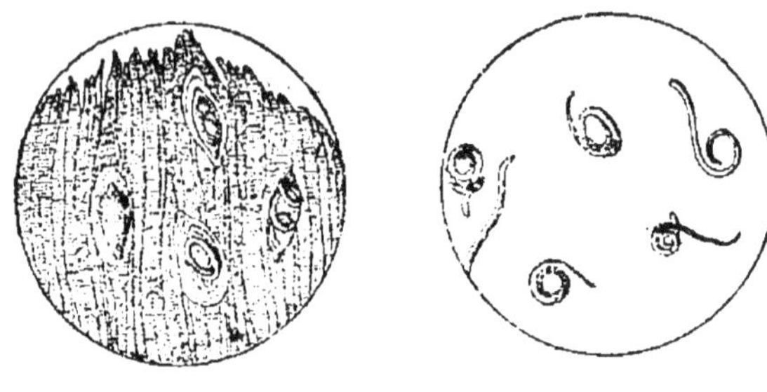

Fig. 359. — Trichines.

plus difficiles à reconnaitre que ceux de la ladrerie; on ne peut
les voir qu'au microscope. Si l'Homme mange de la viande trichinée insuffisamment cuite, les sucs digestifs digèrent le kyste,
la larve est mise en liberté et va se développer dans l'intestin
en donnant une multitude d'œufs (plus de 10 000). Ces œufs
produiront des embryons qui traverseront l'intestin et iront
se loger dans les muscles, où ils s'enrouleront et s'enkyste-
ront comme nous l'avons dit. Si les Trichines sont en nombre
considérable, il survient une maladie grave, la *trichinose*,
qui est souvent mortelle. Cette maladie produit des accidents
rappelant ceux de la fièvre typhoïde. Pour se faire une idée
du danger de la Trichine, il suffit de savoir qu'un kilogramme de viande trichinée peut contenir cinq millions de
kystes.

La trichinose, exceptionnelle en France, est fréquente dans
l'Amérique du Nord et en Allemagne où elle sévit en épidémies graves. Aussi a-t-on établi dans ce dernier pays une
inspection spéciale de la viande à l'aide du microscope ; plus
de 18 000 inspecteurs sont chargés de ce service !

On admet que le Porc contracte la Trichine en mangeant
des Rats et des Souris infectés de ce parasite ; ces Rongeurs
prendraient eux-mêmes le parasite des Insectes.

Il existe deux moyens pour tuer la Trichine : une bonne
salaison et une *cuisson* parfaite. Ce dernier procédé est le
seul qui donne toutes les garanties. Aussi devons-nous pren-

dre l'habitude de ne consommer le Porc que bien cuit. Nous serons ainsi à l'abri de la Trichine et du Ténia.

L'Ascaride. — C'est un Ver de forme cylindrique et long de 15 à 25 centimètres. Il est fréquent dans l'intestin grêle, de l'Homme. Il peut occasionner chez les enfants des acci-

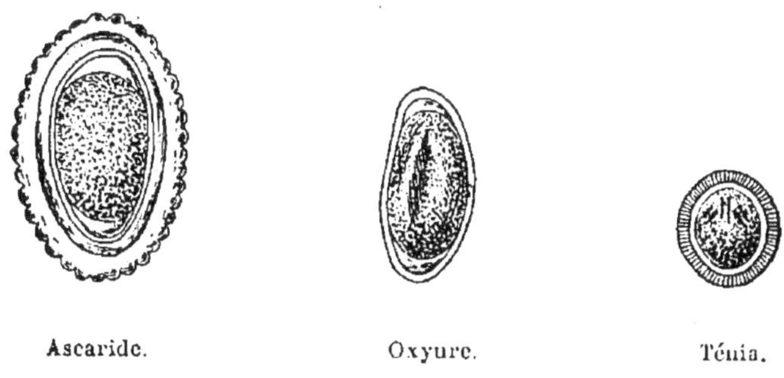

Fig. 360. — Œufs de Vers parasites.

dents convulsifs graves. Ses œufs (*fig*. 360) sont introduits dans l'organisme en buvant de l'eau non filtrée ou en mangeant des aliments végétaux (Salades, Radis, Fraises) souillés de terre et insuffisamment lavés.

L'Oxyure. — Il est très abondant dans l'intestin des enfants, chez lesquels il cause des troubles nerveux. Il se présente avec l'aspect d'un petit fil long de 1 centimètre et légèrement enroulé.

Le Trichocéphale. — Ce Ver (*fig*. 361), qu'on trouve souvent dans l'intestin, semble jouer un rôle important dans la maladie appelée *appendicite*. A peine visible à l'œil, il enfonce sa tête pointue dans les parois de l'intestin et inocule ainsi les microbes dont

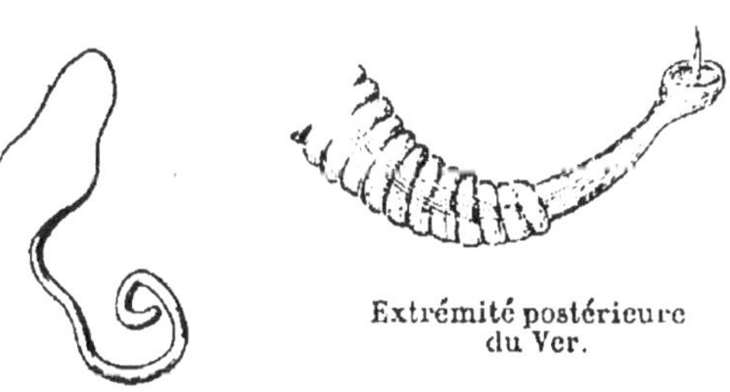

Fig. 361. — Trichocéphale de l'Homme.

son corps est couvert et qui peuvent être les agents pathogènes de l'appendicite ou de la fièvre typhoïde. Ce parasite nous est transmis par les légumes verts ou les Salades.

On peut encore citer parmi les Vers parasites de l'Homme : l'**Ankylostome**, transmis par l'eau et qui est la cause de l'*anémie des mineurs*, et certaine petite **Sangsue** vivant dans les mares de Tunisie et d'Algérie et qui, en se fixant sur le voile du palais ou sur le pharynx, provoque des suffocations et des hémorragies.

Parasites végétaux. — Les parasites végétaux contenus dans les aliments ont des dimensions microscopiques et sont ordinairement décrits sous le nom de *microbes*. Du tube digestif ils peuvent passer dans le sang, qui les transportera dans tout l'organisme, produisant ce qu'on appelle une *infection*, tandis que les poisons qu'ils sécrètent produisent une *intoxication*.

On peut classer les viandes d'animaux morts de maladies infectieuses en deux groupes : celles qui sont capables de transmettre les maladies à l'Homme, et celles qui ne le sont pas.

1° Viandes d'animaux malades de maladies transmissibles à l'Homme. — Parmi ces maladies, les plus communes sont la *tuberculose* et le *charbon*.

La *tuberculose*, qui fait tant de victimes dans l'espèce humaine, est fréquente chez le Bœuf. On peut facilement reconnaître cette maladie chez le Bœuf à l'aide de la tuberculine de Koch ; il suffit d'injecter cette dernière à un animal tuberculeux pour déterminer chez lui une réaction fébrile qui se manifeste par une élévation de température. Si l'animal est sain, il ne réagit pas. Un décret interdit la vente de la viande d'animaux tuberculeux lorsque ceux-ci sont à un degré de tuberculose avancé. Si les lésions tuberculeuses sont peu marquées, la viande n'est pas altérée et peut être consommée. D'ailleurs les tubercules sont rares dans le tissu musculaire ; mais ils sont très fréquents dans les ganglions lymphatiques disséminés partout, mais surtout dans les abats (foie, tripes, rognons, cervelle). Aussi ces parties ne doivent-elles être mangées qu'après une cuisson prolongée.

Enfin, signalons que chez les volailles la tuberculose est fréquente et atteint surtout les viscères abdominaux et en particulier le foie, que l'on consomme souvent à peine cuit.

Le *charbon* est une maladie qui atteint surtout le Mouton. Les viandes provenant d'un animal charbonneux doivent être interdites, car non seulement leur ingestion peut communiquer la maladie à l'Homme, mais leur manipulation est des plus dangereuses.

2° Viande d'animaux malades de maladies non transmissibles à l'Homme. — La viande des animaux atteints de la *peste bovine* semble pouvoir être consommée sans danger ; pourtant la loi de 1881, par prudence, en interdit la vente. Quant à la viande des animaux atteints de *péripneumonie*, l'inspection sanitaire la laisse passer.

Les légumes et les microbes. — Depuis quelques années on s'est préoccupé de l'influence que pouvaient avoir sur la santé publique les légumes et les fruits arrosés avec les eaux d'égout ou avec les engrais humains. Il est certain que ces produits arrivent contaminés sur les marchés. Mais après avoir subi la cuisson, ils ne sont plus dangereux. Il n'en est pas de même s'ils sont mangés crus. Ainsi, les Fraises, après une pluie, sont salies par les éclaboussures de la terre mouillée, et chaque éclaboussure est un nid à microbes. Il en est de même pour la Salade. C'est pour cette raison que les comités d'hygiène défendent de cultiver dans les champs d'épandage des légumes et des fruits qui se mangent crus et qui poussent près du sol, comme les Radis, les Fraises, les Salades. Les légumes qui poussent à quelque distance du sol, comme les Tomates et les Artichauts, ne seraient pas compris dans cette interdiction.

RÉSUMÉ

Aliments d'origine végétale. — Les principaux sont :
Le *pain*, aliment de première nécessité, fait avec la farine de Blé

(amidon, albuminoïdes, sels). Sous l'influence du *levain*, la pâte fermente. La cuisson stérilise le pain et lui enlève de l'eau.

Les *légumes* contiennent peu de matières albuminoïdes, mais sont riches en sels calcaires. Ils sont consommés sous forme de racines, de tiges, de feuilles et de graines. Ces dernières sont les plus nutritives (Haricots, Pois, Lentilles).

Les *fruits* ne sont nutritifs que par le sucre qu'ils renferment.

Les *Champignons* sont recherchés pour leur saveur, mais leur valeur nutritive est faible. Il n'existe aucun caractère d'ensemble permettant de distinguer sûrement les bons Champignons des mauvais.

Les *condiments* et *épices*, en relevant la saveur des aliments, excitent la sécrétion des sucs digestifs. Leur abus présente des inconvénients.

Aliments d'origine animale. — Les principaux sont :

Les *viandes de boucherie*, dont les plus importantes sont celles du Bœuf, du Veau, du Mouton, du Porc et du Cheval. Elles contiennent de l'eau (75 °/o), des matières albuminoïdes (20 °/o) et des sels. La valeur alimentaire de ces viandes varie selon qu'elles sont *bouillies* ou *rôties* ;

Le *Gibier*, que procure la chasse et qui est ordinairement très nutritif, mais d'une digestion difficile. Le gibier *faisandé* doit être rejeté ;

Les *Poissons*, qui constituent un bon aliment, mais qui doivent être mangés frais et bien cuits. On les range en 3 catégories : 1° les P. à chair blanche (*Sole*) ; 2° les P. à chair colorée un peu grasse (*Saumon*) ; 3° les P. à chair grasse (*Anguille*) ;

Les *Crustacés*, qui sont nutritifs, mais d'une digestion difficile, et qui produisent de l'*urticaire* chez certaines personnes ;

Les *Mollusques*, qui fournissent : l'*Huître*, facile à digérer ; la *Moule*, plus nutritive, mais moins digestible, et l'*Escargot* ;

Le *lait*, qui est un aliment complet. Il contient : de l'eau, de la graisse (*crème*), une matière albuminoïde (*caséine*), du sucre et des sels. Il est souvent falsifié par l'*écrémage* (écrémeuse centrifuge) et le *mouillage*. Au contact de l'air, il subit la fermentation *lactique*, puis *butyrique*. Il est prudent de ne pas consommer de lait cru ;

Le *beurre*, qui résulte de la soudure des globules gras de la crème. Il est parfois falsifié avec de la *margarine* ;

Le *fromage*, qui provient de la coagulation de la caséine du lait. C'est un aliment très nutritif et un stimulant de la digestion ;

Les *œufs*, qui constituent un aliment de premier ordre et sont facilement digérés. Ils doivent être frais, ce que l'on reconnaît par le mirage.

Éducation de l'appareil digestif. — *Avant* les repas, il faut éviter les exercices violents, car les sucs digestifs ne sont plus sécrétés en quantité suffisante. De même, *après*, un exercice violent trouble la digestion. Il faut aussi éviter le refroidissement et le bain, qui peuvent causer des congestions.

Une des premières conditions pour bien digérer est une *bonne mastication*.

Les repas doivent être pris à des *intervalles réguliers*. C'est par la régularité que l'on donne de bonnes habitudes à l'appareil digestif, et que l'on évite des troubles comme la diarrhée ou la constipation.

Il faut être *sobre* : ne pas trop manger, ne pas trop boire. Sinon l'on s'expose à l'obésité, à la dyspepsie, à la goutte, etc.

Il importe aussi de prendre des *aliments faciles à digérer* et d'avoir une *alimentation simple*.

Intoxications alimentaires. — Les aliments subissent souvent des *falsifications*, qui sont inoffensives ou nuisibles.

Les *viandes putréfiées*, qui subissent une sorte de décomposition, sont particulièrement dangereuses à cause des poisons ou *ptomaïnes* qu'elles contiennent et que la cuisson ne détruit pas.

Pour conserver les aliments, on emploie : la *cuisson*, la *stérilisation*, le *froid* et les *antiseptiques*.

Par la *cuisson*, on tue les germes contenus dans les aliments, que l'on conserve alors dans des vases complètement étanches de façon à empêcher l'air d'apporter les germes de la putréfaction. On se sert d'*autoclaves*, pour obtenir une température de 110° à 120°. La conservation du lait se fait par *pasteurisation* et par *stérilisation*.

Par le *froid*, on empêche le développement des microbes, mais on ne les tue pas. Les viandes congelées dans l'air froid et sec à — 15° (*chambres frigorifiques*) se conservent bien.

Les *antiseptiques* les plus fréquemment employés sont le sel et la fumée du bois (créosote).

Parasites. — Les *parasites* sont *animaux* ou *végétaux*.

1° Les *parasites animaux* les plus communs sont : le *Ténia* ou *Ver solitaire*, dont la larve se trouve dans la viande du Porc *ladre* ; le *Ténia inerme*, dont la larve vit dans la viande du Bœuf ; le *Bothriocéphale*, dont la larve se trouve dans les Poissons d'eau douce ; la *Trichine*, fréquente dans les viandes de Porc venant d'Amérique ou d'Allemagne ; l'*Ascaride* et l'*Oxyure*, qui se prennent par l'usage de l'eau non filtrée ; le *Trichocéphale*, qui semble jouer un rôle dans l'*appendicite*.

2° Les *parasites végétaux* sont surtout représentés par les *microbes*. Les plus dangereux sont ceux que contiennent les *viandes tuberculeuses* et *charbonneuses*.

CHAPITRE V

HYGIÈNE CORPORELLE

L'*hygiène corporelle* repose sur la pratique de la *propreté*, sur le choix des *vêtements* et sur les *exercices physiques*.

§ 1. — Hygiène de la peau. Propreté.

La physiologie nous a appris qu'il est nécessaire que l'excrétion de la sueur se fasse régulièrement ; il faut donc veiller à la *propreté de la peau*.

Propreté de la peau : bains et ablutions. — La sueur, le sébum, les poussières de l'air et des vêtements forment à la surface de la peau un enduit gras que, seuls, les bains chauds et le lavage au savon peuvent enlever. Le savon est d'un emploi nécessaire, car non seulement il dissout les graisses, mais aussi il a une action antiseptique très nette. Des frictions sèches, vigoureusement faites, détacheront ensuite les parties mortes de l'épiderme et rajeuniront par suite ce tissu.

Les *bains* et les *ablutions* sont les procédés employés pour entretenir la propreté générale du corps et pour activer les fonctions de la peau.

1° **Les bains.** — Ils sont *chauds* ou *froids*.

Le *bain chaud* est le véritable bain de propreté ; sa température doit être de 35° à 40° ; elle ne devra jamais dépasser 40°, car elle pourrait causer des congestions du cerveau. Un thermomètre spécial maintenu à la surface de l'eau par un flotteur en liège renseigne sur cette température. Après 15 minutes de séjour dans l'eau, la peau se ramollit et se dépouille de ses impuretés. Dans les agglomérations ouvrières et dans les casernes, on remplace le bain chaud par un *bain-douche*, dans lequel une douche à 35° tombe en pluie sur le corps des individus placés dans des bassins.

Le *bain froid* ne nettoie pas aussi bien que le bain chaud, mais il a d'autres avantages : il active la circulation et régularise les fonctions nerveuses. Sa durée ne doit pas dépasser 10 minutes si sa température est de 15° à 20°. Son premier effet est de faire contracter les vaisseaux de la peau et refluer le sang vers les organes internes ; vient ensuite la *réaction*, pendant laquelle le sang revient en abondance dans les capillaires de la peau en décongestionnant les organes internes et en produisant une sensation de chaleur. En même temps les battements du cœur sont plus rapides, et les mouvements respiratoires plus accélérés.

Les *bains de mer* agissent surtout par le sel et par le choc des vagues. Leur durée ne doit pas dépasser 10 minutes. Ils sont favorables aux scrofuleux et aux lymphatiques, mais ils sont interdits aux nerveux et aux rhumatisants.

2° Les ablutions froides. — Elles sont d'une pratique facile et doivent être recommandées à tous les sujets faibles et à tous ceux qui ont une vie sédentaire. Il est certain que, combinées avec les exercices physiques, elles donnent à l'individu le maximum de résistance et de santé. Les Grecs et les Romains connaissaient les bienfaits de ces pratiques, et pourtant ce n'est que depuis quelques années qu'on les apprécie de nouveau. C'est qu'au moyen âge c'était presque un devoir de négliger les soins corporels : aussi la malpropreté la plus intense régnait-elle à cette époque. On semble comprendre enfin que le bain ne doit pas être réservé aux classes aisées, mais qu'il est de première nécessité pour les travailleurs ; ce sont eux qui en ont le plus besoin, parce qu'ils séjournent dans des locaux poussiéreux et que leurs ressources ne leur permettent pas de changer souvent de linge. Les ablutions sont de simples *lotions* ou des *douches*.

Fig. 362. — Tub.

La *lotion* d'eau froide se prend au saut du lit. Le matériel qu'elle exige est des plus simples et à la portée de tous : un *tub* ou grand vase en zinc (*fig.* 362), une éponge, une serviette et de l'eau. On trempe l'éponge dans l'eau et on l'exprime successivement sur la nuque et le dos (*fig.* 363) sur la poitrine et l'abdomen et sur les jambes. On termine par le bain de pieds et une friction énergique du dos (*fig.* 364), de la poitrine et des jambes, faite avec une serviette sèche et rugueuse.

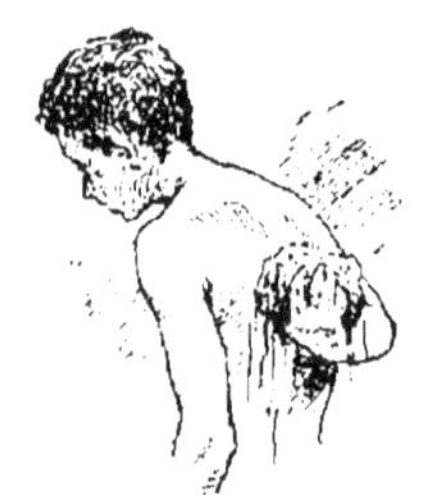

Fig. 363. — Lotion froide.

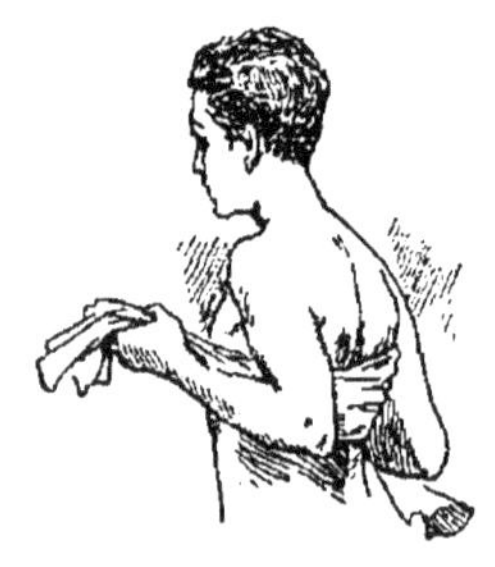

Fig. 364. — Friction après la lotion froide.

On obtient ainsi la réaction, qu'on peut d'ailleurs provoquer en se remettant au lit pendant quelques instants. L'habitude journalière de ces lotions ne satisfait pas seulement la propreté, elle assure une gymnastique de l'appareil circulatoire qui favorise la nutrition et augmente la résistance de l'organisme aux maladies.

La *douche* diffère de la lotion en ce que l'eau est lancée en jet et qu'elle agit par la force du jet. Elle exige une installation plus compliquée, car il faut placer un réservoir d'eau à une certaine hauteur pour donner à l'eau une force suffisante de percussion. Les appareils varient suivant que l'on veut obtenir la douche en *pluie* (*fig.* 365), en *cercle* (*fig.* 366) ou en *jet* (*fig.* 367). Dans ce dernier cas une vulgaire lance d'arrosage suffit.

Fig. 365. — Douche en pluie.

Quelques indications sont nécessaires pour éviter des accidents. La douche doit être prise ayant chaud, même en moiteur ; la température de l'eau doit être de 10° à 12° ; et celle de la salle de 20°. C'est grâce à la différence entre les deux

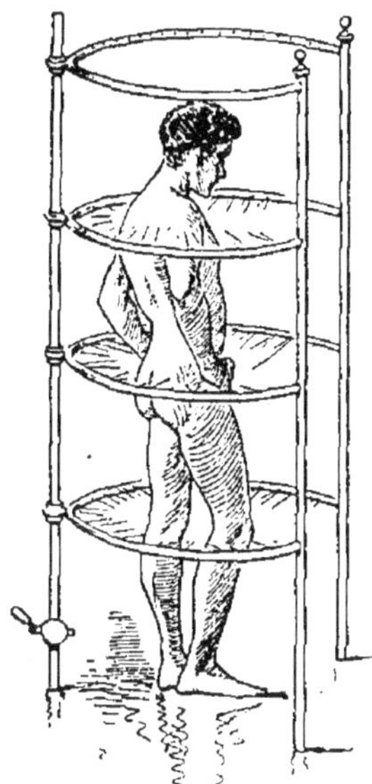

Fig. 366. — Douche en cercle.

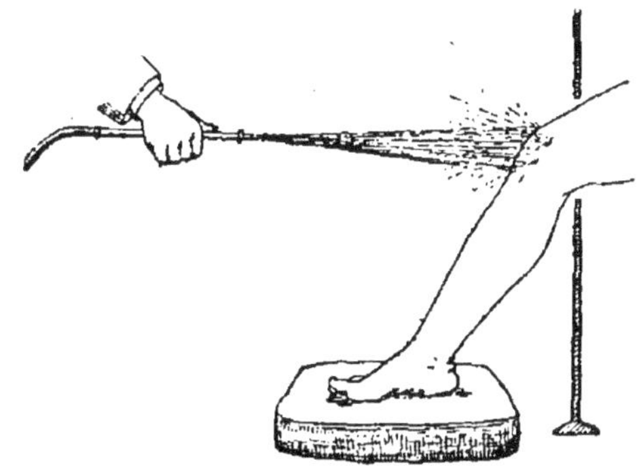

Fig. 367. — Douche en jet.

températures que l'on obtient la réaction amenant le sang à la peau et la sensation de bien-être finale. On doit diriger le jet d'abord sur les côtés de la colonne vertébrale, sur les épaules et les membres supérieurs, puis sur les membres inférieurs ; enfin, sur l'abdomen et la poitrine, le jet devra être brisé. La durée ne doit pas dépasser 15 secondes. Il est bon de faire suivre la douche d'une friction sèche et d'un exercice modéré. Enfin, la douche ne doit être prise que si la digestion est terminée, et les personnes atteintes d'affections du cœur ou de la poitrine devront s'en abstenir.

Soins de toilette. — Les ablutions et les bains assurent la propreté générale du corps, mais certaines parties de l'organisme (bouche, mains, pieds, etc.), exigent des soins spéciaux.

La bouche, à cause des aliments qui restent dans ses replis et dans l'intervalle des dents, exige des soins particuliers, qui sont d'autant plus nécessaires que la réaction alcaline de la salive et la division des aliments favorisent les fermentations. De plus, la bouche reçoit facilement les poussières et les germes de l'air ; aussi les microbes y pullulent-ils, à tel point qu'on a pu en décrire 17 espèces. Il serait donc de toute nécessité de se rincer la bouche, de préférence avec de l'eau bouillie : 1° après chaque repas, afin d'enlever les particules alimentaires qui, en se décomposant, altèrent la pureté de l'haleine et attaquent la matière dentaire ; 2° avant les repas et le soir avant le coucher, afin d'enlever les poussières et les microbes qui s'y trouvent toujours, surtout chez les habitants des villes. Enfin, le nettoyage des dents, une fois par jour, avec une brosse souple et un dentifrice, du savon par exemple, aide à éviter la carie dentaire et ses suites. Des observations récentes ont, en effet, montré que la carie dentaire n'était pas étrangère au développement de certaines maladies du cuir chevelu et en particulier de la pelade.

Les **mains**, aussi bien que le visage, doivent être tenues rigoureusement propres : l'hygiène autant que les convenances l'exigent. Elles doivent être nettoyées avec le plus grand soin, car avec leurs rides et les sillons des ongles, ce sont de véritables collecteurs de microbes. Pour la toilette habituelle l'eau, le savon et la brosse suffisent ; mais pour les personnes qui ont un pansement à faire, il faut, après le brossage au savon, utiliser une solution antiseptique, du sublimé par exemple.

Toutes les personnes qui approchent des malades doivent surveiller attentivement l'état de leur épiderme, éviter les petites plaies et coupures, car il est toujours vrai que « la moindre écorchure est une porte ouverte à la mort ».

Les **pieds**, à cause de leurs excrétions abondantes, ont besoin de lavages fréquents. Chez les personnes qui marchent beaucoup, des bains de pieds froids sont utiles tous les soirs. On utilise les solutions alcooliques et les lotions au formol (1 ou 2 %) contre les sueurs des pieds, souvent fétides.

Dans ce cas aussi les bains de pieds avec une décoction de feuilles de noyer sont très utiles. Il est bon, après avoir essuyé et séché les pieds, de les saupoudrer avec de la poudre de talc.

En prenant ces soins on assure une bonne circulation du sang et on évite le refroidissement des extrémités, qui est une cause fréquente de rhumes et de névralgies.

Les **oreilles** doivent aussi être l'objet de soins particuliers, car la formation d'un bouchon de cérumen dans le conduit auditif est la cause d'accidents sérieux. Pour nettoyer ce conduit il ne faut pas se servir d'un cure-oreilles, qui peut blesser le tympan, mais simplement d'un petit tampon d'ouate hydrophile que l'on place au bout d'une allumette. On peut aussi faire un lavage avec de l'eau légèrement savonneuse qu'on lance avec une petite seringue. Pour assurer une bonne hygiène de l'oreille moyenne, il faut faire des lavages antiseptiques de la gorge et du nez. Les inflammations de l'oreille moyenne sont presque toutes dues au mauvais état des fosses nasales. Nous devons donc veiller à ce que le nez n'amène pas de microbes dans l'oreille moyenne. Pour cela on doit se moucher en fermant successivement l'une, puis l'autre narine, et en soufflant par la narine restée ouverte.

Les **cheveux** et la **barbe** exigent aussi une grande propreté, car ils retiennent facilement les poussières. Les cheveux doivent être portés courts autant que possible ; ils doivent être brossés tous les jours et savonnés de temps à autre. Il faut éviter les peignes fins, qui cassent les cheveux, irritent la peau et augmentent la formation des pellicules, poussières blanches formées par les débris d'épiderme. Il est nécessaire de veiller à ce que les ciseaux et les rasoirs soient très propres, car des maladies de la peau et d'autres beaucoup plus graves peuvent être inoculées par ces instruments.

Enfin les *cosmétiques* et les *fards*, employés pour corriger la nature, sont souvent dangereux par les substances toxiques qu'ils renferment (plomb, mercure, arsenic). De plus leur emploi habituel dessèche la peau, bouche ses pores et lui donne un aspect parcheminé.

Parasites de la peau. — Ils sont animaux (Sarcopte de la gale, Pou, Puce, Tique), ou végétaux (Champignon de la teigne).

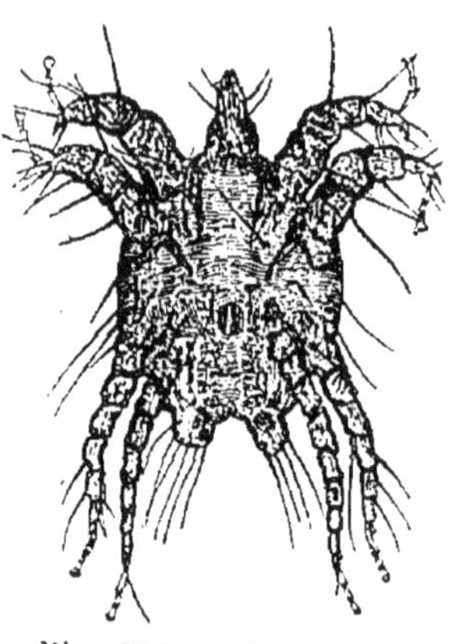

Fig. 368. — Sarcopte de la gale.

La *gale* est une affection de la peau causée par un animal du groupe des Araignées, le *Sarcopte* (*fig*. 368), dont la femelle creuse des galeries dans la peau pour y déposer ses œufs et cause ainsi de vives démangeaisons. La présence de ce parasite est mise en évidence par de petites pustules apparentes surtout au poignet et dans l'intervalle des doigts. Cette maladie est très contagieuse, mais heureusement facile à guérir par des frictions au savon noir et à la pommade soufrée.

Les démangeaisons peuvent être causées aussi par la *Puce*; par le *Pou* (*fig*. 369), dont les œufs nombreux ou *lentes* s'accrochent aux cheveux; par le *Rouget* (*aoûtas* de certaines régions), qui pénètre dans la peau des jambes quand

Fig. 369. — Pou.

Fig. 370. — Tique repue et à jeun.

on passe dans les hautes herbes en automne; par la *Tique*, qui s'attache sur les animaux et parfois sur l'Homme, et dont le volume, quand elle est repue de sang (*fig*. 370), est quintuplé. Des soins de propreté appropriés suffisent à détruire ces parasites.

Les maladies parasitaires du cuir chevelu sont ordinairement décrites sous le nom de *teignes*. Elles sont de deux sortes : la *teigne faveuse* et la *teigne tonsurante*.

La *teigne faveuse* est causée par un Champignon, l'*Acho-rion*, dont les spores germent dans la racine du cheveu, dont les filaments se développent dans le cheveu et causent sa mort. A la base du cheveu sont de petites croûtes sèches d'un jaune clair. Dans ce cas la tête exhale une odeur particulière, qu'on a comparée à celle de la Souris. Les cheveux tombent et ne repoussent plus.

La *teigne tonsurante* est également causée par un Champignon dont les filaments pénètrent dans les cheveux, qui deviennent cassants et tombent en laissant une place nette qui ressemble à une tonsure. Elle peut s'attaquer à la figure, aux bras et aux mains. Elle est très contagieuse et dure parfois des années ; mais elle ne laisse pas de traces, car les cheveux repoussent.

Ces teignes se transmettent par les peignes et les brosses, par les animaux domestiques (Chiens et Chats) et par les coiffures. Aussi sont-elles plus fréquentes chez les garçons, qui mettent souvent les coiffures les uns des autres, que chez les filles, ordinairement plus soigneuses. Signalons aussi comme moyen de contage les appuis en étoffe des wagons, où chaque voyageur vient appuyer sa tête.

La *pelade*, longtemps considérée comme une maladie contagieuse et d'origine parasitaire, serait due, d'après de récents travaux, à une mauvaise nutrition du cuir chevelu, qui serait elle-même causée par une irritation nerveuse. Celle-ci peut avoir pour origine une maladie de l'oreille ou de la gorge, ou bien des dents cariées. Il faut donc soigner et surveiller ses dents si l'on veut conserver les cheveux et la barbe. Dans la pelade les cheveux tombent par places arrondies, en laissant une surface nette, pelée, qu'on a comparée à la surface de l'ivoire.

§ 2. — Hygiène du vêtement.

Rôle hygiénique du vêtement. — Le vêtement est comme une petite habitation intime qui exige autant de soins hygiéniques que la grande habitation. Il a un double rôle : protéger le corps contre les poussières et les germes de l'air, et le préserver contre les intempéries.

Le vêtement est pris pour ainsi dire entre deux ennemis : au dehors, les germes de l'air ; au dedans, les produits de notre excrétion. Aussi devient-il rapidement le refuge des microbes et le véhicule des maladies contagieuses. Pour parer aux dangers les plus immédiats, il est donc utile de faire désinfecter les vêtements contaminés par un malade.

La propreté du vêtement a même une importance sociale, car tout individu qui s'applique à avoir une tenue aussi soignée que possible augmente ses chances de réussite. Ce soin du vêtement est caractéristique des Anglo-Saxons. Tous les bons ouvriers, en Amérique et en Angleterre, s'attachent, une fois leur besogne terminée, à s'habiller, suivant leur expression, en *gentlemen*, et cela si salissante que soit leur profession.

Du choix des tissus dans la lutte contre le froid, la chaleur et l'humidité. — Pour préserver l'organisme contre le froid et contre la chaleur, les vêtements doivent être mauvais conducteurs de la chaleur. Des expériences ont montré que la *laine* offre cet avantage plus que le *coton*, et celui-ci plus que la *toile*. On entoure trois réservoirs de laiton remplis d'eau chaude : le premier, de toile ; le second, de coton ; le troisième, de laine. C'est ce dernier qui conserve le plus longtemps sa chaleur, puis celui entouré de coton, et c'est le premier qui se refroidit le plus vite.

En réalité, ce n'est pas la nature même de l'étoffe qui constitue l'obstacle à la déperdition de chaleur, c'est plutôt la couche d'air emprisonnée dans les mailles de cette étoffe. Il est donc bon de tenir compte de la façon dont les étoffes sont tissées ; si les mailles sont lâches et emprisonnent beaucoup d'air, l'étoffe est mauvaise conductrice. Pour cette raison la flanelle est excellente ; mais lorsqu'elle a été portée les mailles sont obstruées par une sorte d'encrassement et cette étoffe perd toutes ses qualités. De même, lorsqu'elle a été lavée plusieurs fois, le tissu s'est resserré et a perdu ses qualités protectrices.

Des expériences de laboratoire ont confirmé cette manière de voir. *Un buste en cuivre rouge, rempli d'eau chaude à 37°,* était placé dans une chambre à 12°. On notait le temps que ce buste mettait à se refroidir de 1° : soit 1 ce. temps. Puis on le recouvrait de vêtements différents dont on voulait connaître le pouvoir protecteur et on notait les temps divers que le buste mettait à se refroidir de 1° dans les mêmes conditions. Voici quelques-uns des résultats obtenus :

Maillot de cycliste, coton, collant.	1,10
Gilet de flanelle.	1,35
Coton à jour, tissu *Cellular*.	1,35
Tricot léger, laine dite *Jæger*.	1,40
Tissu laine et soie, fin et serré.	1,50
Gros molleton blanc.	1,55
Veston cuir doublé flanelle, dit *Chauffeur*.	1,60
Gilet de chasse marron, tricot épais	1,60
Drap cheviotte noir, doublé flanelle.	1,90
Mac-Farlane, laine dite *Looden*.	2,10
Pardessus d'hiver doublé soie.	2,50
Laine des Pyrénées.	2,50
Pelisse Bison d'Amérique, poil intérieur.	4,50

On voit qu'un tissu léger (laine et soie) donne une protection supérieure à celle d'un gilet de flanelle, et même à celle d'un tricot deux fois plus lourd. Un simple molleton léger est presque aussi chaud que le veston de cuir des chauffeurs, lourd et imperméable : c'est que le cuir est bon conducteur de la chaleur et n'a d'autre valeur que de protéger contre la pluie. C'est grâce à sa contexture que la laine des Pyrénées est aussi chaude qu'un épais pardessus d'hiver doublé de soie.

Par contre, le maillot de cycliste, sans air emprisonné dans ses mailles, est un mauvais protecteur. Il est donc bien adapté à sa fonction, qui est de permettre au coureur de perdre facilement l'excès de chaleur qu'il produit.

Notons aussi que la *superposition* de vêtements, même légers, empêche bien la déperdition de la chaleur, car ce sont autant de couches d'air interposées entre la peau et l'air extérieur. On sait, en effet, que deux ou trois feuilles de papier superposées sur la peau empêchent le refroidissement beaucoup mieux qu'un épais pardessus unique. Un simple journal placé sous un vêtement est d'un puissant secours contre le froid pour des voyageurs surpris par un abaissement de température.

Le général Marbot, dans ses *Mémoires*, raconte l'histoire d'un officier qui fit toute la retraite de Russie sans autre vêtement qu'une tunique d'uniforme, mais qui avait sous cette tunique huit chemises de toile superposées.

A ce propos nous pouvons rappeler ce que pensait sur ce point l'illustre Fourier, qui était très frileux. Il rencontra un jour de froid son confrère Arago, qui l'aborda en ces termes : « Comment allez-vous ? — Oh ! j'en suis à l'F », dit en souriant Fourier. Il avait, en effet, l'habitude de désigner par des lettres les vêtements qu'il accumulait les uns par-dessus les autres selon la température. Fourier avait aussi constaté que la protection contre le froid dépend surtout des couches d'air superposées entre les tissus.

Il y a aussi avantage à ce que les vêtements, surtout ceux qui sont en contact avec la peau, absorbent le plus de sueur possible et la laissent évaporer lentement et graduellement. De cette façon le refroidissement est moindre. C'est la flanelle, et surtout la laine tricotée qui, à ce point de vue, donnent les meilleurs résultats. Mais il faut que ces vêtements soient renouvelés fréquemment. D'ailleurs, on attache une trop grande importance au port de la flanelle. On peut, au moins dans nos pays, n'en pas faire usage. Dans ce cas, il est bon de porter une chemise de coton de préférence à une chemise de toile qui se refroidit trop facilement.

Il va sans dire que tout vêtement imprégné de sueur doit être remplacé le plus vite possible par un vêtement sec. Aussi importe-t-il de ne pas garder pendant la nuit la chemise portée le jour, car il est bon que l'une et l'autre se débarrassent à l'air de la sueur qu'elles ont pu absorber.

Enfin la *couleur* du vêtement a aussi une influence : on sait, en effet, que les corps noirs sont ceux qui absorbent le plus la chaleur. Les vêtements noirs sont donc les plus chauds. Les couleurs sont classées dans l'ordre suivant, en commençant par celle qui absorbe le plus de chaleur : *noir, bleu, vert, rouge, jaune, gris, blanc*. Aussi dans les pays chauds la couleur blanche des vêtements est-elle généralement adoptée. On a remarqué que la superposition de deux étoffes de couleurs différentes protégeait mieux la peau contre le soleil. De nombreux exemples sont à citer : les Noirs et les Indiens, qui se vêtent de blanc ; les pur-sang arabes, qui ont le poil blanc sur une peau noire ; l'Arabe, qui se couvre d'un manteau rouge et blanc.

Le vêtement doit aussi nous mettre à l'abri de l'humidité extérieure, d'où l'usage des étoffes *caoutchoutées*. Malheureusement si elles sont imperméables à l'eau extérieure, elles empêchent aussi l'évaporation de la sueur et ralentissent les fonctions de la peau, de sorte qu'on se trouve dans un bain de vapeur et qu'on finit par être plus mouillé par la sueur qu'on ne l'aurait été par la pluie. Aussi est-il prudent de ne porter ce vêtement qu'au moment de la pluie et de le faire assez ample pour que l'air puisse circuler entre le caoutchouc et le vêtement ordinaire.

La *forme* du vêtement a bien aussi son importance ; mais nous sommes volontiers victimes de la mode, souvent ridicule et parfois malsaine. Disons pourtant que le vêtement ne doit être ni trop ample, ni trop étroit. Trop ample, il ne protège pas suffisamment ; trop étroit, il gêne le jeu des organes et la circulation du sang. Ainsi on ne peut méconnaître les désordres produits dans l'organisme par le port d'un corset trop serré. Il est bon également que le cou ne soit pas serré dans un col rigide ; d'autre part, l'abus des foulards et des cache-nez est souvent l'origine de maux de gorge, le cou n'ayant pas été aguerri contre le froid.

Dangers de certaines couleurs. — Certaines teintures employées pour la coloration des étoffes sont toxiques et peuvent provoquer soit des accidents locaux, par contact direct, soit des accidents d'intoxication générale.

L'aniline, dont l'usage est fréquent, peut amener des lésions de la peau. On a même montré que, dans certains cas, l'aniline employée pour teindre des chaussures jaunes en noir pouvait être absorbée par la peau à la faveur de la chaleur moite des pieds et causer des empoisonnements graves.

Tous les accidents occasionnés par des couleurs s'observent surtout avec les vêtements neufs (chemises, chaussettes, caleçons, foulards), portés sans avoir été lavés.

Coiffure et chaussures. — La *coiffure* a un double but : préserver la tête du froid et du soleil. Aussi change-t elle suivant les pays et les saisons. C'est elle cependant qui persiste le plus longtemps chez certains peuples : le Turc garde son fez et l'Hindou son turban, même quand ils ont adopté la redingote et le pantalon. Le chapeau de feutre léger et à large bord est la coiffure idéale de l'Européen, car il préserve du froid en hiver et des rayons du soleil en été. Si le chapeau est fait en matière imperméable, il est bon qu'il soit muni de ventouses d'aération. La température du milieu intérieur du chapeau varie beaucoup avec la matière de celui-ci. Ainsi, sur deux individus faisant une même marche dans les rues de Paris, en juillet, on note 46° dans un chapeau noir haute forme et 33° seulement dans le casque colonial blanc fait en liège ou en moelle de sureau.

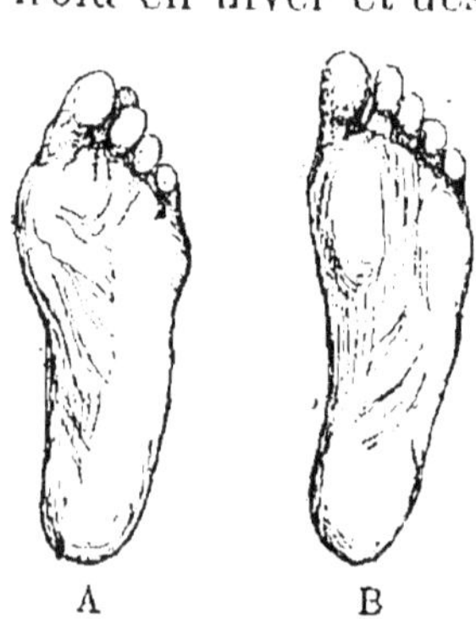

Fig. 371.

A. — Pied déformé dont le deuxième orteil est chassé en haut (d'après Laveran).

B. — Pied normal.

La *chaussure* doit être souple, large pour ne pas comprimer le pied et forcer les orteils à chevaucher l'un sur l'autre (*fig.* 371), avoir des semelles épaisses pour amortir les chocs et éviter l'humidité du sol ; enfin avoir des talons larges et bas pour ne pas déformer le pied. Sinon les doigts de pieds s'atrophient, les muscles disparaissent, des callosités se développent à tous les points de frottement, le métatarse devient un moignon informe, et le pied présente une disposition aux engelures et aux localisations goutteuses. « Trouver chaussure à son pied » est un axiome que les cordonniers semblent ne pas connaître.

C'est le pied qui doit donner sa forme à la chaussure, et non pas la chaussure au pied. Aussi les bouts trop pointus et les bouts trop carrés, qui ne correspondent pas à la forme naturelle du pied, sont-ils antihygiéniques. De même, la chaussure à semelle non symétrique est préférable à celle dont la semelle est symétrique (*fig*. 372), car le contour du pied n'est pas le même sur ses deux côtés.

La semelle doit présenter trois petites dépressions pour loger les trois parties sur lesquelles repose tout le corps (*fig*. 373) et qui sont les trois piliers de la plante du pied. Le pilier postérieur (celui du calcanéum) ne varie pas, mais les deux autres varient de position suivant la pointure. On conçoit qu'il soit important, pour les chaussures de marche, de fixer ces points où vient reposer la charpente du pied.

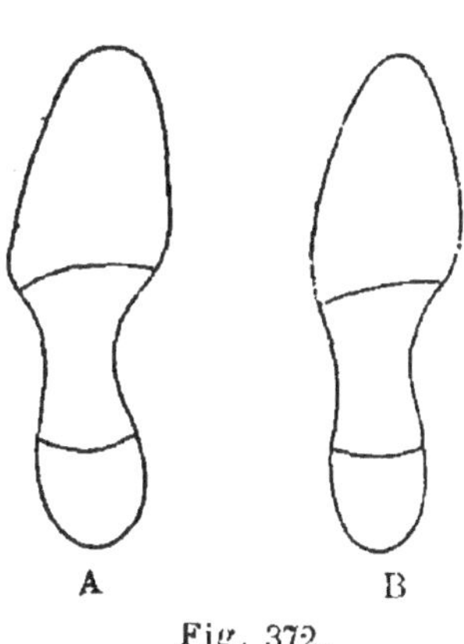

Fig. 372.

A. — Chaussure asymétrique hygiénique.
B. — Chaussure presque symétrique antihygiénique.

Fig. 373. — Les trois piliers de la plante du pied.

Le lit. — Le lit, dans lequel nous passons presque le tiers de notre existence, ne doit être qu'un vêtement protecteur contre le refroidissement de la nuit et non pas un milieu de culture où se développent les germes que l'Homme transporte avec lui. Il importe qu'il soit préservé de toute cause d'insalubrité.

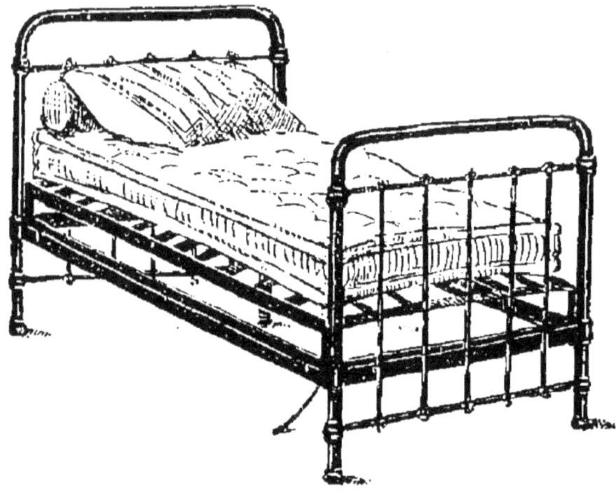

Le lit de fer et de cuivre (*fig.* 374) est préférable au lit de bois qui se nettoie plus difficilement et abrite plus aisément des parasites. Le sommier métallique sera également préféré.

Fig. 374 — Lit hygiénique avec sommier métallique.

Pas de matelas de plume : ils sont trop mous, trop chauds et leur nettoyage est trop difficile. Les matelas de laine sont

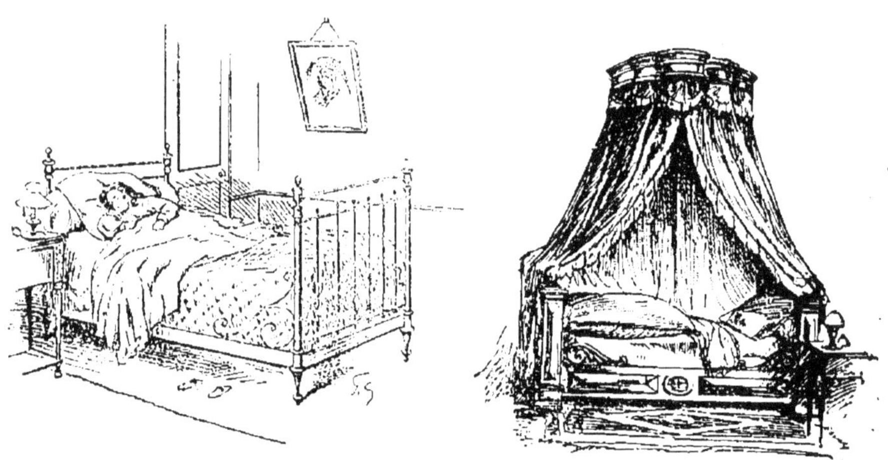

Fig. 375. — Lits hygiénique et antihygiénique.

préférables, mais il faut les battre fréquemment, ou mieux encore les désinfecter. Pas d'oreillers de plume, dans lesquels la tête est enfouie et se congestionne. Au contraire, les oreillers de crin laissent la tête fraîche. Les couvertures de laine sont le meilleur revêtement pour la nuit ; l'édredon doit être réservé pour les nuits très froides. Les draps doivent être changés fréquemment, au moins tous les 15 jours.

Le lit devra être placé dans un endroit où l'air et la lumière circulent librement. Ni alcôve, ni rideaux qui gênent le renouvellement de l'air (*fig.* 375). Enfin, chaque matin, le lit devra être défait et la literie mise à l'air un certain temps.

§ 3. — Exercices physiques.

Nécessité des exercices physiques. — Les exercices physiques sont nécessaires non seulement au développement normal des organes chez les jeunes gens, mais aussi à leur bon fonctionnement chez les adultes. Ils permettent à l'organisme de conserver le plus longtemps possible toute sa vigueur et de résister victorieusement aux maladies qui le guettent. Aussi l'oisiveté corporelle amène-t-elle rapidement la dégradation physique. Nous devons donc entretenir nos forces pour ne pas les perdre, et l'exercice physique devrait être un besoin aussi impérieux que celui de manger et de dormir. Nous allons étudier successivement l'influence des exercices physiques sur le squelette, les muscles et le système nerveux.

Influence des exercices physiques sur le développement du squelette. — Nous avons montré dans l'étude du squelette que la taille de l'individu s'accroît tant que l'ossification n'est pas définitive, c'est-à-dire tant que le cartilage n'est pas complètement remplacé par l'os. Or, on a constaté qu'un exercice violent précipite l'ossification et fait souder rapidement la diaphyse aux épiphyses. Il en résulte que la taille n'atteint pas toute son ampleur. On remarque, en effet, que les enfants d'acrobates qui, très jeunes, sont astreints à des exercices violents, restent ordinairement petits. Il ne faut donc pas faire exécuter aux enfants un travail excessif, sous peine d'en faire des hommes rabougris. L'enfant doit courir et jouer, et remettre les jeux athlétiques à plus tard, lorsque sa croissance sera achevée.

Ce serait d'ailleurs une erreur de croire qu'une taille élevée est une condition de vigueur. Les géants sont, au contraire, des individus peu résistants, au physique comme au moral. Le gigantisme est même considéré en médecine comme une maladie spéciale (*acromégalie*).

En somme, la taille ayant une influence sur la force musculaire et la vitesse des mouvements, il est avantageux de posséder une taille moyenne. C'est ce que l'on devra rechercher par une alimentation convenable, des exercices modérés et non prématurés.

Nous avons montré dans la première partie de cet ouvrage que les aliments riches en sels calcaires et particulièrement en phosphates favorisaient l'accroissement du squelette. « Ainsi, dit M. Springer, dans certaines contrées, 50 °/₀ des jeunes gens étaient reconnus impropres au service militaire pour défaut de taille. Or, dans ces régions, les terrains étaient pauvres en phosphates, produisaient des races animales petites. Il a suffi de phosphater ce sol ingrat pour y faire pousser des soldats. »

Déformations du squelette par les attitudes et les mouvements habituels. — Le squelette, malgré sa solidité, ne garde pas une forme immuable ; il se modifie avec les mouvements et suivant les habitudes. C'est surtout chez l'enfant que le squelette se déforme sous l'influence d'exercices physiques mal dirigés, de mauvaises attitudes habituelles ou de vêtements mal adaptés à la forme du corps.

Les *mauvaises attitudes habituelles* agissent surtout en déformant la colonne vertébrale, ce qui se produit vite chez les enfants. Ainsi un enfant toujours porté sur les bras de sa mère peut contracter une déviation de la colonne vertébrale ; on peut la redouter aussi chez l'enfant qui lit étant couché ou qui prend pour écrire ou se reposer une mauvaise attitude, et aussi chez celui qui porte trop tôt des charges trop lourdes. La déviation de la colonne vertébrale est due à une déformation des vertèbres causée par une mauvaise nutrition. Une gymnastique bien appropriée, en rétablissant

une bonne nutrition, arrive souvent à corriger ces déformations. Sinon il faut avoir recours à des appareils spéciaux.

Le mieux est de connaître les bonnes et les mauvaises
attitudes afin de prendre les premières et d'éviter les autres.

Debout (*fig.* 376), la bonne attitude est celle que l'on
prend contre un mur vertical en faisant toucher la tête, le
dos, les fesses et les talons. Dans cette disposition les
épaules sont reportées en arrière, de façon à laisser à la
poitrine tout son développe-
ment. Dès que l'on abandonne

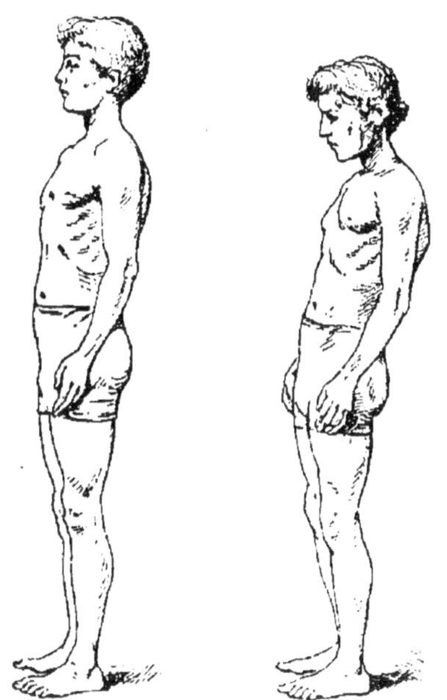

Fig. 376. — Bonne et mauvaise
attitudes *debout*.

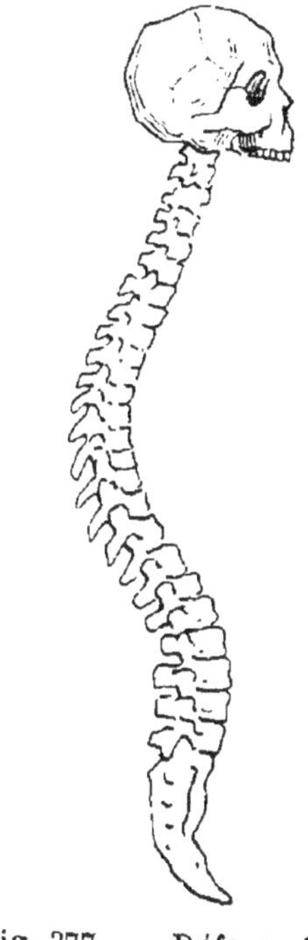

Fig. 377. — Déformation
de la colonne vertébrale
produisant le *dos rond*.

cette attitude, les courbures vertébrales s'accentuent et
amènent une diminution de la taille, la voussure du dos se
produit, projetant le ventre en avant. C'est pour éviter cette
difformité du *dos rond* (*fig.* 377) que l'on répète sans cesse
aux jeunes gens de ne pas se tenir la tête et le corps pen-
chés. Cette déviation atteint ordinairement les vieillards,
mais d'autant plus tard et plus légèrement qu'ils se sont

efforcés étant jeunes de se tenir plus droits : c'est le cas des officiers, qui conservent pendant leur vieillesse une attitude correcte. La raison de cette déviation de la colonne vertébrale est d'ailleurs moins dans l'âge que dans la mauvaise habitude de se mal tenir : aussi voit-on des vieillards droits et des jeunes gens voûtés.

Assis (*fig.* 378), la déformation se produit aussi facilement

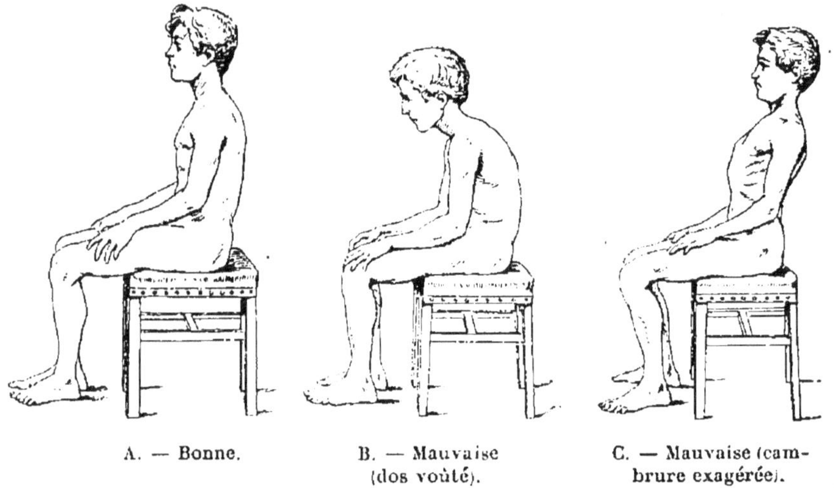

A. — Bonne.   B. — Mauvaise   C. — Mauvaise (cam-
              (dos voûté).   brure exagérée).

Fig. 378. — Bonne et mauvaises attitudes *assises*.

que debout. Il suffit pour cela de prendre une mauvaise position sur son siège, ou bien de faire usage d'un siège dé-

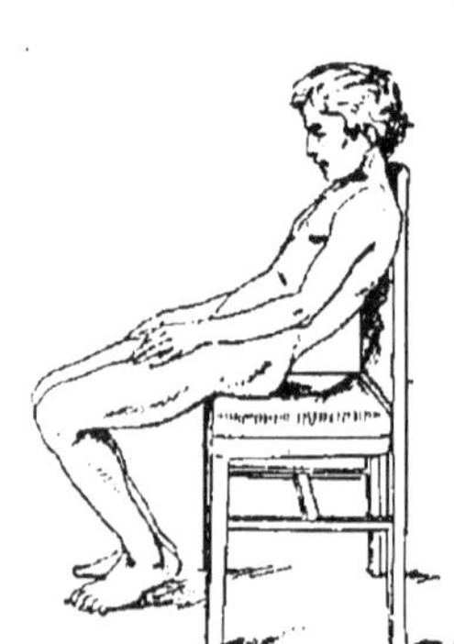

Fig. 379. — La plus mau-
vaise attitude assise.

fectueux. Dans une bonne attitude (*fig.* 378, A), le corps doit reposer sur les cuisses et être d'aplomb sur le siège. Si le corps se penche en avant (*fig.* 378, B), il tend à se voûter. Si l'on se redresse trop (*fig.* 378, C), on exagère la cambrure des reins. L'attitude la plus mauvaise (*fig.* 379) consiste à s'asseoir sur le bord du siège, le dos appuyé contre le dossier, car la voussure du dos s'accentue et la tête s'abaisse davantage. Le siège peut être défectueux : trop incliné en avant (*fig.* 380, A), il ne repose pas ; trop élevé (*fig*. 380, B), il laisse pendre les jambes et fatigue les ligaments des articulations ; trop bas

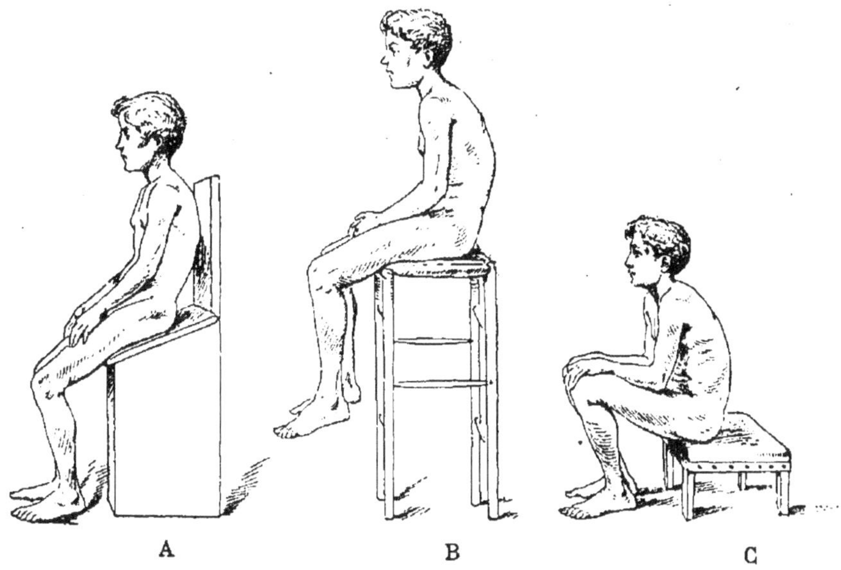

Fig. 380. — Sièges défectueux.

(*fig*. 380, C), il oblige la flexion des jambes, exagère la courbure du dos et comprime les organes de l'abdomen.

Enfin, des déviations latérales de la colonne vertébrale se produisent si l'on fait porter le poids du corps sur une seule jambe, ou bien si l'on s'asseoit de travers sur une seule fesse (*fig*. 381). C'est le cas fréquent de l'écolier qui s'appuie sur la fesse gauche et le coude gauche ; l'épaule gauche devient alors plus élevée que l'autre. Si cette attitude devient habituelle, elle produit une difformité

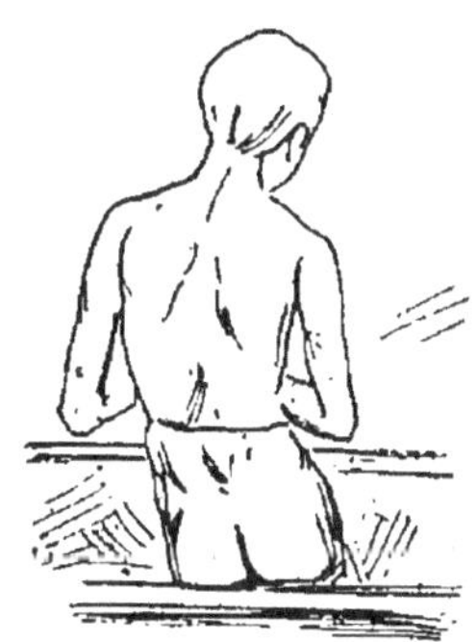

Fig. 381. — Mauvaise attitude produisant la *scoliose*.

Fig. 382. — La colonne vertébrale dans la *scoliose*.

de la colonne vertébrale connue sous le nom de *scoliose* (*fig*. 382).

Les ouvriers conservant pendant longtemps la même attitude pour produire les mêmes efforts constamment répétés présentent souvent des déformations du squelette. Ces déformations peuvent avoir un retentissement direct sur la santé. Ainsi l'attitude assise congestionne les organes de la digestion ; l'attitude debout cause des troubles de la circulation; l'attitude courbée, celle des cordonniers, par exemple, enfonce le sternum dans la poitrine et détermine des affections du cœur.

Les jeunes gens qui s'entraînent exclusivement aux mêmes exercices arrivent aussi a détruire l'harmonie de leur squelette. C'est ainsi que des cyclistes préoccupés seulement de

Fig. 383. — Mauvaise et bonne attitudes du cycliste (effort fléchissant).

faire de la vitesse se tiennent presque couchés sur le guidon de leur machine (*fig*. 383), prenant ainsi une attitude mauvaise pour leur squelette et pour le fonctionnement des organes. Cette attitude longtemps gardée peut amener des déformations, surtout chez les jeunes gens, dont le squelette est en voie d'ossification. A ce point de vue il est hygiénique de combiner les sports et de ne pas se spécialiser. Le canotage (*fig*. 384) par exemple, qui exige des efforts de redressement, pourra corriger l'attitude trop fléchissante du cycliste.

En résumé, les mauvaises attitudes habituelles sont incompatibles avec la santé : l'hygiène et la beauté sont ici solidaires.

Fig. 384. — Canotage (effort de redressement).

Les exercices physiques et les muscles. Harmonie des formes. — Nous avons vu dans le cours de physiologie qu'un muscle qui travaille se développe davantage, car il reçoit plus de sang et par suite plus d'aliments. Aussi l'homme qui fait des exercices physiques a-t-il les muscles plus développés que l'homme inactif.

Les muscles doivent être suffisamment développés, mais pas trop. Chez les athlètes, les muscles, en s'hypertrophiant, détournent une partie de la nourriture aux dépens des autres organes, qui s'appauvrissent. Aussi la santé des athlètes est-elle peu enviable, et leur activité intellectuelle faible. Mieux vaut rechercher une musculature moyenne, car il y a avantage pour la santé, la vigueur et la beauté. L'hercule (*fig.* 385) et le discobole (*fig.* 386) de l'antiquité représentent assez exactement ces deux types de musculature. Si l'hercule est plus terrible quand il étreint, le discobole est plus rapide et plus agile.

Il faut aussi éviter les exercices qui ne font développer qu'un côté du corps. Tel est le cas de l'escrime, qui est cependant un excellent exercice, mais qui, pratiquée d'un seul bras, cause une dissymétrie du corps. Il faut tirer alternativement des deux mains. Cela est d'autant plus nécessaire que le corps est naturellement asymétrique. 97 fois sur 100, la main droite est plus large que la gauche, et le bras droit plus lourd que le bras gauche.

Pour maintenir une certaine harmonie dans la forme et le développement des muscles, il faut les exercer tous. C'est

Fig. 385. — Hercule (hypertrophie musculaire).

Fig. 386. — Le discobole (musculature moyenne et plus fine).

pourquoi l'on cherche dans la gymnastique rationnelle à faire contracter un grand nombre de muscles. La gymnastique suédoise donne, à ce point de vue, d'excellents résultats.

Le but de la gymnastique est double : développer la force, augmenter l'amplitude des mouvements. On peut, par exemple, développer la force du biceps en s'entraînant à soulever des poids lourds. Mais c'est un résultat peu utile au point de vue hygiénique. Les exercices d'amplitude ont, au contraire, une action de première utilité en favorisant la circulation et par suite la nutrition des tissus. C'est ainsi que lorsque nous nous étirons les bras en bâillant, nous favorisons la circulation du sang et son oxygénation dans les poumons.

En somme, les exercices spéciaux sont mauvais ; la gymnastique générale, seule, nous donne l'harmonie du système musculaire, sans laquelle il n'y a ni beauté, ni équilibre des forces. Par gymnastique générale il faut entendre tous les exercices capables de perfectionner l'être humain : la marche, la course, la bicyclette, la natation, le canotage et les jeux athlétiques dans une certaine mesure A ce point de vue, la marche est le type de l'exercice complet : par le mouvement, elle active et régularise la circulation, et, par suite, la nutrition ; par le déplacement, elle procure l'air pur nécessaire à nos poumons ; par la lumière dans laquelle elle nous place, elle facilite l'accommodation et l'éducation de l'œil ; enfin, par les changements d'aspect de la nature qu'elle nous montre, elle distrait le cerveau et le repose de son travail habituel. Enfin, la marche est un exercice qu'il est facile de graduer et par lequel on ne risque pas d'atteindre le surmenage si fréquent dans les autres sports.

Les bénéfices hygiéniques ou esthétiques que l'on peut retirer de la pratique des exercices physiques ont été appréciés différemment suivant les temps. Ainsi, dans l'antiquité, à Rome et à Athènes, l'Homme, entraîné à la lutte, est fort ; au moyen âge, la culture physique est négligée et le corps s'étiole ; à l'époque de la Renaissance, l'humanité se réveille et le type de la beauté reapparaît ; enfin, il n'y a pas soixante ans, il était beau d'avoir l'air maladif ; les épaules tombantes et une atrophie générale étaient des marques de distinction. Actuellement on admet qu'un homme sain et de force moyenne doit avoir un squelette osseux solide, symétrique et sans déviation ; des muscles bien développés et apparents sous la peau, mais pas trop ; la poitrine large et bien ouverte ; l'épaule bien placée, ni tombante, ni en porte-manteau

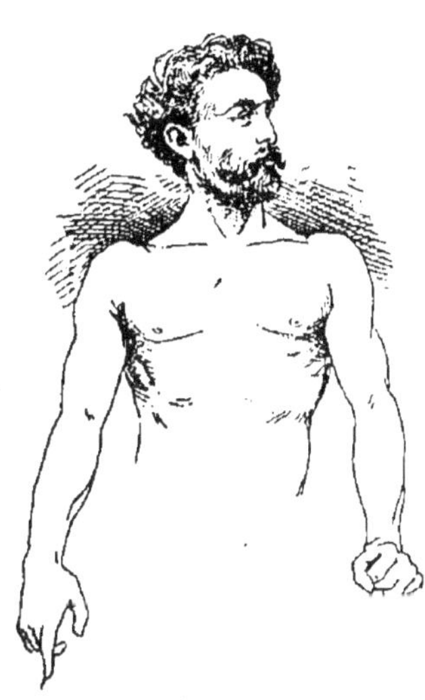

Fig. 387.— Épaules en porte-manteau.

(*fig*. 387); enfin, le ventre peu volumineux et à parois musclées.

Pour obtenir ces résultats il suffit de faire des exercices variés, et surtout de ne pas se laisser envahir par la paresse, car le corps dégénère, les muscles s'atrophient, le dos se voûte, la poitrine se creuse et le ventre devient proéminent; la laideur, en un mot, survient, et la vigueur physique disparaît.

La fatigue : lassitude, surmenage, forçage. — L'étude de la physiologie des muscles nous a montré que la *fatigue* était due à une sorte d'intoxication causée par l'accumulation dans le sang de gaz carbonique, d'acide lactique et de produits toxiques provenant de la combustion des muscles. Nous avons vu également que si la circulation du sang était activée, ces matières toxiques étaient enlevées plus rapidement et la fatigue disparaissait plus vite : d'où l'utilité du *massage*, qui active la circulation. On a vu enfin (page 237) comment on pouvait mesurer, à l'aide de l'*ergographe*, l'effet de la fatigue sur le travail musculaire.

La fatigue se manifeste d'abord par une sensation vague : nous avons de la peine à continuer notre travail et, pour agir, il nous faut faire un effort. C'est qu'aucun travail physique ou intellectuel ne peut être prolongé au delà d'un certain temps sans être suivi de repos. Aussi le repos doit-il être réglé de façon que les pertes subies par l'organisme soient intégralement réparées. Au contraire si la dépense continue avant que la réparation soit complète, la fatigue se fait sentir et peut aller depuis la *courbature* inoffensive jusqu'à la *syncope* mortelle.

Trois degrés sont à considérer dans la fatigue : la *lassitude*, le *surmenage* et le *forçage*.

1° La lassitude se ressent lorsqu'en se levant après quelques instants de repos au cours d'une longue marche, par exemple, on n'est plus aussi dispos : on est *las*, et un effort de volonté est nécessaire pour se remettre en route. Si cette lassitude est légère, elle disparaît avec une nuit de repos.

Au contraire, si elle est trop intense, le sommeil est agité, et nous nous levons le matin encore las de la veille. Si nous continuons quand même notre travail, la lassitude augmente et nous arrivons au *surmenage*.

2° Le **surmenage** cause des troubles de nutrition, puisqu'il y a excès des dépenses sur les recettes. L'équilibre est rompu, l'organisme s'appauvrit et devient un terrain de culture favorable à l'éclosion des maladies. Il y a cependant une certaine tolérance de l'organisme, car les obligations de la vie imposent à la plupart des hommes un peu de surmenage. Heureusement des repos espacés permettent de rétablir l'équilibre, mais il vaudrait mieux ne pas arriver jusqu'au surmenage.

Les symptômes du surmenage sont : la sensation de fatigue même après le repos et le sommeil ; la perte de l'appétit et la diminution de poids. L'auto-intoxication causée par le surmenage exerce une action pathologique sur l'organisme (fièvres, troubles cardiaques, etc.).

3° Le **forçage**, qui est la fatigue poussée à l'extrême, est atteint lorsqu'on continue le travail étant surmené. La mort peut alors survenir. Ainsi un animal *forcé* à la course tombe et meurt sur place, et la chair d'un tel animal ne doit pas être consommée, tellement elle contient de toxines.

L'entraînement. — La résistance à la fatigue peut s'acquérir par l'éducation. On peut apprendre à ne pas gaspiller ses forces, à régulariser ses mouvements, et cela par des exercices méthodiques et gradués : c'est ce qu'on appelle l'*entraînement*.

On peut alors accomplir presque sans fatigue un travail considérable. C'est par l'entraînement que les ascensionnistes gravissent pendant des journées entières des pentes abruptes, et cela d'un pas calme et régulier, tandis que des touristes non entraînés et dont la marche est rapide et saccadée se fatiguent vite.

L'entraînement exige l'application rigoureuse des règles de l'hygiène. Ses effets sont excellents : la poitrine se dilate et la respiration devient plus active ; la circulation se fait si bien que les contusions ne produisent pas d'ecchymose, et qu'un coup de poing formidable ne laisse pas de trace sur la peau.

Un entraînement bien conduit permet d'améliorer un être débilité soit par les conditions de l'existence, soit par l'hérédité, et de faire d'individus souffreteux des hommes vigoureux et bien équilibrés. Mais il faut éviter de pousser l'entraînement trop loin, comme le font certains jeunes gens pour satisfaire la vanité de détenir un record et qui, en réalité, arrêteront leur développement et débiliteront leur organisme.

L'exercice et l'éducation des mouvements. — L'exercice est utile non seulement parce qu'il active la circulation du sang et par suite la nutrition des organes, mais aussi parce qu'il fait l'éducation des mouvements.

L'homme *non exercé* se reconnaît à la maladresse et au manque de sûreté de ses mouvements ; quand il marche, court ou saute, il fait des contractions inutiles ; il ne sait pas économiser ses forces : aussi est-il peu résistant à la fatigue.

L'homme *exercé*, au contraire, se reconnaît à la précision et à la sûreté de ses mouvements ; sa démarche et ses allures sont assurées et rapides ; il est résistant à la fatigue parce qu'il est maître de ses organes et qu'il ne dépense que le nécessaire.

La fatigue nerveuse et le surmenage. — Les centres nerveux, comme tous les organes, s'épuisent par le travail : d'où la nécessité du repos, du sommeil, qui est un arrêt dans les fonctions de relation. On a d'ailleurs montré que l'insomnie altère les cellules nerveuses : elles se ratatinent tandis que le repos les répare et les remet en état. Les centres nerveux sont, en effet, sensibles à l'altération du sang. Aussi, dès que le sang n'est plus suffisamment nutritif, des troubles surviennent ; et si le sang contient des toxines, comme il s'en produit dans la fatigue musculaire, le cerveau souffre et la folie peut même se déclarer, ainsi que cela a été observé plusieurs fois dans des concours athlétiques.

Il faut donc, par des exercices modérés, activer la circulation et par suite assurer une meilleure nutrition au cerveau. C'est ce qui explique pourquoi les personnes sédentaires sont facilement énervées et irritables. L'enfant qui ne joue pas, non seulement perd ses forces, mais a mauvais caractère ; au contraire, l'exercice au grand air prévient et combat l'énervement.

La fatigue musculaire est toujours accompagnée de fatigue nerveuse, mais il peut y avoir fatigue nerveuse sans fatigue musculaire. Elle est alors causée par des travaux intellectuels trop prolongés, par des préoccupations trop nombreuses. Le savant, l'artiste, l'inventeur éprouvent souvent cette fatigue, qui est particulièrement pénible et qui use le corps plus encore que la fatigue physique. Elle peut être combattue par un exercice musculaire modéré, qui, en activant la circulation, entraînera plus vite les résidus du travail cérébral qui intoxiquent le cerveau.

Si robuste que l'on soit, on ne peut toujours dépenser : on doit s'arrêter à temps pour éviter le *surmenage*. Sinon on arrive à cet épuisement nerveux qu'on appelle la *neurasthénie*, dont les moindres maux sont le défaut d'énergie et l'inégalité d'humeur, mais dont les désordres, en s'accentuant, causent les maladies de la volonté, détruisent le caractère et font disparaître la personnalité.

C'est surtout chez les enfants qu'il faut éviter tout ce qui peut amener une surexcitation des centres nerveux, si nous voulons leur donner et leur conserver leur vigueur physique. Gardons-les surtout des émotions violentes, tristes ou gaies, car les unes et les autres sont déprimantes. Incitons-les pourtant à la joie, car elle aide à entretenir la santé en poussant au mouvement et à la bienveillance ; elle donne un sentiment de force et de vigueur. La tristesse, au contraire, tue l'activité. Le joyeux est robuste et sain. Le neurasthénique ne connaît que la tristesse. La joie correspond à un mouvement d'expansion organique, à une aisance des fonctions et à un accroissement de vitalité. « Le premier précepte des traités d'hygiène, dit M. Tarde, devrait être : soyons gais. »

Les observations faites sur les animaux viennent à l'appui de cette opinion : la bête bien portante s'étire, s'étale ou gambade ; malade, elle se couche en rond et se replie.

Éducation des sens et travail manuel. — Les renseignements qui nous sont donnés par nos sens servant de base à nos jugements, il importe qu'ils soient conformes à la réalité et que nous nous exercions à les percevoir nettement. Nous devons donc chercher à améliorer le fonctionnement des organes des sens par l'*éducation*. L'éducation des sens est donc utile car, sans elle, notre connaissance de la nature serait vague et incertaine.

Ainsi, chez le nouveau-né les sensations sont confuses, tandis qu'elles se précisent et s'affinent à mesure que l'éducation fait son œuvre. Au début de la vie nous avons la sensation du bruit ou du silence, de la lumière ou de l'obscurité. Plus tard, nous saisissons les hauteurs et les timbres des sons, les diverses couleurs et même les nuances de la même couleur. En somme, nous apprenons à écouter et à voir. Le perfectionnement des sens, ainsi que nous allons le montrer, exige des exercices méthodiques et progressifs.

Le toucher se spécialise dans la main, et le meilleur moyen de faire l'éducation de la main est le travail manuel. Les instruments de musique et le maniement d'outils délicats sont favorables aussi à l'affinement de la main. Par l'exercice continu du toucher, l'aveugle, par exemple, arrive à acquérir une habileté extraordinaire qui lui permet d'apprécier des rugosités imperceptibles pour d'autres.

Par l'exercice, le **goût** et l'**odorat** s'affinent beaucoup. C'est ainsi, par exemple, que certains dégustateurs arrivent à déterminer d'une façon précise la nature, l'origine et l'âge des vins. L'usage du tabac et l'abus des mets épicés détruisent la délicatesse du goût ; de même, la finesse de l'odorat est émoussée par les parfums trop concentrés.

Quant à l'ouïe, l'attention est nécessaire pour la perfectionner. Sans elle la sensation s'émousse, ce qui explique pourquoi un bruit continu finit par ne plus être entendu. On connaît l'exemple du meunier qui se réveille quand son moulin s'arrête.

L'éducation de la **vue** est encore plus nécessaire que celle des autres sens, car les erreurs d'optique sont nombreuses et l'exercice seul est capable de les rectifier. Ainsi, faute d'exercice, nous avons perdu la faculté de voir dans une obscurité relative : il nous faut un éclairage intense, ce qui a fait diminuer notre *acuité visuelle*, c'est-à-dire notre sensibilité à la lumière. De même, par une mauvaise éducation de l'œil, nous perdons la faculté d'accommodation. La tête penchée sur notre livre, nous nous habituons à regarder de trop près ; nous ne savons plus accommoder pour de grandes distances, nous devenons myopes. Il est donc utile d'habituer l'œil à regarder les objets éloignés. Aussi la myopie est-elle peu connue chez les marins et les habitants des campagnes ; elle est fréquente au contraire chez les personnes qui lisent beaucoup. Le dessin est d'une grande utilité pour l'éducation de l'œil ; de même certains jeux comme la balle, le tir, l'escrime, etc.

Le meilleur exercice pour l'éducation des sens est assurément le *travail manuel*. Non seulement il donne à la main et à l'œil plus d'habileté, mais il est un repos pour l'esprit ; de plus, il établit le lien entre l'idée et la réalité, entre le cerveau qui conçoit et la main qui exécute. Placé au début de l'éducation, il ne peut donner que d'excellents résultats. Voici, d'ailleurs, le vœu par lequel le Conseil supérieur de l'instruction publique avait demandé l'organisation du travail manuel dans les lycées et collèges :

« Considérant que l'adresse du corps et la finesse des sens ne sont pas des objets négligeables dans une éducation vraiment complète ;

Que non seulement ces qualités ont une importance pratique de premier ordre dans la vie et dans nombre de professions, même libérales ; mais que, d'après de nombreuses observations psychologiques précises, elles vont de pair avec le développement de l'intelligence ;

Qu'en effet, les travaux manuels exercent les facultés d'observation, d'imagination et d'invention, de combinaison et de réflexion ;

Que, plus particulièrement, ils familiarisent l'esprit avec nombre de lois géométriques, mécaniques ou physiques élémentaires... ;

Que, indépendamment de ces différents avantages pratiques ou intellectuels, il n'est peut-être pas sans quelque intérêt moral de prémunir les jeunes gens, par la pratique du travail manuel, contre des préjugés encore trop répandus, qui le déconsidèrent au profit trop exclusif de la vie purement intellectuelle, etc.,

Les soussignés émettent le vœu que l'Administration veuille bien étudier, favoriser et provoquer l'organisation d'ateliers de travail manuel. »

« Je regarde le travail manuel, dit M. Liard, comme une excellente école et je ne puis me persuader qu'on ne sera pas un homme bien élevé parce qu'on saura dresser une planche ou ajuster une serrure. Enfin, il me paraît que le contact de bons ouvriers et leur respect des choses concrètes serait un excellent préservatif contre les paradoxes et les quintescences d'abstraction que produit souvent l'abus de l'éducation intellectuelle. »

En résumé, les exercices physiques variés, les jeux au grand air, le travail manuel, les excursions et les voyages rendront les plus grands services dans l'éducation des jeunes gens en développant chez eux les qualités les plus propres à assurer le succès dans la vie : l'esprit d'initiative et de création. Ils auront ainsi plus de chances de devenir des hommes d'action d'une réelle valeur sociale.

RÉSUMÉ

Hygiène de la peau. — Pour que l'excrétion de la sueur se fasse bien, il faut veiller à la *propreté de la peau* et éviter les *parasites*.

1º PROPRETÉ DE LA PEAU. — Elle s'obtient par les *bains* et les *ablutions*.

Les *bains* sont *chauds* ou *froids*. Le bain chaud est le bain de propreté ; le bain froid ne nettoie pas aussi bien, mais il a l'avantage d'activer la circulation et de régulariser les fonctions nerveuses.

Les *ablutions froides* sont de simples *lotions* ou des *douches*. Les lotions n'agissent que par la température de l'eau ; elles donnent de bons résultats. Les douches agissent par la température de l'eau et par sa force de projection.

Certaines parties de l'organisme, comme la bouche, les mains, les pieds, exigent des soins particuliers.

2º PARASITES DE LA PEAU. — Les uns sont des *animaux*, comme le Sarcopte de la *gale*, le Pou, la Puce, etc. ; les autres sont des *végétaux*, Algues ou Champignons, qui causent des maladies de la peau et du cuir chevelu, en particulier, les *teignes*. Ces dernières sont contagieuses, mais la *pelade* ne l'est pas.

Hygiène du vêtement. — Le vêtement a un double rôle : 1º protéger le corps contre les poussières et les germes de l'air ; 2º préserver le corps contre les intempéries.

Pour abriter l'organisme contre la chaleur et contre le froid, il faut des vêtements mauvais conducteurs de la chaleur : la *laine* offre cet avantage plus que le *coton*, qui est préférable à la *toile*.

La superposition des vêtements joue un grand rôle dans la protection du corps contre le froid.

La *couleur* a aussi une importance : les vêtements blancs absorbent moins de chaleur que les autres ; les vêtements noirs sont, au contraire, plus chauds. Certaines teintures employées pour colorer les étoffes sont toxiques, l'*aniline* par exemple.

Les vêtements ne doivent être ni trop amples, ni trop étroits.

La *coiffure* doit préserver du froid et du soleil, mais elle doit être légère.

La *chaussure* doit être souple et large et avoir la forme du pied.

Le *lit* doit être préservé de toute cause d'insalubrité. Il doit être de préférence métallique. Les matelas de plume doivent être rejetés.

Exercices physiques. — Les *exercices physiques* sont nécessaires au développement des organes et à leur bon fonctionnement.

Ils agissent sur le développement du squelette, qui est arrêté s'ils sont excessifs. Une taille trop petite est un signe de dégénérescence ; mais une taille trop élevée n'est pas une preuve de vigueur.

Les *mauvaises attitudes habituelles*, de même que les *attitudes professionnelles*, causent des déformations du squelette.

Les exercices physiques développent les muscles. Pour maintenir une harmonie dans la forme des muscles, il faut les exercer tous, c'est pourquoi les exercices spéciaux sont mauvais, tandis que la gymnastique générale est utile.

La *fatigue* causée par une intoxication présente trois degrés : *lassitude, surmenage* et *forçage*.

La résistance à la fatigue peut s'obtenir par l'*entraînement*.

La *fatigue nerveuse* est produite par un excès de travail physique ou de travail intellectuel. L'épuisement nerveux cause la *neurasthénie*.

L'*éducation des sens* se fait par les exercices physiques et le travail manuel.

CHAPITRE VI

LES MALADIES CONTAGIEUSES

Causes des maladies contagieuses : les microbes. — Les
maladies contagieuses sont des maladies que l'on peut contracter par le contact avec un malade, ou par le séjour dans
la chambre d'un malade ou dans son voisinage. Ces maladies
ont joué un grand rôle dans l'histoire de l'humanité : la
peste dans l'antiquité, la *lèpre* au moyen âge, la *variole* au
XVIIIe siècle, le *choléra* au XIXe siècle, et la *tuberculose* à notre
époque.

Les immortelles découvertes de Pasteur et de ses élèves
ont montré que les maladies contagieuses sont dues à des
parasites infiniment petits qui se développent dans l'organisme et qui peuvent transmettre les maladies en passant
d'un individu malade chez un individu sain. Ces parasites
sont les plus petits des êtres vivants, d'où leur nom vulgaire
de *microbes*. Aussi, pour les observer, doit-on, comme pour
les cellules, les colorer à l'aide de réactifs convenablement
choisis.

Les microbes peuvent être divisés en deux groupes : les
végétaux et les *animaux*.

Parmi les **microbes végétaux**, les plus abondants sont les
Bactéries, qui appartiennent au groupe des Algues et qui présentent trois types principaux suivant qu'elles sont sphériques, allongées ou incurvées. Ce sont :

1° Les *Micrococques* (*fig.* 388, A), qui sont arrondis et isolés ;
parfois ils se groupent en amas comme les *Staphylocoques*

(*fig.* 388, B), ou en longs chapelets comme les *Streptocoques* (*fig.* 388, C) ;

2° Les *Bacilles,* qui ont la forme de bâtonnets plus ou

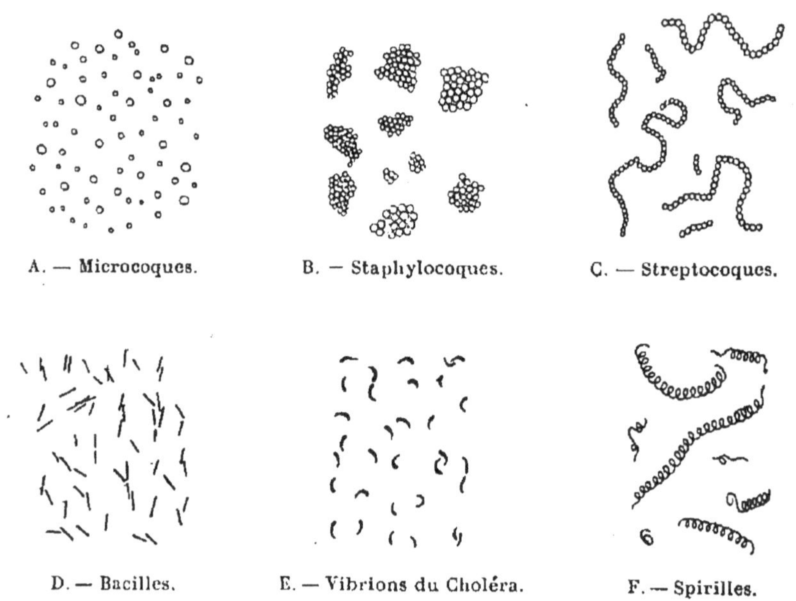

Fig. 388. — Principales formes de microbes.

moins allongés. Ils peuvent parfois s'allonger en longs fila-ments (*fig.* 388, D) ;

3° Les *Vibrions,* qui sont incurvés, soit en *virgule* comme le Vibrion du Choléra (*fig.* 388, E), soit en plusieurs spires comme les *Spirilles* (*fig.* 388, F) ou *Spirochètes.*

D'ailleurs la forme d'une même espèce de Bactérie peut changer suivant les conditions dans lesquelles elle se déve-loppe. La plupart des Bactéries portent des cils qui peuvent être très nombreux, comme dans le Bacille de la fièvre ty-phoïde (*fig.* 404) ou du tétanos (*fig.* 392).

Les **microbes animaux** appartiennent au groupe des Protozoaires, c'est-à-dire des animaux les plus inférieurs. Citons parmi eux l'*Hématozoaire* du paludisme et le *Trypa-nosome* de la maladie du sommeil, sur lesquels nous revien-drons plus loin.

Chaque maladie contagieuse a son parasite particulier, qui se distingue par des caractères spéciaux comme la maladie se distingue elle-même de toutes les autres. Nous ne connaissons pas encore les microbes de toutes les maladies contagieuses, mais nous connaissons la plupart d'entre eux.

Nous avons vu, par les expériences de Pasteur, combien ces êtres microscopiques sont abondants dans l'air, dans l'eau et dans les aliments. Ajoutons qu'on a réussi non seulement à les isoler en les cultivant dans des milieux nutritifs appropriés, mais à rendre l'Homme et les animaux réfractaires aux attaques de quelques-uns d'entre eux. Les résultats des découvertes de Pasteur causèrent une véritable révolution dans la médecine et surtout dans la chirurgie. « La médecine, jusqu'ici, était l'art de guérir les maladies ; grâce à Pasteur, c'est l'art de les prévenir. » Aussi peut-on dire, à juste titre, que Pasteur fut un grand bienfaiteur de l'humanité.

Inoculation des maladies contagieuses. Principales voies de transmission. — C'est le sang qui est ordinairement le véhicule des microbes dans l'organisme ; et c'est la pénétration de ces germes dans le sang qu'on appelle *inoculation*. Puisque l'appareil circulatoire est complètement clos, l'inoculation ne peut se faire que par une brèche faite soit dans les voies *digestives* et *respiratoires*, soit dans la *peau*.

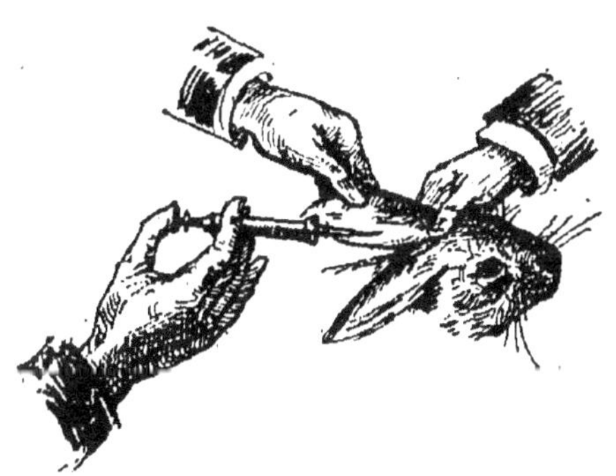

Fig. 389. — Inoculation d'une maladie à un animal.

Dans les laboratoires, on transmet la maladie d'un animal malade à un animal sain en injectant, à l'aide d'une petite seringue, le sang du premier sous la peau du second (*fig.* 389).

Nous ne connaissons pas toujours d'une façon certaine le mode de passage des microbes de l'individu malade à l'individu sain ; mais nous avons pourtant sur chaque maladie des renseignements suffisants pour établir un traitement préventif.

Si le microbe pénètre dans le sang par les voies digestives, c'est qu'il provient des aliments ou de l'eau ; s'il pénètre par les voies respiratoires, c'est qu'il est contenu dans l'air. C'est ce qui explique pourquoi on dit que la contagion de telle ou telle maladie se fait *par l'eau* ou *par l'air*.

Pour bien comprendre ce qu'est une maladie contagieuse et saisir le mécanisme de la contagion, le mieux est d'étudier une maladie typique, le *charbon*, par exemple. Nous décrirons ensuite avec plus de profit les *principales maladies contagieuses* et nous indiquerons enfin les moyens à employer pour *s'en préserver*.

I. — Étude d'une maladie contagieuse. Le charbon.

Le microbe est la cause de la maladie. — Le *charbon* ou *sang de rate* est une maladie qui s'attaque aux animaux domestiques, au Bœuf et au Cheval, et particulièrement au Mouton ; il peut même atteindre l'Homme, pour lequel il est presque toujours mortel. Cette maladie faisait, jusqu'aux découvertes de Pasteur, les plus grands ravages dans les troupeaux et causait aux agriculteurs de la Brie et de la Beauce des pertes immenses. Son étude fut le point de départ de la révolution opérée dans toute la médecine, il y a une trentaine d'années.

Un Mouton atteint du Charbon succombe au bout de quelques heures et son sang est noir et visqueux. Si l'on prend une goutte de ce sang et qu'on l'examine au microscope, on voit qu'il présente de

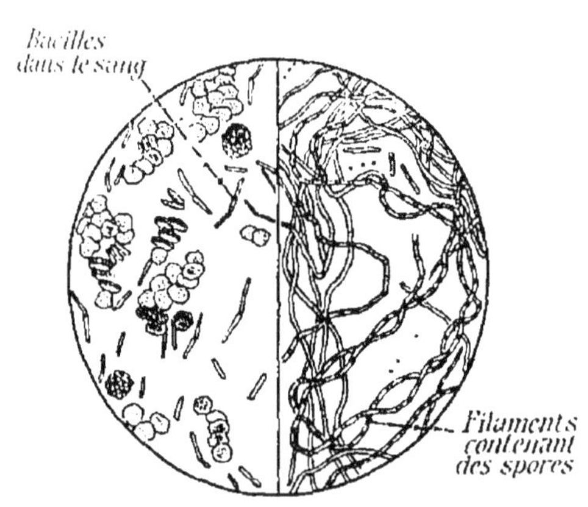

Fig. 390. — Bacilles et spores du charbon.

nombreux globules agglutinés et déformés, et au milieu
d'eux des petits bâtonnets qui sont la cause de la maladie et
qui sont les *Bacilles du charbon (fig.* 390). Ils ont de 5 à
20 μ de long et 1 μ de large. Ce sont les plus gros microbes
pathogènes connus.

Pasteur a montré par l'expérimentation que ces microbes
étaient bien la cause de la maladie en inoculant celle-ci à
un Mouton sain. Pour cela il prenait quelques gouttes de
sang d'un Mouton mort du charbon et il l'injectait sous la
peau d'un Mouton sain. En 24 heures, le Mouton inoculé
succombait, et son sang examiné au microscope montrait
une quantité innombrable de Bacilles. Le Bacille était donc
bien la cause de la maladie. Démontrons maintenant qu'il
est aussi la cause de la contagion en passant d'un animal
malade à un animal sain.

Le microbe est la cause de la contagion. — Pour bien
comprendre le mécanisme de la contagion, il suffit de rappeler les expériences de Pasteur. Ce savant réussit à cultiver
le Bacille dans un milieu nutritif, du bouillon par exemple.
Il déposait dans ce bouillon une gouttelette de sang charbonneux, puis il fermait le vase contenant ce bouillon et il
le portait dans une étuve à la température de 35°. Dès le
lendemain un trouble apparaissait dans le bouillon, et si l'on
en faisait l'examen microscopique, on voyait que ce trouble
était dû à l'enchevêtrement de filaments formés de Bacilles
placés bout à bout (*fig.* 390) et non plus isolés comme dans
le sang de l'animal malade. De plus on observe dans ces
filaments des petits corps ronds ou *spores* qui vont jouer le
principal rôle dans la contagion. Ces spores, en effet, sont
très résistantes : elles restent intactes jusqu'à 120°, tandis
que les Bacilles sont tués à 60°. Elles peuvent se conserver
plusieurs années, échappant aux causes habituelles de destruction et attendant le moment favorable à leur développement.

Avec ce bouillon de culture ne contenant que des spores,
Pasteur arrosa de la Luzerne mélangée de quelques Char-

dons pouvant piquer la muqueuse du tube digestif ; puis il la fit manger à des Moutons. Quelques heures après, un certain nombre de ces animaux succombèrent avec les signes ordinaires du charbon, et leur sang examiné montra de nombreux Bacilles. Les piquants des Chardons mélangés à la Luzerne avaient été comme autant de petits stylets qui avaient inoculé la maladie, en faisant passer à travers les parois du tube digestif les spores qui, trouvant un milieu favorable, s'étaient transformées en petits bâtonnets. Ceux-ci, se multipliant en nombre indéfini dans le sang des Moutons, tuèrent rapidement ces animaux.

C'est donc la *spore qui est l'agent de la contagion*, et, dans la nature, voici comment se fait le passage de ce germe d'un animal à un autre.

Mécanisme de la contagion. Les champs maudits. — Lorsqu'un animal meurt du charbon, le sang qui sort par ses naseaux va souiller le sol. Ce sang contient des Bacilles qui donnent au contact de l'air des spores, lesquelles vont se répandre sur l'herbe, conservant leur vitalité et attendant le moment propice pour se développer. Qu'un Mouton sain vienne à brouter cette herbe, il avalera les spores qui germeront dans son sang et s'y multiplieront si vite que l'animal sera tué en quelques heures. C'est de cette façon que le charbon se répand avec une rapidité terrifiante : il suffit d'un animal charbonneux pour décimer un troupeau en quelques heures.

Depuis longtemps on avait remarqué que les troupeaux ne pouvaient paître dans certains champs sans être ravagés immédiatement par le charbon. Aussi ces endroits avaient-ils reçu le nom de *champs maudits*. La vérité est que de nombreuses années auparavant des cadavres de Moutons charbonneux y avaient été enfouis et avaient souillé le sol autour d'eux en ensemençant les Bacilles du charbon, qui avaient produit alors des spores. Celles-ci avaient été ramenées de la profondeur du sol à la surface par des Vers de terre qui les avaient avalées, puis rejetées avec les petits tortillons

de terre que ces animaux déposent à la surface du sol après
la rosée du matin ou une petite pluie. La pluie et le vent
intervenaient ensuite pour disséminer les spores sur l'herbe
et il suffisait que les Moutons vinssent manger cette herbe
pour contracter la maladie et succomber.

Pour éviter ces accidents il a suffi, au lieu d'enfouir les
cadavres dans les champs, de les brûler ou de les traiter par
une solution de sulfate de cuivre à 1%. Du même coup les
« champs maudits » ont disparu.

Réceptivité et immunité. Vaccination. — On avait remarqué depuis longtemps qu'un animal qui guérissait d'une
attaque de charbon était à l'abri de toute rechute : le charbon
ne récidive pas. D'autre part, Pasteur avait observé que les
Vaches inoculées avec le charbon ne meurent pas toujours,
et qu'elles résistent ensuite aux inoculations les plus actives. Ces animaux, devenus réfractaires à la maladie, sont
vaccinés.

Pasteur eut alors l'idée de préparer du *vaccin* de la façon
suivante : il prit une culture de Bacilles qu'il soumit pendant
8 jours au moins à une température de 42°. Dans ces conditions les Bacilles ne sécrètent plus de toxine et ne produisent
plus de spores. Ils ont donc perdu de leur activité et même
de leur virulence, car, inoculés aux animaux, ils ne leur
causent qu'une simple indisposition et les préservent désormais de toute atteinte de la maladie. Le *vaccin* du charbon
était trouvé.

En 1881, Pasteur en fit le premier essai dans une expérience
célèbre qui eut lieu à Pouilly-le-Fort, près de Melun, et
dont les résultats furent merveilleux : 25 Moutons vaccinés
résistèrent à l'inoculation du sang charbonneux, tandis que
25 Moutons non vaccinés périrent au bout du troisième
jour.

L'application de cette vaccination a fait presque disparaître
la mortalité par le charbon. Elle se réduit, en effet, à 1%
des individus vaccinés. Mais *l'immunité*, c'est-à-dire la propriété qu'a l'animal vacciné d'être réfractaire à la maladie,

n'est pas indéfinie : elle disparaît au bout d'un an ou deux.

Enfin, Pasteur montra que certains animaux résistent mieux que d'autres aux inoculations charbonneuses : par exemple, le Cheval et le Bœuf résistent mieux que le Mouton, car la plupart guérissent quand on leur inocule le charbon ; les Moutons d'Algérie sont même complètement réfractaires aux inoculations les plus meurtrières pour les Moutons indigènes. C'est que leur sang n'est pas un terrain de culture favorable au Bacille : on dit que leur *réceptivité* est moindre.

La température de l'organisme a aussi de l'influence sur sa réceptivité. Ainsi une Poule, dans les conditions ordinaires, sa température étant de 40°, est réfractaire à l'inoculation du charbon ; elle le contracte, au contraire, si on abaisse sa température à 35° en la plaçant dans l'eau froide.

Les animaux réfractaires au Bacille du charbon sont doués d'une *immunité naturelle*, tandis que les animaux vaccinés ont une *immunité acquise*.

On a montré que chez les animaux réfractaires à une maladie infectieuse, les phagocytes sont attirés par les microbes et les détruisent ; au contraire, chez les animaux sensibles à cette maladie, les phagocytes sont repoussés et les microbes se multiplient et envahissent l'organisme.

En résumé, pour contracter une maladie contagieuse, il faut deux conditions : 1° la pénétration du *microbe* dans le sang ; 2° l'aptitude plus ou moins grande de l'individu à nourrir le microbe, c'est-à-dire la *réceptivité*. Or, cette réceptivité varie avec les espèces et les individus, ce qui explique pourquoi la même maladie peut revêtir les formes les plus variées. Ce que nous venons d'étudier nous montre que nous devons, pour échapper à la maladie, travailler à augmenter le plus possible la *résistance de l'organisme* à l'invasion du microbe. Tel doit être le but de l'hygiène.

La maladie du charbon est la première affection microbienne que l'Homme soit parvenu à maîtriser. Aussi allait-on redoubler d'efforts pour lutter contre les maladies infectieuses qui désolent l'humanité ; d'autres vaccins furent trouvés, de nouvelles méthodes furent découvertes qui permirent de résister à bon nombre de maladies.

II. — Principales maladies contagieuses.

A cause de leur mode particulier de transmission, nous étudierons d'abord la *diphtérie*, maladie à propos de laquelle nous décrirons une nouvelle méthode connue sous le nom de *sérothérapie*; le *tétanos*, puis le *paludisme* et autres maladies transmises par les Insectes ; enfin les fièvres éruptives (*variole, rougeole, scarlatine*) et les maladies transmises par les déjections humaines et les crachats (*fièvre typhoïde, choléra, tuberculose*).

La diphtérie et la sérothérapie. — La diphtérie est une maladie qui s'attaque surtout aux enfants, bien que les adultes n'en soient pas exempts. On estime que dans la seconde moitié du siècle dernier, cette affection enlevait chaque année, et seulement à Paris, 2 500 enfants.

Elle se présente sous deux aspects : à l'état d'*angine couenneuse* lorsque des membranes blanchâtres ou *fausses membranes* se développent dans le pharynx ; à l'état de *croup* lorsque ces fausses membranes tapissent le larynx et même la trachée-artère. Dans les deux cas les fausses membranes peuvent obstruer les voies respiratoires et produire l'asphyxie par manque d'air. Ces fausses membranes sont dues à des colonies de Bacilles agglomérés par une matière albumineuse que sécrète la muqueuse malade.

A cette cause d'asphyxie s'ajoute un accident encore plus grave : le Bacille, cause de la maladie, sécrète une *toxine* qui passe dans le sang et par suite dans tout l'organisme où elle paralyse les muscles de la respiration et de la déglutition, ce qui produit de l'étouffement et finalement la mort.

Le rôle du microbe et de sa toxine est mis en évidence par l'expérience suivante : on cultive le microbe dans du bouillon ; il va sécréter son poison, et au bout de quelques jours on filtre le bouillon sur de la porcelaine poreuse, de façon à séparer complètement les microbes de la dissolution de toxine ; puis on inocule à un animal sain cette dissolution dépourvue de microbes et l'on voit apparaître les symptômes généraux de la diphtérie, mais les fausses membranes n'apparaissent pas. On peut donc conclure : 1º que les fausses membranes sont dues au *microbe* lui-même ; 2º que l'empoisonnement de l'organisme, cause de la paralysie et de la mort, est dû à la *toxine* que sécrète ce microbe.

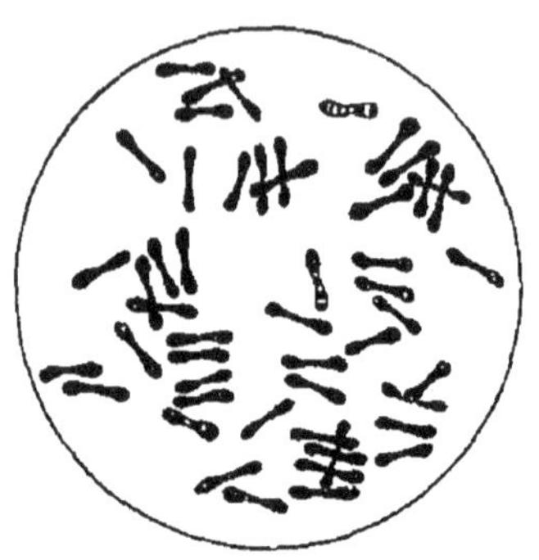

Fig. 391. — Bacille de la diphtérie.

Le Bacille de la diphtérie (*fig.* 391) n'existe que dans les fausses membranes, jamais dans le sang. Il a 3 µ de long sur 0µ,7 de large. Il est donc très petit.

En chauffant la toxine à 70º, on atténue sa virulence, car, inoculée à un animal, elle ne produit qu'une indisposition et met désormais l'animal à l'abri de la diphtérie. On a donc là un vaccin *préventif* analogue à celui du charbon.

Les docteurs Roux et Behring ont trouvé, en 1890, le moyen de *guérir* les malades atteints de la diphtérie. Pour cela ils inoculent à un Cheval une certaine quantité (une fraction de centimètre cube) de toxine atténuée comme nous venons de le dire, puis progressivement des quantités plus fortes. On arrive ainsi après quelques mois à lui injecter sans danger un demi-litre de toxine, alors que 10 centimètres cubes tueraient un Cheval non préparé. On choisit le Cheval de préférence parce que cet animal offre une grande résistance au poison diphtérique et aussi parce qu'il peut supporter des saignées à des intervalles rapprochés. Au bout de deux mois l'immunité du Cheval est complète ; on le saigne à la veine jugulaire ; on recueille le sang et on le fait coaguler à l'abri de l'air pour en extraire le *sérum* qui contient le remède. Ce sérum, en effet, inoculé à un malade diphtérique, fait baisser la température, facilite la respiration et au bout de quelques heures détache les membranes.

Cette nouvelle méthode a diminué la mortalité **dans des** proportions considérables. Et si la diphtérie fait encore de nombreuses victimes, c'est simplement parce que les injections de sérum sont faites trop tardivement.

On explique cette action du sérum en disant que les cellules de l'organisme, pour résister à la toxine de la maladie, ont sécrété une sorte de contre-poison, une *antitoxine*, qui se dissout dans le sang. De sorte que c'est le sérum sanguin qui constitue le vaccin ; d'où le nom de *sérothérapie* donné à cette méthode, qu'on a appliquée à d'autres maladies, comme la peste, la fièvre typhoïde, le tétanos, etc.

Le sérum antidiphtérique est préparé à l'Institut Pasteur de Paris et dans les établissements semblables. Tous les 20 jours environ un Cheval en traitement peut fournir 6 litres de sang dont le sérum est mis dans des tubes d'une contenance de 20 centimètres cubes environ. C'est la quantité que l'on injecte et qui est ordinairement suffisante pour enrayer la maladie. La piqûre de sérum est faite habituellement dans la peau de l'abdomen.

La diphtérie est très contagieuse. Aussi importe-t-il d'isoler le malade et de désinfecter tous les objets placés dans son voisinage. Quand cette maladie entre dans une famille, il est prudent de faire aux membres de cette famille des *inoculations préventives* de sérum, qui empêcheront l'éclosion de la maladie, et qui n'offrent aucun inconvénient ; mais cette immunité ne dure que 3 semaines environ.

Il faut savoir enfin que les germes de la diphtérie conservent pendant longtemps leur virulence, n'attendant qu'une occasion favorable pour faire de nouvelles victimes. D'où la nécessité d'opérer une désinfection méticuleuse dans le milieu où la diphtérie a passé.

Tétanos et sérum antitétanique. — Le *tétanos* est une maladie caractérisée par des contractures très douloureuses, d'abord localisées à un groupe de muscles, puis se généralisant en atteignant les muscles de la respiration et causant par suite la mort par asphyxie.

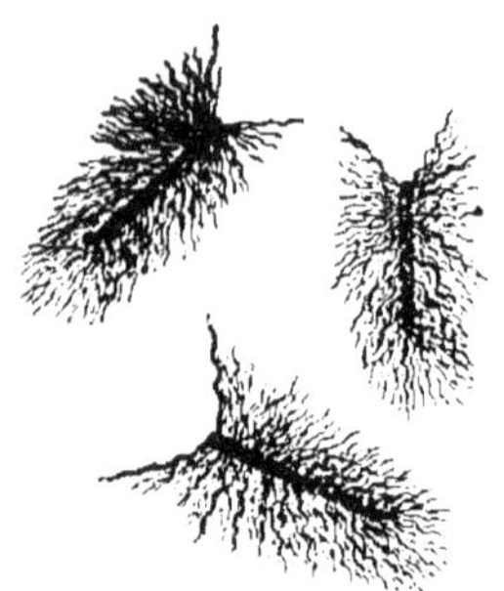

Fig. 392. — Bacille du tétanos.

Cette maladie est toujours consécutive à une petite plaie de la peau sur laquelle s'est ensemencé un Bacille particulier, tout couvert de cils (*fig.* 392). Ce Bacille ne se trouve que dans cette plaie, et si petite qu'elle soit, elle sert de porte d'entrée à l'infection, car les microbes vont y élaborer une toxine extrêmement violente qui va empoisonner tout l'organisme. Ce sont là des points de rapprochement avec la diphtérie.

Contre cette toxine on a préparé, comme pour la diphtérie, un sérum, le *sérum antitétanique*. Malheureusement, s'il agit préventivement, il n'a que peu de prises sur le tétanos déclaré. Si donc une plaie présente un aspect suspect, il est prudent de faire au blessé une injection sous-cutanée de quelques centimètres cubes de sérum antitétanique.

Maladies transmises par des Insectes : paludisme, fièvre jaune, maladie du sommeil, etc. — Un bon exemple de maladie contractée par inoculation à travers la peau est celui du *paludisme*.

Le paludisme. — Il est encore appelé *malaria* ou *fièvre intermittente*. Cette maladie est due à un parasite animal appartenant au groupe des Protozoaires et qui est de dimension microscopique, car il se développe à l'intérieur même des globules rouges du sang. C'est surtout dans les régions tropicales et marécageuses que cette maladie fait le plus de victimes, malgré le sulfate de quinine qui en est le remède spécifique. Sur des hommes robustes elle agit peu, mais parmi les débilités elle fait de nombreuses victimes. C'est ainsi que pendant l'expédition de Madagascar, le nombre des décès s'est élevé à 6 000, ce qui représentait le quart de l'effectif.

Le malade atteint de paludisme s'anémie rapidement, maigrit ; sa peau prend une teinte terreuse et son visage une bouffissure caractéristique. Sa rate atteint parfois un volume énorme.

Fig. 393. — Moustique.

On a cru pendant longtemps que cette maladie était due au « mauvais air » que l'on respirait. On sait aujourd'hui que le coupable est le Moustique (*fig*. 393), qui transmet le parasite en suçant le sang d'un malade atteint de malaria et en l'inoculant ensuite, par sa piqûre, à une personne saine.

Pour bien comprendre comment se fait l'inoculation de cette maladie il faut connaître l'évolution de son microbe. Celui-ci, qu'on appelle *Hémamibe*, accomplit une partie de son développement dans le corps de l'Homme et l'autre partie dans celui d'un Moustique. Chez l'Homme il se présente d'abord sous la forme d'une petite tache claire à l'intérieur d'un globule rouge (*fig*. 394, A) ; puis il grossit peu à peu en se remplissant de pigments noirs (B) et devient aussi gros que le globule (C). Pour se multiplier, il se divise en fragments qui restent d'abord accolés (D et E), puis se séparent ; chacun d'eux, mis en liberté (F), est une petite Hémamibe qui va parasiter des globules rouges. Mises en liberté, les Hémamibes peuvent prendre une forme *en croissant* (G, H, H') ; c'est une forme de résistance.

Lorsqu'un Moustique pique un paludique, il se gorge de sang riche en corps *en croissants* ; ceux-ci deviennent sphériques, puis donnent des cellules reproductrices femelles (I'), et des cellules reproductrices mâles flagellées (I) qui peuvent féconder les cellules femelles (J). Celles-ci deviennent des œufs (L) qui grossissent (M) pour se rompre (N) et donner des corps filiformes (S), lesquels tombent dans la cavité générale du Moustique et gagnent les glandes salivaires. Or, avant de sucer le sang de l'Homme qu'il vient de piquer, le Moustique injecte dans la plaie une goutte de salive, inoculant ainsi ces corps filiformes. C'est donc bien le Moustique qui infecte l'Homme.

Les deux expériences suivantes, faites par M. le professeur Manson, de Londres, sont bien démonstratives à cet égard :

1° On prit dans les environs de Rome, où la malaria est si fréquente, des Moustiques nourris sur le corps de malades

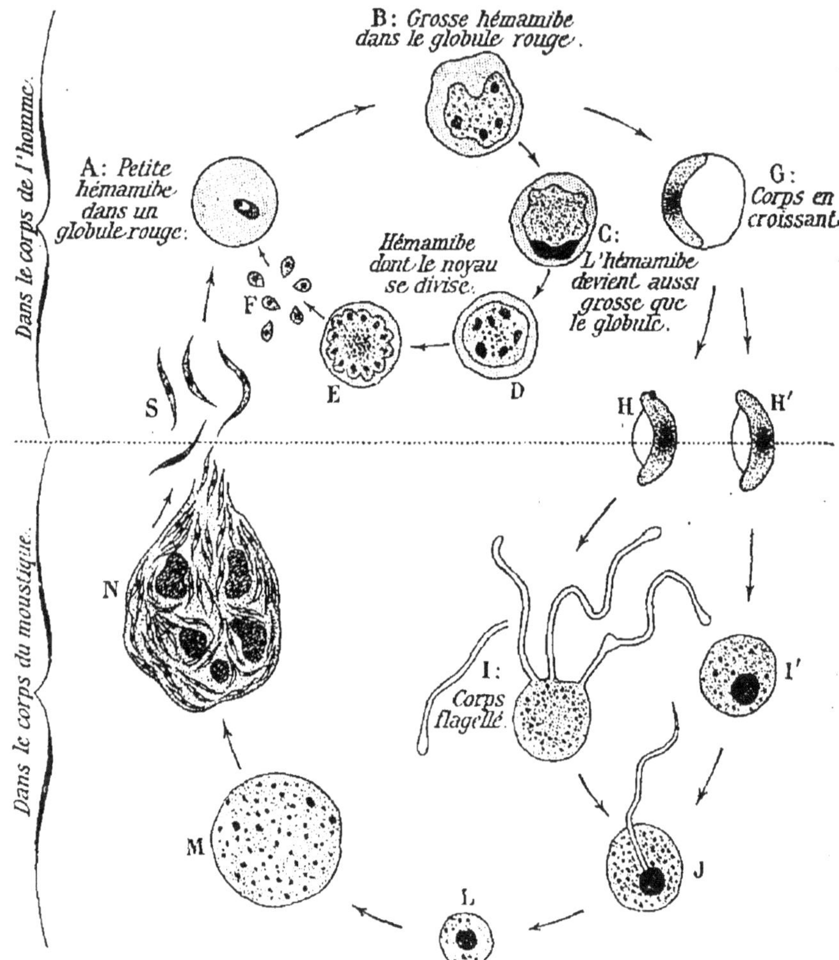

Fig. 394. — Cycle évolutif de l'Hémamibe : 1° chez l'Homme ; 2° chez le Moustique.

atteints de cette fièvre ; puis on les enferma dans des cages de mousseline qu'on expédia à Londres. Là, on plaça une des cages sur le bras d'un sujet sain ; les Moustiques piquèrent, et quelques jours après cette personne éprouvait des accès de fièvre et son sang contenait le parasite caractéristique. Donc, l'agent de transmission est bien le Moustique.

2° Cinq personnes vinrent s'installer dans une cabane placée en pleine campagne romaine, un des endroits les plus fiévreux que l'on connaisse. Cette cabane avait ses ouvertures
garnies de toile métallique fine pour empêcher les Moustiques

Fig. 395. — Maison disposée pour mettre à l'abri des Moustiques.

de pénétrer (*fig.* 395). Non seulement les fenêtres et la cheminée étaient garnies de cette toile métallique, mais devant
la porte était installé une sorte de tambour construit avec le
réseau très fin dont la grandeur naturelle est indiquée sur la
droite et en haut de la figure. Pendant le jour, les expérimentateurs sortaient de leur cabane ; mais avant le coucher
du soleil, ils rentraient dans leur habitation et s'y enfermaient
jusqu'au lever du soleil. C'est que les Moustiques ne piquent
que pendant la nuit. Les expérimentateurs respiraient pourtant « le mauvais air », mais ils étaient à l'abri des Moustiques ;
aussi pendant leur séjour, qui dura cinq mois, n'eurent-ils
pas le moindre accès de fièvre, alors que tous leurs voisins,

qui ne prenaient pas les mêmes précautions, furent malades. Donc il est possible, en se mettant à l'abri de la piqûre des Moustiques, de ne pas contracter la maladie, malgré un séjour prolongé dans un pays ravagé par la malaria.

Le Moustique qui transmet la malaria n'est pas le même que le *Cousin* de nos pays (*fig.* 393). Celui-ci pique dans le jour, alors que le premier, l'*Anophèle*, pique pendant la nuit. Leur façon de se tenir contre une paroi plane (*fig.* 396 et 397) permet de les distinguer. Les larves de ces Insectes vivent dans les eaux stagnantes des mares et des étangs. De temps en temps elles viennent respirer à la surface, et là encore elles se tiennent différemment (*fig.* 398). La conformation des appendices buccaux permet aussi de les distinguer (*fig.* 399).

La lutte contre le paludisme est donc bien indiquée. Il

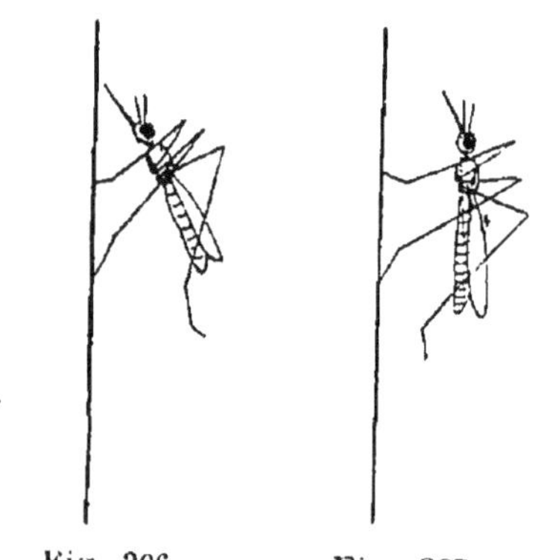

Fig. 396. —
Anophèle le long
d'une vitre.

Fig. 397. —
Cousin le long
d'une vitre.

Anophèle.

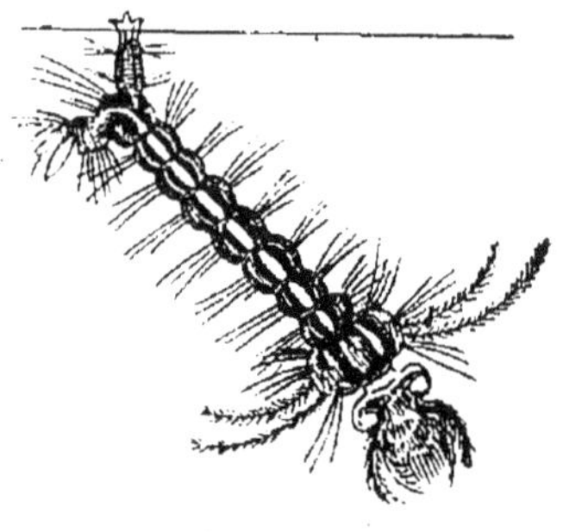

Cousin.

Fig. 398. — Larves de Moustiques dans l'eau.

faut : 1° se mettre à l'abri des piqûres de Moustiques en ne sortant pas la nuit, en fermant les ouvertures avec une toile métallique et en entourant son lit d'une *moustiquaire*, c'est-à-dire d'un rideau de gaze fine ; si l'on est obligé de passer la nuit dehors, il faudra, pour éviter la piqûre des

Moustiques, avoir de gros gants aux mains et la tête enve-

Fig. 399. — Têtes d'Anophèles et de Cousins.

loppée d'un voile ou d'une sorte de casque en tulle (*fig.* 400) ;

Fig. 400. — Voile en tulle protégeant le visage contre les Moustiques.

2° faire disparaître les eaux stagnantes où se reproduisent ces Insectes. On peut aussi tuer les larves en versant à la surface de l'eau une mince couche de pétrole. Pour tuer les Insectes ailés, dans une habitation, il faut brûler de la poudre de pyrèthre.

Ce qu'il importe surtout, c'est de supprimer les nappes d'eau stagnantes dans le voisinage des habitations. Sans eau, pas de Moustique, et sans Moustique, pas de fièvre. On a constaté que le Moustique est casanier ; il ne s'éloigne guère de l'endroit où il est né, rarement à plus de 500 mètres ; aussi un village placé à 1 000 mètres d'une mare est-il en toute sûreté. Ce qu'il faut éviter encore, c'est de laisser dans le voisinage des habitations des récipients (bouteilles brisées, boîtes de conserves vides, bidons vides, etc.) qui servent d'abri aux larves de Moustiques.

Un bon exemple de ce qui peut être fait dans nos colonies nous est donné par la Havane, où quelques mois d'une hygiène intelligente ont suffi à faire disparaître la fièvre jaune.

La fièvre jaune. — La *fièvre jaune* ou *vomito negro* existe à l'état endémique dans l'Amérique centrale et sur la côte occidentale d'Afrique. Ses symptômes sont : fièvre (40°), violentes douleurs dans la région lombaire, vomissements bilieux, puis un abattement profond accompagné de saignements de nez et de vomissements de sang noir en partie digéré ; la peau du malade a pris une teinte jaune bien accusée et le malade ne tarde pas à mourir en se refroidissant. La durée de la maladie ne dépasse pas 7 jours. Elle guérit souvent après 3 ou 4 jours.

Elle n'est pas contagieuse en ce sens qu'on peut toucher sans danger des linges souillés par des malades. Mais elle est transmise à l'Homme par un Moustique, le *Stegomya fasciata*, qui ne vit que dans les pays chauds, dont la température ne descend pas au-dessous de 20°.

On a constaté que le sang d'un malade injecté à un individu sain pouvait transmettre la fièvre jaune; il doit donc contenir le microbe, mais jusqu'ici on n'a pu l'observer. On a montré par des expériences que le sang des malades ne contient le microbe que pendant les trois premiers jours de la maladie; mais il vit longtemps dans le corps du Moustique.

La prophylaxie de la fièvre jaune consiste donc : 1° à détruire les Moustiques, en supprimant les eaux stagnantes où se développent leurs larves ou en les tuant avec la poudre de pyrèthre ; 2° à empêcher ces Insectes de piquer les malades et les individus sains.

Fig. 401. — Lits de malades atteints de fièvre jaune placés sous des moustiquaires.

Comme pour le paludisme, on arrive à ce dernier résultat

en utilisant les fenêtres et tambours grillagés et en couchant
sous des moustiquaires (*fig.* 401). Appliquées méthodique-
ment, ces mesures ont donné des résultats merveilleux.
C'est ainsi qu'à la Havane, les Américains ont fait totalement
disparaître cette maladie en quelques années. Le tableau
suivant est nettement démonstratif :

Mesures d'hygiène générale	1897-98	745 morts.
	1898-99	128 —
	1899-00	132 —
	1900-01	302 —
Guerre systématique aux Moustiques	1901-02	5 —
	1902-03	0 —

La peste. — C'est une maladie qui, du moyen âge au
xix° siècle, a fait de terribles ravages en Europe. Son microbe
est transmis du Rat à l'Homme par les Puces, qui pullulent
dans la fourrure de ce Rongeur. Le Rat prend facilement la
peste et son sang est envahi rapidement par une quantité
innombrable de microbes pesteux : d'où la nécessité de détruire les Rats et les Puces dans les navires qui viennent
d'Orient, ce que l'on fait à l'aide de l'acide sulfureux.

On sait préparer un *vaccin préventif* et un *sérum anti-pes-
teux*.

La maladie du sommeil.— C'est une affection qui fait de
nombreuses victimes parmi les Nègres africains : le malade
atteint de ce mal s'endort à toute heure, il essaye de réagir,
mais la somnolence s'accentue, il s'endort
même pendant son repas, le sommeil devient alors complet et la mort survient
après 4 à 8 mois de léthargie. Cette maladie est due à un Protozoaire, le *Trypanosome*
(*fig.* 402), qui se développe dans le sang et
dans le liquide céphalo-rachidien. Ce parasite serait introduit dans le sang par une
Mouche voisine de la Mouche Tsé-Tsé (*fig.*
403), qui fait de véritables ravages dans les
troupeaux du Sud-Africain. Cette Mouche,
appelée *Glossine*, ressemble à nos Mouches

Fig. 402. — Try-
panosome (long
de 25μ environ).

domestiques, à ceci près qu'au repos ses ailes sont croisées sur le dos.

En résumé, les Moustiques, les Mouches exotiques et les Puces ne sont pas les seuls Insectes qui transmettent des maladies ; les Punaises peuvent inoculer la tuberculose, la peste ; enfin, les Mouches de nos pays, elles-mêmes, ne sont pas toujours inoffensives. car elles peuvent transporter les germes du charbon, de la tuberculose, de la septicémie, etc.

Fig. 403. — Mouche Tsé-Tsé.

L'hygiène nous recommande donc de faire la guerre aux Insectes et de les détruire partout où ils se trouvent.

Lutte contre les Insectes. — En dehors des indications générales que nous avons données plus haut, il est utile de préciser les moyens à employer dans la lutte contre les Insectes et plus particulièrement contre les Moustiques et les Mouches.

Contre les Moustiques, le Conseil d'hygiène et de salubrité publique fait les recommandations suivantes :

1° Surveiller spécialement les divers réseaux d'égout et spécialement les bouches d'égout sous trottoir, ainsi que les canalisations privées dont l'entretien laisse souvent à désirer; y éviter toute stagnation d'eau, inspecter chaque semaine leurs parois et détruire tout amas d'insectes, soit par flambage à la torche, soit par badigeonnage à la chaux ;

2° Maintenir en parfait état de propreté les fosses et cabinets d'aisance; n'y jamais laisser le moindre amas d'insectes, quels qu'ils soient;

3° Eviter toute stagnation d'eau, toute mare, etc., dans les jardins et les cours ;

4° Les fontaines, bassins, etc., des promenades publiques devront être vidés et nettoyés au moins une fois par semaine. Dans les pièces d'eau de grande surface, on devra entretenir de nombreux poissons [1] ;

5° Pour les bassins, tonneaux, etc., situés dans les propriétés privées et dans les quartiers infestés, on disposera à la surface de l'eau une couche d'huile alimentaire ;

---

1. A cause de leur avidité pour les larves d'Insectes.

6° Dans les quartiers infestés, l'usage de la moustiquaire est recommandé ;

7° Sur les piqûres de moustiques appliquer une goutte de teinture d'iode, ou une goutte de solution de gaïacol au centième.

Contre les Mouches, il faut surtout s'attaquer aux larves qui proviennent d'œufs déposés par ces Insectes dans les fosses d'aisance et les fumiers de toute nature. La larve qui sort de l'œuf met 8 jours à se développer et une Mouche peut pondre 200 œufs (de mai à octobre), ce qui représente pour six générations successives environ 100 milliards d'Insectes ! Il est donc illusoire de chercher à détruire ces Mouches. Il faut attaquer les larves en utilisant l'*huile de schiste brute* (résidu de distillation), environ 2 litres par mètre superficiel de fosse. On la mélange avec de l'eau et on verse dans la fosse. Cette couche d'huile tue les larves et empêche l'éclosion des œufs. De plus, elle facilite le développement des microbes anaérobies comme dans une véritable fosse septique, produisant par ce fait la liquéfaction des matières solides et rendant ainsi ce milieu plus impropre au développement des Mouches.

Fièvres éruptives : variole, rougeole, scarlatine. — Les fièvres éruptives sont caractérisées par l'apparition de boutons ou de rougeurs à la surface de la peau.

La variole. — La variole ou *petite vérole* est une maladie très contagieuse et très grave. Elle est caractérisée par l'apparition, sur toutes les parties du corps, de petits boutons qui, bientôt, vont s'emplir d'un liquide qui se trouble, puis se dessèche en formant une croûte. Les croûtes tombent et laissent souvent, surtout sur la face, des cicatrices imparfaites qui marquent le malade pour toute sa vie. Ceci est dû à l'action de la lumière dont les rayons bleus et violets arrêtent le travail de la cicatrisation : aussi, dans les hôpitaux, évite-t-on cet accident en plaçant les varioleux dans des salles dont les vitres sont de couleur rouge.

C'est par les boutons et surtout par les croûtes desséchées qui tombent que se fait la contagion. Un varioleux est donc dangereux tant qu'il est en éruption, et même quand il est en convalescence, tout le temps qu'il porte des croûtes. Il semble bien établi que la *contagion directe* par le malade, les linges et les objets contaminés, est très fréquente. L'isolement du malade jusqu'à la chute complète des croûtes (environ 40 jours) et la désinfection des objets suspects s'imposent donc. La *contagion indirecte* par l'air n'est pas bien démontrée, mais dans le doute on admet que les hôpitaux d'isolement des varioleux doivent être à une certaine distance des centres de population.

Un fait important, connu depuis longtemps, c'est qu'on n'a jamais deux fois la variole : une première atteinte met à l'abri d'une seconde ; l'organisme est comme vacciné.

Vaccination et revaccination. — On connaît depuis plus de cent ans un moyen efficace de se préserver de la variole : c'est la *vaccination*.

Vers la fin du xviiie siècle on avait observé que les personnes qui trayaient les vaches atteintes de *cow-pox*, c'est-à-dire d'une éruption siégeant sur le pis, s'inoculaient parfois cette maladie, mais qu'ensuite elles étaient préservées de la variole humaine. C'est alors qu'en 1796, le médecin anglais Jenner eut l'idée d'inoculer au bras un enfant de 8 ans avec le liquide des boutons que portait sur la main une paysanne qui avait contracté le cow-pox en trayant une vache atteinte de cette maladie ; l'enfant eut une éruption de boutons à l'endroit inoculé et c'est ensuite que Jenner eut l'idée de génie d'inoculer cet enfant avec le contenu de boutons de variole humaine : deux tentatives échouèrent. Jenner avait donc démontré que la *vaccination*, comme on appela cette inoculation, conférait l'immunité contre la variole.

Depuis cette époque la vaccine a fait ses preuves ; partout où elle est appliquée *obligatoirement,* la variole a presque disparu. Ainsi pendant la guerre franco-allemande (1870-1871), l'épidémie de variole qui sévissait à cette époque fit plus de 100 000 victimes en France, dont 24 000 pour l'armée, alors que sur les 1 200 000 soldats allemands vaccinés ou revaccinés qui entrèrent en France, 314 seulement moururent de la variole. Autre exemple : en 1901, à Berlin, où les vaccinations sont obligatoires, il n'y a eu qu'un décès par variole, alors qu'à Paris on en a compté 400.

En 1895, pour un décès variolique en Allemagne, il y en avait 3 en Suisse, 19 en Angleterre, 25 en Belgique, 81 en Hollande et 201 en France. Il faut reconnaître que depuis quelques années la situation s'est beaucoup améliorée en France. Mais il y a encore des efforts à faire.

C'est que pour garder l'immunité contre la variole, il ne suffit pas d'avoir été vacciné, il faut encore se faire *revacciner*. Ainsi l'immunité conférée à l'enfant par sa première vaccination ne paraît pas dépasser dix ans ; il est donc utile de pratiquer des revaccinations. Aussi la nouvelle loi sanitaire française de 1902 prescrit-elle la vaccination dans les premiers temps de la vie et des revaccinations à 11 ans et à 21 ans.

La vaccination se fait suivant deux procédés :

1º La *vaccination jennérienne* ou de *bras à bras*, qui consiste à prendre le vaccin dans les boutons vaccinaux d'un enfant préalablement inoculé avec du cow-pox, et à inoculer d'autres personnes avec ce produit. L'inoculation se fait par une incision pratiquée sur le bras avec un bistouri rendu aseptique et dont la pointe porte une petite quantité de vaccin. Ce procédé donne de bons résultats, mais on peut lui reprocher de pouvoir transmettre à l'enfant que l'on vaccine une maladie contagieuse existant chez l'enfant qui porte le vaccin. Avec le second procédé on évite ce danger ;

2º La *vaccination animale*, qui consiste à prendre directement le vaccin sur les boutons de cow-pox d'une génisse vigoureuse. Il importe aussi de veiller à ce que cet animal soit sain, afin d'éviter la transmission des germes de certaines maladies, en particulier de la tuberculose.

Les Instituts de vaccine, qui existent dans tous les pays livrent le vaccin dans des tubes capillaires où il se conserve pendant un certain temps.

La rougeole. — C'est une maladie des plus contagieuses

aussi est-il peu de personnes qui y échappent et c'est surtout au jeune enfant qu'elle s'attaque. On admet qu'on n'a pas deux fois la rougeole, mais ce n'est pas une règle absolue.

On distingue dans cette maladie deux périodes : dans la *première*, qui dure 4 ou 5 jours, l'enfant a les yeux qui pleurent et il éternue, tousse, a de la fièvre ; dans la *seconde*, la peau se couvre de petites taches rouges.

Le malade atteint de rougeole peut communiquer sa maladie depuis le début jusqu'à la fin de l'éruption, ce qui représente environ 25 jours ; mais c'est surtout avant l'éruption que cette affection est contagieuse. Aussi l'isolement du malade est-il presque toujours trop tardif.

Sans doute la rougeole n'est pas une grave affection, mais elle débilite l'organisme et nous devons faire notre possible pour l'éviter, car elle peut se compliquer d'autres maladies.

La scarlatine. — Elle est moins fréquente, mais plus dangereuse que la rougeole. Elle se manifeste ordinairement par un violent mal de gorge, puis par une éruption en nappes rouges, de teinte foncée et uniforme, qui couvre toute la peau. L'éruption terminée, l'épiderme tombe sous forme d'écailles et même de larges plaques, aux mains et aux pieds.

C'est par ces lambeaux desséchés qui contiennent les germes de la maladie que semble se faire la contagion. Aussi le scarlatineux est-il dangereux pendant sa maladie, et surtout pendant sa convalescence tant que son épiderme desquame. Il doit être isolé pendant une période d'environ six semaines et ne doit sortir qu'après une désinfection complète (bains antiseptiques). La désinfection des objets contaminés s'impose.

Pendant la maladie, il faut éviter le moindre refroidissement, qui peut causer des complications graves du côté des reins.

Maladies transmises par les déjections humaines et les crachats : fièvre typhoïde, choléra, tuberculose. — La *fièvre typhoïde* et le *choléra* se transmettent par les déjections humaines, et la *tuberculose* par les crachats.

La fièvre typhoïde. — C'est une maladie de la jeunesse et de l'âge adulte. Le surmenage intellectuel et physique, la misère physiologique prédisposent à cette affection. Sa durée d'incubation est d'environ 15 jours.

Le *Bacille typhique*, encore appelé *Bacille d'Eberth*, du nom du médecin qui l'a découvert, est abondant chez les typhiques, dans les plaques de Peyer, dans les ganglions lymphatiques du mésentère et dans la rate, qui est grossie considérablement. C'est un petit bâtonnet long de 2 à 3 μ et large de 0μ, 8. Il est très mobile, grâce à la présence de 10 à 12 cils implantés sur sa surface (*fig*. 404).

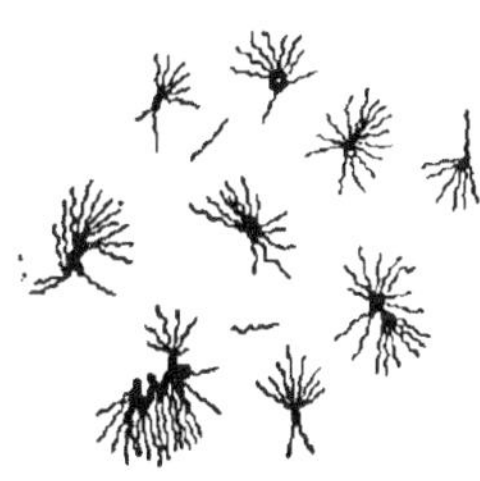

Fig. 404. — Bacilles typhiques avec leurs cils.

Pour établir le diagnostic de la fièvre typhoïde d'une façon précise, on utilise une propriété du Bacille typhique. On fait une culture en bouillon de ce Bacille, puis on y ajoute une goutte de sang obtenue en faisant une piqûre au doigt du malade, et l'on regarde une goutte de ce mélange au microscope : si les microbes, d'abord isolés (*fig*. 405, A), se rapprochent et se groupent en masses compactes, s'*agglutinent*, (*fig*. 405, B), c'est que la fièvre typhoïde existe ; si les microbes ne s'agglutinent pas, c'est que le malade est atteint d'une autre affection. Cette méthode nouvelle est connue sous le nom de *séro-diagnostic*.

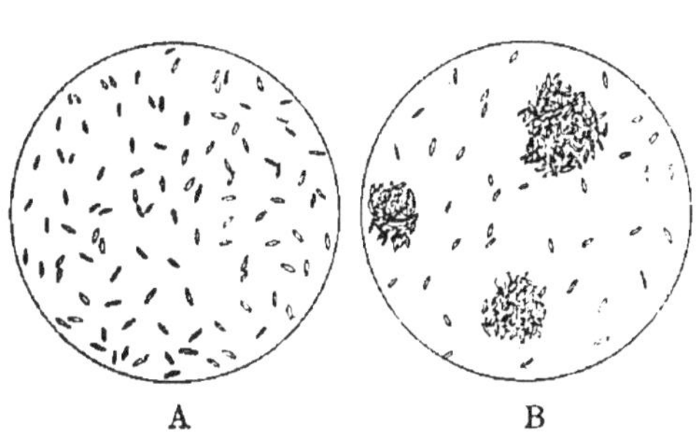

Fig. 405. — Bacilles typhiques isolés et agglutinés (*séro-diagnostic*).

Il est bon de remarquer qu'on trouve souvent dans l'intestin d'individus en bon état de santé un Bacille, appelé *Colibacille* ou encore *Baccillus coli commune*, qui ressemble beaucoup au Bacille typhique, tellement même qu'il est facile de les confondre. Ce Bacille, qui habite tous les intestins, peut dans certains cas, devenir virulent et causer des troubles graves.

Nous avons vu (page 351) que l'eau était le véhicule des germes de la fièvre typhoïde et nous avons montré comment cette eau pouvait être contaminée. Qu'il nous suffise d'ajouter que la fièvre typhoïde se prend non seulement par l'eau contenant le microbe de cette maladie, mais par le contact direct avec le malade, en souillant ses doigts par les matières fécales et l'urine qui imprègnent le linge, et en portant ses doigts souillés ou mal lavés sur des aliments que l'on introduira dans le tube digestif.

La désinfection des locaux et des objets contaminés est de toute nécessité. La surveillance des individus porteurs de bacilles s'impose également. C'est ainsi que le Ministère de la Guerre ordonne de maintenir à l'hôpital tout typhique jusqu'à ce que l'examen des selles et des urines ait démontré l'absence du Bacille d'Eberth. Les mesures hygiéniques prises depuis quelques années ont donné, en particulier dans l'armée, d'excellents résultats.

Le choléra. — Le choléra est une maladie exotique. Il existe à l'état endémique dans les Indes et ne sévit en Europe qu'accidentellement par grandes épidémies. C'est ainsi qu'en France l'épidémie de 1853 fit 143 000 victimes.

Le choléra nous est apporté en Europe par voie de mer, par les bateaux qui touchent les ports infectés et y embarquent des passagers déjà malades ou des marchandises infectées. D'où la nécessité des *quarantaines*, pendant lesquelles les navires sont tenus en observation. Nous avons indiqué (page 352) les précautions à prendre pour éviter d'introduire dans le tube digestif le microbe du choléra. Il est certain que nos habitudes d'hygiène atténueraient beaucoup une épidémie de choléra qui atteindrait notre pays.

Les principaux symptômes de la maladie sont: diarrhée abondante, vomissements, crampes douloureuses, diminution extrême de l'urine, refroidissement de la périphérie du corps (12° au-dessous de la normale).

Le microbe du choléra est un Vibrion recourbé en forme

de virgule (*fig*. 388, E), d'où son nom de *Bacille virgule*. Il n'existe que dans l'intestin des malades, mais en quantité considérable.

La tuberculose. — La tuberculose est la plus répandue des maladies contagieuses. Elle fait chaque année, en France, environ 150 000 victimes, c'est-à-dire plus que la plus meurtrière des épidémies de choléra. Elle atteint la plupart des êtres vivants et elle est de tous les pays. Ainsi sur 10 000 habitants, elle en tue, chaque année :

En Russie	40	En Suisse	20
Autriche.	36	Hollande.	18
France	30	Belgique:	17
Allemagne.	22	Angleterre	13

Notons que si la France est encore parmi les pays qui payent le plus lourd tribut à la tuberculose, il est encourageant de dire que, depuis 1895, on constate une légère diminution dans le nombre des décès tuberculeux, sans doute à cause de la diffusion plus grande des notions d'hygiène. Il est à remarquer, en effet, que cette maladie est surtout répandue dans les grandes agglomérations et dans les quartiers où l'hygiène générale est le plus défectueuse.

La tuberculose est causée par un microbe (*fig*. 406) qui se trouve en abondance dans les crachats, dans le mucus nasal et dans les abcès des tuberculeux. Ce Bacille, découvert par Koch en 1882, est très fin (2 à 3 μ de longueur) ; il envahit ordinairement les poumons en provoquant la formation de lésions particulières appelées *tubercules*. Mais il faut bien savoir que ces

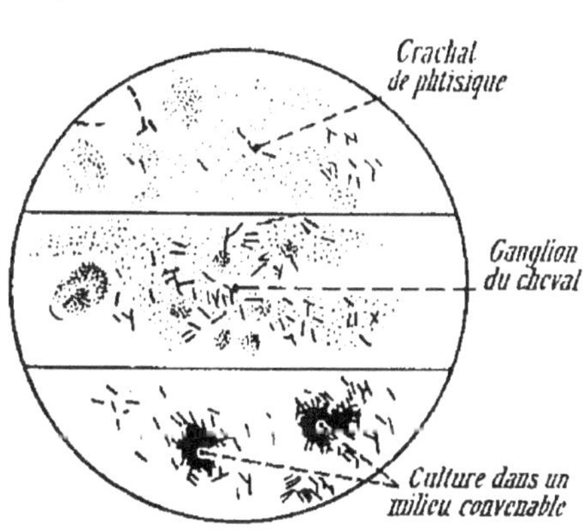

Fig. 406. — Microbe de la tuberculose dans divers milieux.

tubercules peuvent se développer dans n'importe quel organe. L'expression ordinairement employée pour désigner la tuberculose pulmonaire est *phtisie*, ce qui veut dire *consomption* ; et c'est bien là le caractère de la maladie, car le malade atteint de phtisie perd de ses forces, maigrit d'une façon progressive, se consume et finit par s'éteindre d'épuisement.

La tuberculose est très contagieuse : elle est par conséquent évitable. Elle ne paraît pas héréditaire, c'est-à-dire qu'un enfant ne naît pas tuberculeux, il le devient. Elle est curable, ainsi que le montrent les observations de nombreux médecins.

C'est ainsi qu'à l'hospice de Bicêtre, plus des $\frac{6}{10}$ des vieillards présentent, à l'autopsie, des lésions tuberculeuses des poumons parfaitement guéries, cicatrisées. « A la Morgue, dit le Dr Brouardel, lorsqu'un individu est âgé de plus de 30 ans, et qu'il a séjourné quelques années à Paris, je trouve des lésions tuberculeuses anciennes cicatrisées dans les poumons de la moitié des sujets. » La tuberculose est donc guérissable, mais à la condition qu'elle soit prise à temps.

Les premiers symptômes de cette maladie ne sont pas caractérisés par une dépression, mais bien par un excès de nutrition. Les combustions, en effet, sont plus actives, ainsi que le prouvent une plus grande excrétion de gaz carbonique et de phosphates. La quantité d'oxygène consommée peut être double de la quantité normale. C'est pendant cette phase que les Bacilles se multiplient et répandent dans l'organisme leurs toxines, qui exercent une action excitante.

Un examen bactériologique des crachats permet d'établir de bonne heure le diagnostic de la tuberculose et c'est sur ce tuberculeux naissant que l'on doit agir, pour le sauver, par des mesures d'hygiène énergiques que nous allons indiquer.

La *contagion* de la tuberculose se fait ordinairement de la façon suivante : les crachats des phtisiques rejetés sur le sol ou sur des linges se dessèchent, et les particules desséchées, riches en microbes, se mêlent aux poussières, sont soulevées par le vent ou par le balayage à sec et peuvent pénétrer dans les poumons. On peut donc contracter la tuberculose dans la rue, mais c'est surtout dans les locaux habités par les tuberculeux que se fait la contagion. Celle-ci se fait d'autant mieux que le Bacille de la tuberculose est d'une résistance extrême : un crachat desséché conserve sa virulence pendant plus de dix mois. Ce fait montre la nécessité de ne jamais cracher sur le sol, ni dans les omnibus, wagons, etc. Le crachoir de poche (*fig.* 407) représente donc un bon moyen de supprimer la dissémination des microbes ; malheureusement il est d'un emploi peu pratique. Quant au mouchoir de poche, il devra être enfermé dans un sac lorsqu'il sera sale, et désinfecté avant toute manipulation. Les crachoirs d'appartement (*fig.* 408) devront contenir des liquides antiseptiques (sulfate de cuivre, lysol) ou de la sciure de bois humectée de ces liquides.

On peut encore contracter la tuberculose par le voisinage des tuberculeux qui, en parlant, en toussant, en éternuant,

Fig. 407. — Crachoir de poche dont la disposition permet un nettoyage facile.

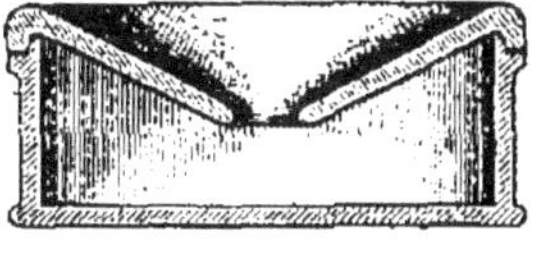

Fig. 408. — Crachoir d'appartement.

projettent dans l'air des gouttelettes de salive chargées de microbes. Ces germes sont disséminés à plus de 7 mètres de distance dans toutes les directions et à plus de 2 mètres de hauteur ; ils finissent par retomber sur le plancher, mais ils peuvent rester une heure en suspension dans l'air.

Les objets ayant appartenu à des tuberculeux peuvent aussi transmettre la tuberculose. Aussi les écoliers devront-ils éviter de porter leurs crayons à la bouche, de tourner les pages des cahiers ou des livres avec les doigts humectés de salive : c'est malpropre et dangereux. Il faut aussi éviter de porter à la bouche des pièces de monnaie, qui sont toujours recouvertes de microbes ; les pièces d'or sont les plus riches en microbes, et les pièces d'argent les plus pauvres. Enfin, les livres ayant appartenu à des tuberculeux sont aussi des agents de transmission de la tuberculose. Il est évident qu'un phtisique, courbé sur un livre pendant des heures, peut en infecter les pages rien que par sa toux. Il est donc prudent de désinfecter les vieux livres.

Les dangers de contamination par les aliments (viande et lait) ont été étudiés plus haut (page 439) à propos des parasites contenus dans les aliments et nous avons dit combien était fréquente cette cause de contagion.

Fort heureusement, il ne suffit pas d'être exposé au germe de la tuberculose pour prendre cette maladie ; il faut aussi une prédisposition personnelle, une *réceptivité* particulière. Ainsi il est certain que le *surmenage*, le *séjour dans les grandes villes* où l'air et la lumière font défaut, l'*alcoolisme* sont des conditions qui favorisent le développement de la tuberculose. Au contraire, la propreté des vêtements et de l'habitation, l'exercice au grand air, une bonne alimentation permettent de lutter avantageusement contre le bacille tuberculeux. En somme, tout ce qui fortifie rend réfractaire à la tuberculose ; tout ce qui affaiblit y prédispose.

Enfin la création de *sanatoriums* permet de lutter contre cette redoutable maladie, et cette lutte est devenue aujourd'hui un problème social. Pour que le sanatorium rende de réels services, il ne doit pas être un hospice destiné à recevoir les phtisiques à la dernière période, sur lesquels toute intervention est inutile ; il doit être une maison où l'on apprend au malade à se soigner, afin qu'après sa sortie il puisse achever sa guérison par une hygiène appropriée et cesser — instruit qu'il est des précautions à prendre — d'être un danger pour son entourage. Les Allemands ont un mot heureux pour désigner ces établissements : *Heilstätten*, c'est-à-dire *Instituts de guérison*.

Jusqu'ici la science est impuissante à indiquer une méthode assurant la guérison de la tuberculose ; mais il faut reconnaître que l'Homme se défend bien contre le bacille de Koch et qu'une hygiène bien comprise peut opérer des cures merveilleuses.

III. — Moyens de se préserver des maladies contagieuses.

Nous avons vu que pour contracter une maladie contagieuse, il ne suffit pas de recevoir le germe, il faut encore
que ce dernier trouve un terrain favorable à son développement. Ces deux conditions étant nécessaires, il suffit d'en
supprimer une pour empêcher l'éclosion de la maladie. Il
nous faut donc ou bien *détruire les germes* ou bien *augmenter
la résistance de l'organisme*.

Pour détruire les germes, il y a la *vaccination* et la *désinfection*. Nous avons dit ce qu'était la vaccination pour quelques maladies ; elle n'existe malheureusement pas encore
pour toutes. Il nous reste à étudier la désinfection.

La désinfection. Antiseptiques, chaleur, lumière. —
La *désinfection* consiste dans la destruction des microbes. Bien
faite, elle est le meilleur moyen d'enrayer les épidémies. Il
existe des désinfectants chimiques, appelés *antiseptiques*, et
des désinfectants physiques, comme la *chaleur* et la *lumière*.

1° **Antiseptiques.** — Nous indiquerons seulement les antiseptiques les plus communément employés dans la désinfection du linge, des objets usuels, des crachats et des selles,
des locaux, etc.

a) *Désinfection du linge.* — Le procédé le plus pratique est
la lessive. L'eau de Javel à 2 °/₀ est aussi un bon désinfectant.

b) *Désinfection des mains et des objets usuels.* — Elle
se fait ordinairement à l'aide de solutions antiseptiques,
comme le sublimé, le phénol, l'eau oxygénée, le lysol, le
crésyl, l'acide borique, etc.

Le *sublimé* ou *bichlorure de mercure*, en solution à 1 pour
1 000, est un excellent antiseptique, inodore, mais très
toxique. De plus, au contact des matières albuminoïdes, il
donne des corps insolubles qui suspendent son pouvoir désinfectant. Ainsi l'on ne saurait l'utiliser pour désinfecter les
crachats.

L'*acide phénique* ou *phénol* s'emploie aussi en solution étendue (5 %). Il a été un des premiers désinfectants employés en chirurgie. Il a aussi l'inconvénient d'être toxique, mais son odeur le fait facilement reconnaître.

L'*eau oxygénée*, qu'on trouve dans le commerce, est utilisée avec succès dans le pansement des plaies.

L'*acide borique* a un pouvoir antiseptique très faible, mais il n'a pas l'inconvénient d'être toxique comme les précédents.

Enfin, les *savons blancs* de Marseille ont un pouvoir antiseptique très marqué.

c) Désinfection des crachats et des selles. — Elle se fait surtout par le *sulfate de cuivre*, en solution à 5 %, qui donne d'excellents résultats et qui a l'avantage d'être d'un prix très modique.

d) Désinfection des locaux. — On lave les murs et les planchers avec de la lessive et du sublimé. Pour désinfecter l'air et les murs tapissés, on se sert de *pulvérisateurs* (fig. 409) à l'aide desquels les liquides antiseptiques sont pulvérisés en fines gouttelettes dans l'air et contre les murs.

On emploie aussi l'*acide sulfureux*, qui est un désinfectant fort ancien et dont l'emploi a précédé les découvertes de Pasteur. Il donne d'ailleurs de bons résultats. On dispose au milieu de la pièce à désinfecter une cuvette de sable, dans laquelle on

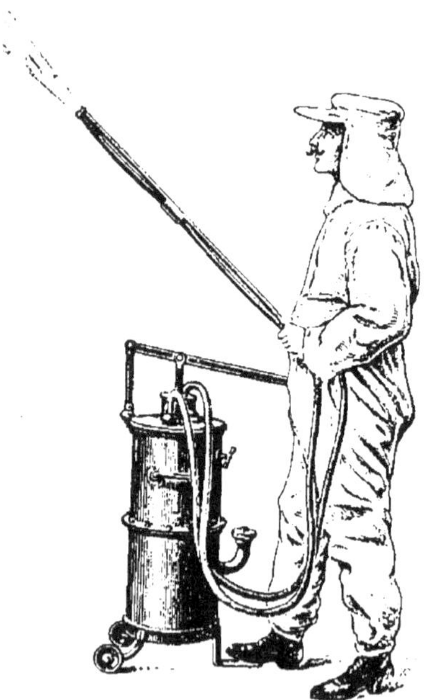

Fig. 409. — Pulvérisateur
à désinfection.

met de la fleur de soufre (30 grammes par mètre cube d'espace à désinfecter) ; on enflamme et on se retire en ayant soin de bien fermer *toutes* les ouvertures. Au bout de quatre heures la désinfection est terminée.

Depuis quelques années on emploie beaucoup l'*aldéhyde formique* ou *formol* (CH^2O), qu'on obtient par oxydation de l'alcool méthylique, soit en arrosant les planchers avec une solution à 1°/₀, soit en vaporisant sous pression une dissolution de ce produit.

Le *chlore* gazeux ou mieux encore les vapeurs de l'*eau de Javel* ordinaire donnent aussi de bons résultats, de même que le *lait de chaux* (mélange à parties égales de chaux grasse et d'eau) dont l'emploi est très commode.

En somme, il est difficile d'établir une liste des antiseptiques suivant leur puissance microbicide. Il n'y a pas d'antiseptique « bon à tout faire » ; en réalité, il faudrait pour chaque désinfection chercher l'antiseptique spécifique du microbe à combattre.

2° La chaleur. — De tous les désinfectants, la chaleur est certainement le meilleur. Presque tous les germes pathogènes sont détruits par une exposition de 10 minutes à une

Fig. 410. — Étuve à désinfection.

température de 65° et dans une chaleur humide. Seuls les

Bacilles du charbon, du tétanos et de la tuberculose résistent plus longtemps. Détruire à la flamme tous les objets souillés qui peuvent porter les microbes est le moyen le plus sûr, mais il est souvent trop radical.

Aussi l'on se contente ordinairement de plonger les objets à désinfecter dans l'eau bouillante. Mais certains microbes, et surtout les spores, résistent à la température de 100°. C'est pour cela que l'on a construit de grandes étuves à vapeur humide sous pression (*fig.* 410) où la température atteint facilement 115° et 120°. On peut de cette façon désinfecter en même temps un grand nombre d'objets, comme les vêtements, les matelas et la literie en général. Aucun microbe ne résiste à la vapeur humide sous pression à 115°, maintenue pendant 15 minutes. La désinfection est donc parfaite.

3° **La lumière**. — On sait depuis longtemps que la lumière a la propriété de hâter la guérison de certaines plaies. On sait aussi l'heureuse action de la lumière dans l'assainissement des appartements, et c'est une tradition populaire d'exposer au soleil les objets à désinfecter. Mais ce n'est que depuis quelques années que l'on a déterminé d'une façon précise l'action de la lumière sur les principaux microbes. Certains microbes qui vivraient trois ans à la lumière diffuse sont tués en quelques jours et même en quelques heures à la lumière solaire. Le microbe de la fièvre typhoïde, par exemple, est tué en deux heures par une insolation directe; il vit des semaines dans une pièce obscure.

Des expériences ont montré qu'on pouvait stériliser une eau stagnante renfermant de nombreux microbes en l'exposant quelques heures à la lumière solaire.

Lorsque les microbes ne sont pas tués par les radiations solaires, leur virulence est au moins atténuée. On a même pu de cette façon préparer des sortes de *vaccins.*

Dans ces dernières années on a appliqué avec succès l'action des radiations lumineuses dans le traitement de certaines maladies microbiennes, le *lupus*, en particulier.

Pansement d'une plaie. Hémorragie. Antisepsie et asepsie. — Une *plaie* est une brèche faite à l'organisme et par laquelle peuvent s'introduire les microbes, qui sont partout autour de nous, dans l'air et sur les objets. C'est un grave danger que l'on peut éviter en faisant un *pansement* tel que nous allons l'indiquer. Toute plaie bien soignée doit guérir vite et bien ; au contraire, toute plaie souillée peut être suivie de suppuration, d'érysipèle, de gangrène, etc.

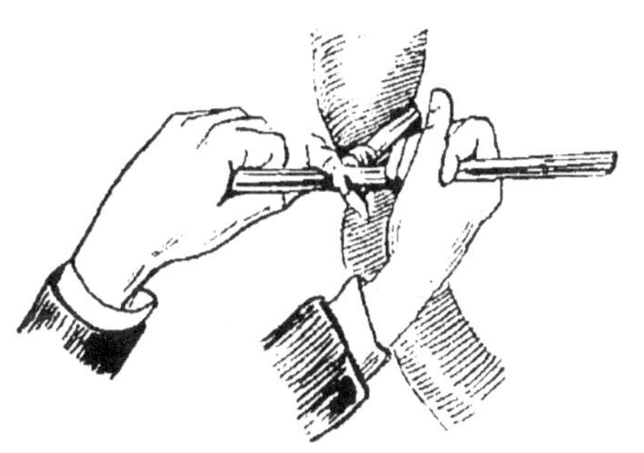

Fig. 411. — Compression des artères à l'aide d'un mouchoir et d'un bâton.

Sans insister sur le danger de l'*hémorragie*, qui est plutôt du domaine de la médecine, nous dirons pourtant qu'en attendant l'arrivée du médecin il faut essayer d'arrêter l'écoulement du sang en comprimant le membre au-dessus de la plaie, soit avec les mains, soit avec un lien quelconque.

Pour cela on se sert soit d'un lien élastique (bretelle ou ceinture), soit d'un simple mouchoir plié en cravate et noué autour du membre (*fig*. 411). On passe ensuite sous le mouchoir un bâton qu'on tourne pour serrer de plus en plus jusqu'à ce que l'hémorragie s'arrête. Une perte de sang trop grande peut causer des défaillances, des syncopes qui, en se prolongeant, deviennent mortelles.

Fig. 412. — Transport d'un blessé par un seul porteur en utilisant les deux bras.

Le transport d'un blessé exige aussi certaines précautions
sans lesquelles des complications graves peuvent se produire.
Ce transport peut se faire par un seul homme vigoureux :
pour cela, le porteur place un bras sous les jarrets et l'autre sous le dos du blessé (*fig.* 412), ou bien il saisit le blessé
sous un seul bras et par le milieu du corps (*fig.* 413). Si le
blessé est trop lourd, s'il a perdu connaissance, deux hommes

Fig. 413. — Transport d'un
blessé par un seul porteur
en utilisant un seul bras.

Fig. 414. — Transport d'un blessé
par deux porteurs.

s'unissent pour le porter en enlaçant leurs bras sous les jarrets et sous les épaules, de façon à réaliser une sorte de
civière (*fig.* 414).

Quand au *pansement*, on doit s'apprêter à le faire en se
lavant les mains au savon et à la brosse, puis avec une solution antiseptique, du sublimé par exemple. Puis on verse
sur la plaie de l'eau tiède qui a bouilli, qui est par conséquent stérilisée. Ce lavage entraîne mécaniquement les ger-

mes qui ont pu envahir la blessure. Sur la plaie on étend ensuite un linge fin, un mouchoir propre qui a séjourné quelques minutes dans l'eau bouillante. Puis, quelque temps après, on remplace le linge mouillé par un linge propre, sec, chaud, ou de préférence de la gaze stérilisée. Enfin, on recouvre le tout d'un peu d'ouate hydrophile et d'une bande peu serrée. Sous aucun prétexte on ne doit se servir d'éponges, toujours riches en microbes. Le coton hydrophile en tient lieu.

Il est intéressant de remarquer que la méthode de pansement moderne d'une plaie a passé par deux stades : l'*antisepsie* et l'*asepsie*. A ses débuts la chirurgie moderne crut que les germes infectant les plaies étaient surtout apportés par l'air; aussi le chirurgien anglais Lister basa sa technique sur l'emploi d'agents chimiques, comme l'acide phénique, qui devaient détruire les germes de l'air et ceux qui existaient à la surface des plaies. C'est pour cela qu'il n'opérait que sous une pulvérisation phéniquée : il faisait de l'*antisepsie*. L'antisepsie consiste donc à détruire les germes à l'aide de médicaments actifs. Elle est indispensable dans le pansement des plaies ordinaires, qui sont généralement faites par des instruments malpropres. Mais il faut bien reconnaitre que les antiseptiques sont d'un maniement dangereux.

Pasteur pensa que cela ne suffisait pas, car en 1878 il disait à l'Académie de médecine : « Si j'avais l'honneur d'être chirurgien, pénétré comme je le suis des dangers auxquels exposent les germes des microbes répandus à la surface de tous les objets, particulièrement dans les hôpitaux, non seulement je ne me servirais que d'instruments d'une propreté parfaite, mais après avoir nettoyé mes mains avec le plus grand soin, je n'emploierais que de la charpie, des bandelettes, des éponges préalablement exposées dans un air porté à la température de 130° à 150°; je n'emploierais jamais qu'une eau qui aurait subi la température de 110° à 120°. Tout cela est très pratique. De cette manière, je n'aurais à craindre que les germes en suspension dans l'air autour du lit du malade ; mais l'observation nous montre chaque jour que le nombre de ces germes est pour ainsi dire insignifiant à côté de ceux qui sont répandus dans les poussières, à la surface des objets ou dans les eaux communes les plus limpides. » Aujourd'hui la chirurgie se conforme aux idées de Pasteur : elle fait de l'*asepsie*. Elle n'emploie plus, dans la plupart des cas, d'antiseptiques chimiques pour laver les plaies ; elle se sert d'eau bouillie, de matières de pansement et d'instruments stérilisés par la chaleur ou par des agents chimiques. Les résultats obtenus justifient cette méthode.

Les principaux microbes de la suppuration qui se trouvent dans les plaies mal soignées sont des Micrococques : le *Staphylocoque* (*fig*. 388, B), formé de petits grains en amas et que l'on rencontre dans le pus des furoncles ; le *Streptocoque* (*fig*. 388, C), dont les grains sont disposés en chapelet, qui est surtout abondant dans les plaies à suppuration grave. Une de ses variétés est le microbe de l'*érysipèle*.

La résistance de l'organisme. — Pour permettre à l'organisme de résister victorieusement à l'invasion du microbe, il faut augmenter les forces physiques et les forces morales. Tout ce qui affaiblit l'organisme, tout ce qui le met dans un état de misère physiologique, diminue ses moyens naturels de défense et favorise le développement de la maladie.

On a démontré expérimentalement que le *froid* et la *fatigue* diminuaient la résistance de l'organisme.

C'est Pasteur qui, dans une expérience restée célèbre, a montré l'influence du *froid* : la Poule, à l'état normal, résiste au charbon ; mais elle succombe si on lui plonge les pattes dans l'eau après l'avoir inoculée.

L'expérience suivante du docteur Charrin montre l'influence de la *fatigue* : il inocula deux séries de Rats avec la toxine du charbon ; une série fut placée dans un tambour analogue à celui d'une cage d'Écureuil ; les Rats, forcés de marcher, faisaient 2 200 mètres à l'heure ; la mort survenait chez ces animaux fatigués dans un espace variant de 5 heures à 4 jours, tandis que les autres Rats ne succombaient qu'au bout de 7 à 9 jours.

Voici un exemple où sont rassemblées plusieurs causes qui diminuent la résistance de l'organisme à la maladie. Si, en effet, la tuberculose se propage avec une effrayante facilité, c'est que les organismes modernes sont affaiblis par les causes suivantes : 1º le *surmenage*, c'est-à-dire travailler au delà de ses forces, s'épuiser en veilles prolongées, manger mal, respirer l'air vicié des usines et des ateliers, négliger la propreté corporelle ; 2º le *séjour dans la ville* avec ses rues sales et ses égouts insalubres, avec ses maisons sans air et sans soleil, souvent contaminées par la tuberculose et semblables à des tubes de culture dont la chair humaine constitue le milieu nutritif ; 3º l'*alcoolisme*, dont nous avons montré l'action néfaste sur l'organisme. Telles sont les principales causes qui diminuent la résistance de l'organisme et assurent le triomphe de la maladie. La vie simple et naturelle, au contraire, en augmentant la résistance de l'organisme, constitue le meilleur des traitements contre les maladies contagieuses et particulièrement contre la tuberculose.

RÉSUMÉ

Les immortelles découvertes de Pasteur ont montré que les *maladies contagieuses* étaient dues à des parasites infiniment petits qui se développent dans l'organisme et qui peuvent transmettre les maladies en passant d'un individu malade sur un individu sain.

L'inoculation est la pénétration des germes dans le sang. Elle peut se faire par les *voies digestives* (charbon), ou par les *voies respiratoires* (diphtérie), ou par la *peau* (paludisme).

Une maladie contagieuse : le charbon. — Le *charbon* s'attaque surtout aux Moutons. Pasteur a montré que le microbe était bien *la cause de la maladie* en inoculant celle-ci à un Mouton sain, et qu'il était aussi *la cause de la contagion*.

Pour que les microbes se développent dans l'organisme, il faut que ce dernier soit un terrain favorable, qu'il présente, comme on dit, une certaine *réceptivité*.

On peut combattre préventivement cette maladie à l'aide du *vaccin* obtenu par une culture du Bacille maintenue à une température de 42º pendant 8 jours.

Principales maladies contagieuses. — Les principales
sont:

La DIPHTÉRIE, qui se présente sous deux aspects: *angine couenneuse*
et *croup*. Dans les deux cas des *fausses membranes* se développent
qui obstruent les voies respiratoires, et de plus le Bacille sécrète
une *toxine* qui produit une sorte de paralysie et arrête les mouvements respiratoires. On a découvert un *sérum* qui, injecté dans le
sang d'un malade diphtérique, amène la guérison (*sérothérapie*). Ce
sérum peut aussi agir préventivement ;

Le TÉTANOS, maladie à rapprocher de la diphtérie par l'action de
son microbe, qui sécrète aussi une toxine. Il existe un *sérum antitétanique* ;

Le PALUDISME, dû à un parasite animal qui se développe dans les
globules rouges du malade. Il est transmis par un Moustique,
l'*Anophèle*, qui transporte le parasite en suçant le sang d'un malade
et en l'inoculant, par sa piqûre, à une personne saine. Pour lutter
contre cette maladie, il faut : 1º éviter les piqûres de Moustiques ;
2º faire disparaître les eaux stagnantes où se reproduisent ces Insectes ;

La FIÈVRE JAUNE, qui est également transmise par un Moustique,
le *Stegomya* ;

La PESTE, qui l'est par les Puces ; et la MALADIE DU SOMMEIL, par la
Mouche Tsé-Tsé ou *Glossine*. Il est donc nécessaire de faire la
guerre aux Insectes ;

La VARIOLE, qui est très contagieuse. Le moyen de se préserver
contre cette maladie se résume en deux mots : *vaccination* et
revaccination.

La vaccination se fait par deux procédés : la *vaccination jennérienne* ou *de bras à bras*, et la *vaccination animale*, qui est préférable ;

La ROUGEOLE, qui est des plus contagieuses et qu'il est difficile d'é-
viter ;

La SCARLATINE, qui est surtout contagieuse pendant la convalescence, à cause de la desquamation de la peau qui éparpille les germes autour du malade ;

La FIÈVRE TYPHOÏDE, qui exige des soins méticuleux de propreté et
de désinfection ;

Le CHOLÉRA, contre lequel nous nous défendons par des mesures
d'hygiène internationales ;

La TUBERCULOSE, qui est la plus répandue des maladies contagieuses et qui fait annuellement en France 150 000 victimes. Elle est
due à un microbe, abondant dans les crachats des malades, et qui
se développe ordinairement dans les poumons. On décrit souvent
la tuberculose pulmonaire sous le nom de *phtisie*.

La tuberculose est *très contagieuse* ; elle n'est pas héréditaire et elle est *curable*. La contagion se fait surtout par les crachats des phtisiques, rejetés sur le sol ou sur les objets, et qui, en se desséchant, disséminent les microbes dans l'air.

Moyens de se préserver des maladies contagieuses. — Pour se préserver des maladies contagieuses, il faut ou *détruire les germes* ou *augmenter la résistance de l'organisme*.

C'est par la *désinfection* que l'on détruit les microbes. Elle peut se faire : 1° par les *antiseptiques*, qui doivent varier suivant le but que l'on veut atteindre (désinfection du linge, des mains, des crachats et des selles, des locaux, etc.) ; 2° par la *chaleur*, qui est le plus sûr des désinfectants ; 3° par la *lumière*, dont certaines radiations tuent les microbes.

Pour éviter certains accidents d'infection par les *plaies* il est nécessaire, après avoir arrêté l'*hémorragie*, de faire un *pansement aseptique* : lavage à l'eau bouillie et protection de la plaie nettoyée par du linge propre aseptique et de l'ouate hydrophile.

La *résistance de l'organisme* s'obtient par une bonne hygiène et en évitant toutes les causes de dépression de l'organisme.

CHAPITRE VII

L'HABITATION

L'habitation a pour but de mettre l'Homme à l'abri des intempéries, de l'isoler en quelque sorte du milieu extérieur. Mais pour qu'elle puisse rendre ce service, il est nécessaire qu'elle soit installée suivant les règles de l'hygiène et qu'elle soit surtout dans un état de propreté irréprochable ; pour cela il faut faciliter l'éloignement des détritus et des déjections, de tout ce que les hygiénistes désignent sous le nom de *nuisances*. Nous devrons donc étudier : 1º ce que doit être la *maison salubre* ; 2º comment on obtient l'*éloignement des nuisances*.

I. — La maison salubre.

Emplacement : situation, orientation. — L'emplacement de l'habitation est souvent imposé par des conditions sociales bien plus que par des raisons hygiéniques. Ainsi il est certain qu'il vaut mieux habiter la campagne que la ville, où l'air est moins pur et la lumière plus rare. Mais si l'on est obligé d'habiter la ville, on devra de préférence choisir un quartier peu populeux, percé de larges rues, éviter les rues étroites où le soleil ne pénètre pas et où l'air se renouvelle difficilement.

Situation. — En principe, la maison doit être bâtie sur les hauteurs ou à mi-côte plutôt que dans les bas-fonds, de façon à éviter l'humidité de l'air ; mais la réalité est que les hommes ont toujours recherché le voisinage des cours d'eau, et que s'ils ont parfois habité les hauteurs, c'était plutôt pour des raisons stratégiques.

Autant que possible aussi, l'habitation doit être construite sur un terrain sec, perméable, et dont la nappe d'eau souterraine soit située à 5 mètres environ. Il faut éviter les terrains argileux, à cause des eaux qui ne peuvent s'écouler et qui constituent un réel danger.

Le voisinage des arbres est à rechercher, non seulement parce qu'ils assainissent l'air en dégageant de l'oxygène, mais aussi parce que, jouant le rôle d'écrans, ils abritent de la poussière extérieure, des coups de vent violents et du soleil trop chaud. Pourtant il serait mauvais que ces arbres fussent en trop grand nombre et trop rapprochés de la maison, car ils créeraient dans cette dernière un état d'humidité nuisible à la santé.

Orientation. — Nous avons vu que la lumière favorisait la formation des globules du sang et assainissait les habitations en tuant les microbes. Il est donc bon que la maison reçoive la lumière directe du soleil au moins pendant une partie du jour. Aussi, dans les pays tempérés, l'orientation recherchée est-elle celle de la méridienne, de façon que les deux façades tournées l'une vers l'est, et l'autre vers l'ouest, reçoivent les radiations solaires en quantité à peu près égale. Dans les villes le choix de l'orientation n'existe plus. On peut pourtant conseiller pour les rues nouvelles l'orientation méridienne, à cause des raisons que nous venons d'indiquer.

Les statistiques faites dans les grandes villes ont montré que la mortalité était moins grande dans les maisons exposées au Midi que dans celles qui regardent le Nord, à la condition toutefois que les pièces exposées au Midi soient celles où l'on vit le plus, les chambres à coucher par exemple. Souvent, en effet, l'appartement a sur le devant le salon et la salle à manger, c'est-à-dire les pièces d'apparat où l'on ne passe qu'un temps très court, alors que les chambres à coucher et le cabinet de travail, où l'on séjourne le plus, sont sur une cour étroite peu éclairée. Cette absence de logique est le résultat des exigences de la vanité mondaine. Bien rares sont les personnes qui dédaignent ces préjugés! On voit même des familles qui, pour faire salon, se condamnent à coucher et à travailler dans des pièces de dimensions insuffisantes, dont l'aération et l'éclairage font de véritables taudis. Et ces familles s'étonnent si leurs enfants sont chétifs et malingres !

Construction : matériaux, hauteur, distribution. — Les matériaux de construction dépendent évidemment de la nature géologique du pays ; pour des raisons économiques on choisit ordinairement les matériaux qui se trouvent à proximité. Quels que soient ces matériaux, ils doivent répondre à trois conditions principales :

1° être réfractaires à l'humidité ;

2° être mauvais conducteurs de la chaleur ;

3° être perméables à l'air.

Dans les maisons récemment construites, les matériaux, et surtout la chaux et le plâtre, sont nécessairement humides. D'où le danger d' « essuyer les plâtres », suivant l'expression vulgaire.

Le badigeonnage des murs à la chaux n'est pas beau, mais il a de grands avantages hygiéniques, et comme il est peu coûteux, il peut être fréquemment renouvelé.

Le plafond et les murs doivent présenter le moins d'anfractuosités possible : pas de rosaces, pas de moulures, où s'accumulent volontiers la poussière, les microbes et les Insectes. Les murs seront peints à l'huile et vernis. C'est nu, mais propre, et cela se lave facilement.

Les planchers doivent être imperméables ; ce qui est facilement obtenu par le ciment, les mosaïques, les carrelages sur ciment, etc. Quand on emploie le plancher de bois, il est utile de le rendre imperméable en faisant pénétrer à sa surface de l'encaustique, du coaltar, ou du goudron de houille.

Il est bon que la maison soit construite sur une cave bien

maçonnée, afin d'éviter l'humidité du sol. Les chambres à coucher ne devront pas être au rez-de-chaussée, surtout si celui-ci repose directement sur le sol.

Quant à la hauteur des maisons, on pose en principe que, dans les villes, elle ne doit pas dépasser la largeur des rues ; ce qui, en réalité, existe seulement dans les grandes artères. La trop grande hauteur des maisons présente, en effet, de nombreux inconvénients, car la lumière et l'air pénètrent difficilement dans les étages inférieurs.

Enfin, la hauteur minima des appartements est fixée à $2^m,70$, ce qui est encore insuffisant pour assurer une bonne aération et un bon éclairage naturel.

Aération. — Rappelons que les principales causes de l'altération de l'air dans les habitations sont : la respiration des êtres vivants, l'éclairage et le chauffage, et enfin les foyers de fermentation. Cette dernière cause peut être facilement évitée par la propreté ordinaire, car il suffit d'éloigner les matières en décomposition. Quant aux autres causes, on atténue leurs effets par un cubage d'air suffisant et par une ventilation appropriée (voir page 360).

Chauffage. — **Son but.** — Le chauffage a pour but de nous aider à lutter contre le froid en maintenant dans nos habitations une température moyenne, ou tout au moins présentant de faibles écarts. On atteint ce but en cherchant non pas à chauffer l'air intérieur, mais à maintenir à une certaine température les parois des appartements.

La température la plus favorable à obtenir varie suivant les cas : dans un cabinet de travail, un salon, une salle à manger, où l'on reste immobile, la température de 16° est suffisante ; dans les ateliers où l'on s'agite, 10° suffisent. Quant aux chambres à coucher, le mieux est d'y supprimer tout chauffage, sauf quand les pièces sont humides ; dans ce cas un chauffage intermittent est utile. Les chambres de malades ne doivent pas être chauffées au-dessus de 18° ; il est même préférable de ne pas dépasser 16°.

Ses dangers. — Quel que soit le système de chauffage employé, il faut veiller à ce que les produits de la combustion ne vicient pas l'air. Parmi ces produits les plus importants sont : le gaz carbonique, l'oxyde de carbone, l'acide sulfureux et l'hydrogène sulfuré, ces deux derniers se formant surtout dans la combustion de la houille. Il est indispensable que la cheminée ait un bon tirage afin d'enlever tous ces gaz toxiques, parmi lesquels le plus dangereux est l'oxyde de carbone, ainsi que nous l'avons montré dans les leçons de Physiologie.

Avec les cheminées à feu de bois, il n'y a aucun danger même quand la cheminée fume, car il arrive toujours assez d'air pour qu'il ne se produise pas d'oxyde de carbone et qu'il ne se dégage que du gaz carbonique, peu dangereux. Ce sont les poêles, et principalement les poêles à combustion lente, qui occasionnent les accidents. Nous reviendrons plus loin sur cette question.

Sans entraîner la mort, les gaz toxiques qui ne se dégagent qu'en petite quantité provoquent des troubles pénibles et dangereux, des anémies, des congestions, des vertiges, des neurasthénies spéciales qui déroutent le médecin et qui peuvent persister pendant de longues années.

Appareils — Ils forment deux catégories, suivant que le chauffage est *local* ou *central*. Dans le chauffage local le foyer est placé dans la pièce à chauffer, tandis que dans le chauffage central la source de chaleur est placée en dehors du local à chauffer.

A. Chauffage local. — Il est encore le plus utilisé. Il se fait à l'aide des *cheminées* ou des *poêles*.

a) Cheminées. — Une cheminée se compose d'un foyer ouvert, surmonté d'un conduit pour l'évacuation de la fumée et des produits de combustion. C'est l'appareil le plus simple ; c'est aussi celui qui assure le mieux la ventilation, car, si le *tirage* est bon, il détermine un appel d'air par tous les orifices. **Le tirage** est, en effet, la formation d'un courant d'air continu de bas en haut par suite de la dilatation des

gaz par la chaleur. Non seulement ce courant d'air continu
assure la ventilation, mais, en traversant le foyer, il active
la combustion.

Ce mode de chauffage a un gros inconvénient : c'est qu'il
est peu économique, car la pièce à chauffer ne reçoit que
6 % avec le bois et 12 % avec le coke de la chaleur dégagée
dans la combustion. De plus la cheminée, ne chauffant que
par rayonnement direct, n'assure pas une égale répartition
de la chaleur dans la pièce.

On peut utiliser une plus grande partie de la chaleur produite et éviter les courants d'air froid, en amenant par un

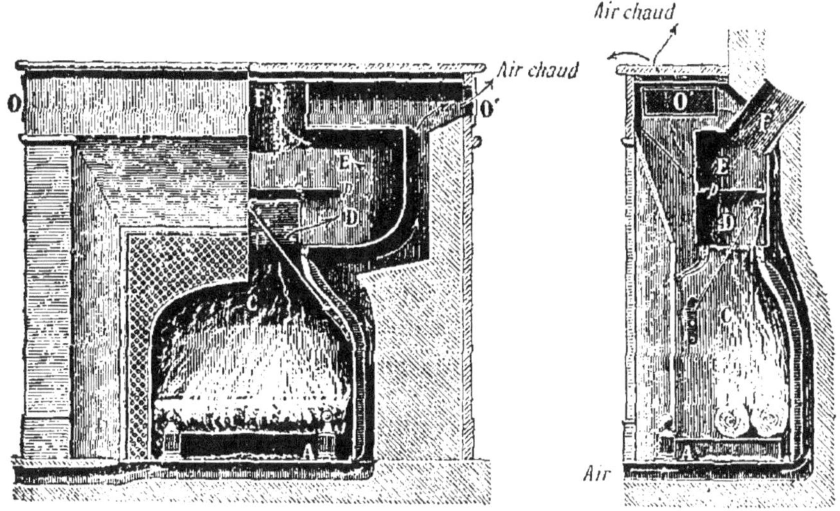

Fig. 415.— Cheminée à bouches de chaleur.

conduit A (*fig.* 415) l'air extérieur autour du foyer; cet air
s'échauffe et sort par les bouches de chaleur O, O' des deux
côtés de la cheminée pour se répandre dans la chambre et
remplacer l'air qui passe dans la cheminée.

b) Poêles. — Les poêles sont des appareils, ordinairement
en fonte, dont le foyer est clos et que l'on peut disposer au
milieu de la salle. L'air nécessaire à la combustion pénètre
par un orifice inférieur et les produits de la combustion s'en
vont à l'extérieur par des tuyaux.

La surface de rayonnement des poêles, surtout si l'on tient compte du développement des tuyaux, est considérable ; aussi leur rendement calorique est-il supérieur à celui de la cheminée. Mais les poêles ont l'inconvénient de s'échauffer trop rapidement et de cesser brusquement de rayonner dès que le feu s'éteint. De plus, ils peuvent laisser dégager de l'oxyde de carbone, surtout si leurs parois sont chauffées au rouge. Il est prudent de ne pas placer de clef sur le tuyau, car, en la fermant, on fait refluer les gaz de la combustion dans la chambre. Il est bon également de placer sur le poêle un récipient contenant quelques litres d'eau, afin d'éviter la trop grande sécheresse de l'air.

Les *poêles en faïence* ne laissent pas passer de gaz au travers de leurs parois, et de plus ils ont l'avantage de s'échauffer et de se refroidir lentement en donnant par suite une température plus régulière.

Quant aux *poêles à combustion lente* dont l'usage est malheureusement trop répandu, ce sont de merveilleux appareils à empoisonner, d'autant plus qu'ils sont construits pour pouvoir être transportés facilement d'une pièce dans l'autre. Le tirage est très réduit et, par suite, la combustion très ralentie parce qu'on oblige les gaz de la combustion à faire un long trajet avant de s'échapper dans la cheminée. Le gaz carbonique, qui se forme à la partie inférieure du foyer, se réduit en oxyde de carbone en traversant la colonne de charbon portée au rouge sombre. Il suffit alors d'un léger coup de vent pour refouler ce gaz toxique dans l'air de la chambre. Ou bien encore ce gaz peut, par des cheminées voisines ou par des fissures, causer des accidents dans des chambres voisines, même à des étages différents. Ces poêles sont très économiques, mais ils sont très dangereux ; aussi leur usage a-t-il été interdit dans tous les établissements publics.

Nous laisserons de côté les procédés de chauffage au gaz, à l'alcool et au pétrole, qui sont coûteux et parfois dangereux.

B. Chauffage central. — C'est le procédé employé quand

il s'agit de chauffer les différentes pièces d'une maison, ou de grandes constructions (établissements d'instruction, hôpitaux, musées, etc.). On se sert, à cet effet, de *calorifères*, c'est-à-dire d'appareils composés d'un foyer, placé dans la cave ou dans l'étage inférieur de la maison, et de tuyaux qui vont dans toutes les pièces porter ou de l'*air chaud*, ou de l'*eau chaude*, ou de la *vapeur*.

a) Calorifères à air chaud. — Ils servent ordinairement au chauffage des grands magasins, des théâtres, des salles d'assemblées. Ils sont de plus en plus abandonnés à cause des

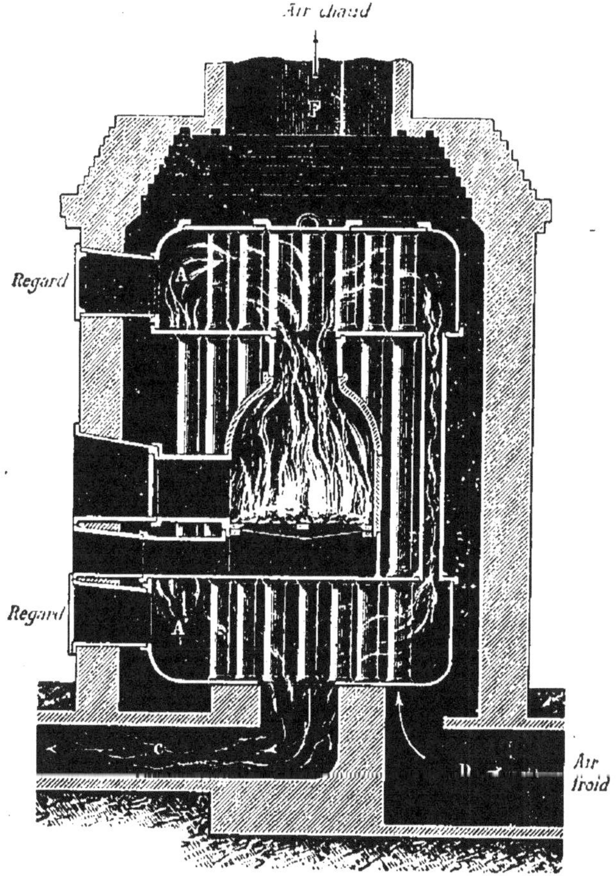

Fig. 416. — Calorifère à air chaud.

inconvénients qu'ils présentent au point de vue hygiénique.

Dans ces appareils, l'air extérieur arrive par la partie inférieure D (*fig.* 416), s'échauffe en passant dans des tuyaux portés à une température élevée par le foyer central, puis il se rassemble à la partie supérieure dans une sorte de réservoir; on le distribue ensuite dans les chambres, où il se déverse par des bouches de chaleur. Mais cet air est trop sec, souvent trop chaud, et de plus il entraîne avec lui les poussières des conduits qu'il a parcourus et dont il est impossible d'assurer la propreté. De plus ces calorifères, dont le générateur est rarement étanche, livrent passage, par des fissures, à des gaz toxiques.

b) Calorifères à eau chaude. — Un calorifère à eau chaude se compose d'une chaudière à foyer intérieur et d'où part un tube vertical *a* (*fig.* 417) qui vient déboucher dans un réservoir *v* placé en haut de la maison. De ce réservoir partent des tubes qui se rendent dans les pièces à chauffer où se trouvent des récipients *m*, *m'*, *m"* en forme de poêles. Un tube *s* ramène l'eau à la partie inférieure de la chaudière. L'eau de la chaudière, en s'échauffant, devient moins dense et monte dans le vase *v*, puis redescend dans les salles, où elle abandonne une partie de sa chaleur; devenue plus lourde, elle revient à la chaudière, où elle se réchauffe de nouveau, et la circulation continue.

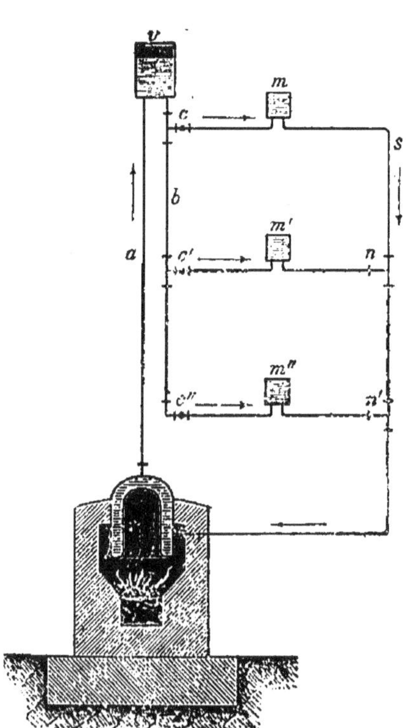

Fig. 417. — Schéma d'une installation de chauffage par l'eau chaude.

Cet appareil a des avantages : il donne une chaleur douce, constante et n'altère pas l'air ; il est économique. Mais il a l'inconvénient d'exiger une installation coûteuse et de ne chauffer que lentement. On ne peut donc l'employer quand on a besoin d'un chauffage rapide. De plus la pression énorme que les tuyaux ont parfois à supporter peut les faire éclater.

Le rendement de ces calorifères est considérable, car ils donnent jusqu'à 90 % de la chaleur du combustible.

c) *Calorifères à vapeur.* — Le chauffage à vapeur à basse pression est de plus en plus employé, aussi bien dans les modestes maisons particulières que dans les grandes installations. Il permet de desservir des locaux éloignés et répartis sur de grandes surfaces. C'est lui qui répond le mieux à toutes les exigences de l'hygiène.

L'appareil se compose : 1° d'une *chaudière*, qui produit la vapeur ; 2° d'une *canalisation*, qui amène la vapeur dans les chambres à chauffer et qui ramène à la chaudière l'eau provenant de la condensation, de sorte que l'eau sert indéfiniment ; c'est la chaleur dégagée par la vapeur en se condensant qui échauffe les tuyaux et l'air environnant ; 3° de *radiateurs*, qui ont pour but d'augmenter les surfaces chauffantes et qu'on dispose sur les tuyaux qui conduisent la vapeur ; ils ont des formes variées : ailettes circulaires ou rectangulaires (*fig.* 418), prismes (*fig.* 419), etc. Dans le radiateur

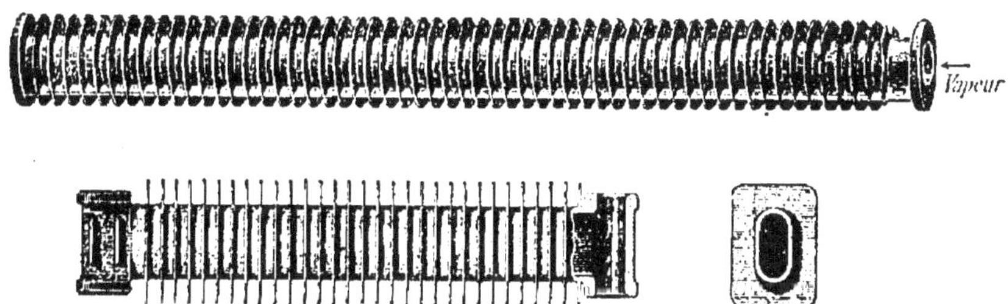

Fig. 418. — Tuyaux en fonte à ailettes.

représenté par la figure 419, la vapeur pénètre en *a*, s'échappe en *c*, avec l'eau condensée qui retourne à la chaudière. Si l'on ne veut pas chauffer la pièce, on ferme la vis V ; la vapeur ne pénètre plus dans le radiateur et passe dans les pièces voisines de A en B.

Ce système est hygiénique parce qu'il ne dessèche pas l'air et ne produit pas de gaz toxiques.

Éclairage. — On sait combien la lumière est nécessaire à la santé, et l'on connaît cette expression si juste : « Où le soleil et l'air n'entrent pas, le médecin entre souvent. » L'or-

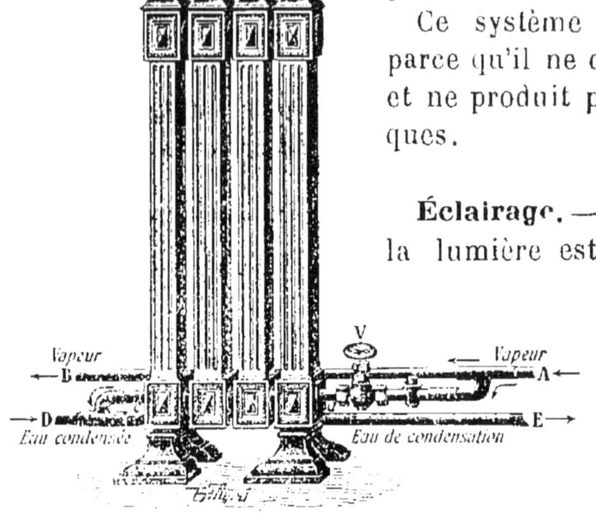

Fig. 419. — Radiateur à vapeur.

ganisme, en effet, qui séjourne dans des pièces où le soleil ne pénètre jamais a le sang appauvri par la diminution des globules rouges. Les mineurs qui travaillent à l'obscurité, les enfants qui restent enfermés, s'anémient, s'affaiblissent en prenant les *pâles couleurs*. Il est donc de toute nécessité de se préoccuper de l'*éclairage*. Il faut distinguer l'*éclairage naturel* de l'*éclairage artificiel*.

1° **Éclairage naturel.** — Il est fourni par le soleil qui envoie ses radiations lumineuses directement ou par diffusion.

On admet qu'une pièce est suffisamment éclairée si, de tous ses coins, on y peut voir le ciel. En réalité, cette condition est insuffisante, car elle ne garantit ni la lumière nécessaire au travail, ni la radiation solaire qui chauffe en hiver et assainit en tout temps.

La *lumière directe* doit être recherchée quand on veut combattre les microbes et quand il s'agit d'éclairer une pièce comme une chambre à coucher, une salle d'hôpital. Mais quand on doit se livrer dans une pièce à un travail continu où la vue joue le rôle important, comme dans une école, une bibliothèque, on doit rechercher la *lumière diffuse*. Cette lumière doit être très abondante, et l'on va jusqu'à réclamer pour les fenêtres et les baies un quart environ de la surface totale.

Puisque la lumière du jour vient par le haut, et non par le bas des fenêtres, il est logique de proscrire la disposition

Disposition hygiénique.   Disposition antihygiénique.

Fig. 420. — Dispositions hygiénique et antihygiénique des fenêtres.

habituelle des tentures fermées par le haut et ouvertes par le bas (*fig*. 420).

Dans les ateliers et les usines, il est préférable d'éclairer largement par un toit en verre.

Enfin la lumière solaire est la seule bonne pour les yeux.

2° Éclairage artificiel. — L'éclairage artificiel s'obtient par la combustion de certaines substances dans l'air (sauf la lumière électrique). Il en résulte des produits de combustion et de la chaleur dégagée, deux faits importants au point de vue hygiénique. On peut dresser le tableau ci-dessous en prenant pour unité d'éclairage 100 bougies par heure et en comparant les diverses sources au double point de vue de la chaleur dégagée et de la formation du gaz carbonique.

MODES D'ÉCLAIRAGE	CO_2 (en mètres cubes)	CALORIES
Arc voltaïque	»	57 à 158
Lampe à incandescence	»	200 à 500
Gaz (Bec Auer).	0,20	1 800
Lampe à pétrole	0,44	3 300
— huile	0,61	4 200
Acétylène.	0,16	
100 bougies	1,30	8 000

Ce tableau montre qu'au point de vue hygiénique la lumière électrique tient le premier rang, car elle ne donne aucun produit de combustion et la chaleur dégagée est négligeable. Mais la richesse de cette lumière en radiations chimiques est mauvaise pour l'œil, et il serait bon d'absorber les rayons violets au moyen d'une ampoule teintée de rouge.

La lampe à huile donne une lumière douce et peu fatigante, mais elle a été détrônée par la lampe à pétrole qui, ayant un pouvoir éclairant supérieur, est, par suite, plus économique. Malheureusement l'éclairage au pétrole, comme l'éclairage au gaz, a l'inconvénient de dégager une grande quantité de chaleur qui tend à congestionner l'œil. Aussi l'éclairage au gaz, même avec le perfectionnement du bec Auer, est-il une cause d'affaiblissement de la vue pour tous ceux qui travaillent à cette lumière.

Quel que soit le procédé d'éclairage employé pour le travail, la tête et les yeux devront être protégés par un abat-jour bien opaque.

Les parasites de la maison. — Les parasites de la maison ne sont pas seulement désagréables, ils sont dangereux. Nous savons, en effet, le rôle que beaucoup d'entre eux jouent dans la transmission des maladies contagieuses. On doit donc leur faire la guerre autant par hygiène que par propreté ; d'ailleurs, dans une maison propre, claire, bien tenue, ils sont toujours rares.

Les plus communs sont : la Punaise, la Puce, la Teigne, la Mouche, le Moustique, la Souris et le Rat.

La **Punaise** (*fig.* 421) atteint un centimètre de longueur ; elle dégage une odeur désagréable ; par sa piqûre, qui est douloureuse, elle peut transmettre la tuberculose, la fièvre typhoïde et peut-être même le cancer. Elle est surtout fréquente dans les chambres mal soignées ; elle peut persister longtemps dans des appartements inoccupés ; aussi doit-on s'assurer de sa disparition avant de s'installer dans une habitation.

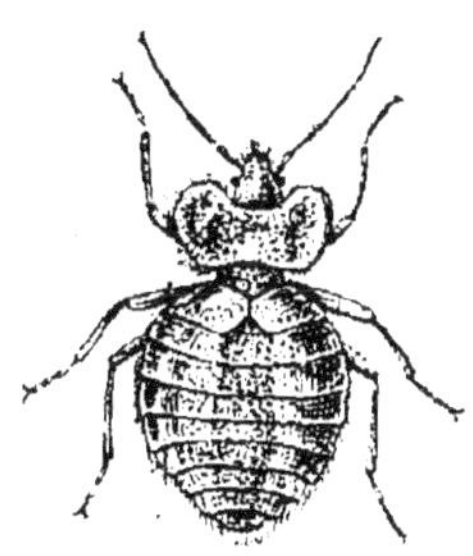

Fig. 421. — Punaise.

Elle se cache facilement derrière les papiers mal collés, dans les boiseries et les tapisseries ; elle émigre volontiers avec les vieux meubles ; aussi doit-on désinfecter ceux-ci avant de les introduire chez soi. La désinfection par le soufre tue bien les Punaises ; mais le moyen le plus simple est de saupoudrer largement la literie, les fentes du plancher, des boiseries, des murs avec de la poudre de pyrèthre.

La **Puce** (*fig.* 422) se multiplie parfois d'une façon extraordinaire ; ses œufs, pondus dans les fentes des planchers et les replis des tapis, donnent naissance à des sortes de petits vers blancs. Par sa piqûre, elle peut transmettre la peste et la suette miliaire. Pour la combattre, le meilleur moyen est d'empêcher le développement des larves, par exemple en encaustiquant ou en lavant avec soin les parquets.

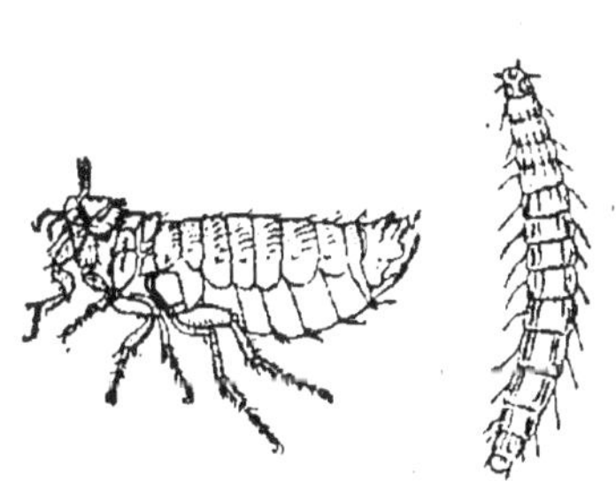

Fig. 422. — Puce et sa larve.

La **Teigne des tapisseries** (*fig*. 423) est un petit Papillon souvent désigné sous le nom de *Mite*. Ce Papillon pond ses œufs dans les tapis, les vêtements, les fourrures, et ses chenilles fabriquent des sortes de fourreaux avec les débris des étoffes et des tentures. On peut les combattre par des vapeurs de formol (aldéhyde formique à 40 %).

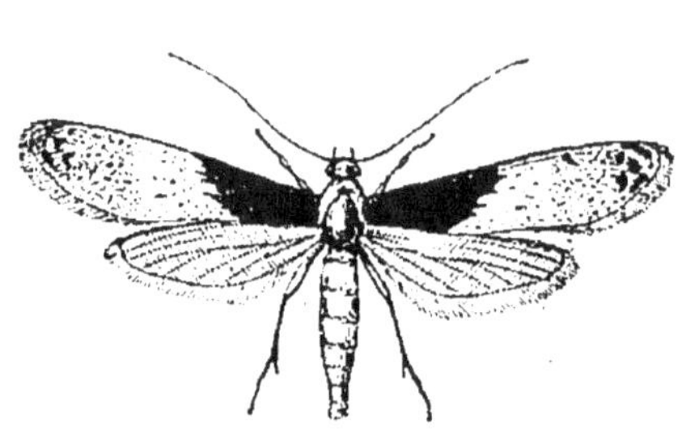

Fig. 423. — Teigne des tapisseries et sa larve.

La **Blatte** [*Cafard, Cancrelat* (*fig*. 424)] est abondante dans les vieilles habitations, surtout dans les cuisines mal tenues ; très aplatie, elle peut pénétrer partout, sous les boiseries et dans les fentes des murs ; elle répand une odeur forte et persistante qui imprègne les substances qu'elle touche. On s'en débarrasse avec de la poudre de pyrèthre et surtout avec de la propreté.

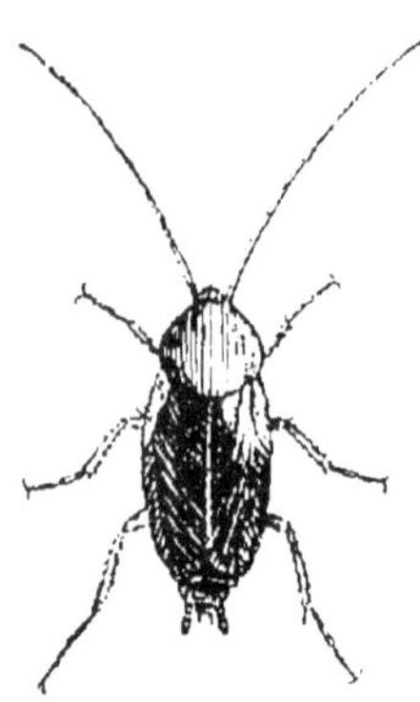

Fig. 424. — Blatte des cuisines.

Fig. 425. — Charançon du Blé.

Le **Charançon** (*fig*. 425) comprend de nombreuses espèces dont les larves vivent dans les Céréales, le Riz, les Pois et les Fèves.

La **Mouche de la viande** (*fig*. 426), si commune dans nos habitations, pond ses œufs sur la viande, qui se trouve ainsi envahie par les larves appelées *Asticots*. Toutes les espèces de Mouches sont dangereuses, car elles peuvent transporter les germes de la maladie du charbon, de la tuberculose, de la fièvre typhoïde, de la septicémie ; le meilleur moyen de combattre les Mouches, nous l'avons indiqué (voir page 496),

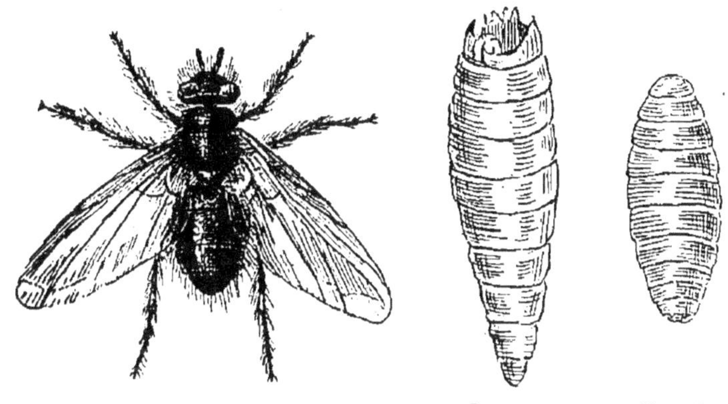

Fig. 426. — Mouche de la viande.

est de tuer les larves, qui se forment ordinairement dans les fosses d'aisance et les fumiers. Pour détruire les Mouches adultes, on utilise les vapeurs de formol, qui donnent d'excellents résultats. Il faut éviter d'employer les *papiers tue-mouches* à base d'arsenic, car les insectes empoisonnés peuvent, en volant, transporter de l'arsenic sur les aliments.

Fig. 427. — Rat (Surmulot).

Le rôle du Moustique a été étudié à propos du paludisme et de la fièvre jaune; nous n'y reviendrons pas.

Les **Rats** (*fig.* 427) et les **Souris** sont aussi des agents de transmission de maladies, surtout par les parasites qu'ils abritent : aussi doit-on s'efforcer de les détruire. Le meilleur moyen consiste à tendre patiemment et régulièrement des pièges. Les appâts empoisonnés ont, en effet, un grave inconvénient : les animaux vont mourir au fond de leurs trous, s'y putréfient et deviennent des foyers d'infection. On prépare aussi dans les laboratoires des cultures microbiennes qui tuent les Rats et les Souris, mais sont inoffensives pour les animaux domestiques.

Logements insalubres. — Construire des maisons hygiéniques est bien, mais il serait plus urgent encore de faire disparaître les habitations insalubres, véritables foyers d'infection toujours actifs et d'où sortent toutes les contagions.

C'est, en effet, une illusion de croire que l'on est à l'abri des maladies infectieuses en habitant une maison hygiéniquement installée, si, comme cela arrive dans toutes les villes, il existe dans le voisinage d'immondes taudis.

C'est ainsi qu'on trouve, bordant des rues qui n'ont pas deux mètres de largeur, des maisons où s'entassent de nombreuses familles. Dans ces maisons, pas d'air, pas de lumière, des escaliers dans lesquels s'amassent les déchets, depuis les eaux de lavage jusqu'aux excréments ; des senteurs écœurantes s'échappent de partout. Si vous pénétrez dans les logis, vous y verrez souvent pour toute la famille une seule pièce dans laquelle voisinent les lits, la table et les ustensiles de cuisine. Les murs suintent l'humidité, l'évier répand une odeur infecte et souvent la fenêtre ne prend l'air que sur une courette qui est plutôt une fosse d'obscurité et de saleté.

C'est dans de tels réduits que la tuberculose prospère merveilleusement.

Il existe dans toutes les grandes villes de véritables cités tuberculeuses qu'on pourrait comparer aux cités lépreuses du moyen âge, avec cette différence qu'elles sont plus dangereuses. C'est dans ces cités insalubres que s'élaborent toutes les infections qui vont ensuite se répandre par les rues et pénétrer dans les maisons les mieux tenues.

De ces notions se dégage une cruelle leçon de solidarité, qui devrait rapprocher le pauvre et le riche. Ces foyers de misère et d'infection sont donc condamnés par l'hygiène autant que par la morale : ils doivent être détruits, et si lourds que soient les sacrifices nécessaires à cette opération de salubrité, ils seraient faibles en comparaison des douleurs et des ruines causées par ces maisons maudites. Il existe en Angleterre une loi d'expropriation qui a permis à nos voisins d'obtenir de remarquables résultats dans l'assainissement de leurs grandes villes.

II. — Éloignement des nuisances.

On entend par *nuisances* tous les déchets et toutes les déjections qui ne peuvent s'accumuler dans la maison sans danger pour la salubrité. Il faut donc assurer par les moyens les plus rapides et les plus pratiques l'évacuation des *ordures ménagères* et des *excrétions*.

Les ordures et les eaux ménagères. — Les *ordures ménagères* ou *gadoues* comprennent les détritus culinaires (épluchures, restes) et les déchets de la vie journalière (vieux papiers, produits de balayage, etc.). Dans les villes, ces ordures sont ordinairement placées dans un récipient métallique. Elles ne sont pas dangereuses si elles n'y séjournent pas trop longtemps. Pourtant, étant donné ce que l'on sait aujourd'hui sur le rôle des Insectes dans la transmission des maladies, il serait utile que les boîtes à ordures fussent fermées par un couvercle. Les ordures sont ensuite déposées le matin devant chaque maison et leur enlèvement se fait au moyen de tombereaux qui les transportent en dehors de la ville. Dans plusieurs pays étrangers ces tombereaux sont remplacés par des voitures closes. Ces déchets sont ensuite incinérés ou utilisés, comme engrais, par l'agriculture. A Paris, la quantité journalière de ces ordures s'élève à 1 750 tonnes.

Les *eaux ménagères* comprennent les eaux de vaisselle, les eaux de toilette et de lavages domestiques. Elles sont suspectes. Aussi doit-on les éloigner le plus rapidement possible. Dans les villes, une canalisation les conduit de l'évier à l'égout. Mais il est nécessaire d'intercepter toute communication entre l'appartement et la canalisation, dans laquelle peuvent se produire des fermentations putrides dangereuses pour la salubrité. A cet effet, on place au-dessous de l'évier

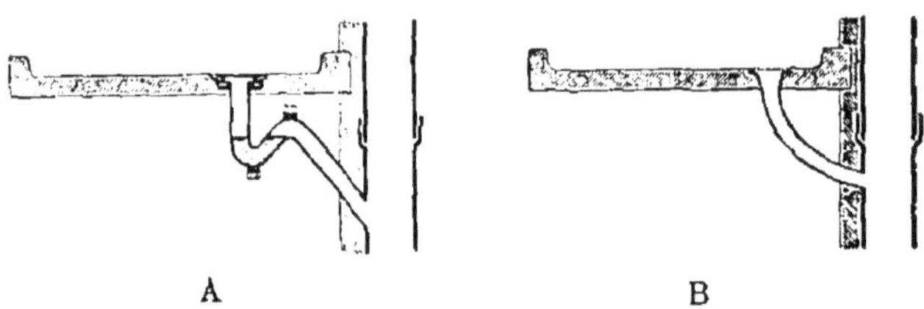

Fig. 428. — Évier salubre (A) et évier insalubre (B).

un *siphon* (*fig.* 428, A), c'est-à-dire un tube recourbé en S, dans lequel on fait passer de l'eau propre qui y séjourne et qui produit une occlusion parfaite des conduits. Le siphon peut aussi communiquer avec l'extérieur, de sorte que le tuyau de vidange se trouve siphoné et ventilé.

Les excrétions et les divers systèmes d'évacuation. — La quantité de matières excrémentitielles rejetées par l'Homme dépend de la nourriture. Elle est faible avec le régime carnivore, plus forte avec le régime végétarien. La moyenne journalière est de 1 500 grammes, dont les trois quarts sont liquides. Elle est plus faible chez la femme et moindre encore chez l'enfant.

Toutes ces matières sont dangereuses non seulement par les germes des maladies contagieuses qu'elles peuvent contenir, mais aussi par les fermentations qu'elles subissent et les gaz qu'elles dégagent. Pourtant, il y a peu de temps encore, certaines villes pratiquaient « le tout à la rue » si répugnant et si dangereux.

Se débarrasser des résidus de la vie animale est un problème bien complexe, surtout dans les villes, où le sous-sol devient rapidement, si l'on n'y prend garde, un véritable fumier. Ainsi dans une agglomération de 100 000 habitants, se produisent chaque année 3 316 tonnes de matières fécales et 48 829 tonnes d'urine. Qu'on se figure alors ce que pro-

duisent d'immondices des immenses cités comme Londres et
Paris, et l'on comprendra la difficulté du problème posé aux
ingénieurs !

Actuellement on peut classer les procédés employés dans
les villes pour l'éloignement des excrétions en quatre catégories : les *fosses fixes*, les *fosses mobiles*, le *tout-à-l'égout*
et les *fosses septiques*.

1° Les fosses fixes. — C'est le système le plus primitif ;
mais il est encore le plus répandu, car il est le seul qui
puisse être utilisé dans les maisons isolées et dans les campagnes.

Ces fosses, pour ne pas infecter le sol, doivent avoir leurs
parois absolument étanches, ce que l'on obtient en les
cimentant solidement.

Pour éviter l'infection de l'air de la maison par le dégagement des gaz (gaz carbonique, ammoniaque, hydrogène
sulfuré, sulfhydrate d'ammoniaque, etc.) provenant de la
fermentation des matières fécales, on établit un tuyau
d'évent qui part de la voûte de la fosse ou du tuyau de
chute et monte jusqu'au-dessus du toit. Ce tuyau d'évent
est nécessaire, car les soupapes ordinaires sont insuffisantes.

Enfin un inconvénient de la fosse fixe est l'opération de la
vidange, qui est nécessaire quand la fosse est pleine. Les
ouvriers vidangeurs étaient autrefois exposés à une intoxication mortelle connue sous le nom de *plomb* et attribuable
aux gaz qui s'échappaient de la fosse. On évite aujourd'hui
cet accident par l'aération de la fosse et par l'emploi, 48
heures avant l'opération, du sulfate de fer (en solution à
5 °/₀), qui ralentit le dégagement des gaz délétères. De plus
l'emploi de systèmes aspirateurs mécaniques a fait disparaître ce danger.

2° Les fosses mobiles. — Dans ce système un tonneau est
placé sous le tuyau de chute des cabinets. Si ce tonneau est
enlevé régulièrement et souvent, chaque jour par exemple,
on évite la stagnation des matières dans les habitations et
surtout l'infection du sous-sol. Mais si les tonneaux ne sont

pas vidés à temps, les matières se répandent sur le sol et infectent la maison. De plus ce système a l'inconvénient d'exiger un grand nombre de voitures qui recueillent les tonneaux à domicile et les transportent en dehors de la ville en disséminant dans les rues les mauvaises odeurs et les germes.

3° **Le tout-à-l'égout.** — Dans ce système, le tuyau de chute de chaque cabinet communique directement avec l'égout de la ville, de sorte que les matières sont évacuées immédiatement en dehors de la maison. Toute communication d'odeur entre l'égout et la maison est interceptée par un siphon hydraulique semblable à celui que nous avons décrit à propos de l'évier salubre ; de même chaque cabinet d'aisance est protégé contre les mauvaises odeurs par un siphon placé au-dessous de la cuvette (*fig.* 429). Ce système ne peut fonctionner qu'à l'aide d'une puissante chasse d'eau, entraînant chaque garde-robe et faisant occlusion dans les siphons. A cet effet un

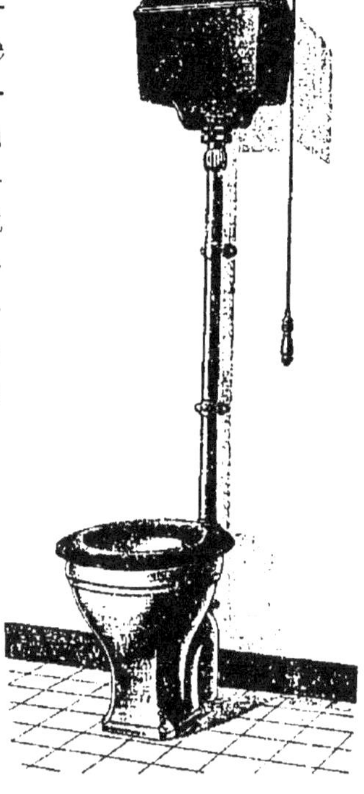

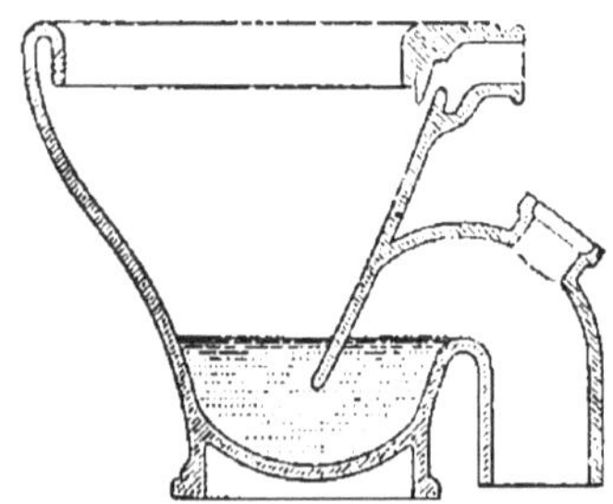

Fig. 429. — Coupe de la cuvette et du siphon.

Fig. 430. — Cabinet d'aisance avec le tout-à-l'égout.

réservoir (*fig.* 430) est placé à deux mètres au-dessus de la cuvette à l'aide d'un système à tirage, on déclanche la soupape du réservoir et 8 à 10 litres d'eau sont lancés dans la

cuvette et le tuyau de chute. Ce système n'est applicable que
dans les villes qui possèdent beaucoup d'eau.

Les inconvénients de ce procédé se manifestent hors de la
maison : pour que les matières solides ne se déposent pas
sur les parois de l'égout, il faut qu'elles soient entraînées
vigoureusement par la pente de l'égout et de puissantes
chasses d'eau ; de plus, si l'eau baisse de niveau dans l'égout,
les matières se dessèchent et se transforment en poussières
qui peuvent être entraînées dans la rue par les regards des
égouts.

4° Les fosses septiques. — Ce système (*fig.* 431), employé
depuis quelques années seule-
ment, donne d'excellents résultats et tend à se généraliser
partout où le tout-à-l'égout ne
peut être installé. Il se compose
d'une fosse en ciment armé rigoureusement étanche et divisée en deux compartiments
inégaux par une cloison verticale ; dans le plus grand arrive
le tuyau de chute venant des
cabinets, des éviers, des lavabos
et même celui des eaux de pluies ;
dans le plus petit est placé le
tuyau d'évacuation.

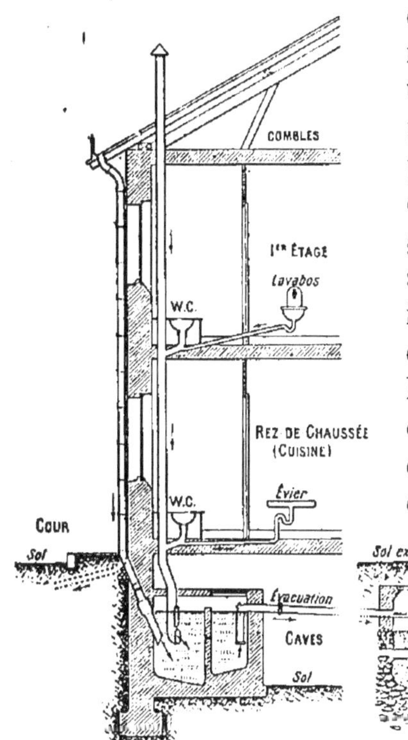

Fig. 431. — Installation d'une fosse septique
dans une habitation.

Dans le grand com-
partiment, les matières
subissent l'action des
microbes anaérobies,
c'est-à-dire qui peuvent
vivre à l'abri de l'air ;
sous l'influence de ces
Bactéries, les matières

organiques solides sont désagrégées et rendues liquides. Par
de petits trous ménagés vers le tiers supérieur de la cloison,

les matières ainsi solubilisées passent dans l'autre comparti-
ment où la fermentation s'achève. Les produits de cette fermentation (gaz ammoniacaux et carbonique) ont l'avantage
de détruire une grande partie des microbes infectieux, s'il
y en a.

Le tuyau de sortie peut conduire les eaux dans un puits
filtrant garni de mâchefer ou de gravier, ou bien encore ces
eaux peuvent être répandues sur des terrains pour les ferti-
liser, et cela sans danger puisqu'elles ne renferment plus de
germes pathogènes.

**Évacuation des nuisances hors la ville : dépotoirs, épan-
dage, déversement aux cours d'eau et à la mer.** — Les
villes, pour se débarrasser des produits de vidanges, emploient
divers procédés dont les principaux sont les suivants :

1° **Dépotoirs.** — Ce sont des établissements qui reçoivent
les matières excrémentitielles, en éliminant la partie liquide
ordinairement dans le cours d'eau voisin, et transforment la
partie solide en une matière sèche appelée *poudrette*. La
séparation des matières solides et liquides se fait dans des
bassins à ciel ouvert qui sont des foyers d'infection pour l'air
environnant. On met en liberté l'ammoniaque et ses composés gazeux sous l'influence de la chaux et de la chaleur :
les gaz ammoniacaux sont transformés en sulfate d'ammoniaque et le précipité formé par la chaux et les matières
organiques est utilisé par l'agriculture.

2° **Épandage et épuration par le sol.** — L'épandage le
plus simple consiste à répandre simplement sur des terres
cultivables les matières des fosses. Ce système répand dans
les environs une odeur repoussante et peut contaminer les
eaux terrestres voisines.

Lorsqu'il s'agit de se débarrasser quotidiennement, comme
à Paris, de 500 000 mètres cubes d'eaux d'égout mélangées
de matières fécales, le problème est fort complexe. On emploie alors *l'épuration par le sol*. L'eau, en effet, en traversant un sol convenable se purifie. Le mécanisme de cette

opération réside dans la transformation des matières organiques par oxydation en gaz carbonique, eau, ammoniaque et acide nitrique.

Ce dernier acide est fixé et se transforme en nitrate dans le sol. L'eau, une fois épurée, est drainée et dirigée vers la rivière voisine. Ce système a donc l'avantage de purifier l'eau et d'enrichir le sol de matières nutritives pour les plantes. Mais il a l'inconvénient d'exiger des champs d'irrigation immenses. C'est ainsi que pour Paris les champs d'épandage de Gennevilliers, d'Achères, de Saint-Germain et de Méry ont environ 5 000 hectares de superficie. Et encore ces champs seront bientôt insuffisants, car le débit des égouts atteindra, à bref délai, un million de mètres cubes par jour. C'est 10 000 hectares qu'il faudrait pour mener à bien l'épuration de toutes les eaux des égouts parisiens. De plus on a remarqué que, à la longue, les terres se colmatent et perdent de leurs propriétés filtrantes.

3° Déversement aux cours d'eau et à la mer. — Le déversement des eaux d'égout aux cours d'eau est encore le plus répandu. C'est ainsi qu'à Paris une grande partie des eaux d'égout viennent déboucher dans la Seine à la sortie de la ville, à Asnières et à Saint-Denis, en infectant ce fleuve. Le plus grand des égouts collecteurs est une véritable rivière de 4^m de large sur 2^m de profondeur, et il débite ordinairement 12 mètres cubes par seconde. Le danger est évidemment moins grand quand le fleuve roule beaucoup d'eau, comme à Cologne, par exemple, où les eaux d'égout sont diluées dans 4 000 fois leur volume d'eau. En Angleterre ce procédé est interdit d'une façon absolue.

Les villes placées près de la mer peuvent utiliser cet immense déversoir naturel. Mais les mouvements de reflux ramènent les immondices sur la côte et en laissent une certaine quantité à marée basse, ce qui est un grave inconvénient.

Purification biologique des eaux d'égout. — Cette purification repose sur le rôle de certains microbes comme agents de transformation des matières organiques. Plusieurs méthodes sont employées.

Dans la méthode de la *filtration intermittente* on utilise à de courts intervalles l'action des microbes anaérobies, qui vivent dans un milieu privé d'air, et l'action des microbes aérobies, c'est-à-dire ceux qui se développent dans un milieu aéré. Les premiers désagrègent les matières organiques, les liquéfient et assurent leur dissolution ; leur activité est telle que les cadavres de Rats ou d'Oiseaux qui franchissent les grilles d'entrée, les papiers, les bouchons disparaissent en quelques jours. Cette dissolution rapide de corps aussi volumineux est un sujet d'étonnement pour les personnes non prévenues. Le pouvoir dissolvant de ces anaérobies est tel que le bassin ne s'encrasse pas. Les seconds, les ferments aérobies, agissent sur ces matières liquéfiées et les transforment, par oxydation, en corps inoffensifs. Pour obtenir ce résultat on fait passer successivement l'eau d'égout sur diverses couches de sable, chacune ne recevant cette eau que six heures sur vingt-quatre.

Dans un second procédé, on obtient ces deux actions non plus dans le même filtre, mais dans deux bassins différents : le premier, appelé *bassin septique*, est une sorte de fosse dans laquelle l'eau d'égout séjourne de 12 à 24 heures, en subissant l'action destructive des microbes anaérobies ; le second est un vaste bassin, rempli sur un mètre de hauteur de coke et de gravier, et au bout de deux heures les microbes aérobies ont accompli leur besogne et l'eau est enlevée. Ce même bassin ne peut servir que deux fois en 24 heures et reste au repos un jour sur sept. Pour gagner du temps on cherche à supprimer l'intermittence de la filtration par une injection mécanique d'air dans les filtres.

RÉSUMÉ

La maison salubre. — La maison doit être construite sur un terrain sec et orientée de façon à recevoir la lumière solaire au moins quelques heures par jour.

Les *matériaux de construction* devront être : 1° réfractaires à l'humidité ; 2° mauvais conducteurs de la chaleur ; 3° perméables à l'air.

Le badigeonnage à la chaux est hygiénique ; le plafond et les murs doivent présenter le moins d'anfractuosités possible ; les planchers doivent être imperméables.

Le *chauffage* a pour but de maintenir dans nos habitations une température moyenne : dans une salle où l'on reste immobile la température de 16° est suffisante ; la chambre d'un malade ne doit pas être chauffée au-dessus de 18°.

Les *appareils de chauffage* sont rangés en deux catégories :

1° *Chauffage local.* — Le foyer est placé dans la pièce à chauffer. Ce chauffage se fait à l'aide de *cheminées* et de *poêles.*

La *cheminée* a l'avantage d'assurer une bonne ventilation, mais elle laisse perdre une quantité considérable de chaleur.

Les *poêles* chauffent davantage, mais la ventilation est moins bonne, et ils laissent souvent dégager de l'oxyde de carbone, surtout les *poêles à combustion lente,* qui, pour cette raison, ne devraient pas être employés.

2° *Chauffage central.* — La source de chaleur est en dehors du local à chauffer. Les *calorifères* employés sont à *air chaud,* à *eau chaude* ou à *vapeur.* Le chauffage à vapeur est celui qui répond le mieux aux exigences de l'hygiène.

L'*éclairage* a aussi son importance, car la lumière est utile à l'organisme et *nécessaire pour combattre les germes des maladies.* La *lumière naturelle* assainit les appartements. La *lumière artificielle* la meilleure au point de vue de la faible quantité de chaleur dégagée est la lumière électrique, mais elle est riche en rayons chimiques *qui sont mauvais pour l'œil ;* la lampe à huile donne une lumière douce mais coûteuse.

Il importe de lutter contre les *parasites* qui tendent à envahir la maison, car ils peuvent y faire des dégâts ou transmettre des maladies.

Les *logements insalubres* sont des foyers d'infection d'où sortent toutes les contagions. Ils devraient donc disparaître.

Éloignement des nuisances. — Les *nuisances* sont les déchets de la vie journalière et les déjections de l'organisme. On doit les évacuer le plus vite possible.

Les *ordures ménagères* sont placées dans des boites métalliques et enlevées par des voitures spéciales.

Les *eaux ménagères* s'en vont par l'évier dont le conduit présente un siphon hydraulique qui intercepte les mauvaises odeurs.

Quant aux *excrétions,* elles sont évacuées par des systèmes divers:

fosses fixes, fosses mobiles, tout-à-l'égout et *fosses septiques*. Le tout-à-l'égout est le meilleur procédé, mais il n'est réalisable que dans les villes disposant de beaucoup d'eau. Ailleurs les fosses septiques donnent d'excellents résultats.

L'évacuation des nuisances hors la ville se fait par les *dépotoirs*, l'*épandage* et l'*épuration par le sol*, enfin par le déversement des eaux d'égout aux cours d'eau ou à la mer.

Les eaux d'égout peuvent aussi être purifiées par un procédé biologique en se servant des microbes comme agents de transformation des matières organiques.

CHAPITRE VIII

LES ANIMAUX DOMESTIQUES

Les animaux domestiques intéressent l'hygiéniste par les *maladies* qu'ils peuvent transmettre à l'Homme et par les *épizooties* ou maladies contagieuses qui peuvent décimer le bétail et qu'on essaye de combattre par un ensemble de mesures qui constitue la *police sanitaire des animaux.*

I. — Maladies transmises par les animaux.

Les principales maladies transmissibles à l'Homme par les animaux sont : la *rage*, la *morve*, le *charbon*, la *tuberculose*, la *psittacose*, l'*actinomycose*, l'*aspergillose*. Nous avons parlé suffisamment du charbon et de la tuberculose; nous nous occuperons seulement des autres maladies. Mais auparavant il nous faut montrer que les animaux domestiques sont encore dangereux parce qu'ils peuvent servir de véhicules aux microbes des maladies humaines.

Dangers des animaux domestiques pour la santé. — Le séjour de certains animaux domestiques (Chiens, Chats, Oiseaux) dans les habitations est fréquent dans les campagnes. Il est non seulement malpropre, mais dangereux. En effet, les Chiens et les Chats peuvent transmettre à l'Homme certaines de leurs maladies, ou bien ils peuvent transporter des microbes de maladies qu'ils n'ont pas, en allant d'un individu malade à un individu sain. Ce sont des agents de dissémination des maladies.

Les Chiens, par exemple, pourront transmettre la tuberculose et aussi les œufs des Vers parasites qu'ils ont récoltés au cours de leurs explorations sur les voies publiques. Il est donc malpropre et dangereux de tolérer qu'un Chien vous lèche les mains ou le visage.

Si les Chiens sont fréquemment tuberculeux, les Chats sont souvent cancéreux et il n'est pas certain que le cancer du Chat ne soit pas transmissible à l'Homme.

Quant aux Oiseaux, leurs maladies ne paraissent pas toujours transmissibles à l'Homme ; pourtant on connaît des accidents causés par la pneumonie infectieuse des Perruches.

Les Chiens et les Chats peuvent être de simples commis-voyageurs en microbes. Ainsi, quand un malade est au lit, souvent sa distraction est d'avoir près de lui son compagnon favori ; or, s'il est atteint d'une maladie contagieuse (fièvre éruptive, diphtérie), l'animal va porter dans le voisinage, au cours de ses tournées quotidiennes, les germes contagieux dont ses poils se sont chargés. Des expériences ont montré que des microbes comme ceux de la diphtérie et de la fièvre typhoïde étaient encore virulents plus de dix jours après avoir été déposés sur les poils de ces animaux.

Les Chiens et les Chats ne devraient donc jamais pénétrer dans la chambre de personnes atteintes de maladies infectieuses.

Aussi les Américains, qui n'hésitent pas, en matière d'hygiène, à faire ce que la logique ordonne, opèrent-ils de la façon suivante : dès qu'une maladie contagieuse est déclarée dans une maison, tous les animaux, Chiens, Chats, Oiseaux, sont saisis, puis isolés ou détruits, selon que leurs propriétaires sont solvables ou non.

La rage. — La rage est une maladie commune aux espèces animales et à l'Homme. Elle est due à un microbe qui se développe de préférence dans les centres nerveux, et en particulier dans la moelle épinière, mais qui n'a pu jusqu'ici être observé, sans doute à cause de ses petites dimensions. C'est un être ultra-microscopique. Chez l'Homme, la rage se termine toujours par la mort, après d'horribles souffrances.

C'est ordinairement du Chien (92 fois sur 100), plus rarement du Chat (6 fois sur 100), et exceptionnellement du Cheval et de l'Ane que la rage vient à l'Homme. En Russie, les morsures de Loups enragés sont assez fréquentes.

La statistique suivante, faite en Allemagne, montre bien la fréquence de la rage chez le Chien :

	Chiens	Chats	Chevaux	Bovidés	Moutons	Chèvres	Porcs
1898 . . .	904	9	14	223	44	3	5
1899 . . .	911	77	9	171	38	1	17

La rage se transmet par une véritable inoculation, c'est-à-dire par une morsure de l'animal enragé dont la bave contient la toxine qui pénètre par la plaie ainsi faite. Ce n'est pas toujours en mordant que le Chien donne la rage; il peut la donner en léchant s'il vient à passer la langue sur une écorchure de la peau de l'Homme.

Toutes les personnes mordues par un Chien enragé ne deviennent pas forcément enragées; mais elles ont plus de chances de le devenir si la morsure est profonde et si elle porte sur les mains ou le visage.

Le temps qui s'écoule entre le moment de la morsure et celui où éclatent les accidents de la rage est variable et souvent très long; il est en moyenne de deux mois.

L'Homme enragé n'est pas dangereux pour ceux qui l'approchent, car il ne cherche pas à mordre. Après une période de mélancolie, les troubles caractéristiques apparaissent : ce sont des spasmes extrèmement douloureux des muscles de la déglutition et de la respiration. Torturé par la soif, le malheureux ne peut avaler la plus petite quantité de liquide : d'où le nom d'*hydrophobie* donné souvent à la rage.

Signes de la rage chez le Chien. — Il est utile de connaître les symptômes de la rage chez le Chien, car, dès le début, la bave est virulente.

L'animal est d'abord triste et inquiet; il est très agité et s'il s'assoupit son sommeil ne dure que quelques instants; il recherche la solitude; mais il n'est nullement agressif, souvent même il redouble de caresses, caresses redoutables puisque déjà sa bave est virulente. Il mange avec appétit, et loin d'avoir horreur de l'eau il la boit avec avidité. Ce n'est que plus tard que la paralysie des muscles du gosier empêche l'animal de déglutir; il plonge alors le museau dans l'eau comme pour mordre le liquide qu'il ne peut plus avaler. L'*hydrophobie* (peur de l'eau) n'est donc pas un signe de la rage du Chien.

A une période plus avancée de la maladie, la voix du Chien enragé change de timbre (*voix rabique*); son aboiement est rauque et se termine par une note aiguë, sorte de hululement plaintif bien spécial. C'est alors que l'animal éprouve le besoin irrésistible de mordre, d'abord tous les objets inertes qui se trouvent à sa portée; il met sa litière en miettes; son appétit dépravé lui fait avaler une foule d'objets étranges, des cailloux, de la paille, des clous, etc. ; enfin il entre dans la phase dangereuse en essayant de mordre tous les êtres vivants qu'il peut rencontrer, mais de préférence le Chien aux autres animaux, et ces derniers de préférence à l'Homme. Sa physionomie prend alors une expression de férocité et ce n'est qu'au bout de 5 à 6 jours de cette crise que le Chien, épuisé, finit par succomber à la paralysie et à l'asphyxie.

Dans une variété de rage, la *rage muette*, l'animal n'aboie pas et ne cherche pas à mordre, car sa mâchoire inférieure est paralysée dès le début et reste écartée de la supérieure, de sorte que la gueule est béante. Mais la bave n'en est pas moins virulente et dangereuse.

Lorsqu'une personne a été mordue par un Chien enragé, ou même simplement suspect, il faut exprimer la plaie, la laver avec une solution antiseptique (phénol, sublimé), puis envoyer le patient le plus vite possible dans un Institut antirabique où il subira des inoculations vaccinales.

Pour savoir si un Chien est enragé, il faut l'enchaîner solidement et l'observer pendant 10 jours. Si au bout de ce temps il est encore vivant, c'est qu'il n'avait pas la rage et la vaccination d'une personne mordue est inutile. Si le Chien meurt, sa morsure doit être considérée comme virulente et la vaccination s'impose.

Vaccination antirabique. — C'est Pasteur qui a appliqué pour la première fois cette méthode, en 1885, sur un enfant mordu à la jambe par un Chien et dont les plaies ne laissaient pas d'espoir aux médecins. Les inoculations furent faites sur les côtés du ventre et pendant 15 jours consécutifs : le malade guérit.

Le fait qui sert de base à la préparation du vaccin antirabique est qu'une moelle fraîche, prise sur un Lapin enragé (*fig.* 432) perd peu à peu de sa virulence si on la dessèche lentement au contact de l'air, environ pendant 14 jours. Cette atténuation est due à l'action de l'oxygène de l'air, qui s'exerce ici comme sur le

Fig. 432. — Lapin préparé pour obtenir le vaccin antirabique.

microbe du charbon. De plus, cette moelle atténuée, inoculée à la surface du cerveau d'un Lapin, ne lui donne pas la rage, alors qu'elle l'eût fait, en 7 jours, à la sortie du cadavre.

Pasteur réussit à préparer des moelles rabiques de virulence variée. Puis il inocula à un Chien ces moelles de plus en plus actives, en commençant par celle qui ne l'était pas du tout et qui avait été placée pendant 14 jours dans l'air sec. Il laissait un intervalle de 24 heures entre deux inoculations. Au bout de 10 jours l'animal était *vacciné* : il était réfractaire non seulement à la morsure d'un Chien enragé, mais encore aux inoculations intracrâniennes du virus le plus actif.

Il était donc possible de vacciner les animaux contre la rage.

Avant de penser à traiter les hommes, Pasteur montra, en opérant sur des Chiens que, même vaccinés *après la morsure*, ces animaux ne devenaient point enragés. Le vaccin n'était donc pas seulement préventif, il guérissait les sujets mordus. C'est alors que Pasteur essaya sa méthode sur les hommes avec plein succès. Ce fut un tel enthousiasme que de tous les points du monde les mordus affluèrent au laboratoire de Pasteur.

Depuis plus de 20 ans que cette méthode fonctionne, voici les résultats obtenus d'après les chiffres de l'Institut Pasteur de Paris :

ANNÉES	VACCINÉS	MORTS	MORTALITÉ %
1886	2 671	25	0,94
1887	1 770	14	0,79
1888	1 622	9	0,55
1889	1 830	7	0,38
1890	1 540	5	0,32
1891	1 559	4	0,25
1892	1 790	4	0,22
1893	1 648	6	0,36
1894	1 387	7	0,50
1895	1 520	5	0,33
1896	1 308	4	0,30
1897	1 521	6	0,39
1898	1 465	3	0,20
1899	1 614	4	0,25
1900	1 420	4	0,28
1901	1 321	5	0,38
1902	1 105	2	0,18
1903	628	2	0,32
1904	755	3	0,39
1905	727	3	0,41
1906	772	1	0,13

Le bienfait de cette découverte n'est donc pas douteux.

Ajoutons que la surveillance sévère des Chiens est le meilleur moyen de combattre la rage. L'abatage des animaux enragés et de ceux qu'ils ont pu mordre devrait amener la disparition de cette maladie. D'autre part, le régime de la muselière, appliqué avec rigueur, a fait disparaître la rage de la ville de Berlin, alors que de nombreux cas se produisent encore à Paris et en France, où les mesures de police sont peu rigoureuses à cet égard.

En Angleterre, où ces mesures sont appliquées avec rigueur, les chiffres suivants sont démonstratifs :

Années. .	1895	1896	1897	1898	1899	1900	1901
Cas de rage	672	458	151	17	9	6	1

Une population qui le voudrait pourrait donc supprimer la rage. Malheureusement les propriétaires de Chiens sont réfractaires à ces mesures de rigueur, surtout en France; aussi la découverte de Pasteur restera-t-elle longtemps encore un grand bienfait.

La morve. — La *morve*, qui est une maladie du Cheval, se présente, soit sous une forme aiguë caractérisée par une suppuration infectieuse des fosses nasales et connue sous le nom de *jetage*, soit sous une forme chronique, le *farcin*, sorte de morve cutanée due à une inflammation du système lymphatique.

La morve est contagieuse de Cheval à Cheval, et elle est de plus incurable. Elle peut aussi se transmettre à l'Homme, pour lequel elle est toujours mortelle. C'est ordinairement par inoculation que la morve se transmet, mais le contage par l'air ou par les aliments est possible.

En cultivant le Bacille de la morve on a réussi à isoler une toxine, la *malléine*, analogue par ses effets à la tuberculine de Koch. Il suffit d'en injecter une faible dose à un animal suspect pour obtenir une réaction fébrile, si cet animal est réellement atteint de la morve.

Au point de vue prophylactique, tout animal morveux doit être abattu sans délai, et la chair des animaux abattus ne peut être livrée au commerce. Tout animal suspect doit être soumis à l'épreuve de la malléine, que les vétérinaires peuvent se procurer dans toutes les écoles vétérinaires. Il faut aussi vérifier avec soin l'intégrité des mains des hommes qui soignent les Chevaux et opérer une désinfection complète.

La psittacose. — La *psittacose* est une maladie transmissible du Perroquet à l'Homme, et de l'Homme à l'Homme. Elle est d'ailleurs peu fréquente. De 1892 à 1898 **on** a signalé 70 cas humains avec 24 décès. La contamination peut se faire par les animaux vivants, mais aussi par les plumes desséchées depuis longtemps.

L'actinomycose. — C'est une maladie fréquente chez les Bovidés et qui peut être transmise à l'Homme, mais rarement. En France, on en compte seulement quelques cas chaque année. Elle est causée par un Champignon, l'*Actinomyces*, qui se présente sous forme de grains jaunes dans les tissus infectés. Ces grains vus au microscope (*fig.* 433) présentent une zone centrale qui est un feutrage de filaments (*mycélium*), et une zone périphérique formée d'éléments en massue et qui sont entourés de spores.

La contagion ne semble pas se faire de l'animal à l'Homme ; mais les spores du Champignon se répandent sur les plantes et c'est par elles que se fait la contamination. L'Homme s'infecte

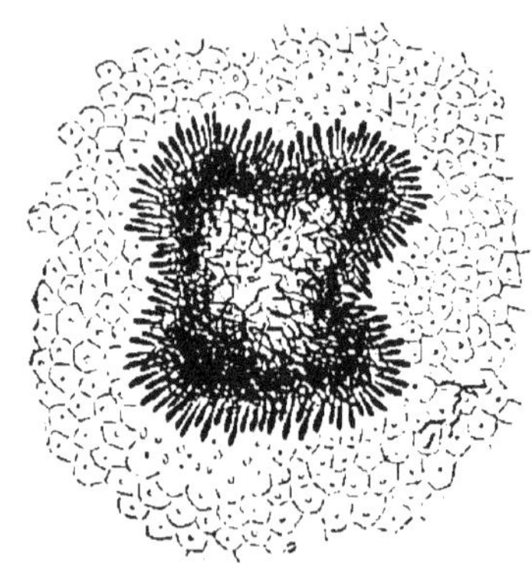

Fig. 433. — L'*Actinomyces*, cause de l'actinomycose.

en mâchonnant des grains de Graminées, en se servant d'une paille comme cure-dents, parfois en mettant dans sa bouche des morceaux de bois ou d'écorce.

Ces spores, en se développant dans les tissus, causent des tumeurs, dont la suppuration interminable entraîne souvent la mort. On réussit souvent à combattre cette maladie, quand elle n'est pas trop ancienne, par l'iodure de potassium.

L'aspergillose. — C'est une maladie qui simule à s'y méprendre la tuberculose. Seul, l'examen microscopique des crachats montre, non le Bacille tuberculeux, mais des filaments rappelant ceux d'un mycélium de Champignon. En cultivant ces filaments dans un milieu nutritif convenable, on obtient un Champignon qui rappelle l'*Aspergillus* (*fig*. 434).

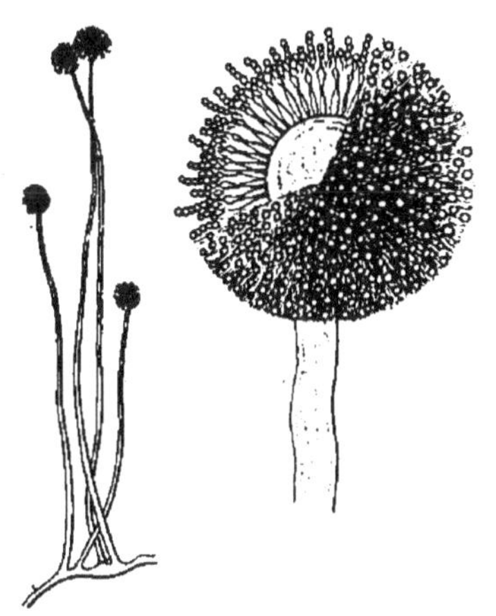

Fig. 434. — *Aspergillus*, avec des filaments portant des sporanges.

Cette maladie siégeant dans le poumon, il est à présumer que le microbe y pénètre par les voies respiratoires. D'autre part, la maladie s'observe surtout chez les gaveurs de Pigeons, qui ont constamment des grains de céréales dans la bouche, et aussi chez les peigneurs de cheveux ramassés dans les ordures ménagères et recouverts de farine (ce qui facilite leur dégraissage). On a donc pensé que ces malades devaient être infectés par les grains de céréales et la farine ; et, en effet, les spores d'Aspergillus sont souvent présentes sur les graines et dans les ateliers où l'on peigne les cheveux.

II. — Notions de police sanitaire des animaux.

Dispositions générales. — La police sanitaire des animaux a pour but, par des mesures d'hygiène, de prévenir ou de combattre les maladies contagieuses animales. Ces mesures sont formulées dans la *Loi du 21 juin 1898* et dans un *Règlement d'administration publique du 6 octobre 1904*.

Malheureusement ces lois et règlements restent souvent inappliqués, au grand dommage des intérêts des agriculteurs et de l'espèce humaine.

L'ensemble de cette législation a rapport aux maladies suivantes :

La *rage*, dans toutes les espèces ;

La *peste bovine*, qui s'attaque à tous les Ruminants et qui se traduit par des plaques jaunes, purulentes et infectes, sur la muqueuse buccale ;

La *péripneumonie contagieuse*, qui est une affection du tissu interlobulaire des poumons et qui fait de nombreuses victimes dans l'espèce bovine ; la loi édicte que les animaux atteints de cette maladie devront être abattus, et qu'il faut procéder à l'inoculation préventive des animaux dans les localités infectées ; on préserve ainsi ces derniers de toute atteinte de la maladie ;

La *tuberculose*, dans l'espèce bovine ;

La *clavelée* et la *gale*, dans les espèces ovine et caprine ;

La *fièvre aphteuse* des espèces bovine, ovine, caprine et porcine, qui se manifeste par des pustules infectieuses de la bouche, des lèvres et des mamelles ;

La *morve* et le *farcin* du Cheval et de l'Ane ;

Le *charbon*, dans toutes les espèces ;

Le *rouget* et la *pneumonie-entérite infectieuse*, dans l'espèce porcine.

D'une façon générale, la police sanitaire repose sur les mesures suivantes :

1o *Déclaration* de la maladie contagieuse par tout propriétaire d'un animal atteint de ladite maladie ;

2o *Abatage* immédiat, dans certains cas, de l'animal malade, et isolement de ceux qui ont été en contact avec lui ;

3o *Enfouissement* sans aucune utilisation possible de l'animal abattu ou mort de maladie contagieuse.

Loi du 21 juin 1898. — Nous donnerons ici un aperçu seulement des mesures prévues par cette loi dans le but de permettre aux autorités administratives d'arrêter la contagion d'une maladie.

Cette loi est basée sur l'obligation pour le propriétaire ou le gardien d'un animal atteint ou même soupçonné d'être atteint d'une maladie contagieuse, de faire immédiatement la déclaration au maire de la commune où se trouve cet animal.

Le maire fait procéder à la visite de l'animal par le vétérinaire chargé de ce service, et celui-ci adresse un rapport au préfet.

Le préfet prend alors, s'il y a lieu, un arrêté de *déclaration d'infection*, entraînant l'isolement des animaux malades, l'interdiction des localités atteintes, la suppression des marchés, etc.

Les animaux atteints de *peste bovine* sont abattus par ordre du maire, aussitôt la proposition du vétérinaire : en raison même de la puissance de contagion de la maladie, on n'attend pas l'apparition des signes extérieurs de la peste.

L'abatage pour cause de *péripneumonie* n'est ordonné que lorsque la maladie est constatée. Le préfet prescrit en outre, dans ce cas, l'inoculation des animaux de l'espèce bovine dans les localités infectées.

La *morve*, le *farcin*, le *charbon* et la *rage* entraînent aussi l'abatage.

Il est interdit de vendre tout animal atteint ou soupçonné d'être atteint de maladie contagieuse.

La viande provenant d'animaux morts de maladies contagieuses quelles qu'elles soient, ou abattus comme atteints de la morve, du farcin, de la peste bovine, du charbon et de la rage, ne peut être livrée à la consommation.

Les cadavres des animaux morts ou abattus devront être *enfouis* avec la peau tailladée, à moins qu'ils ne soient envoyés chez l'équarrisseur. Avant l'enfouissement ils seront recouverts de chaux vive et la couche de terre qui les recouvrira devra avoir au moins 1 mètre d'épaisseur.

Les personnes qui ne se conformeraient pas aux prescriptions de cette loi seraient punies d'un emprisonnement de deux mois à six mois, et d'une amende de 100 à 1 000 francs.

D'autre part les frais d'abatage, de transport et de désinfection sont à la charge des propriétaires ou conducteurs d'animaux.

Règlement du 6 octobre 1904. — Un règlement administratif a complété les articles de la loi dont nous venons de parler.

Les dispositions de ce règlement ont surtout rapport à l'*enfouissement* des animaux morts de maladies contagieuses, à la *circulation* des animaux malades et en particulier des Chiens atteints de la rage, à la *surveillance* des abattoirs, des foires et des marchés, et surtout à la *désinfection des wagons* ayant servi au transport des animaux.

Des arrêtés donnent des indications précises sur les procédés de désinfection à employer non seulement pour le matériel de transport, mais aussi pour les locaux dans lesquels ont séjourné les animaux malades, pour les litières et les fumiers, les fosses à purin, les fosses d'enfouissement, etc.

RÉSUMÉ

Maladies transmises par les animaux. — Les animaux domestiques peuvent transmettre des maladies qu'ils n'ont pas en véhiculant des microbes d'un malade sur une personne saine.

Parmi les maladies qu'ils ont et qu'ils peuvent donner à l'Homme, citons :

La *rage*, commune aux animaux et à l'Homme. Chez l'Homme, elle est toujours mortelle et elle est communiquée ordinairement par le Chien enragé dont la bave contient la toxine. La durée d'incubation de la rage est en moyenne de deux mois. Lorsqu'une personne a été mordue par un Chien enragé, il faut laver soigneusement la plaie avec des antiseptiques et lui faire subir le plus tôt possible la *vaccination antirabique* ;

La *morve,* qui est une maladie du Cheval ; elle est caractérisée par une suppuration des fosses nasales. Elle est mortelle pour le Cheval et pour l'Homme, qui peut la prendre par inoculation ou par l'air. La *malléine* permet de reconnaître sûrement un animal atteint de la morve.

Signalons encore le *charbon* et la *tuberculose*, qui ont été étudiés plus haut ; la *psittacose*, qui se transmet du Perroquet à l'Homme ; l'*actinomycose*, que l'Homme peut contracter par les herbes et les graines ; et enfin l'*aspergillose*.

Police sanitaire des animaux. — Elle est résumée dans la *Loi du 21 juin 1898* et dans le *Règlement d'administration publique du 6 octobre 1904*. Elle vise les maladies suivantes : *rage, peste bovine, peripneumonie contagieuse, tuberculose, clavelée, gale, fièvre aphteuse, morve, farcin, charbon, rouget* et *pneumo-entérite infectieuse*.

Cette police repose sur les mesures suivantes : 1° *déclaration* de la maladie ; 2° *abatage* de l'animal malade ; 3° *enfouissement* du cadavre.

APPENDICE

LA PROTECTION DE LA SANTÉ PUBLIQUE
ET L'ORGANISATION SANITAIRE EN FRANCE

(Loi du 15 février 1902.)

Nous voudrions donner un aperçu de cette loi, la première loi générale sur la santé publique qui fut promulguée en France.

Dispositions générales. — D'après cette loi, la police sanitaire des communes appartient avant tout aux maires.

La loi de 1902 *oblige* les maires à prendre, après avis du Conseil municipal, des arrêtés concernant la santé publique, alors que la loi de 1884 les *autorisait* seulement. Elle reconnaît au maire le droit d'ordonner des mesures de prophylaxie, même individuelles, et de formuler en matière de salubrité des maisons des prescriptions obligatoires, alors qu'auparavant les arrêtés municipaux étaient souvent annulés comme entachés d'excès de pouvoir.

Il est inscrit dans cette loi que des règlements d'administration publique seront pris dans chaque ville, après approbation du Comité consultatif d'hygiène, et cela afin de respecter les convenances propres à chaque localité. Les besoins sanitaires, en effet, varient suivant qu'il s'agit d'un village, d'une grande ou d'une petite ville, industrielle ou non, située au bord de la mer ou d'un fleuve, ou dépourvue de cours d'eau.

La loi comprend cinq titres consacrés : 1° aux *mesures sanitaires générales* ; 2° à l'*administration sanitaire* ; 3° aux *dépenses* ; 4° aux *pénalités* ; 5° à des *dispositions diverses*.

I. Mesures sanitaires générales. — Ces mesures sont celles qui intéressent surtout l'hygiéniste, car elles concernent les précautions à prendre en cas d'épidémie, les travaux d'assainissement et l'adduction d'eau potable.

Dans toute commune, le maire est tenu, afin de protéger la santé publique, de déterminer sous forme d'arrêtés municipaux :

1° Les précautions à prendre pour prévenir ou faire cesser les maladies épidémiques ;

2° Les prescriptions destinées à assurer la salubrité des maisons, l'alimentation en eau potable et l'évacuation des matières usées.

La liste des maladies épidémiques auxquelles la loi est applicable a été déterminée par le *Décret du 10 février 1903*, après avis de l'Académie de Médecine.

Les maladies pour lesquelles la *déclaration* et la *désinfection* sont *obligatoires* sont : la fièvre typhoïde, le typhus exanthématique, la variole, la scarlatine, la rougeole, la diphtérie, la suette miliaire, le choléra, la peste, la fièvre jaune, la dysenterie, l'infection puerpérale et l'ophtalmie des nouveau-nés, la méningite cérébro-spinale épidémique.

Les maladies pour lesquelles la *déclaration* est *facultative* sont : la tuberculose pulmonaire, la coqueluche, la grippe, la pneumonie et la broncho-pneumonie, l'érysipèle, les oreillons, la lèpre, la teigne, la conjonctivite purulente et l'ophtalmie granuleuse.

La déclaration doit être faite à l'autorité publique par le médecin qui constate la maladie. Elle doit être double : au maire et au sous-préfet, ce dernier devant intervenir en cas de négligence de la part du maire.

La *vaccination antivariolique* est obligatoire au cours de la première année de la vie, et la *revaccination* au cours de la onzième et de la vingt-unième année.

La *désinfection* est *obligatoire* dans les cas cités plus haut ; elle est faite dans les villes de 20 000 habitants et au-dessus par les soins de la municipalité, et dans les communes de moins de 20 000 habitants par les soins d'un service départemental.

La loi comprend un chapitre spécial relatif aux mesures sanitaires à prendre pour assurer la *salubrité des habitations* (articles 11 à 18). C'est une partie fort intéressante et à l'application de laquelle les pouvoirs publics devraient veiller attentivement.

II. Administration sanitaire. — Pour assurer l'exécution. de la loi il est créé, dans chaque département, un *Conseil d'hygiène*, présidé par le Préfet, se composant de 10 à 15 membres et comprenant deux conseillers généraux, trois médecins dont un de l'armée, un pharmacien, l'ingénieur en chef, un architecte et un vétérinaire.

Le département peut être partagé en circonscriptions pourvues chacune d'une *Commission sanitaire*.

Le Conseil d'hygiène et les Commissions sanitaires sont chargés de donner leur avis sur toutes les questions intéressant la santé publique.

Dans les villes de 20000 habitants et au-dessus, il est institué, sous le nom de *Bureau d'hygiène*, un service municipal chargé, sous l'autorité du maire, de l'application de la loi.

Dans les grandes villes, les Préfets nomment des *Commissions des logements insalubres* dont toute personne peut réclamer l'intervention.

La création de *Laboratoires municipaux* d'hygiène a permis de poursuivre la falsification des aliments et des boissons.

Enfin, le *Comité consultatif d'hygiène publique de France*, rattaché au Ministère de l'Intérieur et comprenant 45 membres, délibère sur toutes les questions intéressant l'hygiène publique ; il est consulté par le gouvernement sur les travaux d'assainissement ou d'amenée d'eau d'alimentation des villes de plus de 5000 habitants et sur le classement des établissements insalubres, dangereux ou incommodes.

III. Dépenses. — Les *dépenses* rendues nécessaires par l'application de la loi sont réparties entre les communes, les départements et l'État, suivant une proportion fixée par le Conseil général et approuvée par le Ministre de l'Intérieur.

Les villes de plus de 20 000 habitants ont entièrement à leur charge les frais de fonctionnement et d'organisation du service de désinfection et du Bureau d'hygiène.

IV. Pénalités. — Les articles 27 à 30 indiquent les pénalités auxquelles s'exposent les personnes qui auront contrevenu à la loi, ou qui auront mis obstacle à l'accomplissement des devoirs des maires et des délégués des Commissions sanitaires.

Quant aux mesures à prendre par les autorités municipales, elles sont indiquées dans un règlement municipal modifiable suivant les circonstances de temps et de lieux.

INDEX ALPHABÉTIQUE

TABLE DES MATIÈRES

PREMIÈRE PARTIE

ANATOMIE ET PHYSIOLOGIE ANIMALES

CHAPITRE PREMIER. — **Tissus**. — **Organes**. — **Fonctions
animales.**

ÉTUDE SPÉCIALE DE L'HOMME.

PREMIÈRE SECTION. — LES FONCTIONS DE NUTRITION.

CHAPITRE II. — **La digestion.**

Bar-le-Duc. — Imprimerie Comte-Jacquet, Frédéric, Dir.

Concours d'admission à Saint-Cyr.

Les **Questions** scientifiques du concours sont publiées dans le *Journal de Mathématiques élémentaires*, qui en donne chaque année des solutions complètes et très étudiées (sujets de *Mathématiques, Calcul trigonométrique, Epure, Physique*, etc.).

Histoire contemporaine depuis 1815, à l'usage des élèves de Philosophie A et B et de Mathématiques A et B et des aspirants au Baccalauréat (2e partie), par J. JORAN, professeur d'histoire au collège Stanislas. — Un beau vol. 19/13^{cm} de 728 pages, avec 37 croquis et 71 portraits, cartonné toile souple . . . . 5 fr. »

Manuel d'Histoire moderne, par H. HAUSER, professeur à l'Université de Dijon. — Vol. 16/11^{cm}. . . . . 1 fr. »

Manuel d'Histoire contemporaine, par H. HAUSER. — Vol. 16/11^{cm} . . . . 1 fr. »

La France et ses Colonies, par H. HAUSER. — Vol. 16/11^{cm} de 216 pages avec 70 cartes et croquis, 2e édition . . 1 fr. 50

Les principales puissances du monde, à l'usage des classes de Philosophie et de Mathématiques A et B (*programme du 28 juillet 1905*) et des candidats au Baccalauréat (2e partie, séries Philosophie et Mathématiques) et à Saint-Cyr, par H. HAUSER. — Vol. 16/11^{cm} avec croquis, broché. . . . . 1 fr. 25

Examens de Saint-Cyr et de l'École Polytechnique :

Cent examens oraux d'Allemand (Explication. Questions de grammaire. Conversation. Thème oral, avec *fac-similés* des cartes postales allemandes lues par les candidats), par H. FLEURY, professeur. — Un vol. 18/12^{cm} . . . . 2 fr. »

L'ouvrage de M. Fleury comprend 40 examens subis par les candidats à l'Ecole Polytechnique, 60 examens subis par les candidats à Saint-Cyr.

Le recueil renferme les examens *complets* de cent candidats, interrogés chacun pendant une demi-heure ; chaque examen comprend : explication d'un texte, questions de grammaire, conversation, thème oral, et, pour les candidats à Saint-Cyr, lecture d'une carte de correspondance. Nous avons donné les fac-similés de 33 cartes postales qui ont été lues par les candidats et aussi un tableau et l'explication des abréviations qui sont d'un usage courant dans la correspondance allemande.

Tous les thèmes oraux sont traduits à la fin de l'ouvrage, qui renferme aussi les réponses.

Dessin de Paysage. Recueil des Paysages donnés au concours d'admission à Saint-Cyr de 1891 à 1907. — Planches 28/38^{cm}.
3 fr. »

En carton . . . . 3 fr. 50

Journal de Mathématiques élémentaires, publié par H. Vuibert (33e année) — Prix de l'abonnement : Paris et départements, 5 fr. ; étranger, 6 fr. — L'abonnement est annuel et part du 1er octobre. (A quelque époque de l'année que l'on souscrive, on reçoit tous les numéros parus depuis le 1er octobre précédent.)

Le *Journal de Mathématiques élémentaires*, qui pendant trente ans a contribué si puissamment à faire aimer et à faire apprendre les mathématiques, est le plus précieux auxiliaire des candidats pour la préparation au concours d'admission à Saint-Cyr. Les matières qu'il traite sont de même niveau que celles de ce concours, ce qui fait de cette publication un instrument de travail de la plus grande importance pour les candidats.

Les sujets des compositions scientifiques donnés chaque année pour l'admission à Saint-Cyr sont publiés puis résolus dans le Journal avec tous les développements qu'ils comportent : les candidats sont donc assurés de trouver là d'excellents modèles de ce qu'ils doivent fournir au concours.

Problèmes de Géométrie (*Méthodes de résolution et de discussion des*), par G. Lemaire. — Un vol. 22/14cm avec figures dans le texte, 2e édition . . . . 2 fr. 50

Le Problème de Physique élémentaire (*Principes et exemples de solutions*), par A. Maillard. — Un vol. 22/14cm contenant 673 problèmes dont 221 résolus, 2e édit. . . . . 3 fr. »

Le Problème de Chimie élémentaire, par A. Maillard. — Un vol. 22/14cm . . . . 2 fr. »

Problèmes de Mécanique (avec les solutions), par Th. Caronnet. — Un vol. 22/14cm. . . . . 5 fr. »

Problèmes et Épures de géométrie descriptive et de géométrie cotée, par N. Charruit, professeur au lycée de Lyon. — Un vol. 25/16cm. 2e édition . . . . 5 fr. »

Biographies d'hommes illustres : HOMMES DE GUERRE, DIPLOMATES, SAVANTS ET ARTISTES, suivies d'un abrégé des littératures allemande et anglaise, depuis la fin du xviiie siècle, à l'usage des candidats à Saint-Cyr, par J. Johan, professeur d'histoire (Saint-Cyr) au collège Stanislas. — Vol. 20/13cm, 2e édit. 2 fr. »

Recueil de Compositions françaises *sur des sujets tirés de l'histoire moderne*, par J. Johan. — Un vol. 22/14cm, 3e édition. 4 fr. »

Lectures morales, patriotiques, scientifiques (Choix de), à l'usage des candidats aux écoles militaires, par R. Suérus, agrégé d'histoire, proviseur du lycée Henri IV et E. Jullien, licencié ès lettres, répétiteur du cours de Saint-Cyr au lycée Saint-Louis. — Un vol. 22/14cm, relié toile . . . . 4 fr. »

Conseils aux Candidats à Saint-Cyr et aux autres Écoles, par A. Rebière, ancien élève de l'Ecole Normale supérieure, professeur au lycée Saint-Louis. — Broch. 18/12cm. . . . 1 fr. 25